启航 书课包　云图 YUN TU

U0441540

启航经管书课包系列

书课包

张宇经济类综合能力数学10讲

主编 张宇
副主编 杨晶

编委（按姓氏拼音排序）
陈静静 陈智香 方夕 贾建厂 李丹丹
刘玲 吕倩 王慧珍 王晓彤 杨晶
张青云 张宇 郑利娜

北京理工大学出版社

图书在版编目(CIP)数据

张宇经济类综合能力数学10讲 / 张宇主编. — 北京 :
北京理工大学出版社, 2022.1(2023.10重印)
ISBN 978-7-5763-0809-9

Ⅰ.①张… Ⅱ.①张… Ⅲ.①高等数学-研究生-入学考试-自学参考资料 Ⅳ.①O13

中国版本图书馆CIP数据核字(2022)第004656号

责任编辑: 多海鹏　　**文案编辑**: 多海鹏
责任校对: 周瑞红　　**责任印制**: 李志强

出版发行 / 北京理工大学出版社有限责任公司
社　　址 / 北京市丰台区四合庄路6号
邮　　编 / 100070
电　　话 / (010)68944451(大众售后服务热线)
(010)68912824(大众售后服务热线)
网　　址 / http://www.bitpress.com.cn

版 印 次 / 2023年10月第1版第5次印刷
印　　刷 / 东港股份有限公司
开　　本 / 787 mm×1092 mm　1/16
印　　张 / 25
字　　数 / 624千字
定　　价 / 69.80元

前言

本书是专门为参加经济类综合能力考试的考生编写的数学辅导用书. 虽然经济类综合能力考试开考时间不长，但其考试大纲和考试命题却经过多次变化和调整，本书的编写紧扣新大纲，对考试的内容、命题特点和知识点分布进行了全面的解读，力求为考生提供最大的帮助.

一、真正的备考教材

本书是一本真正针对经济类综合能力考试的辅导教材. 经综数学考查内容涉及微积分、概率论和线性代数，这三科涉及的考点分布和命题角度千差万别，考生在短短数月的复习中很难将其摸索清楚. 本书将经综数学考查的所有内容，按照备考顺序分为 10 讲，在每讲设置“本讲解读”版块，指明该讲在历年考试中的占比、重点以及必须掌握的做题方法.

二、全考点、全题型一步到位

本书每讲设置“考点题型框架”版块，将该讲考查的所有知识点和命题角度按照考生易理解、易掌握的思路总结为百余个考点和考试题型. 各考点和相应题型对应，“考点下设题型”的形式帮助考生一步到位掌握考试所有考点和题型.

三、由浅及深、层层深入

经综数学考题难度逐年增加，仅按照大学教材的难度备考已不能完全应对，因此考生必须有拔高类练习，但初学者往往基础薄弱，不得要领. 本书各题型下设的典型例题均按照由浅及深的思路设置，引导考生层层深入拿下考题.

四、减负神器

一本好教材就是一位好老师. 此教材对于经综考生而言意义重大，考生不必再因为使用大学教材备考而遇到考点把握不精确或练习题目难度层次不够等问题；也避免因为使用全国硕士研究生招生考试数学三的辅导教材备考而遇到考试范围不合适或题目难度过大等问题. 本书真正为经综考生减轻备考负担，为学习经综数学扫清障碍.

数学知识和数学能力的获取往往很难无师自通，不能单纯靠自己悟出来，许多都是从模仿开始的. 多年来，我们见到过不少“纯文科生”在全国硕士研究生招生考试的数学考试中取得优异成绩，他们备考的过程中，除了勤奋努力、方法得当外，还得益于有一本好的学习辅导教材. 经验告诉我们，一本好书要多读两遍，才能充分发挥其作用. 对书中的题目类型和方法多模仿、多思考、多归纳总结、举一反三，书本中的知识就会逐步变成每位考生的实际能力. 为各位考生提供能够依靠和信赖的学习辅导教材正是本书编写的初衷.

目录

第一部分 微积分

第二部分 概率论

第三部分 线性代数

第一部分

微积分

第1讲 函数、极限及连续

本讲解读

本讲从内容上划分为三个部分，函数、极限、连续，共计二十四个考点，三十一个题型. 从真题对考试大纲的实践来看，本讲在考试中大约占 4 道题(试卷数学部分共 35 道题)，约占微积分部分的 19%，数学部分的 11.4%.

真题在该部分重点围绕极限与连续的计算考查，考生不仅要掌握基本初等函数的常见性质和极限的四则运算法则、等价无穷小替换、洛必达法则等常见的极限计算方法，还需理解函数的运算、左右极限与极限的关系、无穷小与无穷大的概念、函数连续性的概念等相关理论.

重点考点标记见本讲“考点题型框架”.

考点题型框架

- 函数、极限及连续
  - 函数
    - 考点一 函数的定义
      - 题型一 求解函数的定义域
      - 题型二 判断函数是否相同
    - 考点二 函数的分类
    - 考点三 反函数★ → 题型三 计算反函数
    - 考点四 复合函数★ → 题型四 复合函数的相关计算
    - 考点五 函数的单调性 → 题型五 判断函数的单调性
    - 考点六 函数的周期性 → 题型六 判断函数的周期性
    - 考点七 函数的奇偶性★ → 题型七 判断函数的奇偶性
    - 考点八 函数的有界性 → 题型八 讨论函数在其定义域内的有界性

- 函数、极限及连续
  - 极限
    - 考点九 函数的极限★ → 题型九 利用极限定义判断极限与函数的关系
    - 考点十 数列极限 → 题型十 数列极限
    - 考点十一 无穷小和无穷大★ → 题型十一 无穷大与无穷小的判断
    - 考点十二 极限的基本性质
      - 题型十二 函数极限存在的充要条件
      - 题型十三 函数极限有界性的应用
      - 题型十四 函数极限保号性的应用
    - 考点十三 极限的四则运算法则★ → 题型十五 极限运算法则的应用
    - 考点十四 等价无穷小替换★ → 题型十六 利用等价无穷小计算极限
    - 考点十五 无穷小的比较★ → 题型十七 无穷小阶数的比较
    - 考点十六 洛必达法则★
      - 题型十八 利用洛必达法则计算极限
      - 题型十九 已知极限存在求参数问题
    - 考点十七 “$0\cdot\infty$”“0^0”“∞^0”型求极限★
      - 题型二十 “$0\cdot\infty$”型求极限
      - 题型二十一 “0^0”“∞^0”型求极限
    - 考点十八 单侧极限★ → 题型二十二 通过求单侧极限来求函数的极限
    - 考点十九 重要极限★ → 题型二十三 利用两个重要极限求极限
    - 考点二十 极限存在准则 → 题型二十四 利用夹逼准则求极限
  - 函数的连续性与间断点
    - 考点二十一 函数的连续性★
      - 题型二十五 利用函数的连续性求一点处的函数值
      - 题型二十六 求连续函数中的未知参数
    - 考点二十二 连续函数的基本性质和定理 → 题型二十七 连续函数的基本性质和定理的应用
    - 考点二十三 间断点★
      - 题型二十八 间断点定义的应用
      - 题型二十九 讨论函数在指定点处的间断点类型
      - 题型三十 求函数的间断点及其类型
    - 考点二十四 渐近线★ → 题型三十一 求曲线的渐近线

考点精讲

考点一 函数的定义

若 D 为一个非空实数集合，设有一个对应法则 f，使得对每一个 $x\in D$ 都有唯一确定的实数 y 与之对应，则称这个对应法则 f 为定义在 D 上的一个函数，或称变量 y 是变量 x 的函数，记作

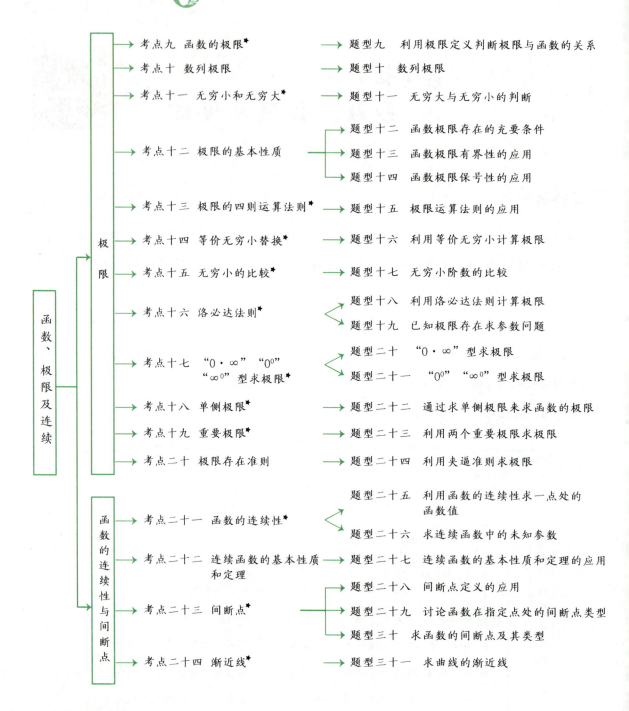

$$y=f(x),x\in D,$$

其中 x 称为自变量，y 称为因变量，集合 D 称为函数的定义域，也可以记作 $D(f)$. 对于 $x_0\in D$ 所对应的 y 的值，记作 y_0 或 $f(x_0)$，称为当 $x=x_0$ 时函数 $y=f(x)$ 的函数值. 全体函数值组成的集合 $\{y|y=f(x),x\in D\}$ 称为函数 $y=f(x)$ 的值域，记作 $f(D)$.

【敲黑板】① 函数的三要素：定义域、对应法则、值域.

② 两个函数相同当且仅当其定义域与对应法则均相同.

③ 常见的函数的定义域如下：

$y=\sqrt{x},x\geqslant 0$； $y=\dfrac{1}{x},x\neq 0$；

$y=\ln x,x>0$； $y=\mathrm{e}^x,x\in\mathbf{R}$；

$y=\sin x,x\in\mathbf{R}$； $y=\cos x,x\in\mathbf{R}$；

$y=\tan x,x\neq\dfrac{\pi}{2}+k\pi(k\in\mathbf{Z})$； $y=\cot x,x\neq k\pi(k\in\mathbf{Z})$；

$y=\arcsin x,x\in[-1,1]$； $y=\arccos x,x\in[-1,1]$；

$y=\arctan x,x\in(-\infty,+\infty)$； $y=\operatorname{arccot} x,x\in(-\infty,+\infty)$.

题型一 求解函数的定义域

【解题方法】(1) 对于具体函数，定义域为使运算有意义的自变量的取值范围，如

① 分式分母不能为零；

② 偶次根式的被开方数不能为负数；

③ 对数的真数大于 0，对数的底数大于 0 且不等于 1；

④$\arcsin x$ 或 $\arccos x$ 的定义域为 $|x|\leqslant 1$；

⑤$\tan x$ 的定义域为 $x\neq\dfrac{\pi}{2}+k\pi,k\in\mathbf{Z}$；

⑥$\cot x$ 的定义域为 $x\neq k\pi,k\in\mathbf{Z}$.

(2) 对于抽象函数，一般使用复合函数定义域的相关运算法则.

如果函数 $f(x)$ 的定义域为 I，其中 I 为某区间，则函数 $f[g(x)]$ 的定义域为使得 $g(x)\in I$ 的 x 的取值范围.

例 1 函数 $y=\sqrt{x^2-x-6}+\arcsin\dfrac{2x-1}{7}$ 的定义域是（ ）.

(A)$[3,+\infty)$ (B)$(-\infty,-2]$ (C)$[-3,4]$

(D)$[-3,-2]\cup[3,4]$ (E)$[-3,2]$

【参考答案】 D

【答案解析】 $\begin{cases} x^2-x-6\geqslant 0, \\ -1\leqslant \dfrac{2x-1}{7}\leqslant 1 \end{cases} \Rightarrow \begin{cases} (x-3)(x+2)\geqslant 0, \\ -7\leqslant 2x-1\leqslant 7 \end{cases} \Rightarrow \begin{cases} x\geqslant 3 \text{ 或 } x\leqslant -2, \\ -3\leqslant x\leqslant 4 \end{cases}$

$$\Rightarrow -3\leqslant x\leqslant -2 \text{ 或 } 3\leqslant x\leqslant 4.$$

例 2 设 $f(x)$ 的定义域为$[-a,a](a>0)$，求 $f(x^2-1)$ 的定义域.

【答案解析】由题意，得

$$-a\leqslant x^2-1\leqslant a\Rightarrow 1-a\leqslant x^2\leqslant a+1.$$

当 $1-a\leqslant 0$ 时，$x^2\leqslant a+1\Rightarrow -\sqrt{a+1}\leqslant x\leqslant \sqrt{a+1}$；

当 $1-a>0$ 时，$\sqrt{1-a}\leqslant x\leqslant \sqrt{a+1}$ 或 $-\sqrt{a+1}\leqslant x\leqslant -\sqrt{1-a}$.

综上，当 $a\geqslant 1$ 时，定义域为$[-\sqrt{a+1},\sqrt{a+1}]$；

当 $0<a<1$ 时，定义域为$[-\sqrt{a+1},-\sqrt{1-a}]\cup[\sqrt{1-a},\sqrt{a+1}]$.

例 3 设函数 $f(x)$ 的定义域为$[0,1]$，$g(x)=\ln x-1$，则复合函数 $f[g(x)]$ 的定义域为(　　).

(A)$(0,1]$　　(B)$[0,1)$　　(C)$(\mathrm{e},\mathrm{e}^2)$　　(D)$[\mathrm{e},\mathrm{e}^2]$　　(E)$[1,\mathrm{e})$

【参考答案】D

【答案解析】由 $x>0$，且 $0\leqslant \ln x-1\leqslant 1\Rightarrow 1\leqslant \ln x\leqslant 2\Rightarrow \mathrm{e}\leqslant x\leqslant \mathrm{e}^2$.

题型二　判断函数是否相同

【解题方法】两个函数相同当且仅当其定义域与对应法则均相同.

例 4 下列各对函数中，两个函数相同的是(　　).

(A)$f(x)=\sqrt{x^2}$ 与 $g(x)=(\sqrt{x})^2$

(B)$f(x)=x$ 与 $g(x)=x(\sin^2 x+\cos^2 x)$

(C)$f(x)=\dfrac{x^2-1}{x-1}$ 与 $g(x)=x+1$

(D)$f(x)=\lg x^2$ 与 $g(x)=2\lg x$

(E)$f(x)=\lg x+\lg(x+1)$ 与 $g(x)=\lg[x(x+1)]$

【参考答案】B

【答案解析】A 中，$f(x)$ 的定义域为 $x^2\geqslant 0\Rightarrow x\in \mathbf{R}$，$g(x)$ 的定义域为 $x\geqslant 0$.

B 中，$f(x)$ 和 $g(x)$ 的定义域都为 $\mathbf{R}$，$g(x)$ 可以化简为 x，为相同函数.

C 中，$f(x)$ 的定义域为 $x\neq 1$，$g(x)$ 的定义域为 $x\in \mathbf{R}$.

D 中，$f(x)$ 的定义域为 $x^2>0\Rightarrow x\neq 0$，$g(x)$ 的定义域为 $x>0$.

E 中，$f(x)$ 的定义域为 $x>0$，$g(x)$ 的定义域为 $x>0$ 或 $x<-1$.

考点二 函数的分类

1. 基本初等函数

常数函数、幂函数、指数函数、对数函数、三角函数与反三角函数称为基本初等函数.

(1) 常数函数：$y = C$，C 为常数.

定义域为$(-\infty, +\infty)$，值域为$\{C\}$.

性质：偶函数.

图像：在直角坐标系上，是一条平行于 x 轴的直线.

(2) 幂函数：$y = x^{\alpha}$（见图）.

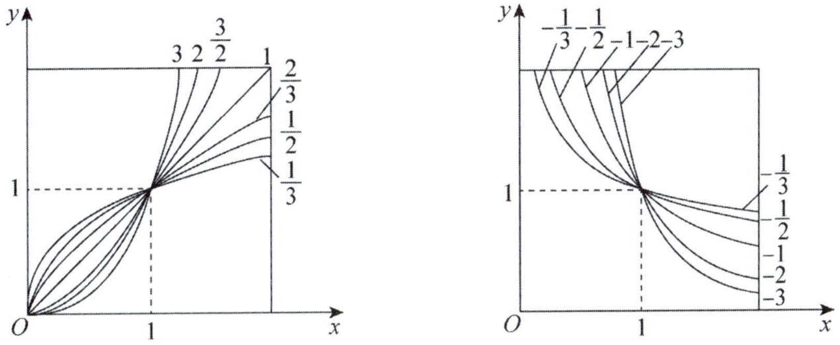

参数 α 取不同值时，函数的定义域和性质各不相同.

$x > 0$ 时，不论 α 为何值，函数都有意义.

图像经过$(1,1)$点.

(3) 指数函数（见图）.

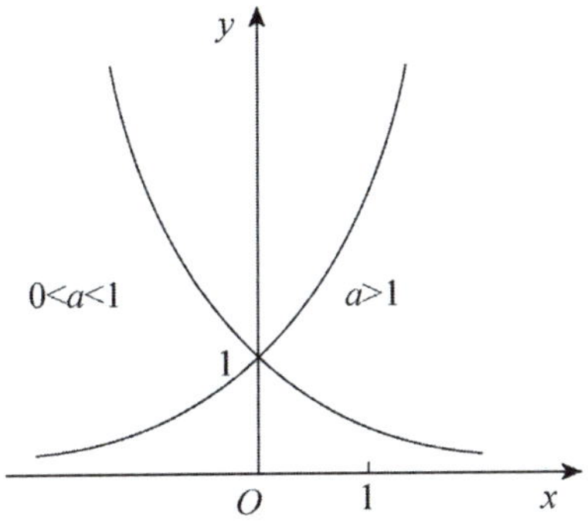

$y=a^x$

$y = a^x (a > 0, a \neq 1)$.

定义域为 $\mathbf{R}$，值域为$(0, +\infty)$.

图像经过$(0,1)$点.

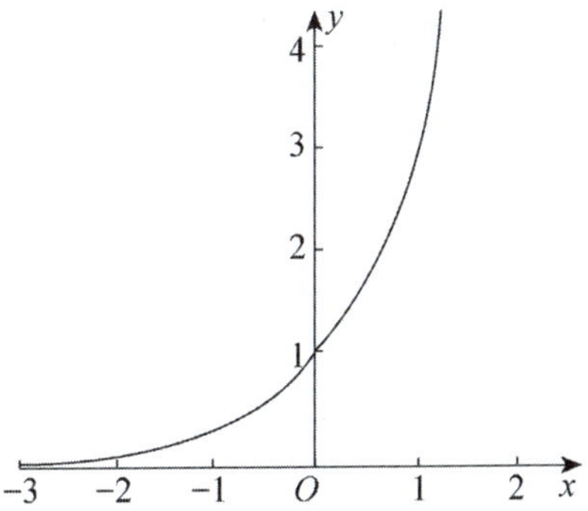

$y=e^x$

自然指数函数 $y = e^x$.

$\lim\limits_{x\to-\infty} e^x = 0$，$\lim\limits_{x\to+\infty} e^x = +\infty$.

(4) 对数函数(见图).

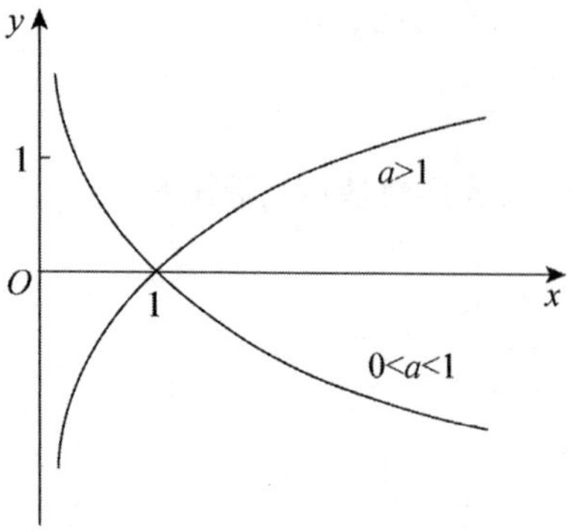

$y=\log_a x$

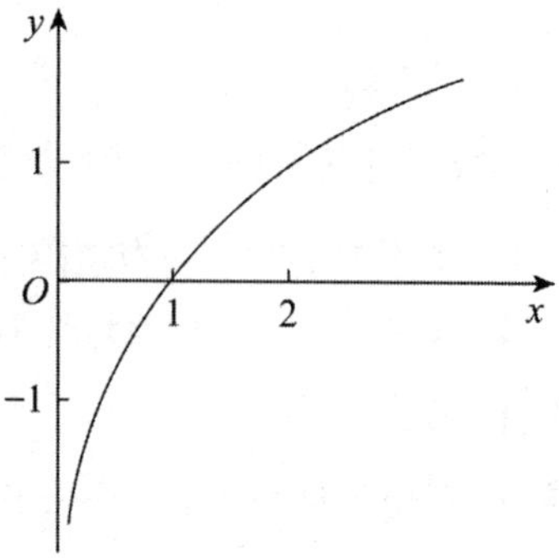

$y=\ln x$

$y=\log_a x\ (a>0, a\neq 1)$. 定义域为 $(0,+\infty)$, 值域为 **R**. 图像经过 $(1,0)$ 点.

自然对数函数 $y=\ln x$.

$\lim\limits_{x\to 0^+}\ln x=-\infty$, $\lim\limits_{x\to+\infty}\ln x=+\infty$.

(5) 三角函数.

① 正弦、余弦函数(见图).

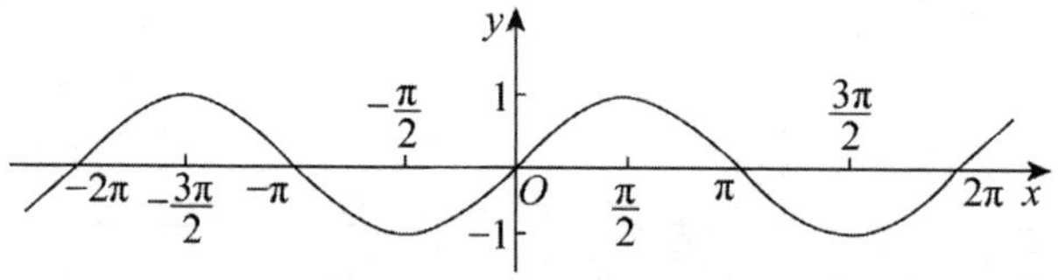

$y=\sin x$

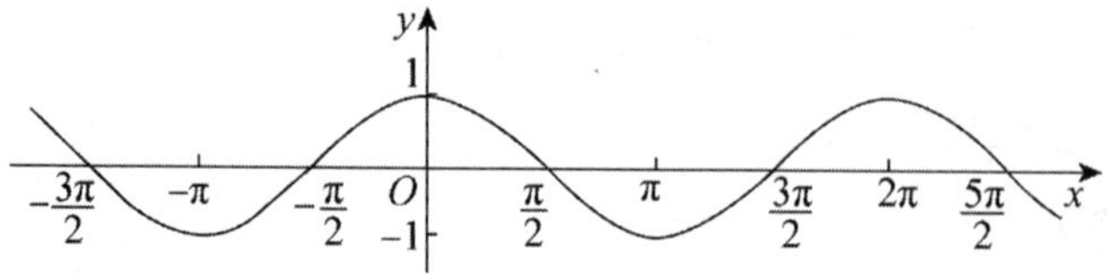

$y=\cos x$

定义域为 **R**, 值域为 $[-1,1]$, 周期为 2π. 正弦函数为奇函数, 余弦函数为偶函数.

② 正切、余切函数(见图).

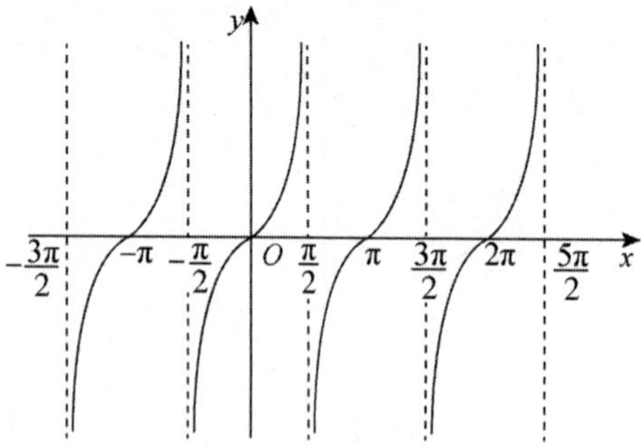

$y=\tan x$

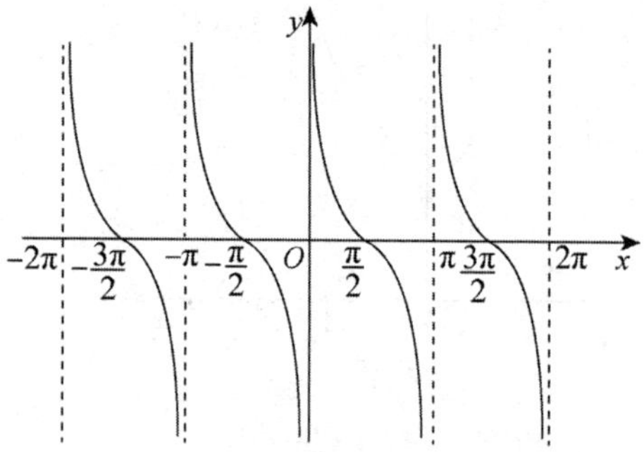

$y=\cot x$

定义域为 $\left\{x\,\middle|\,x\in\mathbf{R}\text{ 且 }x\neq\frac{\pi}{2}+k\pi, k\in\mathbf{Z}\right\}$, 值域为 **R**. 周期为 π, 奇函数.

定义域为 $\{x\mid x\in\mathbf{R}\text{ 且 }x\neq k\pi, k\in\mathbf{Z}\}$, 值域为 **R**. 周期为 π, 奇函数.

③ 正割、余割函数(见图).

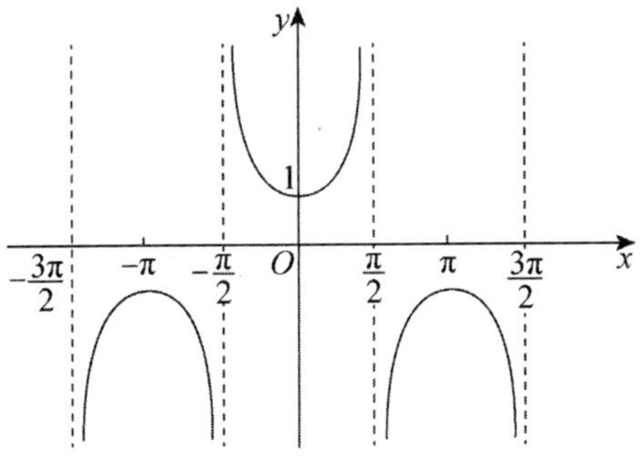

$y=\sec x$

定义域为$\left\{x\,\middle|\,x\in\mathbf{R}\text{ 且 }x\neq\frac{\pi}{2}+k\pi,k\in\mathbf{Z}\right\}$,

值域为$\{y\mid y\geqslant1\text{ 或 }y\leqslant-1\}$.

周期为2π,偶函数.

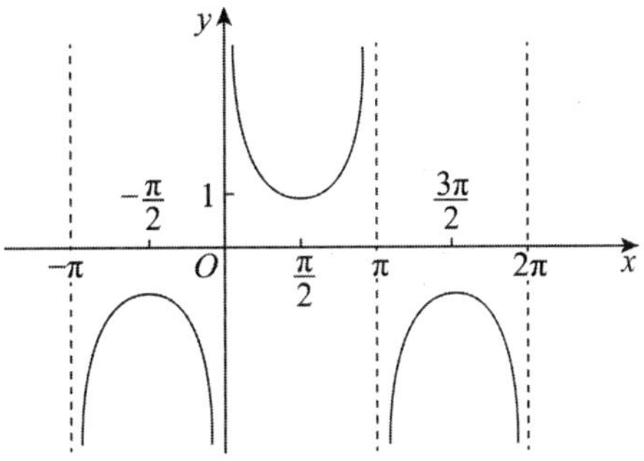

$y=\csc x$

定义域为$\{x\mid x\in\mathbf{R}\text{ 且 }x\neq k\pi,k\in\mathbf{Z}\}$,

值域为$\{y\mid y\geqslant1\text{ 或 }y\leqslant-1\}$.

周期为2π,奇函数.

(6) 反三角函数.

① 反正弦、反余弦函数(见图).

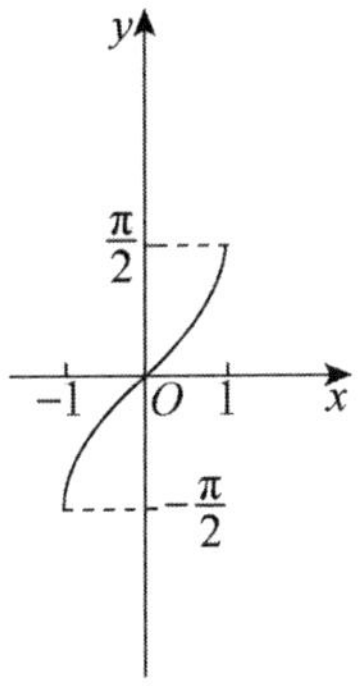

$y=\arcsin x$

定义域为$[-1,1]$,值域为$\left[-\frac{\pi}{2},\frac{\pi}{2}\right]$.

奇函数,在定义域上为增函数.

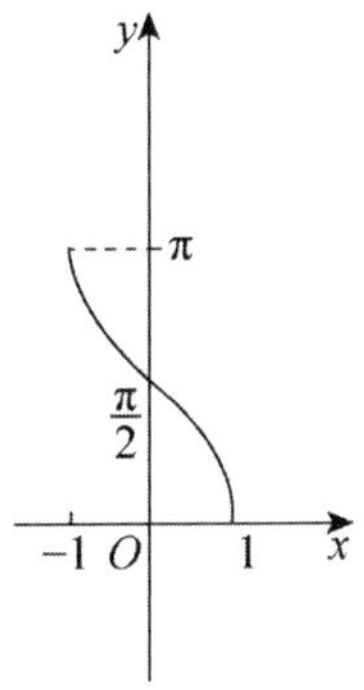

$y=\arccos x$

定义域为$[-1,1]$,值域为$[0,\pi]$.

非奇非偶函数,在定义域上为减函数.

② 反正切、反余切函数(见图).

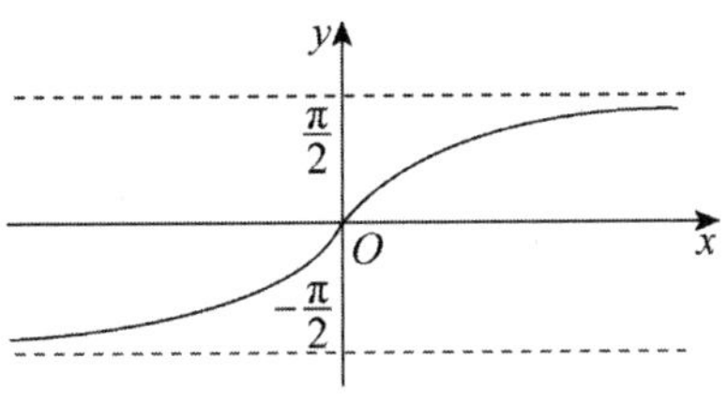

$y=\arctan x$

定义域为$(-\infty,+\infty)$,值域为$\left(-\frac{\pi}{2},\frac{\pi}{2}\right)$.

奇函数,在定义域上为增函数.

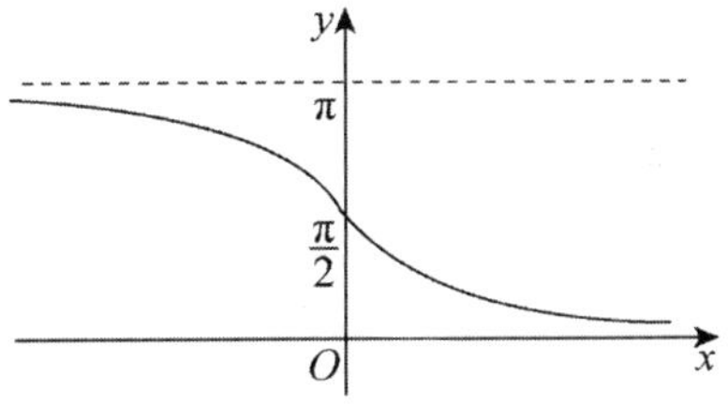

$y=\operatorname{arccot} x$

定义域为$(-\infty,+\infty)$,值域为$(0,\pi)$.

非奇非偶函数,在定义域上为减函数.

(7) 三角函数常用公式.

① 诱导公式.

$\sin(-\alpha)=-\sin\alpha$; $\cos(-\alpha)=\cos\alpha$;

$\sin\left(\frac{\pi}{2}-\alpha\right)=\cos\alpha$; $\cos\left(\frac{\pi}{2}-\alpha\right)=\sin\alpha$;

$\sin\left(\frac{\pi}{2}+\alpha\right)=\cos\alpha$; $\cos\left(\frac{\pi}{2}+\alpha\right)=-\sin\alpha$;

$\sin(\pi-\alpha)=\sin\alpha$; $\cos(\pi-\alpha)=-\cos\alpha$;

$\sin(\pi+\alpha)=-\sin\alpha$; $\cos(\pi+\alpha)=-\cos\alpha$.

② 倒数关系.

$\sin\alpha\cdot\csc\alpha=1$; $\cos\alpha\cdot\sec\alpha=1$; $\tan\alpha\cdot\cot\alpha=1$.

③ 平方关系.

$1+\tan^2\alpha=\sec^2\alpha$; $1+\cot^2\alpha=\csc^2\alpha$; $\sin^2\alpha+\cos^2\alpha=1$.

④ 两角和与差的三角函数.

$\sin(\alpha+\beta)=\sin\alpha\cos\beta+\cos\alpha\sin\beta$; $\cos(\alpha+\beta)=\cos\alpha\cos\beta-\sin\alpha\sin\beta$;

$\sin(\alpha-\beta)=\sin\alpha\cos\beta-\cos\alpha\sin\beta$; $\cos(\alpha-\beta)=\cos\alpha\cos\beta+\sin\alpha\sin\beta$;

$\tan(\alpha+\beta)=\frac{\tan\alpha+\tan\beta}{1-\tan\alpha\tan\beta}$; $\tan(\alpha-\beta)=\frac{\tan\alpha-\tan\beta}{1+\tan\alpha\tan\beta}$.

⑤ 倍角公式.

$\cos 2\alpha=\cos^2\alpha-\sin^2\alpha=2\cos^2\alpha-1=1-2\sin^2\alpha$;

$\cos 3\alpha=4\cos^3\alpha-3\cos\alpha$;

$\sin 2\alpha=2\sin\alpha\cos\alpha$;

$\sin 3\alpha=3\sin\alpha-4\sin^3\alpha$;

$\tan 2\alpha=\frac{2\tan\alpha}{1-\tan^2\alpha}$.

⑥ 半角公式.

$\sin\frac{\alpha}{2}=\pm\sqrt{\frac{1-\cos\alpha}{2}}$;

$\cos\frac{\alpha}{2}=\pm\sqrt{\frac{1+\cos\alpha}{2}}$;

$\tan\frac{\alpha}{2}=\frac{\sin\alpha}{1+\cos\alpha}=\frac{1-\cos\alpha}{\sin\alpha}$.

2. 初等函数

由基本初等函数经过有限次四则运算以及复合,并可用一个式子表达的函数统称为初等函数.

3. 分段函数

$$f(x)=\begin{cases}g(x), & x\in I_1,\\ h(x), & x\in I_2.\end{cases}$$

(1) 符号函数: $\operatorname{sgn} x=\begin{cases}1, & x>0,\\ 0, & x=0,\\ -1, & x<0.\end{cases}$

(2) 绝对值函数：$|f(x)|=\begin{cases} f(x), & f(x)\geqslant 0, \\ -f(x), & f(x)<0. \end{cases}$

(3) 取整函数：$[f(x)]$，不超过 $f(x)$ 的最大整数部分.

(4) 最大值函数：$\max\{f(x),g(x)\}=\begin{cases} f(x), & f(x)\geqslant g(x), \\ g(x), & f(x)<g(x). \end{cases}$

(5) 最小值函数：$\min\{f(x),g(x)\}=\begin{cases} g(x), & f(x)\geqslant g(x), \\ f(x), & f(x)<g(x). \end{cases}$

4. 隐函数

由形如 $F(x,y)=0$ 的方程确定的函数关系 $y=y(x)$，一般没有明显的函数表达式.

5. 参数方程

$$\begin{cases} x=\varphi(t), \\ y=\psi(t), \end{cases} t\in[\alpha,\beta].$$

6. 极限函数

如
$$f(x)=\lim_{n\to\infty}\frac{nx}{n(x-1)+1}.$$

7. 积分上限函数

$$F(x)=\int_a^x f(t)\mathrm{d}t.$$

考点三　反函数

定义　设函数 $y=f(x)$，其定义域为 D，值域为 M. 如果对于每一个 $y\in M$，都有唯一的一个 $x\in D$ 与之对应，并使 $y=f(x)$ 成立，则得到一个以 y 为自变量，x 为因变量的函数，称此函数为 $y=f(x)$ 的反函数，记作 $x=f^{-1}(y)$，并称 $y=f(x)$ 为原函数.

【敲黑板】① 单调函数存在反函数(原函数与反函数具有相同单调性).

② 在同一直角坐标系中，函数 $y=f(x)$ 与函数 $x=f^{-1}(y)$ 的图像是完全重合的，而函数 $y=f(x)$ 与函数 $y=f^{-1}(x)$ 的图像关于直线 $y=x$ 对称.

③ 原函数的值域为反函数的定义域.

题型三　计算反函数

【解题方法】第一步：求出原函数 $y=f(x)$，$x\in D$ 的值域 I；

第二步：从方程 $y=f(x)$ 中解出 $x=f^{-1}(y)$，$y\in I$；

第三步：交换 x,y 得 $y=f^{-1}(x)$，$x\in I$ 即为所求反函数.

例 5　函数 $y=\dfrac{e^x}{e^x+1}$ 的反函数是(　　).

(A) $y=\dfrac{x}{1-x}$　　(B) $y=\ln\dfrac{x}{1-x}$　　(C) $y=\dfrac{1-x}{x}$

(D) $y=\ln\frac{1-x}{x}$　　　　(E) $y=\ln\frac{1+x}{x}$

【参考答案】B

【答案解析】由 $(e^x+1)y=e^x \Rightarrow e^x y+y=e^x \Rightarrow e^x(y-1)=-y \Rightarrow e^x=\frac{y}{1-y}$

$$\Rightarrow x=\ln\frac{y}{1-y},$$

得反函数为 $y=\ln\frac{x}{1-x}$.

例 6 若函数 $f(x)$ 和 $g(x)$ 的图像关于直线 $y=x$ 对称，且 $f(x)=\frac{e^x+e^{-x}}{e^x-e^{-x}}$，则 $g(x)=$ (　　).

(A) $2\ln\frac{x+1}{x-1}$　(B) $\ln\frac{x+1}{x-1}$　(C) $\frac{1}{2}\ln\frac{x+1}{x-1}$　(D) $2\ln\frac{x-1}{x+1}$　(E) $\ln\frac{x-1}{x+1}$

【参考答案】C

【解题思路】由于题目条件为 $f(x)$ 与 $g(x)$ 的图像关于直线 $y=x$ 对称，因此先考虑什么函数具有此特性.

【答案解析】由 $f(x)$ 与 $g(x)$ 的图像关于直线 $y=x$ 对称，可知 $f(x)$ 与 $g(x)$ 互为反函数，若记 $y=f(x)$，则

$$y=\frac{e^x+e^{-x}}{e^x-e^{-x}}=\frac{(e^{2x}+1)e^{-x}}{(e^{2x}-1)e^{-x}}=\frac{e^{2x}+1}{e^{2x}-1},$$

因此

$$(e^{2x}-1)y=e^{2x}+1, e^{2x}(y-1)=y+1,$$

可得

$$x=\frac{1}{2}\ln\frac{y+1}{y-1},$$

可知

$$g(x)=\frac{1}{2}\ln\frac{x+1}{x-1}.$$

故选 C.

考点四　复合函数

定义　设 y 是变量 u 的函数 $y=f(u)$，而 u 又是变量 x 的函数 $u=g(x)$，且 $g(x)$ 的函数值全部或部分落在 $f(u)$ 的定义域内，那么 y 通过 u 的联系而成为 x 的函数，叫作由 $y=f(u)$ 和 $u=g(x)$ 复合而成的函数，简称 x 的复合函数，记作 $y=f[g(x)]$ 或 $f\circ g$，其中 u 叫作中间变量，f 叫作外函数，g 叫作内函数.

题型四　复合函数的相关计算

【解题方法一】已知 $f(x)$，求 $f[g(x)]$，用直接代入法.

例 7 设函数 $f(x)=\frac{1}{1-x}(x\neq 0,1)$，则 $f[f(x)]=$ (　　).

(A)$1-\dfrac{1}{x}$　　(B)$1+\dfrac{1}{x}$　　(C)$\dfrac{1}{x}-1$　　(D)$1+x$　　(E)$1-x$

【参考答案】A

【答案解析】由 $f(x)=\dfrac{1}{1-x}$,通过变量代换得

$$f[f(x)]=\frac{1}{1-f(x)}=\frac{1}{1-\frac{1}{1-x}}=\frac{1}{\frac{1-x-1}{1-x}}=\frac{1}{\frac{-x}{1-x}}=\frac{1-x}{-x}=\frac{x-1}{x}=1-\frac{1}{x},$$

故应选 A.

【解题方法二】已知 $f[g(x)]$ 与 $g(x)$,求 $f(x)$.

(1) 令 $u=g(x)$,反解出 $x=g^{-1}(u)$;

(2) 将 $x=g^{-1}(u)$ 代入即可求得 $f(u)$,也即 $f(x)$.

例 8　已知 $f\left(\dfrac{x+2}{x}\right)=\lg(4x+1)$,则 $f(x)=$(　　).

(A)$\lg\dfrac{x+7}{x-1}$　　(B)$\lg\dfrac{x-1}{x+7}$　　(C)$\lg\dfrac{x+2}{x-1}$　　(D)$\lg\dfrac{x+2}{x+7}$　　(E)$\lg\dfrac{x+1}{x-1}$

【参考答案】A

【答案解析】令$\dfrac{x+2}{x}=u$,则 $x=\dfrac{2}{u-1}(u\neq 1)$.

$$f(u)=\lg\left(4\cdot\frac{2}{u-1}+1\right)=\lg\frac{u+7}{u-1},$$

故 $f(x)=\lg\dfrac{x+7}{x-1}(x>1)$.

例 9　若 $x>0$ 时,$g(x)>0$,且 $f(e^x)=1+x$,$f[g(x)]=1+x\ln x$,则 $g(x)=$(　　).

(A) $\dfrac{1}{2}xe^x$　　(B)x^x　　(C)$2xe^x$　　(D) $\dfrac{1}{2}x^2e^x$　　(E)$2x^x$

【参考答案】B

【答案解析】已知 $x>0$,$g(x)>0$,$f(e^x)=1+x$,令 $e^x=t\Rightarrow x=\ln t(t>0)$,则

$$f(t)=1+\ln t,$$
$$f(x)=1+\ln x,$$
$$f[g(x)]=1+\ln g(x).$$

又因为 $f[g(x)]=1+x\ln x$,所以 $\ln g(x)=x\ln x=\ln x^x$,则 $g(x)=x^x$.

【解题方法三】分段函数:已知 $f(x)$,求 $f[g(x)]$.

设函数 $f(x)=\begin{cases}f_1(x),\ x\in D_1,\\ f_2(x),\ x\in D_2,\end{cases}$则根据复合函数的定义有

$$f[g(x)]=\begin{cases}f_1[g(x)],\ g(x)\in D_1,\\ f_2[g(x)],\ g(x)\in D_2.\end{cases}$$

(1) 根据 $g(x)$ 的解析式解出使 $g(x)\in D_1$ 的 x 的范围;

(2) 将 $f_1(x)$ 中的 x 替换成 $g(x)$，得 $f_1[g(x)]$，类似计算 $f_2[g(x)]$.

例 10 设 $g(x)=\begin{cases}2-x, & x\leqslant 0,\\ x+2, & x>0,\end{cases}$ $f(x)=\begin{cases}x^2, & x<0,\\ -x, & x\geqslant 0,\end{cases}$ 则 $g[f(x)]=$ (　　).

(A) $\begin{cases}2+x^2, & x<0,\\ x-2, & x\geqslant 0\end{cases}$

(B) $\begin{cases}2-x^2, & x<0,\\ 2+x, & x\geqslant 0\end{cases}$

(C) $\begin{cases}2-x^2, & x<0,\\ 2-x, & x\geqslant 0\end{cases}$

(D) $\begin{cases}2+x^2, & x<0,\\ 2+x, & x\geqslant 0\end{cases}$

(E) $\begin{cases}2+x, & x<0,\\ 2+x^2, & x\geqslant 0\end{cases}$

【参考答案】 D

【答案解析】

$$g[f(x)]=\begin{cases}2-f(x), & f(x)\leqslant 0,\\ f(x)+2, & f(x)>0.\end{cases}$$

先根据 $f(x)$ 的定义求解不等式 $f(x)\leqslant 0$ 和 $f(x)>0$.

当 $x\geqslant 0$ 时，由于 $f(x)=-x$，因此恒有 $f(x)\leqslant 0$；

当 $x<0$ 时，由于 $f(x)=x^2$，因此恒有 $f(x)>0$.

由此可知，$f(x)\leqslant 0$ 等价于 $x\geqslant 0$，$f(x)>0$ 等价于 $x<0$，即

$$g[f(x)]=\begin{cases}2-f(x), & x\geqslant 0,\\ f(x)+2, & x<0\end{cases}=\begin{cases}2+x, & x\geqslant 0,\\ x^2+2, & x<0,\end{cases}$$

故选 D.

考点五　函数的单调性

定义　对于函数 $y=f(x)$，$x\in D$，若对某区间 I 内的任意两点 $x_1>x_2$，均满足 $f(x_1)>f(x_2)$（或 $f(x_1)<f(x_2)$），则称函数 $f(x)$ 在 I 上单调递增（或单调递减），并称 I 为 $f(x)$ 的一个单调增区间（或单调减区间）. 若对区间 I 内的任意两点 $x_1>x_2$，均有 $f(x_1)\geqslant f(x_2)$（或 $f(x_1)\leqslant f(x_2)$），则称函数 $f(x)$ 在 I 上单调不减（或单调不增）.

【敲黑板】 ① 假设函数 $f(x)$，$g(x)$ 均单调递增（减），则 $f(x)+g(x)$ 也单调递增（减）.

② 假设函数 $f(x)$，$g(x)$ 单调性相同，则 $f[g(x)]$ 单调递增；假设函数 $f(x)$，$g(x)$ 单调性相反，则 $f[g(x)]$ 单调递减.

③ 判定函数的单调性主要利用单调性的定义和一阶导数的正负.

题型五　判断函数的单调性

【解题方法】 用定义法：设 $x_1<x_2$，把函数值之差 $f(x_1)-f(x_2)$ 与 0 进行比较.

例 11 判断函数 $f(x)=x^3-3x+1$ 在区间 $(-1,1)$ 内的单调性.

【答案解析】 设 $x_1,x_2\in(-1,1)$ 且 $x_1<x_2$，则

$$
\begin{aligned}
f(x_1)-f(x_2)&=x_1^3-3x_1+1-(x_2^3-3x_2+1)\\
&=(x_1^3-x_2^3)-3(x_1-x_2)\\
&=(x_1-x_2)(x_1^2+x_1x_2+x_2^2)-3(x_1-x_2)\\
&=(x_1-x_2)(x_1^2+x_1x_2+x_2^2-3)>0,
\end{aligned}
$$

则 $f(x_1)>f(x_2)$，所以 $f(x)$ 在区间 $(-1,1)$ 内单调递减.

考点六 函数的周期性

定义 对于函数 $y=f(x),x\in D$，若存在正数 T，使得对 D 内的任意一点 x 都有 $f(x+T)=f(x)$，则称 $f(x)$ 为周期函数，而 T 为 $f(x)$ 的一个周期. 易知，若 T 为 $f(x)$ 的一个周期，则对任意的整数 n，nT 亦为 $f(x)$ 的周期. 在 $f(x)$ 的所有周期中，我们把其中最小的正数称为最小正周期.

【敲黑板】 ① 如果函数 $f_1(x),f_2(x)$ 都以 T 为周期，则 $k_1f_1(x)+k_2f_2(x)$ 仍然以 T 为周期.

② 如果函数 $f_1(x),f_2(x)$ 分别以 T_1,T_2 为周期，则 $f_1(x)\pm f_2(x)$ 也是周期函数，其周期为 T_1 和 T_2 的最小公倍数.

如 $f(x)=\cos 5x+\sin 4x+\tan(2x+1)$ 的周期为 $\frac{2\pi}{5},\frac{2\pi}{4},\frac{\pi}{2}$ 的最小公倍数 2π.

③ 常见的周期函数及其最小正周期：

$y=\sin x,T=2\pi$；$y=\cos x,T=2\pi$；$y=\tan x,T=\pi$；$y=\cot x,T=\pi$.

题型六 判断函数的周期性

【解题方法】 用定义法：若存在正数 T，使得 $f(x+T)=f(x)$，则 T 为 $f(x)$ 的一个周期.

例 12 若 $f(x)$ 既关于直线 $x=a$ 对称，又关于直线 $x=b$ 对称，且 $b>a$，则 $f(x)$ 的周期为(　　).

(A) a　　(B) $-a$　　(C) $a+b$　　(D) $b-a$　　(E) $2b-2a$

【参考答案】 E

【答案解析】 已知 $f(x)$ 关于直线 $x=a,x=b$ 对称，则

$$f(a+x)=f(a-x),f(b+x)=f(b-x).$$

用 $x-a$ 替换 x，则

$$f(a+x-a)=f[a-(x-a)]\Rightarrow f(x)=f(2a-x)=f[b+(2a-x-b)],$$

又因为 $f(b+x)=f(b-x)$，用 $2a-x-b$ 替换 x，则

$$f[b+(2a-x-b)]=f[b-(2a-x-b)],$$

故 $f(x)=f(2b-2a+x)$.

考点七 函数的奇偶性

定义 设函数 $y=f(x)$ 的定义域 D 关于原点对称，若对 D 内的任意一点 x，均有 $f(-x)=f(x)$（或 $f(-x)=-f(x)$），则称 $f(x)$ 为偶函数（或奇函数）.

【敲黑板】① 奇函数关于原点对称，偶函数关于 y 轴对称.

② 奇函数 $f(x)$ 若在 $x=0$ 处有定义，则 $f(0)=0$.

③ 奇函数 $\pm$ 奇函数 $=$ 奇函数，偶函数 $\pm$ 偶函数 $=$ 偶函数；

奇函数 $\times$（或 $\div$）奇函数 $=$ 偶函数，偶函数 $\times$（或 $\div$）偶函数 $=$ 偶函数；

奇函数 $\times$（或 $\div$）偶函数 $=$ 奇函数.

④ 常见的奇函数：$y=x^{2k+1}$，$y=\sin x$，$y=\tan x$，$y=\cot x$，$f(x)-f(-x)$；

常见的偶函数：$y=x^{2k}$，$y=\cos x$，$y=|x|$，$f(|x|)$，$f(x)+f(-x)$，$f(x)f(-x)$.

题型七 判断函数的奇偶性

【解题方法】定义法：首先看定义域是否关于原点对称，再计算 $f(-x)$ 的值.

若 $f(-x)=f(x)$，则 $f(x)$ 为偶函数；

若 $f(-x)=-f(x)\Rightarrow f(-x)+f(x)=0$，则 $f(x)$ 为奇函数.

例 13 函数 $f(x)=\dfrac{e^x-1}{e^x+1}\ln\dfrac{1-x}{1+x}$（　　）.

(A) 为奇函数　　(B) 为偶函数　　(C) 为非奇非偶函数

(D) 不能确定奇偶性　　(E) 关于原点对称

【参考答案】B

【答案解析】设 $f_1(x)=\dfrac{e^x-1}{e^x+1}$，则

$$f_1(-x)=\frac{e^{-x}-1}{e^{-x}+1}=\frac{\frac{1}{e^x}-1}{\frac{1}{e^x}+1}=\frac{1-e^x}{1+e^x}=-f_1(x),$$

所以 $f_1(x)$ 为奇函数.

设

$$f_2(x)=\ln\frac{1-x}{1+x}=\ln(1-x)-\ln(1+x),$$

则

$$f_2(-x)=\ln\frac{1+x}{1-x}=\ln(1+x)-\ln(1-x)=-f_2(x),$$

所以 $f_2(x)$ 为奇函数.

因为奇函数 $\times$ 奇函数 $=$ 偶函数，所以 $f(x)$ 是偶函数.

考点八 函数的有界性

定义 设函数 $y=f(x)$ 在区间 D 上有定义，若存在正数 M，使得对于任意一个 $x\in D$，都有

$|f(x)| \leqslant M$ 成立,则称 $f(x)$ 在 D 上有界.若对任意的 $M>0$,总存在 $x_0 \in D$,有 $|f(x_0)|>M$,则称 $f(x)$ 在 D 上无界.

【敲黑板】① 函数有界的充要条件是函数既有上界又有下界.

② 常用的有界函数:$|\sin x| \leqslant 1, x \in (-\infty,+\infty)$;$|\cos x| \leqslant 1, x \in (-\infty,+\infty)$;

$|\arcsin x| \leqslant \dfrac{\pi}{2}, x \in [-1,1]$;$0 \leqslant \arccos x \leqslant \pi, x \in [-1,1]$;

$|\arctan x| < \dfrac{\pi}{2}, x \in (-\infty,+\infty)$;$0 < \operatorname{arccot} x < \pi, x \in (-\infty,+\infty)$.

③ 函数 $f(x)$ 有界或无界是相对于某个区间而言的.

题型八　讨论函数在其定义域内的有界性

【解题方法】(1) 用定义法:首先,加绝对值 $|f(x)|$,其次,判断 $|f(x)| \leqslant M(M>0)$.

(2) 用几何法:画函数图像.

例 14 判断下列函数在其定义域内的有界性.

(1) $\dfrac{4x}{1+x^2}$;　(2) $\cos\dfrac{2e^x}{x+1}$;　(3) $x\sin x$.

【答案解析】(1) 当 $x \neq 0$ 时,$\left|\dfrac{4x}{1+x^2}\right| = \dfrac{|4x|}{|1+x^2|} \leqslant \left|\dfrac{4x}{2x}\right| = 2$,当 $x=0$ 时,$\dfrac{4\times 0}{1+0^2}=0$,故此函数为有界函数.

(2) 由 $\left|\cos\dfrac{2e^x}{x+1}\right| \leqslant 1$,可知此函数为有界函数.

(3) **方法 1** 图像法:$y = x\sin x$ 的图像如图所示,图像上找不到两条与 x 轴平行的直线使得函数的图像介于它们之间,故为无界函数.

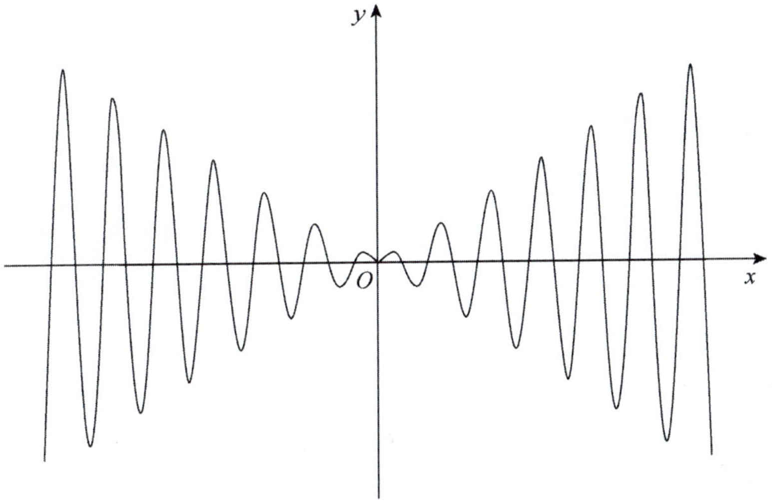

方法2 令 $f(x)=x\sin x$，当 $x=2k\pi+\frac{\pi}{2}$（k 为正整数）时，

$$f\left(2k\pi+\frac{\pi}{2}\right)=\left(2k\pi+\frac{\pi}{2}\right)\sin\left(2k\pi+\frac{\pi}{2}\right)=2k\pi+\frac{\pi}{2},$$

对于任意的 $M>0$，只要正整数 k 足够大，一定会有 $\left|f\left(2k\pi+\frac{\pi}{2}\right)\right|=2k\pi+\frac{\pi}{2}>M$，故此函数为无界函数.

考点九　函数的极限

1. 自变量趋向于有限值时函数的极限

(1) 设函数 $f(x)$ 在 x_0 的某去心邻域内有定义，若存在实数 A，使得 $\forall\varepsilon>0$，$\exists\delta>0$，当 $x\in(x_0-\delta,x_0)\cup(x_0,x_0+\delta)$ 时，有 $|f(x)-A|<\varepsilon$，则称 $f(x)$ 在 x_0 处的极限值为 A，记作 $\lim\limits_{x\to x_0}f(x)=A$.

【敲黑板】① 极限是指在自变量的某一变化过程中，函数值的变化情况.

② x_0 的邻域说明 $x\in(x_0-\delta,x_0+\delta)$，包含 x_0.

③ x_0 的去心邻域说明 $x\in(x_0-\delta,x_0)\cup(x_0,x_0+\delta)$，不包含 x_0.

④ "$x\to x_0$"表示"x 无限趋近于 x_0 但 $x\neq x_0$，即 x 既可以大于 x_0，也可以小于 x_0".

⑤ $\lim\limits_{x\to x_0}f(x)$ 与 $f(x)$ 在 $x=x_0$ 处是否有定义无关.

⑥ $\lim\limits_{x\to x_0}f(x)$ 是否存在与函数在 $x=x_0$ 处的函数值 $f(x_0)$ 无关.

题型九　利用极限定义判断极限与函数的关系

例 15 设函数 $f(x)$ 满足 $\lim\limits_{x\to x_0}f(x)=1$，则下列结论中不可能成立的是（　　）.

(A) 在 x_0 附近恒有 $f(x)<\frac{3}{2}$　　(B) $f(x_0)=2$

(C) 在 x_0 附近恒有 $f(x)>\frac{1}{2}$　　(D) $f(x_0)=1$

(E) 在 x_0 附近恒有 $f(x)<\frac{2}{3}$

【参考答案】E

【答案解析】本题考查极限的定义. 由题意得，当 $x\to x_0$ 时，有 $\forall\varepsilon>0$，$\exists\delta>0$，当 $x\in(x_0-\delta,x_0)\cup(x_0,x_0+\delta)$ 时，有 $|f(x)-1|<\varepsilon$，则 $-\varepsilon<f(x)-1<\varepsilon\Rightarrow1-\varepsilon<f(x)<1+\varepsilon$，故 E 不成立，又因为函数极限与函数在极限点处的取值是没有关系的，故 A,B,C,D 均有可能成立.

(2) 左极限：设函数 $f(x)$ 在 x_0 的某左邻域内有定义，若存在实数 A，使得 $\forall\varepsilon>0$，$\exists\delta>0$，当

$x \in (x_0-\delta, x_0)$ 时，有 $|f(x)-A|<\varepsilon$，则称 $f(x)$ 在 x_0 点处的左极限为 A，记作 $\lim\limits_{x \to x_0^-} f(x)=A$.

(3) 右极限：设函数 $f(x)$ 在 x_0 的某右邻域内有定义，若存在实数 A，使得 $\forall \varepsilon>0, \exists \delta>0$，当 $x \in (x_0, x_0+\delta)$ 时，有 $|f(x)-A|<\varepsilon$，则称 $f(x)$ 在 x_0 点处的右极限为 A，记作 $\lim\limits_{x \to x_0^+} f(x)=A$.

(4) $\lim\limits_{x \to x_0} f(x)$ 存在的充要条件：$\lim\limits_{x \to x_0^+} f(x)$ 与 $\lim\limits_{x \to x_0^-} f(x)$ 存在且相等.

2. 自变量趋向于无穷大时函数的极限

设函数 $f(x)$ 在 $(-\infty, -X) \cup (X, +\infty)$（$X$ 为某正数）上有定义，若存在实数 A，使得 $\forall \varepsilon>0$，$\exists M>0$，当 $|x|>M$ 时，有 $|f(x)-A|<\varepsilon$，则称当 $x \to \infty$ 时 $f(x)$ 的极限值为 A，记作 $\lim\limits_{x \to \infty} f(x)=A$.

类似地，可以分别定义 $x \to -\infty$ 和 $x \to +\infty$ 时 $f(x)$ 的极限 $\lim\limits_{x \to -\infty} f(x)$ 和 $\lim\limits_{x \to +\infty} f(x)$.

【敲黑板】① $\lim\limits_{x \to \infty} f(x)$ 存在的充要条件：$\lim\limits_{x \to -\infty} f(x)$ 与 $\lim\limits_{x \to +\infty} f(x)$ 存在且相等.

② 常用到需要分 $x \to -\infty, x \to +\infty$ 的极限：

$$\lim_{x \to -\infty} a^x = \begin{cases} 0, & a>1, \\ +\infty, & 0<a<1, \end{cases} \quad \lim_{x \to +\infty} a^x = \begin{cases} 0, & 0<a<1, \\ +\infty, & a>1; \end{cases}$$

$$\lim_{x \to -\infty} \arctan x = -\frac{\pi}{2}, \lim_{x \to +\infty} \arctan x = \frac{\pi}{2}; \lim_{x \to -\infty} \operatorname{arccot} x = \pi, \lim_{x \to +\infty} \operatorname{arccot} x = 0.$$

考点十 数列极限

对于数列 $\{x_n\}$，如果存在实数 a，使得 $\forall \varepsilon>0, \exists N \in \mathbf{N}_+$，当 $n>N$ 时，有 $|x_n-a|<\varepsilon$，则称数列 $\{x_n\}$ 收敛于 a，记作 $\lim\limits_{n \to \infty} x_n=a$.

【敲黑板】① $n \to \infty$ 指的是 $n \to +\infty$.

② 若数列极限存在，则其子数列极限也存在.

③ 若子数列极限存在且相等，则数列极限存在.

④ 单调递增且有上界的数列必有极限.

⑤ 单调递减且有下界的数列必有极限.

⑥ 数列及函数的七种极限过程：$n \to \infty, x \to x_0, x \to x_0^+, x \to x_0^-, x \to \infty, x \to +\infty, x \to -\infty$.

题型十 数列极限

例16 设 $\{a_n\}, \{b_n\}, \{c_n\}$ 均为非负数列，且 $\lim\limits_{n \to \infty} a_n=0, \lim\limits_{n \to \infty} b_n=1, \lim\limits_{n \to \infty} c_n=\infty$，则（ ）.

(A) 对任意 $n, a_n<b_n$ 都成立

(B) 对任意 $n, b_n<c_n$ 都成立

(C) 极限 $\lim\limits_{n \to \infty} a_n c_n$ 不存在

(D) 极限 $\lim\limits_{n \to \infty} b_n c_n$ 不存在

(E) 极限 $\lim\limits_{n \to \infty} a_n c_n$ 总存在

【参考答案】D

【解题思路】选项 A,B 是数列通项值的比较,极限中没有这类性质,因此只能从数列收敛与发散的定义去探讨.而选项 C,D,E 为数列乘积的极限,因此可以从极限的性质去探讨.

【答案解析】数列极限$\lim\limits_{n\to\infty}x_n$ 的概念描述了当 $n\to\infty$ 时 x_n 的变化趋势,它与 x_n 的前有限项的值无关,因此应排除 A,B.

由于$\lim\limits_{n\to\infty}a_n=0$,$\lim\limits_{n\to\infty}c_n=\infty$,可知$\lim\limits_{n\to\infty}a_nc_n$ 为“$0\cdot\infty$”型极限,这是未定型,既不能说$\lim\limits_{n\to\infty}a_nc_n$ 不存在,也不能说其总存在,因此排除 C,E.

由于$\lim\limits_{n\to\infty}b_n=1$,$\lim\limits_{n\to\infty}c_n=\infty$,因此$\lim\limits_{n\to\infty}b_nc_n=\infty$,故极限不存在.故选 D.

例 17 设$\{x_n\}$是数列,下列命题不正确的是(　　).

(A) 若$\lim\limits_{n\to\infty}x_n=a$,则$\lim\limits_{n\to\infty}x_{2n}=\lim\limits_{n\to\infty}x_{2n+1}=a$

(B) 若$\lim\limits_{n\to\infty}x_{2n}=\lim\limits_{n\to\infty}x_{2n+1}=a$,则$\lim\limits_{n\to\infty}x_n=a$

(C) 若$\lim\limits_{n\to\infty}x_n=a$,则$\lim\limits_{k_i\to\infty}x_{k_i}=a$

(D) 若$\lim\limits_{n\to\infty}x_{3n}=\lim\limits_{n\to\infty}x_{3n+1}=\lim\limits_{n\to\infty}x_{3n+2}=a$,则$\lim\limits_{n\to\infty}x_n=a$

(E) 若$\lim\limits_{n\to\infty}x_{3n}=\lim\limits_{n\to\infty}x_{3n+1}=a$,则$\lim\limits_{n\to\infty}x_n=a$

【参考答案】E

【解题思路】所给题目各选项都为数列极限与其子列极限的性质,由收敛数列的子列极限性质可解,而对其逆命题或举反例说明或给出证明.

【答案解析】由子列的极限性质可知,若数列$\{x_n\}$在 $n\to\infty$ 时极限存在,则其任意子列$\{x_{k_i}\}$在 $k_i\to\infty$ 时也必定存在极限,且极限值不变,因此知 A,C 正确.

又由子列极限性质(由极限定义也不难证明),当$\lim\limits_{n\to\infty}x_{2n}=\lim\limits_{n\to\infty}x_{2n+1}=a$ 时,必有$\lim\limits_{n\to\infty}x_n=a$,可知 B 正确.

同理,当$\lim\limits_{n\to\infty}x_{3n}=\lim\limits_{n\to\infty}x_{3n+1}=\lim\limits_{n\to\infty}x_{3n+2}=a$ 时,必有$\lim\limits_{n\to\infty}x_n=a$,可知 D 正确.

对于选项 E,可以举反例:
$$x_n=\begin{cases}1, & n=3k,\\1, & n=3k+1,\\2, & n=3k+2,\end{cases}$$

其中 $k=1,2,\cdots$,易见$\lim\limits_{n\to\infty}x_{3n}=1$,$\lim\limits_{n\to\infty}x_{3n+1}=1$,$\lim\limits_{n\to\infty}x_{3n+2}=2$,因此$\lim\limits_{n\to\infty}x_n$ 不存在,即 E 不正确.故选 E.

考点十一　无穷小和无穷大

1.无穷小

(1) 定义:如果在某极限过程 $x\to\square$ 中($x\to\square$ 可以表示 $x\to x_0$,$x\to x_0^+$,$x\to x_0^-$,$x\to\infty$,$x\to+\infty$,$x\to-\infty$ 极限过程中的任何一种,下同),函数 $f(x)$ 的极限值为 0,即$\lim\limits_{x\to\square}f(x)=0$,则称 $f(x)$ 为当 $x\to\square$ 时的无穷小.

(2) 性质.

① 无穷小必须指明极限过程.

② 无穷小不是一个很小的数,是无限趋近于零的函数.

③ 0 是无穷小.

④ 有限个无穷小之和或乘积仍为无穷小;无穷小与有界函数的乘积仍为无穷小;常数与无穷小的乘积仍为无穷小.

2. 无穷大

(1) 定义:如果在某极限过程 $x \to \square$ 中,函数 $|f(x)|$ 无限增大,即 $\lim\limits_{x \to \square} f(x) = \infty$,则称函数 $f(x)$ 为该极限过程中的无穷大.

(2) 性质.

① 无穷大必须指明极限过程.

② 无穷大不是一个具体的数字,它是一个变化过程.

③ 无穷大是极限不存在的情况之一,但极限不存在并不一定是无穷大.

④ 无穷大的乘积仍为无穷大;无穷大与有界变量之和仍为无穷大;无穷大与非零常数的乘积仍为无穷大.

3. 无穷小与无穷大的关系

如果 $x \to \square$ 时,$f(x)$ 为无穷大,则$\dfrac{1}{f(x)}$ 在同一极限过程中为无穷小;

如果 $x \to \square$ 时,$f(x)$ 为无穷小,且 $f(x) \neq 0$,则$\dfrac{1}{f(x)}$ 在同一极限过程中为无穷大.

题型十一　无穷大与无穷小的判断

【解题方法】 直接利用定义和性质来判断.

例 18 (1) 求$\lim\limits_{n \to \infty}\big(\underbrace{\frac{1}{n} + \frac{1}{n} + \cdots + \frac{1}{n}}_{k个}\big)$;

(2) 求$\lim\limits_{n \to \infty}\big(\underbrace{\frac{1}{n} + \frac{1}{n} + \cdots + \frac{1}{n}}_{3n个}\big)$;

(3) 求$\lim\limits_{x \to 0} x^2 \sin \dfrac{1}{x}$.

【答案解析】 (1) $\lim\limits_{n \to \infty}\big(\underbrace{\frac{1}{n} + \frac{1}{n} + \cdots + \frac{1}{n}}_{k个}\big) = \lim\limits_{n \to \infty} \dfrac{k}{n} = 0$.

(2) $\lim\limits_{n \to \infty}\big(\underbrace{\frac{1}{n} + \frac{1}{n} + \cdots + \frac{1}{n}}_{3n个}\big) = \lim\limits_{n \to \infty} \dfrac{3n}{n} = 3$.

(3) 因为当 $x \to 0$ 时,x^2 是无穷小,$\sin \dfrac{1}{x}$ 是有界变量,所以原式 $= 0$.

例 19 若$\lim\limits_{x \to a} f(x) = \infty$,$\lim\limits_{x \to a} g(x) = \infty$,则必有(　　).

(A) $\lim\limits_{x\to a}[f(x)+g(x)]=\infty$

(B) $\lim\limits_{x\to a}[f(x)-g(x)]=0$

(C) $\lim\limits_{x\to a}\dfrac{f(x)}{g(x)}=1$

(D) $\lim\limits_{x\to a}kf(x)=\infty$($k$ 为非零常数)

(E) 以上均不正确

【参考答案】 D

【答案解析】 由无穷大的性质知选项 D 正确. 对于选项 A,B,C 可举反例排除.

如 $f(x)=\dfrac{1}{x}$,$g(x)=-\dfrac{1}{x}$,则 $f(x)$,$g(x)$ 均是 $x\to 0$ 时的无穷大,但

$$\lim_{x\to 0}[f(x)+g(x)]=0,\lim_{x\to 0}[f(x)-g(x)]=\infty,\lim_{x\to 0}\frac{f(x)}{g(x)}=-1.$$

考点十二　极限的基本性质

1. 函数的左、右极限与极限的关系

(1) $\lim\limits_{x\to x_0}f(x)$ 存在当且仅当 $\lim\limits_{x\to x_0^-}f(x)$ 与 $\lim\limits_{x\to x_0^+}f(x)$ 存在且相等.

(2) $\lim\limits_{x\to\infty}f(x)$ 存在当且仅当 $\lim\limits_{x\to+\infty}f(x)$ 与 $\lim\limits_{x\to-\infty}f(x)$ 存在且相等.

题型十二　函数极限存在的充要条件

【解题方法】 需要分左、右极限求解的情况归纳:

(1) 求分段点处的极限;

(2) $e^x\to\begin{cases}+\infty, & x\to+\infty,\\ 0, & x\to-\infty,\end{cases}$ $\dfrac{1}{x}\to\begin{cases}0^+, x\to+\infty,\\ 0^-, x\to-\infty;\end{cases}$

(3) $\arctan x\to\begin{cases}-\dfrac{\pi}{2}, & x\to-\infty,\\ \dfrac{\pi}{2}, & x\to+\infty;\end{cases}$

(4) $\operatorname{arccot} x\to\begin{cases}\pi, & x\to-\infty,\\ 0, & x\to+\infty.\end{cases}$

例 20 设

$$f(x)=\begin{cases}\sin x+e^x, & x\leqslant 0,\\ x^2+2, & 0<x\leqslant 1,\\ \dfrac{3}{x}, & x>1,\end{cases}$$

求$\lim\limits_{x\to 0}f(x)$,$\lim\limits_{x\to 1}f(x)$.

【解题思路】 由于 $f(x)$ 为分段函数,$x=0$,$x=1$ 为 $f(x)$ 的两个分段点,在分段点两侧 $f(x)$ 的表达式不同,因此为了求$\lim\limits_{x\to 0}f(x)$ 与$\lim\limits_{x\to 1}f(x)$,需分别考虑在分段点处的左极限与右极限.

【答案解析】 由于

$$\lim_{x\to 0^-}f(x)=\lim_{x\to 0^-}(\sin x+e^x)=1,$$

$$\lim_{x\to 0^+}f(x)=\lim_{x\to 0^+}(x^2+2)=2,$$

此时$\lim\limits_{x\to 0^-}f(x)\neq\lim\limits_{x\to 0^+}f(x)$,因此$\lim\limits_{x\to 0}f(x)$ 不存在.

而

$$\lim_{x\to 1^-}f(x)=\lim_{x\to 1^-}(x^2+2)=3,$$

$$\lim_{x\to 1^+}f(x)=\lim_{x\to 1^+}\frac{3}{x}=3,$$

此时$\lim\limits_{x\to 1^-}f(x)=\lim\limits_{x\to 1^+}f(x)=3$,因此$\lim\limits_{x\to 1}f(x)=3$.

2. 函数极限的基本性质

(1) 唯一性:假设函数极限$\lim\limits_{x\to x_0}f(x)$ 存在,则其极限值唯一.

(2) 有界性:假设函数极限$\lim\limits_{x\to x_0}f(x)$ 存在,则存在 $\delta>0$,使得函数 $f(x)$ 在 x_0 的某去心邻域 $(x_0-\delta,x_0)\cup(x_0,x_0+\delta)$ 内有界.

(3) 保号性:假设$\lim\limits_{x\to x_0}f(x)>0$,则 $\exists\delta>0$,使得当 $x\in(x_0-\delta,x_0)\cup(x_0,x_0+\delta)$ 时,有 $f(x)>0$.

推论 假设 $\exists\delta>0$,使得当 $x\in(x_0-\delta,x_0)\cup(x_0,x_0+\delta)$ 时,有 $f(x)\geqslant 0$,并且$\lim\limits_{x\to x_0}f(x)$ 存在,则$\lim\limits_{x\to x_0}f(x)\geqslant 0$.

> **【敲黑板】** ① 函数极限中的有界性是指在某去心邻域内有界,故为局部有界性.
>
> ② 由于函数极限与函数在极限点处的取值是没有关系的,因此在函数极限的性质中,已知条件或得到的结论都是在极限点的某去心邻域内成立的.

题型十三 函数极限有界性的应用

例 21 下列函数在$(0,+\infty)$ 内无界的是( ).

(A) $\dfrac{x^3}{x^2+1}$ (B) $x\sin\dfrac{1}{x}$ (C) $\dfrac{x^2}{x^3+3}$ (D) $\arctan\dfrac{1}{x}$ (E) $e^{-\frac{1}{x}}$

【参考答案】 A

【答案解析】 根据函数极限局部有界性的性质,若极限存在则有界,反之则无界.

A 中,$\lim\limits_{x\to 0^+}\dfrac{x^3}{x^2+1}=0$,$\lim\limits_{x\to+\infty}\dfrac{x^3}{x^2+1}=+\infty$,故无界.

B 中，$\lim\limits_{x\to0^+}x\sin\dfrac{1}{x}=0$，$\lim\limits_{x\to+\infty}x\sin\dfrac{1}{x}=\lim\limits_{x\to+\infty}x\dfrac{1}{x}=1$，故有界.

C 中，$\lim\limits_{x\to0^+}\dfrac{x^2}{x^3+3}=0$，$\lim\limits_{x\to+\infty}\dfrac{x^2}{x^3+3}=0$，故有界.

D 中，$\lim\limits_{x\to0^+}\arctan\dfrac{1}{x}=\dfrac{\pi}{2}$，$\lim\limits_{x\to+\infty}\arctan\dfrac{1}{x}=0$，故有界.

E 中，$\lim\limits_{x\to0^+}\mathrm{e}^{-\frac{1}{x}}=0$，$\lim\limits_{x\to+\infty}\mathrm{e}^{-\frac{1}{x}}=1$，故有界.

题型十四　函数极限保号性的应用

【解题方法】 已知 $\lim\limits_{x\to x_0}f(x)$，$\lim\limits_{x\to x_0}g(x)$ 存在.

(1) 若 $\lim\limits_{x\to x_0}f(x)>0$，则 $\exists\,\delta>0$，使得当 $x\in(x_0-\delta,x_0)\cup(x_0,x_0+\delta)$ 时，$f(x)>0$.

(2) 若 $\lim\limits_{x\to x_0}f(x)<0$，则 $\exists\,\delta>0$，使得当 $x\in(x_0-\delta,x_0)\cup(x_0,x_0+\delta)$ 时，$f(x)<0$.

(3) 函数极限保号性的推广.

① 若 $\lim\limits_{x\to x_0}f(x)>A$，则 $\exists\,\delta>0$，使得当 $x\in(x_0-\delta,x_0)\cup(x_0,x_0+\delta)$ 时，有 $f(x)>A$；若 $\lim\limits_{x\to x_0}f(x)<A$，则 $\exists\,\delta>0$，使得当 $x\in(x_0-\delta,x_0)\cup(x_0,x_0+\delta)$ 时，有 $f(x)<A$.

② 若 $\lim\limits_{x\to x_0}f(x)>\lim\limits_{x\to x_0}g(x)$，则 $\exists\,\delta>0$，使得当 $x\in(x_0-\delta,x_0)\cup(x_0,x_0+\delta)$ 时，有 $f(x)>g(x)$；若 $\lim\limits_{x\to x_0}f(x)<\lim\limits_{x\to x_0}g(x)$，则 $\exists\,\delta>0$，使得当 $x\in(x_0-\delta,x_0)\cup(x_0,x_0+\delta)$ 时，有 $f(x)<g(x)$.

例 22　已知 $\lim\limits_{x\to3}\dfrac{f(x)}{x-3}=5$，则(　　).

(A) 在 $x=3$ 的某去心邻域内 $f(x)>0$

(B) 在 $x=3$ 的某去心邻域内 $f(x)<0$

(C) 在 $x=3$ 的某左去心邻域内 $f(x)<0$

(D) 在 $x=3$ 的某右去心邻域内 $f(x)<0$

(E) 在 $x=3$ 的某左去心邻域内 $f(x)\geqslant0$

【参考答案】 C

【答案解析】 根据函数极限保号性知，在 $x=3$ 的某左去心邻域内 $\dfrac{f(x)}{x-3}>0\Rightarrow f(x)<0$. 在 $x=3$ 的某右去心邻域内 $\dfrac{f(x)}{x-3}>0\Rightarrow f(x)>0$.

例 23　已知 $f(x)=\dfrac{\mathrm{e}^x-1}{x}$，$g(x)=\dfrac{1-\cos x}{x^2}$，则在 $x=0$ 的某去心邻域内必有(　　).

(A) $f(x)>g(x)$

(B) $f(x)<g(x)$

(C) $f(x)\geqslant g(x)$

(D) $f(x)\leqslant g(x)$

(E) 以上均不正确

【参考答案】 A

【答案解析】 根据函数极限保号性的推广，若函数极限大，则函数大. 因为

$$\lim_{x\to0}f(x)=\lim_{x\to0}\frac{\mathrm{e}^x-1}{x}=1,\ \lim_{x\to0}g(x)=\lim_{x\to0}\frac{1-\cos x}{x^2}=\frac{1}{2},$$

所以在 $x=0$ 的某去心邻域内必有 $f(x)>g(x)$.

3.数列极限的基本性质

(1) 唯一性:假设数列 $\{x_n\}$ 的极限存在,则其极限值唯一.

(2) 有界性:假设数列 $\{x_n\}$ 的极限存在,则数列 $\{x_n\}$ 有界.

(3) 保号性:假设 $\lim\limits_{n\to\infty}x_n>0$,则存在正整数 $N>0$,使得当 $n>N$ 时,有 $x_n>0$.

考点十三 极限的四则运算法则

若 $\lim\limits_{x\to x_0}f(x)=A(\exists)$,$\lim\limits_{x\to x_0}g(x)=B(\exists)$,则

$$\lim_{x\to x_0}[f(x)\pm g(x)]=\lim_{x\to x_0}f(x)\pm\lim_{x\to x_0}g(x)=A\pm B,$$

$$\lim_{x\to x_0}[f(x)\cdot g(x)]=\lim_{x\to x_0}f(x)\cdot\lim_{x\to x_0}g(x)=AB,$$

$$\lim_{x\to x_0}\frac{f(x)}{g(x)}=\frac{\lim\limits_{x\to x_0}f(x)}{\lim\limits_{x\to x_0}g(x)}=\frac{A}{B}(B\neq 0),$$

$$\lim_{x\to x_0}cf(x)=c\lim_{x\to x_0}f(x)=cA(c\text{ 为常数}),$$

$$\lim_{x\to x_0}[f(x)]^k=[\lim_{x\to x_0}f(x)]^k=A^k(k\text{ 为正常数}).$$

【敲黑板】① 数列极限的四则运算法则与函数极限的四则运算法则完全类似.

② 无穷小的四则运算性质:有限个无穷小之和或乘积仍为无穷小;无穷小与有界量的乘积仍为无穷小.

③ 结合无穷小和无穷大的关系和性质,极限的四则运算法则可以有如下推广:

$(+\infty)+(+\infty)=+\infty$,$(+\infty)-(-\infty)=+\infty$,$(-\infty)-(+\infty)=-\infty$;

$(+\infty)\cdot(+\infty)=+\infty$,$(+\infty)\cdot(-\infty)=-\infty$,$(+\infty)+C=+\infty$;

$0\cdot C=0$,$\dfrac{C}{0}=\infty(C\neq 0)$,$\dfrac{C}{\infty}=0$,$C\cdot\infty=\infty(C\neq 0)$,$a^{+\infty}=\begin{cases}+\infty, & a>1,\\ 0, & 0<a<1;\end{cases}$

$\infty-\infty$,$\infty+\infty$,$\dfrac{\infty}{\infty}$,$0\cdot\infty$ 为未定式.

题型十五 极限运算法则的应用

例 24 设 $\lim\limits_{x\to x_0}f(x)$ 存在,则下列结论正确的是( ).

(A) 若 $\lim\limits_{x\to x_0}[f(x)\cdot g(x)]$ 存在,则 $\lim\limits_{x\to x_0}g(x)$ 必定存在

(B) 若 $\lim\limits_{x\to x_0}[f(x)\cdot g(x)]$ 存在,则 $\lim\limits_{x\to x_0}g(x)$ 必定不存在

(C) 若 $\lim\limits_{x\to x_0}[f(x)\cdot g(x)]$ 存在,则 $\lim\limits_{x\to x_0}g(x)$ 可能不存在

(D) 若$\lim\limits_{x\to x_0}[f(x)+g(x)]$存在,则$\lim\limits_{x\to x_0}g(x)$可能不存在

(E) 若$\lim\limits_{x\to x_0}[f(x)+g(x)]$不存在,则$\lim\limits_{x\to x_0}g(x)$必定存在

【参考答案】 C

【答案解析】 若$f(x)=x$,则$\lim\limits_{x\to 0}f(x)=\lim\limits_{x\to 0}x=0$存在,令$g(x)=2$,则$\lim\limits_{x\to 0}[f(x)\cdot g(x)]=\lim\limits_{x\to 0}2x=0$存在,表明B不正确;

令$g(x)=\dfrac{1}{x^{\frac{1}{3}}}$,则$\lim\limits_{x\to 0}[f(x)\cdot g(x)]=\lim\limits_{x\to 0}\dfrac{x}{x^{\frac{1}{3}}}=\lim\limits_{x\to 0}x^{\frac{2}{3}}=0$存在,而$\lim\limits_{x\to 0}g(x)=\lim\limits_{x\to 0}\dfrac{1}{x^{\frac{1}{3}}}$不存在,表明A不正确,C正确.

极限存在+极限存在=极限存在,若$\lim\limits_{x\to x_0}f(x)$存在,$\lim\limits_{x\to x_0}[f(x)+g(x)]$存在,则$\lim\limits_{x\to x_0}g(x)$一定存在,表明D不正确.

极限存在+极限不存在=极限不存在,若$\lim\limits_{x\to x_0}f(x)$存在,$\lim\limits_{x\to x_0}[f(x)+g(x)]$不存在,则$\lim\limits_{x\to x_0}g(x)$一定不存在,表明E不正确.

故选C.

【解题方法一】 直接代入法.

例 25 求下列各函数的极限.

(1) $\lim\limits_{x\to 3}8$;　　(2) $\lim\limits_{x\to 3}(x^2-2x-3)$.

【答案解析】 (1) 常数函数的极限为本身,故极限为8.

(2) 直接代入法,$\lim\limits_{x\to 3}(x^2-2x-3)=3^2-2\times3-3=0$.

例 26 若$\lim\limits_{x\to 1}f(x)$存在,且$f(x)=x^3+\dfrac{2x^2+1}{x+1}+2\lim\limits_{x\to 1}f(x)$,则$\lim\limits_{x\to 1}f(x)=$(　　).

(A) $-\dfrac{5}{2}$　　(B) $-\dfrac{3}{2}$　　(C) $-\dfrac{1}{2}$　　(D) -1　　(E) -2

【参考答案】 A

【答案解析】 由极限的定义,若极限存在,则极限值一定为常数.不妨设$\lim\limits_{x\to 1}f(x)=c$,则对等式$f(x)=x^3+\dfrac{2x^2+1}{x+1}+2\lim\limits_{x\to 1}f(x)$两边同取$x\to1$时的极限,可得

$$\lim_{x\to 1}f(x)=\lim_{x\to 1}\left(x^3+\frac{2x^2+1}{x+1}+2c\right),$$

即$c=1+\dfrac{3}{2}+2c$,所以$c=-\dfrac{5}{2}$.

【解题方法二】 因式分解法.

例 27 求下列极限.

(1) $\lim\limits_{x\to 1}\dfrac{x^2-2x+1}{x^2-1}$;　　(2) $\lim\limits_{h\to 0}\dfrac{(x+h)^2-x^2}{h}$.

【答案解析】(1) $\lim\limits_{x\to1}\frac{x^2-2x+1}{x^2-1}=\lim\limits_{x\to1}\frac{(x-1)^2}{(x-1)(x+1)}=\lim\limits_{x\to1}\frac{x-1}{x+1}=\frac{\lim\limits_{x\to1}(x-1)}{\lim\limits_{x\to1}(x+1)}=\frac{0}{2}=0.$

(2) $\lim\limits_{h\to0}\frac{(x+h)^2-x^2}{h}=\lim\limits_{h\to0}\frac{h(2x+h)}{h}=\lim\limits_{h\to0}(2x+h)=2x.$

【解题方法三】"$\frac{\infty}{\infty}$"型:抓大头法.

总结"$\frac{\infty}{\infty}$"型常见公式.

(1) 当 $a_m,b_n\neq0$ 时,

$$\lim_{x\to\infty}\frac{a_mx^m+a_{m-1}x^{m-1}+\cdots+a_1x+a_0}{b_nx^n+b_{n-1}x^{n-1}+\cdots+b_1x+b_0}=\begin{cases}\frac{a_m}{b_n}, & m=n,\\ 0, & m<n,\\ \infty, & m>n.\end{cases}$$

(2) 一些常见无穷大的比较:当 $x\to+\infty$ 时,$a^x\gg x^n\gg\ln x^m\,(a>1,m,n>0)$.

例 28 求下列各函数的极限.

(1) $\lim\limits_{x\to\infty}\frac{x^2+ax+b}{x^2+cx+d}$;

(2) $\lim\limits_{x\to\infty}\frac{(x^4+3x^3-1)^{\frac{3}{2}}}{(2x-1)^2\,(x^2+x+1)^2}$;

(3) $\lim\limits_{x\to+\infty}\frac{2^x+x^3-\ln x}{5^x+x^4+3\ln x}$;

(4) $\lim\limits_{x\to0^+}\frac{4^{\frac{1}{x}}-\ln x+\frac{3}{x^2}}{2^{\frac{2+x}{x}}+\frac{10}{x^{100}}}$.

【答案解析】(1) $\lim\limits_{x\to\infty}\frac{x^2+ax+b}{x^2+cx+d}=\lim\limits_{x\to\infty}\frac{x^2}{x^2}=1.$

(2) $\lim\limits_{x\to\infty}\frac{(x^4+3x^3-1)^{\frac{3}{2}}}{(2x-1)^2(x^2+x+1)^2}=\lim\limits_{x\to\infty}\frac{(x^4)^{\frac{3}{2}}}{(2x)^2\cdot x^4}=\lim\limits_{x\to\infty}\frac{x^6}{4x^6}=\frac{1}{4}.$

(3) $\lim\limits_{x\to+\infty}\frac{2^x+x^3-\ln x}{5^x+x^4+3\ln x}=\lim\limits_{x\to+\infty}\frac{2^x}{5^x}=\lim\limits_{x\to+\infty}\left(\frac{2}{5}\right)^x=0.$

(4) 原式 $=\lim\limits_{x\to0^+}\frac{4^{\frac{1}{x}}-\ln x+\frac{3}{x^2}}{2^{\frac{2}{x}}\cdot2+\frac{10}{x^{100}}}=\lim\limits_{x\to0^+}\frac{2^{\frac{2}{x}}}{2^{\frac{2}{x}}\cdot2}=\frac{1}{2}.$

【解题方法四】带根号的"$\frac{0}{0}$"型:分子、分母有理化.

例 29 极限 $\lim\limits_{x\to9}\frac{\sqrt{x+7}-4}{\sqrt{x}-3}=(\quad)$.

(A)0　(B) $\frac{3}{4}$　(C)1　(D) $\frac{4}{3}$　(E)∞

【参考答案】B

【答案解析】本题为"$\frac{0}{0}$"型,特点为分子、分母均有根号,进行分子、分母有理化,得

$$原式=\lim_{x\to 9}\frac{(\sqrt{x+7}-4)\cdot(\sqrt{x+7}+4)\cdot(\sqrt{x}+3)}{(\sqrt{x+7}+4)\cdot(\sqrt{x}-3)\cdot(\sqrt{x}+3)}$$

$$=\lim_{x\to 9}\frac{(x-9)\cdot(\sqrt{x}+3)}{(x-9)\cdot(\sqrt{x+7}+4)}$$

$$=\frac{3}{4}.$$

【解题方法五】带根号的"∞ − ∞"型:根式有理化.

例 30 $\lim\limits_{x\to+\infty}(\sqrt{x^2+x}-\sqrt{x^2-1})=($　　$)$.

(A) $\frac{1}{4}$　　(B) $\frac{1}{2}$　　(C) $\frac{1}{3}$　　(D) $-\frac{1}{2}$　　(E)1

【参考答案】B

【答案解析】本题为"∞ − ∞"型,特点为式子中带根号,进行根式有理化,得

$$原式=\lim_{x\to+\infty}\frac{(\sqrt{x^2+x}-\sqrt{x^2-1})\cdot(\sqrt{x^2+x}+\sqrt{x^2-1})}{\sqrt{x^2+x}+\sqrt{x^2-1}}$$

$$=\lim_{x\to+\infty}\frac{x+1}{\sqrt{x^2+x}+\sqrt{x^2-1}}$$

$$=\lim_{x\to+\infty}\frac{x}{2x}$$

$$=\frac{1}{2}.$$

【解题方法六】带根号的"∞ − ∞"型:倒代换.

例 31 $\lim\limits_{x\to-\infty}(x-\sqrt[3]{x^3+x^2})=($　　$)$.

(A) $\frac{1}{4}$　　(B) $\frac{1}{2}$　　(C) $-\frac{1}{3}$　　(D) $-\frac{1}{2}$　　(E) -1

【参考答案】C

【答案解析】本题为带根号的"∞ − ∞"型,用倒代换方法.

令 $x=\frac{1}{t}$,则当 $x\to-\infty$ 时,$t\to 0^-$.

$$原式=\lim_{t\to 0^-}\left(\frac{1}{t}-\sqrt[3]{\frac{1}{t^3}+\frac{1}{t^2}}\right)=\lim_{t\to 0^-}\frac{1-\sqrt[3]{1+t}}{t}$$

$$=\lim_{t\to 0^-}\frac{-[(1+t)^{\frac{1}{3}}-1]}{t}=\lim_{t\to 0^-}\frac{-\frac{1}{3}t}{t}=-\frac{1}{3}.$$

考点十四　等价无穷小替换

定理　设在 $x\to\square$ 时,$\alpha(x)\sim\beta(x)$,则有

$$\lim_{x\to\square} f(x)\alpha(x)=\lim_{x\to\square} f(x)\beta(x),\lim_{x\to\square}\frac{g(x)}{\alpha(x)}=\lim_{x\to\square}\frac{g(x)}{\beta(x)}.$$

【敲黑板】① 常用的等价无穷小.

a. 基本情形：当 $x\to 0$ 时，有

$e^x-1\sim x$	$a^x-1=e^{x\ln a}-1\sim x\ln a$	$\ln(1+x)\sim x$
$\sqrt{1+x}-1\sim\frac{1}{2}x$	$(1+x)^\alpha-1\sim\alpha x(\alpha>0)$	$\ln(x+\sqrt{1+x^2})\sim x$
$\sin x\sim x$	$\tan x\sim x$	$\arcsin x\sim x$
$\arctan x\sim x$	$1-\cos x\sim\frac{x^2}{2}$	$\log_a(1+x)=\frac{\ln(1+x)}{\ln a}\sim\frac{x}{\ln a}$

b. 差函数中常用的等价无穷小替换：当 $x\to 0$ 时，有

$\tan x-x\sim\frac{x^3}{3}$	$x-\sin x\sim\frac{x^3}{6}$	$\tan x-\sin x\sim\frac{x^3}{2}$
$x-\arctan x\sim\frac{x^3}{3}$	$\arcsin x-x\sim\frac{x^3}{6}$	$\arcsin x-\arctan x\sim\frac{x^3}{2}$
$x-\ln(1+x)\sim\frac{x^2}{2}$	$\sqrt{1+x}-\sqrt{1-x}\sim x$	

② 只有整个式子的乘除因子才能用等价无穷小替换，有加减时不能替换.

③ 等价无穷小替换和洛必达法则连用可以简化计算.

题型十六　利用等价无穷小计算极限

【解题方法】若为“$\frac{0}{0}$”和“$\frac{\infty}{\infty}$”型极限，一般先用四则运算和等价无穷小替换相结合的方式求极限.

例 32 计算下列极限.

(1) $\lim\limits_{x\to 0}\frac{\sqrt{1+x^2}-1}{1-\cos 2x}=$ (　　).

(A) 1　　(B) $\frac{1}{4}$　　(C) 2　　(D) $\frac{4}{3}$　　(E) $\frac{1}{2}$

【参考答案】B

【答案解析】本题为“$\frac{0}{0}$”型. 当 $x\to 0$ 时，$\sqrt{1+x^2}-1=(1+x^2)^{\frac{1}{2}}-1\sim\frac{1}{2}x^2$，$1-\cos 2x\sim\frac{1}{2}(2x)^2$，则

$$\lim_{x\to 0}\frac{\sqrt{1+x^2}-1}{1-\cos 2x}=\lim_{x\to 0}\frac{\frac{1}{2}x^2}{\frac{1}{2}(2x)^2}=\frac{1}{4}.$$

(2) $\lim\limits_{x\to 0}\dfrac{\mathrm{e}-\mathrm{e}^{\cos x}}{\sqrt[3]{1+x^2}-1}=($　　$)$.

(A)$3\mathrm{e}$　　(B) $\dfrac{1}{4}\mathrm{e}$　　(C)$2\mathrm{e}$　　(D) $\dfrac{3}{2}\mathrm{e}$　　(E) $\dfrac{1}{2}\mathrm{e}$

【参考答案】D

【答案解析】本题为“$\dfrac{0}{0}$”型. 当 $x\to 0$ 时, $\sqrt[3]{1+x^2}-1\sim\dfrac{1}{3}x^2$, 则

$$\lim_{x\to 0}\frac{\mathrm{e}-\mathrm{e}^{\cos x}}{\sqrt[3]{1+x^2}-1}=\lim_{x\to 0}\frac{\mathrm{e}(1-\mathrm{e}^{\cos x-1})}{(1+x^2)^{\frac{1}{3}}-1}=\lim_{x\to 0}\frac{-\mathrm{e}(\cos x-1)}{\frac{1}{3}x^2}$$

$$=\lim_{x\to 0}\frac{\mathrm{e}\cdot\frac{1}{2}x^2}{\frac{1}{3}x^2}=\frac{3}{2}\mathrm{e}.$$

(3) $\lim\limits_{x\to 0}\dfrac{\ln\cos x}{\sqrt{\dfrac{1-x^2}{1+x^2}}-1}=($　　$)$.

(A)3　　(B)1　　(C) $\dfrac{1}{3}$　　(D) $\dfrac{3}{2}$　　(E) $\dfrac{1}{2}$

【参考答案】E

【答案解析】本题为“$\dfrac{0}{0}$”型. 当 $x\to 0$ 时,

$$\ln\cos x=\ln(1+\cos x-1)\sim\cos x-1\sim-\frac{1}{2}x^2,$$

$$\sqrt{\frac{1-x^2}{1+x^2}}-1=\sqrt{1+\frac{1-x^2}{1+x^2}-1}-1\sim\frac{1}{2}\left(\frac{1-x^2}{1+x^2}-1\right),$$

则

$$\lim_{x\to 0}\frac{\ln\cos x}{\sqrt{\frac{1-x^2}{1+x^2}}-1}=\lim_{x\to 0}\frac{-\frac{1}{2}x^2}{\frac{1}{2}\left(\frac{1-x^2}{1+x^2}-1\right)}=\lim_{x\to 0}\frac{-\frac{1}{2}x^2}{\frac{1}{2}\cdot\frac{-2x^2}{1+x^2}}=\frac{1}{2}.$$

(4) $\lim\limits_{x\to 0}\dfrac{x-\sin x}{\arcsin\dfrac{x^3}{3}}=($　　$)$.

(A)2　　(B)1　　(C) $\dfrac{1}{3}$　　(D) $\dfrac{2}{3}$　　(E) $\dfrac{1}{2}$

【参考答案】E

【答案解析】本题为“$\dfrac{0}{0}$”型. 当 $x\to 0$ 时, $x-\sin x\sim\dfrac{1}{6}x^3$, 则

$$\lim_{x\to 0}\frac{x-\sin x}{\arcsin\frac{x^3}{3}}=\lim_{x\to 0}\frac{\frac{1}{6}x^3}{\frac{1}{3}x^3}=\frac{1}{2}.$$

(5) $\lim\limits_{x \to 0} \dfrac{e^{\tan x} - e^{\sin x}}{x \sin^2 x} =$ (　　).

(A)4　　(B)1　　(C)2　　(D) $\dfrac{2}{3}$　　(E) $\dfrac{1}{2}$

【参考答案】 E

【答案解析】 本题为“$\dfrac{0}{0}$”型. 分子变形为 $e^{\tan x} - e^{\sin x} = e^{\tan x}(1 - e^{\sin x - \tan x})$，分母中 $\sin x \sim x (x \to 0)$，则

$$
\begin{aligned}
\text{原式} &= \lim_{x \to 0} \frac{e^{\tan x}(1 - e^{\sin x - \tan x})}{x^3} \\
&= \lim_{x \to 0} \frac{\tan x - \sin x}{x^3} = \lim_{x \to 0} \frac{\frac{1}{2}x^3}{x^3} \\
&= \frac{1}{2}.
\end{aligned}
$$

(6) $\lim\limits_{x \to 0} \dfrac{\sin x + x^2 \sin \frac{1}{x}}{(1 + \cos x)\ln(1 + x)} =$ (　　).

(A)4　　(B)1　　(C) $\dfrac{2}{3}$　　(D) $\dfrac{4}{3}$　　(E) $\dfrac{1}{2}$

【参考答案】 E

【答案解析】 本题为“$\dfrac{0}{0}$”型. 当 $x \to 0$ 时，$\ln(1 + x) \sim x$，则

$$
\begin{aligned}
\text{原式} &= \lim_{x \to 0} \frac{\sin x + x^2 \sin \frac{1}{x}}{2x} \\
&= \frac{1}{2}\left(\lim_{x \to 0} \frac{\sin x}{x} + \lim_{x \to 0} \frac{x^2 \sin \frac{1}{x}}{x}\right) \\
&= \frac{1}{2}(1 + 0) \\
&= \frac{1}{2}.
\end{aligned}
$$

考点十五　无穷小的比较

设在某极限过程 $x \to \square$ 中，函数 $\alpha(x)$，$\beta(x)$ 都为无穷小，并且 $\beta(x) \neq 0$.

(1) 如果 $\lim\limits_{x \to \square} \dfrac{\alpha(x)}{\beta(x)} = 0$，则称当 $x \to \square$ 时，$\alpha(x)$ 为 $\beta(x)$ 的高阶无穷小，或 $\beta(x)$ 为 $\alpha(x)$ 的低阶无穷小，记作 $\alpha(x) = o(\beta(x))$.

(2) 如果 $\lim\limits_{x \to \square} \dfrac{\alpha(x)}{\beta(x)} = C \neq 0$，则称当 $x \to \square$ 时，$\alpha(x)$ 与 $\beta(x)$ 为同阶无穷小.

(3) 在同阶无穷小中，如果$\lim\limits_{x\to\square}\dfrac{\alpha(x)}{\beta(x)}=1$，则称当$x\to\square$时，$\alpha(x)$与$\beta(x)$为等价无穷小，记作$\alpha(x)\sim\beta(x)$.

(4) 如果$\lim\limits_{x\to\square}\dfrac{\alpha(x)}{[\beta(x)]^k}=C\neq 0(k>0)$，则称当$x\to\square$时，$\alpha(x)$是$\beta(x)$的$k$阶无穷小.

【敲黑板】① 无穷小之间阶数的比较，仅需求出极限$\lim\dfrac{\alpha(x)}{\beta(x)}$即可.

② 在同一极限过程下，$\alpha(x)$是$\beta(x)$的k阶无穷小，也就是说$\alpha(x)$与$[\beta(x)]^k(k>0)$是同阶无穷小.

题型十七　无穷小阶数的比较

【解题方法】 设在某极限过程$x\to\square$中，函数$\alpha(x)$，$\beta(x)$都为无穷小，并且$\beta(x)\neq 0$. 要对无穷小的阶数进行比较，仅需求出极限$\lim\dfrac{\alpha(x)}{\beta(x)}$即可.

例 33 设当$x\to 0$时，$\cos x-1$与$x^a\sin bx$为等价无穷小，则a，b分别为(　　).

(A)1，1　　(B)1，$\dfrac{1}{2}$　　(C)1，$-\dfrac{1}{2}$　　(D)-1，$\dfrac{1}{2}$　　(E)-1，-1

【参考答案】 C

【解题思路】 先确定当$x\to 0$时，$\cos x-1$与$x^a\sin bx$关于x的无穷小阶数.

【答案解析】 当$x\to 0$时，$\cos x-1\sim-\dfrac{x^2}{2}$. 又由于当$x\to 0$时，$x^a\sin bx$与$\cos x-1$为等价无穷小，因此$x^a\sin bx$为关于$x$的二阶无穷小，由于$\sin bx\sim bx$，因此

$$x^a\sin bx\sim bx^{a+1},$$

从而知$bx^{a+1}\sim-\dfrac{1}{2}x^2$，进而可知$b=-\dfrac{1}{2}$，$a=1$. 故选 C.

例 34 当$x\to 0^+$时，与$\sqrt{x}$等价的无穷小是(　　).

(A)$1-e^{\sqrt{x}}$　　(B)$\ln\dfrac{1+x}{1-\sqrt{x}}$　　(C)$\sqrt{1+\sqrt{x}}-1$

(D)$1-\cos\sqrt{x}$　　(E) 以上均不对

【参考答案】 B

【答案解析】 根据无穷小阶数比较的定义，可对要比较的函数经过等价无穷小替换后再进行比较. 而当$x\to 0^+$时，有

$$1-e^{\sqrt{x}}\sim-\sqrt{x},\sqrt{1+\sqrt{x}}-1\sim\frac{1}{2}\sqrt{x},$$

$$\ln\frac{1+x}{1-\sqrt{x}}=\ln\left(1+\frac{\sqrt{x}+x}{1-\sqrt{x}}\right)\sim\frac{\sqrt{x}+x}{1-\sqrt{x}}\sim\sqrt{x}+x\sim\sqrt{x},$$

$$1-\cos\sqrt{x} \sim \frac{1}{2}(\sqrt{x})^2 = \frac{1}{2}x.$$

故选 B.

例 35 设 $f(x)$ 满足 $\lim\limits_{x\to0}\frac{f(x)}{x^2}=-1$，当 $x\to0$ 时，$\ln\cos x^2$ 是比 $x^n f(x)$ 高阶的无穷小，而 $x^n f(x)$ 是比 $e^{\sin^2 x}-1$ 高阶的无穷小，则正整数 n 等于（　　）.

(A)1　　(B)2　　(C)3　　(D)4　　(E)5

【参考答案】A

【解题思路】当 $x\to0$ 时，如果能依题设条件得知 $f(x)$，$\ln\cos x^2$，$e^{\sin^2 x}-1$ 关于 x 的无穷小阶数，则问题易解.

【答案解析】由 $\lim\limits_{x\to0}\frac{f(x)}{x^2}=-1$，可知当 $x\to0$ 时，$f(x)\sim -x^2$. 于是 $x^n f(x)\sim -x^{n+2}$.

又当 $x\to0$ 时，$\ln\cos x^2=\ln[1+(\cos x^2-1)]\sim\cos x^2-1\sim-\frac{1}{2}x^4$，$e^{\sin^2 x}-1\sim\sin^2 x\sim x^2$.

依题设有 $2<n+2<4$，可知 $n=1$. 故选 A.

例 36 已知当 $x\to0$ 时，函数 $f(x)=3\sin x-\sin 3x$ 与 cx^k 是等价无穷小，则（　　）.

(A)$k=1,c=4$　　(B)$k=1,c=-4$　　(C)$k=3,c=4$

(D)$k=3,c=-4$　　(E)$k=4,c=-3$

【参考答案】C

【答案解析】当 $x\to0$ 时，$\sin x=x-\frac{x^3}{6}+o(x^3)$，$\sin 3x=3x-\frac{(3x)^3}{6}+o(x^3)$，则

$$\lim_{x\to0}\frac{f(x)}{cx^k}=\lim_{x\to0}\frac{3\sin x-\sin 3x}{cx^k}=\lim_{x\to0}\frac{-\frac{x^3}{2}+\frac{27x^3}{6}+o(x^3)}{cx^k}=1\Rightarrow k=3,c=4.$$

考点十六　洛必达法则

1. $x\to a$ 的情况

设 $f(x)$，$g(x)$ 满足

① $\lim\limits_{x\to a}f(x)=\lim\limits_{x\to a}g(x)=0$ 或 $\lim\limits_{x\to a}f(x)=\lim\limits_{x\to a}g(x)=\infty$；

② $f(x)$，$g(x)$ 在点 a 的某去心邻域内可导且 $g'(x)\neq0$；

③ $\lim\limits_{x\to a}\frac{f'(x)}{g'(x)}$ 存在或为 ∞.

则有 $\lim\limits_{x\to a}\frac{f(x)}{g(x)}=\lim\limits_{x\to a}\frac{f'(x)}{g'(x)}$.

2. $x\to\infty$ 的情况

设 $f(x)$，$g(x)$ 满足

① $\lim\limits_{x\to\infty}f(x)=\lim\limits_{x\to\infty}g(x)=0$ 或 $\lim\limits_{x\to\infty}f(x)=\lim\limits_{x\to\infty}g(x)=\infty$；

② 存在一个正数 X，当 $|x|>X$ 时有 $f(x)$，$g(x)$ 可导，且 $g'(x)\neq 0$；

③ $\lim\limits_{x\to\infty}\dfrac{f'(x)}{g'(x)}$ 存在或为 ∞.

则有 $\lim\limits_{x\to\infty}\dfrac{f(x)}{g(x)}=\lim\limits_{x\to\infty}\dfrac{f'(x)}{g'(x)}$.

【敲黑板】① 在使用洛必达法则时一定要注意检验条件，三个条件缺一不可.

② 如果 $\lim\limits_{x\to\infty}\dfrac{f'(x)}{g'(x)}$ 仍为“$\dfrac{0}{0}$”或“$\dfrac{\infty}{\infty}$”型的未定式，一般可以继续使用洛必达法则，直到能求出极限为止.

③ 洛必达法则一般与等价无穷小替换相结合使用，使用之前一般需要先对极限式化简.

④ 洛必达法则适用“$\dfrac{0}{0}$”“$\dfrac{\infty}{\infty}$”“$0\cdot\infty$”“$\infty-\infty$”“1^{∞}”“0^{0}”“∞^{0}”七种类型，其中对“$\dfrac{0}{0}$”“$\dfrac{\infty}{\infty}$”型，可直接使用洛必达法则，对“$0\cdot\infty$”“$\infty-\infty$”“1^{∞}”“0^{0}”“∞^{0}”型，可转化成“$\dfrac{0}{0}$”或“$\dfrac{\infty}{\infty}$”型之后再使用洛必达法则.

题型十八　利用洛必达法则计算极限

例 37 计算下列极限.

(1) $\lim\limits_{x\to 0}\dfrac{e^{x}-e^{-x}-2x}{x-\sin x}=(\quad)$.

(A) 4　　(B) 1　　(C) $\dfrac{2}{3}$　　(D) $\dfrac{4}{3}$　　(E) 2

【参考答案】E

【答案解析】本题为“$\dfrac{0}{0}$”型. 不能利用等价无穷小替换，应使用洛必达法则.

$$\begin{aligned}&\lim_{x\to 0}\frac{e^{x}-e^{-x}-2x}{x-\sin x}\\=&\lim_{x\to 0}\frac{e^{x}+e^{-x}-2}{1-\cos x}\\=&\lim_{x\to 0}\frac{e^{x}-e^{-x}}{\sin x}\\=&\lim_{x\to 0}\frac{e^{x}+e^{-x}}{\cos x}=2.\end{aligned}$$

(2) $\lim\limits_{x\to 0}\dfrac{1}{x^{2}}\ln\dfrac{\sin x}{x}=(\quad)$.

(A) -4　　(B) -1　　(C) $-\dfrac{2}{3}$　　(D) $-\dfrac{1}{6}$　　(E) $-\dfrac{1}{3}$

【参考答案】D

【答案解析】本题为“$0\cdot\infty$”型,转化成“$\frac{0}{0}$”型.

$$\lim_{x\to 0}\frac{\ln\frac{\sin x}{x}}{x^2}\xlongequal{\text{洛必达法则}}\lim_{x\to 0}\frac{\frac{\cos x}{\sin x}-\frac{1}{x}}{2x}$$

$$\xlongequal[\text{同乘 }x\sin x]{\text{分子、分母}}\lim_{x\to 0}\frac{x\cos x-\sin x}{2x^2\sin x}=\lim_{x\to 0}\frac{x\cos x-\sin x}{2x^3}$$

$$\xlongequal{\text{洛必达法则}}\lim_{x\to 0}\frac{\cos x-x\sin x-\cos x}{6x^2}$$

$$=\lim_{x\to 0}\frac{-\sin x}{6x}=-\frac{1}{6}.$$

(3) $\lim\limits_{x\to 0}\left[\frac{1}{e^x-1}-\frac{1}{\ln(1+x)}\right]=$(　　).

(A) -4　　(B) 1　　(C) -1　　(D) -2　　(E) 2

【参考答案】C

【答案解析】本题为“$\infty-\infty$”型(分式). 通分得

$$\text{原式}=\lim_{x\to 0}\frac{\ln(1+x)-e^x+1}{(e^x-1)\ln(1+x)}=\lim_{x\to 0}\frac{\ln(1+x)-e^x+1}{x^2}$$

$$\xlongequal{\text{洛必达法则}}\lim_{x\to 0}\frac{\frac{1}{1+x}-e^x}{2x}$$

$$\xlongequal{\text{洛必达法则}}\lim_{x\to 0}\frac{-\frac{1}{(1+x)^2}-e^x}{2}=-1.$$

例 38 极限 $\lim\limits_{x\to 0^+}\frac{\sqrt{x}}{x-e^{2\sqrt{x}}+1}$(　　).

(A) 为 ∞　　(B) 等于 2　　(C) 等于 1　　(D) 等于 -1　　(E) 等于 $-\frac{1}{2}$

【参考答案】E

【解题思路】本题为“$\frac{0}{0}$”型极限,注意到函数表达式中含有根式,若直接利用洛必达法则,求导比较复杂,考虑到分子与分母中均含有$\sqrt{x}$,可设 $t=\sqrt{x}$.

【答案解析】$\lim\limits_{x\to 0^+}\frac{\sqrt{x}}{x-e^{2\sqrt{x}}+1}\xlongequal{t=\sqrt{x}}\lim\limits_{t\to 0^+}\frac{t}{t^2-e^{2t}+1}=\lim\limits_{t\to 0^+}\frac{1}{2t-2e^{2t}}=-\frac{1}{2}.$

故选 E.

题型十九　已知极限存在求参数问题

【解题方法】(1) $\lim\limits_{x\to\square}f(x)=A\neq 0\Rightarrow\lim\limits_{x\to\square}f(x)g(x)=A\lim\limits_{x\to\square}g(x)$;

(2) $\lim\limits_{x\to\square}\frac{f(x)}{g(x)}=A\neq 0,\lim\limits_{x\to\square}g(x)=0\Rightarrow\lim\limits_{x\to\square}f(x)=0.$

在解题时往往将等价无穷小替换与洛必达法则结合使用.

例 39 已知$\lim\limits_{x\to 2}\dfrac{x^2+ax+b}{x^2-x-2}=2$,则$b=$(　　).

(A)-8　　(B)2　　(C)3　　(D)8　　(E)-2

【参考答案】 A

【答案解析】 本题已知函数极限存在为2,且分母$\lim\limits_{x\to 2}(x^2-x-2)=0$,则分子$\lim\limits_{x\to 2}(x^2+ax+b)=0$,则$4+2a+b=0\Rightarrow\lim\limits_{x\to 2}\dfrac{x^2+ax+b}{x^2-x-2}=2$为"$\dfrac{0}{0}$"型.

利用洛必达法则,原式$=\lim\limits_{x\to 2}\dfrac{2x+a}{2x-1}=2$,即

$$\lim_{x\to 2}\frac{4+a}{3}=2\Rightarrow\lim_{x\to 2}(4+a)=6\Rightarrow a=2,$$

从而有$b=-8$.

例 40 设$\lim\limits_{x\to 2}\dfrac{ax^2+bx+3}{x-2}=2$,则(　　).

(A)$a=1,b=-3$　　(B)$a=\dfrac{7}{4},b=-3$　　(C)$a=\dfrac{7}{4},b=-5$

(D)$a=2,b=-5$　　(E)$a=3,b=-5$

【参考答案】 C

【答案解析】 由于$\lim\limits_{x\to 2}\dfrac{ax^2+bx+3}{x-2}$存在,所求极限的函数为分式,其分母在$x\to 2$时极限值为零,从而

$$\lim_{x\to 2}(ax^2+bx+3)=4a+2b+3=0,$$

可得$b=-\dfrac{1}{2}(4a+3)$.

$$\begin{aligned}\lim_{x\to 2}\frac{ax^2+bx+3}{x-2}&=\lim_{x\to 2}\frac{ax^2-\frac{1}{2}(4a+3)x+3}{x-2}\\&=\lim_{x\to 2}\frac{ax^2-2ax-\frac{3}{2}(x-2)}{x-2}\\&=\lim_{x\to 2}\left(ax-\frac{3}{2}\right)=2a-\frac{3}{2}=2,\end{aligned}$$

可知$a=\dfrac{7}{4}$,从而$b=-5$.故选C.

考点十七　"$0\cdot\infty$""0^0""∞^0"型求极限

(1)"$0\cdot\infty$"型:$0\cdot\infty=\dfrac{0}{1/\infty}=\dfrac{0}{0}$或$0\cdot\infty=\dfrac{\infty}{1/0}=\dfrac{\infty}{\infty}$.

(2)"0^0""∞^0"型：$\lim u(x)^{v(x)}=\lim e^{\ln u(x)^{v(x)}}=\lim e^{v(x)\ln u(x)}$.

题型二十 "$0\cdot\infty$"型求极限

【解题方法】 将"$0\cdot\infty$"型通过变换转化成"$\frac{0}{0}$"或"$\frac{\infty}{\infty}$"型.

例 41 $\lim\limits_{x\to\infty}x\sin\frac{2x}{x^2+1}=$ (　　).

(A)3　　(B) $\frac{1}{4}$　　(C)2　　(D) $\frac{4}{3}$　　(E) $\frac{1}{2}$

【参考答案】 C

【答案解析】 本题为"$0\cdot\infty$"型. 当 $x\to\infty$ 时，$\lim\limits_{x\to\infty}\frac{2x}{x^2+1}=0$，则$\sin\frac{2x}{x^2+1}\sim\frac{2x}{x^2+1}$，故

$$\lim_{x\to\infty}x\cdot\sin\frac{2x}{x^2+1}=\lim_{x\to\infty}x\cdot\frac{2x}{x^2+1}=2.$$

例 42 $\lim\limits_{x\to0^+}x\cdot\ln x=$ (　　).

(A)0　　(B)1　　(C) -1　　(D)2　　(E) -2

【参考答案】 A

【答案解析】 $\lim\limits_{x\to0^+}x\cdot\ln x=\lim\limits_{x\to0^+}\dfrac{\ln x}{\frac{1}{x}}=\lim\limits_{x\to0^+}\dfrac{\frac{1}{x}}{-\frac{1}{x^2}}=\lim\limits_{x\to0^+}(-x)=0$.

例 43 设函数 $f(x)=5^x$，则极限$\lim\limits_{n\to\infty}\frac{1}{n^2}\ln[f(1)\cdot f(2)\cdot\cdots\cdot f(n)]=$ (　　).

(A) $\frac{1}{6}\ln 5$　　(B) $\frac{1}{5}\ln 5$　　(C) $\frac{1}{4}\ln 5$　　(D) $\frac{1}{3}\ln 5$　　(E) $\frac{1}{2}\ln 5$

【参考答案】 E

【答案解析】

$$\begin{aligned}&\lim_{n\to\infty}\frac{1}{n^2}\ln[f(1)\cdot f(2)\cdot\cdots\cdot f(n)]\\&=\lim_{n\to\infty}\frac{1}{n^2}\ln(5\cdot5^2\cdot\cdots\cdot5^n)=\lim_{n\to\infty}\frac{1}{n^2}\ln 5^{1+2+\cdots+n}\\&=\lim_{n\to\infty}\frac{1+2+\cdots+n}{n^2}\ln 5=\lim_{n\to\infty}\frac{n(n+1)}{2n^2}\ln 5\\&=\frac{1}{2}\ln 5.\end{aligned}$$

题型二十一 "0^0""∞^0"型求极限

【解题方法】 幂指转化法，即 $u(x)^{v(x)}=e^{\ln u(x)^{v(x)}}=e^{v(x)\cdot\ln u(x)}$.

例 44 计算下列极限：

(1) $\lim\limits_{x\to0^+}x^x$；

(2) $\lim\limits_{x\to+\infty}(\mathrm{e}^x+x)^{\frac{1}{x}}$.

【答案解析】(1) 当 $x>0$ 时, $x^x=\mathrm{e}^{x\ln x}$, 又 $\lim\limits_{x\to0^+}x\ln x=0$, 于是 $\lim\limits_{x\to0^+}x^x=\lim\limits_{x\to0^+}\mathrm{e}^{x\ln x}=1$.

(2) 当 $x>0$ 时, $(\mathrm{e}^x+x)^{\frac{1}{x}}=\mathrm{e}^{\frac{1}{x}\ln(\mathrm{e}^x+x)}$, 又

$$\lim_{x\to+\infty}\frac{1}{x}\ln(\mathrm{e}^x+x)=\lim_{x\to+\infty}\frac{\ln(\mathrm{e}^x+x)}{x}=\lim_{x\to\infty}\frac{\mathrm{e}^x+1}{\mathrm{e}^x+x}=1,$$

于是 $\lim\limits_{x\to+\infty}(\mathrm{e}^x+x)^{\frac{1}{x}}=\lim\limits_{x\to+\infty}\mathrm{e}^{\frac{1}{x}\ln(\mathrm{e}^x+x)}=\mathrm{e}$.

考点十八　单侧极限

(1) 求含有绝对值或指数函数的极限.

(2) 求分段函数在分段点处的极限.

题型二十二　通过求单侧极限来求函数的极限

【解题方法】(1) $\lim\limits_{x\to\infty}f(x)=a\Leftrightarrow\lim\limits_{x\to+\infty}f(x)=a$ 且 $\lim\limits_{x\to-\infty}f(x)=a$.

(2) $\lim\limits_{x\to x_0}f(x)=a\Leftrightarrow\lim\limits_{x\to x_0^+}f(x)=a$ 且 $\lim\limits_{x\to x_0^-}f(x)=a$.

例 45　设 $f(x)=\begin{cases}x^2, & x<0,\\ 1, & x=0,\\ x\sin\dfrac{3}{x}, & x>0,\end{cases}$ 则 $\lim\limits_{x\to\infty}f(x)$(　　).

(A) 不存在但不为 ∞　　(B) 等于 $\frac{1}{3}$　　(C) 等于 1

(D) 等于 3　　(E) 为 ∞

【参考答案】A

【答案解析】本题考查 $\lim\limits_{x\to\infty}f(x)$, 由于 $f(x)$ 为分段函数, 则

$$\lim_{x\to+\infty}f(x)=\lim_{x\to+\infty}x\sin\frac{3}{x}=\lim_{x\to+\infty}x\cdot\frac{3}{x}=3,$$

$$\lim_{x\to-\infty}f(x)=\lim_{x\to-\infty}x^2=+\infty,$$

因此 $\lim\limits_{x\to+\infty}f(x)\neq\lim\limits_{x\to-\infty}f(x)$, 故 $\lim\limits_{x\to\infty}f(x)$ 不存在.

例 46　当 $x\to1$ 时, 函数 $\dfrac{x^2-1}{x-1}\mathrm{e}^{\frac{1}{x-1}}$ 的极限(　　).

(A) 等于 2　　(B) 等于 0　　(C) 为 ∞

(D) 不存在但不为 ∞　　(E) 无法确定

【参考答案】D

【答案解析】由 $\lim\limits_{x\to1}\dfrac{x^2-1}{x-1}=2$, 而

$$\lim_{x\to1^-}e^{\frac{1}{x-1}}=0,\lim_{x\to1^+}e^{\frac{1}{x-1}}=+\infty,$$

知
$$\lim_{x\to1^-}\frac{x^2-1}{x-1}e^{\frac{1}{x-1}}=0,\lim_{x\to1^+}\frac{x^2-1}{x-1}e^{\frac{1}{x-1}}=+\infty,$$

故选 D.

例 47 求$\lim\limits_{x\to0}\left(\frac{2+e^{\frac{1}{x}}}{1+e^{\frac{4}{x}}}+\frac{\sin x}{|x|}\right)$.

【答案解析】 因

$$\lim_{x\to0^+}\left(\frac{2+e^{\frac{1}{x}}}{1+e^{\frac{4}{x}}}+\frac{\sin x}{|x|}\right)=\lim_{x\to0^+}\left(\frac{2e^{-\frac{4}{x}}+e^{-\frac{3}{x}}}{e^{-\frac{4}{x}}+1}+\frac{\sin x}{x}\right)=1,$$

$$\lim_{x\to0^-}\left(\frac{2+e^{\frac{1}{x}}}{1+e^{\frac{4}{x}}}+\frac{\sin x}{|x|}\right)=\lim_{x\to0^-}\left(\frac{2+e^{\frac{1}{x}}}{1+e^{\frac{4}{x}}}-\frac{\sin x}{x}\right)=2-1=1,$$

故原式 $=1$.

考点十九　重要极限

(1) 第一个重要极限.

$\lim\limits_{x\to0}\frac{\sin x}{x}=1$,扩展:当 $\square\to0$ 时,$\frac{\sin\square}{\square}\to1$.

(2) 第二个重要极限.

“1^∞”型:$\lim\limits_{x\to0}(1+x)^{\frac{1}{x}}=e$ 或 $\lim\limits_{x\to\infty}\left(1+\frac{1}{x}\right)^x=e$.

(3)“1^∞”型扩展:若 $\lim f(x)=0,\lim g(x)=\infty$,则 $\lim[1+f(x)]^{g(x)}=e^{\lim f(x)\cdot g(x)}$.

题型二十三　利用两个重要极限求极限

例 48 $\lim\limits_{x\to\infty}\frac{3x^2+5}{5x+3}\sin\frac{2}{x}=$(　　).

(A) $\frac{1}{5}$　　(B) $\frac{2}{5}$　　(C) $\frac{3}{5}$　　(D) $\frac{4}{5}$　　(E) $\frac{6}{5}$

【参考答案】 E

【答案解析】 $x\to\infty\Rightarrow\frac{2}{x}\to0$,则 $\sin\frac{2}{x}\sim\frac{2}{x}$,故

$$原式=\lim_{x\to\infty}\frac{3x^2+5}{5x+3}\cdot\frac{2}{x}=\lim_{x\to\infty}\frac{6x^2+10}{5x^2+3x}=\frac{6}{5}.$$

例 49 计算下列极限.

(1) $\lim\limits_{x\to0}(1+3x)^{\frac{2}{\sin x}}=$(　　).

(A) e^6　　(B) $2e^6$　　(C) $\frac{1}{2}e^6$　　(D) $\frac{1}{6}$　　(E) 2

【参考答案】A

【答案解析】本题为“1^∞”型.

$$原式=\lim_{x\to0}(1+3x)^{\frac{2}{x}}=e^{\lim\limits_{x\to0}3x\cdot\frac{2}{x}}=e^6.$$

(2) $\lim\limits_{x\to0}(\cos x)^{\frac{1}{\ln(1+x^2)}}=(\quad)$.

(A)$e^{\frac{1}{2}}$　　(B)$e^{-\frac{1}{2}}$　　(C)e　　(D)e^{-1}　　(E)$\frac{1}{2}$

【参考答案】B

【答案解析】本题为“1^∞”型. 将原式变形,得

$$\begin{aligned}原式&=\lim_{x\to0}(1+\cos x-1)^{\frac{1}{\ln(1+x^2)}}\\&=e^{\lim\limits_{x\to0}\frac{\cos x-1}{x^2}}\\&=e^{-\frac{1}{2}}.\end{aligned}$$

例 50 $\lim\limits_{x\to0}(x^2+x+e^x)^{\frac{1}{x}}=(\quad)$.

(A)0　　(B)1　　(C)$\sqrt{e}$　　(D)e　　(E)e^2

【参考答案】E

【答案解析】本题为“1^∞”型.

$$\begin{aligned}原式&=\lim_{x\to0}(1+x^2+x+e^x-1)^{\frac{1}{x}}\\&=e^{\lim\limits_{x\to0}\frac{x^2+x+e^x-1}{x}}\\&\xlongequal{洛必达法则}e^{\lim\limits_{x\to0}\frac{2x+1+e^x}{1}}\\&=e^2.\end{aligned}$$

例 51 极限$\lim\limits_{n\to\infty}\left(n\tan\frac{1}{n}\right)^{n^2}=(\quad)$.

(A)e^2　　(B)e　　(C)$e^{\frac{1}{2}}$　　(D)$e^{\frac{1}{3}}$　　(E)1

【参考答案】D

【解题思路】本题为“1^∞”型极限. 由于所给题目是数列形式,离散型,因此不能直接利用洛必达法则求解,可将问题转化为求 $x\to+\infty$ 时的极限,考查连续函数的极限,利用洛必达法则求之,再利用子列极限的性质求得结果.

【答案解析】 $$\lim_{x\to+\infty}\left(x\tan\frac{1}{x}\right)^{x^2}=\lim_{x\to+\infty}e^{\ln\left(x\tan\frac{1}{x}\right)^{x^2}}=e^{\lim\limits_{x\to+\infty}\ln\left(x\tan\frac{1}{x}\right)^{x^2}},$$

由于

$$\begin{aligned}\lim_{x\to+\infty}\ln\left(x\tan\frac{1}{x}\right)^{x^2}&=\lim_{x\to+\infty}x^2\cdot\ln\left(x\tan\frac{1}{x}\right)\\&=\lim_{x\to+\infty}x^2\cdot\ln\left[1+\left(x\tan\frac{1}{x}-1\right)\right]\end{aligned}$$

$$= \lim_{x\to+\infty} x^2\left(x\tan\frac{1}{x}-1\right),$$

令 $t=\frac{1}{x}$,则当 $x\to+\infty$ 时,$t\to0^+$,因此

$$\lim_{x\to+\infty}\ln\left(x\tan\frac{1}{x}\right)^{x^2}=\lim_{t\to0^+}\frac{1}{t^2}\left(\frac{1}{t}\cdot\tan t-1\right)$$

$$=\lim_{t\to0^+}\frac{\tan t-t}{t^3}=\lim_{t\to0^+}\frac{\frac{1}{3}t^3}{t^3}$$

$$=\frac{1}{3},$$

由极限子列性质可知原式 $=e^{\frac{1}{3}}$,故选 D.

考点二十 极限存在准则

准则 I 如果数列$\{x_n\}$,$\{y_n\}$及$\{z_n\}$满足下列条件:

① 从某项起有 $y_n\leqslant x_n\leqslant z_n$;

② $\lim\limits_{n\to\infty}y_n=a$,$\lim\limits_{n\to\infty}z_n=a$.

那么数列$\{x_n\}$的极限存在,且$\lim\limits_{n\to\infty}x_n=a$.

准则 I′ 如果函数 $f(x)$,$g(x)$ 及 $h(x)$ 满足下列条件:

① 在某去心邻域内有 $g(x)\leqslant f(x)\leqslant h(x)$;

② $\lim g(x)=\lim h(x)=A$.

那么 $\lim f(x)$ 存在,且 $\lim f(x)=A$.

准则 I 及准则 I′ 称为**夹逼准则**.

题型二十四 利用夹逼准则求极限

【解题方法】 利用夹逼准则求极限分两步走.

第一步:放大或缩小建立不等式;

第二步:验证不等式两边的极限存在且相等.

例 52 $\lim\limits_{n\to\infty}\left(\frac{1}{n^2+n+1}+\frac{2}{n^2+n+2}+\cdots+\frac{n}{n^2+n+n}\right)=(\quad)$.

(A) $\frac{1}{2}$ (B)1 (C)2 (D)3 (E)4

【参考答案】 A

【解题思路】 求无限项和的极限,通常是利用夹逼准则求解,或转化为定积分求解,本题只讨论前者.

【答案解析】 由

$$\frac{1}{n^2+n+n}+\frac{2}{n^2+n+n}+\cdots+\frac{n}{n^2+n+n}$$

$$\leqslant \frac{1}{n^2+n+1}+\frac{2}{n^2+n+2}+\cdots+\frac{n}{n^2+n+n}$$

$$\leqslant \frac{1}{n^2+n+1}+\frac{2}{n^2+n+1}+\cdots+\frac{n}{n^2+n+1},$$

可得

$$\frac{1+2+\cdots+n}{n^2+n+n}\leqslant \frac{1}{n^2+n+1}+\frac{2}{n^2+n+2}+\cdots+\frac{n}{n^2+n+n}\leqslant \frac{1+2+\cdots+n}{n^2+n+1},$$

其中

$$\frac{1+2+\cdots+n}{n^2+n+n}=\frac{n(n+1)}{2(n^2+2n)}\to \frac{1}{2}(n\to\infty),$$

$$\frac{1+2+\cdots+n}{n^2+n+1}=\frac{n(n+1)}{2(n^2+n+1)}\to \frac{1}{2}(n\to\infty),$$

故由夹逼准则知，$\lim\limits_{n\to\infty}\left(\frac{1}{n^2+n+1}+\frac{2}{n^2+n+2}+\cdots+\frac{n}{n^2+n+n}\right)=\frac{1}{2}.$

例 53 极限$\lim\limits_{n\to\infty}\left(\frac{n}{n^2+1}+\frac{n}{n^2+2}+\cdots+\frac{n}{n^2+n}\right)=$（　　）.

(A)3　　(B)2　　(C)1　　(D) $\frac{1}{2}$　　(E) $\frac{1}{3}$

【参考答案】 C

【答案解析】 本题为求无限项和的极限，因此不能直接利用极限的四则运算法则，由于

$$\frac{n}{n^2+1}+\frac{n}{n^2+2}+\cdots+\frac{n}{n^2+n}=\sum_{i=1}^{n}\frac{n}{n^2+i},$$

又

$$n\cdot\frac{n}{n^2+n}\leqslant\sum_{i=1}^{n}\frac{n}{n^2+i}\leqslant n\cdot\frac{n}{n^2+1},$$

且$\lim\limits_{n\to\infty}\frac{n^2}{n^2+n}=1$，$\lim\limits_{n\to\infty}\frac{n^2}{n^2+1}=1$，根据夹逼准则可知原式 $=1$. 故选 C.

例 54 设对任意的 x，总有 $\varphi(x)\leqslant f(x)\leqslant g(x)$，且$\lim\limits_{x\to\infty}[g(x)-\varphi(x)]=0$，则$\lim\limits_{x\to\infty}f(x)$（　　）.

(A) 存在且为零　　(B) 存在且小于零　　(C) 存在且大于零

(D) 一定不存在　　(E) 不一定存在

【参考答案】 E

【解题思路】 所给题目条件与夹逼准则相仿，因此应该仔细审核两者异同.

【答案解析】 注意此题条件与夹逼准则的条件不同，夹逼准则：当 $|x|>M(M>0)$ 时，若

①$\varphi(x)\leqslant f(x)\leqslant g(x)$；

② $\lim\limits_{x\to\infty}\varphi(x)=A$，$\lim\limits_{x\to\infty}g(x)=A$. 则$\lim\limits_{x\to\infty}f(x)=A$.

条件中要求$\lim\limits_{x\to\infty}\varphi(x)$ 与$\lim\limits_{x\to\infty}g(x)$ 都存在且相等，但是题目中$\lim\limits_{x\to\infty}[g(x)-\varphi(x)]=0$ 并不能保证$\lim\limits_{x\to\infty}g(x)$ 与$\lim\limits_{x\to\infty}\varphi(x)$ 都存在，因此不能套用夹逼准则的结论. 事实上，设 $g(x)=\sqrt{x^2+3}$，$\varphi(x)=\sqrt{x^2}$，$f(x)=\sqrt{x^2+1}$，符合本题条件，但是$\lim\limits_{x\to\infty}f(x)$ 不存在. 而取 $g(x)=\frac{3}{x^2+1}$，$\varphi(x)=\frac{1}{x^2+1}$，

$f(x)=\dfrac{2}{x^2+1}$，也符合本题条件，此时有 $\lim\limits_{x\to\infty}f(x)=0$. 故选 E.

考点二十一 函数的连续性

1. 函数在一点处连续的定义

设函数 $f(x)$ 在 x_0 的某邻域内有定义，并且 $\lim\limits_{x\to x_0}f(x)=f(x_0)$，则称函数 $f(x)$ 在点 x_0 处连续.

2. 左、右连续

如果 $\lim\limits_{x\to x_0^-}f(x)=f(x_0)$，则称 $y=f(x)$ 在点 x_0 处左连续.

如果 $\lim\limits_{x\to x_0^+}f(x)=f(x_0)$，则称 $y=f(x)$ 在点 x_0 处右连续.

3. 函数 $f(x)$ 在点 x_0 处连续的充要条件

$$\lim_{x\to x_0^+}f(x)=\lim_{x\to x_0^-}f(x)=f(x_0).$$

4. 函数在区间上的连续性

如果 $f(x)$ 在 (a,b) 内每一点都连续，则称函数 $f(x)$ 在开区间 (a,b) 内连续.

如果 $f(x)$ 在开区间 (a,b) 内连续，且 $f(x)$ 在 $x=a$ 处右连续，在 $x=b$ 处左连续，则称函数 $f(x)$ 在闭区间 $[a,b]$ 上连续.

题型二十五 利用函数的连续性求一点处的函数值

例 55 要使函数 $f(x)=\begin{cases}\dfrac{\sqrt{1+x}-\sqrt{1-x}}{x}, & x\neq 0,\\ a, & x=0\end{cases}$ 在 $x=0$ 处连续，则 a 的值应为（　　）.

(A) $\dfrac{1}{2}$　　(B) 2　　(C) 1　　(D) 0　　(E) 3

【参考答案】C

【答案解析】若 $f(x)$ 在 $x=0$ 处连续，则必须满足 $f(0)=\lim\limits_{x\to 0}f(x)$，即

$$a=\lim_{x\to 0}\frac{1+x-1+x}{x(\sqrt{1+x}+\sqrt{1-x})}=\lim_{x\to 0}\frac{2x}{x(\sqrt{1+x}+\sqrt{1-x})}=1.$$

故选 C.

例 56 设 $f(x)=\dfrac{1}{\pi x}+\dfrac{1}{\sin \pi x}-\dfrac{1}{\pi-\pi x}$，$x\in\left[\dfrac{1}{2},1\right)$，为使 $f(x)$ 在 $\left[\dfrac{1}{2},1\right]$ 上连续，需补充定义 $f(1)=$（　　）.

(A) $-\dfrac{1}{\pi}$　　(B) $-\dfrac{1}{\pi^2}$　　(C) 0　　(D) $\dfrac{1}{\pi^2}$　　(E) $\dfrac{1}{\pi}$

【参考答案】E

【答案解析】$\lim\limits_{x\to 1^-} f(x)=\lim\limits_{x\to 1^-}\left(\frac{1}{\pi x}+\frac{1}{\sin \pi x}-\frac{1}{\pi-\pi x}\right)=\frac{1}{\pi}+\lim\limits_{x\to 1^-}\frac{\pi(1-x)-\sin \pi x}{\pi(1-x)\sin \pi x}$

$$=\frac{1}{\pi}+\lim_{x\to 1^-}\frac{\pi(1-x)-\sin \pi x}{\pi(1-x)\sin[\pi(1-x)]}$$

$$=\frac{1}{\pi}+\lim_{x\to 1^-}\frac{\pi(1-x)-\sin \pi x}{\pi^2(1-x)^2}=\frac{1}{\pi}.$$

若 $f(x)$ 在 $\left[\frac{1}{2},1\right]$ 上连续，则 $f(1)=\lim\limits_{x\to 1^-} f(x)=\frac{1}{\pi}$.

题型二十六　求连续函数中的未知参数

【解题方法】利用函数在一点处连续的充要条件 $\lim\limits_{x\to x_0^+} f(x)=\lim\limits_{x\to x_0^-} f(x)=f(x_0)$.

例 57　设函数 $f(x)=\begin{cases}\dfrac{1-e^{\tan x}}{\arcsin \dfrac{x}{2}}, & x>0,\\ ae^{2x}, & x\leqslant 0\end{cases}$ 在 $x=0$ 处连续，则 $a=$（　　）.

(A) -2　　(B) -1　　(C) 0　　(D) 1　　(E) 2

【参考答案】A

【答案解析】因为

$$\lim_{x\to 0^+} f(x)=\lim_{x\to 0^+}\frac{1-e^{\tan x}}{\arcsin \frac{x}{2}}=\lim_{x\to 0^+}\frac{-\tan x}{\frac{x}{2}}=-2,$$

$$\lim_{x\to 0^-} f(x)=\lim_{x\to 0^-} ae^{2x}=a=f(0),$$

所以由 $\lim\limits_{x\to 0^+} f(x)=f(0)=\lim\limits_{x\to 0^-} f(x)$，得 $a=-2$.

故选 A.

考点二十二　连续函数的基本性质和定理

1. 连续函数的四则运算性质

在满足相关运算法则的基础之上，两个连续函数经过四则运算之后得到的函数仍然是连续的.

2. 复合函数的连续性

在满足相关运算法则的基础之上，两个连续函数经过复合运算之后得到的函数仍然是连续的.

3. 反函数的连续性

如果连续函数存在反函数，则它的反函数也是连续函数.

4. 初等函数的连续性

一切初等函数在其定义区间内均连续.

5. 闭区间上连续函数的四大定理

定理 1（最值定理）　闭区间$[a,b]$上的连续函数必在$[a,b]$上取得最大值M和最小值m.

定理 2（有界性定理）　闭区间$[a,b]$上的连续函数必在$[a,b]$上有界.

定理 3（介值定理）　设函数$f(x)$在闭区间$[a,b]$上连续，m与M分别为$f(x)$在$[a,b]$上的最小值与最大值，则对于任一实数k $(m \leqslant k \leqslant M)$，至少存在一点$\xi \in [a,b]$，使$f(\xi)=k$.

定理 4（零点定理或根的存在定理）　若$f(x)$在闭区间$[a,b]$上连续，且$f(a)\cdot f(b)<0$，则至少存在一点$\xi \in (a,b)$，使$f(\xi)=0$.

题型二十七　连续函数的基本性质和定理的应用

例 58　设$f(x)=\begin{cases} e^{-x}, & x<1, \\ a, & x \geqslant 1 \end{cases}$和$g(x)=\begin{cases} b, & x<0, \\ e^{x}, & x \geqslant 0, \end{cases}$且$f(x)+g(x)$在$(-\infty,+\infty)$上处处连续，则$a,b$的值分别为（　　）.

(A)$a=1,b=1$　　(B)$a=e,b=1$　　(C)$a=e^{-1},b=1$

(D)$a=e^{-1},b=2$　　(E)$a=e^{-2},b=1$

【参考答案】C

【答案解析】两个分段函数只有在相同定义域上才能相加.

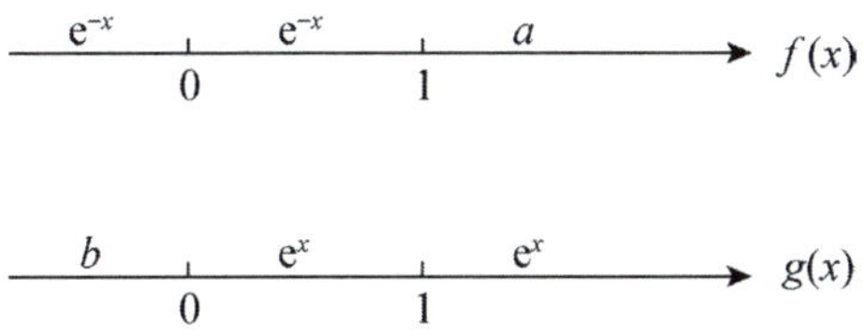

则$f(x)+g(x)=\begin{cases} e^{-x}+b, & x<0, \\ e^{-x}+e^{x}, & 0 \leqslant x<1, \\ a+e^{x}, & x \geqslant 1, \end{cases}$由于$f(x)+g(x)$在$(-\infty,+\infty)$上连续，故在$x=0$及$x=1$处均连续，则

$$\lim_{x\to 0^-}(e^{-x}+b)=\lim_{x\to 0^+}(e^{-x}+e^{x}) \Rightarrow b=1,$$
$$\lim_{x\to 1^+}(a+e^{x})=\lim_{x\to 1^-}(e^{-x}+e^{x}) \Rightarrow a=e^{-1}.$$

例 59　函数$f(x)=\dfrac{|x|\sin(x-2)}{x(x-1)(x-2)^2}$在下列区间内有界的是（　　）.

(A)$(-1,0)$　　(B)$(0,1)$　　(C)$(1,2)$

(D)$(2,3)$　　(E)以上均不对

【参考答案】A

【答案解析】因$\lim\limits_{x\to(-1)^+} f(x)=\lim\limits_{x\to(-1)^+}\dfrac{-x\sin(x-2)}{x(x-1)(x-2)^2}=-\dfrac{\sin 3}{18}$，且

$$\lim_{x\to 0^-} f(x)=\lim_{x\to 0^-}\frac{-x\sin(x-2)}{x(x-1)(x-2)^2}=-\frac{\sin 2}{4},$$

故 $f(x)$ 在区间 $(-1,0)$ 内有界；又由

$$\lim_{x\to1}f(x)=\lim_{x\to1}\frac{x\sin(x-2)}{x(x-1)(x-2)^2}=\infty,$$

$$\lim_{x\to2}f(x)=\lim_{x\to2}\frac{x\sin(x-2)}{x(x-1)(x-2)^2}=\infty,$$

故 $f(x)$ 在 $(0,1)$，$(1,2)$，$(2,3)$ 三个区间内均无界，故选 A.

【敲黑板】① 闭区间上的连续函数必有界.

② 若 $f(x)$ 在开区间 (a,b) 内连续，且 $\lim\limits_{x\to a^+}f(x)$，$\lim\limits_{x\to b^-}f(x)$ 存在，则 $f(x)$ 在区间 (a,b) 内有界.

例 60 设 $f(x)=x^3+x+1$，则函数 $f(x)$ 的零点个数为（　　）.

(A)4　　(B)3　　(C)2　　(D)1　　(E)0

【参考答案】 D

【答案解析】 由于 $f(x)=x^3+x+1$ 在定义区间 $(-\infty,+\infty)$ 上为连续函数，且

$$f(-1)=-1<0,f(1)=3>0,$$

由闭区间上连续函数的性质知，至少存在一点 $\xi\in(-1,1)$，使 $f(\xi)=0$，即 $f(x)$ 至少存在一个零点.

由于 $f'(x)=3x^2+1>0$，可知 $y=f(x)$ 在 $(-\infty,+\infty)$ 上单调增加，因此 $f(x)$ 有且仅有一个零点，故选 D.

【评注】 判定方程 $f(x)=0$ 根的存在性与判定函数 $f(x)$ 零点的存在性是同一类问题，基本方法是利用闭区间上连续函数的零点定理，构造一个适当的区间，在这个区间上函数连续，且两个端点处函数值异号，则可知在该区间上函数 $f(x)$ 至少有一个零点.

考点二十三　间断点

1.间断点的定义

假设函数 $f(x)$ 在 x_0 的某去心邻域内有定义，并且函数 $f(x)$ 在 x_0 处不连续，则称 x_0 为函数 $f(x)$ 的间断点.

【敲黑板】① 间断点处不要求函数有定义，但间断点的邻域上函数要有定义（$x=x_0$ 处可以无定义，$x\to x_0^+$ 有定义，$x\to x_0^-$ 有定义）.

② 虽然在 $x=x_0$ 处有定义，但极限 $\lim\limits_{x\to x_0}f(x)$ 不存在，则 x_0 为 $f(x)$ 的间断点.

③ 虽然在 $x=x_0$ 处有定义，且 $\lim\limits_{x\to x_0}f(x)$ 存在，但 $\lim\limits_{x\to x_0}f(x)\neq f(x_0)$，则 x_0 为 $f(x)$ 的间断点.

题型二十八　间断点定义的应用

例 61 $x=0$ 是下列哪个函数的间断点？（　　）

(A) $f_1(x)=\sqrt{x-1}$　　(B) $f_2(x)=\ln x$　　(C) $f_3(x)=\dfrac{1}{x}$

(D) $f_4(x)=\sin x$　　(E) $f_5(x)=\arctan x$

【参考答案】C

【答案解析】A 选项，$f_1(x)$ 在 $x=0$ 处无定义，$x\to 0^+$ 无定义，$x\to 0^-$ 无定义，不是间断点.

B 选项，$f_2(x)$ 在 $x=0$ 处无定义，$x\to 0^+$ 有定义，$x\to 0^-$ 无定义，不是间断点.

C 选项，$f_3(x)$ 在 $x=0$ 处无定义，$x\to 0^+$ 有定义，$x\to 0^-$ 有定义，是间断点.

D,E 选项，$f_4(x)$，$f_5(x)$ 为连续函数.

2. 间断点的分类

(1) 第一类间断点：$\lim\limits_{x\to x_0^-}f(x)$ 与 $\lim\limits_{x\to x_0^+}f(x)$ 都存在的间断点.

若 $\lim\limits_{x\to x_0^-}f(x)\neq\lim\limits_{x\to x_0^+}f(x)$，则称 x_0 为跳跃间断点.

若 $\lim\limits_{x\to x_0^-}f(x)=\lim\limits_{x\to x_0^+}f(x)\neq f(x_0)$，则称 x_0 为可去间断点.

(2) 第二类间断点：$\lim\limits_{x\to x_0^-}f(x)$ 与 $\lim\limits_{x\to x_0^+}f(x)$ 中至少有一个不存在的间断点.

若 $\lim\limits_{x\to x_0^-}f(x)$ 与 $\lim\limits_{x\to x_0^+}f(x)$ 中至少有一个为无穷大，则称 x_0 为无穷间断点.

当 $x\to x_0$ 时，若函数 $f(x)$ 在某个范围内振荡，则称 x_0 为振荡间断点.

> **【敲黑板】** 可疑间断点的判断：函数表达式的无意义点或分段函数的分段点.
> 判断函数间断点的类型，本质是计算左极限 $\lim\limits_{x\to x_0^-}f(x)$ 与右极限 $\lim\limits_{x\to x_0^+}f(x)$.

题型二十九　讨论函数在指定点处的间断点类型

【解题方法】 (1) 分别计算 $\lim\limits_{x\to x_0^+}f(x)$，$\lim\limits_{x\to x_0^-}f(x)$.

(2) 根据计算结果及间断点分类的定义，判断间断点的类型.

例 62　点 $x=-1$ 是函数 $f(x)=\begin{cases}(1-x)^{\frac{1}{x}}, & x<-1,\\ 1-\cos(x+1), & x\geqslant -1\end{cases}$ 的(　　).

(A) 连续点　　(B) 可去间断点　　(C) 第二类间断点

(D) 跳跃间断点　　(E) 以上均不正确

【参考答案】D

【答案解析】$\lim\limits_{x\to(-1)^-}(1-x)^{\frac{1}{x}}=\dfrac{1}{2}$，$\lim\limits_{x\to(-1)^+}[1-\cos(x+1)]=0$. 左、右极限都存在但是不相等，所以 $x=-1$ 是函数 $f(x)$ 的跳跃间断点.

例 63　设 $f(x)=\begin{cases}\dfrac{\cos 2x+e^x-2}{x}, & x\neq 0,\\ a, & x=0\end{cases}$ 在点 $x=0$ 处间断，则 a 的取值范围与间断点

类型为(　　).

(A)$a\neq 2$,可去间断点　(B)$a\neq 2$,跳跃间断点　(C)$a\neq 1$,无穷间断点

(D)$a\neq 1$,可去间断点　(E)$a\neq 1$,跳跃间断点

【参考答案】D

【答案解析】由

$$\lim_{x\to 0}f(x)=\lim_{x\to 0}\frac{\cos 2x+e^x-2}{x}=\lim_{x\to 0}\left(\frac{\cos 2x-1}{x}+\frac{e^x-1}{x}\right)$$

$$=\lim_{x\to 0}\frac{\cos 2x-1}{x}+\lim_{x\to 0}\frac{e^x-1}{x}=\lim_{x\to 0}\left(-\frac{2x^2}{x}\right)+\lim_{x\to 0}\frac{x}{x}=1,$$

可知当$\lim\limits_{x\to 0}f(x)\neq f(0)$,即$a\neq 1$时,$f(x)$在点$x=0$处间断,且点$x=0$为$f(x)$的可去间断点.故选D.

题型三十　求函数的间断点及其类型

【解题方法】第一步:寻找"可疑点",即找出所有可能的间断点,一般来说,"可疑点"包括使函数表达式无意义的点(如分母为零的点)和分段函数的分段点;

第二步:对每个"可疑点"求左、右极限,然后逐一判断其对应的类型.

例 64　设函数$f(x)=\dfrac{1}{e^{\frac{x}{x-1}}-1}$,则(　　).

(A)$x=0,x=1$都是$f(x)$的第一类间断点

(B)$x=0,x=1$都是$f(x)$的第二类间断点

(C)$x=0$是$f(x)$的第一类间断点,$x=1$是$f(x)$的第二类间断点

(D)$x=0$是$f(x)$的第二类间断点,$x=1$是$f(x)$的第一类间断点

(E)以上均不正确

【参考答案】D

【答案解析】易见函数$f(x)$在点$x=0$和点$x=1$处均无定义,故$x=0$与$x=1$为间断点.由$\lim\limits_{x\to 0}f(x)=\infty$知,$x=0$是第二类间断点;又由$\lim\limits_{x\to 1^+}f(x)=0$及$\lim\limits_{x\to 1^-}f(x)=-1$知,$x=1$是第一类间断点,故选D.

例 65　设函数$f(x)=\begin{cases}\dfrac{\ln(1+ax^3)}{x-\arcsin x}, & x<0,\\ 6, & x=0,\\ \dfrac{e^{ax}+x^2-ax-1}{x\sin\dfrac{x}{4}}, & x>0,\end{cases}$问$a$为何值时,$f(x)$在$x=0$处连续?$a$为何值时,$x=0$是$f(x)$的可去间断点?

【答案解析】由题设知$f(0)=6$.

$$\lim_{x\to 0^-}f(x)=\lim_{x\to 0^-}\frac{\ln(1+ax^3)}{x-\arcsin x}=\lim_{x\to 0^-}\frac{ax^3}{x-\arcsin x}=\lim_{x\to 0^-}\frac{3ax^2}{1-\dfrac{1}{\sqrt{1-x^2}}}$$

$$= \lim_{x \to 0^-} \frac{3ax^2\sqrt{1-x^2}}{\sqrt{1-x^2}-1} = \lim_{x \to 0^-} \frac{3ax^2}{-\frac{1}{2}x^2} = -6a,$$

$$\lim_{x \to 0^+} f(x) = \lim_{x \to 0^+} \frac{e^{ax}+x^2-ax-1}{x\sin\frac{x}{4}} = \lim_{x \to 0^+} \frac{e^{ax}+x^2-ax-1}{\frac{1}{4}x^2}$$

$$= \lim_{x \to 0^+} \frac{ae^{ax}+2x-a}{\frac{1}{2}x} = \lim_{x \to 0^+} \frac{a^2e^{ax}+2}{\frac{1}{2}} = 2a^2+4.$$

① 若 $f(x)$ 在 $x=0$ 处连续，则应有 $\lim\limits_{x \to 0^+} f(x) = \lim\limits_{x \to 0^-} f(x) = f(0)$，即 $2a^2+4=-6a=6$，故 $a=-1$；

② 若 $x=0$ 是 $f(x)$ 的可去间断点，则应有 $\lim\limits_{x \to 0^+} f(x) = \lim\limits_{x \to 0^-} f(x) \neq f(0)$，即 $2a^2+4=-6a\neq 6$，故 $a\neq -1$，所以 $a=-2$ 时，$x=0$ 是可去间断点.

例 66 设 $f(x)$ 在 $(-\infty,+\infty)$ 上有定义，且 $\lim\limits_{x\to\infty} f(x)=a$，$g(x)=\begin{cases} f\left(\frac{1}{x}\right), & x\neq 0, \\ 0, & x=0, \end{cases}$ 则（　　）.

(A) 点 $x=0$ 必是 $g(x)$ 的跳跃间断点

(B) 点 $x=0$ 必是 $g(x)$ 的可去间断点

(C) 点 $x=0$ 必是 $g(x)$ 的无穷间断点

(D) 点 $x=0$ 必是 $g(x)$ 的连续点

(E) $g(x)$ 在点 $x=0$ 处的连续性与 a 的取值有关

【参考答案】 E

【答案解析】 因

$$\lim_{x\to 0} g(x) = \lim_{x\to 0} f\left(\frac{1}{x}\right) = \lim_{t\to\infty} f(t) = a,$$

故当 $a=0$ 时，有 $\lim\limits_{x\to 0} g(x)=0=g(0)$，则 $g(x)$ 在点 $x=0$ 处连续；当 $a\neq 0$ 时，有 $\lim\limits_{x\to 0} g(x)=a\neq g(0)$，则 $g(x)$ 在点 $x=0$ 处间断. 因此 $g(x)$ 在点 $x=0$ 处的连续性与 a 的取值有关. 故选 E.

例 67 设函数 $f(x)=\lim\limits_{n\to\infty}\frac{1+x}{1+x^{2n}}$，求函数 $f(x)$ 的间断点.

【答案解析】

$$f(x)=\lim_{n\to\infty}\frac{1+x}{1+x^{2n}}=\begin{cases} 0, & x\leqslant -1, \\ 1+x, & -1<x<1, \\ 1, & x=1, \\ 0, & x>1, \end{cases}$$

显然 $x=1$ 是 $f(x)$ 的跳跃间断点.

考点二十四　渐近线

当曲线上一点 M 沿曲线 $y=f(x)$ 无限远离坐标原点或无限接近间断点时，若点 M 到某定直线

L 的距离无限趋于零，则称直线 L 为曲线 $y=f(x)$ 的渐近线.

铅直渐近线 若 $\lim\limits_{x\to x_0}f(x)=\infty$，则 $x=x_0$ 为曲线 $y=f(x)$ 的铅直渐近线(铅直渐近线与 x 轴垂直).

水平渐近线 若 $y=f(x)$ 为连续函数，$\lim\limits_{x\to\infty}f(x)=c$，则 $y=c$ 为曲线 $y=f(x)$ 的水平渐近线(水平渐近线与 x 轴平行).

斜渐近线 若 $\lim\limits_{x\to\infty}\dfrac{f(x)}{x}=a(a\neq 0)$，$\lim\limits_{x\to\infty}[f(x)-ax]=b$，则 $y=ax+b$ 为曲线 $y=f(x)$ 的斜渐近线.

上述极限为单侧极限时结论相同.

【敲黑板】 同一函数的水平渐近线和斜渐近线最多有 2 条，且同一方向上最多有 1 条，即在 $+\infty$(或 $-\infty$) 方向有水平渐近线，那么在该方向就不会有斜渐近线.

题型三十一　求曲线的渐近线

【解题方法】 利用定义求出渐近线.

例 68 曲线 $f(x)=\dfrac{4x}{(x-1)^2}$ 的渐近线的条数为(　　).

(A)1　　(B)2　　(C)3　　(D)4　　(E)0

【参考答案】 B

【答案解析】 由 $\lim\limits_{x\to 1}\dfrac{4x}{(x-1)^2}=\infty$，所以 $x=1$ 为 $f(x)$ 的铅直渐近线；$\lim\limits_{x\to\infty}\dfrac{4x}{(x-1)^2}=0$，所以 $y=0$ 为 $f(x)$ 的水平渐近线；由于 $f(x)$ 在 $x\to\infty$ 上有水平渐近线，因此无斜渐近线.

例 69 曲线 $y=\dfrac{1}{x}+\ln(1+e^x)$ 的渐近线的条数为(　　).

(A)0　　(B)1　　(C)2　　(D)3　　(E)4

【参考答案】 D

【答案解析】 $y=\dfrac{1}{x}+\ln(1+e^x)$ 的定义域为 $(-\infty,0)\cup(0,+\infty)$.

由
$$\lim_{x\to 0}y=\lim_{x\to 0}\left[\frac{1}{x}+\ln(1+e^x)\right]=\infty,$$
可知 $x=0$ 为曲线的铅直渐近线.

当 $x\to+\infty$ 时，$e^x\to+\infty$；当 $x\to-\infty$ 时，$e^x\to 0$. 从而
$$\lim_{x\to+\infty}\left[\frac{1}{x}+\ln(1+e^x)\right]=+\infty,\ \lim_{x\to-\infty}\left[\frac{1}{x}+\ln(1+e^x)\right]=0,$$
因此 $y=0$ 为曲线在 $x\to-\infty$ 一侧的水平渐近线，进而可知曲线在 $x\to-\infty$ 的一侧没有斜渐近线.
$$\lim_{x\to+\infty}\frac{y}{x}=\lim_{x\to+\infty}\left[\frac{1}{x^2}+\frac{\ln(1+e^x)}{x}\right]=\lim_{x\to+\infty}\frac{\ln(1+e^x)}{x}$$

$$= \lim_{x \to +\infty} \frac{e^x}{1+e^x} = \lim_{x \to +\infty} \frac{1}{e^{-x}+1} = 1 = a,$$

$$\lim_{x \to +\infty}(y-ax) = \lim_{x \to +\infty}\left[\frac{1}{x} + \ln(1+e^x) - x\right]$$

$$= \lim_{x \to +\infty} \ln \frac{1+e^x}{e^x} = 0 = b,$$

可知 $y = x$ 为曲线在 $x \to +\infty$ 一侧的斜渐近线.

综上可知，曲线有 3 条渐近线，故选 D.

基础能力题

1 下列函数中

①$f_1(x) = \dfrac{e^x + e^{-x}}{e^x - e^{-x}}$；　②$f_2(x) = \sin x \mid \arctan x \mid$；

③$f_3(x) = \dfrac{a^{-x} + a^x}{3 + \cos x}$；　④$f_4(x) = \tan x \cdot \dfrac{a^x - 1}{a^x + 1}$.

奇函数的个数为(　　).

(A)0　(B)1　(C)2　(D)3　(E)4

2 设 $f(x^3 - 1) = \ln x$，则 $y = f(x)$ 的定义域为(　　).

(A)$(-1, +\infty)$　(B)$(-2, +\infty)$　(C)$(-\infty, 1)$

(D)$(1, +\infty)$　(E)$(-\infty, -1)$

3 当 $x \to 0^+$ 时，下列无穷小中与 x 为等价无穷小的是(　　).

(A)$\ln(1-x)$　(B)$1 - e^x$　(C)$2\ln(\cos\sqrt{x})$

(D)$\ln\dfrac{1+x}{1-x}$　(E)$2(\sqrt{1+x} - 1)$

4 若函数 $y = \dfrac{ax+b}{cx+d}(ad - bc \neq 0)$ 的反函数与原函数相同，则(　　).

(A)$a - c = 0$　(B)$b + d = 0$　(C)$a + c = 0$

(D)$a - d = 0$　(E)$a + d = 0$

5 下列式子正确的是(　　).

(A) $\lim\limits_{x \to +\infty}(1+x)^{\frac{1}{x}} = e$　(B) $\lim\limits_{x \to 0^+}\left(1 + \dfrac{1}{x}\right)^x = e$　(C) $\lim\limits_{x \to 0}(1+x)^{-\frac{1}{x}} = -e$

(D) $\lim\limits_{x \to 0^-}\left(1 - \dfrac{1}{x}\right)^x = e^{-1}$　(E) $\lim\limits_{x \to 0}(1-x)^{-\frac{1}{x}} = e$

6 下列式子正确的是(　　).

(A) $\lim\limits_{x \to 0}\dfrac{\sin x}{x} = e$　(B) $\lim\limits_{x \to \infty}\dfrac{\sin x}{x} = 1$　(C) $\lim\limits_{x \to 0}\dfrac{\sin x}{x} = 1$

(D) $\lim\limits_{x\to 0}x\sin\dfrac{1}{x}=1$　　(E) $\lim\limits_{x\to\infty}x\sin\dfrac{1}{x}=0$

7 极限$\lim\limits_{x\to 2}\dfrac{\sqrt{x+2}-2}{x^2+x-6}=$(　　).

(A) $\dfrac{1}{3}$　(B) $\dfrac{1}{5}$　(C) $\dfrac{1}{10}$　(D) $\dfrac{1}{20}$　(E) $\dfrac{1}{30}$

8 当$x\to 1$时,函数$\dfrac{x^3-1}{x-1}e^{\frac{1}{x-1}}$的极限(　　).

(A) 为2　(B) 为0　(C) 为∞

(D) 不存在但不为∞　(E) 无法确定

9 极限$\lim\limits_{x\to 0}\dfrac{\ln(2-e^x)}{\sin 3x}=$(　　).

(A) $-\dfrac{2}{3}$　(B) $-\dfrac{1}{3}$　(C) $\dfrac{1}{3}$　(D) $\dfrac{1}{2}$　(E) $\dfrac{2}{3}$

10 设$f(x)=\begin{cases}(1+x)^{\frac{1}{x}}, & x<0,\\ \dfrac{\sin 2x}{x}, & x>0,\end{cases}$则$\lim\limits_{x\to 0}f(x)$(　　).

(A) 为$\dfrac{1}{2}$　(B) 为1　(C) 为2　(D) 为e　(E) 不存在

11 设$\lim\limits_{x\to 1}\dfrac{x^2+ax+b}{x-1}=3$,则(　　).

(A)$a=1,b=-2$　(B)$a=2,b=1$　(C)$a=1,b=2$

(D)$a=2,b=2$　(E)$a=-1,b=2$

12 设$\lim\limits_{x\to 0}\dfrac{\sin x}{e^x-a}(\cos x-b)=5$,则$a-b=$(　　).

(A)5　(B)1　(C)-5　(D)3　(E)2

13 极限$\lim\limits_{x\to 0}\dfrac{x\ln(1+x)}{1-\cos x}=$(　　).

(A)0　(B)1　(C)2　(D)-1　(E)-2

14 设$f(x-3)=2x^2+x+2$,则$\lim\limits_{x\to\infty}\dfrac{f(x)}{x^2}=$(　　).

(A)1　(B)2　(C)3　(D)4　(E)0

15 极限$\lim\limits_{x\to\infty}x\cdot\sin\dfrac{3x^2}{x^3+x^2}=$(　　).

(A)0　(B) $\dfrac{2}{3}$　(C)1　(D) $\dfrac{3}{2}$　(E)3

16 若函数$y=f(x)$在点$x=0$处连续,且$\lim\limits_{x\to 0^-}f(x)=2$,则$f(0)+\lim\limits_{x\to 0^+}f(x)+\lim\limits_{x\to 0}f(x)$(　　).

(A) 不一定存在　(B) 为3　(C) 为4　(D) 为5　(E) 为6

17 设 $f(x)=\begin{cases} a-e^{2x}, & x<0, \\ 2, & x=0, \\ \dfrac{\tan bx}{x}, & x>0, \end{cases}$ 且 $f(x)$ 在 $x=0$ 处连续，则（　　）.

(A) $a=2, b=2$　　(B) $a=2, b=3$　　(C) $a=3, b=2$

(D) $a=3, b=3$　　(E) $a=2, b=4$

18 极限 $\lim\limits_{n\to\infty}\left(\dfrac{n+2}{n-3}\right)^n=$（　　）.

(A) e　　(B) e^2　　(C) e^3　　(D) e^4　　(E) e^5

19 关于函数 $f(x)=(1+x)^{\frac{1}{x}}(x>-1)$ 的间断点，下列叙述正确的是（　　）.

(A) 有 1 个跳跃间断点　　(B) 有 2 个跳跃间断点　　(C) 有 1 个可去间断点

(D) 有 2 个可去间断点　　(E) 有 1 个无穷间断点

20 曲线 $y=f(x)=\dfrac{(x+1)\sin x}{x^2}$ 的渐近线的条数为（　　）.

(A) 4　　(B) 3　　(C) 2　　(D) 1　　(E) 0

基础能力题解析

1 【参考答案】C

【考点点睛】函数的奇偶性：设函数 $f(x)$ 的定义域关于原点对称，对定义域内任一 x，若 $f(-x)=f(x)$，则 $f(x)$ 为偶函数；若 $f(-x)=-f(x)$，则 $f(x)$ 为奇函数.

【答案解析】①式：$f_1(x)$ 的定义域关于原点对称且 $f_1(-x)=\dfrac{e^{-x}+e^x}{e^{-x}-e^x}=-f_1(x)$，可知 $f_1(x)$ 为奇函数.

②式：$f_2(x)$ 的定义域关于原点对称且 $f_2(-x)=\sin(-x)\cdot|\arctan(-x)|=-\sin x|\arctan x|=-f_2(x)$，可知 $f_2(x)$ 为奇函数.

③式：$f_3(x)$ 的定义域关于原点对称且 $f_3(-x)=\dfrac{a^x+a^{-x}}{3+\cos(-x)}=\dfrac{a^x+a^{-x}}{3+\cos x}=f_3(x)$，可知 $f_3(x)$ 为偶函数.

④式：$f_4(x)$ 的定义域关于原点对称且 $f_4(-x)=\tan(-x)\dfrac{a^{-x}-1}{a^{-x}+1}=-\tan x\cdot\dfrac{1-a^x}{1+a^x}=\tan x\cdot\dfrac{a^x-1}{a^x+1}=f_4(x)$，可知 $f_4(x)$ 为偶函数.

2 【参考答案】A

【考点点睛】函数的定义域.

【答案解析】令 $x^3-1=t\Rightarrow x=(t+1)^{\frac{1}{3}}$，则

$$f(t)=\ln(t+1)^{\frac{1}{3}}=\frac{1}{3}\ln(t+1),$$

即 $f(x)=\frac{1}{3}\ln(x+1)$，由对数函数的定义域可得 $x+1>0\Rightarrow x>-1$，故选 A.

3 【参考答案】E

【考点点睛】等价无穷小.

【答案解析】当 $x\to 0^+$ 时，E 项，$2(\sqrt{1+x}-1)=2[(1+x)^{\frac{1}{2}}-1]\sim 2\cdot\frac{1}{2}x=x$；

A 项，$\ln(1-x)\sim -x$；B 项，$1-e^x\sim -x$；

C 项，$2\ln(\cos\sqrt{x})=2\ln[1+(\cos\sqrt{x}-1)]\sim 2(\cos\sqrt{x}-1)\sim 2\cdot\left[-\frac{1}{2}(\sqrt{x})^2\right]=-x$；

D 项，$\ln\frac{1+x}{1-x}=\ln\left[1+\left(\frac{1+x}{1-x}-1\right)\right]\sim\frac{1+x}{1-x}-1=\frac{2x}{1-x}$，则

$$\lim_{x\to 0^+}\frac{\ln\frac{1+x}{1-x}}{x}=\lim_{x\to 0^+}\frac{\frac{2x}{1-x}}{x}=\lim_{x\to 0^+}\frac{2x}{x}=2,$$

为 x 的同阶无穷小，不是等价无穷小，故选 E.

4 【参考答案】E

【考点点睛】反函数.

【答案解析】由 $y=\frac{ax+b}{cx+d}$ 可得，

$$cyx+dy=ax+b\Rightarrow(cy-a)x=b-dy,$$

从而 $x=\frac{-dy+b}{cy-a}$，故反函数为 $y=\frac{-dx+b}{cx-a}$，由反函数与原函数相同，则

$$-d=a\Rightarrow a+d=0.$$

5 【参考答案】E

【考点点睛】求未定式的极限.

【答案解析】由 $\lim\limits_{\substack{f(x)\to 0\\ g(x)\to\infty}}[1+f(x)]^{g(x)}=e^{\lim f(x)g(x)}$ 可得，$\lim\limits_{x\to 0}(1-x)^{-\frac{1}{x}}=e^{\lim\limits_{x\to 0}(-x)\left(-\frac{1}{x}\right)}=e$，故 E 项正确.

A 项："∞^0" 型，$\lim\limits_{x\to+\infty}(1+x)^{\frac{1}{x}}=\lim\limits_{x\to+\infty}e^{\frac{\ln(1+x)}{x}}=e^{\lim\limits_{x\to+\infty}\frac{1}{1+x}}=e^0=1$；

B 项："∞^0" 型，

$$\lim_{x\to 0^+}\left(1+\frac{1}{x}\right)^x$$

$$=\lim_{x\to 0^+}e^{x\ln\left(1+\frac{1}{x}\right)}=e^{\lim\limits_{x\to 0^+}x\ln\left(1+\frac{1}{x}\right)}=e^{\lim\limits_{x\to 0^+}\frac{\ln\left(1+\frac{1}{x}\right)}{\frac{1}{x}}}$$

$$\xlongequal{\text{洛必达法则}}e^{\lim\limits_{x\to 0^+}\frac{x}{x+1}}=e^0=1;$$

C 项："1^∞" 型，$\lim\limits_{x\to 0}(1+x)^{-\frac{1}{x}}=\lim\limits_{x\to 0}\frac{1}{(1+x)^{\frac{1}{x}}}=\frac{1}{e}$；

D 项："∞^0"型，$\lim\limits_{x\to 0^-}\left(1-\dfrac{1}{x}\right)^x \xlongequal{x=-\frac{1}{t}} \lim\limits_{t\to+\infty}(1+t)^{-\frac{1}{t}}=\lim\limits_{t\to+\infty}[(1+t)^{\frac{1}{t}}]^{-1}=1.$

6 【参考答案】C

【考点点睛】第一个重要极限及其变形.

【答案解析】由第一个重要极限$\lim\limits_{x\to 0}\dfrac{\sin x}{x}=1$可得 C 项正确，故答案为 C.

A 项，$\lim\limits_{x\to 0}\dfrac{\sin x}{x}=1$；

B 项，$\lim\limits_{x\to\infty}\dfrac{\sin x}{x}=0$；

D 项，$\lim\limits_{x\to 0}x\sin\dfrac{1}{x}=0$；

E 项，$\lim\limits_{x\to\infty}x\sin\dfrac{1}{x}=\lim\limits_{x\to\infty}\dfrac{\sin\frac{1}{x}}{\frac{1}{x}}=1.$

7 【参考答案】D

【考点点睛】"$\dfrac{0}{0}$"型未定式的极限.

【答案解析】

$$\begin{aligned}\lim_{x\to 2}\frac{\sqrt{x+2}-2}{x^2+x-6}&=\lim_{x\to 2}\frac{(\sqrt{x+2}-2)(\sqrt{x+2}+2)}{(x-2)(x+3)(\sqrt{x+2}+2)}\\&=\lim_{x\to 2}\frac{x-2}{(x-2)(x+3)(\sqrt{x+2}+2)}=\frac{1}{20}.\end{aligned}$$

8 【参考答案】D

【考点点睛】左极限和右极限.

【答案解析】

$$\begin{aligned}\lim_{x\to 1}\frac{x^3-1}{x-1}e^{\frac{1}{x-1}}&=\lim_{x\to 1}\frac{(x-1)(x^2+x+1)}{x-1}e^{\frac{1}{x-1}}\\&=\lim_{x\to 1}(x^2+x+1)e^{\frac{1}{x-1}}=3\lim_{x\to 1}e^{\frac{1}{x-1}}.\end{aligned}$$

求 e^x 的极限，应考虑左、右极限，$\begin{cases}e^x\to+\infty, & x\to+\infty,\\ e^x\to 0, & x\to-\infty,\end{cases}$则$\lim\limits_{x\to 1^-}e^{\frac{1}{x-1}}=0$，$\lim\limits_{x\to 1^+}e^{\frac{1}{x-1}}=+\infty$，左、右极限不相等，可得原式极限不存在但不为 ∞. 因此选 D.

9 【参考答案】B

【考点点睛】等价无穷小.

【答案解析】由于当 $\square\to 0$ 时，$\sin\square\sim\square$，$\ln(1+\square)\sim\square$，$e^{\square}-1\sim\square$，则

$$\begin{aligned}\lim_{x\to 0}\frac{\ln(2-e^x)}{\sin 3x}&=\lim_{x\to 0}\frac{\ln[1+(1-e^x)]}{\sin 3x}=\lim_{x\to 0}\frac{1-e^x}{3x}\\&=\lim_{x\to 0}\frac{-x}{3x}=-\frac{1}{3},\end{aligned}$$

因此选 B.

10 【参考答案】E

【考点点睛】分段函数求极限;"1^{∞}"型极限.

【答案解析】由于 $x\to 0$ 时,左、右两侧 $f(x)$ 的表达式不同,因此需要考虑左、右极限.

由

$$\lim_{x\to 0^-} f(x)=\lim_{x\to 0^-}(1+x)^{\frac{1}{x}} \xlongequal{\text{“}1^{\infty}\text{”型}} e^{\lim\limits_{x\to 0^-} x\cdot\frac{1}{x}}=e,$$

$$\lim_{x\to 0^+} f(x)=\lim_{x\to 0^+}\frac{\sin 2x}{x} \xlongequal{\text{等价无穷小}} \lim_{x\to 0^+}\frac{2x}{x}=2,$$

可知 $\lim\limits_{x\to 0^-} f(x)\neq \lim\limits_{x\to 0^+} f(x)$,因此 $\lim\limits_{x\to 0} f(x)$ 不存在.

11 【参考答案】A

【考点点睛】极限存在的限定法则.

【答案解析】由 $\lim \frac{f(x)}{g(x)}=A$(存在),若 $\lim g(x)=0$,则 $\lim f(x)=0$. 由于分母 $\lim\limits_{x\to 1}(x-1)=0$,则分子

$$\lim_{x\to 1}(x^2+ax+b)=0 \Rightarrow 1+a+b=0 \Rightarrow b=-1-a,$$

代入原式可得

$$\lim_{x\to 1}\frac{x^2+ax-1-a}{x-1}=\lim_{x\to 1}\frac{(x^2-1)+a(x-1)}{x-1}=\lim_{x\to 1}\frac{(x-1)(x+a+1)}{x-1}$$
$$=1+a+1=3 \Rightarrow a=1,$$

则 $b=-2$.

12 【参考答案】A

【考点点睛】极限存在的限定法则.

【答案解析】由 $\lim \frac{f(x)}{g(x)}=A$(存在),若 $\lim f(x)=0$ 且 $A\neq 0$,则 $\lim g(x)=0$.

由题干可得分子 $\lim\limits_{x\to 0}\sin x(\cos x-b)=0$,故分母 $\lim\limits_{x\to 0}(e^x-a)=1-a=0$,即 $a=1$,则

$$\text{原极限}=\lim_{x\to 0}\frac{\sin x(\cos x-b)}{e^x-1}$$
$$=\lim_{x\to 0}\frac{x(\cos x-b)}{x}$$
$$=\lim_{x\to 0}(\cos x-b)=1-b,$$

由 $1-b=5 \Rightarrow b=-4$,从而 $a-b=5$,故答案选 A.

13 【参考答案】C

【考点点睛】等价无穷小.

【答案解析】$\lim\limits_{x\to 0}\frac{x\ln(1+x)}{1-\cos x}=\lim\limits_{x\to 0}\frac{x\cdot x}{\frac{1}{2}x^2}=2.$

14 **【参考答案】** B

【考点点睛】 复合函数;“$\frac{\infty}{\infty}$”型极限.

【答案解析】 先求出 $f(x)$ 的表达式,令 $x-3=t \Rightarrow x=t+3$,则

$$f(t)=2(t+3)^2+(t+3)+2=2t^2+13t+23,$$

即 $f(x)=2x^2+13x+23$,则 $\lim\limits_{x\to\infty}\frac{f(x)}{x^2}=\lim\limits_{x\to\infty}\frac{2x^2+13x+23}{x^2}=2$.

15 **【参考答案】** E

【考点点睛】 等价无穷小;“$\infty \cdot 0$”型极限.

【答案解析】 已知当 $\square \to 0$ 时,$\sin\square \sim \square$,由于 $x\to\infty$ 时,$\frac{3x^2}{x^3+x^2}\to 0$,则

$$\sin\frac{3x^2}{x^3+x^2}\sim\frac{3x^2}{x^3+x^2},$$

$$\text{原极限}=\lim_{x\to\infty}x\cdot\frac{3x^2}{x^3+x^2}=\lim_{x\to\infty}\frac{3x^3}{x^3+x^2}=3.$$

16 **【参考答案】** E

【考点点睛】 函数的连续性.

【答案解析】 由函数 $y=f(x)$ 在 $x=0$ 处连续,可得

$$\lim_{x\to 0^-}f(x)=\lim_{x\to 0^+}f(x)=\lim_{x\to 0}f(x)=f(0)=2,$$

则

$$f(0)+\lim_{x\to 0^+}f(x)+\lim_{x\to 0}f(x)=2+2+2=6.$$

故答案为 E.

17 **【参考答案】** C

【考点点睛】 函数的连续性.

【答案解析】 由 $f(x)$ 在 $x=0$ 处连续,可得

$$\lim_{x\to 0^-}f(x)=\lim_{x\to 0^+}f(x)=\lim_{x\to 0}f(x)=f(0),$$

又

$$\lim_{x\to 0^-}f(x)=\lim_{x\to 0^-}(a-e^{2x})=a-1,$$

$$\lim_{x\to 0^+}f(x)=\lim_{x\to 0^+}\frac{\tan bx}{x}=\lim_{x\to 0^+}\frac{bx}{x}=b,$$

则 $a-1=b=2 \Rightarrow a=3, b=2$. 故答案为 C.

18 **【参考答案】** E

【考点点睛】 “1^∞”型极限.

【答案解析】

$$\lim_{n\to\infty}\left(\frac{n+2}{n-3}\right)^n=\lim_{n\to\infty}\left[1+\left(\frac{n+2}{n-3}-1\right)\right]^n$$

$$=e^{\lim\limits_{n\to\infty}\left(\frac{n+2}{n-3}-1\right)\cdot n}=e^{\lim\limits_{n\to\infty}\frac{5n}{n-3}}=e^5.$$

19 【参考答案】C

【考点点睛】函数的间断点.

【答案解析】函数在 $x \in (-1,+\infty)$ 上唯一可能的间断点是 $x=0$.

$$\lim_{x\to 0}(1+x)^{\frac{1}{x}} \xlongequal{\text{“}1^{\infty}\text{”型}} e^{\lim\limits_{x\to 0} x\cdot\frac{1}{x}} = e,$$

即 $f(x)$ 在 $x=0$ 处无定义,但 $\lim\limits_{x\to 0}f(x)$ 存在,故 $x=0$ 为可去间断点.

20 【参考答案】C

【考点点睛】曲线的渐近线.

【答案解析】

$$\lim_{x\to\infty}f(x)=\lim_{x\to\infty}\frac{(x+1)\sin x}{x^2}=0,$$

可知曲线 $f(x)$ 有一条水平渐近线 $y=0$.

由于 $f(x)$ 的定义域为$(-\infty,0)\cup(0,+\infty)$,且

$$\lim_{x\to 0}f(x)=\lim_{x\to 0}\frac{(x+1)\sin x}{x^2}=\lim_{x\to 0}\frac{(x+1)x}{x^2}$$

$$=\lim_{x\to 0}\frac{x+1}{x}=\lim_{x\to 0}\left(1+\frac{1}{x}\right)=\infty,$$

可知曲线 $f(x)$ 有一条铅直渐近线 $x=0$.

又由于曲线在 $x\to+\infty$ 与 $x\to-\infty$ 处存在水平渐近线 $y=0$,则不会存在斜渐近线,因此曲线有 2 条渐近线.

强化能力题

1 设 $f(x)$ 是奇函数,$F(x)=f(x)\left(\frac{1}{a^x+1}-\frac{1}{2}\right)$,其中 a 为不等于 1 的正数,则 $F(x)$ (　　).

(A) 是偶函数　　(B) 是奇函数　　(C) 是非奇非偶函数

(D) 奇偶性与 a 的取值有关　　(E) 奇偶性无法确定

2 若 $\lim\limits_{x\to 0}\frac{\ln(1+ax^2)+\ln(1-ax^2)}{x^2(e^{-x^2}-1)}=2$,则 $a=$ (　　).

(A) $\sqrt{2}$　　(B) $-\sqrt{2}$　　(C) 2　　(D) $\pm\sqrt{2}$　　(E) ± 2

3 已知极限 $\lim\limits_{x\to\infty}\left(\frac{a-x}{3a-x}\right)^x=e^3$,则 $a=$ (　　).

(A) $\frac{2}{3}$　　(B) $\frac{3}{2}$　　(C) $-\frac{2}{3}$　　(D) $-\frac{3}{2}$　　(E) 1

4 极限 $\lim\limits_{x\to 0^+}\frac{x^x-1}{x\ln x}=$ (　　).

(A) ∞　　(B) 3　　(C) 2　　(D) 1　　(E) 0

5 $\lim\limits_{x\to+\infty}(x-\sqrt{x^2+x})=$（　　）.

(A) $\frac{1}{4}$　　(B) $\frac{1}{2}$　　(C) $-\frac{1}{3}$　　(D) $-\frac{1}{2}$　　(E) -1

6 当 $x\to0$ 时，$x^2\ln(1+x^2)$ 是 x^n 的高阶无穷小，而 x^n 是 $e^{x^2}-1$ 的高阶无穷小，则正整数 $n=$（　　）.

(A)2　　(B)3　　(C)4　　(D)5　　(E)6

7 已知 $f(x)=k(1-x^2)$，$g(x)=1-\sqrt[3]{x}$，若 $f(x)$ 与 $g(x)$ 在 $x\to1$ 时为等价无穷小，则 k 的取值为（　　）.

(A) $\frac{1}{2}$　　(B) $\frac{1}{3}$　　(C)1　　(D) -1　　(E) $\frac{1}{6}$

8 极限 $\lim\limits_{x\to0}\frac{e^{\tan x}-e^{\sin x}}{x(1-\cos x)}=$（　　）.

(A) $\frac{1}{2}$　　(B)1　　(C)2　　(D)3　　(E)0

9 极限 $\lim\limits_{x\to0}\frac{1}{x^3}\left[\left(\frac{2+\cos x}{3}\right)^x-1\right]=$（　　）.

(A) $-\frac{1}{2}$　　(B) $-\frac{1}{3}$　　(C) $-\frac{1}{6}$　　(D) $\frac{1}{2}$　　(E) $\frac{1}{6}$

10 设 $\lim\limits_{x\to0}\frac{a\tan x+b(1-\cos x)}{c\ln(1-2x)+d(1-e^{-x^2})}=2$，其中 $a^2+c^2\neq0$，则必有（　　）.

(A) $b=4d$　　(B) $b=-4d$　　(C) $a=4c$

(D) $a=-4c$　　(E) 以上均不正确

11 若 $\lim\limits_{x\to0}(e^x+ax^2+bx)^{\frac{1}{x^2}}=1$，则（　　）.

(A) $a=\frac{1}{2},b=-1$　　(B) $a=-\frac{1}{2},b=-1$　　(C) $a=\frac{1}{2},b=1$

(D) $a=-\frac{1}{2},b=1$　　(E) $a=1,b=1$

12 函数 $f(x)=\begin{cases}\frac{\sqrt{1-bx}-1}{x}, & x<0,\\ -1, & x=0,\\ \frac{1}{x}\ln(e^x-ax), & x>0\end{cases}$ 在 $x=0$ 处连续，则（　　）.

(A) $a=-2,b=2$　　(B) $a=2,b=2$　　(C) $a=-2,b=-2$

(D) $a=2,b=-2$　　(E) $a=1,b=2$

13 已知 $\lim\limits_{x\to0}\left[a\arctan\frac{1}{x}+(1+|x|)^{\frac{1}{x}}\right]$ 存在，则 $a=$（　　）.

(A) $\frac{e-e^{-1}}{\pi}$　　(B) $\frac{e^{-1}-e}{\pi}$　　(C) $\frac{-2e}{\pi}$

(D) $\frac{e^{-1}-e}{2\pi}$　　(E) $\frac{e^{-1}+e}{2\pi}$

14 函数 $f(x)=\frac{x}{a+e^{bx}}$ 在 $(-\infty,+\infty)$ 上连续，且 $\lim\limits_{x\to-\infty}f(x)=0$，则 a,b 应满足（　　）.

(A) $a<0,b<0$　　(B) $a<0,b>0$　　(C) $a>0,b>0$

(D) $a\geqslant 0,b<0$　　(E) $a\leqslant 0,b>0$

15 $\lim\limits_{n\to\infty}\sqrt[2n-1]{n^2+n}=$（　　）.

(A) 2　　(B) e　　(C) e^2　　(D) 0　　(E) 1

16 函数 $f(x)=\frac{x^2-x}{x^2-1}\sqrt{1+\frac{1}{x^2}}$ 的无穷间断点个数为（　　）.

(A) 0　　(B) 1　　(C) 2　　(D) 3　　(E) 4

17 设 $f(x)=\frac{\ln|x|}{|x-1|}\sin x$，则 $f(x)$ 有（　　）.

(A) 1 个可去间断点和 1 个跳跃间断点　　(B) 1 个可去间断点和 1 个无穷间断点

(C) 2 个可去间断点　　(D) 2 个无穷间断点

(E) 2 个跳跃间断点

18 设 $f(x)=\lim\limits_{t\to x}F(x,t)$，其中 $F(x,t)=\left(\frac{x-1}{t-1}\right)^{\frac{1}{x-t}}$，$(x-1)(t-1)\geqslant 0, x\neq t$，则 $f(x)$ 的间断点及其类型分别为（　　）.

(A) $x=1$，第一类间断点　　(B) $x=1$，第二类间断点

(C) $x=e$，第一类间断点　　(D) $x=e$，第二类间断点

(E) $x=2$，第一类间断点

19 下列曲线有渐近线的是（　　）.

(A) $y=x+\sin x$　　(B) $y=x^2+\sin x$　　(C) $y=x+\sin\frac{1}{x}$

(D) $y=x^2+\sin\frac{1}{x}$　　(E) $y=x^2$

20 设函数 $f(x)=\begin{cases}x+1, & x\leqslant 0,\\ x-1, & x>0,\end{cases}$ $g(x)=\begin{cases}x^2, & x<1,\\ 2x-1, & x\geqslant 1,\end{cases}$ 则函数 $f(x)+g(x)$（　　）.

(A) 只有间断点 $x=0$　　(B) 只有间断点 $x=1$

(C) 只有间断点 $x=2$　　(D) 有间断点 $x=0$ 和 $x=1$

(E) 在 $(-\infty,+\infty)$ 上连续

强化能力题解析

1 【参考答案】A

【考点点睛】函数的奇偶性.

【答案解析】

$$F(x)=f(x)\left[\frac{1-a^x}{2(a^x+1)}\right],$$

$$F(-x)=f(-x)\left[\frac{1-a^{-x}}{2(a^{-x}+1)}\right]$$

$$=-f(x)\left[\frac{a^x-1}{2(1+a^x)}\right]=F(x),$$

即 $F(-x)=F(x)$，故 $F(x)$ 为偶函数，因此答案选 A.

2 【参考答案】D

【考点点睛】等价无穷小.

【答案解析】$\lim\limits_{x\to 0}\frac{\ln(1+ax^2)+\ln(1-ax^2)}{x^2(e^{-x^2}-1)}=\lim\limits_{x\to 0}\frac{\ln(1-a^2x^4)}{x^2\cdot(-x^2)}=\lim\limits_{x\to 0}\frac{-a^2x^4}{-x^4}=a^2=2$,

则 $a=\pm\sqrt{2}$，故答案选 D.

3 【参考答案】B

【考点点睛】"1^∞" 型极限.

【答案解析】

$$\text{原式}=\lim_{x\to\infty}\left[1+\left(\frac{a-x}{3a-x}-1\right)\right]^x=\lim_{x\to\infty}\left(1+\frac{-2a}{3a-x}\right)^x$$

$$=e^{\lim\limits_{x\to\infty}\frac{-2ax}{3a-x}}=e^{2a}=e^3,$$

则 $2a=3\Rightarrow a=\frac{3}{2}$. 故答案选 B.

4 【参考答案】D

【考点点睛】"$\frac{0}{0}$" 型极限；洛必达法则.

【答案解析】因为

$$\lim_{x\to 0^+}x\ln x=\lim_{x\to 0^+}\frac{\ln x}{\frac{1}{x}}=\lim_{x\to 0^+}\frac{\frac{1}{x}}{-\frac{1}{x^2}}=0,$$

且

$$\lim_{x\to 0^+}(x^x-1)=\lim_{x\to 0^+}e^{x\ln x}-1=e^{\lim\limits_{x\to 0^+}x\ln x}-1=0,$$

所以本题所给极限为"$\frac{0}{0}$"型，可利用洛必达法则求解，其中

$$(x^x)'=(e^{x\ln x})'=e^{x\ln x}(x\ln x)'=e^{x\ln x}(1+\ln x),$$

从而

$$\lim_{x\to 0^+}\frac{x^x-1}{x\ln x}=\lim_{x\to 0^+}\frac{(x^x-1)'}{(x\ln x)'}=\lim_{x\to 0^+}\frac{e^{x\ln x}(1+\ln x)}{1+\ln x}=e^{\lim\limits_{x\to 0^+}x\ln x}=1.$$

故答案选 D.

5 【参考答案】D

【考点点睛】"$\infty-\infty$" 型极限；倒代换.

【答案解析】采用倒代换，令 $x=\frac{1}{t}$，由 $x\to+\infty$，则 $t\to0^+$，从而

$$\text{原式}=\lim_{t\to0^+}\left(\frac{1}{t}-\sqrt{\frac{1}{t^2}+\frac{1}{t}}\right)$$

$$=\lim_{t\to0^+}\frac{1-\sqrt{1+t}}{t}=\lim_{t\to0^+}\frac{-\frac{1}{2}t}{t}=-\frac{1}{2},$$

因此答案选 D.

6 【参考答案】B

【考点点睛】无穷小比阶.

【答案解析】由题意可得 $\lim\limits_{x\to0}\frac{x^2\ln(1+x^2)}{x^n}=\lim\limits_{x\to0}\frac{x^4}{x^n}=0$，则 $n<4$；

同理 $\lim\limits_{x\to0}\frac{x^n}{e^{x^2}-1}=\lim\limits_{x\to0}\frac{x^n}{x^2}=0$，则 $n>2$，即 $2<n<4$，故 $n=3$. 答案选 B.

7 【参考答案】E

【考点点睛】无穷小比阶.

【答案解析】由题干可得 $\lim\limits_{x\to1}\frac{k(1-x^2)}{1-\sqrt[3]{x}}=1$. 令 $\sqrt[3]{x}=t\Rightarrow x=t^3$，则

$$\lim_{x\to1}\frac{k(1-x^2)}{1-\sqrt[3]{x}}=\lim_{t\to1}\frac{k(1-t^6)}{1-t}=\lim_{t\to1}\frac{k(1-t^3)(1+t^3)}{1-t}$$

$$=\lim_{t\to1}\frac{k(1-t)(1+t+t^2)(1+t^3)}{1-t}$$

$$=\lim_{t\to1}k(1+t+t^2)(1+t^3)=6k=1,$$

则 $k=\frac{1}{6}$，故答案选 E.

8 【参考答案】B

【考点点睛】等价无穷小.

【答案解析】当 $x\to0$ 时，

$$e^{\tan x}-e^{\sin x}=e^{\sin x}(e^{\tan x-\sin x}-1)\sim\tan x-\sin x,$$

故
$$\text{原式}=\lim_{x\to0}\frac{\tan x-\sin x}{x(1-\cos x)}=\lim_{x\to0}\frac{\tan x(1-\cos x)}{x(1-\cos x)}=1.$$

9 【参考答案】C

【考点点睛】等价无穷小.

【答案解析】因为 $x\to0$ 时，$\left(\frac{2+\cos x}{3}\right)^x-1=e^{x\ln\frac{2+\cos x}{3}}-1\sim x\ln\frac{2+\cos x}{3}$，而

$$\ln\frac{2+\cos x}{3}=\ln\left(1+\frac{\cos x-1}{3}\right)\sim\frac{\cos x-1}{3}\sim\frac{-\frac{1}{2}x^2}{3}=-\frac{1}{6}x^2,$$

所以
$$\lim_{x\to0}\frac{1}{x^3}\left[\left(\frac{2+\cos x}{3}\right)^x-1\right]=\lim_{x\to0}\frac{-\frac{1}{6}x^3}{x^3}=-\frac{1}{6}.$$

10 【参考答案】D

【考点点睛】洛必达法则.

【答案解析】所求极限为“$\frac{0}{0}$”型,使用洛必达法则.

由
$$\lim_{x\to0}\frac{a\tan x+b(1-\cos x)}{c\ln(1-2x)+d(1-e^{-x^2})}=\lim_{x\to0}\frac{a\sec^2 x+b\sin x}{\frac{-2c}{1-2x}+2xde^{-x^2}}=-\frac{a}{2c}=2,$$
知 $a=-4c$.

11 【参考答案】B

【考点点睛】“1^∞”型极限;极限存在法则.

【答案解析】因为$\lim\limits_{x\to0}(e^x+ax^2+bx)^{\frac{1}{x^2}}=e^{\lim\limits_{x\to0}\frac{1}{x^2}(e^x+ax^2+bx-1)}=1$,所以
$$\lim_{x\to0}\frac{e^x+ax^2+bx-1}{x^2}=0,$$
故
$$\lim_{x\to0}\frac{e^x+2ax+b}{2x}=0\Rightarrow\lim_{x\to0}(e^x+2ax+b)=1+b=0\Rightarrow b=-1.$$

又$\lim\limits_{x\to0}\frac{e^x+2a}{2}=0$,故$\frac{1}{2}(1+2a)=0\Rightarrow a=-\frac{1}{2}$.

因此答案选择 B.

12 【参考答案】B

【考点点睛】分段函数的连续性.

【答案解析】$f(x)$ 在 $x=0$ 处连续 $\Rightarrow\lim\limits_{x\to0^-}f(x)=\lim\limits_{x\to0^+}f(x)=f(0)$.
$$\lim_{x\to0^-}f(x)=\lim_{x\to0^-}\frac{\sqrt{1-bx}-1}{x}=\lim_{x\to0^-}\frac{\frac{1}{2}(-bx)}{x}=-\frac{1}{2}b,$$
$$\lim_{x\to0^+}f(x)=\lim_{x\to0^+}\frac{\ln(e^x-ax)}{x}=\lim_{x\to0^+}\frac{\ln[1+(e^x-ax-1)]}{x}$$
$$=\lim_{x\to0^+}\frac{e^x-ax-1}{x}=\lim_{x\to0^+}\left(\frac{e^x-1}{x}-a\right)=1-a,$$
则$-\frac{1}{2}b=1-a=-1\Rightarrow a=2,b=2$,因此答案选 B.

13 【参考答案】B

【考点点睛】单侧极限.

【答案解析】因为

$$\lim_{x\to0^+}\left[a\arctan\frac{1}{x}+(1+|x|)^{\frac{1}{x}}\right]=\lim_{x\to0^+}\left[a\arctan\frac{1}{x}+e^{\frac{1}{x}\ln(1+x)}\right]$$
$$=\frac{\pi}{2}a+\lim_{x\to0^+}e^{\frac{1}{x}\ln(1+x)}=\frac{\pi}{2}a+e,$$
$$\lim_{x\to0^-}\left[a\arctan\frac{1}{x}+(1+|x|)^{\frac{1}{x}}\right]=\lim_{x\to0^-}\left[a\arctan\frac{1}{x}+e^{\frac{1}{x}\ln(1-x)}\right]$$
$$=-\frac{\pi}{2}a+\lim_{x\to0^-}e^{\frac{1}{x}\ln(1-x)}=-\frac{\pi}{2}a+e^{-1},$$

所以$\frac{\pi}{2}a+e=-\frac{\pi}{2}a+e^{-1}\Rightarrow a=\frac{e^{-1}-e}{\pi}$.

14 【参考答案】D

【考点点睛】函数的连续性.

【答案解析】① 判断 a 的情况.

由于 $f(x)$ 为分式的形式，且在$(-\infty,+\infty)$上连续，则分式不存在无意义的点.

由于 $e^{bx}>0$ 恒成立，则必有 $a\geqslant0$. 若 $a<0$，例如 $a=-3$，则当 $x=\frac{\ln3}{b}$ 时，$-3+e^{bx}=0$，此时分式无意义，存在间断点，因此 $a\geqslant0$.

② 判断 b 的情况.

a. 当 $b>0$ 时，$\lim\limits_{x\to-\infty}\frac{x}{a+e^{bx}}=\lim\limits_{x\to-\infty}\frac{x}{a}=\infty$.

b. 当 $b=0$ 时，$\lim\limits_{x\to-\infty}\frac{x}{a+e^{bx}}=\lim\limits_{x\to-\infty}\frac{x}{a+1}=\infty$.

c. 当 $b<0$ 时，$\lim\limits_{x\to-\infty}\frac{x}{a+e^{bx}}=\lim\limits_{x\to-\infty}\frac{x}{e^{bx}}\xlongequal{\text{洛必达法则}}\lim\limits_{x\to-\infty}\frac{1}{e^{bx}b}=0$.

由 $\lim\limits_{x\to-\infty}f(x)=0$，可得 $b<0$.

综上，$a\geqslant0,b<0$，答案选 D.

15 【参考答案】E

【考点点睛】"∞^0"型极限；数列极限.

【答案解析】$\lim\limits_{n\to\infty}\sqrt[2n-1]{n^2+n}=\lim\limits_{x\to+\infty}(x^2+x)^{\frac{1}{2x-1}}=e^{\lim\limits_{x\to+\infty}\frac{1}{2x-1}\ln(x^2+x)}=e^{\lim\limits_{x\to+\infty}\frac{2x+1}{2(x^2+x)}}=1$.

16 【参考答案】B

【考点点睛】函数间断点.

【答案解析】函数 $f(x)$ 有无定义点 $x=0,x=1,x=-1$，因为

$$\lim_{x\to0^+}f(x)=\lim_{x\to0^+}\frac{x\sqrt{x^2+1}}{|x|(x+1)}=\lim_{x\to0^+}\frac{\sqrt{x^2+1}}{x+1}=1,$$
$$\lim_{x\to0^-}f(x)=\lim_{x\to0^-}\frac{x\sqrt{x^2+1}}{|x|(x+1)}=-\lim_{x\to0^-}\frac{\sqrt{x^2+1}}{x+1}=-1,$$

故 $x=0$ 为跳跃间断点.

因为 $\lim\limits_{x\to1}f(x)=\lim\limits_{x\to1}\dfrac{x\sqrt{x^2+1}}{|x|(x+1)}=\dfrac{\sqrt{2}}{2}$,故 $x=1$ 为可去间断点.

因为 $\lim\limits_{x\to-1}f(x)=\lim\limits_{x\to-1}\dfrac{x\sqrt{x^2+1}}{|x|(x+1)}=\infty$,故 $x=-1$ 为无穷间断点.

因此选 B.

17 【参考答案】A

【考点点睛】函数的间断点.

【答案解析】根据定义域可得,$x\neq0$ 且 $x\neq1$,故函数存在两个间断点. 要注意在间断点的两侧较小邻域内极限的表达式是否相同,是否需要分左、右极限.

$$\lim_{x\to0}f(x)=\lim_{x\to0}\frac{\ln|x|}{|x-1|}\sin x=\lim_{x\to0}x\cdot\ln|x|$$
$$=\lim_{x\to0}\frac{\ln|x|}{\frac{1}{x}}=\lim_{x\to0}\frac{\frac{1}{x}}{-\frac{1}{x^2}}=0,$$

又 $f(x)$ 在 $x=0$ 处无定义,可知 $x=0$ 为 $f(x)$ 的可去间断点.

$$\lim_{x\to1^-}f(x)=\lim_{x\to1^-}\frac{\ln|x|}{|x-1|}\sin x=\lim_{x\to1^-}\frac{\ln x}{1-x}\sin x$$
$$=\sin1\cdot\lim_{x\to1^-}\frac{\ln[1+(x-1)]}{1-x}=\sin1\cdot\lim_{x\to1^-}\frac{x-1}{1-x}$$
$$=-\sin1,$$
$$\lim_{x\to1^+}f(x)=\lim_{x\to1^+}\frac{\ln|x|}{|x-1|}\sin x=\lim_{x\to1^+}\frac{\ln x}{x-1}\cdot\sin x$$
$$=\sin1\cdot\lim_{x\to1^+}\frac{\ln[1+(x-1)]}{x-1}=\sin1\cdot\lim_{x\to1^+}\frac{x-1}{x-1}$$
$$=\sin1,$$

可知 $x=1$ 为 $f(x)$ 的跳跃间断点. 故选 A.

18 【参考答案】B

【考点点睛】“1^∞”型极限;函数的间断点.

【答案解析】$f(x)$ 以极限的形式出现,故应先求出 $f(x)$ 的表达式.

$$f(x)=\lim_{t\to x}\left(\frac{x-1}{t-1}\right)^{\frac{1}{x-t}}=\lim_{t\to x}\left(1+\frac{x-t}{t-1}\right)^{\frac{1}{x-t}}=\lim_{t\to x}\left(1+\frac{x-t}{t-1}\right)^{\frac{t-1}{x-t}\cdot\frac{1}{t-1}}=e^{\frac{1}{x-1}},$$

可知 $x=1$ 为 $f(x)$ 的唯一间断点,且应分成左、右极限.

$$\lim_{x\to1^-}f(x)=\lim_{x\to1^-}e^{\frac{1}{x-1}}=0,\lim_{x\to1^+}f(x)=\lim_{x\to1^+}e^{\frac{1}{x-1}}=+\infty,$$

故 $x=1$ 为 $f(x)$ 的第二类间断点. 故选 B.

19 【参考答案】C

【考点点睛】曲线的渐近线.

【答案解析】方法1 对于 $y=x+\sin\frac{1}{x}$，可知 $\lim\limits_{x\to\infty}f(x)=\infty$.

$$\lim_{x\to\infty}\frac{f(x)}{x}=\lim_{x\to\infty}\frac{x+\sin\frac{1}{x}}{x}=\lim_{x\to\infty}\left(1+\frac{1}{x}\sin\frac{1}{x}\right)=1=a,$$

而 $$\lim_{x\to\infty}[f(x)-ax]=\lim_{x\to\infty}\left(x+\sin\frac{1}{x}-x\right)=\lim_{x\to\infty}\sin\frac{1}{x}=0=b,$$

可知直线 $y=ax+b=x$ 为曲线的唯一一条斜渐近线. 故选 C.

方法2 对于 A，$\lim\limits_{x\to\infty}f(x)=\lim\limits_{x\to\infty}(x+\sin x)=\infty$，可知曲线没有水平渐近线.

$\lim\limits_{x\to x_0}f(x)=\lim\limits_{x\to x_0}(x+\sin x)=x_0+\sin x_0$，可知曲线没有铅直渐近线.

$\lim\limits_{x\to\infty}\frac{f(x)}{x}=\lim\limits_{x\to\infty}\left(1+\frac{1}{x}\sin x\right)=1$，$\lim\limits_{x\to\infty}[f(x)-x]=\lim\limits_{x\to\infty}(x+\sin x-x)$ 不存在，可知曲线没有斜渐近线.

可排除 A. 同理可排除 B,D,E. 故选 C.

20 【参考答案】A

【考点点睛】分段函数的连续性.

【答案解析】根据 $f(x)$ 和 $g(x)$ 的表达式，先求出 $f(x)+g(x)$ 的表达式.

$$f(x)+g(x)=\begin{cases}x^2+x+1, & x\leqslant 0,\\ x^2+x-1, & 0<x<1,\\ 3x-2, & x\geqslant 1,\end{cases}$$

进而讨论分段点处的连续性.

因 $$\lim_{x\to 0^+}[f(x)+g(x)]=\lim_{x\to 0^+}(x^2+x-1)=-1\neq f(0)+g(0)=1,$$

故 $x=0$ 为间断点；

因 $$\lim_{x\to 1^+}[f(x)+g(x)]=\lim_{x\to 1^+}(3x-2)=1=f(1)+g(1),$$
$$\lim_{x\to 1^-}[f(x)+g(x)]=\lim_{x\to 1^-}(x^2+x-1)=1=f(1)+g(1),$$

故 $x=1$ 不是间断点.

故选 A.

第2讲 一元函数微分学

本讲解读

本讲从内容上划分为三个部分，导数、微分、导数的应用，共计六个考点，十七个题型. 从真题对考试大纲的实践来看，本讲在考试中大约占 6 道题(试卷数学部分共 35 道题)，约占微积分部分的 29%，数学部分的 17.1%.

真题在该部分重点围绕导数和微分的计算、导数的应用进行考查，考生不仅要掌握常见类型函数的求导计算、单调性与极值、凹凸性与拐点的判断与计算，还需理解导数与微分的定义及几何意义、渐近线.

重点考点标记见本讲“考点题型框架”.

考点题型框架

- 一元函数微分学
  - 导数与微分
    - 考点一 函数在一点处的导数*
      - 题型一 利用导数定义求函数在一点处的导数
      - 题型二 利用导数定义求极限
    - 考点二 微分的定义与性质*
    - 考点三 可导、可微、连续的关系
      - 题型三 微分的概念与几何意义
    - 考点四 导数与微分的计算*
      - 题型四 复合函数求导
      - 题型五 反函数求导
      - 题型六 隐函数求导
      - 题型七 幂指函数与多项式的乘、除、乘方、开方函数求导
      - 题型八 参数方程确定的函数求导
      - 题型九 求函数的高阶导数
  - 导数的应用
    - 考点五 导数的几何应用*
      - 题型十 求曲线的切线方程与法线方程
      - 题型十一 判断函数的单调性
      - 题型十二 求具体函数的单调区间与极值
      - 题型十三 求抽象函数的单调区间与极值
      - 题型十四 计算函数的最大值与最小值
      - 题型十五 求曲线$y=f(x)$的拐点及凹凸区间
      - 题型十六 判断函数$f(x)$的零点
    - 考点六 导数在经济学中的应用
      - 题型十七 收入、成本、利润函数求最值问题

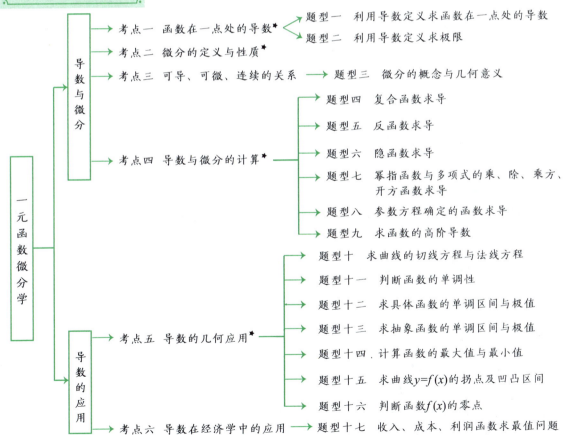

考点精讲

考点一 函数在一点处的导数

1. 函数在一点处的导数

设函数 $y=f(x)$ 在点 x_0 的某个邻域内有定义，当自变量 x 在点 x_0 处取得增量 Δx(点 $x_0+\Delta x$ 仍在该邻域内) 时，相应地，函数 y 取得增量 $\Delta y=f(x_0+\Delta x)-f(x_0)$，当 $\Delta x\to 0$ 时，如果 Δy 与 Δx 之比的极限存在，则称函数 $y=f(x)$ 在点 x_0 处可导，并称这个极限为函数 $y=f(x)$ 在点 x_0 处的导数，记为 $f'(x_0)$，即

$$f'(x_0)=\lim_{\Delta x\to 0}\frac{\Delta y}{\Delta x}=\lim_{\Delta x\to 0}\frac{f(x_0+\Delta x)-f(x_0)}{\Delta x},$$

也可记为 $y'\Big|_{x=x_0}$，$\dfrac{\mathrm{d}y}{\mathrm{d}x}\Big|_{x=x_0}$ 或 $\dfrac{\mathrm{d}[f(x)]}{\mathrm{d}x}\Big|_{x=x_0}$.

【敲黑板】 导数的定义式也可取不同的形式，常见的有：

$$f'(x_0)=\lim_{h\to 0}\frac{f(x_0+h)-f(x_0)}{h},f'(x_0)=\lim_{x\to x_0}\frac{f(x)-f(x_0)}{x-x_0}.$$

2. 单侧导数

$f(x)$ 在点 x_0 处的左导数：$f'_-(x_0)=\lim\limits_{x\to x_0^-}\dfrac{f(x)-f(x_0)}{x-x_0}$；

$f(x)$ 在点 x_0 处的右导数：$f'_+(x_0)=\lim\limits_{x\to x_0^+}\dfrac{f(x)-f(x_0)}{x-x_0}$.

3. 导数与左、右导数的关系

$f(x)$ 在点 x_0 处可导 $\Leftrightarrow$ 左导数 $f'_-(x_0)$ 与右导数 $f'_+(x_0)$ 都存在且相等.

4. 可导与连续的关系定理

设函数 $f(x)$ 在点 x_0 的某邻域内有定义，如果 $f(x)$ 在点 x_0 处可导，那么 $f(x)$ 在点 x_0 处必然连续.

题型一 利用导数定义求函数在一点处的导数

【解题方法】 看到“一点处导数”即用导数定义求解.

例 1 设 $f(x)=\begin{cases}3x^2, & x\leqslant 1,\\ 2x^3, & x>1,\end{cases}$ 则在点 $x=1$ 处 $f(x)$ 的(　　).

(A) 左导数存在，右导数不存在

(B) 左导数不存在，右导数存在

(C) 左导数与右导数都存在，且 $f(x)$ 的导数存在

(D) 左导数与右导数都存在，但 $f(x)$ 的导数不存在

(E) 左导数与右导数都不存在

【参考答案】A

【解题思路】由题设知，$f(x)$ 为分段函数，且点 $x=1$ 为分段点. 如果问题只是考查 $f(x)$ 在点 $x=1$ 处的可导性，通常先判定 $f(x)$ 在点 $x=1$ 处是否连续. 如果 $f(x)$ 在点 $x=1$ 处不连续，则可以判定 $f(x)$ 在点 $x=1$ 处不可导. 如果 $f(x)$ 在点 $x=1$ 处连续，需利用导数定义判定 $f(x)$ 的可导性. 本题还要判定 $f(x)$ 在点 $x=1$ 处的左导数与右导数的存在性，需依定义来判定.

【答案解析】由于

$$\lim_{x\to1^-}\frac{f(x)-f(1)}{x-1}=\lim_{x\to1^-}\frac{3x^2-3}{x-1}=\lim_{x\to1^-}\frac{3(x-1)(x+1)}{x-1}=6=f'_-(1),$$

$$\lim_{x\to1^+}\frac{f(x)-f(1)}{x-1}=\lim_{x\to1^+}\frac{2x^3-3}{x-1}=-\infty,$$

可知 $f(x)$ 在点 $x=1$ 处左导数存在，右导数不存在，故选 A.

例 2 设函数

$$f(x)=\begin{cases}e^{ax}, & x\leqslant 0,\\ b(1-x^2), & x>0\end{cases}$$

在点 $x=0$ 处可导，则 a 与 b 的值分别为(　　).

(A) $a=0,b=0$　　(B) $a=1,b=0$

(C) $a=0,b=1$　　(D) $a=1,b=1$

(E) $a=0,b=-1$

【参考答案】C

【解题思路】所给函数 $f(x)$ 为分段函数，点 $x=0$ 为其分段点，题设条件为 $f(x)$ 在点 $x=0$ 处可导，可以考虑由左导数与右导数存在且相等求解，但是如果利用函数在某点可导则必定连续的性质，可以简化运算.

【答案解析】由于 $f(x)$ 在点 $x=0$ 处可导，因此 $f(x)$ 在点 $x=0$ 处必定连续，又

$$\lim_{x\to0^-}f(x)=\lim_{x\to0^-}e^{ax}=1,$$

$$\lim_{x\to0^+}f(x)=\lim_{x\to0^+}b(1-x^2)=b,$$

故 $b=1$. 因此

$$f(x)=\begin{cases}e^{ax}, & x\leqslant 0,\\ 1-x^2, & x>0.\end{cases}$$

由于

$$f'_-(0)=\lim_{x\to0^-}\frac{f(x)-f(0)}{x}=\lim_{x\to0^-}\frac{e^{ax}-1}{x}=\lim_{x\to0^-}\frac{ax}{x}=a,$$

$$f'_+(0)=\lim_{x\to0^+}\frac{f(x)-f(0)}{x}=\lim_{x\to0^+}\frac{1-x^2-1}{x}=0,$$

又 $f'_-(0)=f'_+(0)$，因此 $a=0$.

例 3 设下列各式中极限都存在，则使得 $f(x)$ 在点 x_0 处可导的是(　　).

(A) $\lim\limits_{\Delta x \to 0} \dfrac{f(x_0+2\Delta x)-f(x_0+\Delta x)}{\Delta x}$

(B) $\lim\limits_{h \to 0} \dfrac{f(x_0+h^2)-f(x_0)}{h^2}$

(C) $\lim\limits_{h \to 0} \dfrac{f(x_0)-f(x_0+h)}{h}$

(D) $\lim\limits_{h \to 0^+} \dfrac{f(x_0-h)-f(x_0)}{h}$

(E) $\lim\limits_{\Delta x \to 0^-} \dfrac{f(x_0)-f(x_0-\Delta x)}{\Delta x}$

【参考答案】 C

【解题思路】 所给选项皆与导数定义的形式相仿，因此可以从导数定义来分析.

首先，应明确不论是导数的定义还是定义的等价形式，皆为$\dfrac{\text{函数增量}}{\text{自变量增量}}$在自变量增量$\to 0$时的极限形式，而函数增量皆为“函数的动点值－定点值”.“函数的动点值－动点值”作为函数增量与自变量增量比值的极限即使存在，也不能作为函数在定点处可导的充分条件. 其次，自变量的增量不论用什么形式表示，必须 $\to 0$，不能仅 $\to 0^+$ 或 0^-.

【答案解析】 对于 A，函数增量用“函数的动点值 － 动点值”表示，因此不正确.

对于 B，令 $\Delta x = h^2$，则当 $h \to 0$ 时，$\Delta x \to 0^+$，因此

$$\lim_{h \to 0} \frac{f(x_0+h^2)-f(x_0)}{h^2} = \lim_{\Delta x \to 0^+} \frac{f(x_0+\Delta x)-f(x_0)}{\Delta x} = f'_+(x_0),$$

这表明$\lim\limits_{h \to 0} \dfrac{f(x_0+h^2)-f(x_0)}{h^2}$存在只能表示 $f'_+(x_0)$ 存在，不能说明 $f'(x_0)$ 存在.

同理，对于 D，$\lim\limits_{h \to 0^+} \dfrac{f(x_0-h)-f(x_0)}{h}$ 存在，只能表明 $f'_-(x_0)$ 存在.

对于 E，$\lim\limits_{\Delta x \to 0^-} \dfrac{f(x_0)-f(x_0-\Delta x)}{\Delta x}$ 存在，只能表明 $f'_+(x_0)$ 存在.

对于 C，$\lim\limits_{h \to 0} \dfrac{f(x_0)-f(x_0+h)}{h} = -\lim\limits_{h \to 0} \dfrac{f(x_0+h)-f(x_0)}{h} = -f'(x_0)$.

例 4 设 $f(x)$ 可导，$F(x) = f(x)(1+|\sin x|)$，则 $f(0)=0$ 是 $F(x)$ 在 $x=0$ 处可导的(　　).

(A) 充分必要条件

(B) 充分条件但非必要条件

(C) 必要条件但非充分条件

(D) 既非充分条件又非必要条件

(E) 以上均不正确

【参考答案】 A

【答案解析】 该题考查在一点处导数的定义.

由已知 $f(x)$ 可导，则 $f'_-(0) = f'_+(0)$，$\lim\limits_{x \to 0^-} f(x) = \lim\limits_{x \to 0^+} f(x) = f(0)$.

$$F'_-(0) = \lim_{x \to 0^-} \frac{F(x)-F(0)}{x-0} = \lim_{x \to 0^-} \frac{f(x)-f(x)\sin x - f(0)}{x-0}$$

$$= \lim_{x\to 0^-}\frac{f(x)-f(0)}{x-0} - \lim_{x\to 0^-}\frac{f(x)\cdot\sin x}{x}$$

$$= f'_-(0) - f(0),$$

$$F'_+(0) = \lim_{x\to 0^+}\frac{F(x)-F(0)}{x-0} = \lim_{x\to 0^+}\frac{f(x)+f(x)\sin x - f(0)}{x-0}$$

$$= \lim_{x\to 0^+}\frac{f(x)-f(0)}{x-0} + \lim_{x\to 0^+}\frac{f(x)\cdot\sin x}{x}$$

$$= f'_+(0) + f(0).$$

充分条件:$f(0)=0$ 时,$F'_+(0)=f'_+(0)$,$F'_-(0)=f'_-(0)\Rightarrow F'_+(0)=F'_-(0)\Rightarrow F(x)$ 在 $x=0$ 处可导.

必要条件:$F(x)$ 在 $x=0$ 处可导,则 $F'_-(0)=F'_+(0)\Rightarrow f(0)=0$.

例 5 设函数 $f(x)=g(x)\mid x-x_0\mid$,其中 $g(x)$ 在点 x_0 处连续,证明 $f(x)$ 在点 x_0 处可导的充分必要条件是 $g(x_0)=0$.

【答案解析】 函数 $f(x)$ 在 $x=x_0$ 处可导的充要条件为 $\lim\limits_{x\to x_0}\dfrac{f(x)-f(x_0)}{x-x_0}$ 存在.

$$\lim_{x\to x_0}\frac{f(x)-f(x_0)}{x-x_0} = \lim_{x\to x_0}\frac{g(x)\mid x-x_0\mid - 0}{x-x_0},$$

$$\lim_{x\to x_0^+}\frac{g(x)(x-x_0)}{x-x_0} = \lim_{x\to x_0^+} g(x) = g(x_0),$$

$$\lim_{x\to x_0^-}\frac{g(x)[-(x-x_0)]}{x-x_0} = -\lim_{x\to x_0^-} g(x) = -g(x_0),$$

则

$$g(x_0) = -g(x_0) \Rightarrow g(x_0) = 0.$$

例 6 函数 $f(x)=(x^2-x-2)\mid x^3-x\mid$ 的不可导点的个数为( ).

(A)4 (B)3 (C)2 (D)1 (E)0

【参考答案】 C

【答案解析】 函数 $f(x)$ 可能出现的不可导点是使绝对值内的函数为零的点,即 $x=-1,0,1$ 三点,其中

$$\lim_{x\to -1}\frac{f(x)-f(-1)}{x-(-1)} = \lim_{x\to -1}\frac{(x+1)(x-2)}{x+1}\mid x^3-x\mid = 0,$$

因此,可以排除点 $x=-1$.

同理,可以验证 $\lim\limits_{x\to 0}\dfrac{f(x)-f(0)}{x-0}$ 及 $\lim\limits_{x\to 1}\dfrac{f(x)-f(1)}{x-1}$ 都不存在,故选 C.

例 7 下列函数中,在点 $x=0$ 处不可导的是( ).

(A) $f(x)=\mid x\mid \sin x$ (B) $f(x)=\cos\sqrt{\mid x\mid}$

(C) $f(x)=\mid x\mid x^2$ (D) $f(x)=\mid x\mid \tan x$

(E) $f(x)=\mid x\mid \ln(1+x^2)$

【参考答案】 B

【答案解析】判断函数在某定点处的可导性应从定义考虑，对于选项 B，由

$$\lim_{x\to 0}\frac{f(x)-f(0)}{x}=\lim_{x\to 0}\frac{\cos\sqrt{|x|}-1}{x}=\lim_{x\to 0}\frac{-\frac{1}{2}|x|}{x}$$

不存在，知 $f(x)=\cos\sqrt{|x|}$ 在点 $x=0$ 处不可导，故选 B.

5. 导函数

开区间内可导：如果函数 $f(x)$ 在开区间 (a,b) 内每一点都可导，则称 $f(x)$ 在开区间 (a,b) 内可导.

闭区间上可导：如果函数 $f(x)$ 在开区间 (a,b) 内可导，且在 $x=a$ 处存在右导数，在 $x=b$ 处存在左导数，则称 $f(x)$ 在闭区间 $[a,b]$ 上可导.

6. 高阶导数

如果可导函数 $f(x)$ 的导函数 $f'(x)$ 仍然可导，则将它的导数称为函数 $f(x)$ 的二阶导数，记作

$$f''(x)=\lim_{\Delta x\to 0}\frac{f'(x+\Delta x)-f'(x)}{\Delta x}.$$

类似地，可以递归地定义函数 $f(x)$ 的 n 阶导数 $f^{(n)}(x)$.

题型二　利用导数定义求极限

【解题方法】在 $f'(x_0)$ 存在的前提下，用导数定义扩展的万能公式来计算极限.

若 $f(x)$ 在点 x_0 处可导，则

$$\lim_{\Delta x\to 0}\frac{f(x_0+a\Delta x)-f(x_0+b\Delta x)}{c\Delta x}.$$

上式可变形：

$$\begin{aligned}\text{原式}&=\frac{1}{c}\lim_{\Delta x\to 0}\frac{f(x_0+a\Delta x)-f(x_0)+f(x_0)-f(x_0+b\Delta x)}{\Delta x}\\&=\frac{1}{c}\left[\lim_{\Delta x\to 0}\frac{f(x_0+a\Delta x)-f(x_0)}{a\Delta x}\cdot a-\lim_{\Delta x\to 0}\frac{f(x_0+b\Delta x)-f(x_0)}{b\Delta x}\cdot b\right]\\&=\frac{1}{c}[af'(x_0)-bf'(x_0)]\\&=\frac{a-b}{c}f'(x_0).\end{aligned}$$

例 8　若函数 $f(x)$ 在点 $x=a$ 处可导，计算：

(1) $\lim\limits_{h\to a}\dfrac{f(h)-f(a)}{h-a}$；

(2) $\lim\limits_{h\to 0}\dfrac{f(a)-f(a-h)}{h}$；

(3) $\lim\limits_{h\to 0}\dfrac{f(a+2h)-f(a)}{h}$；

(4) $\lim\limits_{h\to 0}\dfrac{f(a+2h)-f(a+h)}{2h}$.

【答案解析】(1) $\lim\limits_{h\to a}\dfrac{f(h)-f(a)}{h-a}=f'(a)$.

(2) $\lim\limits_{h\to 0}\dfrac{f(a)-f(a-h)}{h}=\lim\limits_{h\to 0}\dfrac{f(a-h)-f(a)}{-h}=f'(a)$.

(3) $\lim\limits_{h\to 0}\dfrac{f(a+2h)-f(a)}{h}=2\lim\limits_{h\to 0}\dfrac{f(a+2h)-f(a)}{2h}=2f'(a)$.

(4) $\lim\limits_{h\to 0}\dfrac{f(a+2h)-f(a+h)}{2h}=\lim\limits_{h\to 0}\left[\dfrac{f(a+2h)-f(a)}{2h}+\dfrac{f(a)-f(a+h)}{2h}\right]=\dfrac{1}{2}f'(a)$.

例 9 设函数 $f(x)$ 在点 $x=0$ 处可导，且 $f(0)=0$，则 $\lim\limits_{x\to 0}\dfrac{x^2f(x)-f(x^3)}{x^3}=$ (　　).

(A) $-2f'(0)$　　(B) $-f'(0)$　　(C) $f'(0)$　　(D) 0　　(E) $2f'(0)$

【参考答案】 D

【解题思路】 由选项可以得到启示，只需将所给极限转化为导数定义的形式.

【答案解析】 由于 $f(x)$ 在 $x=0$ 处可导，且 $f(0)=0$，则

$$\lim_{x\to 0}\frac{x^2f(x)-f(x^3)}{x^3}=\lim_{x\to 0}\left[\frac{f(x)}{x}-\frac{f(x^3)}{x^3}\right]$$

$$=\lim_{x\to 0}\left[\frac{f(x)-f(0)}{x}-\frac{f(x^3)-f(0)}{x^3}\right]=f'(0)-f'(0)=0.$$

例 10 设函数 $y=f(x)$ 在点 $x=0$ 处可导，$f(0)=0$，若 $\lim\limits_{x\to\infty}xf\left(\dfrac{1}{2x+3}\right)=1$，则 $f'(0)=$ (　　).

(A) 2　　(B) 3　　(C) 4　　(D) 5　　(E) 6

【参考答案】 A

【解题思路】 函数为抽象函数，已知 $y=f(x)$ 在点 $x=0$ 处可导，可考虑将极限转化为 $f(x)$ 在点 $x=0$ 处的导数定义式.

【答案解析】 设 $t=\dfrac{1}{2x+3}$，则当 $x\to\infty$ 时，$t\to 0$，且可解得 $\dfrac{1}{x}=\dfrac{2t}{1-3t}$，因此

$$\lim_{x\to\infty}xf\left(\frac{1}{2x+3}\right)=\lim_{x\to\infty}\frac{f\left(\dfrac{1}{2x+3}\right)}{\dfrac{1}{x}}=\lim_{t\to 0}\frac{f(t)}{\dfrac{2t}{1-3t}}$$

$$=\lim_{t\to 0}\frac{f(t)-f(0)}{t}\cdot\frac{1-3t}{2}=\frac{1}{2}f'(0)=1,$$

从而 $f'(0)=2$. 故选 A.

考点二　微分的定义与性质

设函数 $y=f(x)$ 在 x_0 的某邻域内有定义，当自变量 x 在 x_0 处有增量 Δx 时，如果因变量 y 的增量 $\Delta y=f(x_0+\Delta x)-f(x_0)$ 可以表示为

$$\Delta y=A\Delta x+o(\Delta x),\Delta x\to 0,$$

其中 A 为只与 x_0 有关而与 Δx 无关的常数，$o(\Delta x)$ 表示当 $\Delta x\to 0$ 时 Δx 的高阶无穷小量，则称 $f(x)$ 在 x_0 处可微，并称 $A\Delta x$ 为 $f(x)$ 在 x_0 处相应于自变量增量 Δx 的微分，记作 $\mathrm{d}y\Big|_{x=x_0}$ 或 $\mathrm{d}[f(x)]\Big|_{x=x_0}$，

即

$$\mathrm{d}y\Big|_{x=x_0}=\mathrm{d}[f(x)]\Big|_{x=x_0}=A\Delta x.$$

对于可微函数而言，当自变量改变 Δx 时，Δy 是曲线 $y=f(x)$ 上该点的纵坐标增量，$\mathrm{d}y$ 是曲线的切线上对应点的纵坐标的增量. 当 Δx 是无穷小量时，Δy 与 $\mathrm{d}y$ 相差一个关于 Δx 的高阶无穷小量，当 $f'(x_0)\neq 0$ 时，$\mathrm{d}y$ 是 Δy 的线性主部.

考点三　可导、可微、连续的关系

设函数 $y=f(x)$ 在 x_0 的某邻域内有定义，若 $f(x)$ 在 x_0 处可导，则 $f(x)$ 在 x_0 处必然连续.

设函数 $y=f(x)$ 在 x_0 的某邻域内有定义，则函数 $f(x)$ 在 x_0 处可微与函数 $f(x)$ 在 x_0 处可导是等价的，即可微必可导，可导必可微. 进一步地，我们还可以得到 $f(x)$ 在 x_0 处的微分 $\mathrm{d}y\Big|_{x=x_0}=f'(x_0)\Delta x$.

题型三　微分的概念与几何意义

【解题方法】利用微分的定义与性质来解题.

例 11　设函数 $f(u)$ 可导，$y=f(x^2)$，当自变量 x 在 $x=-1$ 处取得增量 $\Delta x=-0.1$ 时，相应的函数增量 Δy 的线性主部为 0.1，则 $f'(1)=($　　$)$.

(A)0.5　　(B)-0.5　　(C)0.2　　(D)-0.2　　(E)0.4

【参考答案】A

【答案解析】根据题干得线性主部为

$$\mathrm{d}y=A\Delta x=y'\Delta x=f'(x^2)\cdot(x^2)'\cdot\Delta x=0.1,$$

则当 $x=-1,\Delta x=-0.1$ 时，$\mathrm{d}y=f'(1)\cdot 2\cdot(-1)\cdot(-0.1)=0.1$，故 $f'(1)=0.5$.

例 12　设函数 $y=f(x)$ 在点 x_0 处可导，且 $f'(x_0)\neq 0$. 当自变量有增量 Δx 时，函数 $y=f(x)$ 的增量为 Δy，则极限 $\lim\limits_{\Delta x\to 0}\dfrac{\Delta y-\mathrm{d}y}{\mathrm{d}y}$ 为(　　).

(A)-1　　(B)0　　(C)1　　(D)2　　(E)∞

【参考答案】B

【解题思路】题目给出 $f(x)$ 在点 x_0 处可导，考查 $\lim\limits_{\Delta x\to 0}\dfrac{\Delta y-\mathrm{d}y}{\mathrm{d}y}$. 注意，如果 $f(x)$ 在点 x_0 处可导，则必定可微，因此可以由微分的性质入手.

【答案解析】由微分的定义可知 $\Delta y-\mathrm{d}y=o(\Delta x)$，$\mathrm{d}y\Big|_{x=x_0}=f'(x_0)\Delta x$.

由题设知 $f'(x_0)\neq 0$，则

$$\lim_{\Delta x\to 0}\frac{\Delta y-\mathrm{d}y}{\mathrm{d}y}=\lim_{\Delta x\to 0}\frac{o(\Delta x)}{f'(x_0)\Delta x}=\lim_{\Delta x\to 0}\frac{1}{f'(x_0)}\cdot\frac{o(\Delta x)}{\Delta x}=0.$$

例 13 设 $f(x+\Delta x)-f(x)=3x^2\Delta x+o(\Delta x)$，当 $\Delta x\to 0$ 时，$o(\Delta x)$ 为 Δx 的高阶无穷小，则 $f(3)-f(1)=$（　　）.

(A)26　　(B)25　　(C)24　　(D)20　　(E)0

【参考答案】A

【答案解析】由 $f(x+\Delta x)-f(x)=3x^2\Delta x+o(\Delta x)$，可得

$$\frac{f(x+\Delta x)-f(x)}{\Delta x}=3x^2+\frac{o(\Delta x)}{\Delta x},$$

因此

$$\lim_{\Delta x\to 0}\frac{f(x+\Delta x)-f(x)}{\Delta x}=\lim_{\Delta x\to 0}\left[3x^2+\frac{o(\Delta x)}{\Delta x}\right]=3x^2.$$

可知 $f'(x)=3x^2$，$f(x)=x^3+C$，则 $f(3)-f(1)=26$. 故选 A.

考点四　导数与微分的计算

1.基本初等函数的导数与微分公式

导数公式：	微分公式：
$(x^\mu)'=\mu x^{\mu-1}$	$d(x^\mu)=\mu x^{\mu-1}dx$
$(\sin x)'=\cos x$	$d(\sin x)=\cos x dx$
$(\cos x)'=-\sin x$	$d(\cos x)=-\sin x dx$
$(\tan x)'=\sec^2 x$	$d(\tan x)=\sec^2 x dx$
$(\cot x)'=-\csc^2 x$	$d(\cot x)=-\csc^2 x dx$
$(\sec x)'=\sec x\tan x$	$d(\sec x)=\sec x\tan x dx$
$(\csc x)'=-\csc x\cot x$	$d(\csc x)=-\csc x\cot x dx$
$(a^x)'=a^x\ln a(a>0$ 且 $a\neq 1)$	$d(a^x)=a^x\ln a dx(a>0$ 且 $a\neq 1)$
$(e^x)'=e^x$	$d(e^x)=e^x dx$
$(\log_a x)'=\dfrac{1}{x\ln a}(a>0$ 且 $a\neq 1)$	$d(\log_a x)=\dfrac{1}{x\ln a}dx(a>0$ 且 $a\neq 1)$
$(\ln x)'=\dfrac{1}{x}$	$d(\ln x)=\dfrac{1}{x}dx$
$(\arcsin x)'=\dfrac{1}{\sqrt{1-x^2}}$	$d(\arcsin x)=\dfrac{1}{\sqrt{1-x^2}}dx$
$(\arccos x)'=-\dfrac{1}{\sqrt{1-x^2}}$	$d(\arccos x)=-\dfrac{1}{\sqrt{1-x^2}}dx$
$(\arctan x)'=\dfrac{1}{1+x^2}$	$d(\arctan x)=\dfrac{1}{1+x^2}dx$
$(\text{arccot } x)'=-\dfrac{1}{1+x^2}$	$d(\text{arccot } x)=-\dfrac{1}{1+x^2}dx$

2. 函数的和、差、积、商的求导与微分法则

求导法则：

$(u\pm v)'=u'\pm v'$

$(Cu)'=Cu'$，其中 C 为常数

$(uv)'=u'v+uv'$

$\left(\dfrac{u}{v}\right)'=\dfrac{u'v-uv'}{v^2}(v\neq 0)$

微分法则：

$\mathrm{d}(u\pm v)=\mathrm{d}u\pm\mathrm{d}v$

$\mathrm{d}(Cu)=C\mathrm{d}u$，其中 C 为常数

$\mathrm{d}(uv)=v\mathrm{d}u+u\mathrm{d}v$

$\mathrm{d}\left(\dfrac{u}{v}\right)=\dfrac{v\mathrm{d}u-u\mathrm{d}v}{v^2}(v\neq 0)$

3. 复合函数求导的链式法则

设 $y=f(u)$，$u=g(x)$，如果 $g(x)$ 在 x 处可导，且 $f(u)$ 在对应的 $u=g(x)$ 处可导，则复合函数 $y=f[g(x)]$ 在 x 处可导，且有

$$\{f[g(x)]\}'=f'(u)g'(x)\text{ 或}\frac{\mathrm{d}y}{\mathrm{d}x}=\frac{\mathrm{d}y}{\mathrm{d}u}\frac{\mathrm{d}u}{\mathrm{d}x}.$$

题型四　复合函数求导

例 14　求 $y=\ln(\sqrt{x}+\mathrm{e}^x\cos x)$ 的导函数.

【答案解析】

$$y'=\frac{1}{\sqrt{x}+\mathrm{e}^x\cos x}(\sqrt{x}+\mathrm{e}^x\cos x)'$$

$$=\frac{1}{\sqrt{x}+\mathrm{e}^x\cos x}\left[\frac{1}{2\sqrt{x}}+\mathrm{e}^x(\cos x-\sin x)\right].$$

例 15　设 $y=f(\ln x)\mathrm{e}^{f(x)}$，其中 f 可微，则 $\mathrm{d}y=$（　　）.

(A) $\left[\dfrac{1}{x}f'(\ln x)\mathrm{e}^{f(x)}+f(\ln x)\mathrm{e}^{f(x)}f'(x)\right]\mathrm{d}x$

(B) $\left[-\dfrac{1}{x^2}f'(\ln x)\mathrm{e}^{f(x)}+f(\ln x)\mathrm{e}^{f(x)}f'(x)\right]\mathrm{d}x$

(C) $\left[\dfrac{1}{x}f'(\ln x)\mathrm{e}^{f(x)}+f'(\ln x)\mathrm{e}^{f(x)}f'(x)\right]\mathrm{d}x$

(D) $\left[-\dfrac{1}{x^2}f'(\ln x)\mathrm{e}^{f(x)}+f'(\ln x)\mathrm{e}^{f(x)}f'(x)\right]\mathrm{d}x$

(E) $\left[\dfrac{1}{x}f'(\ln x)\mathrm{e}^{f(x)}f'(x)+f(\ln x)\mathrm{e}^{f(x)}f'(x)\right]\mathrm{d}x$

【参考答案】A

【答案解析】

$$\frac{\mathrm{d}y}{\mathrm{d}x}=\frac{1}{x}f'(\ln x)\mathrm{e}^{f(x)}+f(\ln x)\mathrm{e}^{f(x)}f'(x),$$

则

$$\mathrm{d}y=\left[\frac{1}{x}f'(\ln x)\mathrm{e}^{f(x)}+f(\ln x)\mathrm{e}^{f(x)}f'(x)\right]\mathrm{d}x.$$

例 16　设函数 $g(x)$ 可微，$h(x)=\mathrm{e}^{1+g(x)}$，$h'(1)=1$，$g'(1)=2$，则 $g(1)$ 等于（　　）.

(A) $-1-\ln 2$　(B) $-1+\ln 2$　(C) $2+\ln 2$　(D) $-2-\ln 2$　(E) $-\ln 2$

【参考答案】A

【答案解析】方程两边同时对 x 求导，得 $h'(x)=e^{1+g(x)}g'(x)$，当 $h'(1)=1,g'(1)=2$ 时，$g(1)=-1-\ln 2$.

例 17 设 $y=f\left(\frac{x-1}{x+1}\right)$，$f'(x)=\arctan x^2$，则 $\left.\frac{dy}{dx}\right|_{x=0}=$（　　）.

(A) $-\frac{\pi}{2}$　　(B) $-\frac{\pi}{4}$　　(C) $\frac{\pi}{4}$　　(D) $\frac{\pi}{2}$　　(E) π

【参考答案】D

【答案解析】设 $u=\frac{x-1}{x+1}$，则 $y=f\left(\frac{x-1}{x+1}\right)=f(u)$，

$$u'=\left(\frac{x-1}{x+1}\right)'=\frac{(x+1)-(x-1)}{(x+1)^2}=\frac{2}{(x+1)^2},$$

$$\frac{dy}{dx}=f'(u)\cdot u'=\arctan u^2\cdot\frac{2}{(x+1)^2}.$$

当 $x=0$ 时，$u=-1$，因此

$$\left.\frac{dy}{dx}\right|_{x=0}=\arctan(-1)^2\cdot\frac{2}{(0+1)^2}=\frac{\pi}{2}.$$

4.反函数的求导法则

设函数 $y=f(x)$ 在点 x_0 的某邻域内连续，在点 x_0 处可导且 $f'(x_0)\neq 0$，令其反函数为 $x=g(y)$，且 x_0 所对应的 y 的值为 y_0，则有

$$g'(y_0)=\frac{1}{f'(x_0)}=\frac{1}{f'[g(y_0)]}\text{ 或 }\frac{dx}{dy}=\frac{1}{\frac{dy}{dx}}.$$

为应用方便，反函数求导法则可简记为 $[f^{-1}(x)]'=\frac{1}{f'[f^{-1}(x)]}$.

题型五　反函数求导

例 18 求函数 $y=\arcsin x$ 与 $y=\arctan x$ 的导函数.

【答案解析】$y=\arcsin x$，$x=\sin y$，$\frac{dy}{dx}=\frac{1}{\frac{dx}{dy}}=\frac{1}{\cos y}=\frac{1}{\sqrt{1-\sin^2 y}}=\frac{1}{\sqrt{1-x^2}}$.

$y=\arctan x$，$x=\tan y$，$\frac{dy}{dx}=\frac{1}{\frac{dx}{dy}}=\frac{1}{\sec^2 y}=\frac{1}{1+\tan^2 y}=\frac{1}{1+x^2}$.

例 19 设 $y=\ln(x+\sqrt{a^2+x^2})$，求 $\frac{dx}{dy}$，$\frac{d^2x}{dy^2}$.

【答案解析】求导得 $\frac{dy}{dx}=\frac{1}{\sqrt{a^2+x^2}}$，因此

$$\frac{dx}{dy}=\sqrt{a^2+x^2},\ \frac{d^2x}{dy^2}=\frac{d\left(\frac{dx}{dy}\right)}{dy}=\frac{d\left(\frac{1}{y'}\right)}{dx}\cdot\frac{dx}{dy}=x.$$

5.隐函数的求导法则

设函数 $y=y(x)$ 由方程 $F(x,y)=0$ 所确定，求 y' 的步骤如下：

(1) 在方程 $F(x,y)=0$ 两边同时对 x 求导，把 y 看作中间变量，用复合函数求导公式计算；

(2) 解出 y' 的表达式(允许出现 y 变量).

题型六　隐函数求导

例 20 设 $y=y(x)$ 由 $e^y+x^2y-y^2=1$ 确定，求 y'.

【解题思路】将所给方程两端直接对 x 求导，从而解出 y'，但是求导时，需将 y 当作 $y(x)$.

【答案解析】将 $e^y+x^2y-y^2=1$ 两端对 x 求导，有

$$e^y\cdot y'+2xy+x^2y'-2yy'=0,$$

整理得

$$(e^y+x^2-2y)y'=-2xy,$$

故

$$y'=-\frac{2xy}{e^y+x^2-2y}.$$

例 21 设函数 $y=y(x)$ 由方程 $y-xe^y=1$ 所确定，求 $\left.\frac{d^2y}{dx^2}\right|_{x=0}$ 的值.

【答案解析】方程两边同时对 x 求导，得

$$\frac{dy}{dx}-e^y-xe^y\frac{dy}{dx}=0. \tag{$*$}$$

当 $x=0$ 时，$y=1$，$\left.\frac{dy}{dx}\right|_{x=0}=e$.（$*$）式两边同时再对 x 求导，得

$$\frac{d^2y}{dx^2}-e^y\frac{dy}{dx}-\left(e^y+xe^y\frac{dy}{dx}\right)\frac{dy}{dx}-xe^y\frac{d^2y}{dx^2}=0.$$

当 $x=0$，$y=1$，$\left.\frac{dy}{dx}\right|_{x=0}=e$ 时，$\left.\frac{d^2y}{dx^2}\right|_{x=0}=2e^2$.

例 22 设函数 $y=y(x)$ 由方程 $e^y+xy=e+1$ 确定，则 $y''(1)=$（　　）.

(A) $\frac{1}{(e+1)^2}$　　(B) $-\frac{3e+2}{(e+1)^2}$　　(C) $-\frac{3e+2}{(e+1)^3}$

(D) $\frac{e+2}{(e+1)^2}$　　(E) $\frac{e+2}{(e+1)^3}$

【参考答案】E

【答案解析】当 $x=1$ 时，易知 $y(1)=1$，方程两端对 x 求导得

$$e^y\cdot y'+y+xy'=0, \tag{$*$}$$

代入 $x=1$，$y(1)=1$，得 $y'(1)=-\frac{1}{e+1}$，（$*$）式两端再对 x 求导得

$$e^y\cdot y'\cdot y'+e^y\cdot y''+2y'+xy''=0,$$

代入 $x=1$，$y(1)=1$，$y'(1)=-\frac{1}{e+1}$，得 $y''(1)=\frac{e+2}{(e+1)^3}$.

6. 对数求导法则

幂指函数与多项式的乘、除、乘方、开方函数求导.

题型七 幂指函数与多项式的乘、除、乘方、开方函数求导

例 23 设 $y=2x-\ln x^x+x^{\frac{1}{x}}$,求 y'.

【答案解析】令 $t=x^{\frac{1}{x}}$,两边同时取对数,有

$$\ln t=\ln x^{\frac{1}{x}}=\frac{1}{x}\ln x.$$

上式两边同时对 x 求导,得

$$\frac{1}{t}\cdot t'=-\frac{1}{x^2}\cdot\ln x+\frac{1}{x}\cdot\frac{1}{x}=\frac{1}{x^2}(1-\ln x),$$

即 $t'=x^{\frac{1}{x}}\cdot x^{-2}(1-\ln x)$,又 $y=2x-x\ln x+t$,则

$$y'=2-\left(\ln x+x\cdot\frac{1}{x}\right)+x^{\frac{1}{x}-2}(1-\ln x)=(1-\ln x)(1+x^{\frac{1}{x}-2}).$$

例 24 计算下列函数的导数:

(1) $y=x^x$;

(2) $y=x^{x^x}$.

【答案解析】(1) $y=x^x=e^{x\ln x}$, $y'=e^{x\ln x}(\ln x+1)=x^x(\ln x+1)$.

(2) $y=x^{x^x}=e^{x^x\ln x}=e^{e^{x\ln x}\ln x}$, $y'=e^{e^{x\ln x}\ln x}\left[e^{x\ln x}(\ln x+1)\ln x+e^{x\ln x}\frac{1}{x}\right]=x^{x^x}[x^x(\ln^2 x+\ln x)+x^{x-1}]$.

例 25 设 $y=\dfrac{e^x\sin x}{(x-1)(x+2)}$,求 y'.

【解题思路】所给函数为连乘、除的形式,应先利用对数性质,将因子连乘、除形式转换为连加、减形式,以简化运算.

【答案解析】先将所给函数表达式两端取对数,得

$$\begin{aligned}\ln|y|&=\ln e^x+\ln|\sin x|-\ln|x-1|-\ln|x+2|\\&=x+\ln|\sin x|-\ln|x-1|-\ln|x+2|,\end{aligned}$$

两端关于 x 求导,可得

$$\frac{1}{y}\cdot y'=1+\frac{\cos x}{\sin x}-\frac{1}{x-1}-\frac{1}{x+2},$$

$$\begin{aligned}y'&=y\left(1+\frac{\cos x}{\sin x}-\frac{1}{x-1}-\frac{1}{x+2}\right)\\&=\frac{e^x\sin x}{(x-1)(x+2)}\left(1+\frac{\cos x}{\sin x}-\frac{1}{x-1}-\frac{1}{x+2}\right).\end{aligned}$$

7. 由参数方程所确定的函数的导数

设参数方程 $\begin{cases}x=\varphi(t),\\y=\psi(t)\end{cases}$ 确定函数 $y=y(x)$,其中 $\varphi'(t)$, $\psi'(t)$ 存在,且 $\varphi'(t)\neq 0$,则一阶导数

$$\frac{dy}{dx}=\frac{\frac{dy}{dt}}{\frac{dx}{dt}}=\frac{\psi'(t)}{\varphi'(t)},$$

二阶导数 $$\frac{d^2y}{dx^2}=\frac{d\left(\frac{dy}{dx}\right)}{dx}=\frac{d\left(\frac{dy}{dx}\right)}{dt}\cdot\frac{1}{\frac{dx}{dt}}=\frac{\psi''(t)\varphi'(t)-\psi'(t)\varphi''(t)}{[\varphi'(t)]^3}.$$

题型八　参数方程确定的函数求导

例 26　设 $\begin{cases}x=5(t-\sin t),\\ y=5(1-\cos t),\end{cases}$ 求 $\frac{dy}{dx},\frac{d^2y}{dx^2}$.

【答案解析】 因 $\frac{dy}{dt}=5\sin t,\frac{dx}{dt}=5-5\cos t$，故 $\frac{dy}{dx}=\frac{5\sin t}{5(1-\cos t)}=\frac{\sin t}{1-\cos t}$，且

$$\frac{d^2y}{dx^2}=\frac{d}{dt}\left(\frac{\sin t}{1-\cos t}\right)\cdot\frac{dt}{dx}=-\frac{1}{5(1-\cos t)^2}.$$

例 27　设 $\begin{cases}x=f(t)-\pi,\\ y=f(e^{3t}-1),\end{cases}$ 其中 f 可导，且 $f'(0)\neq 0$，则 $\left.\frac{dy}{dx}\right|_{t=0}=(\quad)$.

(A)3　　(B)4　　(C)5　　(D)2　　(E)-1

【参考答案】 A

【答案解析】 $$\left.\frac{dy}{dx}\right|_{t=0}=\left.\frac{\frac{dy}{dt}}{\frac{dx}{dt}}\right|_{t=0}=\left.\frac{f'(e^{3t}-1)\cdot 3e^{3t}}{f'(t)}\right|_{t=0}=3.$$

题型九　求函数的高阶导数

【解题方法一】 常用函数的 n 阶导数公式.

(1) $y=e^x$　　$y^{(n)}=e^x$

(2) $y=a^x(a>0,a\neq 1)$　　$y^{(n)}=a^x(\ln a)^n$

(3) $y=\sin x$　　$y^{(n)}=\sin\left(x+\frac{n\pi}{2}\right)$

(4) $y=\cos x$　　$y^{(n)}=\cos\left(x+\frac{n\pi}{2}\right)$

(5) $y=\frac{1}{ax+b}$　　$y^{(n)}=\frac{a^n\cdot(-1)^n\cdot n!}{(ax+b)^{n+1}}$

(6) $y=\ln x$　　$y^{(n)}=(-1)^{n-1}(n-1)!x^{-n}$

(7) $y=x^a$　　$y^{(n)}=a(a-1)\cdots(a-n+1)x^{a-n}$

例 28　求 $y=\frac{1}{1+x}$ 的 n 阶导数.

【解题思路】 直接求 y',y'' 及 y''' 找规律，从而写出 n 阶导数.

【答案解析】$y'=-\frac{1}{(1+x)^2},y''=\frac{2}{(1+x)^3},y'''=-\frac{3!}{(1+x)^4}$,依次类推,

$$y^{(n)}=(-1)^n\frac{n!}{(1+x)^{n+1}}.$$

例 29 设 $y=\frac{1}{4-x^2}$,求 $y^{(n)}$.

【解题思路】如果直接求 $y',y'',\cdots$ 将非常复杂,注意对 y 恒等变形,可以简化运算.

【答案解析】
$$y=\frac{1}{4-x^2}=\frac{1}{(2-x)(2+x)}=\frac{1}{4}\left(\frac{1}{2-x}+\frac{1}{2+x}\right)$$
$$=\frac{1}{4}[(2-x)^{-1}+(2+x)^{-1}],$$

令
$$y_1=(2-x)^{-1},y_2=(2+x)^{-1},$$

则
$$y_1'=(2-x)^{-2},y_2'=(-1)(2+x)^{-2},$$
$$y_1''=2(2-x)^{-3},y_2''=(-1)(-2)(2+x)^{-3},$$
$$\cdots\cdots$$
$$y_1^{(n)}=n!(2-x)^{-(n+1)},y_2^{(n)}=(-1)^n n!(2+x)^{-(n+1)},$$

故
$$y^{(n)}=\frac{1}{4}n![(2-x)^{-(n+1)}+(-1)^n(2+x)^{-(n+1)}].$$

例 30 函数 $y=\ln(1-2x)$ 在 $x=0$ 处的 n 阶导数 $y^{(n)}(0)=($ $)$.

(A) $-2^n(n-1)!$　(B) $2^n(n-1)!$　(C) $-2^{n-1}(n-1)!$

(D) $2^{n-1}(n-1)!$　(E) $-2^n n!$

【参考答案】A

【答案解析】$y^{(n)}(x)=(-1)^{n-1}\frac{(n-1)!}{(1-2x)^n}\cdot(-2)^n=-2^n\frac{(n-1)!}{(1-2x)^n}$,则

$$y^{(n)}(0)=-2^n(n-1)!.$$

【解题方法二】莱布尼茨公式.

设 $u(x),v(x)$ 均有 n 阶导数,则

$$[u(x)v(x)]^{(n)}=\sum_{k=0}^{n}C_n^k u^{(k)}(x)v^{(n-k)}(x).$$

例 31 设 $f(x)=x^2e^x$,求 $f^{(n)}(0)(n\geqslant 2)$.

【答案解析】
$$f^{(n)}(x)=(e^x)^{(n)}x^2+C_n^1(2x)(e^x)^{(n-1)}+C_n^2\cdot 2\cdot(e^x)^{(n-2)}$$
$$=e^x x^2+2nxe^x+n(n-1)e^x,$$

则 $f^{(n)}(0)=n(n-1)$.

考点五 导数的几何应用

1. 导数的几何意义

函数 $y=f(x)$ 在 $x=x_0$ 处可导时,曲线在点 $(x_0,f(x_0))$ 处切线的斜率为 $f'(x_0)$,则曲线 $y=$

$f(x)$ 在点$(x_0,f(x_0))$处有：

切线方程：$y-f(x_0)=f'(x_0)(x-x_0)$.

法线方程：$y-f(x_0)=-\dfrac{1}{f'(x_0)}(x-x_0)$，其中 $f'(x_0)\neq 0$.

当 $f'(x_0)=0$ 时，法线方程为 $x=x_0$.

题型十　求曲线的切线方程与法线方程

例 32 曲线 $\sin xy+\ln(y-x)=x$ 在点$(0,1)$处的切线方程为(　　).

(A)$y=x+1$　　(B)$y=x-1$　　(C)$y=2x+1$

(D)$y=2x-1$　　(E)$y=-x-1$

【参考答案】A

【解题思路】该题考查隐函数求导，求出切线的斜率，再根据点斜式写出切线方程.

【答案解析】两边同时对 x 求导，有

$$(y+xy')\cdot\cos xy+\frac{y'-1}{y-x}=1,$$

当 $x=0,y=1$ 时，有 $1+y'-1=1$，即 $y'=1=k_{切}$.

由点斜式 $y-y_0=k_{切}(x-x_0)$，有 $y-1=1(x-0)$，即 $y=x+1$.

例 33 已知 $f(x)$ 连续，且 $\lim\limits_{x\to0}\dfrac{f(x)}{x}=2$，求曲线 $y=f(x)$ 上对应 $x=0$ 处的切线方程.

【答案解析】由 $\lim\limits_{x\to0}\dfrac{f(x)}{x}=2$，可知 $\lim\limits_{x\to0}f(x)=0$. 又 $f(x)$ 在 $x=0$ 处连续，故 $f(0)=\lim\limits_{x\to0}f(x)=0$. 因为

$$\lim_{x\to0}\frac{f(x)}{x}=\lim_{x\to0}\frac{f(x)-f(0)}{x-0}=f'(0)=2,$$

所以 $y=f(x)$ 上对应 $x=0$ 处的切线方程为 $y=2x$.

例 34 曲线 $\begin{cases}x=e^t\sin 2t,\\ y=e^t\cos t\end{cases}$ 在点$(0,1)$处的法线方程为(　　).

(A)$y=-2x$　　(B)$y=-2x+1$　　(C)$y=-x$

(D)$y=-x+1$　　(E)$y=-3x$

【参考答案】B

【答案解析】$\left.\dfrac{dy}{dx}\right|_{t=0}=\left.\dfrac{e^t\cos t-e^t\sin t}{2e^t\cos 2t+e^t\sin 2t}\right|_{t=0}=\dfrac{1}{2}$，则法线方程为 $y=-2x+1$.

2. 单调性

设函数 $y=f(x)$ 在$[a,b]$上连续，在(a,b)内可导.

(1) 如果在(a,b)内 $f'(x)>0$，那么函数 $y=f(x)$ 在$[a,b]$上单调增加.

(2) 如果在(a,b)内 $f'(x)<0$，那么函数 $y=f(x)$ 在$[a,b]$上单调减少.

题型十一 判断函数的单调性

【解题方法】(1) 求出 $f(x)$ 的定义域及 $f'(x)$；

(2) 求出所有使得 $f'(x)=0$ 的点以及 $f'(x)$ 不存在的点；

(3) 用上述点将函数的定义域分成若干个区间，根据 $f'(x)$ 在每个小区间上的符号变化得到函数 $f(x)$ 的单调区间.

例 35 已知函数 $y=\dfrac{x^3}{(x-1)^2}$，求函数的单调区间.

【答案解析】 函数的定义域为 $(-\infty,1)\cup(1,+\infty)$.

$$\frac{\mathrm{d}y}{\mathrm{d}x}=\frac{3x^2(x-1)^2-2x^3(x-1)}{(x-1)^4}=\frac{x^3-3x^2}{(x-1)^3}.$$

$\dfrac{\mathrm{d}y}{\mathrm{d}x}>0\Rightarrow(x-3)(x-1)>0\Rightarrow x>3$ 或 $x<1$.

$\dfrac{\mathrm{d}y}{\mathrm{d}x}<0\Rightarrow(x-3)(x-1)<0\Rightarrow 1<x<3$.

所以函数的单调递增区间为 $(-\infty,1)$，$(3,+\infty)$；单调递减区间为 $(1,3)$.

例 36 设函数 $f(x)$，$g(x)$ 均为大于零的可导函数，且 $f'(x)g(x)-f(x)g'(x)<0$，则当 $a<x<b$ 时，(　　).

(A) $\dfrac{f(x)}{g(x)}>\dfrac{f(b)}{g(b)}$　　(B) $\dfrac{f(x)}{g(x)}>\dfrac{f(a)}{g(a)}$

(C) $f(x)g(x)>f(b)g(b)$　　(D) $f(x)g(x)>f(a)g(a)$

(E) 以上均不正确

【参考答案】 A

【答案解析】 由 $f'(x)g(x)-f(x)g'(x)<0$，知 $\left[\dfrac{f(x)}{g(x)}\right]'=\dfrac{f'(x)g(x)-f(x)g'(x)}{g^2(x)}<0$.

所以 $\dfrac{f(x)}{g(x)}$ 为单调递减函数，当 $a<x<b$ 时，$\dfrac{f(b)}{g(b)}<\dfrac{f(x)}{g(x)}<\dfrac{f(a)}{g(a)}$. 根据选项知 A 正确.

3. 函数的极值与最值

(1) 极值存在的必要条件.

若 $f(x)$ 在点 x_0 处可导，且 x_0 为极值点，则 $f'(x_0)=0$. 因此，极值点只需在 $f'(x)=0$ 的点(驻点) 和 $f'(x)$ 不存在的点中去找，也就是说，极值点必定是 $f'(x)=0$ 或 $f'(x)$ 不存在的点，但这种点并不一定都是极值点，故应加以判别.

(2) 极值存在的充分条件，即极值的判别法，分别为第一充分条件和第二充分条件.

第一充分条件：

用一阶导数判定. 设 $f(x)$ 在点 x_0 处连续，且在 x_0 的某去心邻域内可导，若存在 $\delta>0$，使得当 $x\in(x_0-\delta,x_0)$ 时，有 $f'(x)>0$(或 $f'(x)<0$)，当 $x\in(x_0,x_0+\delta)$ 时，有 $f'(x)<0$(或 $f'(x)>0$)，则 x_0 为极大(小) 值点，$f(x_0)$ 为极大(小) 值. 若 $f'(x)$ 在 x_0 的左右不变号，则 x_0 不是极值点.

以上所述用下表来示意更清楚.

x	$(x_0-\delta,x_0)$	x_0	$(x_0,x_0+\delta)$
$f'(x)$	$+$	极大值点	$-$
	$-$	极小值点	$+$
	$+$	不是极值点	$+$
	$-$	不是极值点	$-$

第二充分条件:

用二阶导数判定,只适用于二阶导数存在且不为零的点,因此有局限性.

当 $f'(x_0)=0$ 时,若 $f''(x_0)>0$,则 x_0 为极小值点;若 $f''(x_0)<0$,则 x_0 为极大值点;若 $f''(x_0)=0$,判别法失效,仍需用第一充分条件.

题型十二　求具体函数的单调区间与极值

【解题方法】(1) 求出 $f(x)$ 的定义域及 $f'(x)$;

(2) 求出所有使得 $f'(x)=0$ 的点以及 $f'(x)$ 不存在的点;

(3) 一般具体型函数,易于判断 $f'(x)$ 在由上述点分成的每个小区间上的符号,用第一充分条件来判断这些点是否为极值点.

例 37　求函数 $y=(x-1)e^{\arctan x}$ 的单调区间和极值.

【答案解析】 函数的定义域为 $(-\infty,+\infty)$,$y'=\dfrac{x^2+x}{1+x^2}e^{\arctan x}$. 令 $y'=0$,得驻点 $x_1=0$,$x_2=-1$.

列表:

x	$(-\infty,-1)$	-1	$(-1,0)$	0	$(0,+\infty)$
y'	$+$	0	$-$	0	$+$
y	↗	$-2e^{-\frac{\pi}{4}}$	↘	-1	↗

由此可见,单调递增区间为 $(-\infty,-1)$,$(0,+\infty)$,单调递减区间为 $(-1,0)$;极小值为 $y(0)=-1$,极大值为 $y(-1)=-2e^{-\frac{\pi}{4}}$.

题型十三　求抽象函数的单调区间与极值

【解题方法】抽象函数、参数方程、隐函数等易于计算二阶导数,可用第二充分条件来判断这些点是否为极值点.

例 38　已知 $f(x)$ 在 $x=0$ 的某个邻域内连续,且 $\lim\limits_{x\to 0}\dfrac{f(x)}{1-\cos x}=2$,则在点 $x=0$ 处,$f(x)$(　　).

(A) 不可导　　　　　　(B) 可导,且 $f'(0)\neq 0$

(C) 取得极大值　　　　(D) 取得极小值

(E) 以上均不正确

【参考答案】D

【答案解析】由已知条件 $f(x)$ 在 $x=0$ 的某个邻域内连续，则 $\lim\limits_{x\to0}f(x)=f(0)$.

又
$$\lim_{x\to0}\frac{f(x)}{1-\cos x}=2,\lim_{x\to0}(1-\cos x)=0,$$

则 $\lim\limits_{x\to0}f(x)=0$，因此 $f(0)=0$.

根据保号性定理，$\lim\limits_{x\to0}\dfrac{f(x)}{1-\cos x}=2>0$，则在 $x=0$ 的某个去心邻域内 $\dfrac{f(x)}{1-\cos x}>0$，则 $f(x)>0$，即 $f(x)>f(0)$，所以 $f(0)$ 为极小值.

例 39 设 $y=f(x)$ 满足 $y''+y'-\mathrm{e}^{\sin x}=0$，且 $f'(x_0)=0$，则 $f(x)$ 在(　　).

(A) x_0 的某邻域内单调增加　　(B) x_0 的某邻域内单调减少

(C) x_0 处取得极小值　　(D) x_0 处取得极大值

(E) 以上均不正确

【参考答案】C

【答案解析】由已知条件知该函数为抽象函数，可根据第二充分条件来判断极值.

由 $y''=-y'+\mathrm{e}^{\sin x}$，知 $f''(x_0)=-f'(x_0)+\mathrm{e}^{\sin x_0}=\mathrm{e}^{\sin x_0}$，则 $f''(x_0)>0$，故 $f(x)$ 在 $x=x_0$ 处取得极小值.

例 40 设函数 $f(x)$ 在 $(-\infty,+\infty)$ 内连续，其导函数的图形如图所示，则 $f(x)$ 有(　　).

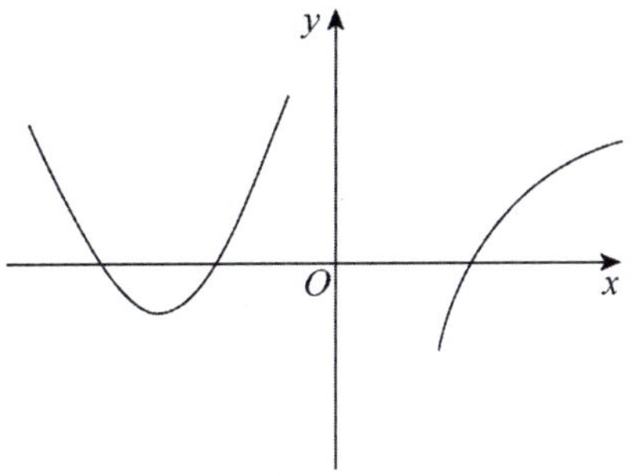

(A) 一个极小值点和两个极大值点

(B) 两个极小值点和一个极大值点

(C) 两个极小值点和两个极大值点

(D) 三个极小值点和一个极大值点

(E) 以上均不正确

【参考答案】C

【答案解析】该图像为导函数的图像.

如图所示，A,B,C 点为导函数的零点，O 点为导函数不存在的点. 根据极值的第一充分条件，A 点、O 点为极大值点，B 点、C 点为极小值点.

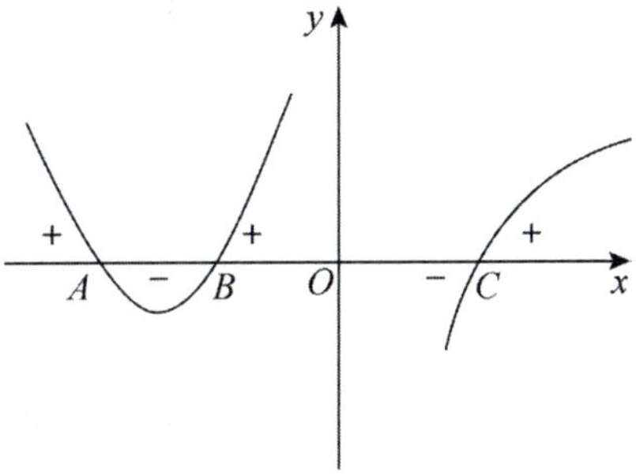

例 41 已知函数 $y=f(x)$ 对一切 x 满足 $xf''(x)+3x[f'(x)]^2=1-e^{-x}$，若 $f'(x_0)=0$ $(x_0\neq 0)$，则（　　）.

(A) $f(x_0)$ 是 $f(x)$ 的极大值

(B) $f(x_0)$ 是 $f(x)$ 的极小值

(C) $(x_0,f(x_0))$ 是曲线 $y=f(x)$ 的拐点

(D) $f(x_0)$ 不是 $f(x)$ 的极值，$(x_0,f(x_0))$ 也不是曲线 $y=f(x)$ 的拐点

(E) 以上均不正确

【参考答案】 B

【答案解析】 该题为抽象函数求极值.

由题意可得 $x_0f''(x_0)+3x_0[f'(x_0)]^2=1-e^{-x_0}$，则 $f''(x_0)=\dfrac{1-e^{-x_0}}{x_0}$.

当 $x_0<0$ 时，$f''(x_0)=\dfrac{1-\dfrac{1}{e^{x_0}}}{x_0}>0$；当 $x_0>0$ 时，$f''(x_0)=\dfrac{1-\dfrac{1}{e^{x_0}}}{x_0}>0$，则 $f''(x_0)>0$，根据极值的第二充分条件，$f(x_0)$ 是 $f(x)$ 的极小值.

例 42 设 $f(x)=a\sin x-\dfrac{1}{3}\sin 3x$，若当 $x=\dfrac{\pi}{3}$ 时函数取得极值，求待定参数 a，说明是极大值还是极小值，并求出此极值.

【答案解析】 $f'(x)=a\cos x-\cos 3x$.

因为当 $x=\dfrac{\pi}{3}$ 时，$f(x)$ 取得极值，所以有 $f'\left(\dfrac{\pi}{3}\right)=0$，即 $a\cdot\dfrac{1}{2}-(-1)=0\Rightarrow a=-2$.

所以
$$f'(x)=-2\cos x-\cos 3x.$$

故 $f''(x)=2\sin x+3\sin 3x$，由于 $f''\left(\dfrac{\pi}{3}\right)=2\cdot\dfrac{\sqrt{3}}{2}+0=\sqrt{3}>0$，因此当 $x=\dfrac{\pi}{3}$ 时，$f(x)$ 有极小值，为

$$f\left(\frac{\pi}{3}\right)=-2\sin\frac{\pi}{3}-\frac{1}{3}\sin\pi=-2\cdot\frac{\sqrt{3}}{2}-0=-\sqrt{3}.$$

题型十四　计算函数的最大值与最小值

【解题方法】(1) 若 $f(x)$ 在 $[a,b]$ 上连续，则 $f(x)$ 在 $[a,b]$ 上必有最大值、最小值.

(2) 求最值的方法（最值是整体概念，极值是局部概念）.

① 求 $f(x)$ 在 (a,b) 内所有的驻点和导数不存在的点.

② 求出以上各点的函数值及区间 $[a,b]$ 端点的函数值.

③ 比较上述数值，最大的为最大值，最小的为最小值.

最大值 M：$\max\{f(a),f(b),f(x_1),\cdots,f(x_n)\}$；

最小值 m：$\min\{f(a),f(b),f(x_1),\cdots,f(x_n)\}$.

其中，$x_1,\cdots,x_n$ 为 $f(x)$ 所有可能的极值点.

例 43 求函数 $f(x)=3x-x^3(-\sqrt{3}\leqslant x\leqslant 3)$ 的最值.

【答案解析】 首先对函数 $f(x)$ 求导，得 $f'(x)=3-3x^2$.

令 $f'(x)=0$，得 $x_1=1, x_2=-1$. 列表：

x	$(-\sqrt{3},-1)$	-1	$(-1,1)$	1	$(1,3)$
$f'(x)$	$-$	0	$+$	0	$-$
$f(x)$	↘	极小值	↗	极大值	↘

$$f(-1)=3\times(-1)-(-1)^3=-2, f(1)=3-1=2,$$

$$f(-\sqrt{3})=3\times(-\sqrt{3})-(-\sqrt{3})^3=0, f(3)=3\times 3-3^3=-18,$$

则最小值为 -18，最大值为 2.

4. 曲线的凹凸性与拐点

(1) 凹凸性.

① 凹凸性的定义.

设 $f(x)$ 在区间 I 上连续，如果对 I 上任意两点 x_1, x_2，恒有

$$f\left(\frac{x_1+x_2}{2}\right)<\frac{f(x_1)+f(x_2)}{2},$$

那么称 $f(x)$ 在 I 上的图形是凹的；

如果恒有 $f\left(\frac{x_1+x_2}{2}\right)>\frac{f(x_1)+f(x_2)}{2}$，那么称 $f(x)$ 在 I 上的图形是凸的.

② 凹凸性的判别.

设 $f(x)$ 在 $[a,b]$ 上连续，且在 (a,b) 内具有一阶和二阶导数.

a. 若在 (a,b) 内 $f''(x)>0$，则 $f(x)$ 在 $[a,b]$ 上的图形是凹的.

b. 若在 (a,b) 内 $f''(x)<0$，则 $f(x)$ 在 $[a,b]$ 上的图形是凸的.

(2) 拐点.

① 拐点的定义.

连续曲线 $y=f(x)$ 凹弧与凸弧的分界点 $(x_0, f(x_0))$ 称为曲线 $y=f(x)$ 的拐点.

② 拐点的判别法.

必要条件：设 $(x_0, f(x_0))$ 是曲线的拐点，且 $f''(x_0)$ 存在，则 $f''(x_0)=0$.

第一充分条件：设 $f(x)$ 在点 x_0 处连续，在点 x_0 的某去心邻域 $\mathring{U}(x_0,\delta)$ 内二阶可导，如果在点 x_0 的左、右邻域内 $f''(x)$ 异号，则点 $(x_0, f(x_0))$ 是曲线 $y=f(x)$ 的拐点.

第二充分条件：设 $f(x)$ 在点 x_0 处 n 阶可导，$n>2$，且 n 为奇数，$f''(x_0)=\cdots=f^{(n-1)}(x_0)=0$，$f^{(n)}(x_0)\neq 0$，则点 $(x_0, f(x_0))$ 是曲线 $y=f(x)$ 的拐点.

题型十五 求曲线 $y=f(x)$ 的拐点及凹凸区间

例 44 设函数 $f(x)$ 在 $(-\infty,+\infty)$ 内连续，其中二阶导数 $f''(x)$ 的图形如图所示，则曲线 $y=f(x)$ 的拐点的个数为(　　).

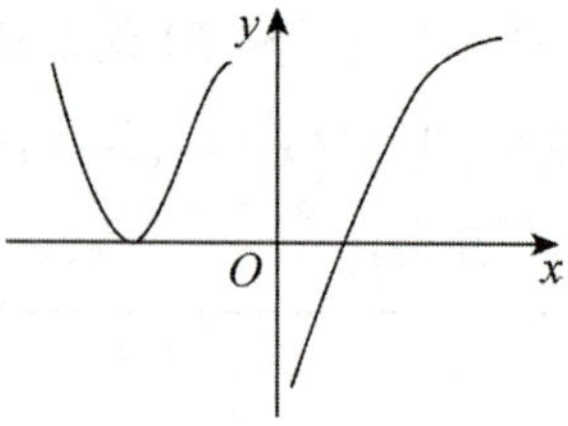

(A)0 (B)1 (C)2 (D)3 (E)4

【参考答案】C

【答案解析】拐点出现在二阶导数为零或二阶导数不存在的点处，并且在该点左、右两侧二阶导数异号. 因此由二阶导数 $f''(x)$ 的图形可知，曲线 $y=f(x)$ 存在两个拐点. 故选 C.

例 45 曲线 $y=x+x^{\frac{5}{3}}$ 的凹区间是(　　).

(A)$(0,+\infty)$ (B)$(-\infty,0)$ (C)$(-\infty,+\infty)$ (D)$(-\infty,2)$ (E)$(2,+\infty)$

【参考答案】A

【答案解析】$y'=1+\frac{5}{3}x^{\frac{2}{3}}$，$y''=\frac{10}{9}x^{-\frac{1}{3}}$，当 $x>0$ 时，$y''>0$，曲线是凹的；当 $x<0$ 时，$y''<0$，曲线是凸的. 故选 A.

例 46 已知函数 $f(x)=e^x\ln(1+x)$，a,b 满足 $a>b>0$，则(　　).

(A)$f(a+b)>f(a)+f(b)$ (B)$f(a-b)>f(a)-f(b)$

(C)$f\left(\frac{a+b}{2}\right)>\frac{f(a)+f(b)}{2}$ (D)$f\left(\frac{a}{b}\right)>\frac{f(a)}{f(b)}$

(E)$f(ab)>f(a)f(b)$

【参考答案】A

【答案解析】由 $f(x)=e^x\ln(1+x)$，可知

$$f'(x)=e^x\ln(1+x)+\frac{e^x}{1+x},f''(x)=e^x\ln(1+x)+\frac{e^x}{1+x}+\frac{xe^x}{(1+x)^2}>0(x>0),$$

故当 $x>0$ 时，$f'(x)=e^x\ln(1+x)+\frac{e^x}{1+x}$ 为单调递增函数，函数 $f(x)$ 的图形为凹弧，且当 $x=0$ 时，有 $f(0)=0$，根据凹弧割线的性质可得

$$\frac{f(a+b)-f(a)}{(a+b)-a}>\frac{f(b)-f(0)}{b-0}\Rightarrow f(a+b)-f(a)>f(b)\Rightarrow f(a+b)>f(a)+f(b).$$

例 47 设点 $(-1,3)$ 为曲线 $y=ax^3+bx^2+x$ 的拐点，则常数 a,b 的值分别为(　　).

(A)6,2 (B)2,6 (C)3,7 (D)7,3 (E)1,5

【参考答案】B

【答案解析】由点 $(-1,3)$ 为曲线的拐点，可知点 $(-1,3)$ 在曲线上，因此有

$$3=-a+b-1,$$

即

$$-a+b=4. \quad (*)$$

$$y'=3ax^2+2bx+1, y''=6ax+2b,$$

因此

$$y''\Big|_{x=-1}=-6a+2b=0,$$

可解得 $b=3a$，代入($*$)式可得 $a=2, b=6$.

故选 B.

5.零点问题

(1) 零点定义.

函数的零点，就是当 $f(x)=0$ 时对应的自变量 x 的值，需要注意的是，零点是一个数值，而不是一个点，是函数与 x 轴交点的横坐标. 一般地，对于函数 $y=f(x)(x\in\mathbf{R})$，我们把方程 $f(x)=0$ 的实数根 x 叫作函数 $y=f(x)(x\in\mathbf{R})$ 的零点，即函数的零点就是使函数值为 0 的自变量的值. 函数的零点不是一个点，而是一个实数.

(2) 零点定理或根的存在定理.

若函数 $f(x)$ 在区间 $[a,b]$ 上连续，且 $f(a)\cdot f(b)<0$，则至少存在一点 $\xi\in(a,b)$，使 $f(\xi)=0$.

题型十六　判断函数 $f(x)$ 的零点

【解题方法】(1) 利用闭区间上连续函数的零点定理，构造一个适当区间，在这个区间上函数连续，且两个端点函数值异号，则可知该区间上函数 $f(x)$ 至少有一个零点.

(2) 首先对函数进行求导，找出驻点，写出函数的单调区间，然后根据零点定理，判断函数单调区间两端对应函数值是否异号，则可知该区间上函数 $f(x)$ 是否有零点.

例 48 已知方程 $x^3+(2m-3)x+m^2-m=0$ 有三个不等实根，且分别在 $(-\infty,0)$，$(0,1)$，$(1,+\infty)$ 内，则 m 的取值范围是(　　).

(A) $(-2,0)$　(B) $(0,1)$　(C) $(1,2)$　(D) $(2,+\infty)$　(E) $(-\infty,-2)$

【参考答案】 A

【答案解析】 记 $f(x)=x^3+(2m-3)x+m^2-m$. 依题设，曲线 $y=f(x)$ 与 x 轴有三个交点，根据闭区间上连续函数的介值定理，应有

$$\begin{cases} f(0)=m^2-m>0, \\ f(1)=m^2+m-2<0, \end{cases}$$

解得 $-2<m<0$，故选 A.

例 49 方程 $x^5-5x+1=0$ 的不同实根的个数为(　　).

(A) 4　(B) 2　(C) 3　(D) 1　(E) 5

【参考答案】 C

【答案解析】 该题考查方程根的问题，本质是考查函数零点问题.

构造函数 $F(x)=x^5-5x+1$，再对 $F(x)$ 进行求导，

$$F'(x) = 5x^4 - 5,$$

令 $F'(x) = 0 \Rightarrow x = \pm 1$. 列表如下.

x	$(-\infty, -1)$	-1	$(-1,1)$	1	$(1, +\infty)$
$F'(x)$	$+$	0	$-$	0	$+$
$F(x)$	↗	5	↘	-3	↗

$$F(-\infty) = \lim_{x \to -\infty}(x^5 - 5x + 1) < 0, F(-1) = 5 > 0,$$

$$F(1) = -3 < 0, F(+\infty) = \lim_{x \to +\infty}(x^5 - 5x + 1) > 0,$$

$$F(-\infty) \cdot F(-1) < 0, F(-1) \cdot F(1) < 0, F(1) \cdot F(+\infty) < 0,$$

则原方程有 3 个不同实根.

例 50 函数 $f(x) = (x^2 - 3x + 3)e^x - \frac{1}{3}x^3 + \frac{1}{2}x^2 + a$ 有两个零点的充分必要条件是(　　).

(A) $a + e < -\frac{1}{6}$　　(B) $a + e < \frac{1}{6}$　　(C) $a + e > -\frac{1}{6}$

(D) $a + e > \frac{1}{6}$　　(E) $a < -3$

【参考答案】 A

【答案解析】 该题考查函数的单调性和极值,函数的零点问题.

$f'(x) = x(x-1)(e^x - 1)$, $f'(0) = f'(1) = 0$, 在 $(-\infty, 0)$, $(0,1)$ 上 $f'(x) < 0$, 在 $(1, +\infty)$ 上 $f'(x) > 0$, 于是函数 $f(x)$ 在 $(-\infty, 1)$ 上单调递减,在 $(1, +\infty)$ 上单调递增.

由 $f(-\infty) = +\infty$, $f(+\infty) = +\infty$, $f(1) = a + e + \frac{1}{6}$, 易知当 $f(1) = a + e + \frac{1}{6} < 0$ 时,函数 $f(x)$ 有两个零点,即 $a + e < -\frac{1}{6}$.

考点六　导数在经济学中的应用

(1) 需求函数:就消费者而言,对某种商品的需求量,记为 Q, $Q = f(P)$, 其中 P 为价格,其反函数 $P = f^{-1}(Q)$ 也称需求函数.

(2) 供给函数:就生产者而言,提供的商品量,记为 Q, $Q = f(P)$.

(3) 收益函数: $R = PQ$, 其中 Q 为产量.

(4) 成本函数: $C = C_0 + C_1(Q)$, 其中 C_0 为固定成本, $C_1(Q)$ 为可变成本, Q 为产量.

(5) 利润函数: $L = R - C$.

(6) 边际函数:函数 $f(x)$ 的导函数.

题型十七　收入、成本、利润函数求最值问题

例 51 一商家销售某种商品的价格满足关系 $P = 7 - 0.2x$(万元 / 吨), x 为销售量(单位:

吨)，商品的成本函数是 $C=3x+1$(万元).

(1) 若每销售一吨商品，政府要征税 t(万元)，求纳税后该商家获最大利润时的销售量；

(2) 商家获得最大利润时，t 为何值，政府税收总额最大.

【答案解析】(1) 总成本为 $C_{(t)}(x)=3x+1+tx$.

$$R(x)=Px=(7-0.2x)\cdot x=7x-0.2x^2,$$

$$L(x)=R(x)-C_{(t)}(x)=7x-0.2x^2-(3x+1+tx)=(4-t)x-0.2x^2-1(x\geqslant 0),$$

$$L'(x)=(4-t)-0.4x,$$

令 $L'(x)=0\Rightarrow x=10-2.5t$，又 $L''(x)=-0.4<0$，则 $x=10-2.5t$ 为极大值点，也是最大值点，则纳税后该商家获得最大利润时的销售量为 $x=10-2.5t$(吨).

(2) 征税收益 $T(t)=tx=10t-2.5t^2(t\geqslant 0)$.

$T'(t)=10-5t$，令 $T'(t)=0\Rightarrow$ 唯一驻点为 $t=2$.

$T''(t)=-5<0$，则当 $t=2$ 万元时，政府税收总额最大.

基础能力题

1 若 $y=\dfrac{x^2\sqrt[3]{x^2}}{\sqrt{x^5}}$，则 $y'=$(　　).

(A) $\dfrac{1}{3\sqrt[6]{x^5}}$　(B) $\dfrac{1}{5\sqrt[6]{x^5}}$　(C) $\dfrac{1}{6\sqrt[6]{x^5}}$　(D) $\dfrac{6}{\sqrt[6]{x^5}}$　(E) $\dfrac{5}{\sqrt[6]{x^5}}$

2 已知 $f(x)=\dfrac{3}{5-x}+\dfrac{x^2}{5}$，则 $f'(0)+f'(2)$ 的值为(　　).

(A) $\dfrac{94}{75}$　(B)1　(C) $\dfrac{92}{75}$　(D) $\dfrac{82}{75}$　(E) $\dfrac{64}{45}$

3 函数 $y=(1+2x)^{\frac{1}{x}}(x>0)$ 在 $x=1$ 处的导数值为(　　).

(A)$3-2\ln 3$　(B)$3-\ln 3$　(C)$3+\ln 3$

(D)$2+3\ln 3$　(E)$2-3\ln 3$

4 设 $y=\cos(2^x+x^2)$，则 $y'=$(　　).

(A)$(2^x\ln 2+2x)\sin(2^x+x^2)$　(B)$-(2^x\ln 2+2x)\sin(2^x+x^2)$

(C)$(2^{x-1}+2x)\sin(2^x+x^2)$　(D)$-(2^{x-1}+2x)\sin(2^x+x^2)$

(E)$(x2^{x-1}+2x)\sin(2^x+x^2)$

5 设 $y=y(x)$ 由方程 $\ln(x^2+y)=x^2y+\sin x$ 确定，则 $\mathrm{d}y\big|_{x=0}=$(　　).

(A)$2\mathrm{d}x$　(B)$\mathrm{d}x$　(C)0　(D)$-\mathrm{d}x$　(E)$-2\mathrm{d}x$

6 已知函数 $y=\mathrm{e}^x\sin x$，则 $y''-2y'+2y=$(　　).

(A)0　(B)1　(C)-1　(D)2　(E)-2

7 计算函数 $y=x^2$ 在点 $x=2$ 处 $\Delta x=0.1$ 或 $\Delta x=0.01$ 时的增量和微分,下列说法中

① 当 $\Delta x=0.1$ 时,$\Delta y=0.41$;　② 当 $\Delta x=0.1$ 时,$\Delta y-\mathrm{d}y=0.01$;

③ 当 $\Delta x=0.01$ 时,$\Delta y=0.0401$;④ 当 $\Delta x=0.01$ 时,$\Delta y-\mathrm{d}y=0.0001$.

正确的个数为(　　).

(A)0　(B)1　(C)2　(D)3　(E)4

8 设 $f'(x_0)=2$,则 $\lim\limits_{\Delta x\to 0}\dfrac{f(x_0+3\Delta x)-f(x_0-2\Delta x)}{\Delta x}=$(　　).

(A)10　(B)6　(C)4　(D)-4　(E)-10

9 已知函数 $f(x)$ 在点 $x=1$ 处可导,且 $\lim\limits_{h\to 0}\dfrac{f(1)-f(1-h)}{3h}=2$,则 $f'(1)=$(　　).

(A)1　(B)2　(C)3　(D)5　(E)6

10 设 $f(x)$ 在 $x=0$ 处连续,且 $\lim\limits_{x\to 0}\dfrac{f(x)}{x}=1$,则下列命题正确的是(　　).

(A) $\lim\limits_{x\to 0}f(x)=1$　(B)$f(0)=1$　(C)$f'(0)=0$

(D)$f'(0)=1$　(E)$f'(0)$ 为 ∞

11 设函数 $f(x)=\begin{cases}ax^2+b, & x\leqslant 1,\\ \mathrm{e}^{\frac{1}{x}}, & x>1\end{cases}$ 在 $x=1$ 处可导,则 a,b 的值为(　　).

(A)$a=-\dfrac{1}{2}\mathrm{e},b=\dfrac{3}{2}\mathrm{e}$　(B)$a=\dfrac{1}{2}\mathrm{e},b=\dfrac{3}{2}\mathrm{e}$

(C)$a=-\dfrac{1}{2}\mathrm{e},b=-\dfrac{3}{2}\mathrm{e}$　(D)$a=\dfrac{1}{2}\mathrm{e},b=-\dfrac{3}{2}\mathrm{e}$

(E)$a=\mathrm{e},b=\dfrac{3}{2}\mathrm{e}$

12 设 $f(x),g(x)$ 是恒大于零的可导函数,且 $f'(x)g(x)+g'(x)f(x)<0$,则当 $a<x<b$ 时,有(　　).

(A)$f(x)g(b)>f(b)g(x)$　(B)$f(x)g(a)>f(a)g(x)$

(C)$f(x)g(x)>f(b)g(b)$　(D)$f(x)g(x)>f(a)g(a)$

(E) 以上选项均不成立

13 下列不等式成立的是(　　).

(A) 在区间$(-3,0)$ 上,$\ln 3-x<\ln(3+x)$

(B) 在区间$(-3,0)$ 上,$\ln 3-x>\ln(3+x)$

(C) 在区间$[0,+\infty)$ 上,$\ln 3-x>\ln(3+x)$

(D) 在区间$[0,+\infty)$ 上,$\ln 3-x<\ln(3+x)$

(E) 以上均不成立

14 设 $f(x)=x^3+3x^2-2x+1$，则曲线 $y=f(x)$ 在点 $(0,1)$ 处的切线方程与法线方程分别为（　）.

(A) $2x-y-1=0, x+2y+2=0$

(B) $2x+y-1=0, x-2y+2=0$

(C) $2x-y+1=0, x+2y-2=0$

(D) $2x+y+1=0, x-2y-2=0$

(E) $x+y-1=0, x-y-2=0$

15 设函数 $y=f(x)$ 由方程 $e^{2x+y}-\cos(xy)=e-1$ 所确定，则曲线 $y=f(x)$ 在点 $(0,1)$ 处的法线方程为（　）.

(A) $x+2y+2=0$　　(B) $x+y+2=0$

(C) $x-2y+2=0$　　(D) $x-y+2=0$

(E) $2x-y+2=0$

16 设 $y=(x-2)\sqrt[3]{(x+1)^2}$，则 y（　）.

(A) 有唯一的极大值点 $x=\frac{1}{5}$

(B) 有唯一的极小值点 $x=\frac{1}{5}$

(C) 有两个极大值点 $x=-1, x=\frac{1}{5}$

(D) 有两个极小值点 $x=-1, x=\frac{1}{5}$

(E) 有一个极大值点 $x=-1$，一个极小值点 $x=\frac{1}{5}$

17 设函数 $f(x)=ax^3-6ax^2+b$ 在区间 $[-1,2]$ 上的最大值为3，最小值为 -29，又知 $a>0$，则 a,b 的值分别为（　）.

(A) $a=2, b=-3$　　(B) $a=3, b=3$

(C) $a=3, b=-3$　　(D) $a=2, b=3$

(E) $a=3, b=2$

18 设函数 $y=y(x)$ 由方程 $y\ln y-x+y=0$ 确定，则曲线 $y=y(x)$ 在点 $(1,1)$ 附近的凹凸性为（　）.

(A) 凹　　(B) 凸　　(C) 先凹后凸

(D) 先凸后凹　　(E) 依条件无法判定

19 设曲线 $y=x^4-2x^3+3$，则该曲线的拐点为（　）.

(A) $(1,2),(2,3)$　　(B) $(2,3),(0,3)$

(C)(0,3),(3,30)　　(D)(1,2),(3,30)

(E)(0,3),(1,2)

20 设函数 $y=x^3+3ax^2+3bx+3c$ 在 $x=-1$ 处取得极大值，点(0,3)是相应曲线的拐点，则 $a+b+2c=$ (　　).

(A) -2　　(B) -1　　(C)0　　(D)1　　(E)2

基础能力题解析

1 【参考答案】C

【考点点睛】导数的计算.

【答案解析】$y=x^2\cdot x^{\frac{2}{3}}\cdot x^{-\frac{5}{2}}=x^{\frac{1}{6}}$，则 $y'=\frac{1}{6}x^{-\frac{5}{6}}=\frac{1}{6\sqrt[6]{x^5}}$，因此答案选C.

2 【参考答案】A

【考点点睛】导数的计算.

【答案解析】

$$f'(x)=\frac{3}{(5-x)^2}+\frac{2}{5}x.$$

代入 $x=0\Rightarrow f'(0)=\frac{3}{25}$；

代入 $x=2\Rightarrow f'(2)=\frac{17}{15}$.

故 $f'(0)+f'(2)=\frac{3}{25}+\frac{17}{15}=\frac{94}{75}$.

3 【参考答案】E

【考点点睛】幂指函数求导.

【答案解析】两边同时取对数，可得 $\ln y=\frac{1}{x}\ln(1+2x)$，两边同时对 x 求导，且将 y 看成 x 的函数，则 $\frac{1}{y}y'=-\frac{1}{x^2}\ln(1+2x)+\frac{1}{x}\frac{2}{1+2x}$.

当 $x=1$ 时，代入题干等式可得 $y=1+2=3$，则 $\frac{1}{3}y'(1)=-\ln 3+\frac{2}{3}$，即 $y'(1)=2-3\ln 3$.

4 【参考答案】B

【考点点睛】复合函数求导.

【答案解析】　$y'=-\sin(2^x+x^2)\cdot(2^x+x^2)'=-(2^x\ln 2+2x)\sin(2^x+x^2)$.

5 【参考答案】B

【考点点睛】隐函数求导.

【答案解析】当 $x=0$ 时,由方程 $\ln(x^2+y)=x^2y+\sin x$ 可得 $y=1$.将方程两端关于 x 求导,可得 $\frac{1}{x^2+y}\cdot(2x+y')=2xy+x^2y'+\cos x$,将 $x=0,y=1$ 代入可得 $\mathrm{d}y\Big|_{x=0}=y'\Big|_{x=0}\mathrm{d}x=\mathrm{d}x$.

6 【参考答案】A

【考点点睛】二阶导数的计算.

【答案解析】

$$y'=\mathrm{e}^x\sin x+\mathrm{e}^x\cos x=\mathrm{e}^x(\sin x+\cos x),$$

$$y''=\mathrm{e}^x(\sin x+\cos x)+\mathrm{e}^x(\cos x-\sin x)=2\mathrm{e}^x\cos x,$$

故

$$y''-2y'+2y=2\mathrm{e}^x\cos x-2\mathrm{e}^x\sin x-2\mathrm{e}^x\cos x+2\mathrm{e}^x\sin x=0.$$

7 【参考答案】E

【考点点睛】微分的定义.

【答案解析】$\Delta y=(x+\Delta x)^2-x^2=2x\Delta x+(\Delta x)^2,\mathrm{d}y=y'\mathrm{d}x=2x\Delta x$.

当 $\Delta x=0.1$ 时,可得

$$\Delta y=2\times2\times0.1+0.1^2=0.41;\mathrm{d}y=2\times2\times0.1=0.4,$$

则

$$\Delta y-\mathrm{d}y=0.41-0.4=0.01.$$

当 $\Delta x=0.01$ 时,可得

$$\Delta y=2\times2\times0.01+0.01^2=0.040\,1;\mathrm{d}y=2\times2\times0.01=0.04,$$

则

$$\Delta y-\mathrm{d}y=0.040\,1-0.04=0.000\,1.$$

故以上说法均正确,答案选 E.

8 【参考答案】A

【考点点睛】利用导数定义求极限.

【答案解析】

$$\begin{aligned}\text{原式}&=\lim_{\Delta x\to0}\frac{[f(x_0+3\Delta x)-f(x_0)]-[f(x_0-2\Delta x)-f(x_0)]}{\Delta x}\\&=3\lim_{\Delta x\to0}\frac{f(x_0+3\Delta x)-f(x_0)}{3\Delta x}+2\lim_{\Delta x\to0}\frac{f(x_0-2\Delta x)-f(x_0)}{-2\Delta x}\\&=3f'(x_0)+2f'(x_0)\\&=5f'(x_0)\\&=10.\end{aligned}$$

9 【参考答案】E

【考点点睛】已知极限求一点处的导数.

【答案解析】原式 $=\lim\limits_{h\to0}\frac{1}{3}\cdot\frac{f(1-h)-f(1)}{-h}=\frac{1}{3}f'(1)=2$,可得 $f'(1)=6$.

故答案选 E.

10 【参考答案】D

【考点点睛】判断函数的连续性与可导性.

【答案解析】由于$\lim\limits_{x\to 0}\dfrac{f(x)}{x}=1$,其分母的极限为0,因此分子的极限必定为0,即$\lim\limits_{x\to 0}f(x)=0$.由于$f(x)$在$x=0$处连续,因此有$f(0)=\lim\limits_{x\to 0}f(x)=0$.可知选项A,B都不正确.

又由于

$$\lim_{x\to 0}\frac{f(x)}{x}=\lim_{x\to 0}\frac{f(x)-f(0)}{x-0}=1=f'(0),$$

因此答案选D.

11 【参考答案】A

【考点点睛】分段函数在分段点处的可导性.

【答案解析】由可导必连续,可得$f(x)$在$x=1$处连续,则$\lim\limits_{x\to 1^-}f(x)=\lim\limits_{x\to 1^+}f(x)=f(1)$,即$a+b=\mathrm{e}$;又由于$f(x)$在$x=1$处可导,有

$$f'_-(1)=\lim_{x\to 1^-}(ax^2+b)'=2a,f'_+(1)=\lim_{x\to 1^+}(\mathrm{e}^{\frac{1}{x}})'=-\mathrm{e},$$

则$2a=-\mathrm{e}\Rightarrow a=-\dfrac{\mathrm{e}}{2},b=\dfrac{3}{2}\mathrm{e}$.

12 【参考答案】C

【考点点睛】函数的单调性.

【答案解析】$f(x),g(x)$都为抽象函数,可以先将选项A,B变形:

A可以变形为$\dfrac{f(x)}{g(x)}>\dfrac{f(b)}{g(b)}$;B可以变形为$\dfrac{f(x)}{g(x)}>\dfrac{f(a)}{g(a)}$.

由此可得A,B是比较$\dfrac{f(x)}{g(x)}$与其两个端点值的大小.

而C,D是比较$f(x)g(x)$与其两个端点值的大小.

由于题设条件不能转化为$\left[\dfrac{f(x)}{g(x)}\right]'$,因此A,B不一定成立.而由$f(x)>0,g(x)>0$,且$f'(x)g(x)+g'(x)f(x)<0$,有$[f(x)g(x)]'<0$,从而知$f(x)g(x)$在$[a,b]$上单调减少,因此当$a<x<b$时,有

$$f(x)g(x)>f(b)g(b).$$

故选C.

13 【参考答案】B

【考点点睛】函数的单调性.

【答案解析】设$f(x)=\ln(3+x)-\ln 3+x$,其定义域为$x+3>0\Rightarrow x>-3$,且易得$f(0)=0$.则可排除C,D项;由于$f'(x)=\dfrac{x+4}{x+3}$,在$(-3,+\infty)$内,$f'(x)>0$恒成立,故$f(x)$在$(-3,+\infty)$

内为单调递增函数，则当 $x\in(-3,0)$ 时，$f(x)=\ln(3+x)-\ln 3+x<f(0)$，即 $\ln(3+x)<\ln 3-x$. 因此答案选 B.

14 【参考答案】B

【考点点睛】切线方程与法线方程.

【答案解析】点(0,1) 在所给曲线 $y=f(x)$ 上. $y'=3x^2+6x-2$, $y'\Big|_{x=0}=-2$. 因此曲线 $y=f(x)$ 在点(0,1) 处的切线方程为 $y-1=-2(x-0)$，即 $2x+y-1=0$. 法线方程为 $y-1=\frac{1}{2}(x-0)$，即 $x-2y+2=0$.

15 【参考答案】C

【考点点睛】法线方程.

【答案解析】点(0,1) 在所给曲线 $y=f(x)$ 上，在方程 $e^{2x+y}-\cos(xy)=e-1$ 两边对 x 求导，将 y 视为 x 的函数，得

$$e^{2x+y}(2x+y)'+\sin(xy)(xy)'=0,$$

即

$$e^{2x+y}\cdot(2+y')+\sin(xy)\cdot(y+xy')=0.$$

将 $x=0,y=1$ 代入上式，得 $e\cdot(2+y')=0$，即 $y'(0)=-2$. 故所求法线方程斜率 $k=\frac{1}{2}$，根据点斜式得法线方程为 $y-1=\frac{1}{2}x$，即 $x-2y+2=0$.

故选 C.

16 【参考答案】E

【考点点睛】函数的极值点.

【答案解析】$y=(x-2)\sqrt[3]{(x+1)^2}$ 的定义域为 $(-\infty,+\infty)$.

$$y'=(x+1)^{\frac{2}{3}}+\frac{2}{3}(x-2)(x+1)^{-\frac{1}{3}}=\frac{5x-1}{3(x+1)^{\frac{1}{3}}},$$

令 $y'=0$，得 y 的唯一驻点 $x=\frac{1}{5}$.

当 $x=-1$ 时，y 的导数不存在.

x	$(-\infty,-1)$	-1	$\left(-1,\frac{1}{5}\right)$	$\frac{1}{5}$	$\left(\frac{1}{5},+\infty\right)$
y'	$+$	不存在	$-$	0	$+$
y	↗	极大值 0	↘	极小值 $-\frac{9}{5}\sqrt[3]{\left(\frac{6}{5}\right)^2}$	↗

可知 $x=\frac{1}{5}$ 为 y 的极小值点，$x=-1$ 为 y 的极大值点，故选 E.

17 **【参考答案】** D

【考点点睛】 函数的最值.

【答案解析】 $f(x)=ax^3-6ax^2+b, f'(x)=3ax^2-12ax$,令 $f'(x)=0$,得驻点 $x_1=0, x_2=4$(舍掉),

$$f(0)=b, f(-1)=-7a+b, f(2)=-16a+b.$$

又 $a>0$,于是最大值为 $f(0)=b=3$,最小值为 $f(2)=-16a+b=-29$,因此 $a=2$. 故选 D.

18 **【参考答案】** B

【考点点睛】 曲线的凹凸性.

【答案解析】 由隐函数求出 $y=y(x)$ 在点$(1,1)$处的二阶导数. 方程两边关于 x 求导,有

$$y'\ln y+2y'-1=0,$$

将 $x=1, y=1$ 代入,有 $y'(1)=\frac{1}{2}$,对上式关于 x 求导,有

$$y''\ln y+\frac{1}{y}(y')^2+2y''=0,$$

由 $y(1)=1, y'(1)=\frac{1}{2}$,得 $y''(1)=-\frac{1}{8}<0$,可知曲线 $y=y(x)$ 在点$(1,1)$附近是凸的.

故选 B.

19 **【参考答案】** E

【考点点睛】 曲线的拐点.

【答案解析】 由 $y=x^4-2x^3+3$,定义域为$(-\infty,+\infty)$,可得

$$y'=4x^3-6x^2,$$

$$y''=12x^2-12x=12x(x-1).$$

令 $y''=0$,得 $x_1=0, x_2=1$.

当 $x<0$ 时,$y''>0$;当 $0<x<1$ 时,$y''<0$;当 $x>1$ 时,$y''>0$.

故当 $x=0$ 时,$y=3$,且在 $x=0$ 两侧 y'' 异号,因此点$(0,3)$为曲线的拐点;

当 $x=1$ 时,$y=2$,且在 $x=1$ 两侧 y'' 异号,因此点$(1,2)$也是曲线的拐点. 故选 E.

20 **【参考答案】** D

【考点点睛】 函数的极值点和曲线的拐点.

【答案解析】 由题意可知,曲线过点$(0,3)$,则 $3c=3\Rightarrow c=1$. 又 $y'=3x^2+6ax+3b$,由 $x=-1$ 为极大值点,则有 $y'|_{x=-1}=0$,得 $3-6a+3b=0$. 又 $y''=6x+6a$,由点$(0,3)$是拐点,则有 $y''|_{x=0}=0$,得 $a=0$,故 $b=-1$. 故 $a+b+2c=1$.

故选 D.

强化能力题

1 设 $f'(1)=4$，则极限 $\lim\limits_{x\to 1}\dfrac{x-1}{f(3-2x)-f(1)}=$(　　).

(A)1　　(B)-1　　(C)8　　(D)$\dfrac{1}{8}$　　(E)$-\dfrac{1}{8}$

2 设函数 $f(x)$ 对任意的 $x\in(-\infty,+\infty)$ 均满足 $f(1+x)=af(x)$，且 $f'(0)=b$，其中 a,b 为非零常数，则(　　).

(A)$f(x)$ 在 $x=1$ 处不可导

(B)$f(x)$ 在 $x=1$ 处可导，且 $f'(1)=a$

(C)$f(x)$ 在 $x=1$ 处可导，且 $f'(1)=b$

(D)$f(x)$ 在 $x=1$ 处可导，且 $f'(1)=ab$

(E)$f(x)$ 在 $x=1$ 处可导，且 $f'(1)=0$

3 设函数 $f(x)=\begin{cases}\ln\sqrt{x}, & x\geqslant 1,\\ 2x-1, & x<1,\end{cases}$ $y=f[f(x)]$，则 $\left.\dfrac{\mathrm{d}y}{\mathrm{d}x}\right|_{x=\mathrm{e}}=$(　　).

(A)$\dfrac{1}{2\mathrm{e}}$　　(B)$\dfrac{1}{\mathrm{e}}$　　(C)$\dfrac{2}{\mathrm{e}}$　　(D)$\dfrac{1}{\sqrt{\mathrm{e}}}$　　(E)$\dfrac{2}{\sqrt{\mathrm{e}}}$

4 设 $f'(2)$ 存在，且极限 $\lim\limits_{x\to 1}\dfrac{f(x+1)-f(2)}{x^2-1}=3$，则 $f'(2)=$(　　).

(A)6　　(B)3　　(C)1　　(D)$\dfrac{1}{3}$　　(E)$\dfrac{1}{6}$

5 设 $f'(0)$ 存在，且 $\lim\limits_{x\to 0}\dfrac{3\left[f(x)-f\left(\dfrac{x}{4}\right)\right]}{x}=5$，则 $f'(0)=$(　　).

(A)$\dfrac{5}{3}$　　(B)$\dfrac{3}{5}$　　(C)$\dfrac{16}{9}$　　(D)$\dfrac{9}{16}$　　(E)$\dfrac{20}{9}$

6 设函数 $f(x)$ 是定义在$(-1,1)$内的奇函数，且 $\lim\limits_{x\to 0^+}\dfrac{f(x)}{x}=a\neq 0$，则 $f(x)$ 在 $x=0$ 处的导数为(　　).

(A)a　　(B)$-a$　　(C)0　　(D)1　　(E)不存在

7 设 $f(x)=\begin{cases}\dfrac{1-\cos x}{\sqrt{x}}, & x>0,\\ x^2g(x), & x\leqslant 0,\end{cases}$ 其中 $g(x)$ 是有界函数，则 $f(x)$ 在 $x=0$ 处(　　).

(A) 不连续　　(B) 连续，但不可导

(C) 可导　　(D) 无法判断连续性

(E) 无法判断可导性

8 若 $f(x)=|x^3-1|\varphi(x)$ 在 $x=1$ 处可导，且 $\varphi(x)$ 为连续函数，则 $\varphi(1)=$（　）.

(A) -1　(B) 2　(C) 1　(D) $\frac{1}{2}$　(E) 0

9 设函数 $y=f(x)$ 由方程 $y-x=e^{x(1-y)}$ 确定，则 $\lim\limits_{n\to\infty}n\left[f\left(\frac{1}{n}\right)-1\right]=$（　）.

(A) -1　(B) 0　(C) 1　(D) 2　(E) 3

10 函数 $y=\dfrac{(x+1)^{\frac{1}{2}}}{(x-2)^3(x+4)^2}$ 在 $x=0$ 处的导数值为（　）.

(A) $-\frac{3}{128}$　(B) $-\frac{1}{256}$　(C) $-\frac{3}{256}$　(D) $\frac{1}{256}$　(E) $\frac{3}{256}$

11 已知函数 $y=f(\arcsin x)$，$f'(x)=\dfrac{1-x}{1+x}$，则 $y'=$（　）.

(A) $\dfrac{1-\arcsin x}{1+\arcsin x}\cdot\sqrt{1-x^2}$

(B) $-\dfrac{1-\arcsin x}{1+\arcsin x}\cdot\sqrt{1-x^2}$

(C) $\dfrac{1-x}{1+x}\cdot\dfrac{1-\arcsin x}{1+\arcsin x}$

(D) $-\dfrac{1-\arcsin x}{1+\arcsin x}\cdot\dfrac{1}{\sqrt{1-x^2}}$

(E) $\dfrac{1-\arcsin x}{1+\arcsin x}\cdot\dfrac{1}{\sqrt{1-x^2}}$

12 设 $f(x)=\begin{cases}\ln(1+x^2)^{\frac{2}{x}}, & x\neq 0,\\ 0, & x=0,\end{cases}$ 则（　）.

(A) $f(x)$ 在 $x=0$ 处不连续

(B) $f(x)$ 在 $x=0$ 处连续，但不可导

(C) $f'(x)$ 在 $x=0$ 处不连续

(D) $f'(x)$ 在 $x=0$ 处连续

(E) $f(x)$ 在 $x=0$ 处连续，但无法判断可导性

13 设 $\begin{cases}x=\sin t,\\ y=t\sin t+\cos t,\end{cases}$ 则 $\left.\dfrac{d^2y}{dx^2}\right|_{t=\frac{\pi}{4}}=$（　）.

(A) $\frac{\sqrt{2}}{2}$　(B) 1　(C) $\sqrt{2}$　(D) 5　(E) $5\sqrt{2}$

14 设曲线 $y_1=x^3+ax+b$ 和曲线 $3y_2=2x^2-xy_2^2-4$ 在点 $(1,-2)$ 处相切，其中 a,b 是常数，则（　）.

(A) $a=2,b=-5$

(B) $a=-3,b=0$

(C) $a=-4,b=1$

(D) $a=1,b=-4$

(E) $a=5,b=-2$

15 曲线 $y=\dfrac{1}{x+1}$ 过点 $(0,0)$ 处的切线方程为（　）.

(A) $y=-4x$　(B) $y=-3x$　(C) $y=-x$

(D) $y=-\frac{1}{3}x$　(E) $y=-\frac{1}{4}x$

16 设 $y=(x^2-3)e^x$，则（　　）.

(A) $x=-3$ 为 y 的极大值点，也是最大值点

(B) $x=1$ 为 y 的极小值点，但不是最小值点

(C) $x=1$ 为 y 的极小值点，也是最小值点

(D) 在 $(-\infty,+\infty)$ 内 y 为单调函数

(E) y 的单调递增区间为 $(-\infty,0)$

17 函数 $y=\dfrac{2x}{1+x^2}$ 在 $[-2,2]$ 上的最小值和最大值分别为（　　）.

(A) 0.8 和 1　　(B) −1 和 1　　(C) −1 和 0.8

(D) −0.8 和 0.8　　(E) −1 和 −0.8

18 设 $y=\dfrac{x^3+4}{x^2}$，则函数图像的凹凸区间及拐点分别为（　　）.

(A) 凸区间 $(-\infty,0),(0,+\infty)$；拐点 $(0,0)$

(B) 凸区间 $(-\infty,-1),(1,+\infty)$；无拐点

(C) 凹区间 $(-\infty,+\infty)$；拐点 $(1,5)$

(D) 凹区间 $(-\infty,0),(0,+\infty)$；无拐点

(E) 凸区间 $(-1,1)$；拐点 $(0,0)$

19 设 $f(x),g(x)$ 二阶可导，且 $f(x_0)=g(x_0)=0, f'(x_0)g'(x_0)>0$，则（　　）.

(A) x_0 不是 $f(x)g(x)$ 的驻点，也不是极值点

(B) x_0 是 $f(x)g(x)$ 的驻点，但不是极值点

(C) x_0 是 $f(x)g(x)$ 的驻点，且为极小值点

(D) x_0 是 $f(x)g(x)$ 的驻点，且为极大值点

(E) x_0 不是 $f(x)g(x)$ 的驻点，但是极值点

20 方程 $4\arctan x-x+\dfrac{4\pi}{3}-\sqrt{3}=0$ 的实根个数为（　　）.

(A) 0　　(B) 1　　(C) 2　　(D) 3　　(E) 无法判定

强化能力题解析

1 **【参考答案】** E

【考点点睛】 利用导数定义求极限.

【答案解析】 设 $3-2x=t$，则当 $x\to1$ 时，$t\to1$，且 $x=\dfrac{3-t}{2}$. 所求极限可变形为

$$\lim_{t\to1}\frac{\frac{3-t}{2}-1}{f(t)-f(1)}=\lim_{t\to1}\frac{\frac{1-t}{2}}{f(t)-f(1)}=\lim_{t\to1}\frac{-\frac{1}{2}(t-1)}{f(t)-f(1)}$$

$$=-\frac{1}{2}\lim_{t\to1}\frac{1}{f'(1)}=-\frac{1}{2}\times\frac{1}{4}=-\frac{1}{8}.$$

2 【参考答案】D

【考点点睛】导数定义.

【答案解析】由于题目没有说明 $f(x)$ 可导,故不能直接对 $f(1+x)=af(x)$ 两边求导. 由 $f(1+x)=af(x)$,令 $x=0$ 得 $f(1)=af(0)$;由 $f'(0)=b$,得

$$\lim_{x\to0}\frac{f(x)-f(0)}{x-0}=\lim_{x\to0}\frac{\frac{1}{a}f(1+x)-\frac{1}{a}f(1)}{x-0}=\frac{1}{a}\lim_{x\to0}\frac{f(1+x)-f(1)}{x}$$
$$=\frac{1}{a}f'(1)=b\Rightarrow f'(1)=ab.$$

3 【参考答案】B

【考点点睛】复合函数求导.

【答案解析】$\frac{\mathrm{d}y}{\mathrm{d}x}=f'[f(x)]f'(x)$,由于 $x=\mathrm{e}$ 时,$f(x)=\frac{1}{2}$,且 $f'(x)=\begin{cases}\frac{1}{2x}, & x>1,\\ 2, & x<1,\end{cases}$

则 $\left.\frac{\mathrm{d}y}{\mathrm{d}x}\right|_{x=\mathrm{e}}=f'\left(\frac{1}{2}\right)\cdot f'(\mathrm{e})=2\cdot\frac{1}{2\mathrm{e}}=\frac{1}{\mathrm{e}}.$

因此答案选 B.

4 【参考答案】A

【考点点睛】利用极限求一点处的导数.

【答案解析】由于 $\lim_{x\to1}\frac{f(x+1)-f(2)}{x^2-1}=3$,先将所给极限的表达式变形,设 $t=x+1$,则 $x=t-1$,当 $x\to1$ 时,$t\to2$,可得

$$3=\lim_{t\to2}\frac{f(t)-f(2)}{(t-1)^2-1}=\lim_{t\to2}\frac{f(t)-f(2)}{t-2}\cdot\frac{t-2}{(t-1)^2-1}$$
$$=\lim_{t\to2}\frac{f(t)-f(2)}{t-2}\cdot\frac{t-2}{t(t-2)}=\frac{1}{2}f'(2),$$

则 $f'(2)=6$,故选 A.

5 【参考答案】E

【考点点睛】利用极限求一点处的导数.

【答案解析】由于 $f'(0)$ 存在,因此

$$\lim_{x\to0}\frac{3\left[f(x)-f\left(\frac{x}{4}\right)\right]}{x}=3\lim_{x\to0}\left[\frac{f(x)-f(0)}{x}-\frac{f\left(\frac{x}{4}\right)-f(0)}{\frac{x}{4}\cdot4}\right]$$

$$=3\left[f'(0)-\frac{1}{4}f'(0)\right]=\frac{9}{4}f'(0)=5,$$

可得 $f'(0)=\frac{20}{9}$，故选 E.

6 【参考答案】A

【考点点睛】奇函数的性质；导数定义.

【答案解析】因为 $f(x)$ 是定义在 $(-1,1)$ 内的奇函数，所以 $f(-x)=-f(x)$，且 $f(0)=0$.

$\lim\limits_{x\to0^+}\frac{f(x)}{x}=\lim\limits_{x\to0^+}\frac{f(x)-f(0)}{x-0}=a$，令 $x=-t$，可得

$$\lim_{t\to0^-}\frac{f(-t)}{-t}=\lim_{t\to0^-}\frac{-f(t)}{-t}=\lim_{t\to0^-}\frac{f(t)-f(0)}{t}=a.$$

从而有 $\lim\limits_{x\to0^+}\frac{f(x)-f(0)}{x}=\lim\limits_{x\to0^-}\frac{f(x)-f(0)}{x}=a$，故 $f'(0)=a$.

7 【参考答案】C

【考点点睛】分段函数的连续性与可导性.

【答案解析】① 先判断连续性，

$$\lim_{x\to0^+}f(x)=\lim_{x\to0^+}\frac{1-\cos x}{\sqrt{x}}=\lim_{x\to0^+}\frac{\frac{1}{2}x^2}{\sqrt{x}}=0,$$

$$\lim_{x\to0^-}f(x)=\lim_{x\to0^-}x^2g(x)=0.$$

故 $\lim\limits_{x\to0^-}f(x)=\lim\limits_{x\to0^+}f(x)=f(0)=0$，即 $f(x)$ 在 $x=0$ 处连续.

② 再判断可导性，

$$f'_+(0)=\lim_{x\to0^+}\frac{f(x)-f(0)}{x}=\lim_{x\to0^+}\frac{1-\cos x}{x\sqrt{x}}=\lim_{x\to0^+}\frac{\frac{1}{2}x^2}{x^{\frac{3}{2}}}=0,$$

$$f'_-(0)=\lim_{x\to0^-}\frac{f(x)-f(0)}{x}=\lim_{x\to0^-}\frac{x^2g(x)}{x}=0.$$

故 $f'_+(0)=f'_-(0)=0$，即 $f(x)$ 在 $x=0$ 处可导，因此答案选 C.

8 【参考答案】E

【考点点睛】函数的可导性.

【答案解析】由 $f(x)$ 在 $x=1$ 处可导，可得 $f'_-(1)=f'_+(1)$.

$$f'_-(1)=\lim_{x\to1^-}\frac{f(x)-f(1)}{x-1}=\lim_{x\to1^-}\frac{-(x^3-1)\varphi(x)}{x-1}$$

$$=-\lim_{x\to1^-}(x^2+x+1)\varphi(x)=-3\varphi(1),$$

$$f'_+(1)=\lim_{x\to1^+}\frac{f(x)-f(1)}{x-1}=\lim_{x\to1^+}\frac{(x^3-1)\varphi(x)}{x-1}$$
$$=\lim_{x\to1^+}(x^2+x+1)\varphi(x)=3\varphi(1),$$

则 $-3\varphi(1)=3\varphi(1)\Rightarrow\varphi(1)=0$.

9 【参考答案】C

【考点点睛】隐函数求导；导数定义.

【答案解析】$\lim\limits_{n\to\infty}\dfrac{f\left(0+\dfrac{1}{n}\right)-f(0)}{\dfrac{1}{n}}=f'_+(0)$. 对方程两边关于 x 求导可得

$$y'-1=e^{x(1-y)}[1-y+x\cdot(-y')].$$

当 $x=0$ 时，$y=1$，则 $y'(0)-1=0\Rightarrow f'(0)=1$，故原极限 $=1$.

10 【参考答案】C

【考点点睛】多项式函数求导.

【答案解析】两边同时取对数，得 $\ln|y|=\dfrac{1}{2}\ln|x+1|-3\ln|x-2|-2\ln|x+4|$.

上式两边同时对 x 求导，可得 $\dfrac{1}{y}\cdot y'=\dfrac{1}{2(x+1)}-\dfrac{3}{x-2}-\dfrac{2}{x+4}$.

当 $x=0$ 时，代入题干等式可得 $y=\dfrac{1}{(-2)^3\cdot4^2}=-\dfrac{1}{128}$，则

$$y'(0)=-\frac{1}{128}\left(\frac{1}{2}+\frac{3}{2}-\frac{1}{2}\right)=-\frac{3}{256}.$$

11 【参考答案】E

【考点点睛】复合函数求导.

【答案解析】设 $u=\arcsin x$，则 $y=f(u)$，依复合函数求导的链式法则，有

$$y'=\frac{dy}{du}\cdot\frac{du}{dx}=f'(u)\cdot(\arcsin x)'=f'(u)\cdot\frac{1}{\sqrt{1-x^2}},$$

又 $f'(x)=\dfrac{1-x}{1+x}$，因此 $f'(u)=\dfrac{1-u}{1+u}$，$y'=\dfrac{1-u}{1+u}\cdot\dfrac{1}{\sqrt{1-x^2}}=\dfrac{1-\arcsin x}{1+\arcsin x}\cdot\dfrac{1}{\sqrt{1-x^2}}$.

故答案选 E.

12 【参考答案】D

【考点点睛】分段函数的连续性、可导性，导函数的连续性.

【答案解析】
$$f(x)=\begin{cases}\dfrac{2\ln(1+x^2)}{x}, & x\neq0,\\ 0, & x=0,\end{cases}$$

$$\lim_{x\to0}f(x)=0=f(0)；\ f'(0)=\lim_{x\to0}\frac{2\ln(1+x^2)}{x^2}=2,$$

当 $x\neq 0$ 时，$f'(x)=2\dfrac{\dfrac{2x}{1+x^2}\cdot x-\ln(1+x^2)}{x^2}$.

故

$$\begin{aligned}\lim_{x\to 0}f'(x)&=2\lim_{x\to 0}\frac{2x^2-(1+x^2)\ln(1+x^2)}{x^2(1+x^2)}\\&=2\left[2-\lim_{x\to 0}\frac{\ln(1+x^2)}{x^2}\right]\\&=2(2-1)=2=f'(0),\end{aligned}$$

从而 $f'(x)$ 在 $x=0$ 处连续.

13 【参考答案】C

【考点点睛】参数方程求导.

【答案解析】
$$\frac{\mathrm{d}y}{\mathrm{d}x}=\frac{y'(t)}{x'(t)}=\frac{\sin t+t\cos t-\sin t}{\cos t}=t,$$

$$\frac{\mathrm{d}^2y}{\mathrm{d}x^2}=\frac{\mathrm{d}\left(\frac{\mathrm{d}y}{\mathrm{d}x}\right)}{\mathrm{d}t}\cdot\frac{1}{\frac{\mathrm{d}x}{\mathrm{d}t}}=1\cdot\frac{1}{\cos t}=\frac{1}{\cos t},$$

当 $t=\frac{\pi}{4}$ 时，可求得 $\left.\dfrac{\mathrm{d}^2y}{\mathrm{d}x^2}\right|_{t=\frac{\pi}{4}}=\sqrt{2}$.

14 【参考答案】B

【考点点睛】公切线问题.

【答案解析】曲线 $y_1=x^3+ax+b$ 过点 $(1,-2)$，得 $1+a+b=-2\Rightarrow a+b=-3$；切点处导数为 $y_1'(1)=(3x^2+a)\Big|_{(1,-2)}=3+a$，曲线 $3y_2=2x^2-xy_2^2-4$ 两边同时对 x 求导，得 $3y_2'=4x-y_2^2-2xy_2y_2'$，代入 $(1,-2)$，得 $y_2'(1)=0$. 由于二者在 $(1,-2)$ 处存在公共的切线，故两曲线在 $(1,-2)$ 处导数值相同，则 $\begin{cases}a+b=-3,\\3+a=0\end{cases}\Rightarrow\begin{cases}a=-3,\\b=0.\end{cases}$

15 【参考答案】A

【考点点睛】切线方程.

【答案解析】由题干曲线方程可得点 $(0,0)$ 位于曲线外，设曲线上切点为 $\left(x_0,\dfrac{1}{x_0+1}\right)$，则 $y'=-\dfrac{1}{(x+1)^2}\Rightarrow y'(x_0)=-\dfrac{1}{(x_0+1)^2}$，故切线方程为 $y-\dfrac{1}{x_0+1}=-\dfrac{1}{(x_0+1)^2}(x-x_0)$，将点 $(0,0)$ 代入切线方程，可得 $0-\dfrac{1}{x_0+1}=-\dfrac{1}{(x_0+1)^2}(0-x_0)\Rightarrow x_0=-\dfrac{1}{2}$，$y'(x_0)=-4$，则切线方程为 $y=-4x$.

16 【参考答案】C

【考点点睛】函数的极值与最值.

【答案解析】$y=(x^2-3)e^x$ 的定义域为$(-\infty,+\infty)$,且

$$y'=(x^2-3+2x)e^x=(x-1)(x+3)e^x,$$

令 $y'=0$,可知 $x_1=1$,$x_2=-3$ 为 y 的两个驻点.

当 $x<-3$ 时,$y'>0$;当 $-3<x<1$ 时,$y'<0$;当 $x>1$ 时,$y'>0$.

可知 $x=-3$ 为 y 的极大值点,极大值为 $6e^{-3}$,$x=1$ 为 y 的极小值点,极小值为 $-2e$. 由 $\lim\limits_{x\to+\infty}(x^2-3)e^x=+\infty$,可知 $x=-3$ 不是 y 的最大值点. 由 $\lim\limits_{x\to-\infty}(x^2-3)e^x=0$,可知 $x=1$ 为 y 的最小值点,故选 C. 其函数的简图如图所示.

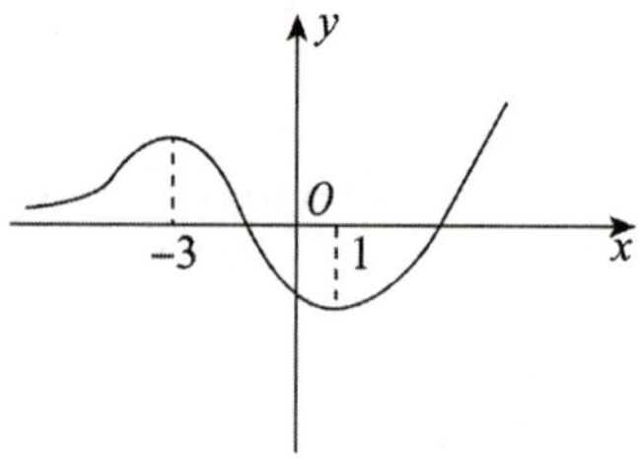

17 【参考答案】B

【考点点睛】函数的最值.

【答案解析】先求函数的极值点:$y'=\dfrac{-2x^2+2}{(1+x^2)^2}=\dfrac{-2(x-1)(x+1)}{(1+x^2)^2}$,易得 $x=-1$ 为函数的极小值点,$x=1$ 为函数的极大值点. 分别计算极值点和端点处的函数值,可得

$$f(-2)=-0.8,f(-1)=-1,f(1)=1,f(2)=0.8,$$

则其最小值和最大值分别为 -1 和 1,答案选 B.

18 【参考答案】D

【考点点睛】曲线的凹凸性和拐点.

【答案解析】由题设知函数的定义域为$(-\infty,0)\cup(0,+\infty)$.

$$y=x+\frac{4}{x^2},y'=1-\frac{8}{x^3},y''=\frac{24}{x^4}>0.$$

无定义点:$x=0$,驻点:$x=2$.

x	$(-\infty,0)$	0	$(0,2)$	2	$(2,+\infty)$
y'	+	无定义	−	0	+
y''	+	无定义	+	+	+
y	↗	无定义	↘	极小值	↗

由上表可得,函数在$(-\infty,0)$和$(0,+\infty)$内图像为凹的;无拐点. 故选 D.

19 【参考答案】C

【考点点睛】函数的极值点.

【答案解析】构造函数 $F(x)=f(x)g(x)$，可得 $F'(x)=f'(x)g(x)+f(x)g'(x)$，代入 $x=x_0$ 可得

$$F'(x_0)=f'(x_0)g(x_0)+f(x_0)g'(x_0)=0,$$

即 x_0 是 $f(x)g(x)$ 的驻点.

$$F''(x)=f''(x)g(x)+2f'(x)g'(x)+f(x)g''(x),$$

代入 $x=x_0$ 可得

$$F''(x_0)=f''(x_0)g(x_0)+2f'(x_0)g'(x_0)+f(x_0)g''(x_0)=2f'(x_0)g'(x_0)>0,$$

即 x_0 为极小值点. 因此答案为 C.

20 【参考答案】C

【考点点睛】方程根的问题.

【答案解析】设 $f(x)=4\arctan x-x+\dfrac{4}{3}\pi-\sqrt{3}, x\in\mathbf{R}$,

$$f'(x)=\frac{4}{1+x^2}-1=\frac{3-x^2}{1+x^2}=0\Rightarrow x=\pm\sqrt{3}.$$

x	$(-\infty,-\sqrt{3})$	$-\sqrt{3}$	$(-\sqrt{3},\sqrt{3})$	$\sqrt{3}$	$(\sqrt{3},+\infty)$
$f'(x)$	$-$	0	$+$	0	$-$
$f(x)$	↘	极小值	↗	极大值	↘

$$f(-\sqrt{3})=-\frac{4}{3}\pi+\sqrt{3}+\frac{4}{3}\pi-\sqrt{3}=0,$$

$$f(\sqrt{3})=\frac{4}{3}\pi-\sqrt{3}+\frac{4}{3}\pi-\sqrt{3}=\frac{8}{3}\pi-2\sqrt{3},$$

$$\lim_{x\to+\infty}f(x)=-\infty,$$

因此原方程有 2 个实根.

第3讲 一元函数积分学

本讲解读

本讲从内容上划分为两个部分，不定积分、定积分，共计十四个考点，十八个题型. 从真题对考试大纲的实践来看，本讲在考试中大约占 7 道题（试卷数学部分共 35 道题），约占微积分部分的 33%，数学部分的 20%.

真题在该部分重点考查不定积分与定积分的计算、变上限积分函数的求导，考生不仅要掌握积分的三大计算方法，还需掌握多种变上限积分函数的求导运算，并且能通过定积分的几何意义、性质等方法计算定积分，同时需理解原函数与不定积分的关系.

重点考点标记见本讲“考点题型框架”.

考点题型框架

一元函数积分学

- 不定积分
  - 考点一 原函数与不定积分的概念* → 题型一 原函数与不定积分定义的应用
  - 考点二 常用公式 → 题型二 利用基本公式和性质计算不定积分
  - 考点三 第一类换元法（凑微分法）* → 题型三 第一类换元法求不定积分
  - 考点四 第二类换元法* → 题型四 第二类换元法求不定积分
  - 考点五 分部积分法* → 题型五 利用分部积分法求不定积分
  - 考点六 三角函数的不定积分 → 题型六 三角函数求不定积分
  - 考点七 有理函数的不定积分 → 题型七 有理函数求不定积分
- 定积分
  - 考点八 定积分的定义与几何意义* → 题型八 定积分定义的应用：求极限问题；题型九 定积分几何意义的应用
  - 考点九 定积分的基本性质* → 题型十 利用定积分的定义和性质求定积分；题型十一 定积分比较大小
  - 考点十 可变限积分函数及其导数* → 题型十二 求可变限积分函数的导数
  - 考点十一 牛顿-莱布尼茨公式* → 题型十三 定积分的计算
  - 考点十二 反常积分 → 题型十四 反常积分的计算
  - 考点十三 定积分的几何应用* → 题型十五 求平面图形的面积；题型十六 求旋转体的体积；题型十七 求曲线的弧长
  - 考点十四 定积分在经济中的应用 → 题型十八 定积分的经济应用

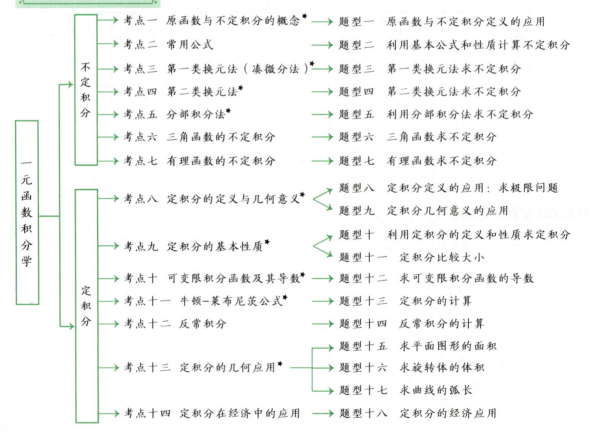

考点精讲

考点一 原函数与不定积分的概念

1.原函数的定义

如果在区间 I 上，可导函数 $F(x)$ 的导函数为 $f(x)$，即对任意 $x \in I$ 都有 $F'(x) = f(x)$ 或 $\mathrm{d}[F(x)] = f(x)\mathrm{d}x$，则称 $F(x)$ 为 $f(x)$ 在区间 I 上的一个原函数.

【敲黑板】① 原函数一般要指明区间，若无特别说明，则一般默认为 $f(x)$ 的定义域.

② 如果 $f(x)$ 在区间 I 上存在一个原函数 $F(x)$，那么 $f(x)$ 的原函数不唯一，对任意的 $C \in \mathbf{R}$，$F(x)+C$ 仍然是 $f(x)$ 在区间 I 上的原函数.

③ 函数 $f(x)$ 的两个原函数 $F(x)$ 和 $G(x)$ 之间只差一个常数.

2.不定积分的定义

在区间 I 上，函数 $f(x)$ 的全体原函数称为 $f(x)$ 在区间 I 上的不定积分，记作 $\int f(x)\mathrm{d}x$，其中记号 $\int$ 称为积分号，$f(x)$ 称为被积函数，$f(x)\mathrm{d}x$ 称为被积表达式，x 称为积分变量.

由不定积分的定义，可知下述关系：

$$\frac{\mathrm{d}}{\mathrm{d}x}\left[\int f(x)\mathrm{d}x\right] = f(x),\ \mathrm{d}\left[\int f(x)\mathrm{d}x\right] = f(x)\mathrm{d}x,$$

$$\int F'(x)\mathrm{d}x = F(x)+C,\ \int \mathrm{d}[F(x)] = F(x)+C.$$

【敲黑板】① 一般情况下，区间 I 默认为 $f(x)$ 的自然定义域.

② 不定积分和原函数是两个不同的概念，前者是个集合，后者是该集合中的一个元素，因此 $\int f(x)\mathrm{d}x = F(x)+C \neq F(x)$.

题型一 原函数与不定积分定义的应用

例 1 设 $f(x)$ 的一个原函数为 $x\cos x$，则下列等式成立的是（　　）.

(A) $f'(x) = x\cos x$ (B) $f(x) = (x\cos x)'$

(C) $f(x) = x\cos x$ (D) $\int x\cos x\mathrm{d}x = f(x)+C$

(E) 以上均不正确

【参考答案】 B

【答案解析】 原函数 $F(x) = x\cos x$，则 $F'(x) = f(x) = (x\cos x)'$.

例 2 已知函数 $f(x)$ 为可导函数，且 $F(x)$ 为 $f(x)$ 的一个原函数，则下列关系式不成立的是（　　）.

(A) $\mathrm{d}\left[\int f(x)\mathrm{d}x\right]=f(x)\mathrm{d}x$　　(B) $\left[\int f(x)\mathrm{d}x\right]'=f(x)$

(C) $\int F'(x)\mathrm{d}x=F(x)+C$　　(D) $\int f'(x)\mathrm{d}x=F(x)+C$

(E) 以上均不正确

【参考答案】D

【答案解析】$\int f'(x)\mathrm{d}x=\int \mathrm{d}[f(x)]=f(x)+C$，故选 D.

考点二　常用公式

1. 基本性质

设函数 $f(x)$ 与 $g(x)$ 的原函数均存在，则

$$\int[f(x)\pm g(x)]\mathrm{d}x=\int f(x)\mathrm{d}x\pm\int g(x)\mathrm{d}x,$$

$$\int kf(x)\mathrm{d}x=k\int f(x)\mathrm{d}x(k\neq 0),$$

$$\left[\int f(x)\mathrm{d}x\right]'=f(x) \text{ 或 } \mathrm{d}\left[\int f(x)\mathrm{d}x\right]=f(x)\mathrm{d}x,$$

$$\int F'(x)\mathrm{d}x=F(x)+C \text{ 或} \int \mathrm{d}[F(x)]=F(x)+C.$$

2. 基本积分公式

(1) $\int x^a\mathrm{d}x=\frac{1}{a+1}x^{a+1}+C(a\neq -1)$.

(2) $\int \frac{1}{x}\mathrm{d}x=\ln|x|+C$.

(3) $\int a^x\mathrm{d}x=\frac{1}{\ln a}a^x+C(a>0 \text{ 且 } a\neq 1)$，$\int \mathrm{e}^x\mathrm{d}x=\mathrm{e}^x+C$.

(4) $\int \cos x\mathrm{d}x=\sin x+C$，$\int \sin x\mathrm{d}x=-\cos x+C$.

(5) $\int \sec^2 x\mathrm{d}x=\tan x+C$，$\int \csc^2 x\mathrm{d}x=-\cot x+C$.

(6) $\int \sec x\mathrm{d}x=\ln|\tan x+\sec x|+C$，$\int \csc x\mathrm{d}x=\ln|\csc x-\cot x|+C$.

(7) $\int \sec x\tan x\mathrm{d}x=\sec x+C$，$\int \csc x\cot x\mathrm{d}x=-\csc x+C$.

(8) $\int \tan x\mathrm{d}x=-\ln|\cos x|+C$，$\int \cot x\mathrm{d}x=\ln|\sin x|+C$.

(9) $\int \frac{1}{a^2x^2+b^2}\mathrm{d}x=\frac{1}{ab}\arctan\frac{ax}{b}+C, \int\frac{1}{1+x^2}\mathrm{d}x=\arctan x+C.$

(10) $\int\frac{1}{\sqrt{b^2-a^2x^2}}\mathrm{d}x=\frac{1}{a}\arcsin\frac{ax}{b}+C, \int\frac{1}{\sqrt{1-x^2}}\mathrm{d}x=\arcsin x+C.$

(11) $\int\frac{1}{a^2-x^2}\mathrm{d}x=\frac{1}{2a}\ln\left|\frac{a+x}{a-x}\right|+C.$

(12) $\int\frac{1}{\sqrt{x^2\pm a^2}}\mathrm{d}x=\ln\left|x+\sqrt{x^2\pm a^2}\right|+C.$

题型二　利用基本公式和性质计算不定积分

例 3 计算下列不定积分.

(1) $\int 3^x\mathrm{e}^x\mathrm{d}x$；　(2) $\int\sqrt{x}(x^2-5)\mathrm{d}x$；　(3) $\int\frac{x^2}{x^2+1}\mathrm{d}x$；

(4) $\int\frac{x+\sqrt{1-x^2}}{x\sqrt{1-x^2}}\mathrm{d}x$；　(5) $\int\tan^2x\mathrm{d}x$；　(6) $\int\cos^2\frac{x}{2}\mathrm{d}x$.

【答案解析】(1) 根据基本积分公式得 $\int 3^x\mathrm{e}^x\mathrm{d}x=\int(3\mathrm{e})^x\mathrm{d}x=\frac{3^x\mathrm{e}^x}{1+\ln 3}+C.$

(2) 直接积分得 $\int\sqrt{x}(x^2-5)\mathrm{d}x=\int(x^{\frac{5}{2}}-5x^{\frac{1}{2}})\mathrm{d}x=\frac{2}{7}x^{\frac{7}{2}}-\frac{10}{3}x^{\frac{3}{2}}+C.$

(3) 该题的特点为假分式求不定积分，可将原式变成真分式，即

$$\text{原式}=\int\frac{x^2+1-1}{x^2+1}\mathrm{d}x=\int 1\mathrm{d}x-\int\frac{1}{x^2+1}\mathrm{d}x$$
$$=x-\arctan x+C.$$

(4)
$$\text{原式}=\int\frac{x}{x\sqrt{1-x^2}}\mathrm{d}x+\int\frac{\sqrt{1-x^2}}{x\sqrt{1-x^2}}\mathrm{d}x$$
$$=\int\frac{1}{\sqrt{1-x^2}}\mathrm{d}x+\int\frac{1}{x}\mathrm{d}x$$
$$=\arcsin x+\ln|x|+C.$$

(5)
$$\int\tan^2x\mathrm{d}x=\int(\sec^2x-1)\mathrm{d}x=\int\sec^2x\mathrm{d}x-\int 1\mathrm{d}x$$
$$=\tan x-x+C.$$

(6) 根据公式 $\cos 2x=2\cos^2x-1$，将被积函数变形为 $\cos^2\frac{x}{2}=\frac{\cos x+1}{2}$，则

$$\text{原式}=\int\frac{\cos x+1}{2}\mathrm{d}x=\frac{1}{2}\int\cos x\mathrm{d}x+\frac{1}{2}\int 1\mathrm{d}x$$
$$=\frac{1}{2}\sin x+\frac{1}{2}x+C.$$

考点三 第一类换元法（凑微分法）

定理 设 $f(u)$ 具有原函数，$u=\varphi(x)$ 可导，则有换元公式

$$\int f[\varphi(x)]\varphi'(x)\mathrm{d}x=\left[\int f(u)\mathrm{d}u\right]_{u=\varphi(x)}.$$

【敲黑板】① 第一类换元法主要是解决复合函数求不定积分的问题.

② 应用第一类换元法的关键是要把被积函数凑成 $f[\varphi(x)]\varphi'(x)$ 的形式.

③ 常见的凑微分公式.

a. $\int f(ax+b)\mathrm{d}x=\frac{1}{a}\int f(ax+b)\mathrm{d}(ax+b)\ (a\neq 0)$.

b. $\int \frac{1}{x}f(\ln x)\mathrm{d}x=\int f(\ln x)\mathrm{d}(\ln x)$.

c. $\int x^{n-1}f(ax^n+b)\mathrm{d}x=\frac{1}{na}\int f(ax^n+b)\mathrm{d}(ax^n+b)\ (a\neq 0)$.

d. $\int \frac{1}{x^2}f\left(\frac{1}{x}\right)\mathrm{d}x=-\int f\left(\frac{1}{x}\right)\mathrm{d}\left(\frac{1}{x}\right)$.

e. $\int \frac{1}{\sqrt{x}}f(\sqrt{x})\mathrm{d}x=2\int f(\sqrt{x})\mathrm{d}(\sqrt{x})$.

f. $\int a^x f(a^x)\mathrm{d}x=\frac{1}{\ln a}\int f(a^x)\mathrm{d}(a^x)\ (a>0\text{ 且 }a\neq 1)$.

g. $\int \mathrm{e}^x f(\mathrm{e}^x)\mathrm{d}x=\int f(\mathrm{e}^x)\mathrm{d}(\mathrm{e}^x)$.

h. $\int \cos x\cdot f(\sin x)\mathrm{d}x=\int f(\sin x)\mathrm{d}(\sin x)$.

i. $\int \sin x\cdot f(\cos x)\mathrm{d}x=-\int f(\cos x)\mathrm{d}(\cos x)$.

j. $\int \frac{1}{1+x^2}f(\arctan x)\mathrm{d}x=\int f(\arctan x)\mathrm{d}(\arctan x)$.

k. $\int \frac{1}{\sqrt{1-x^2}}f(\arcsin x)\mathrm{d}x=\int f(\arcsin x)\mathrm{d}(\arcsin x)$.

l. $\int \sec x\cdot\tan x\cdot f(\sec x)\mathrm{d}x=\int f(\sec x)\mathrm{d}(\sec x)$.

m. $\int \csc x\cdot\cot x\cdot f(\csc x)\mathrm{d}x=-\int f(\csc x)\mathrm{d}(\csc x)$.

n. $\int \frac{f'(x)}{f(x)}\mathrm{d}x=\int \frac{1}{f(x)}\mathrm{d}[f(x)]=\ln|f(x)|+C$.

题型三 第一类换元法求不定积分

例 4 计算下列不定积分.

(1) $\int \cos(x+1)\mathrm{d}x$;

(2) $\int \sin\left(2x-\frac{\pi}{3}\right)\mathrm{d}x$.

【答案解析】 (1) 原式 $=\int \cos(x+1)\mathrm{d}(x+1)=\sin(x+1)+C$.

(2) 原式 $=\frac{1}{2}\int \sin\left(2x-\frac{\pi}{3}\right)\mathrm{d}\left(2x-\frac{\pi}{3}\right)=-\frac{1}{2}\cos\left(2x-\frac{\pi}{3}\right)+C$.

例 5 设下列各式左端不定积分都存在,则其中正确的是( ).

(A) $\int f'(2x)\mathrm{d}x=\frac{1}{2}f(2x)+C$

(B) $\left[\int f(2x)\mathrm{d}x\right]'=2f(2x)$

(C) $\int f'(2x)\mathrm{d}x=f(2x)+C$

(D) $\left[\int f(2x)\mathrm{d}x\right]'=\frac{1}{2}f(2x)$

(E) $\int f'(2x)\mathrm{d}x=f(x)+C$

【参考答案】 A

【答案解析】 由 $\int f'(x)\mathrm{d}x=f(x)+C$ 知,若令 $u=2x$,则

$$\int f'(2x)\mathrm{d}x=\int f'(u)\cdot\frac{1}{2}\mathrm{d}u=\frac{1}{2}f(u)+C=\frac{1}{2}f(2x)+C.$$

故 A 正确,C,E 都不正确.

又由于 $\left[\int f(x)\mathrm{d}x\right]'=f(x)$,即先积分后求导作用抵消. 可设 $g(x)=f(2x)$,由 $\left[\int g(x)\mathrm{d}x\right]'=g(x)$,且 $\int g(x)\mathrm{d}x=\int f(2x)\mathrm{d}x$,可知 B,D 都不正确. 故选 A.

考点四 第二类换元法

定理 设 $x=\psi(t)$ 是单调、可导的函数,并且 $\psi'(t)\neq 0$. 又设 $f[\psi(t)]\psi'(t)$ 具有原函数 $G(t)$,则有换元公式 $\int f(x)\mathrm{d}x=\left[\int f[\psi(t)]\psi'(t)\mathrm{d}t\right]_{t=\psi^{-1}(x)}=G[\psi^{-1}(x)]+C$.

【敲黑板】 ① 第二类换元法主要解决三角函数及带根式的函数求不定积分的问题.

② $x=\psi(t)$ 必须存在反函数.

③ 注意最后结果回代为用 x 表示.

④ 结论:根式下方的积分变量的最高次方为一次方时作整体代换,根式下方的积分变量的最高次方为二次方时作三角代换.

题型四　第二类换元法求不定积分

【解题方法】(1) 根式下方的积分变量的最高次方为一次方时作整体代换. 当被积函数含有有理式 $\sqrt[n]{ax+b}$,$\sqrt[n]{\dfrac{ax+b}{cx+d}}$ 时,令 $t=\sqrt[n]{ax+b}$ 或 $t=\sqrt[n]{\dfrac{ax+b}{cx+d}}$ 去掉根号.

(2) 根式下方的积分变量的最高次方为二次方时作三角代换. 当被积函数含有如下根式时,可以考虑使用三角代换.

① 若被积函数中含有 $\sqrt{a^2-x^2}$,令 $x=a\sin t$,$\mathrm{d}x=a\cos t\mathrm{d}t$;

② 若被积函数中含有 $\sqrt{x^2-a^2}$,令 $x=a\sec t$,$\mathrm{d}x=a\sec t\cdot\tan t\mathrm{d}t$;

③ 若被积函数中含有 $\sqrt{x^2+a^2}$,令 $x=a\tan t$,$\mathrm{d}x=a\sec^2 t\mathrm{d}t$.

(3) 当被积函数中含有 $\sqrt{ax^2+bx+c}$ 时,先通过配方作恒等变形化为上述三种形式之后,再使用三角代换.

(4) 指数函数换元. 当被积函数中含有 e^x 或 a^x 时,可以考虑选用指数函数换元,即令 $t=\mathrm{e}^x$ 或 $t=a^x$.

例 6 计算下列不定积分.

(1)$\displaystyle\int\frac{1}{(1+x)\sqrt{x}}\mathrm{d}x$;　　(2)$\displaystyle\int\sqrt{1-x^2}\,\mathrm{d}x$;　　(3)$\displaystyle\int\frac{1}{\sqrt{1+x^2}}\mathrm{d}x$.

【答案解析】(1) 该题标志是根式下方的积分变量的最高次方为一次方.

方法:作整体代换,令 $\sqrt{x}=t\Rightarrow x=t^2$.

$$\begin{aligned}\text{原式}&=\int\frac{1}{(1+t^2)t}\mathrm{d}(t^2)\\&=\int\frac{2t}{(1+t^2)t}\mathrm{d}t\\&=\int\frac{2}{1+t^2}\mathrm{d}t\\&=2\arctan t+C\\&=2\arctan\sqrt{x}+C.\end{aligned}$$

(2) 该题标志是根式下方的积分变量的最高次方为二次方.

方法:三角函数换元法,令 $x=\sin t$.

$$\begin{aligned}\text{原式}&=\int\sqrt{1-\sin^2 t}\,\mathrm{d}(\sin t)\\&=\int\cos^2 t\mathrm{d}t\xlongequal{\cos 2t=2\cos^2 t-1}\int\frac{1+\cos 2t}{2}\mathrm{d}t\\&=\frac{1}{2}\int 1\mathrm{d}t+\frac{1}{2}\int\cos 2t\mathrm{d}t\\&=\frac{1}{2}t+\frac{1}{4}\sin 2t+C\end{aligned}$$

$$=\frac{1}{2}\arcsin x+\frac{1}{2}x\sqrt{1-x^2}+C.$$

(3) 该题标志是根式下方的积分变量的最高次方为二次方.

方法：三角函数换元法，令 $x=\tan t$.

$$\begin{aligned}\text{原式}&=\int\frac{1}{\sqrt{1+\tan^2 t}}\mathrm{d}(\tan t)\\&=\int\frac{1}{\sec t}\cdot\sec^2 t\mathrm{d}t\\&=\int\sec t\mathrm{d}t\\&=\ln|\tan t+\sec t|+C\\&=\ln|x+\sqrt{1+x^2}|+C.\end{aligned}$$

例 7 计算下列不定积分.

(1) $\int\frac{x}{(1-x)^3}\mathrm{d}x$；　　(2) $\int\frac{\mathrm{d}x}{\mathrm{e}^x-\mathrm{e}^{-x}}$；

(3) $\int\frac{\mathrm{d}x}{x^2\sqrt{2x-4}}$；　　(4) $\int\frac{x^5}{\sqrt{1+x^2}}\mathrm{d}x$.

【答案解析】 (1) $$\begin{aligned}\int\frac{x}{(1-x)^3}\mathrm{d}x&=\int\frac{x-1}{(1-x)^3}\mathrm{d}x+\int\frac{1}{(1-x)^3}\mathrm{d}x\\&=-\int\frac{1}{(x-1)^2}\mathrm{d}x-\int\frac{1}{(x-1)^3}\mathrm{d}x\\&=\frac{1}{x-1}+\frac{1}{2}\cdot\frac{1}{(x-1)^2}+C.\end{aligned}$$

(2) $$\begin{aligned}\int\frac{\mathrm{d}x}{\mathrm{e}^x-\mathrm{e}^{-x}}&=\int\frac{\mathrm{e}^x}{\mathrm{e}^{2x}-1}\mathrm{d}x=\int\frac{\mathrm{d}(\mathrm{e}^x)}{(\mathrm{e}^x+1)(\mathrm{e}^x-1)}\\&=\frac{1}{2}\int\left(\frac{1}{\mathrm{e}^x-1}-\frac{1}{\mathrm{e}^x+1}\right)\mathrm{d}(\mathrm{e}^x)\\&=\frac{1}{2}\ln|\mathrm{e}^x-1|-\frac{1}{2}\ln(\mathrm{e}^x+1)+C.\end{aligned}$$

(3) 令 $\sqrt{2x-4}=t$，则 $x=\frac{t^2+4}{2}$，$\mathrm{d}x=t\mathrm{d}t$，于是

$$I=\int\frac{\mathrm{d}x}{x^2\sqrt{2x-4}}=\int\frac{4\mathrm{d}t}{(t^2+4)^2},$$

再令 $t=2\tan u$，则 $\mathrm{d}t=2\sec^2 u\mathrm{d}u$，于是

$$\begin{aligned}I&=4\int\frac{2\sec^2 u\mathrm{d}u}{4^2\cdot\sec^4 u}=\frac{1}{2}\int\cos^2 u\mathrm{d}u\\&=\frac{1}{4}\int(1+\cos 2u)\mathrm{d}u\\&=\frac{1}{4}u+\frac{1}{8}\sin 2u+C\end{aligned}$$

$$=\frac{1}{4}\arctan\frac{t}{2}+\frac{1}{4}\cdot\frac{t}{\sqrt{4+t^2}}\cdot\frac{2}{\sqrt{4+t^2}}+C$$

$$=\frac{1}{4}\arctan\frac{\sqrt{2x-4}}{2}+\frac{\sqrt{2x-4}}{4x}+C.$$

因此$\int\frac{\mathrm{d}x}{x^2\sqrt{2x-4}}=\frac{\sqrt{2x-4}}{4x}+\frac{1}{4}\arctan\frac{\sqrt{2x-4}}{2}+C.$

(4) 令$\sqrt{1+x^2}=u$，则$x^2=u^2-1$.

$$x^5\mathrm{d}x=\frac{1}{6}\mathrm{d}(x^6)=\frac{1}{6}\mathrm{d}(u^2-1)^3=\frac{1}{6}\cdot 3(u^2-1)^2\cdot 2u\mathrm{d}u.$$

故原式$=\int\frac{u(u^2-1)^2\mathrm{d}u}{u}=\int(u^2-1)^2\mathrm{d}u=\int(u^4-2u^2+1)\mathrm{d}u=\frac{1}{5}u^5-\frac{2}{3}u^3+u+C$

$$=\frac{1}{5}(1+x^2)^{\frac{5}{2}}-\frac{2}{3}(1+x^2)^{\frac{3}{2}}+\sqrt{1+x^2}+C.$$

考点五　分部积分法

如果被积函数为两类不同函数的乘积，或含有对数函数或反三角函数，常采用分部积分法，利用

$$\int uv'\mathrm{d}x=uv-\int u'v\mathrm{d}x\text{（或}\int u\mathrm{d}v=uv-\int v\mathrm{d}u\text{）},$$

将复杂的积分运算化为简单的积分运算，或将不易直接求出结果的积分形式转化为等价的易求出结果的积分形式间接通过两次分部积分法求解.

分部积分法的关键是选择恰当的 u 和 $\mathrm{d}v$，一般要考虑两点：

①v 要容易求出；

②$\int v\mathrm{d}u$ 要比$\int u\mathrm{d}v$ 容易积分.

如果被积函数为$P_n(x)\mathrm{e}^x$，$P_n(x)\sin x$或$P_n(x)\cos x$等形式，常选$u=P_n(x)$，其中$P_n(x)$为x的n次多项式.

如果被积函数为幂函数与对数函数的乘积或幂函数与反三角函数的乘积，常考虑利用分部积分法计算，并设对数函数或反三角函数为u.

如果$\int v\mathrm{d}u$与$\int u\mathrm{d}v$的计算难度相仿，如$\int\mathrm{e}^x\sin x\mathrm{d}x$，此时，需使用两次分部积分法，才可以间接求解，其中u可任选e^x或$\sin x$，但是两次分部积分法选择的u必须为同一种函数.

题型五　利用分部积分法求不定积分

例 8 计算下列不定积分.

(1)$\int x\mathrm{e}^x\mathrm{d}x$；　　(2)$\int(x+1)\ln x\mathrm{d}x$；　　(3)$\int x\arctan x\mathrm{d}x$.

【答案解析】(1) $\int x\mathrm{e}^x\mathrm{d}x=\int x\mathrm{d}(\mathrm{e}^x)=x\mathrm{e}^x-\int\mathrm{e}^x\mathrm{d}x=x\mathrm{e}^x-\mathrm{e}^x+C.$

(2)
$$\begin{aligned}\int(x+1)\ln x\mathrm{d}x&=\frac{1}{2}\int\ln x\mathrm{d}[(x+1)^2]\\&=\frac{1}{2}(x+1)^2\ln x-\frac{1}{2}\int(x+1)^2\frac{1}{x}\mathrm{d}x\\&=\frac{1}{2}(x+1)^2\ln x-\frac{1}{2}\int\left(x+2+\frac{1}{x}\right)\mathrm{d}x\\&=\frac{1}{2}(x+1)^2\ln x-\frac{x^2}{4}-x-\frac{1}{2}\ln x+C.\end{aligned}$$

(3)
$$\begin{aligned}\int x\arctan x\mathrm{d}x&=\frac{1}{2}\int\arctan x\mathrm{d}(x^2)\\&=\frac{1}{2}\left(x^2\arctan x-\int\frac{x^2}{1+x^2}\mathrm{d}x\right)\\&=\frac{1}{2}\left[x^2\arctan x-\int\left(1-\frac{1}{1+x^2}\right)\mathrm{d}x\right]\\&=\frac{1}{2}x^2\arctan x-\frac{1}{2}x+\frac{1}{2}\arctan x+C.\end{aligned}$$

例 9 设 $f(x)$ 的一个原函数为 $\frac{\sin x}{x}$，则 $\int xf'(x)\mathrm{d}x=$（　　）.

(A) $\frac{\sin x}{x}+C$

(B) $-\frac{\sin x}{x}+C$

(C) $\cos x-\frac{\sin x}{x}+C$

(D) $\cos x+\frac{\sin x}{x}+C$

(E) $\cos x-\frac{2\sin x}{x}+C$

【参考答案】 E

【解题思路】 所给积分的被积函数为 $xf'(x)$，这类积分与分部积分公式相似，应考虑使用分部积分法.

【答案解析】 $\int xf'(x)\mathrm{d}x=xf(x)-\int f(x)\mathrm{d}x$. 由题设知 $\frac{\sin x}{x}$ 为 $f(x)$ 的一个原函数，可知

$$\int f(x)\mathrm{d}x=\frac{\sin x}{x}+C_1,$$

且 $\left(\frac{\sin x}{x}\right)'=f(x)$，因此 $f(x)=\frac{x\cos x-\sin x}{x^2}$，从而

$$\begin{aligned}\int xf'(x)\mathrm{d}x&=\frac{x\cos x-\sin x}{x}-\frac{\sin x}{x}+C\\&=\cos x-\frac{2\sin x}{x}+C.\end{aligned}$$

故选 E.

考点六　三角函数的不定积分

形如 $\int\sin^n x\cos^m x\mathrm{d}x$ 的积分.

① 若 m 与 n 皆为偶数，则用二倍角公式化简被积函数后再积分，其中二倍角公式为

$$\sin^2 x=\frac{1-\cos 2x}{2},\cos^2 x=\frac{1+\cos 2x}{2};$$

② 若 m 与 n 中至少有一个奇数，则将奇次幂因子拆成两项，一个一次幂因子与 $\mathrm{d}x$ 凑微分，一个偶次幂因子利用 $\sin^2 x+\cos^2 x=1$ 转化为同一三角函数，其中 m,n 为非负整数；

③ $\int f(\sin x,\cos x)\mathrm{d}x$ 型一般先通过三角函数作恒等变形，再利用万能公式：令 $\tan\frac{x}{2}=t(-\pi<x<\pi)$，则 $\sin x=\frac{2t}{1+t^2},\cos x=\frac{1-t^2}{1+t^2},\mathrm{d}x=\frac{2\mathrm{d}t}{1+t^2}$.

题型六　三角函数求不定积分

例 10　求下列函数的不定积分.

(1) $\int\sin^2 x\cos^3 x\mathrm{d}x$；　　(2) $\int\sin^2 x\cos^2 x\mathrm{d}x$；　　(3) $\int\frac{\sin 2x}{1+\sin^2 x}\mathrm{d}x$.

【答案解析】 (1) 将三角函数变形并利用第一类换元法可得

$$\begin{aligned}\int\sin^2 x\cos^3 x\mathrm{d}x&=\int\sin^2 x\cos^2 x\cdot\cos x\mathrm{d}x\\&=\int\sin^2 x(1-\sin^2 x)\mathrm{d}(\sin x)=\frac{1}{3}\sin^3 x-\frac{1}{5}\sin^5 x+C.\end{aligned}$$

(2) 利用三角函数二倍角公式变形并利用第一类换元法可得

$$\int\sin^2 x\cos^2 x\mathrm{d}x=\frac{1}{4}\int\sin^2 2x\mathrm{d}x=\frac{1}{4}\int\frac{1-\cos 4x}{2}\mathrm{d}x=\frac{1}{8}x-\frac{1}{32}\sin 4x+C.$$

(3) 利用三角函数二倍角公式变形并利用第一类换元法可得

$$\begin{aligned}\text{原式}&=\int\frac{2\sin x\cdot\cos x}{1+\sin^2 x}\mathrm{d}x=2\int\frac{\sin x}{1+\sin^2 x}\mathrm{d}(\sin x)\\&=\int\frac{1}{1+\sin^2 x}\mathrm{d}(\sin^2 x+1)=\ln(1+\sin^2 x)+C.\end{aligned}$$

考点七　有理函数的不定积分

1. 定义

两个多项式的商表示的函数称为有理函数.

$$\frac{P(x)}{Q(x)}=\frac{a_0x^n+a_1x^{n-1}+\cdots+a_{n-1}x+a_n}{b_0x^m+b_1x^{m-1}+\cdots+b_{m-1}x+b_m},$$

其中 m,n 都是非负整数；$a_0,a_1,\cdots,a_n$ 及 $b_0,b_1,\cdots,b_m$ 都是实数，并且 $a_0\neq0,b_0\neq0$.

2. 真分式的积分（分子的最高次幂小于分母的最高次幂）

第一步　对分母 $Q(x)$ 在实系数内作因式分解.

第二步　根据分母的各个因式分别写出与之相应的部分分式.

对每个形如 $(x-a)^k$ 的因式，它所对应的部分分式是

$$\frac{A_1}{x-a}+\frac{A_2}{(x-a)^2}+\cdots+\frac{A_k}{(x-a)^k};$$

对每个形如$(x^2+px+q)^k$ 的因式，它所对应的部分分式是

$$\frac{B_1x+C_1}{x^2+px+q}+\frac{B_2x+C_2}{(x^2+px+q)^2}+\cdots+\frac{B_kx+C_k}{(x^2+px+q)^k}.$$

把所有部分分式加起来，使之等于$R(x)$.（至此，部分分式中的常数系数A_i，B_i，C_i 待定.）

第三步　确定待定系数.

一般是将所有部分分式通分相加，所得分式的分母即为原分母$Q(x)$，而其分子亦应与原分子$P(x)$恒等. 于是，按同幂项系数必定相等，得到一组关于待定系数的线性方程，这组方程的解就是需要确定的系数.

3.假分式的积分（分子的最高次幂大于等于分母的最高次幂）

方法　首先把假分式变成真分式，然后利用真分式求积分的方法计算.

题型七　有理函数求不定积分

例 11　计算下列不定积分.

(1)$\int\frac{1}{x^2+2x+5}\mathrm{d}x$；　(2)$\int\frac{x+2}{x^2+2x+3}\mathrm{d}x$；　(3)$\int\frac{x^3+4x+3}{x^2+2}\mathrm{d}x$.

【答案解析】(1)$\int\frac{1}{x^2+2x+5}\mathrm{d}x=\int\frac{1}{(x+1)^2+4}\mathrm{d}(x+1)=\frac{1}{2}\arctan\frac{x+1}{2}+C.$

(2) 原式$=\int\frac{\frac{1}{2}(2x+2)+1}{x^2+2x+3}\mathrm{d}x=\frac{1}{2}\int\frac{2x+2}{x^2+2x+3}\mathrm{d}x+\int\frac{1}{x^2+2x+3}\mathrm{d}x$

$$=\frac{1}{2}\int\frac{1}{x^2+2x+3}\mathrm{d}(x^2+2x+3)+\int\frac{1}{(x+1)^2+2}\mathrm{d}x$$

$$=\frac{1}{2}\ln(x^2+2x+3)+\frac{\sqrt{2}}{2}\arctan\frac{x+1}{\sqrt{2}}+C.$$

(3) 原式$=\int\frac{x(x^2+2)+2x+3}{x^2+2}\mathrm{d}x=\int x\mathrm{d}x+\int\frac{2x}{x^2+2}\mathrm{d}x+\int\frac{3}{x^2+2}\mathrm{d}x$

$$=\frac{1}{2}x^2+\ln(x^2+2)+\frac{3\sqrt{2}}{2}\arctan\frac{x}{\sqrt{2}}+C.$$

例 12　计算下列不定积分.

(1)$\int\frac{x^4}{x^2+1}\mathrm{d}x$；　(2)$\int\frac{x+5}{x^2-6x+13}\mathrm{d}x$；

(3)$\int\frac{x^2+1}{(x+1)^2(x-1)}\mathrm{d}x$；　(4)$\int\frac{4x^2-6x-1}{(x+1)(2x-1)^2}\mathrm{d}x$.

【答案解析】(1)$\int\frac{x^4}{x^2+1}\mathrm{d}x=\int\frac{x^2(x^2+1)-(x^2+1)+1}{x^2+1}\mathrm{d}x$

$$=\int\left(x^2-1+\frac{1}{x^2+1}\right)\mathrm{d}x=\frac{1}{3}x^3-x+\arctan x+C.$$

(2) $\int \frac{x+5}{x^2-6x+13}\mathrm{d}x = \int \frac{\frac{1}{2}(2x-6)+8}{x^2-6x+13}\mathrm{d}x$

$$= \frac{1}{2}\int \frac{1}{x^2-6x+13}\mathrm{d}(x^2-6x+13) + 8\int \frac{1}{x^2-6x+13}\mathrm{d}x$$

$$= \frac{1}{2}\ln(x^2-6x+13) + 8\int \frac{1}{(x-3)^2+2^2}\mathrm{d}(x-3)$$

$$= \frac{1}{2}\ln(x^2-6x+13) + 4\arctan\frac{x-3}{2} + C.$$

(3) 将被积函数分解,有

$$\frac{x^2+1}{(x+1)^2(x-1)} = \frac{A}{x+1} + \frac{B}{(x+1)^2} + \frac{C}{x-1},$$

得
$$\frac{x^2+1}{(x+1)^2(x-1)} = \frac{A(x+1)(x-1)+B(x-1)+C(x+1)^2}{(x+1)^2(x-1)},$$

此时有

$$x^2+1 = A(x+1)(x-1)+B(x-1)+C(x+1)^2.$$

当 $x=1$ 时 $\Rightarrow 2 = 4C \Rightarrow C = \frac{1}{2}$;

当 $x=-1$ 时 $\Rightarrow 2 = -2B \Rightarrow B = -1$;

当 $x=0$ 时 $\Rightarrow 1 = -A-B+C \Rightarrow A = \frac{1}{2}$.

故
$$\int \frac{x^2+1}{(x+1)^2(x-1)}\mathrm{d}x = \frac{1}{2}\int \frac{1}{x+1}\mathrm{d}x + \int \frac{-1}{(x+1)^2}\mathrm{d}x + \frac{1}{2}\int \frac{1}{x-1}\mathrm{d}x$$

$$= \frac{1}{2}\ln|(x+1)(x-1)| + \frac{1}{x+1} + C.$$

(4) 将被积函数分解,有

$$\frac{4x^2-6x-1}{(x+1)(2x-1)^2} = \frac{A}{x+1} + \frac{B}{2x-1} + \frac{C}{(2x-1)^2},$$

整理得
$$4x^2-6x-1 = A(2x-1)^2 + B(x+1)(2x-1) + C(x+1),$$

将右端展开,得到

$$4x^2-6x-1 = (4A+2B)x^2 + (-4A+B+C)x + (A-B+C).$$

因为这是恒等式,所以等号两边 x 的同次幂的系数相等,故

$$\begin{cases} 4A+2B = 4, \\ -4A+B+C = -6, \\ A-B+C = -1, \end{cases}$$

解得 $A=1, B=0, C=-2$. 故 $\frac{4x^2-6x-1}{(x+1)(2x-1)^2} = \frac{1}{x+1} - \frac{2}{(2x-1)^2}$. 所以

$$\int \frac{4x^2-6x-1}{(x+1)(2x-1)^2}\mathrm{d}x = \int \frac{\mathrm{d}x}{x+1} - \int \frac{2}{(2x-1)^2}\mathrm{d}x = \ln|x+1| + \frac{1}{2x-1} + C.$$

考点八 定积分的定义与几何意义

1.定积分的定义

设函数 $f(x)$ 在区间$[a,b]$上有界，在$[a,b]$内任意插入 $n-1$ 个分点

$$a=x_0<x_1<x_2<\cdots<x_{n-1}<x_n=b,$$

这样$[a,b]$就被分成了 n 个小区间$[x_{i-1},x_i](i=1,2,\cdots,n)$，用 $\Delta x_i=x_i-x_{i-1}$ 表示各小区间的长度，再在每个小区间上取一点 $\xi_i(x_{i-1}\leqslant\xi_i\leqslant x_i)$，作如下和式

$$\sum_{i=1}^{n}f(\xi_i)\Delta x_i=f(\xi_1)\Delta x_1+f(\xi_2)\Delta x_2+\cdots+f(\xi_n)\Delta x_n,$$

令 $\lambda=\max\limits_{1\leqslant i\leqslant n}\{\Delta x_i\}$，如果极限 $\lim\limits_{\lambda\to0}\sum\limits_{i=1}^{n}f(\xi_i)\Delta x_i$ 存在且与$[a,b]$的划分及 ξ_i 的选取无关，则称 $f(x)$ 在区间$[a,b]$上可积，该极限称为 $f(x)$ 在区间$[a,b]$上的定积分，记作 $\int_a^b f(x)\mathrm{d}x$，即

$$\lim_{\lambda\to0}\sum_{i=1}^{n}f(\xi_i)\Delta x_i=\int_a^b f(x)\mathrm{d}x,$$

其中 $f(x)$ 称为被积函数，$f(x)\mathrm{d}x$ 称为被积表达式，x 称为积分变量，$[a,b]$称为积分区间，a,b 分别称为积分下限和积分上限.

题型八 定积分定义的应用：求极限问题

【解题方法】第一步：将连加写成和的形式；

第二步：构造 $\dfrac{1}{n}$；

第三步：剩下部分写成 $f\left(\dfrac{i}{n}\right)$；

第四步：利用定积分定义 $\int_0^1 f(x)\mathrm{d}x=\lim\limits_{n\to\infty}\dfrac{1}{n}\sum\limits_{i=1}^{n}f\left(\dfrac{i}{n}\right)$.

例 13 $\lim\limits_{n\to\infty}n\left(\dfrac{1}{1+n^2}+\dfrac{1}{2^2+n^2}+\cdots+\dfrac{1}{n^2+n^2}\right)=(\quad)$.

(A) $\dfrac{1}{\pi}$ (B) $\dfrac{\pi}{4}$ (C) 1 (D) π (E) 2π

【参考答案】B

【答案解析】第一步，将连加写成和的形式，即

$$\lim_{n\to\infty}n\sum_{i=1}^{n}\frac{1}{n^2+i^2};$$

第二步，构造 $\dfrac{1}{n}$，即

$$\lim_{n\to\infty}\frac{1}{n}\sum_{i=1}^{n}\frac{n^2}{n^2+i^2};$$

第三步，写成 $f\left(\frac{i}{n}\right)$，即

$$\lim_{n\to\infty}\frac{1}{n}\sum_{i=1}^{n}\frac{1}{1+\left(\frac{i}{n}\right)^2};$$

第四步，写公式，即

$$\lim_{n\to\infty} n\left(\frac{1}{1+n^2}+\frac{1}{2^2+n^2}+\cdots\frac{1}{n^2+n^2}\right)=\lim_{n\to\infty}\frac{1}{n}\sum_{i=1}^{n}\frac{1}{1+\left(\frac{i}{n}\right)^2}=\int_0^1\frac{1}{1+x^2}\mathrm{d}x=\frac{\pi}{4}.$$

例 14 设 $\alpha>0$，则极限 $\lim\limits_{n\to\infty}\frac{1^\alpha+2^\alpha+\cdots+n^\alpha}{n^{\alpha+1}}=$ (　　).

(A) $\frac{1}{\alpha}$　　(B) $\frac{1}{\alpha+1}$　　(C) $\frac{1}{\alpha+2}$　　(D) $\frac{1}{\alpha+3}$　　(E) $\frac{1}{\alpha+4}$

【参考答案】 B

【答案解析】 利用定积分定义，有

$$\lim_{n\to\infty}\frac{1^\alpha+2^\alpha+\cdots+n^\alpha}{n^{\alpha+1}}=\lim_{n\to\infty}\sum_{k=1}^{n}\left(\frac{k}{n}\right)^\alpha\cdot\frac{1}{n}=\int_0^1 x^\alpha\mathrm{d}x=\frac{1}{\alpha+1},$$

故选 B.

例 15 $\lim\limits_{n\to\infty}\sum\limits_{k=1}^{n}\frac{1}{2n+1}\sin\frac{(2k-1)\pi}{2n}=$ (　　).

(A) $\frac{1}{\pi}$　　(B) $\frac{2}{\pi}$　　(C) 1　　(D) π　　(E) 2π

【参考答案】 A

【答案解析】
$$\lim_{n\to\infty}\sum_{k=1}^{n}\frac{1}{2n+1}\sin\frac{(2k-1)\pi}{2n}=\lim_{n\to\infty}\sum_{k=1}^{n}\frac{n}{2n+1}\cdot\frac{1}{n}\sin\frac{\left(k-\frac{1}{2}\right)\pi}{n}$$
$$=\frac{1}{2}\int_0^1\sin(\pi x)\mathrm{d}x=\frac{1}{\pi}.$$

2. 定积分的几何意义

(1) 在 $[a,b]$ 上 $f(x)\geqslant 0$ 时，定积分 $\int_a^b f(x)\mathrm{d}x$ 表示由曲线 $y=f(x)$，两条直线 $x=a$，$x=b$ 与 x 轴所围成的曲边梯形的面积.

(2) 在 $[a,b]$ 上 $f(x)\leqslant 0$ 时，由曲线 $y=f(x)$，两条直线 $x=a$，$x=b$ 与 x 轴所围成的曲边梯形位于 x 轴的下方，定积分 $\int_a^b f(x)\mathrm{d}x$ 表示(1) 中曲边梯形面积的负值.

(3) 在 $[a,b]$ 上 $f(x)$ 既取得正值又取得负值时，函数 $f(x)$ 的图形某些部分在 x 轴的上方，而其他部分在 x 轴下方，此时定积分 $\int_a^b f(x)\mathrm{d}x$ 表示 x 轴上方图形的面积减去 x 轴下方图形的面积的差.

题型九　定积分几何意义的应用

例 16 根据定积分的几何意义，计算下列定积分.

(1) $\int_{-3}^{3}\sqrt{9-x^2}\,\mathrm{d}x$；　(2) $\int_{0}^{1}\sqrt{2x-x^2}\,\mathrm{d}x$；　(3) $\int_{0}^{a}\sqrt{a^2-x^2}\,\mathrm{d}x(a>0)$.

【答案解析】(1) 被积函数 $y=\sqrt{9-x^2}$，$x\in[-3,3]\Rightarrow x^2+y^2=9$，原积分代表的是以(0,0)为圆心，3 为半径的上半圆面积，故

$$原式=\frac{1}{2}\pi\times 3^2=\frac{9}{2}\pi.$$

(2) 被积函数 $y=\sqrt{2x-x^2}$，$x\in[0,1]\Rightarrow x^2-2x+y^2=0\Rightarrow(x-1)^2+y^2=1$，原积分代表的是以(1,0)为圆心，1 为半径的$\frac{1}{4}$圆面积，故

$$原式=\frac{1}{4}\pi\times 1=\frac{\pi}{4}.$$

(3) 被积函数 $y=\sqrt{a^2-x^2}$，$x\in[0,a]\Rightarrow x^2+y^2=a^2$，原积分代表的是以(0,0)为圆心，$a$ 为半径的$\frac{1}{4}$圆面积，故

$$原式=\frac{1}{4}\pi a^2.$$

考点九　定积分的基本性质

1. 规定（设下列函数 $f(x)$，$g(x)$ 在 $[a,b]$ 上都可积）

(1) $\int_a^b f(x)\mathrm{d}x=\int_a^b f(u)\mathrm{d}u=\int_a^b f(t)\mathrm{d}t$.

(2) $\int_a^b f(x)\mathrm{d}x=-\int_b^a f(x)\mathrm{d}x$，特例：$\int_a^a f(x)\mathrm{d}x=0$，$\int_b^b f(x)\mathrm{d}x=0$.

2. 线性性质

(1) $\int_a^b[f(x)+g(x)]\mathrm{d}x=\int_a^b f(x)\mathrm{d}x+\int_a^b g(x)\mathrm{d}x$.

(2) $\int_a^b kf(x)\mathrm{d}x=k\int_a^b f(x)\mathrm{d}x$，$k$ 为常数.

3. 常数的积分

$$\int_a^b 1\mathrm{d}x=b-a.$$

4. 区间的可加性

$$\int_a^b f(x)\mathrm{d}x=\int_a^c f(x)\mathrm{d}x+\int_c^b f(x)\mathrm{d}x.$$

注意，不一定有 $a<c<b$，只要$\int_a^c f(x)\mathrm{d}x$ 和$\int_c^b f(x)\mathrm{d}x$ 都存在就可以使用定积分的区间的可加性.

5. 比较定理

如果在区间$[a,b]$上恒有 $f(x)\geqslant g(x)$，则有$\int_a^b f(x)\mathrm{d}x\geqslant\int_a^b g(x)\mathrm{d}x$.

推论　如果在区间$[a,b]$上恒有$f(x)\geqslant 0$，则有$\int_a^b f(x)\mathrm{d}x\geqslant 0$.

6. 估值定理

设M和m分别是函数$f(x)$在区间$[a,b]$上的最大值与最小值，则有

$$m(b-a)\leqslant\int_a^b f(x)\mathrm{d}x\leqslant M(b-a).$$

7. 定积分中值定理

设函数$f(x)$在区间$[a,b]$上连续，则至少存在一点$\xi\in[a,b]$，使得

$$\int_a^b f(x)\mathrm{d}x=f(\xi)(b-a).$$

函数$f(x)$在区间$[a,b]$上的平均值为$\dfrac{\int_a^b f(x)\mathrm{d}x}{b-a}$.

8. 对称区间上的定积分

$$\int_{-a}^{a} f(x)\mathrm{d}x=\begin{cases}0, & f(x)\text{ 为奇函数},\\ 2\int_0^a f(x)\mathrm{d}x, & f(x)\text{ 为偶函数}.\end{cases}$$

9. 常用公式

(1) 华里士公式.

$$\int_0^{\frac{\pi}{2}}\sin^{2n}x\mathrm{d}x=\int_0^{\frac{\pi}{2}}\cos^{2n}x\mathrm{d}x=\frac{2n-1}{2n}\cdot\frac{2n-3}{2n-2}\cdot\cdots\cdot\frac{1}{2}\cdot\frac{\pi}{2}.$$

$$\int_0^{\frac{\pi}{2}}\sin^{2n+1}x\mathrm{d}x=\int_0^{\frac{\pi}{2}}\cos^{2n+1}x\mathrm{d}x=\frac{2n}{2n+1}\cdot\frac{2n-2}{2n-1}\cdot\cdots\cdot\frac{2}{3}\cdot 1.$$

(2) 设函数$f(x)$在区间$[0,1]$上连续，则

$$\int_0^{\pi}xf(\sin x)\mathrm{d}x=\frac{\pi}{2}\int_0^{\pi}f(\sin x)\mathrm{d}x.$$

$$\int_0^{\frac{\pi}{2}}f(\sin x)\mathrm{d}x=\int_0^{\frac{\pi}{2}}f(\cos x)\mathrm{d}x.$$

题型十　利用定积分的定义和性质求定积分

例 17　$\int_{-a}^{a}(x-a)\sqrt{a^2-x^2}\,\mathrm{d}x=(\quad)$.

(A) $-\frac{1}{2}\pi a^2$　(B) $\frac{1}{2}\pi a^2$　(C) $\frac{1}{2}\pi a^3$　(D) $-\frac{1}{2}\pi a^3$　(E) πa^3

【参考答案】D

【解题思路】对于积分区间为对称区间的情形，可考虑将被积函数恒等变形以利用积分对称性简化运算.

【答案解析】由于

$$\int_{-a}^{a}(x-a)\sqrt{a^2-x^2}\,\mathrm{d}x=\int_{-a}^{a}x\sqrt{a^2-x^2}\,\mathrm{d}x-\int_{-a}^{a}a\sqrt{a^2-x^2}\,\mathrm{d}x,$$

上式两个积分的积分区间都为对称区间，$x\sqrt{a^2-x^2}$ 为奇函数，$a\sqrt{a^2-x^2}$ 为偶函数，则

$$\int_{-a}^{a} x\sqrt{a^2-x^2}\,\mathrm{d}x=0,\int_{-a}^{a} a\sqrt{a^2-x^2}\,\mathrm{d}x=2\int_{0}^{a} a\sqrt{a^2-x^2}\,\mathrm{d}x,$$

因此$\int_{-a}^{a}(x-a)\sqrt{a^2-x^2}\,\mathrm{d}x=-2a\int_{0}^{a}\sqrt{a^2-x^2}\,\mathrm{d}x.$

注意 $y=\sqrt{a^2-x^2}$ 是以原点为圆心，半径为 a 的上半圆周，所以由定积分的几何意义可知 $\int_{0}^{a}\sqrt{a^2-x^2}\,\mathrm{d}x$ 为圆面积的$\frac{1}{4}$，因此

$$\int_{-a}^{a}(x-a)\sqrt{a^2-x^2}\,\mathrm{d}x=-2a\cdot\frac{1}{4}\pi a^2=-\frac{\pi}{2}a^3.$$

故选 D.

题型十一　定积分比较大小

【解题方法】比较两个定积分$\int_{a}^{b} f(x)\mathrm{d}x$ 与$\int_{a}^{b} g(x)\mathrm{d}x$ 的大小，即比较被积函数 $f(x)$，$g(x)$ 在区间$[a,b]$ 上的大小.

例 18 设 $I=\int_{0}^{\frac{\pi}{4}}\ln\sin x\,\mathrm{d}x$，$J=\int_{0}^{\frac{\pi}{4}}\ln\cot x\,\mathrm{d}x$，$K=\int_{0}^{\frac{\pi}{4}}\ln\cos x\,\mathrm{d}x$，则 I,J,K 的大小关系是(　　).

(A)$I<J<K$　　(B)$I<K<J$　　(C)$J<I<K$

(D)$K<J<I$　　(E)$J<K<I$

【参考答案】B

【答案解析】因为 $0<x<\frac{\pi}{4}$，所以 $0<\sin x<\cos x<1<\cot x$. 又因为 $\ln x$ 是单调递增的函数，所以 $\ln\sin x<\ln\cos x<\ln\cot x$. 因此有 $I<K<J$，故选 B.

例 19 设

$$M=\int_{-\frac{\pi}{2}}^{\frac{\pi}{2}}\frac{\sin x}{1+x^2}\cos^4 x\,\mathrm{d}x,N=\int_{-\frac{\pi}{2}}^{\frac{\pi}{2}}(\sin^3 x+\cos^4 x)\mathrm{d}x,P=\int_{-\frac{\pi}{2}}^{\frac{\pi}{2}}(x^2\sin^3 x-\cos^4 x)\mathrm{d}x,$$

则(　　).

(A)$N<P<M$　　(B)$M<P<N$　　(C)$N<M<P$

(D)$P<M<N$　　(E)$P<N<M$

【参考答案】D

【解题思路】由于题目只考查三个积分值大小的比较，因此并不需要求出它们的值. 积分区间为对称区间，可先考虑被积函数的奇偶性，再考虑定积分的不等式性质.

【答案解析】如果在$[a,b]$上，$f(x)\geqslant 0$，且 $f(x)\not\equiv 0$，则$\int_{a}^{b} f(x)\mathrm{d}x>0$.

由于$\frac{\sin x}{1+x^2}\cos^4 x$ 为奇函数，因此

$$M=\int_{-\frac{\pi}{2}}^{\frac{\pi}{2}}\frac{\sin x}{1+x^2}\cos^4 x\mathrm{d}x=0.$$

由于 $\sin^3 x$ 为奇函数，$\cos^4 x$ 为偶函数，且 $\cos^4 x\geqslant 0$，因此

$$N=\int_{-\frac{\pi}{2}}^{\frac{\pi}{2}}(\sin^3 x+\cos^4 x)\mathrm{d}x=\int_{-\frac{\pi}{2}}^{\frac{\pi}{2}}\sin^3 x\mathrm{d}x+\int_{-\frac{\pi}{2}}^{\frac{\pi}{2}}\cos^4 x\mathrm{d}x=2\int_0^{\frac{\pi}{2}}\cos^4 x\mathrm{d}x>0.$$

由于 $x^2\sin^3 x$ 为奇函数，$\cos^4 x$ 为偶函数，因此

$$P=\int_{-\frac{\pi}{2}}^{\frac{\pi}{2}}(x^2\sin^3 x-\cos^4 x)\mathrm{d}x=-2\int_0^{\frac{\pi}{2}}\cos^4 x\mathrm{d}x<0.$$

因此有 $P<M<N$，故选 D.

例 20 设 $I=\int_0^1\cos x\mathrm{d}x$，$J=\int_0^1\frac{\sin x}{x}\mathrm{d}x$，$K=\int_0^1\frac{\sin x}{\ln(1+x)}\mathrm{d}x$，则（　　）.

(A) $I<J<K$　　(B) $I<K<J$　　(C) $K<I<J$

(D) $K<J<I$　　(E) $J<I<K$

【参考答案】 A

【答案解析】 在区间 $(0,1)$ 上，$x<\tan x\Rightarrow\cos x<\frac{\sin x}{x}$，$x>\ln(1+x)>0\Rightarrow\frac{\sin x}{x}<\frac{\sin x}{\ln(1+x)}$，故 $I<J<K$.

考点十　可变限积分函数及其导数

1. 变上限积分

设函数 $f(x)$ 在区间 $[a,b]$ 上可积，令 $\Phi(x)=\int_a^x f(t)\mathrm{d}t$，$a\leqslant x\leqslant b$，则称为变上限积分（积分上限函数）.

2. 变上限积分的导数

定理　如果函数 $f(x)$ 在区间 $[a,b]$ 上连续，则变上限积分 $\Phi(x)=\int_a^x f(t)\mathrm{d}t$ 在 $[a,b]$ 上可导，且 $\Phi'(x)=\left[\int_a^x f(t)\mathrm{d}t\right]'=f(x)$，$a\leqslant x\leqslant b$.

3. 变上限积分的导数扩展

$$\left[\int_a^x f(t)\mathrm{d}t\right]'=f(x),a\leqslant x\leqslant b.$$

$$\left[\int_x^b f(t)\mathrm{d}t\right]'=-f(x),a\leqslant x\leqslant b.$$

$$\left[\int_a^{u(x)} f(t)\mathrm{d}t\right]'=f[u(x)]u'(x).$$

$$\left[\int_{v(x)}^{u(x)} f(t)\mathrm{d}t\right]'=f[u(x)]u'(x)-f[v(x)]v'(x).$$

4.积分号下含有 x 的三种处理方式

(1) $\left[\int_0^x xf(t)\mathrm{d}t\right]'=\left[x\int_0^x f(t)\mathrm{d}t\right]'=\int_0^x f(t)\mathrm{d}t+xf(x).$

(2) $\left[\int_a^x (x-t)f(t)\mathrm{d}t\right]'=\left[x\int_a^x f(t)\mathrm{d}t-\int_a^x tf(t)\mathrm{d}t\right]'=\int_a^x f(t)\mathrm{d}t.$

(3) $\left[\int_0^x f(x-t)\mathrm{d}t\right]'\xlongequal{u=x-t}\left[\int_x^0 f(u)\mathrm{d}(-u)\right]'=\left[\int_0^x f(u)\mathrm{d}u\right]'=f(x).$

题型十二　求可变限积分函数的导数

例 21 极限 $\lim\limits_{x\to0}\dfrac{\int_0^x\left(3\sin t+t^2\cos\dfrac{1}{t}\right)\mathrm{d}t}{(1+\cos x)\int_0^x\ln(1+t)\mathrm{d}t}=($　　$).$

(A) $\dfrac{1}{2}$　　(B)1　　(C) $\dfrac{3}{2}$　　(D)2　　(E) $\dfrac{5}{2}$

【参考答案】 C

【解题思路】 所求极限的表达式为分式,分子、分母皆含可变限积分,且极限为“$\dfrac{0}{0}$”型,通常可由洛必达法则求解.

【答案解析】 原式$=\lim\limits_{x\to0}\dfrac{1}{1+\cos x}\cdot\lim\limits_{x\to0}\dfrac{\int_0^x\left(3\sin t+t^2\cos\dfrac{1}{t}\right)\mathrm{d}t}{\int_0^x\ln(1+t)\mathrm{d}t}$

$$=\frac{1}{2}\lim_{x\to0}\frac{3\sin x+x^2\cos\dfrac{1}{x}}{\ln(1+x)}=\frac{1}{2}\lim_{x\to0}\left(\frac{3\sin x}{x}+x\cos\frac{1}{x}\right)=\frac{3}{2}.$$

故选 C.

例 22 设 $f(x)$ 为连续函数,且 $F(x)=\int_1^{x^2}xf(t)\mathrm{d}t$,则 $F'(x)=($　　$).$

(A) $\int_1^{x^2}f(t)\mathrm{d}t+xf(x^2)$　　(B) $\int_1^{x^2}f(t)\mathrm{d}t+2xf(x^2)$

(C) $2x^2f(x^2)$　　(D) $\int_1^{x^2}f(t)\mathrm{d}t+2x^2f(x^2)$

(E) $2x^3f(x)$

【参考答案】 D

【解题思路】 所给可变限积分中,积分上限为关于 x 的函数,被积函数中含有 x,应该先将 x 从被积函数中分离出来,再利用链式法则求解.

【答案解析】 只有被积函数中不含可变限变元才能使用可变限积分函数求导公式,因此应先将 $F(x)$ 变形.

$$F(x)=\int_1^{x^2}xf(t)\mathrm{d}t=x\int_1^{x^2}f(t)\mathrm{d}t,$$

$$F'(x)=\left[x\int_1^{x^2}f(t)\mathrm{d}t\right]'=\int_1^{x^2}f(t)\mathrm{d}t+x\cdot f(x^2)\cdot 2x$$

$$=\int_1^{x^2}f(t)\mathrm{d}t+2x^2f(x^2).$$

故选 D.

例 23 设 $f(x)$ 为连续函数，当 $x>0$ 时，$F(x)=\int_0^1 f(xt)\mathrm{d}t$，则 $F'(x)=$（　　）.

(A) $-\dfrac{1}{x}\int_0^x f(u)\mathrm{d}u+\dfrac{1}{x}f(x)$

(B) $\dfrac{1}{x}\int_0^x f(u)\mathrm{d}u+\dfrac{1}{x}f(x)$

(C) $-\dfrac{1}{x^2}\int_0^x f(u)\mathrm{d}u+\dfrac{1}{x}f(x)$

(D) $\dfrac{1}{x^2}\int_0^x f(u)\mathrm{d}u+\dfrac{1}{x}f(x)$

(E) $-\dfrac{1}{x^2}\int_0^x f(u)\mathrm{d}u-\dfrac{1}{x}f(x)$

【参考答案】 C

【解题思路】 注意本题 $F(x)$ 形式为定积分，但是其被积函数为抽象函数，依赖 xt，其中 x 为参变量，在积分过程中为固定值，计算之前需要先进行变量代换.

【答案解析】 设 $u=xt$，则 $\mathrm{d}u=x\mathrm{d}t$. 当 $t=0$ 时，$u=0$；当 $t=1$ 时，$u=x$，因此

$$F(x)=\int_0^1 f(xt)\mathrm{d}t=\int_0^x\frac{1}{x}f(u)\mathrm{d}u=\frac{1}{x}\int_0^x f(u)\mathrm{d}u,$$

$$F'(x)=\left[\frac{1}{x}\int_0^x f(u)\mathrm{d}u\right]'=-\frac{1}{x^2}\int_0^x f(u)\mathrm{d}u+\frac{1}{x}f(x).$$

故选 C.

例 24 函数 $f(x)=\begin{cases}\int_0^{x^2}\sqrt{t}(2-\ln t)\mathrm{d}t, & x\neq 0\\ 0, & x=0\end{cases}$ 极值点的个数是（　　）.

(A)0　　(B)1　　(C)2　　(D)3　　(E)4

【参考答案】 D

【答案解析】 当 $x\neq 0$ 时，$f'(x)=2x|x|(2-\ln x^2)$，令 $f'(x)=0\Rightarrow x_1=-\mathrm{e},x_2=\mathrm{e}$.

又 $f'(0)=\lim\limits_{x\to 0}\dfrac{\int_0^{x^2}\sqrt{t}(2-\ln t)\mathrm{d}t-0}{x-0}=0$，因此 $f(x)$ 的驻点为 $x=0,\pm\mathrm{e}$，列表讨论如下.

	$(-\infty,-e)$	$-e$	$(-e,0)$	0	$(0,e)$	e	$(e,+\infty)$
$f'(x)$	$+$	0	$-$	0	$+$	0	$-$
$f(x)$	↗	极大	↘	极小	↗	极大	↘

因此函数 $f(x)$ 存在 3 个极值点.

考点十一 牛顿-莱布尼茨公式

设 $f(x)$ 在区间 $[a,b]$ 上连续，$F(x)$ 是 $f(x)$ 在区间 $[a,b]$ 上的一个原函数，则

$$\int_a^b f(x)\mathrm{d}x = F(b)-F(a).$$

【敲黑板】 ① 如果被积函数为分段函数，通常利用积分关于区间的可加性，将积分区间分为几个部分，在每个子区间上被积函数有唯一的解析表达式.

② 如果被积函数含有绝对值符号，应先将积分区间分为几个子区间，以消去绝对值符号.

③ 如果被积函数含有偶次方的根式，脱离了根式的表达式要带绝对值符号，再依 ② 处理.

④ 如果利用换元法计算定积分，积分限要相应变化.

⑤ 如果利用分部积分法计算定积分，注意不要丢掉积分限.

题型十三 定积分的计算

【解题方法】（1）利用换元法.

设 $f(x)$ 在 $[a,b]$ 上连续，若变量替换 $x=\varphi(t)$ 满足

①$\varphi'(t)$ 在 $[\alpha,\beta]$（或 $[\beta,\alpha]$）上连续；

②$\varphi(\alpha)=a,\varphi(\beta)=b$，且当 $\alpha\leqslant t\leqslant\beta$ 时，$a\leqslant\varphi(t)\leqslant b$，则

$$\int_a^b f(x)\mathrm{d}x=\int_\alpha^\beta f[\varphi(t)]\varphi'(t)\mathrm{d}t.$$

（2）利用分部积分法.

设 $u'(x),v'(x)$ 在 $[a,b]$ 上连续，则

$$\int_a^b u(x)v'(x)\mathrm{d}x = u(x)v(x)\Big|_a^b-\int_a^b u'(x)v(x)\mathrm{d}x,$$

或

$$\int_a^b u(x)\mathrm{d}[v(x)] = u(x)v(x)\Big|_a^b-\int_a^b v(x)\mathrm{d}[u(x)].$$

（3）利用奇、偶函数的积分性质.

$$\int_{-a}^a f(x)\mathrm{d}x=0\,(f(x)\text{ 为奇函数}),$$

$$\int_{-a}^a f(x)\mathrm{d}x=2\int_0^a f(x)\mathrm{d}x\,(f(x)\text{ 为偶函数}).$$

例 25 计算下列定积分.

(1) $\int_{-\frac{\pi}{2}}^{\frac{\pi}{2}} \sqrt{\cos x-\cos^3 x}\,\mathrm{d}x$；　(2) $\int_0^2 \frac{\mathrm{e}^x}{\mathrm{e}^x+1}\mathrm{d}x$；　(3) $\int_0^4 \frac{x+2}{\sqrt{2x+1}}\mathrm{d}x$；

(4) $\int_1^4 \frac{1}{(1+\sqrt{x})^2}\mathrm{d}x$；　(5) $\int_{\frac{1}{\sqrt{2}}}^1 \frac{\sqrt{1-x^2}}{x^2}\mathrm{d}x$；　(6) $\int_0^a x^2\sqrt{a^2-x^2}\,\mathrm{d}x$；

(7) $\int_0^{\frac{\pi}{2}} x\cos 2x\mathrm{d}x$；　(8) $\int_0^1 \mathrm{e}^{\sqrt{x}}\mathrm{d}x$；　(9) $\int_0^1 \mathrm{e}^x\sin x\mathrm{d}x$；

(10) $\int_1^{\mathrm{e}} \frac{1}{x(2x+1)}\mathrm{d}x$.

【答案解析】(1) 根据三角函数凑微分法，得

$$\text{原式}=2\int_0^{\frac{\pi}{2}} \sqrt{\cos x(1-\cos^2 x)}\,\mathrm{d}x=2\int_0^{\frac{\pi}{2}} \sin x\cdot\sqrt{\cos x}\,\mathrm{d}x$$

$$=-2\int_0^{\frac{\pi}{2}} \sqrt{\cos x}\,\mathrm{d}(\cos x)=-2\cdot\frac{2}{3}(\cos x)^{\frac{3}{2}}\Big|_0^{\frac{\pi}{2}}=\frac{4}{3}.$$

(2) 根据凑微分法，得$\int_0^2 \frac{\mathrm{e}^x}{\mathrm{e}^x+1}\mathrm{d}x=\ln(\mathrm{e}^x+1)\Big|_0^2=\ln(\mathrm{e}^2+1)-\ln 2$.

(3) 被积函数中含有根式且根号下为 x 的一次多项式，采用换元法.

令$\sqrt{2x+1}=t$，则 $x=\frac{t^2-1}{2}$，$\mathrm{d}x=t\mathrm{d}t$. 当 $x=0$ 时，$t=1$；当 $x=4$ 时，$t=3$.

$$\text{原式}=\int_1^3 \frac{\frac{t^2-1}{2}+2}{t}\cdot t\mathrm{d}t=\int_1^3\left(\frac{1}{2}t^2+\frac{3}{2}\right)\mathrm{d}t=\frac{1}{2}\int_1^3(t^2+3)\mathrm{d}t$$

$$=\frac{1}{2}\left(\frac{1}{3}t^3+3t\right)\Big|_1^3=\frac{1}{2}\left(9+9-\frac{1}{3}-3\right)=\frac{22}{3}.$$

(4) 被积函数中含有根式且根号下为 x 的一次多项式，采用换元法.

令$\sqrt{x}=t$，则 $x=t^2$，$\mathrm{d}x=\mathrm{d}(t^2)=2t\mathrm{d}t$. 当 $x=1$ 时，$t=1$；当 $x=4$ 时，$t=2$.

$$\text{原式}=\int_1^2 \frac{2t}{(1+t)^2}\mathrm{d}t=2\int_1^2 \frac{t+1-1}{(1+t)^2}\mathrm{d}t=2\int_1^2\left[\frac{1+t}{(1+t)^2}-\frac{1}{(1+t)^2}\right]\mathrm{d}t$$

$$=2\int_1^2 \frac{1}{1+t}\mathrm{d}(t+1)-2\int_1^2\frac{1}{(1+t)^2}\mathrm{d}(t+1)=2\left[\ln(t+1)+\frac{1}{1+t}\right]\Big|_1^2$$

$$=2\left(\ln 3+\frac{1}{3}-\ln 2-\frac{1}{2}\right)=2(\ln 3-\ln 2)-\frac{1}{3}=2\ln\frac{3}{2}-\frac{1}{3}.$$

(5) 令 $x=\sin t$，则 $\mathrm{d}x=\mathrm{d}(\sin t)=\cos t\mathrm{d}t$. 当 $x=\frac{1}{\sqrt{2}}$ 时，$t=\frac{\pi}{4}$；当 $x=1$ 时，$t=\frac{\pi}{2}$.

$$\text{原式}=\int_{\frac{\pi}{4}}^{\frac{\pi}{2}}\frac{\cos t}{\sin^2 t}\cos t\mathrm{d}t=\int_{\frac{\pi}{4}}^{\frac{\pi}{2}}\cot^2 t\mathrm{d}t=\int_{\frac{\pi}{4}}^{\frac{\pi}{2}}(\csc^2 t-1)\mathrm{d}t$$

$$=(-\cot t-t)\Big|_{\frac{\pi}{4}}^{\frac{\pi}{2}}=-\frac{\pi}{2}+1+\frac{\pi}{4}=1-\frac{\pi}{4}.$$

(6) 被积函数中含有根式且根号下为 x 的二次多项式，可采用三角换元法.

令 $x=a\sin t$，则 $\mathrm{d}x=a\cos t\mathrm{d}t$. 当 $x=0$ 时，$t=0$；当 $x=a$ 时，$t=\frac{\pi}{2}$.

$$\int_0^a x^2\sqrt{a^2-x^2}\,\mathrm{d}x=\int_0^{\frac{\pi}{2}}(a\sin t)^2\sqrt{a^2-a^2\sin^2 t}\cdot a\cos t\mathrm{d}t=a^4\int_0^{\frac{\pi}{2}}\sin^2 t\cos^2 t\mathrm{d}t$$

$$=\frac{a^4}{4}\int_0^{\frac{\pi}{2}}\sin^2 2t\mathrm{d}t=\frac{a^4}{8}\int_0^{\frac{\pi}{2}}(1-\cos 4t)\mathrm{d}t=\frac{a^4}{8}\int_0^{\frac{\pi}{2}}1\mathrm{d}t-\frac{a^4}{32}\int_0^{\frac{\pi}{2}}\cos 4t\mathrm{d}(4t)$$

$$=\frac{a^4}{8}t\Big|_0^{\frac{\pi}{2}}-\frac{a^4}{32}\sin 4t\Big|_0^{\frac{\pi}{2}}=\frac{\pi a^4}{16}.$$

(7) 原式 $=\frac{1}{2}\int_0^{\frac{\pi}{2}}x\mathrm{d}(\sin 2x)=\frac{1}{2}\left(x\cdot\sin 2x\Big|_0^{\frac{\pi}{2}}-\int_0^{\frac{\pi}{2}}\sin 2x\mathrm{d}x\right)$

$$=\frac{1}{2}\left[0-\frac{1}{2}\int_0^{\frac{\pi}{2}}\sin 2x\mathrm{d}(2x)\right]=\frac{1}{4}\cos 2x\Big|_0^{\frac{\pi}{2}}=\frac{1}{4}(-1-1)=-\frac{1}{2}.$$

(8) 令 $\sqrt{x}=t$，则 $x=t^2$，$\mathrm{d}x=2t\mathrm{d}t$. 当 $x=0$ 时，$t=0$；当 $x=1$ 时，$t=1$.

$$\int_0^1 \mathrm{e}^{\sqrt{x}}\mathrm{d}x=2\int_0^1 \mathrm{e}^t t\mathrm{d}t=2\int_0^1 t\mathrm{d}(\mathrm{e}^t)=2\left(t\mathrm{e}^t\Big|_0^1-\mathrm{e}^t\Big|_0^1\right)=2.$$

(9) $\int_0^1 \mathrm{e}^x\sin x\mathrm{d}x=\int_0^1\sin x\mathrm{d}(\mathrm{e}^x)=\mathrm{e}^x\sin x\Big|_0^1-\int_0^1\mathrm{e}^x\mathrm{d}(\sin x)=\mathrm{e}\sin 1-\int_0^1\mathrm{e}^x\cos x\mathrm{d}x$

$$=\mathrm{e}\sin 1-\int_0^1\cos x\mathrm{d}(\mathrm{e}^x)=\mathrm{e}\sin 1-\mathrm{e}^x\cos x\Big|_0^1+\int_0^1\mathrm{e}^x\mathrm{d}(\cos x)$$

$$=\mathrm{e}\sin 1-\mathrm{e}\cos 1+1-\int_0^1\mathrm{e}^x\sin x\mathrm{d}x,$$

从而 $\int_0^1\mathrm{e}^x\sin x\mathrm{d}x=\frac{1}{2}(\mathrm{e}\sin 1-\mathrm{e}\cos 1+1)$.

(10) 原式 $=\int_1^{\mathrm{e}}\left(\frac{1}{x}-\frac{2}{2x+1}\right)\mathrm{d}x=[\ln x-\ln(2x+1)]\Big|_1^{\mathrm{e}}=1+\ln 3-\ln(2\mathrm{e}+1)$.

例 26 计算下列定积分.

(1) $\int_{-\pi}^{\pi}x^4\sin x\mathrm{d}x$；　　(2) $\int_{-\frac{1}{2}}^{\frac{1}{2}}\frac{(\arcsin x)^2}{\sqrt{1-x^2}}\mathrm{d}x$.

【答案解析】(1) 因为 $x^4\sin x$ 为奇函数，所以 $\int_{-\pi}^{\pi}x^4\sin x\mathrm{d}x=0$.

(2) 因为 $\frac{(\arcsin x)^2}{\sqrt{1-x^2}}$ 为偶函数，所以

$$\int_{-\frac{1}{2}}^{\frac{1}{2}}\frac{(\arcsin x)^2}{\sqrt{1-x^2}}\mathrm{d}x$$

$$=2\int_0^{\frac{1}{2}}\frac{(\arcsin x)^2}{\sqrt{1-x^2}}\mathrm{d}x=2\int_0^{\frac{1}{2}}(\arcsin x)^2\mathrm{d}(\arcsin x)$$

$$=\frac{2}{3}(\arcsin x)^3\Big|_0^{\frac{1}{2}}=\frac{\pi^3}{324}.$$

例 27 设 $f(x)$ 的一个原函数是 $\frac{\sin x}{x}$，则 $\int_0^{\pi}x^3 f(x)\mathrm{d}x=$（　　）.

(A) 3π　　(B) 2π　　(C) 0　　(D) -2π　　(E) -3π

【参考答案】E

【答案解析】$\int_0^{\pi} x^3 f(x)\mathrm{d}x = \int_0^{\pi} x^3 \mathrm{d}\left(\frac{\sin x}{x}\right) = x^2 \sin x\Big|_0^{\pi} - \int_0^{\pi} 3x\sin x\mathrm{d}x$

$$= 3(x\cos x - \sin x)\Big|_0^{\pi} = -3\pi.$$

例 28 $\int_0^1 (2x^2+1)\mathrm{e}^{x^2}\mathrm{d}x = (\quad)$.

(A)1　(B)2　(C) $\frac{\mathrm{e}}{2}$　(D)e　(E)2e

【参考答案】D

【答案解析】$\int_0^1 (2x^2+1)\mathrm{e}^{x^2}\mathrm{d}x = \int_0^1 2x^2 \cdot \mathrm{e}^{x^2}\mathrm{d}x + \int_0^1 \mathrm{e}^{x^2}\mathrm{d}x$

$$= \int_0^1 x\mathrm{d}(\mathrm{e}^{x^2}) + \int_0^1 \mathrm{e}^{x^2}\mathrm{d}x$$

$$= x \cdot \mathrm{e}^{x^2}\Big|_0^1 - \int_0^1 \mathrm{e}^{x^2}\mathrm{d}x + \int_0^1 \mathrm{e}^{x^2}\mathrm{d}x = \mathrm{e}.$$

例 29 $\int_0^1 \frac{4-x}{2+4x+x^2+2x^3}\mathrm{d}x = (\quad)$.

(A)ln 2　(B) $\frac{1}{2}\ln 6$　(C) $\frac{1}{2}\ln 3$　(D) $\frac{1}{2}\ln 2$　(E) $\frac{1}{2}\ln\frac{3}{2}$

【参考答案】B

【答案解析】原式 $= \int_0^1 \frac{4-x}{(2+x^2)(1+2x)}\mathrm{d}x = \int_0^1 \left(\frac{2}{1+2x} - \frac{x}{2+x^2}\right)\mathrm{d}x$

$$= \ln(1+2x)\Big|_0^1 - \frac{1}{2}\ln(2+x^2)\Big|_0^1 = \frac{1}{2}\ln 6.$$

例 30 已知函数 $f(x) = \begin{cases} x\mathrm{e}^{x^2}, & -\frac{1}{2} \leqslant x \leqslant \frac{1}{2}, \\ -1, & x > \frac{1}{2}, \end{cases}$ 求定积分 $\int_{\frac{1}{2}}^2 f(x-1)\mathrm{d}x$.

【答案解析】令 $x-1=t$,则 $x=t+1$,$\mathrm{d}x=\mathrm{d}t$. 当 $x=\frac{1}{2}$ 时,$t=-\frac{1}{2}$;当 $x=2$ 时,$t=1$,故

$$\int_{\frac{1}{2}}^2 f(x-1)\mathrm{d}x = \int_{-\frac{1}{2}}^1 f(t)\mathrm{d}t = \int_{-\frac{1}{2}}^{\frac{1}{2}} f(t)\mathrm{d}t + \int_{\frac{1}{2}}^1 f(t)\mathrm{d}t$$

$$= \int_{-\frac{1}{2}}^{\frac{1}{2}} t\mathrm{e}^{t^2}\mathrm{d}t + \int_{\frac{1}{2}}^1 (-1)\mathrm{d}t = 0 - t\Big|_{\frac{1}{2}}^1 = -\frac{1}{2}.$$

例 31 设连续函数 $f(x)$ 满足 $\int_0^{2x} f\left(\frac{t}{2}\right)\mathrm{d}t = \mathrm{e}^{-x} - 1$,则 $\int_0^1 f(x)\mathrm{d}x = (\quad)$.

(A) $-\frac{1}{2}\mathrm{e}$　(B) $-\mathrm{e}^{-1}$　(C) $\frac{1}{2\mathrm{e}}$

(D) $\frac{1-\mathrm{e}}{2\mathrm{e}}$　(E) $\frac{1-\mathrm{e}}{\mathrm{e}}$

【参考答案】D

【答案解析】已知条件为 $f(x)$ 的变上限积分，左右两边同时对 x 求导得

$$\left[\int_0^{2x} f\left(\frac{t}{2}\right)\mathrm{d}t\right]' = (\mathrm{e}^{-x}-1)',$$

则 $f(x)\cdot 2=-\mathrm{e}^{-x}\Rightarrow f(x)=\frac{1}{2}(-\mathrm{e}^{-x})$，故

$$\int_0^1 f(x)\mathrm{d}x=\int_0^1 \frac{1}{2}(-\mathrm{e}^{-x})\mathrm{d}x=\frac{1}{2}\int_0^1 \mathrm{e}^{-x}\mathrm{d}(-x)=\frac{1}{2}\mathrm{e}^{-x}\Big|_0^1=\frac{1-\mathrm{e}}{2\mathrm{e}}.$$

考点十二 反常积分

(1) $\int_a^{+\infty} f(x)\mathrm{d}x\left(\int_{-\infty}^b f(x)\mathrm{d}x\right)$ 的定义为

$$\int_a^{+\infty} f(x)\mathrm{d}x=\lim_{b\to+\infty}\int_a^b f(x)\mathrm{d}x\left(\int_{-\infty}^b f(x)\mathrm{d}x=\lim_{a\to-\infty}\int_a^b f(x)\mathrm{d}x\right).$$

设函数 $f(x)$ 在 $[a,+\infty)$ $((-\infty,b])$ 上连续，若上述极限存在，则称反常积分 $\int_a^{+\infty} f(x)\mathrm{d}x\left(\int_{-\infty}^b f(x)\mathrm{d}x\right)$ 收敛，它的值就是极限值；

若上述极限不存在，则称反常积分 $\int_a^{+\infty} f(x)\mathrm{d}x\left(\int_{-\infty}^b f(x)\mathrm{d}x\right)$ 发散.

(2) $\int_{-\infty}^{+\infty} f(x)\mathrm{d}x$ 的定义为

$$\begin{aligned}\int_{-\infty}^{+\infty} f(x)\mathrm{d}x&=\int_{-\infty}^{c} f(x)\mathrm{d}x+\int_{c}^{+\infty} f(x)\mathrm{d}x\\&=\lim_{a\to-\infty}\int_a^c f(x)\mathrm{d}x+\lim_{b\to+\infty}\int_c^b f(x)\mathrm{d}x.\end{aligned}$$

设函数 $f(x)$ 在区间 $(-\infty,+\infty)$ 上连续，若上述两个极限都存在，则称反常积分 $\int_{-\infty}^{+\infty} f(x)\mathrm{d}x$ 收敛，它的值就是两个极限值之和；反之，则称反常积分 $\int_{-\infty}^{+\infty} f(x)\mathrm{d}x$ 发散.

题型十四 反常积分的计算

例 32 $\int_0^{+\infty}\frac{\mathrm{d}x}{(1+x^2)^2}=(\quad)$.

(A) $\frac{\pi}{2}$ (B) $\frac{\pi}{3}$ (C) $\frac{\pi}{4}$ (D) $\frac{\pi}{6}$ (E) $\frac{\pi}{8}$

【参考答案】C

【答案解析】$\int_0^{+\infty}\frac{\mathrm{d}x}{(1+x^2)^2}=\int_0^{+\infty}\frac{x^2+1-x^2}{(1+x^2)^2}\mathrm{d}x=\int_0^{+\infty}\frac{1}{1+x^2}\mathrm{d}x-\int_0^{+\infty}\frac{x^2}{(1+x^2)^2}\mathrm{d}x$

$$=\arctan x\Big|_0^{+\infty}+\frac{1}{2}\int_0^{+\infty}x\mathrm{d}\left(\frac{1}{1+x^2}\right)$$

$$=\frac{\pi}{2}+\frac{1}{2}x\frac{1}{1+x^2}\bigg|_0^{+\infty}-\frac{1}{2}\int_0^{+\infty}\frac{1}{1+x^2}\mathrm{d}x$$

$$=\frac{\pi}{2}-\frac{\pi}{4}=\frac{\pi}{4}.$$

例 33 $\int_{-\infty}^{+\infty}\frac{\mathrm{d}x}{x^2+4x+9}=(\quad)$.

(A) $\frac{\pi}{2}$ (B) $\frac{\pi}{\sqrt{5}}$ (C) $\frac{\pi}{4}$ (D) $\frac{\pi}{5}$ (E) $\frac{\pi}{8}$

【参考答案】 B

【答案解析】 $\int_{-\infty}^{+\infty}\frac{\mathrm{d}x}{x^2+4x+9}=\int_{-\infty}^{+\infty}\frac{\mathrm{d}x}{(x+2)^2+5}=\frac{1}{\sqrt{5}}\arctan\frac{x+2}{\sqrt{5}}\bigg|_{-\infty}^{+\infty}=\frac{\pi}{\sqrt{5}}$.

考点十三 定积分的几何应用

1. 平面图形的面积

形式	计算公式
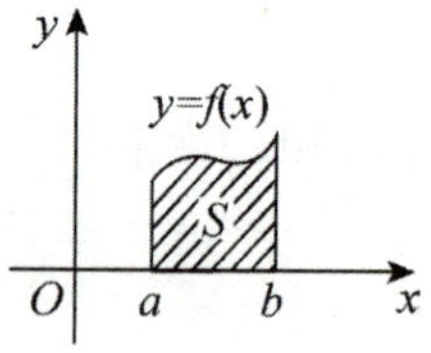	$S=\int_a^b f(x)\mathrm{d}x$
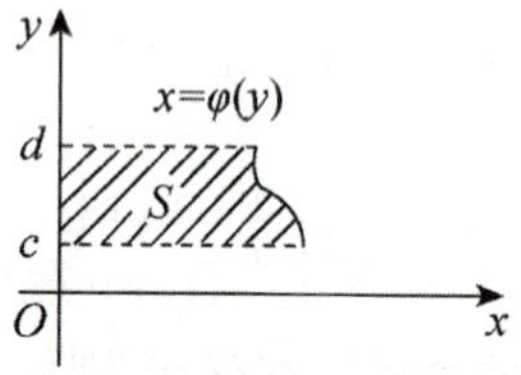	$S=\int_c^d \varphi(y)\mathrm{d}y$
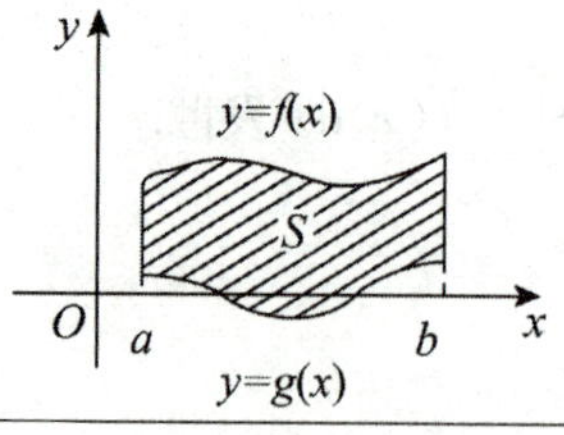	$S=\int_a^b [f(x)-g(x)]\mathrm{d}x$
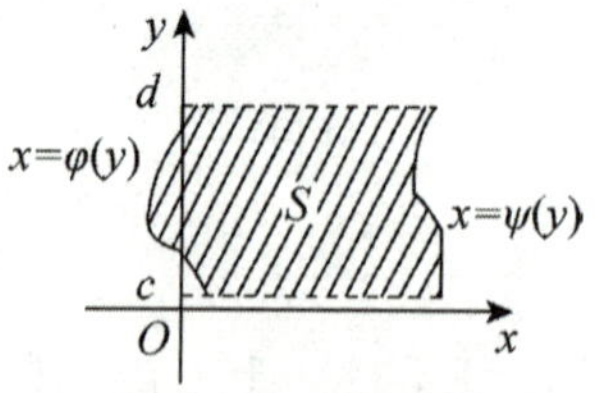	$S=\int_c^d [\psi(y)-\varphi(y)]\mathrm{d}y$

题型十五 求平面图形的面积

【解题方法】(1) 准确画出每条曲线,从而确定平面图形的形式;

(2) 根据图形的特点选定积分变量;

(3) 写出定积分式,计算结果.

例 34 图中阴影部分的面积总和可表示为( ).

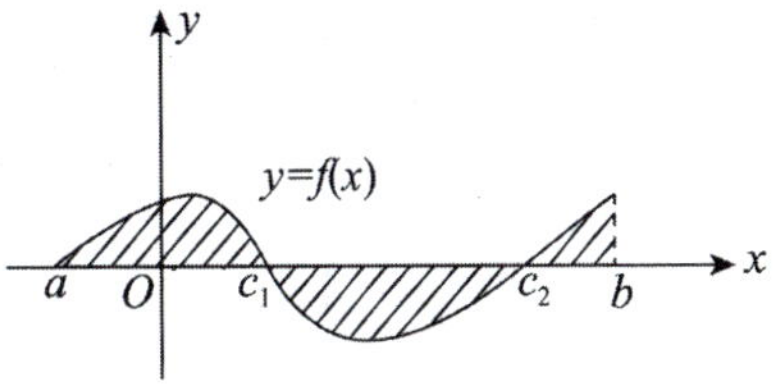

(A)$\int_a^b f(x)\mathrm{d}x$

(B)$\left|\int_a^b f(x)\mathrm{d}x\right|$

(C)$\int_a^{c_1} f(x)\mathrm{d}x+\int_{c_1}^{c_2} f(x)\mathrm{d}x+\int_{c_2}^{b} f(x)\mathrm{d}x$

(D)$\int_a^{c_1} f(x)\mathrm{d}x-\int_{c_1}^{c_2} f(x)\mathrm{d}x+\int_{c_2}^{b} f(x)\mathrm{d}x$

(E) 以上均不正确

【参考答案】D

【答案解析】本题选项中,当 $f(x)>0$ 时,积分为正值;当 $f(x)<0$ 时,积分为负值,故当 $f(x)<0$ 时,其相应部分的面积应表示为$\int_{c_1}^{c_2}[-f(x)]\mathrm{d}x=-\int_{c_1}^{c_2} f(x)\mathrm{d}x$,故选 D. 阴影部分的面积也可表示为$\int_a^b |f(x)|\mathrm{d}x$.

例 35 由曲线 $y=\frac{1}{x}$,直线 $y=x,x=2$ 所围成的图形的面积为( ).

(A) $\frac{1}{2}-\ln 2$ (B) $\frac{3}{2}-\ln 2$ (C)$1-\ln 2$ (D)$2-\ln 2$ (E)$3-\ln 2$

【参考答案】B

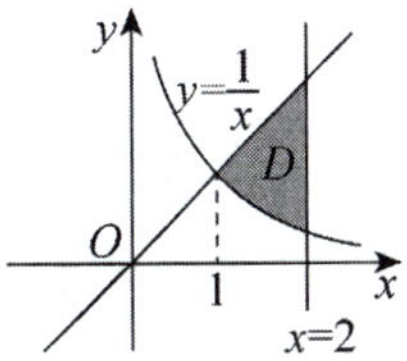

【答案解析】曲线 $y=\frac{1}{x}$ 与直线 $y=x,x=2$ 所围成的区域 D 如图所示,则 $S_D=\int_1^2\left(x-\frac{1}{x}\right)\mathrm{d}x=\frac{3}{2}-\ln 2$.

例 36 如图所示,连续函数 $y=f(x)$ 在区间$[-3,-2]$,$[2,3]$上的图形分别是直径为 1 的上、下半圆周,在区间$[-2,0]$,$[0,2]$上的图形分别是直径为2的下、上半圆周,设$F(x)=\int_0^x f(t)\mathrm{d}t$,则下列结论正确的是( ).

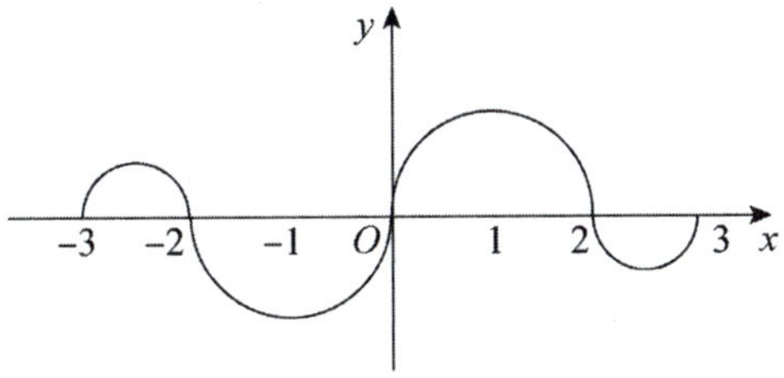

(A) $F(3)=-\frac{3}{4}F(-2)$　　(B) $F(3)=\frac{5}{4}F(2)$

(C) $F(3)=\frac{3}{4}F(2)$　　(D) $F(3)=-\frac{5}{4}F(-2)$

(E) 以上均不正确

【参考答案】 C

【答案解析】 由已知条件 $F(x)=\int_0^x f(t)\mathrm{d}t$，结合定积分的几何意义得

$$F(3)=\int_0^3 f(t)\mathrm{d}t=\int_0^2 f(t)\mathrm{d}t+\int_2^3 f(t)\mathrm{d}t$$

$$=\frac{1}{2}\pi\times1^2-\frac{1}{2}\pi\times\left(\frac{1}{2}\right)^2=\frac{3}{8}\pi,$$

$$F(2)=\int_0^2 f(t)\mathrm{d}t=\frac{1}{2}\pi\times1^2=\frac{\pi}{2},$$

$$F(-2)=\int_0^{-2} f(t)\mathrm{d}t=-\int_{-2}^0 f(t)\mathrm{d}t=-\left(-\frac{1}{2}\pi\times1^2\right)=\frac{\pi}{2},$$

所以 $F(3)=\frac{3}{4}F(2)=\frac{3}{4}F(-2)$.

例 37 如图所示，曲线段的方程为 $y=f(x)$，函数 $f(x)$ 在区间 $[0,a]$ 上有连续的导数，则定积分 $\int_0^a xf'(x)\mathrm{d}x$ 等于（　　）.

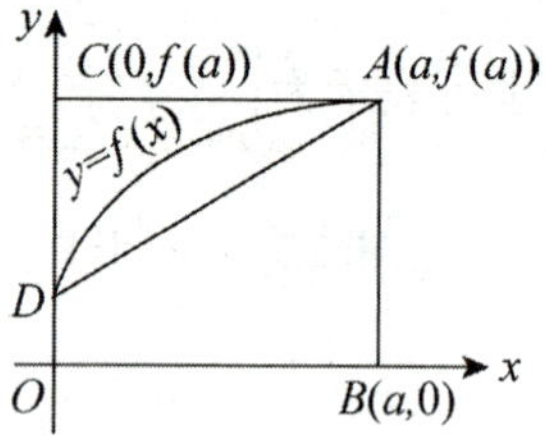

(A) 曲边梯形 $ABOD$ 的面积

(B) 梯形 $ABOD$ 的面积

(C) 曲边三角形 ACD 的面积

(D) 三角形 ACD 的面积

(E) 以上均不正确

【参考答案】 C

【答案解析】 该题考查定积分的几何意义.

$$\int_0^a xf'(x)\mathrm{d}x=\int_0^a x\mathrm{d}[f(x)]=xf(x)\Big|_0^a-\int_0^a f(x)\mathrm{d}x$$

$$=af(a)-S_{\text{曲边梯形}ABOD}=S_{\text{曲边}\triangle ACD}.$$

例 38 设非负函数 $f(x)$ 二阶可导，且 $f''(x)>0$，则（　　）.

(A) $\int_0^2 f(x)\mathrm{d}x<f(0)+f(2)$　　(B) $\int_0^2 f(x)\mathrm{d}x<f(0)+f(1)$

(C) $\int_0^2 f(x)\mathrm{d}x<f(1)+f(2)$　　(D) $2f(1)>f(0)+f(2)$

(E) $2f(1)=f(0)+f(2)$

【参考答案】 A

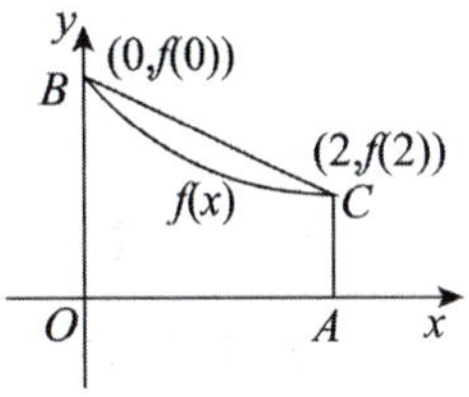

【答案解析】此题考查定积分的几何意义与凹凸性. 由 $f''(x)>0$ 知,其图像是凹的,不妨设 $f(x)$ 的图像如图所示,连接 BC,则 $OACB$ 为梯形,且

$$S_{梯形OACB}=\frac{f(0)+f(2)}{2}\times 2=f(0)+f(2).$$

又 $S_{曲边梯形OACB}<S_{梯形OACB}$,故 $\int_0^2 f(x)\mathrm{d}x<f(0)+f(2)$.

另外,由于图像是凹的,所以 $\frac{f(0)+f(2)}{2}>f(1)$. 排除D,E.

例 39 设平面有界区域 D 由曲线 $y=x\ln^2 x(x\geqslant 1)$ 与直线 $x=\mathrm{e}$ 及 x 轴围成,则 D 的面积为(　　).

(A) $\frac{\mathrm{e}^2+1}{2}$　　(B) $\frac{\mathrm{e}^2}{2}$　　(C) $\frac{\mathrm{e}^2+1}{4}$　　(D) $\frac{\mathrm{e}^2}{4}$　　(E) $\frac{\mathrm{e}^2-1}{4}$

【参考答案】E

【答案解析】$S_D=\int_1^{\mathrm{e}} x\ln^2 x\mathrm{d}x=\frac{1}{2}\int_1^{\mathrm{e}}\ln^2 x\mathrm{d}(x^2)=\frac{1}{2}x^2\ln^2 x\Big|_1^{\mathrm{e}}-\int_1^{\mathrm{e}}x\ln x\mathrm{d}x=\frac{1}{2}\mathrm{e}^2-\int_1^{\mathrm{e}}x\ln x\mathrm{d}x$

$$=\frac{1}{2}\mathrm{e}^2-\frac{1}{2}\int_1^{\mathrm{e}}\ln x\mathrm{d}(x^2)=\frac{1}{2}\mathrm{e}^2-\frac{1}{2}x^2\ln x\Big|_1^{\mathrm{e}}+\frac{1}{2}\int_1^{\mathrm{e}}x\mathrm{d}x=\frac{\mathrm{e}^2-1}{4}.$$

2.旋转体的体积

(1) 由曲线 $y=f(x)$ 与直线 $x=a,x=b(a<b)$ 和 x 轴围成的平面图形绕 x 轴旋转一周所得立体的体积为 $V_x=\pi\int_a^b f^2(x)\mathrm{d}x$,绕 y 轴旋转一周所得立体的体积为 $V_y=2\pi\int_a^b|xf(x)|\mathrm{d}x$.

(2) 由曲线 $x=g(y)$ 与直线 $y=c,y=d(c<d)$ 和 y 轴围成的平面图形绕 y 轴旋转一周所得立体的体积为 $V_y=\pi\int_c^d g^2(y)\mathrm{d}y$,绕 x 轴旋转一周所得立体的体积为 $V_x=2\pi\int_c^d|yg(y)|\mathrm{d}y$.

(3) 由连续曲线 $y=f(x),y=g(x)(f(x)\geqslant g(x))$,直线 $x=a,x=b(a<b)$ 所围成的曲边梯形绕 x 轴旋转一周所得立体的体积为

$$V_x=\pi\int_a^b[f^2(x)-g^2(x)]\mathrm{d}x.$$

(4) 由连续曲线 $y=f(x),y=g(x)(f(x)\geqslant g(x))$,直线 $x=a,x=b(a<b)$ 所围成的曲边梯形绕 y 轴旋转一周所得立体的体积为

$$V_y=2\pi\int_a^b|x[f(x)-g(x)]|\mathrm{d}x.$$

题型十六　求旋转体的体积

【解题方法】(1) 准确画出原函数图形,不用画旋转之后的图像;

(2) 根据图形的特点选定积分变量;

(3) 写出定积分式,计算结果.

例 40 设平面有界区域 D 由曲线 $y=x\sqrt{|x|}$,x 轴和直线 $x=a$ 围成. 若 D 绕 x 轴旋转一

周所成旋转体的体积为 4π，则 $a=$（　　）.

(A)2　　(B) -2　　(C)2 或 -2　　(D)4　　(E)4 或 -4

【参考答案】 C

【答案解析】 由已知条件 $y=x\sqrt{|x|}=x|x|^{\frac{1}{2}}$，知该函数为奇函数，其图像关于原点对称，由函数大致图像（见图）可知 a 可以为正，也可以为负.

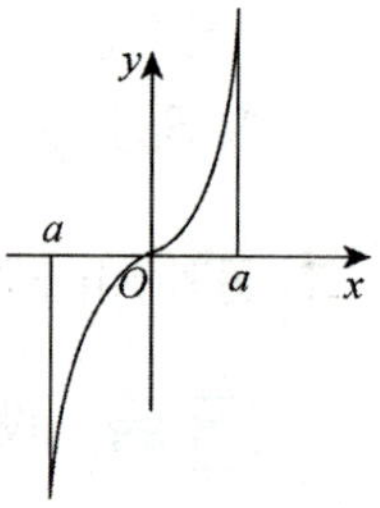

① 当 $x>0,a>0$ 时，根据公式 $V_x=\pi\int_0^a y^2\mathrm{d}x$，得 D 绕 x 轴旋转一周的体积为

$$V_x=\pi\int_0^a(x^{\frac{3}{2}})^2\mathrm{d}x=\pi\int_0^a x^3\mathrm{d}x$$
$$=\frac{\pi}{4}x^4\Big|_0^a=\frac{\pi}{4}a^4=4\pi,$$

故 $a=2$ 或 $a=-2$（舍）.

② 当 $x<0,a<0$ 时，D 绕 x 轴旋转一周的体积为

$$V_x=\pi\int_a^0[x\cdot(-x)^{\frac{1}{2}}]^2\mathrm{d}x=\pi\int_a^0(-x^3)\mathrm{d}x=-\frac{\pi}{4}x^4\Big|_a^0=\frac{\pi}{4}a^4=4\pi,$$

故 $a=2$（舍）或 $a=-2$.

综上，$a=\pm 2$.

例 41 求曲线 $y=\sin^{\frac{3}{2}}x(0\leqslant x\leqslant\pi)$ 与 x 轴围成的图形绕 x 轴旋转一周所成旋转体的体积.

【答案解析】

$$V=\pi\int_0^{\pi}(\sin^{\frac{3}{2}}x)^2\mathrm{d}x=-\pi\int_0^{\pi}(1-\cos^2x)\mathrm{d}(\cos x)$$
$$=-\pi\left(\cos x-\frac{1}{3}\cos^3x\right)\Big|_0^{\pi}=\frac{4}{3}\pi.$$

例 42 设 $y=x^2-2x(x\geqslant 1)$，$y=0$，$x=1$，$x=3$ 围成一平面图形. 求：

(1) 平面图形的面积 S；

(2) 平面图形绕 y 轴旋转一周所得旋转体的体积 V.

【答案解析】 (1) 由

$$S_1=\int_1^2(0-x^2+2x)\mathrm{d}x=\frac{2}{3},$$
$$S_2=\int_2^3(x^2-2x-0)\mathrm{d}x=\frac{4}{3},$$

得

$$S=S_1+S_2=2.$$

(2) 由

$$V_1=2\pi\int_1^2x(-x^2+2x)\mathrm{d}x=\frac{11}{6}\pi,$$
$$V_2=2\pi\int_2^3x(x^2-2x)\mathrm{d}x=\frac{43}{6}\pi,$$

得

$$V=V_1+V_2=9\pi.$$

例 43 设平面有界区域 D 由曲线 $y=x^2$ 与 $y=\sqrt{2-x^2}$ 围成，则 D 绕 x 轴旋转一周所成旋转体的体积为(　　).

(A) $\frac{2\pi}{5}$　　(B) $\frac{5\pi}{3}$　　(C) $\frac{10\pi}{3}$　　(D) $\frac{22\pi}{15}$　　(E) $\frac{44\pi}{15}$

【参考答案】E

【答案解析】由题意可得两个曲线的交点为 $x=-1$ 和 $x=1$，则

$$\begin{aligned}V&=\pi\int_{-1}^{1}[(\sqrt{2-x^2})^2-(x^2)^2]\mathrm{d}x\\&=\pi\int_{-1}^{1}(2-x^2-x^4)\mathrm{d}x\\&=\pi\left(2x-\frac{1}{3}x^3-\frac{1}{5}x^5\right)\Big|_{-1}^{1}=\frac{44}{15}\pi.\end{aligned}$$

3. 曲线的弧长

(1) 平面直角坐标方程求弧长.

设曲线弧为 $y=f(x)(a\leqslant x\leqslant b)$，其中 $f(x)$ 在 $[a,b]$ 上有连续导数. 如图所示，取积分变量 x，在 $[a,b]$ 上任取小区间 $[x,x+\mathrm{d}x]$，以对应小切线段的长代替小弧段的长，则小切线段的长度为 $\sqrt{(\mathrm{d}x)^2+(\mathrm{d}y)^2}=\sqrt{1+(y')^2}\,\mathrm{d}x$，故弧长微元 $\mathrm{d}s=\sqrt{1+(y')^2}\,\mathrm{d}x$，$\overset{\frown}{AB}$ 的弧长为

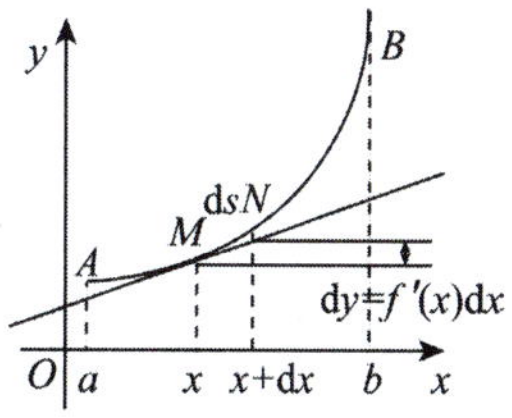

$$s=\int_a^b\sqrt{1+(y')^2}\,\mathrm{d}x.$$

(2) 参数方程求弧长.

设曲线弧由参数方程

$$\begin{cases}x=\varphi(t),\\y=\psi(t)\end{cases}(\alpha\leqslant t\leqslant\beta)$$

给出，其中 $\varphi(t)$，$\psi(t)$ 在 $[\alpha,\beta]$ 上有一阶连续的导数，且 $[\varphi'(t)]^2+[\psi'(t)]^2\neq0$，则弧微分公式为

$$\mathrm{d}s=\sqrt{(\mathrm{d}x)^2+(\mathrm{d}y)^2}=\sqrt{[\varphi'(t)]^2+[\psi'(t)]^2}\,\mathrm{d}t,$$

弧长

$$s=\int_\alpha^\beta\sqrt{[\varphi'(t)]^2+[\psi'(t)]^2}\,\mathrm{d}t.$$

题型十七　求曲线的弧长

例 44 曲线 $y=\frac{x\sqrt{x}}{\sqrt{3}}(0\leqslant x\leqslant 4)$ 的长度为(　　).

(A) 14　　(B) 16　　(C) $\frac{7}{2}$　　(D) $\frac{56}{9}$　　(E) $\frac{64}{9}$

【参考答案】D

【答案解析】根据公式 $s=\int_a^b\sqrt{1+(y')^2}\,\mathrm{d}x$ 计算即可.

因为 $y=\frac{1}{\sqrt{3}}x^{\frac{3}{2}}$，则 $y'=\frac{1}{\sqrt{3}}\cdot\frac{3}{2}\cdot x^{\frac{1}{2}}=\frac{\sqrt{3}}{2}x^{\frac{1}{2}}$，所以曲线的长度为

$$\begin{aligned}s&=\int_0^4\sqrt{1+\frac{3}{4}x}\,\mathrm{d}x\\&=\frac{4}{3}\int_0^4\sqrt{1+\frac{3}{4}x}\,\mathrm{d}\left(1+\frac{3}{4}x\right)\\&=\frac{4}{3}\cdot\frac{2}{3}\left(1+\frac{3}{4}x\right)^{\frac{3}{2}}\Big|_0^4=\frac{56}{9}.\end{aligned}$$

考点十四　定积分在经济中的应用

经济应用　知道边际成本(收益)函数，求成本(收益)函数.

已知边际成本函数为 $C'(Q)$，则生产 Q 件商品的总成本为

$$C(Q)=\int_0^Q C'(t)\,\mathrm{d}t+C_0,$$

其中 C_0 为固定成本.

生产商品由 a 件增加到 b 件时，增加的成本为

$$\Delta C=\int_a^b C'(Q)\,\mathrm{d}Q.$$

相仿，已知边际收益函数为 $R'(Q)$，那么生产 Q 件商品的总收益为

$$R(Q)=\int_0^Q R'(t)\,\mathrm{d}t.$$

生产商品由 a 个单位变化到 b 个单位时，总收益的改变量为

$$\Delta R=\int_a^b R'(Q)\,\mathrm{d}Q.$$

如果已知某产品总产量 Q 的变化率 $f(t)$ 为连续函数，则从时刻 t_1 到 t_2 产量的增加值为

$$\Delta Q=\int_{t_1}^{t_2} f(t)\,\mathrm{d}t.$$

若当 $t=t_0$ 时产量为 $Q=Q_0$，那么总产量 $Q(t)=\int_{t_0}^{t} f(t)\,\mathrm{d}t+Q_0$.

题型十八　定积分的经济应用

例 45　已知某商品总产量 Q 的变化率 $f(t)=200+5t-\frac{1}{2}t^2$，求：

(1) 时间 t 在[2,8]上变化时，总产量的增加值 ΔQ；

(2) 总产量函数 $Q=Q(t)$.

【解题思路】 由总产量变化率 $Q'(t)=f(t)$，求 ΔQ 与 $Q(t)$.

【答案解析】 总产量变化率为 $Q'(t)=f(t)$.

(1) $\Delta Q=\int_2^8 f(t)\,\mathrm{d}t=\int_2^8\left(200+5t-\frac{1}{2}t^2\right)\mathrm{d}t=1\ 266.$

(2) $Q=\int_0^t f(t)\,\mathrm{d}t=\int_0^t\left(200+5t-\frac{1}{2}t^2\right)\mathrm{d}t=200t+\frac{5}{2}t^2-\frac{1}{6}t^3.$

例 46 设某商品从时刻 0 到时刻 t 的销售量为 $x(t)=kt(t\in[0,T],k>0)$. 欲在时刻 T 将数量为 A 的该商品销售完，则在时刻 t 的商品剩余量和在时间段 $[0,T]$ 上的平均剩余量分别为（　　）.

(A) $A-\frac{A}{T}t,\frac{A}{2}$　　(B) $\frac{A}{T}t,\frac{A}{2}$　　(C) $\frac{A}{T}t,\frac{A}{T}$

(D) $A-\frac{A}{T}t,\frac{A}{T}$　　(E) $A+\frac{A}{T}t,\frac{A}{T}$

【参考答案】 A

【解题思路】 平均剩余量实质就是连续函数在闭区间上的平均值.

【答案解析】 在时刻 t 的剩余量 $y(t)$ 可以用总量 A 减去销售量 $x(t)$ 得到，即

$$y(t)=A-x(t)=A-kt,t\in[0,T],$$

在时刻 T 将数量为 A 的商品销售完，得 $A-kT=0$，即 $k=\frac{A}{T}$，因此 $y(t)=A-\frac{A}{T}t,t\in[0,T]$.

由于 $y(t)$ 随时间连续变化，因此在时间段 $[0,T]$ 上的平均剩余量，即为函数的平均值，可用 $\frac{1}{T}\int_0^T y(t)\mathrm{d}t$ 表示，即

$$\bar{y}=\frac{1}{T}\int_0^T y(t)\mathrm{d}t=\frac{1}{T}\int_0^T\left(A-\frac{A}{T}t\right)\mathrm{d}t=\frac{1}{T}\left(At-\frac{A}{2T}t^2\right)\bigg|_0^T=\frac{A}{2}.$$

故选 A.

基础能力题

1 设 $F(x)$ 是 $x\sin x$ 的一个原函数，则 $\mathrm{d}[F(x^2)]=$（　　）.

(A) $2x^2\sin x\mathrm{d}x$　　(B) $2x^3\sin x\mathrm{d}x$

(C) $x^2\sin x\mathrm{d}x$　　(D) $2x^3\sin x^2\mathrm{d}x$

(E) $x^2\sin x^2\mathrm{d}x$

2 $\int e^{-|x|}\mathrm{d}x=$（　　）.

(A) $\begin{cases}-e^{-x}+C, & x\geqslant 0,\\ e^x+C, & x<0\end{cases}$　　(B) $\begin{cases}-e^{-x}+C, & x\geqslant 0,\\ e^x-2-C, & x<0\end{cases}$

(C) $\begin{cases}-e^{-x}+C, & x\geqslant 0,\\ e^x+2+C, & x<0\end{cases}$　　(D) $\begin{cases}e^x+C, & x\geqslant 0,\\ -e^{-x}+C, & x<0\end{cases}$

(E) $\begin{cases}-e^{-x}+C, & x\geqslant 0,\\ e^x-2+C, & x<0\end{cases}$

3 $\int_0^{\frac{\pi}{2}}\sin t\cos^2 t\mathrm{d}t=$（　　）.

(A) $\frac{1}{2}$　　(B) $\frac{1}{3}$　　(C) $\frac{1}{4}$　　(D) $\frac{1}{6}$　　(E) $\frac{1}{8}$

4 $\int_{2}^{4}\frac{1}{x^{2}-1}\mathrm{d}x=(\quad)$.

(A) $\frac{1}{2}\left(\ln\frac{3}{5}+\ln\frac{1}{3}\right)$　(B) $\frac{1}{2}\left(\ln\frac{3}{5}-\ln\frac{1}{3}\right)$

(C) $\frac{1}{4}\left(\ln\frac{3}{5}-\ln\frac{1}{3}\right)$　(D) $\frac{1}{4}\left(\ln\frac{3}{5}+\ln\frac{1}{3}\right)$

(E) $\frac{1}{2}\ln\frac{3}{5}$

5 $\int\frac{\mathrm{e}^{x}}{1+\mathrm{e}^{x}}\sqrt{\ln(1+\mathrm{e}^{x})}\mathrm{d}x=(\quad)$.

(A) $\frac{1}{3}\ln(1+\mathrm{e}^{x})+C$　(B) $\ln(1+\mathrm{e}^{x})+C$

(C) $\frac{2}{3}\ln(1+\mathrm{e}^{x})+C$　(D) $\frac{2}{3}[\ln(1+\mathrm{e}^{x})]^{\frac{3}{2}}+C$

(E) $\frac{1}{3}[\ln(1+\mathrm{e}^{x})]^{\frac{3}{2}}+C$

6 $\int x\mathrm{e}^{-x}\mathrm{d}x=(\quad)$.

(A) $-x\mathrm{e}^{-x}-\mathrm{e}^{-x}+C$　(B) $-x\mathrm{e}^{-x}+\mathrm{e}^{-x}+C$

(C) $x\mathrm{e}^{-x}-\mathrm{e}^{-x}+C$　(D) $x\mathrm{e}^{-x}+\mathrm{e}^{-x}+C$

(E) $x\mathrm{e}^{-x}+\mathrm{e}^{x}+C$

7 $\int_{1}^{\mathrm{e}}x^{2}\ln x\mathrm{d}x=(\quad)$.

(A) $\frac{1}{9}(2\mathrm{e}^{3}+1)$　(B) $\frac{2}{9}(2\mathrm{e}^{3}+1)$　(C) $\frac{1}{9}(2\mathrm{e}^{3}-1)$

(D) $\frac{2}{9}(2\mathrm{e}^{3}-1)$　(E) $\frac{1}{3}(2\mathrm{e}^{3}+1)$

8 设函数 $f(x)$ 有连续导数,且 $f(\ln x)=\frac{1}{x^{2}}$,则$\int_{0}^{1}xf'(x)\mathrm{d}x=(\quad)$.

(A) $\frac{3\mathrm{e}^{-2}-1}{2}$　(B) $\frac{3\mathrm{e}^{2}-1}{2}$　(C) $\frac{\mathrm{e}^{-2}+1}{2}$

(D) $\frac{\mathrm{e}^{-2}-1}{2}$　(E) $\frac{3\mathrm{e}^{-2}+1}{2}$

9 设 $F(x)$ 为 $f(x)$ 的一个原函数,且有 $f(x)F(x)=\mathrm{e}^{4x}$,$F(0)=\frac{\sqrt{2}}{2}$,$F(x)\geqslant 0$,则 $f(x)=(\quad)$.

(A) $\frac{1}{2}$　(B) $\frac{\sqrt{2}}{2}\mathrm{e}^{2x}$　(C) $2\mathrm{e}^{2x}$　(D) $\sqrt{2}\mathrm{e}^{2x}$　(E) e^{2x}

10 设 $xf(x)=\frac{3}{2}x^{4}-3x^{2}+4+\int_{2}^{x}f(t)\mathrm{d}t(x>0)$,则 $f(x)=(\quad)$.

(A) $2x^{3}+6x+4$　(B) $2x^{3}-6x-4$　(C) $2x^{3}+6x-4$

(D) $2x^3-6x+4$　(E) $-2x^3+6x-4$

11 曲线 $y=\int_0^{\sin x}e^{t^2}\mathrm{d}t$ 在点(0,0)处的法线方程为(　　).

(A) $y=\frac{1}{2}x$　(B) $y=-\frac{1}{2}x$　(C) $y=x$

(D) $y=-x$　(E) $y=2x$

12 设函数 $f(x)$ 连续,且满足 $f(x)=x^2+\int_0^1 xf(t)\mathrm{d}t$,则 $f(x)=$(　　).

(A) $x^2-\frac{2}{3}x$　(B) $x^2+\frac{1}{3}x$　(C) $x^2+\frac{2}{3}x$

(D) $x^2-\frac{1}{3}x$　(E) x^2+x

13 $\int_{-2}^{2}\ln(x+\sqrt{x^2+1})\mathrm{d}x=$(　　).

(A) 1　(B) -1　(C) -2　(D) 2　(E) 0

14 已知 $\int_{-a}^{a}\frac{x+|x|}{2+x^2}\mathrm{d}x=\ln 3$,则 $a=$(　　).

(A) 2　(B) 1　(C) 2 或 -2　(D) -1　(E) 3

15 设 $f(x)$ 为非负的二阶可导函数,且 $f''(x)>0$,又 $a<b$,则(　　).

(A) $\int_a^b f(x)\mathrm{d}x<f(a)+f(b)$　(B) $\int_a^b f(x)\mathrm{d}x=f(a)+f(b)$

(C) $\int_a^b f(x)\mathrm{d}x>f(a)+f(b)$　(D) $\int_a^b f(x)\mathrm{d}x<\frac{b-a}{2}[f(a)+f(b)]$

(E) $\int_a^b f(x)\mathrm{d}x>\frac{b-a}{2}[f(a)+f(b)]$

16 函数 $f(x)=x^2$ 在闭区间[1,3]上的平均值为(　　).

(A) 5　(B) $\frac{13}{3}$　(C) 4　(D) $\frac{11}{3}$　(E) $\frac{10}{3}$

17 曲线 $y=\ln x$ 与 x 轴及直线 $x=\frac{1}{e}$,$x=e$ 所围成的图形的面积为(　　).

(A) $e-\frac{1}{e}$　(B) $2-\frac{2}{e}$　(C) $e-\frac{2}{e}$　(D) $e+\frac{1}{e}$　(E) $e+\frac{2}{e}$

18 曲线 $y=\int_0^x\sqrt{\sin t}\,\mathrm{d}t\ (0\leqslant x\leqslant\pi)$ 的长度为(　　).

(A) 4　(B) 5　(C) 5.5　(D) 6　(E) 8

19 曲线 $x=\sin y\ (0\leqslant y\leqslant 2\pi)$ 绕 y 轴旋转一周所形成的旋转体的体积为(　　).

(A) 4π　(B) π^2　(C) $\frac{1}{2}\pi^2$　(D) π　(E) $\frac{1}{2}\pi$

20 设 $I_1=\int_0^{\frac{\pi}{4}}\frac{\sin x}{x}\mathrm{d}x,I_2=\int_0^{\frac{\pi}{4}}\frac{x}{\sin x}\mathrm{d}x$,则(　　).

(A) $I_1<\frac{\pi}{4}<I_2$　　(B) $I_1<I_2<\frac{\pi}{4}$

(C) $\frac{\pi}{4}<I_1<I_2$　　(D) $I_2<\frac{\pi}{4}<I_1$

(E) $\frac{\pi}{4}<I_2<I_1$

基础能力题解析

1 【参考答案】D

【考点点睛】原函数的定义.

【答案解析】由题设 $F(x)$ 为 $x\sin x$ 的一个原函数,可知 $F'(x)=x\sin x$,因此

$$\mathrm{d}[F(x^2)]=F'(x^2)\mathrm{d}(x^2)=F'(x^2)\cdot 2x\mathrm{d}x=2x^3\sin x^2\mathrm{d}x.$$

故选 D.

2 【参考答案】E

【考点点睛】分段函数求原函数.

【答案解析】当 $x\geqslant 0$ 时,$\int e^{-x}\mathrm{d}x=-e^{-x}+C_1$;当 $x<0$ 时,$\int e^{x}\mathrm{d}x=e^{x}+C_2$. 由于原函数在 $x=0$ 处连续,故 $-1+C_1=1+C_2\Rightarrow C_2=C_1-2$,所以

$$\int e^{-|x|}\mathrm{d}x=\begin{cases}-e^{-x}+C, & x\geqslant 0,\\ e^{x}+C-2, & x<0.\end{cases}$$

3 【参考答案】B

【考点点睛】凑微分法.

【答案解析】$\int_0^{\frac{\pi}{2}}\sin t\cos^2 t\mathrm{d}t=-\int_0^{\frac{\pi}{2}}\cos^2 t\mathrm{d}(\cos t)=-\frac{1}{3}\cos^3 t\Big|_0^{\frac{\pi}{2}}=\frac{1}{3}$.

因此答案选 B.

4 【参考答案】B

【考点点睛】定积分的计算.

【答案解析】

$$\begin{aligned}\int_2^4\frac{1}{x^2-1}\mathrm{d}x&=\int_2^4\frac{1}{(x-1)(x+1)}\mathrm{d}x=\frac{1}{2}\int_2^4\left(\frac{1}{x-1}-\frac{1}{x+1}\right)\mathrm{d}x\\&=\frac{1}{2}\ln\frac{x-1}{x+1}\Big|_2^4\\&=\frac{1}{2}\left(\ln\frac{3}{5}-\ln\frac{1}{3}\right).\end{aligned}$$

5 【参考答案】D

【考点点睛】凑微分法.

【答案解析】
$$原式=\int \frac{1}{1+e^x}\sqrt{\ln(1+e^x)}\,d(1+e^x)$$
$$=\int \sqrt{\ln(1+e^x)}\,d[\ln(1+e^x)]=\frac{2}{3}[\ln(1+e^x)]^{\frac{3}{2}}+C.$$

6 【参考答案】A

【考点点睛】分部积分法.

【答案解析】
$$\int xe^{-x}dx=-\int xd(e^{-x})=-xe^{-x}+\int e^{-x}dx$$
$$=-xe^{-x}-e^{-x}+C.$$

7 【参考答案】A

【考点点睛】分部积分法.

【答案解析】
$$\int_1^e x^2\ln x\,dx=\frac{1}{3}\int_1^e \ln x\,d(x^3)=\frac{1}{3}\left(x^3\ln x\Big|_1^e-\int_1^e x^3\cdot\frac{1}{x}dx\right)$$
$$=\frac{e^3}{3}-\frac{1}{9}x^3\Big|_1^e=\frac{1}{9}(2e^3+1).$$

8 【参考答案】A

【考点点睛】分部积分法;换元法.

【答案解析】令 $t=\ln x$,则 $x=e^t$,从而 $f(t)=e^{-2t}$,故
$$\int_0^1 xf'(x)dx=\int_0^1 xd[f(x)]=xf(x)\Big|_0^1-\int_0^1 f(x)dx=f(1)+\frac{1}{2}e^{-2t}\Big|_0^1=\frac{3e^{-2}-1}{2}.$$

9 【参考答案】D

【考点点睛】原函数的定义;凑微分法.

【答案解析】$f(x)F(x)=e^{4x}$,两边求不定积分可得
$$\int f(x)F(x)dx=\int e^{4x}dx\Rightarrow\int F(x)d[F(x)]=\frac{1}{4}e^{4x}\Rightarrow F(x)=\sqrt{\frac{1}{2}e^{4x}+C}.$$

又由于 $F(0)=\frac{\sqrt{2}}{2}$,可得 $C=0$,从而 $F(x)=\frac{\sqrt{2}}{2}e^{2x}$,则 $f(x)=\sqrt{2}e^{2x}$.

10 【参考答案】D

【考点点睛】变限积分函数.

【答案解析】将所给表达式两端分别对 x 求导,可得
$$f(x)+xf'(x)=6x^3-6x+f(x),$$
从而得
$$f'(x)=6x^2-6,$$
$$f(x)=\int f'(x)dx=\int(6x^2-6)dx=2x^3-6x+C.$$

由题设表达式可知当 $x=2$ 时，原式化为

$$2f(2)=24-12+4=16\Rightarrow f(2)=8.$$

再由 $f(x)=2x^3-6x+C$，可得

$$f(2)=2\times2^3-6\times2+C=8\Rightarrow C=4,$$

因此 $f(x)=2x^3-6x+4$. 故选 D.

11 【参考答案】D

【考点点睛】变限积分函数.

【答案解析】易知点 $(0,0)$ 在曲线 $y=\int_0^{\sin x}e^{t^2}\,dt$ 上.

由于 $y'=e^{\sin^2 x}\cdot\cos x$，$y'\Big|_{x=0}=1$，可知在点 $(0,0)$ 处的切线斜率为 $k=1$，法线斜率为 $-\dfrac{1}{k}=-1$，因此所求法线方程为 $y=-x$. 故选 D.

12 【参考答案】C

【考点点睛】定积分结果的常数性质.

【答案解析】设 $\int_0^1 f(t)\,dt=A$，则由题意可得 $f(x)=x^2+Ax$，两边取定积分得

$$\int_0^1 f(x)\,dx=\int_0^1 x^2\,dx+A\int_0^1 x\,dx,$$

即
$$A=\frac{1}{3}x^3\Big|_0^1+A\cdot\frac{1}{2}x^2\Big|_0^1=\frac{1}{3}+\frac{1}{2}A\Rightarrow\frac{1}{2}A=\frac{1}{3}\Rightarrow A=\frac{2}{3},$$

故 $f(x)=x^2+\dfrac{2}{3}x$. 因此答案选 C.

13 【参考答案】E

【考点点睛】对称区间的定积分.

【答案解析】设 $f(x)=\ln(x+\sqrt{x^2+1})$，则 $f(-x)=\ln(-x+\sqrt{x^2+1})$，

$$f(x)+f(-x)=\ln(x+\sqrt{x^2+1})+\ln(-x+\sqrt{x^2+1})=\ln 1=0,$$

则 $f(x)$ 为奇函数，因此 $\int_{-2}^{2}\ln(x+\sqrt{x^2+1})\,dx=0$.

14 【参考答案】A

【考点点睛】对称区间的定积分.

【答案解析】

$$\begin{aligned}\int_{-a}^{a}\frac{x+|x|}{2+x^2}dx&=\int_{-a}^{a}\frac{x}{2+x^2}dx+\int_{-a}^{a}\frac{|x|}{2+x^2}dx\\&=0+2\int_0^a\frac{x}{2+x^2}dx=2\int_0^a\frac{x}{2+x^2}dx\\&=\int_0^a\frac{1}{2+x^2}d(2+x^2)=\ln(2+x^2)\Big|_0^a\end{aligned}$$

$$= \ln \frac{2+a^2}{2} = \ln 3,$$

解得 $a = \pm 2$，当 $a = -2$ 时，原积分为负，故舍去，则 $a = 2$.

15 【参考答案】D

【考点点睛】定积分的几何意义.

【答案解析】由 $f''(x) > 0$，可得 $f(x)$ 的图像是凹的，如图所示.

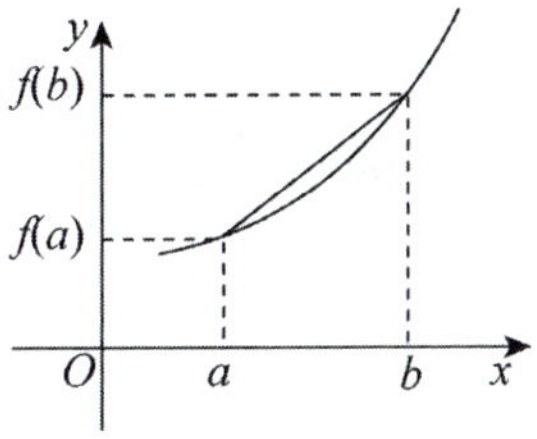

$$S_{曲边梯形} = \int_a^b f(x)\mathrm{d}x,$$

$$S_{梯形} = \frac{1}{2}[f(a)+f(b)] \cdot (b-a).$$

由凹弧可得 $S_{梯形} > S_{曲边梯形}$，即

$$\int_a^b f(x)\mathrm{d}x < \frac{b-a}{2}[f(a)+f(b)].$$

16 【参考答案】B

【考点点睛】利用定积分求平均值.

【答案解析】由连续函数 $f(x)$ 在 $[a,b]$ 上的平均值为 $\frac{1}{b-a}\int_a^b f(x)\mathrm{d}x$，可知所求平均值为

$$\frac{1}{3-1}\int_1^3 f(x)\mathrm{d}x = \frac{1}{2}\int_1^3 x^2\mathrm{d}x = \frac{1}{2} \cdot \frac{1}{3}x^3\Big|_1^3 = \frac{13}{3}.$$

17 【参考答案】B

【考点点睛】利用定积分求面积.

【答案解析】如图所示，所围成的为阴影部分的面积.

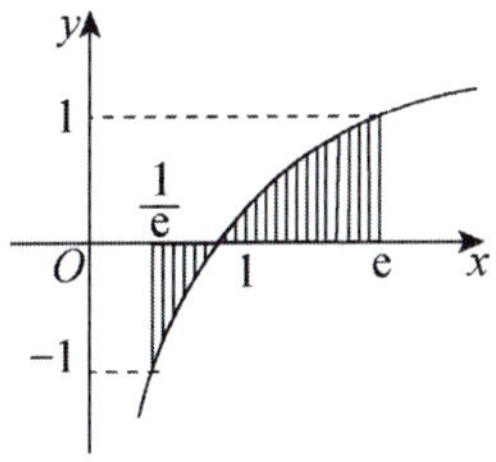

$$\begin{aligned} S_{阴} &= \int_{\frac{1}{e}}^1 (-\ln x)\mathrm{d}x + \int_1^e \ln x\mathrm{d}x \\ &= (x - x\ln x)\Big|_{\frac{1}{e}}^1 + (x\ln x - x)\Big|_1^e \\ &= 2 - \frac{2}{e}. \end{aligned}$$

18 【参考答案】A

【考点点睛】曲线的弧长.

【答案解析】$y' = \sqrt{\sin x}$，故所求曲线的弧长为

$$s = \int_0^\pi \sqrt{1+(y')^2}\,\mathrm{d}x = \int_0^\pi \sqrt{1+\sin x}\,\mathrm{d}x.$$

由二倍角公式可得 $1+\sin x = \sin^2\frac{x}{2} + \cos^2\frac{x}{2} + 2\sin\frac{x}{2}\cos\frac{x}{2}$，则

$$s = \int_0^\pi \sqrt{\sin^2\frac{x}{2} + \cos^2\frac{x}{2} + 2\sin\frac{x}{2}\cos\frac{x}{2}}\,\mathrm{d}x = \int_0^\pi \left(\sin\frac{x}{2} + \cos\frac{x}{2}\right)\mathrm{d}x$$

$$= \left(-2\cos\frac{x}{2}+2\sin\frac{x}{2}\right)\Big|_0^{\pi}$$
$$= 4.$$

19 【参考答案】B

【考点点睛】利用定积分求旋转体的体积.

【答案解析】 $V=\int_0^{2\pi}\pi x^2\mathrm{d}y=\int_0^{2\pi}\pi\sin^2 y\mathrm{d}y=4\int_0^{\frac{\pi}{2}}\pi\sin^2 y\mathrm{d}y=4\pi\cdot\frac{1}{2}\cdot\frac{\pi}{2}=\pi^2.$

20 【参考答案】A

【考点点睛】定积分比较大小.

【答案解析】当 $x\in\left(0,\frac{\pi}{4}\right)$时,$0<\sin x<x<1$,因此$\frac{\sin x}{x}<1<\frac{x}{\sin x}$,故

$$\int_0^{\frac{\pi}{4}}\frac{\sin x}{x}\mathrm{d}x<\int_0^{\frac{\pi}{4}}1\mathrm{d}x<\int_0^{\frac{\pi}{4}}\frac{x}{\sin x}\mathrm{d}x,$$

即$\int_0^{\frac{\pi}{4}}\frac{\sin x}{x}\mathrm{d}x<\frac{\pi}{4}<\int_0^{\frac{\pi}{4}}\frac{x}{\sin x}\mathrm{d}x$. 故选 A.

强化能力题

1 $\int\frac{x^3}{\sqrt{1-x^2}}\mathrm{d}x=(\quad)$.

(A) $\frac{1}{3}(1-x^2)^{\frac{3}{2}}-(1-x^2)^{\frac{1}{2}}+C$ (B) $\frac{1}{3}(1-x^2)^{\frac{3}{2}}+(1-x^2)^{\frac{1}{2}}+C$

(C) $3(1-x^2)^{\frac{3}{2}}-(1-x^2)^{\frac{1}{2}}+C$ (D) $3(1-x^2)^{\frac{3}{2}}+(1-x^2)^{\frac{1}{2}}+C$

(E) $(1-x^2)^{\frac{3}{2}}-(1-x^2)^{\frac{1}{2}}+C$

2 $\int\frac{\arcsin\sqrt{x}}{\sqrt{x}\cdot\sqrt{1-x}}\mathrm{d}x=(\quad)$.

(A) $(\arcsin\sqrt{x})^2+C$ (B) $-(\arcsin\sqrt{x})^2+C$

(C) $\frac{1}{2}(\arcsin\sqrt{x})^2+C$ (D) $-\frac{1}{2}(\arcsin\sqrt{x})^2+C$

(E) $2(\arcsin\sqrt{x})^2+C$

3 已知$\int\frac{xf(\sqrt{2x^2+1})}{\sqrt{2x^2+1}}\mathrm{d}x=\mathrm{e}^{2x^2-1}+C$,则$\int\frac{f(\sqrt{x})}{\sqrt{x}}\mathrm{d}x=(\quad)$.

(A) $4\mathrm{e}^{x-2}+4C$ (B) $2\mathrm{e}^{x-2}+2C$ (C) $\mathrm{e}^{x-2}+C$

(D) $\frac{1}{2}\mathrm{e}^{x+2}+C$ (E) $\frac{1}{4}\mathrm{e}^{x+2}+C$

4 $\int\frac{\sqrt{1+x}}{x}\mathrm{d}x=(\quad)$.

(A) $2\sqrt{1+x}+\frac{1}{2}\ln\left|\frac{\sqrt{1+x}-1}{\sqrt{1+x}+1}\right|+C$

(B) $2\sqrt{1+x}-\frac{1}{2}\ln\left|\frac{\sqrt{1+x}-1}{\sqrt{1+x}+1}\right|+C$

(C) $2\sqrt{1+x}-\ln\left|\frac{\sqrt{1+x}-1}{\sqrt{1+x}+1}\right|+C$

(D) $\sqrt{1+x}+\ln\left|\frac{\sqrt{1+x}-1}{\sqrt{1+x}+1}\right|+C$

(E) $2\sqrt{1+x}+\ln\left|\frac{\sqrt{1+x}-1}{\sqrt{1+x}+1}\right|+C$

5 $\int\frac{x\ln x}{(x^2+1)^2}dx=$ (　　).

(A) $-\frac{\ln x}{2(x^2+1)}+\frac{1}{2}\ln x-\frac{1}{4}\ln(x^2+1)+C$

(B) $\frac{\ln x}{2(x^2+1)}-\frac{1}{2}\ln x+\frac{1}{4}\ln(x^2+1)+C$

(C) $\ln x-\frac{1}{2}\ln(x^2+1)+C$

(D) $\ln xe^x-\ln(xe^x+1)+C$

(E) $-\frac{1}{x}-\ln x+\ln(x+1)+C$

6 $\int_0^1\frac{\ln(1+x)}{(2-x)^2}dx=$ (　　).

(A) $3\ln 2$　(B) $2\ln 2$　(C) $\ln 2$　(D) $\frac{1}{2}\ln 2$　(E) $\frac{1}{3}\ln 2$

7 设 $f(\ln x)=\frac{\ln(1+x)}{x}$,则 $\int f(x)dx=$ (　　).

(A) $(e^{-x}+1)\ln(1+e^x)+x+C$

(B) $-(e^{-x}+1)\ln(1+e^x)+x+C$

(C) $(e^{-x}+1)\ln(1+e^x)-x+C$

(D) $-(e^{-x}+1)\ln(1+e^x)-x+C$

(E) $(e^x+1)\ln(1+e^x)+x+C$

8 $\int\frac{2x+2}{(x-1)(x^2+1)}dx=$ (　　).

(A) $2\ln|x+1|-\ln(x^2+1)+C$

(B) $2\ln|x-1|-\ln(x^2+1)+C$

(C) $\ln|x-1|-\ln(x^2+1)+C$

(D) $2\ln|x-1|+\ln(x^2+1)+C$

(E) $\ln|x+1|+\ln(x^2+1)+C$

9 设 $f(x)$ 在区间 $[a,b]$ 上有 $f(x)>0,f'(x)<0,f''(x)>0$. 记 $S_1=\int_a^b f(x)dx$, $S_2=f(b)(b-a)$, $S_3=\frac{1}{2}[f(b)+f(a)](b-a)$,则(　　).

(A) $S_1<S_2<S_3$　(B) $S_3<S_1<S_2$　(C) $S_2<S_3<S_1$

(D) $S_2<S_1<S_3$　(E) $S_3<S_2<S_1$

10 设 $P=\int_0^1 x^3\ln(1+\sqrt[3]{x})\mathrm{d}x$，$Q=\int_0^1 x^3\ln(1+\sqrt{x})\mathrm{d}x$，$R=\int_0^1 x^2\ln(1+\sqrt[3]{x})\mathrm{d}x$，则 P,Q,R 满足不等式(　　).

(A) $P>Q>R$　　(B) $R>Q>P$　　(C) $Q>R>P$

(D) $P>R>Q$　　(E) $R>P>Q$

11 圆的渐开线 $\begin{cases} x=\cos t+t\sin t, \\ y=\sin t-t\cos t, \end{cases}$ 自 $t=0$ 至 $t=\pi$ 一段弧的弧长为(　　).

(A) $\frac{\pi^2}{6}$　　(B) $\frac{\pi^2}{4}$　　(C) $\frac{\pi^2}{3}$　　(D) $\frac{\pi^2}{2}$　　(E) $\frac{2\pi^2}{3}$

12 设 $x\mathrm{e}^x\cdot\int_0^1 f(x)\mathrm{d}x+\frac{1}{1+x^2}+f(x)=1$，则 $\int_0^1 f(x)\mathrm{d}x=$(　　).

(A) $1+\frac{\pi}{8}$　　(B) $-\frac{1}{2}-\frac{\pi}{8}$　　(C) $-\frac{1}{2}+\frac{\pi}{8}$

(D) $\frac{1}{2}+\frac{\pi}{8}$　　(E) $\frac{1}{2}-\frac{\pi}{8}$

13 设 $f(x)$ 为连续函数，且 $F(y)=\int_0^y f(x-y)\mathrm{d}x$，则 $\frac{\mathrm{d}F}{\mathrm{d}y}=$(　　).

(A) $f(x)$　　(B) $-f(x)$　　(C) $-f(y)$　　(D) $-f(-y)$　　(E) $f(-y)$

14 极限 $\lim\limits_{x\to0}\frac{2\int_0^x\left(\mathrm{e}^t-1+t^2\cos\frac{1}{t}\right)\mathrm{d}t}{(1+\cos x)\int_0^x\ln(1+t)\mathrm{d}t}=$(　　).

(A) 1　　(B) 2　　(C) 3　　(D) 4　　(E) 5

15 设函数 $f(x)$ 在 $[0,+\infty)$ 上可导，并有反函数 $g(x)$，且 $f(0)=0$，若 $\int_0^{f(x)} g(t)\mathrm{d}t=x^2\mathrm{e}^x$，则 $f(x)=$(　　).

(A) $(x+1)\mathrm{e}^x$　　(B) $(x-1)\mathrm{e}^x$　　(C) $x\mathrm{e}^x-1$

(D) $(x+1)\mathrm{e}^x-1$　　(E) $(x-1)\mathrm{e}^x-1$

16 $\int\arcsin x\mathrm{d}x=$(　　).

(A) $\arcsin x-\sqrt{1-x^2}+C$　　(B) $\arcsin x+\sqrt{1-x^2}+C$

(C) $x\arcsin x-\sqrt{1-x^2}+C$　　(D) $x\arcsin x+\sqrt{1-x^2}+C$

(E) $x\sin x-\sqrt{1-x^2}+C$

17 函数 $f(x)=\int_1^{x^2}(x^2-t)\mathrm{e}^{-t^2}\mathrm{d}t$ 的单调区间与极值分别为(　　).

(A) 单调增区间：$(-1,0)$，$(1,+\infty)$；单调减区间：$(-\infty,-1)$，$(0,1)$；极小值：$f(\pm1)=0$；极大值：$f(0)=\frac{1}{2}(1-\mathrm{e}^{-1})$

(B) 单调增区间：$(-\infty,-1)$，$(0,1)$；单调减区间：$(-1,0)$，$(1,+\infty)$；极小值：$f(0)=$

$\frac{1}{2}(1-e^{-1})$；极大值：$f(\pm 1)=0$

(C) 单调增区间：$(-\infty,-1)$；单调减区间：$(-1,+\infty)$；极大值：$f(-1)=0$；极小值不存在

(D) 单调增区间：$(-1,+\infty)$；单调减区间：$(-\infty,-1)$；极小值：$f(-1)=0$；极大值不存在

(E) 单调增区间：$(-\infty,1)$；单调减区间：$(1,+\infty)$；极大值：$f(1)=0$；极小值不存在

18　设 $f(x)$ 非常函数且可导，$\int \sin f(x)\mathrm{d}x = x\sin f(x) - \int \cos f(x)\mathrm{d}x$，则 $f(x)=$（　　）.

(A) $\ln|x|+C$　(B) $\ln|x|$　(C) $x+C$　(D) x　(E) $|x|$

19　设 $x\geqslant -1$，则 $\int_{-1}^{x}(1+|t|)\mathrm{d}t=$（　　）.

(A) $\begin{cases} x+\frac{1}{2}x^2+\frac{3}{2}, & -1\leqslant x\leqslant 0, \\ x-\frac{1}{2}x^2, & x>0 \end{cases}$

(B) $\begin{cases} x-\frac{1}{2}x^2+\frac{3}{2}, & -1\leqslant x\leqslant 0, \\ \frac{3}{2}+x+\frac{1}{2}x^2, & x>0 \end{cases}$

(C) $\begin{cases} x+x^2, & -1\leqslant x\leqslant 0, \\ x-x^2, & x>0 \end{cases}$

(D) $\begin{cases} x+x^2+\frac{3}{2}, & -1\leqslant x\leqslant 0, \\ \frac{3}{2}+x-\frac{1}{2}x^2, & x>0 \end{cases}$

(E) $\begin{cases} 2x+x^2+\frac{3}{2}, & -1\leqslant x\leqslant 0, \\ 1+x-x^2, & x>0 \end{cases}$

强化能力题解析

1　【参考答案】A

【考点点睛】凑微分法.

【答案解析】

$$\int \frac{x^3}{\sqrt{1-x^2}}\mathrm{d}x = -\frac{1}{2}\int \frac{x^2}{\sqrt{1-x^2}}\mathrm{d}(1-x^2)$$

$$= \frac{1}{2}\int [(1-x^2)^{\frac{1}{2}}-(1-x^2)^{-\frac{1}{2}}]\mathrm{d}(1-x^2)$$

$$= \frac{1}{3}(1-x^2)^{\frac{3}{2}}-(1-x^2)^{\frac{1}{2}}+C.$$

2　【参考答案】A

【考点点睛】换元法；凑微分法.

【答案解析】设 $u=\sqrt{x}$，则 $x=u^2$，$\mathrm{d}x=2u\mathrm{d}u$.

$$\int \frac{\arcsin\sqrt{x}}{\sqrt{x}\cdot\sqrt{1-x}}\mathrm{d}x = \int \frac{\arcsin u}{u\sqrt{1-u^2}}\cdot 2u\mathrm{d}u = 2\int \frac{\arcsin u}{\sqrt{1-u^2}}\mathrm{d}u$$

$$= 2\int \arcsin u\,\mathrm{d}(\arcsin u) = (\arcsin u)^2+C$$

$$=(\arcsin\sqrt{x})^2+C.$$

3 【参考答案】A

【考点点睛】凑微分法;换元法.

【答案解析】 $\int\frac{xf(\sqrt{2x^2+1})}{\sqrt{2x^2+1}}\mathrm{d}x=\frac{1}{4}\int\frac{f(\sqrt{2x^2+1})}{\sqrt{2x^2+1}}\mathrm{d}(2x^2+1)$,

令 $2x^2+1=t\Rightarrow x^2=\frac{t-1}{2}$,则 $2x^2-1=t-2$,所给等式可化简为

$$\frac{1}{4}\int\frac{f(\sqrt{t})}{\sqrt{t}}\mathrm{d}t=\mathrm{e}^{t-2}+C,$$

则

$$\int\frac{f(\sqrt{t})}{\sqrt{t}}\mathrm{d}t=4\mathrm{e}^{t-2}+4C,$$

故 $\int\frac{f(\sqrt{x})}{\sqrt{x}}\mathrm{d}x=4\mathrm{e}^{x-2}+4C.$

4 【参考答案】E

【考点点睛】换元法.

【答案解析】令 $\sqrt{1+x}=t$,则 $x=t^2-1,\mathrm{d}x=2t\mathrm{d}t.$

$$\begin{aligned}\int\frac{\sqrt{1+x}}{x}\mathrm{d}x&=\int\frac{t}{t^2-1}\cdot 2t\mathrm{d}t=2\int\frac{t^2}{t^2-1}\mathrm{d}t=2\int\frac{t^2-1+1}{t^2-1}\mathrm{d}t\\&=2\int\left(1+\frac{1}{t^2-1}\right)\mathrm{d}t=2\left(t+\frac{1}{2}\ln\left|\frac{t-1}{t+1}\right|\right)+C\\&=2\sqrt{1+x}+\ln\left|\frac{\sqrt{1+x}-1}{\sqrt{1+x}+1}\right|+C.\end{aligned}$$

5 【参考答案】A

【考点点睛】分部积分法.

【答案解析】原式 $=-\frac{1}{2}\int\ln x\frac{-1}{(x^2+1)^2}\mathrm{d}(x^2+1)$

$$\begin{aligned}&=-\frac{1}{2}\int\ln x\mathrm{d}\left(\frac{1}{x^2+1}\right)\\&=-\frac{1}{2}\ln x\cdot\frac{1}{x^2+1}+\frac{1}{2}\int\frac{1}{(x^2+1)\cdot x}\mathrm{d}x\\&=-\frac{\ln x}{2(x^2+1)}+\frac{1}{2}\int\frac{1+x^2-x^2}{(x^2+1)\cdot x}\mathrm{d}x\\&=-\frac{\ln x}{2(x^2+1)}+\frac{1}{2}\left(\int\frac{1}{x}\mathrm{d}x-\int\frac{x}{x^2+1}\mathrm{d}x\right)\\&=-\frac{\ln x}{2(x^2+1)}+\frac{1}{2}\ln x-\frac{1}{4}\ln(x^2+1)+C.\end{aligned}$$

6 【参考答案】E

【考点点睛】分部积分法.

【答案解析】设 $u=\ln(1+x),v'=\dfrac{1}{(2-x)^2}$,则 $u'=\dfrac{1}{1+x},v=\dfrac{1}{2-x}$.

$$\int_0^1\frac{\ln(1+x)}{(2-x)^2}\mathrm{d}x=\frac{1}{2-x}\ln(1+x)\Big|_0^1-\int_0^1\frac{\mathrm{d}x}{(1+x)(2-x)}$$
$$=\ln 2-\frac{1}{3}\int_0^1\left(\frac{1}{1+x}+\frac{1}{2-x}\right)\mathrm{d}x$$
$$=\ln 2-\frac{1}{3}\ln\frac{1+x}{2-x}\Big|_0^1=\frac{1}{3}\ln 2.$$

7 【参考答案】B

【考点点睛】分部积分法.

【答案解析】令 $t=\ln x$,则 $x=\mathrm{e}^t$,因此 $f(\ln x)=\dfrac{\ln(1+x)}{x}$ 化为 $f(t)=\dfrac{\ln(1+\mathrm{e}^t)}{\mathrm{e}^t}$,故

$$\int f(x)\mathrm{d}x=\int\frac{\ln(1+\mathrm{e}^x)}{\mathrm{e}^x}\mathrm{d}x=-\int\ln(1+\mathrm{e}^x)\mathrm{d}(\mathrm{e}^{-x})$$
$$=-\mathrm{e}^{-x}\ln(1+\mathrm{e}^x)+\int\frac{\mathrm{d}x}{1+\mathrm{e}^x}$$
$$=-\mathrm{e}^{-x}\ln(1+\mathrm{e}^x)+\int\left(1-\frac{\mathrm{e}^x}{1+\mathrm{e}^x}\right)\mathrm{d}x$$
$$=-\mathrm{e}^{-x}\ln(1+\mathrm{e}^x)+x-\ln(1+\mathrm{e}^x)+C$$
$$=-(\mathrm{e}^{-x}+1)\ln(1+\mathrm{e}^x)+x+C.$$

8 【参考答案】B

【考点点睛】有理函数的不定积分.

【答案解析】设 $\dfrac{2x+2}{(x-1)(x^2+1)}=\dfrac{A}{x-1}+\dfrac{Bx+D}{x^2+1}=\dfrac{A(x^2+1)+(Bx+D)(x-1)}{(x-1)(x^2+1)}$,则

$$2x+2=A(x^2+1)+(Bx+D)(x-1).$$

利用赋值法求 A,B,D,如:

令 $x=1,4=2A\Rightarrow A=2$;令 $x=0,2=A-D\Rightarrow D=0$;令 $x=-1,0=2A-2(D-B)\Rightarrow B=-2$. 则

原式 $=\displaystyle\int\frac{2}{x-1}\mathrm{d}x+\int\frac{-2x}{x^2+1}\mathrm{d}x=2\ln|x-1|-\ln(x^2+1)+C.$

9 【参考答案】D

【考点点睛】定积分的几何意义.

【答案解析】由于 $f'(x)<0$,可知函数 $f(x)$ 在 $[a,b]$ 上单调减少;由于 $f''(x)>0$,可知曲线 $y=f(x)$ 在 $[a,b]$ 上的图形是凹的,如

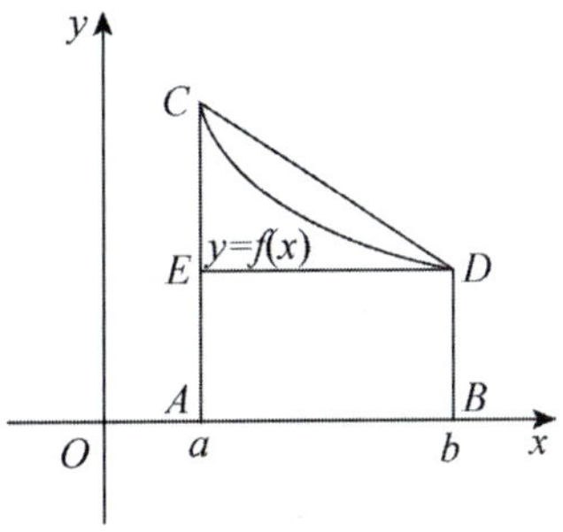

图所示.

由图可知,S_1 表示曲边梯形 $ABDC$ 的面积,S_2 表示以 $b-a$ 为长,$f(b)$ 为宽的矩形 $ABDE$ 的面积,而 S_3 表示梯形 $ABDC$ 的面积,因此可得 $S_2<S_1<S_3$,故选 D.

10 【参考答案】E

【考点点睛】定积分比较大小.

【答案解析】已知当 $x\in(0,1)$ 时,有$\begin{cases}x^3<x^2,\\ x^{\frac{1}{2}}<x^{\frac{1}{3}},\end{cases}$ 又 $\ln(1+x)$ 单调增加,且当 $x\in(0,1)$ 时,$\ln(1+x)>0$,则可得

$$\int_0^1 x^2\ln(1+\sqrt[3]{x})\mathrm{d}x>\int_0^1 x^3\ln(1+\sqrt[3]{x})\mathrm{d}x\Rightarrow R>P,$$

$$\int_0^1 x^3\ln(1+\sqrt[3]{x})\mathrm{d}x>\int_0^1 x^3\ln(1+\sqrt{x})\mathrm{d}x\Rightarrow P>Q,$$

故 $R>P>Q$.

11 【参考答案】D

【考点点睛】平面曲线求弧长.

【答案解析】

$$\begin{aligned}s&=\int_0^{\pi}\sqrt{\left(\frac{\mathrm{d}x}{\mathrm{d}t}\right)^2+\left(\frac{\mathrm{d}y}{\mathrm{d}t}\right)^2}\,\mathrm{d}t\\&=\int_0^{\pi}\sqrt{(-\sin t+\sin t+t\cos t)^2+(\cos t-\cos t+t\sin t)^2}\,\mathrm{d}t\\&=\int_0^{\pi}t\,\mathrm{d}t=\frac{\pi^2}{2}.\end{aligned}$$

12 【参考答案】E

【考点点睛】定积分结果的常数性质.

【答案解析】设$\int_0^1 f(x)\mathrm{d}x=A$,则有 $Ax\mathrm{e}^x+\dfrac{1}{1+x^2}+f(x)=1$,将上式两端从 0 到 1 积分可得

$$\int_0^1 Ax\mathrm{e}^x\mathrm{d}x+\int_0^1\frac{1}{1+x^2}\mathrm{d}x+\int_0^1 f(x)\mathrm{d}x=\int_0^1 1\mathrm{d}x,$$

$$A\left(x\mathrm{e}^x\Big|_0^1-\int_0^1\mathrm{e}^x\mathrm{d}x\right)+\arctan x\Big|_0^1+A=x\Big|_0^1,$$

$$A\left(\mathrm{e}-\mathrm{e}^x\Big|_0^1\right)+\frac{\pi}{4}+A=1,$$

因此 $A=\dfrac{1}{2}-\dfrac{\pi}{8}$,即$\int_0^1 f(x)\mathrm{d}x=\dfrac{1}{2}-\dfrac{\pi}{8}$. 故选 E.

13 【参考答案】E

【考点点睛】变限积分函数求导.

【答案解析】由于被积函数中含有可变限的变元,设

$$u=x-y,$$

则当 $x=0$ 时，$u=-y$；当 $x=y$ 时，$u=0$，$\mathrm{d}u=\mathrm{d}x$. 因此 $F(y)=\int_{-y}^{0}f(u)\mathrm{d}u$，所以

$$F'(y)=f(-y)\cdot(-1)\cdot(-1)=f(-y).$$

故选 E.

14 【参考答案】A

【考点点睛】变限积分函数求极限.

【答案解析】原式 $=\lim\limits_{x\to 0}\dfrac{2}{1+\cos x}\cdot\lim\limits_{x\to 0}\dfrac{\int_0^x\left(e^t-1+t^2\cos\frac{1}{t}\right)\mathrm{d}t}{\int_0^x\ln(1+t)\mathrm{d}t}$

$$=\lim_{x\to 0}\frac{e^x-1+x^2\cos\frac{1}{x}}{\ln(1+x)}=\lim_{x\to 0}\left(\frac{e^x-1}{x}+x\cos\frac{1}{x}\right)=1.$$

故选 A.

15 【参考答案】D

【考点点睛】反函数的性质；变限积分函数求导.

【答案解析】由反函数的性质可得 $g[f(x)]=g[g^{-1}(x)]=x$，对 $\int_0^{f(x)}g(t)\mathrm{d}t=x^2e^x$ 左右两边求导可得 $g[f(x)]\cdot f'(x)=2xe^x+x^2e^x\Rightarrow x\cdot f'(x)=2xe^x+x^2e^x$，即 $f'(x)=2e^x+xe^x(x\neq 0)$，两边求不定积分可得

$$\int f'(x)\mathrm{d}x=\int(2e^x+xe^x)\mathrm{d}x\Rightarrow f(x)=2e^x+xe^x-e^x+C=e^x+xe^x+C,$$

由于 $f(x)$ 在 $x=0$ 处连续，有 $f(0)=\lim\limits_{x\to 0^+}f(x)=0$，可得 $C=-1$，则 $f(x)=(1+x)e^x-1$，满足 $f(0)=0$，因此选 D.

16 【参考答案】D

【考点点睛】分部积分法.

【答案解析】设 $u=\arcsin x$，$v'=1$，则 $u'=\dfrac{1}{\sqrt{1-x^2}}$，$v=x$.

$$\begin{aligned}\int\arcsin x\mathrm{d}x&=x\arcsin x-\int\frac{x}{\sqrt{1-x^2}}\mathrm{d}x\\&=x\arcsin x+\frac{1}{2}\int(1-x^2)^{-\frac{1}{2}}\mathrm{d}(1-x^2)\\&=x\arcsin x+\sqrt{1-x^2}+C.\end{aligned}$$

17 【参考答案】A

【考点点睛】变限积分函数；函数的单调性和极值.

【答案解析】$f(x)$ 的定义域为 $(-\infty,+\infty)$，由于

$$f(x)=x^2\int_1^{x^2}\mathrm{e}^{-t^2}\,\mathrm{d}t-\int_1^{x^2}t\mathrm{e}^{-t^2}\,\mathrm{d}t,$$

$$f'(x)=2x\int_1^{x^2}\mathrm{e}^{-t^2}\,\mathrm{d}t+2x^3\mathrm{e}^{-x^4}-2x^3\mathrm{e}^{-x^4}=2x\int_1^{x^2}\mathrm{e}^{-t^2}\,\mathrm{d}t,$$

因此 $f(x)$ 的驻点为 $x=0,\pm1$,列表讨论如下.

x	$(-\infty,-1)$	-1	$(-1,0)$	0	$(0,1)$	1	$(1,+\infty)$
$f'(x)$	$-$	0	$+$	0	$-$	0	$+$
$f(x)$	↘	极小	↗	极大	↘	极小	↗

因此,$f(x)$ 的单调增区间为 $(-1,0)$,$(1,+\infty)$,单调减区间为 $(-\infty,-1)$,$(0,1)$,极小值为 $f(\pm1)=0$,极大值为 $f(0)=\int_0^1 t\mathrm{e}^{-t^2}\,\mathrm{d}t=\frac{1}{2}(1-\mathrm{e}^{-1})$. 故选 A.

18 【参考答案】A

【考点点睛】分部积分法.

【答案解析】由分部积分公式,得 $\int\sin f(x)\mathrm{d}x=x\sin f(x)-\int xf'(x)\cos f(x)\mathrm{d}x$,故由题设得 $xf'(x)=1$,即 $f'(x)=\frac{1}{x}$,积分得 $f(x)=\ln|x|+C$,故选 A.

19 【参考答案】B

【考点点睛】变限积分的计算.

【答案解析】当 $-1\leqslant x\leqslant0$ 时,

$$\int_{-1}^{x}(1+|t|)\mathrm{d}t=\int_{-1}^{x}(1-t)\mathrm{d}t=\left(t-\frac{1}{2}t^2\right)\Big|_{-1}^{x}=x-\frac{1}{2}x^2+\frac{3}{2},$$

当 $x>0$ 时,

$$\int_{-1}^{x}(1+|t|)\mathrm{d}t=\int_{-1}^{0}(1-t)\mathrm{d}t+\int_{0}^{x}(1+t)\mathrm{d}t$$

$$=\left(t-\frac{1}{2}t^2\right)\Big|_{-1}^{0}+\left(t+\frac{1}{2}t^2\right)\Big|_{0}^{x}=\frac{3}{2}+x+\frac{1}{2}x^2.$$

所以 $\int_{-1}^{x}(1+|t|)\mathrm{d}t=\begin{cases}x-\frac{1}{2}x^2+\frac{3}{2}, & -1\leqslant x\leqslant0,\\ \frac{3}{2}+x+\frac{1}{2}x^2, & x>0.\end{cases}$ 故选 B.

第 4 讲 多元函数微分

本讲解读

本讲从内容上划分为两个部分，一是多元函数的连续、可导与可微，二是偏导数的计算与多元函数的极值，共计四个考点，十四个题型. 从真题对考试大纲的实践来看，本讲在考试中大约占 4 道题(试卷数学部分共 35 道题)，约占微积分部分的 19%，数学部分的 11.4%.

真题在本部分重点围绕多元函数偏导与微分的计算及多元函数极值求解进行考查，考生不仅要掌握常见类型函数偏导与微分的计算，还需理解多元函数连续、可导与可微等基本概念与相关性质，了解极值的定义等相关考点.

重点考点标记见本讲“考点题型框架”.

考点题型框架

- 多元函数微分
  - 多元函数的连续、可导与可微
    - 考点一　多元函数的概念及几何意义
      - 题型一　多元函数的基本概念
      - 题型二　计算二重极限
    - 考点二　多元函数的偏导数与全微分*
      - 题型三　偏导数定义的考查
      - 题型四　高阶偏导数定义的考查
      - 题型五　全微分、偏导、连续的考查
  - 偏导数的计算与多元函数的极值
    - 考点三　偏导数与全微分的计算*
      - 题型六　显函数求偏导
      - 题型七　中间变量均为一元函数求导
      - 题型八　中间变量均为二元函数求偏导
      - 题型九　中间变量既有一元函数又有二元函数求偏导
      - 题型十　复合函数的某些中间变量本身又是复合函数求偏导
      - 题型十一　求抽象复合函数的偏导
      - 题型十二　求复合函数的全微分
      - 题型十三　隐函数求偏导
    - 考点四　多元函数求极值*
      - 题型十四　极值的计算

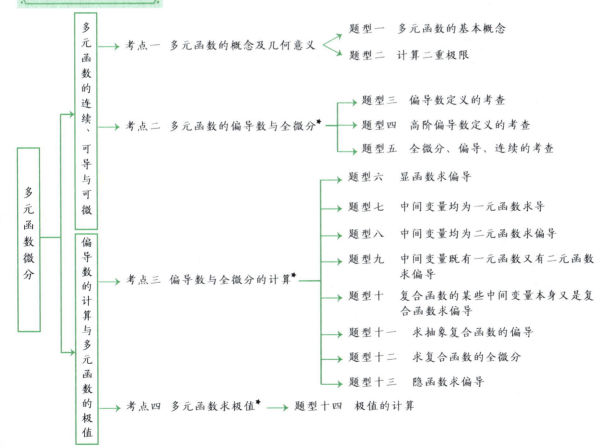

考点精讲

考点一　多元函数的概念及几何意义

1. 二元函数的定义

设 D 是 $\mathbf{R}^2$ 的一个非空子集，称映射 $f:D\to\mathbf{R}$ 为定义在 D 上的二元函数，通常记为

$$z=f(x,y),(x,y)\in D$$

或

$$z=f(P),P\in D,$$

其中点集 D 称为该函数的定义域，x,y 称为自变量，z 称为因变量.

> **【敲黑板】** ① 表示二元函数的记号 f 可以任意取，如 z 是 x,y 的函数也可记为 $z=z(x,y)$，$z=\varphi(x,y)$，等等.
>
> ② 确定二元函数的二要素：定义域，对应法则.

题型一　多元函数的基本概念

【解题方法】 基本问题是求二元函数的定义域与对应法则运算.

求二元函数定义域的方法与一元函数定义域的求法相仿，只需使其解析式有意义即可，对实际问题依实际意义确定.

函数对应法则的运算有两种常见形式：

① 已知 $f(x,y)$ 的表达式，求 $f[\varphi(x,y),\psi(x,y)]$ 的表达式；

② 已知 $f[\varphi(x,y),\psi(x,y)]$ 的表达式，求 $f(x,y)$ 的表达式.

例 1 求下列各函数的定义域.

(1) $z=\sqrt{x-\sqrt{y}}$；　　(2) $z=\ln(y-x)+\dfrac{\sqrt{x}}{\sqrt{1-x^2-y^2}}$；

(3) $u=\arccos\dfrac{z}{\sqrt{x^2+y^2}}$.

【答案解析】 (1) $\{(x,y)\mid x\geqslant 0,y\geqslant 0,x^2\geqslant y\}$.

(2) $\{(x,y)\mid y-x>0,x\geqslant 0,x^2+y^2<1\}$.

(3) $\{(x,y,z)\mid x^2+y^2-z^2\geqslant 0,x^2+y^2\neq 0\}$.

例 2 已知 $f(x,y)=3x+2y$，则 $f[4,f(x,y)]=$（　　）.

(A) $3x+2y+12$　　(B) $3x+2y+13$　　(C) $6x+4y+12$

(D) $6x+4y+13$　　(E) $3x+4y+72$

【参考答案】 C

【解题思路】 由题设 $f(x,y)=3x+2y$，意味着

$$f(\square,\bigcirc)=3\times\square+2\times\bigcirc,$$

其中 □,○ 分别表示 f 的表达式中第 1 个位置和第 2 个位置的元素. 只需将 f 的表达式中的第 1 个位置换为 4,第 2 个位置换为 $f(x,y)$ 即可求解.

【答案解析】 由于 $f(x,y)=3x+2y$,因此

$$f[4,f(x,y)]=3\times4+2\times(3x+2y)=6x+4y+12.$$

故选 C.

例 3 已知 $f\left(\frac{1}{x},\frac{1}{y}\right)=x^3-2xy^2+3y$,则 $f(x,y)=(\quad)$.

(A) $\frac{1}{x^3}+\frac{2}{x^2y}+\frac{3}{y}$ (B) $\frac{1}{x^3}+\frac{2}{x^2y}-\frac{3}{y}$ (C) $\frac{1}{x^3}-\frac{2}{xy^2}+\frac{3}{y}$

(D) $-\left(\frac{1}{x^3}+\frac{2}{xy^2}+\frac{3}{y}\right)$ (E) $\frac{1}{x^3}-\frac{2}{xy^2}-\frac{3}{y}$

【参考答案】 C

【解题思路】 本题已知 $f\left(\frac{1}{x},\frac{1}{y}\right)$ 的表达式,可引入新变量 $u=\frac{1}{x},v=\frac{1}{y}$,从中解出 x,y 由 u 与 v 表示的关系式,由此得出 $f(u,v)$,进而得出 $f(x,y)$.

【答案解析】 设 $u=\frac{1}{x},v=\frac{1}{y}$,则 $x=\frac{1}{u},y=\frac{1}{v}$,因此

$$f(u,v)=f\left(\frac{1}{x},\frac{1}{y}\right)=\frac{1}{u^3}-\frac{2}{uv^2}+\frac{3}{v},$$

从而 $f(x,y)=\frac{1}{x^3}-\frac{2}{xy^2}+\frac{3}{y}$. 故选 C.

2. 二元函数的极限

设二元函数 $f(x,y)$ 在点 $P_0(x_0,y_0)$ 的某空心邻域内有定义,对任意给定的数 $\varepsilon>0$,若总存在数 $\delta>0$,使得当 $0<\sqrt{(x-x_0)^2+(y-y_0)^2}<\delta$ 时,不等式 $|f(x,y)-A|<\varepsilon$ 恒成立,则称当 (x,y) 趋于 (x_0,y_0) 时,$f(x,y)$ 以 A 为极限.

【敲黑板】 ① (x,y) 沿某条路径趋于 (x_0,y_0) 时的极限不存在或 (x,y) 沿两条不同路径趋于 (x_0,y_0) 时的两个极限不相等,则可以判定 $\lim\limits_{(x,y)\to(x_0,y_0)}f(x,y)$ 不存在.

② **二元函数极限的基本定理** 若 $\lim\limits_{\substack{x\to x_0\\y\to y_0}}f(x,y)=A$,则必有 $f(x,y)=A+o(\rho)$,其中 $\rho=\sqrt{(x-x_0)^2+(y-y_0)^2}$,当 $\rho\to0$ 时,$o(\rho)$ 为 ρ 的高阶无穷小.

③ 关于多元函数的极限运算,有与一元函数类似的运算法则. 如四则运算法则、两个重要极限等,都可以推广到多元函数极限.

题型二　计算二重极限

例 4　求下列各极限.

(1) $\lim\limits_{(x,y)\to(2,0)}\dfrac{\tan(xy)}{y}$;

(2) $\lim\limits_{(x,y)\to(0,0)}\dfrac{1-\cos(x^2+y^2)}{(x^2+y^2)e^{x^2y^2}}$.

【答案解析】(1) $\lim\limits_{(x,y)\to(2,0)}\dfrac{\tan(xy)}{y}=\lim\limits_{(x,y)\to(2,0)}\left[\dfrac{\tan(xy)}{xy}\cdot x\right]=1\cdot 2=2.$

(2) 当$(x,y)\to(0,0)$时,$x^2+y^2\to 0$,故$1-\cos(x^2+y^2)\sim\dfrac{1}{2}(x^2+y^2)^2$,则

$$\lim_{(x,y)\to(0,0)}\frac{1-\cos(x^2+y^2)}{(x^2+y^2)e^{x^2y^2}}=\lim_{(x,y)\to(0,0)}\frac{x^2+y^2}{2e^{x^2y^2}}=0.$$

3.二元函数的连续性

(1) 定义.

若$\lim\limits_{\substack{x\to x_0\\y\to y_0}}f(x,y)=f(x_0,y_0)$,则称$f(x,y)$在点$(x_0,y_0)$连续;若$f(x,y)$在开区域$D$内每一点连续,且在区域$D$的边界上每一点连续,则称$f(x,y)$在闭区域$D$上连续.

(2) 闭区域上连续函数的性质.

有界定理　设$f(x,y)$在闭区域D上连续,则$f(x,y)$在D上一定有界.

最值定理　设$f(x,y)$在闭区域D上连续,则$f(x,y)$在D上一定有最大值和最小值,即存在$(x_1,y_1),(x_2,y_2)\in D$,有

$\max\limits_{(x,y)\in D}\{f(x,y)\}=f(x_1,y_1)=M$(最大值),$\min\limits_{(x,y)\in D}\{f(x,y)\}=f(x_2,y_2)=m$(最小值).

介值定理　设$f(x,y)$在闭区域D上连续,M为最大值,m为最小值,若$m\leqslant c\leqslant M$,则存在$(x_0,y_0)\in D$,使得$f(x_0,y_0)=c$.

考点二　多元函数的偏导数与全微分

1.偏导数

设二元函数$z=f(x,y)$在点$P_0(x_0,y_0)$的某邻域$U(P_0)$内有定义,且极限

$$\lim_{\Delta x\to 0}\frac{f(x_0+\Delta x,y_0)-f(x_0,y_0)}{\Delta x}$$

存在,则称这个极限为函数$z=f(x,y)$在点$P_0(x_0,y_0)$处对x的偏导数,记为

$$\left.\frac{\partial z}{\partial x}\right|_{\substack{x=x_0\\y=y_0}},\left.\frac{\partial f}{\partial x}\right|_{\substack{x=x_0\\y=y_0}},\left.z'_x\right|_{\substack{x=x_0\\y=y_0}}\text{ 或 }f'_x(x_0,y_0).$$

相仿可定义$\left.\dfrac{\partial z}{\partial y}\right|_{\substack{x=x_0\\y=y_0}}$.

需特别注意:

$$\left.\frac{\partial z}{\partial x}\right|_{(x_0,y_0)}=\left.\frac{\partial f}{\partial x}\right|_{(x_0,y_0)}=\left.z'_x\right|_{(x_0,y_0)}=f'_x(x_0,y_0)=\lim_{\Delta x\to 0}\frac{f(x_0+\Delta x,y_0)-f(x_0,y_0)}{\Delta x},$$

$$\left.\frac{\partial z}{\partial y}\right|_{(x_0,y_0)}=\left.\frac{\partial f}{\partial y}\right|_{(x_0,y_0)}=\left.z'_y\right|_{(x_0,y_0)}=f'_y(x_0,y_0)=\lim_{\Delta y\to 0}\frac{f(x_0,y_0+\Delta y)-f(x_0,y_0)}{\Delta y}.$$

题型三　偏导数定义的考查

例 5 设 $f(x,y)=\begin{cases}\dfrac{1}{xy}\sin(x^2y), & xy\neq 0,\\ 0, & xy=0,\end{cases}$ 则 $f'_x(0,1)=$(　　).

(A)0　(B)1　(C)-1　(D)2　(E)-2

【参考答案】 B

【答案解析】 $f'_x(0,1)=\lim\limits_{\Delta x\to 0}\dfrac{f(0+\Delta x,1)-f(0,1)}{\Delta x}=\lim\limits_{\Delta x\to 0}\dfrac{\frac{1}{\Delta x}\sin(\Delta x)^2}{\Delta x}=1$. 故选 B.

例 6 二元函数 $f(x,y)=\begin{cases}\dfrac{xy}{x^2+y^2}, & (x,y)\neq(0,0),\\ 0, & (x,y)=(0,0)\end{cases}$ 在点(0,0)处(　　).

(A) 连续,偏导数存在　(B) 连续,偏导数不存在

(C) 不连续,偏导数存在　(D) 不连续,偏导数不存在

(E) 以上均不正确

【参考答案】 C

【答案解析】 当(x,y)以路径 $y=kx$ 趋近于原点时,有 $\lim\limits_{\substack{(x,y)\to(0,0)\\ y=kx}}f(x,y)=\lim\limits_{\substack{(x,y)\to(0,0)\\ y=kx}}\dfrac{xy}{x^2+y^2}=\dfrac{k}{1+k^2}$,其结果不唯一,故极限不存在,所以函数 $f(x,y)$ 在点(0,0)处不连续.

因为$\lim\limits_{x\to 0}\dfrac{f(x,0)-f(0,0)}{x}=\lim\limits_{x\to 0}\dfrac{0-0}{x}=0$,$\lim\limits_{y\to 0}\dfrac{f(0,y)-f(0,0)}{y}=\lim\limits_{y\to 0}\dfrac{0-0}{y}=0$,所以函数 $f(x,y)$ 在点(0,0)处偏导数存在.

例 7 设二元函数 $f(x,y)$ 在点(a,b)处存在偏导数,则 $\lim\limits_{x\to 0}\dfrac{f(a+x,b)-f(a-x,b)}{x}=$(　　).

(A)$f'_x(a,b)$　(B)$f'_x(a+x,b)$　(C)$2f'_x(a,b)$

(D)0　(E)$-2f'_x(a,b)$

【参考答案】 C

【解题思路】 本题考查的知识点为偏导数的定义,只需将所给极限化为偏导数定义的极限形式进行求解即可.

【答案解析】 由于已知 $f(x,y)$ 在点(a,b)处存在偏导数,题干所给表达式形式与 $f(x,y)$ 在点(a,b)处关于 x 的偏导数表达式相近,因此可变形为

$$\lim_{x\to0}\frac{f(a+x,b)-f(a-x,b)}{x}=\lim_{x\to0}\left[\frac{f(a+x,b)-f(a,b)}{x}+\frac{f(a-x,b)-f(a,b)}{-x}\right]$$
$$=\lim_{x\to0}\frac{f(a+x,b)-f(a,b)}{x}+\lim_{x\to0}\frac{f(a-x,b)-f(a,b)}{-x}$$
$$=2f'_x(a,b).$$

故选 C.

例 8 已知函数 $f(x,y)=\begin{cases}\dfrac{\sin x^2\cdot\cos y}{\sqrt{x^2+y^2}}, & (x,y)\neq(0,0),\\ 0, & (x,y)=(0,0),\end{cases}$ 则在点$(0,0)$处(　　).

(A) $\dfrac{\partial f}{\partial x}$不存在,$\dfrac{\partial f}{\partial y}$不存在

(B) $\dfrac{\partial f}{\partial x}$存在且等于1,$\dfrac{\partial f}{\partial y}$不存在

(C) $\dfrac{\partial f}{\partial x}$不存在,$\dfrac{\partial f}{\partial y}$存在且等于0

(D) $\dfrac{\partial f}{\partial x}$存在且等于1,$\dfrac{\partial f}{\partial y}$存在且等于0

(E) $\dfrac{\partial f}{\partial x}$存在但不等于1,$\dfrac{\partial f}{\partial y}$存在但不等于0

【参考答案】 C

【答案解析】 $f(x,0)=\dfrac{\sin x^2}{|x|}$,由于左导数$\lim\limits_{x\to0^-}\dfrac{f(x,0)-f(0,0)}{x}=\lim\limits_{x\to0^-}\dfrac{\sin x^2}{-x^2}=-1$,右导数$\lim\limits_{x\to0^+}\dfrac{f(x,0)-f(0,0)}{x}=\lim\limits_{x\to0^+}\dfrac{\sin x^2}{x^2}=1$,故$\dfrac{\partial f}{\partial x}$不存在;$f(0,y)=0$,则$\dfrac{\partial f}{\partial y}$存在且等于0.

2.高阶偏导数

$$\frac{\partial}{\partial x}\left(\frac{\partial z}{\partial x}\right)=\frac{\partial^2 z}{\partial x^2}=f''_{xx}(x,y),\frac{\partial}{\partial x}\left(\frac{\partial z}{\partial y}\right)=\frac{\partial^2 z}{\partial y\partial x}=f''_{yx}(x,y),$$
$$\frac{\partial}{\partial y}\left(\frac{\partial z}{\partial x}\right)=\frac{\partial^2 z}{\partial x\partial y}=f''_{xy}(x,y),\frac{\partial}{\partial y}\left(\frac{\partial z}{\partial y}\right)=\frac{\partial^2 z}{\partial y^2}=f''_{yy}(x,y).$$

【敲黑板】 ① 当二阶偏导连续时,$f''_{xy}(x,y)=f''_{yx}(x,y)$.
② 偏导符号说明:f_x或f'_x均可以表示对x的偏导,二阶偏导类似.

题型四　高阶偏导数定义的考查

例 9 设$z=x^3y^2-3xy^3-xy+1$,求$\dfrac{\partial^2 z}{\partial x^2},\dfrac{\partial^2 z}{\partial y\partial x},\dfrac{\partial^2 z}{\partial x\partial y},\dfrac{\partial^2 z}{\partial y^2}$.

【答案解析】
$$\frac{\partial z}{\partial x}=3x^2y^2-3y^3-y,$$
$$\frac{\partial z}{\partial y}=2yx^3-9y^2x-x;$$

$$\frac{\partial^2 z}{\partial x^2}=6xy^2,\frac{\partial^2 z}{\partial y^2}=2x^3-18yx,$$

$$\frac{\partial^2 z}{\partial y\partial x}=6x^2y-9y^2-1,\frac{\partial^2 z}{\partial x\partial y}=6x^2y-9y^2-1.$$

3.全微分

(1) 定义.

设二元函数 $z=f(x,y)$ 在点 (x_0,y_0) 的某邻域内有定义,若函数在点 (x_0,y_0) 处的全增量

$$\Delta z=f(x_0+\Delta x,y_0+\Delta y)-f(x_0,y_0)$$

可表示为

$$\Delta z=A\Delta x+B\Delta y+o(\rho),$$

其中 A,B 是仅与点 (x_0,y_0) 有关而与 $\Delta x,\Delta y$ 无关的常数,$\rho=\sqrt{(\Delta x)^2+(\Delta y)^2}$,当 $\rho\to 0$ 时,$o(\rho)$ 是比 ρ 高阶的无穷小量,则称函数 $z=f(x,y)$ 在点 (x_0,y_0) 可微,而 $A\Delta x+B\Delta y$ 称为 $z=f(x,y)$ 在点 (x_0,y_0) 处的全微分,记作 $\mathrm{d}z$,即 $\mathrm{d}z=A\Delta x+B\Delta y$.

(2) 可微的必要条件.

设函数 $z=f(x,y)$ 在点 (x_0,y_0) 处可微,那么 $z=f(x,y)$ 在点 (x_0,y_0) 处必然连续,且两个偏导数均存在,$\Delta z=\frac{\partial z}{\partial x}\Delta x+\frac{\partial z}{\partial y}\Delta y+o(\sqrt{(\Delta x)^2+(\Delta y)^2})$.

【敲黑板】① 由 $\Delta x=\mathrm{d}x,\Delta y=\mathrm{d}y$,可得 $\mathrm{d}z=\frac{\partial z}{\partial x}\mathrm{d}x+\frac{\partial z}{\partial y}\mathrm{d}y$.

② $z=f(x,y)$ 在点 (x_0,y_0) 处两个偏导数均存在,又称 $z=f(x,y)$ 在点 (x_0,y_0) 处可偏导.

(3) 可微的充分条件.

若函数 $z=f(x,y)$ 的偏导数 $\frac{\partial z}{\partial x},\frac{\partial z}{\partial y}$ 在点 (x_0,y_0) 处连续,则函数在该点可微.

(4) 可微的充要条件.

$$\lim_{\substack{\Delta x\to 0\\ \Delta y\to 0}}\frac{\Delta z-\frac{\partial z}{\partial x}\Delta x-\frac{\partial z}{\partial y}\Delta y}{\sqrt{(\Delta x)^2+(\Delta y)^2}}=0.$$

(5) 可微、偏导、连续的关系.

若函数 $z=f(x,y)$ 在点 $P_0(x_0,y_0)$ 处可微,则该函数在点 P_0 处一定连续,且偏导数存在;反之,若函数在点 P_0 处连续,则偏导数不一定存在,函数在点 P_0 处不一定可微. 但是当函数的两个偏导数在点 P_0 处连续时,函数在点 P_0 处可微. 如图所示:

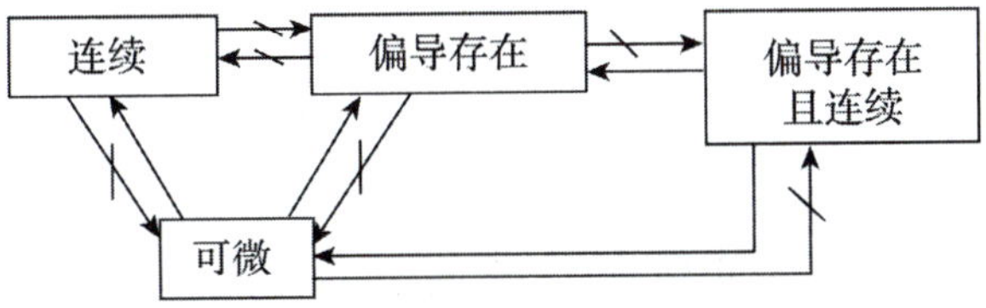

题型五　全微分、偏导、连续的考查

例 10　下列命题错误的是(　　).

(A) $\lim\limits_{(x,y)\to(x_0,y_0)} f(x,y)=A$ 的充分必要条件是 $f(x,y)=A+\alpha$，其中 α 满足 $\lim\limits_{(x,y)\to(x_0,y_0)} \alpha=0$

(B) 若函数 $z=f(x,y)$ 在点 $M_0(x_0,y_0)$ 处存在偏导数 $\left.\dfrac{\partial z}{\partial x}\right|_{M_0}$，$\left.\dfrac{\partial z}{\partial y}\right|_{M_0}$，则 $z=f(x,y)$ 在点 $M_0(x_0,y_0)$ 处必定连续

(C) 若函数 $z=f(x,y)$ 在点 $M_0(x_0,y_0)$ 处可微分，则 $z=f(x,y)$ 在点 $M_0(x_0,y_0)$ 处必定存在偏导数，且 $\left.\mathrm{d}z\right|_{M_0}=\left.\dfrac{\partial z}{\partial x}\right|_{M_0}\mathrm{d}x+\left.\dfrac{\partial z}{\partial y}\right|_{M_0}\mathrm{d}y$

(D) 若函数 $z=f(x,y)$ 在点 $M_0(x_0,y_0)$ 处具有连续偏导数，则 $z=f(x,y)$ 在点 $M_0(x_0,y_0)$ 处必定可微分，且 $\left.\mathrm{d}z\right|_{M_0}=\left.\dfrac{\partial z}{\partial x}\right|_{M_0}\mathrm{d}x+\left.\dfrac{\partial z}{\partial y}\right|_{M_0}\mathrm{d}y$

(E) 若函数 $z=f(x,y)$ 在点 $M_0(x_0,y_0)$ 处可微分，则 $z=f(x,y)$ 在点 $M_0(x_0,y_0)$ 处必定连续

【参考答案】 B

【解题思路】 根据全微分、偏导数、连续、极限之间的关系进行判定.

【答案解析】 对于选项 A，可仿一元函数极限基本定理证明其正确性，也常称这个命题为二元函数极限基本定理.

对于选项 B，举反例，如 $f(x,y)=\begin{cases}\dfrac{xy}{x^2+y^2}, & (x,y)\neq(0,0),\\ 0, & (x,y)=(0,0)\end{cases}$ 在点 $(0,0)$ 处偏导数都存在，但是在点 $(0,0)$ 处不连续，可知 B 不正确.

由全微分的性质知，选项 C，D 和 E 都正确，基本上教材中选项 D 都以定理形式出现. 故选 B.

例 11　已知函数 $f(x,y)=\begin{cases}\dfrac{x\,|\,y\,|}{\sqrt{x^2+y^2}}, & (x,y)\neq(0,0),\\ 0, & (x,y)=(0,0)\end{cases}$ 在点 $(0,0)$ 处有以下结论：

①$f(x,y)$ 连续；② $\dfrac{\partial f}{\partial x}$ 存在，$\dfrac{\partial f}{\partial y}$ 不存在；③ $\dfrac{\partial f}{\partial x}=0$，$\dfrac{\partial f}{\partial y}=0$；④$\mathrm{d}f=0$.

其中所有正确结论的序号是(　　).

(A)①　　(B)②　　(C)①②　　(D)①③　　(E)①③④

【参考答案】 D

【答案解析】 $0\leqslant|f(x,y)|=\dfrac{|xy|}{\sqrt{x^2+y^2}}\leqslant\dfrac{\frac{1}{2}(x^2+y^2)}{\sqrt{x^2+y^2}}=\dfrac{1}{2}\sqrt{x^2+y^2}$，

则 $\lim\limits_{\substack{x\to0\\y\to0}} f(x,y)=f(0,0)$，连续，故 ① 正确.

$$\left.\begin{aligned}\left.\frac{\partial f}{\partial x}\right|_{(0,0)}&=\lim_{x\to0}\frac{f(x,0)-f(0,0)}{x-0}=0\text{ 存在}\\ \left.\frac{\partial f}{\partial y}\right|_{(0,0)}&=\lim_{y\to0}\frac{f(0,y)-f(0,0)}{y-0}=0\text{ 存在}\end{aligned}\right\}\text{故 ② 错误，③ 正确.}$$

可微的充要条件为$\lim\limits_{\substack{\Delta x\to0\\ \Delta y\to0}}\dfrac{\Delta z-A\Delta x-B\Delta y}{\sqrt{(\Delta x)^2+(\Delta y)^2}}\xlongequal[B=f'_y(x_0,y_0)]{A=f'_x(x_0,y_0)}0$，而

$$\lim_{\substack{x\to0\\ y\to0}}\frac{f(x,y)-f(0,0)-f'_x(0,0)(x-0)-f'_y(0,0)(y-0)}{\sqrt{(x-0)^2+(y-0)^2}}$$

$$=\lim_{\substack{x\to0\\ y\to0}}\frac{\dfrac{x\,|\,y\,|}{\sqrt{x^2+y^2}}}{\sqrt{x^2+y^2}}=\lim_{\substack{x\to0\\ y\to0}}\frac{x\,|\,y\,|}{x^2+y^2}\xlongequal{\text{取 } y=x}\lim_{x\to0}\frac{x\,|\,x\,|}{2x^2},$$

极限不存在，故 $f(x,y)$ 在$(0,0)$ 处不可微，④ 错误.

例 12 已知函数 $f(x,y)=2x+3y+\sqrt[3]{4xy(5x-3y)}$，令 $g(x)=f(x,x),h(x)=f(x,2x)$，给出以下 4 个结论：

① $\left.\dfrac{\partial f}{\partial x}\right|_{(0,0)}=2,\left.\dfrac{\partial f}{\partial y}\right|_{(0,0)}=3$；② $\left.\mathrm{d}f\right|_{(0,0)}=2\mathrm{d}x+3\mathrm{d}y$；③ $g'(0)=5$；④ $h'(0)=6$.

其中正确结论的个数是(　　).

(A)0　　(B)1　　(C)2　　(D)3　　(E)4

【参考答案】 C

【答案解析】 对于 ①，$f(x,0)=2x,f(0,y)=3y$，则$\left.\dfrac{\partial f}{\partial x}\right|_{(0,0)}=2,\left.\dfrac{\partial f}{\partial y}\right|_{(0,0)}=3$，① 正确；

对于 ②，$\lim\limits_{(x,y)\to(0,0)}\dfrac{f(x,y)-f(0,0)-2x-3y}{\sqrt{x^2+y^2}}=\lim\limits_{(x,y)\to(0,0)}\dfrac{\sqrt[3]{4xy(5x-3y)}}{\sqrt{x^2+y^2}}$，极限不存在，故 f 不可微，② 不正确；

对于 ③，$g(x)=f(x,x)=7x$，于是 $g'(0)=7$，③ 不正确；

对于 ④，$h(x)=f(x,2x)=6x$，于是 $h'(0)=6$，④ 正确.

考点三　偏导数与全微分的计算

1. 显函数求偏导与全微分

设 $f(x,y),g(x,y)$ 的偏导数均存在，则有如下基本公式：

$$\frac{\partial}{\partial x}[af(x,y)+bg(x,y)]=a\frac{\partial f(x,y)}{\partial x}+b\frac{\partial g(x,y)}{\partial x},a,b\in\mathbf{R},$$

$$\frac{\partial}{\partial x}[f(x,y)g(x,y)]=g(x,y)\frac{\partial f(x,y)}{\partial x}+f(x,y)\frac{\partial g(x,y)}{\partial x},$$

$$\frac{\partial}{\partial x}\left[\frac{f(x,y)}{g(x,y)}\right]=\frac{g(x,y)\dfrac{\partial f(x,y)}{\partial x}-f(x,y)\dfrac{\partial g(x,y)}{\partial x}}{g^2(x,y)},g(x,y)\neq0.$$

题型六　显函数求偏导

例 13　设函数 $f(x,y)=x+(y-1)\arcsin\sqrt{\frac{x}{y}}$，则 $f'_x(x,2)=$（　　）.

(A) $\frac{\sqrt{2}}{\sqrt{2-x}}$　　(B) $\frac{\sqrt{2}}{2\sqrt{2-x}}$　　(C) $1+\frac{1}{2\sqrt{(2-x)x}}$

(D) $1-\frac{\sqrt{2}}{2\sqrt{2-x}}$　　(E) $1+\frac{\sqrt{2}}{\sqrt{2-x}}$

【参考答案】 C

【答案解析】 由于 $f(x,y)=x+(y-1)\arcsin\sqrt{\frac{x}{y}}$，则

$$f(x,2)=x+\arcsin\sqrt{\frac{x}{2}},$$

$$f'_x(x,2)=1+\frac{1}{\sqrt{1-\frac{x}{2}}}\cdot\frac{1}{\sqrt{2}}\cdot\frac{1}{2}\cdot\frac{1}{\sqrt{x}}=1+\frac{1}{2\sqrt{(2-x)x}}.$$

例 14　求下列函数的一阶偏导数.

(1) $z=\sqrt{\ln(xy)}$；

(2) $z=(1+xy)^y$；

(3) $u=\arctan(x-y)^z$.

【答案解析】 (1)

$$\frac{\partial z}{\partial x}=\frac{1}{2}\cdot\frac{1}{\sqrt{\ln(xy)}}\cdot\frac{1}{xy}\cdot y=\frac{1}{2x\sqrt{\ln(xy)}},$$

$$\frac{\partial z}{\partial y}=\frac{1}{2}\cdot\frac{1}{\sqrt{\ln(xy)}}\cdot\frac{1}{xy}\cdot x=\frac{1}{2y\sqrt{\ln(xy)}}.$$

(2) $\frac{\partial z}{\partial x}=y^2(1+xy)^{y-1}$，$\frac{\partial z}{\partial y}=\frac{\partial}{\partial y}\left[e^{y\ln(1+xy)}\right]=(1+xy)^y\left[\ln(1+xy)+\frac{xy}{1+xy}\right]$.

(3) $\frac{\partial u}{\partial x}=\frac{z(x-y)^{z-1}}{1+(x-y)^{2z}}$，$\frac{\partial u}{\partial y}=-\frac{z(x-y)^{z-1}}{1+(x-y)^{2z}}$，$\frac{\partial u}{\partial z}=\frac{(x-y)^z\ln(x-y)}{1+(x-y)^{2z}}$.

例 15　设 $z=(x+e^y)^x$，则 $\left.\frac{\partial z}{\partial x}\right|_{(1,0)}=$（　　）.

(A) $1+2\ln 2$　　(B) $1-2\ln 2$　　(C) $1+\ln 2$

(D) $1-\ln 2$　　(E) $2+\ln 2$

【参考答案】 A

【答案解析】 由于 $z=(x+e^y)^x$，因此 $\ln z=x\ln(x+e^y)$.

两端对 x 求偏导数，有

$$\frac{1}{z}\frac{\partial z}{\partial x}=\ln(x+e^y)+x\cdot\frac{1}{x+e^y}\cdot 1.$$

当 $x=1,y=0$ 时，$z=2$. 因此

$$\frac{1}{2}\cdot\left.\frac{\partial z}{\partial x}\right|_{(1,0)}=\ln 2+\frac{1}{2},$$

$$\left.\frac{\partial z}{\partial x}\right|_{(1,0)}=1+2\ln 2.$$

例 16 设函数 $z=(2x+y)^{3xy}$，则 $\left.\frac{\partial z}{\partial x}\right|_{(1,1)}=($　　$)$.

(A) $3^2\cdot(3\ln 3+2)$　　(B) $3^2\cdot(\ln 3+2)$　　(C) $3\ln 3+2$

(D) $3^3\cdot(3\ln 3-2)$　　(E) $3^3\cdot(3\ln 3+2)$

【参考答案】 E

【答案解析】 $\ln z=3xy\cdot\ln(2x+y)$，两边对 x 求偏导，得

$$\frac{1}{z}\frac{\partial z}{\partial x}=3y\cdot\ln(2x+y)+3xy\cdot\frac{1}{2x+y}\cdot 2,$$

$$\frac{\partial z}{\partial x}=(2x+y)^{3xy}\cdot\left[3y\cdot\ln(2x+y)+\frac{6xy}{2x+y}\right],$$

代入点 $(1,1)$，得 $\left.\frac{\partial z}{\partial x}\right|_{(1,1)}=3^3\cdot(3\ln 3+2)$. 故选 E.

2. 复合函数求偏导与全微分

(1) 中间变量均为一元函数的情形.

定理 1 如果函数 $u=\varphi(t)$ 及 $v=\psi(t)$ 都在点 t 可导，且函数 $z=f(u,v)$ 在对应点 (u,v) 具有连续偏导数，则复合函数 $z=f[\varphi(t),\psi(t)]$ 在点 t 可导，且其导数公式为

$$\frac{\mathrm{d}z}{\mathrm{d}t}=\frac{\partial z}{\partial u}\frac{\mathrm{d}u}{\mathrm{d}t}+\frac{\partial z}{\partial v}\frac{\mathrm{d}v}{\mathrm{d}t}\text{（其中}\frac{\mathrm{d}z}{\mathrm{d}t}\text{ 称为全导数）}.$$

题型七　中间变量均为一元函数求导

例 17 设 $z=\mathrm{e}^{x-2y}$，且 $x=\sin t,y=t^3$，求 $\frac{\mathrm{d}z}{\mathrm{d}t}$.

【答案解析】 画链式图.

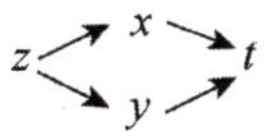

$$\frac{\mathrm{d}z}{\mathrm{d}t}=\frac{\partial z}{\partial x}\cdot\frac{\mathrm{d}x}{\mathrm{d}t}+\frac{\partial z}{\partial y}\cdot\frac{\mathrm{d}y}{\mathrm{d}t}$$
$$=\mathrm{e}^{x-2y}\cdot\cos t+\mathrm{e}^{x-2y}\cdot(-2)\cdot 3t^2$$
$$=\mathrm{e}^{\sin t-2t^3}(\cos t-6t^2).$$

(2) 中间变量均为二元函数的情形.

定理 2 若 $u=\varphi(x,y)$ 及 $v=\psi(x,y)$ 在点 (x,y) 具有偏导数，且函数 $z=f(u,v)$ 在对应点 (u,v) 具有连续偏导数，则复合函数 $z=f[\varphi(x,y),\psi(x,y)]$ 在点 (x,y) 的偏导数存在，且有公式

$$\frac{\partial z}{\partial x}=\frac{\partial z}{\partial u}\frac{\partial u}{\partial x}+\frac{\partial z}{\partial v}\frac{\partial v}{\partial x};\frac{\partial z}{\partial y}=\frac{\partial z}{\partial u}\frac{\partial u}{\partial y}+\frac{\partial z}{\partial v}\frac{\partial v}{\partial y}.$$

题型八　中间变量均为二元函数求偏导

例 18　设 $z=\mathrm{e}^u\sin v$，而 $u=xy$，$v=x+y$. 求 $\frac{\partial z}{\partial x}$ 和 $\frac{\partial z}{\partial y}$.

【答案解析】 画链式图.

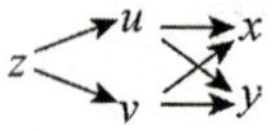

$$\begin{aligned}\frac{\partial z}{\partial x}&=\frac{\partial z}{\partial u}\cdot\frac{\partial u}{\partial x}+\frac{\partial z}{\partial v}\cdot\frac{\partial v}{\partial x}\\&=\sin v\cdot\mathrm{e}^u\cdot y+\mathrm{e}^u\cdot\cos v\cdot 1\\&=\mathrm{e}^{xy}[y\sin(x+y)+\cos(x+y)],\end{aligned}$$

$$\begin{aligned}\frac{\partial z}{\partial y}&=\frac{\partial z}{\partial u}\cdot\frac{\partial u}{\partial y}+\frac{\partial z}{\partial v}\cdot\frac{\partial v}{\partial y}\\&=\sin v\cdot\mathrm{e}^u\cdot x+\mathrm{e}^u\cdot\cos v\cdot 1\\&=\mathrm{e}^{xy}[x\sin(x+y)+\cos(x+y)].\end{aligned}$$

(3) 中间变量既有一元函数又有二元函数的情形.

设函数 $u=\varphi(x,y)$ 在点 (x,y) 处具有偏导数，$v=\psi(y)$ 在 y 处可导，且函数 $z=f(u,v)$ 在对应点 (u,v) 具有连续偏导数，则复合函数 $z=f[\varphi(x,y),\psi(y)]$ 在点 (x,y) 的偏导数存在，且有公式

$$\frac{\partial z}{\partial x}=\frac{\partial z}{\partial u}\frac{\partial u}{\partial x};\frac{\partial z}{\partial y}=\frac{\partial z}{\partial u}\frac{\partial u}{\partial y}+\frac{\partial z}{\partial v}\frac{\mathrm{d}v}{\mathrm{d}y}.$$

题型九　中间变量既有一元函数又有二元函数求偏导

例 19　设 $z=f(\sin x,\cos y,\mathrm{e}^{x+y})$，求 $\frac{\partial z}{\partial x}$，$\frac{\partial z}{\partial y}$.

【答案解析】 画链式图.

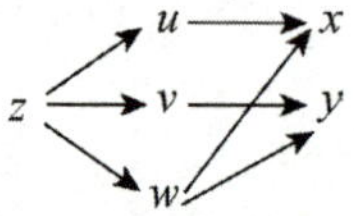

$$\begin{aligned}\frac{\partial z}{\partial x}&=f_1'\cdot(\sin x)_x'+f_3'\cdot(\mathrm{e}^{x+y})_x'\\&=f_1'\cdot\cos x+f_3'\cdot\mathrm{e}^{x+y},\end{aligned}$$

$$\begin{aligned}\frac{\partial z}{\partial y}&=f_2'\cdot(\cos y)_y'+f_3'\cdot(\mathrm{e}^{x+y})_y'\\&=f_2'\cdot(-\sin y)+f_3'\cdot\mathrm{e}^{x+y}.\end{aligned}$$

(4) 复合函数的某些中间变量本身又是复合函数的情形.

设函数 $u=\varphi(x,y)$ 具有偏导数，且函数 $z=f(u,x,y)$ 有连续偏导数，则复合函数 $z=f[\varphi(x,y),x,y]$ 在点 (x,y) 的偏导数存在，且有公式

$$\frac{\partial z}{\partial x}=\frac{\partial f}{\partial u}\frac{\partial u}{\partial x}+\frac{\partial f}{\partial x};\frac{\partial z}{\partial y}=\frac{\partial f}{\partial u}\frac{\partial u}{\partial y}+\frac{\partial f}{\partial y}.$$

【敲黑板】① $\frac{\partial z}{\partial x}$ 与 $\frac{\partial f}{\partial x}$ 区别：$\frac{\partial z}{\partial x}$ 是把复合后的二元函数 $f[\varphi(x,y),x,y]$ 对 x 求偏导（y 看成常数）；$\frac{\partial f}{\partial x}$ 是把复合前的三元函数 $f(u,x,y)$ 对 x 求偏导（u,y 看成常数）. 故此时要慎用记号 $\frac{\partial f}{\partial x}$，若要使用，必须对其含义加以说明.

② 涉及抽象函数的求导时，对中间变量的偏导数通常用其所在位置编码代替，并且右上角处必须打上一撇. 如 $z=f(u,v)$，$u=\varphi(x,y)$，$v=\psi(x,y)$ 中，$f'_1=f'_1(u,v)=f'_u(u,v)$ 表示对第一个中间变量求导，$f''_{21}=f''_{21}(u,v)=f''_{vu}(u,v)$ 表示先对第二个中间变量求导，再对第一个中间变量求导，依次类推.

题型十　复合函数的某些中间变量本身又是复合函数求偏导

例 20 设 $u=f(x,y,z)=e^{x^2+y^2+z^2}$，且 $z=x^2\sin y$，求 $\frac{\partial u}{\partial x}$ 和 $\frac{\partial u}{\partial y}$.

【答案解析】

$$\frac{\partial u}{\partial x}=e^{x^2+y^2+z^2}(2x+2z\cdot 2x\cdot\sin y)=e^{x^2+y^2+z^2}(2x+4xz\sin y),$$

$$\frac{\partial u}{\partial y}=e^{x^2+y^2+z^2}(2y+2z\cdot x^2\cdot\cos y)=e^{x^2+y^2+z^2}(2y+2x^2z\cos y).$$

题型十一　求抽象复合函数的偏导

例 21 已知函数 $z=f(u,v)$ 具有二阶连续偏导数，且 $\left.\frac{\partial f}{\partial v}\right|_{(0,1)}=2$，$\left.\frac{\partial^2 f}{\partial u^2}\right|_{(0,1)}=3$，设 $g(x)=f(\sin x,\cos x)$，则 $\left.\frac{d^2g}{dx^2}\right|_{x=0}=$（　　）.

(A)1　　(B)2　　(C)3　　(D)4　　(E)5

【参考答案】A

【答案解析】根据已知条件 $g(x)=f(\sin x,\cos x)$ 得 g 是关于 x 的一元函数. 但从表达式形式上看 $z=f(u,v)$，z 是关于 u,v 的二元函数，则

$$\begin{aligned}\frac{dg}{dx}&=f'_1(\sin x,\cos x)\cdot(\sin x)'+f'_2(\sin x,\cos x)\cdot(\cos x)'\\&=f'_1(\sin x,\cos x)\cdot\cos x+f'_2(\sin x,\cos x)\cdot(-\sin x),\end{aligned}$$

$$\begin{aligned}\frac{d^2g}{dx^2}=&\cos x[f''_{11}(\sin x,\cos x)\cdot\cos x+f''_{12}(\sin x,\cos x)\cdot(-\sin x)]-\sin x\cdot f'_1(\sin x,\cos x)+\\&[f''_{21}(\sin x,\cos x)\cdot\cos x+f''_{22}(\sin x,\cos x)\cdot(-\sin x)]\cdot(-\sin x)-\\&\cos x\cdot f'_2(\sin x,\cos x)\\=&\cos^2 x\cdot f''_{11}(\sin x,\cos x)-2f''_{12}(\sin x,\cos x)\cdot\sin x\cdot\cos x+\\&f''_{22}(\sin x,\cos x)\cdot\sin^2 x-\sin x\cdot f'_1(\sin x,\cos x)-\cos x\cdot f'_2(\sin x,\cos x),\end{aligned}$$

$$\left.\frac{\mathrm{d}^2 g}{\mathrm{d}x^2}\right|_{x=0}=f''_{11}(0,1)-f'_2(0,1)=1.$$

例 22 设 $f(u,v)$ 是可微函数，令 $y=f[f(\sin x,\cos x),\cos x]$，若 $f(1,0)=1,\left.\frac{\partial f}{\partial u}\right|_{(1,0)}=2,\left.\frac{\partial f}{\partial v}\right|_{(1,0)}=3$，则 $\left.\frac{\mathrm{d}y}{\mathrm{d}x}\right|_{x=\frac{\pi}{2}}=$（　　）.

(A) -9　　(B) -6　　(C) -3　　(D) 3　　(E) 9

【参考答案】A

【答案解析】函数 $y=f[f(\sin x,\cos x),\cos x]$ 对 x 求导得

$$\frac{\mathrm{d}y}{\mathrm{d}x}=f'_1[f(\sin x,\cos x),\cos x]\cdot[f'_1(\sin x,\cos x)\cdot\cos x-f'_2(\sin x,\cos x)\cdot\sin x]-f'_2[f(\sin x,\cos x),\cos x]\cdot\sin x.$$

将 $x=\frac{\pi}{2},f(1,0)=1,\left.\frac{\partial f}{\partial u}\right|_{(1,0)}=2,\left.\frac{\partial f}{\partial v}\right|_{(1,0)}=3$ 代入得

$$\begin{aligned}\left.\frac{\mathrm{d}y}{\mathrm{d}x}\right|_{x=\frac{\pi}{2}}&=f'_1[f(1,0),0]\cdot[f'_1(1,0)\cdot 0-f'_2(1,0)\cdot 1]-f'_2[f(1,0),0]\cdot 1\\&=-f'_1(1,0)\cdot f'_2(1,0)-f'_2(1,0)=-2\times 3-3=-9.\end{aligned}$$

例 23 设 $z=f(xe^y,x,y)$，其中 f 具有二阶连续偏导数，求 $\frac{\partial^2 z}{\partial x\partial y}$.

【答案解析】

$$\frac{\partial z}{\partial x}=f'_1(xe^y,x,y)e^y+f'_2(xe^y,x,y),$$

$$\frac{\partial^2 z}{\partial x\partial y}=(f''_{11}\cdot xe^y+f''_{13})e^y+e^y f'_1+f''_{21}\cdot xe^y+f''_{23}.$$

例 24 设 $z=f\left(xy,\frac{x}{y}\right)+g\left(\frac{y}{x}\right)$，其中 f 具有二阶连续偏导数，g 具有二阶连续导数，则 $\frac{\partial^2 z}{\partial x\partial y}=$（　　）.

(A) $f'_1+\frac{1}{y^2}f'_2+xyf''_{11}-\frac{x}{y^3}f''_{22}+\frac{1}{x^2}g'-\frac{y}{x^3}g''$

(B) $f'_1+\frac{1}{y^2}f'_2+xyf''_{11}+\frac{x}{y^3}f''_{22}+\frac{1}{x^2}g'+\frac{y}{x^3}g''$

(C) $f'_1-\frac{1}{y^2}f'_2+xyf''_{11}+\frac{x}{y^3}f''_{22}+\frac{1}{x^2}g'+\frac{y}{x^3}g''$

(D) $f'_1-\frac{1}{y^2}f'_2+xyf''_{11}+\frac{x}{y^3}f''_{22}+\frac{1}{x^2}g'-\frac{y}{x^3}g''$

(E) $f'_1-\frac{1}{y^2}f'_2+xyf''_{11}-\frac{x}{y^3}f''_{22}-\frac{1}{x^2}g'-\frac{y}{x^3}g''$

【参考答案】E

【解题思路】对于抽象函数求二阶偏导数，引入记号 $f'_i,f''_{ij}(1\leqslant i,j\leqslant 2)$ 往往更简便，当二阶偏导数连续时，应注意混合偏导数与次序无关.

【答案解析】 记 f'_i 为 $f(u,v)$ 对第 i 个位置变量的偏导数，$i=1,2$. 请注意 f'_i 与 $f(u,v)$ 变量位置相同，即为 $f'_i(u,v)$. 记 f''_{ij} 为 $f'_i(u,v)$ 对第 j 个位置变量的偏导数，$j=1,2$，则

$$\frac{\partial z}{\partial x}=yf'_1+\frac{1}{y}f'_2-\frac{y}{x^2}g',$$

$$\begin{aligned}\frac{\partial^2 z}{\partial x\partial y}&=f'_1+y\left(xf''_{11}-\frac{x}{y^2}f''_{12}\right)-\frac{1}{y^2}f'_2+\frac{1}{y}\left(xf''_{21}-\frac{x}{y^2}f''_{22}\right)-\frac{1}{x^2}g'-\frac{y}{x^3}g''\\&=f'_1-\frac{1}{y^2}f'_2+xyf''_{11}-\frac{x}{y^3}f''_{22}-\frac{1}{x^2}g'-\frac{y}{x^3}g''.\end{aligned}$$

故选 E.

【评注】 ① 抽象函数关于中间变量偏导数的记法对运算难易程度有较大影响.

② 本题运算中混合偏导数 $f''_{21}=f''_{12}$.

(5) 微分形式不变性.

设函数 $z=f(u,v)$ 具有连续偏导数，无论 u,v 是自变量还是中间变量，$z=f(u,v)$ 的全微分均有 $\mathrm{d}z=\frac{\partial z}{\partial u}\mathrm{d}u+\frac{\partial z}{\partial v}\mathrm{d}v$ 成立.

题型十二　求复合函数的全微分

例 25 设函数 $f(x)$ 可微，且 $f'(0)=\frac{1}{2}$，则 $z=f(4x^2-y^2)$ 在点(1,2)处的全微分 $\mathrm{d}z\big|_{(1,2)}=$ (　　).

(A) $4\mathrm{d}x-2\mathrm{d}y$　　(B) $4\mathrm{d}x+2\mathrm{d}y$　　(C) $-4\mathrm{d}x+2\mathrm{d}y$

(D) $4\mathrm{d}x-\mathrm{d}y$　　(E) $-4\mathrm{d}x-\mathrm{d}y$

【参考答案】 A

【解题思路】 所给问题为抽象函数的微分运算，对抽象函数的微分运算可直接按一阶微分形式不变性进行运算，也可以先求抽象函数的偏导数，再按微分定义进行运算.

【答案解析】 令 $u=4x^2-y^2$，则 $z=f(u)$，于是

$$\begin{aligned}\mathrm{d}z&=f'(u)\mathrm{d}u=f'(4x^2-y^2)\mathrm{d}(4x^2-y^2)\\&=f'(4x^2-y^2)\cdot(8x\mathrm{d}x-2y\mathrm{d}y).\end{aligned}$$

当 $x=1,y=2$ 时，$u=(4x^2-y^2)\big|_{(1,2)}=0$.

由题设知 $f'(0)=\frac{1}{2}$，因此

$$\mathrm{d}z\big|_{(1,2)}=f'(0)(8\mathrm{d}x-4\mathrm{d}y)=4\mathrm{d}x-2\mathrm{d}y.$$

故选 A.

3.隐函数求导法则

(1) 由一个方程式确定的一元隐函数.

隐函数存在定理1(可确定一个因变量，一个自变量) 设函数 $F(x,y)$ 在点 $P(x_0,y_0)$ 的某邻域内具有连续偏导数,且 $F(x_0,y_0)=0$,$F'_y(x_0,y_0)\neq 0$,则方程 $F(x,y)=0$ 在点 $P(x_0,y_0)$ 的某邻域内能唯一确定一个连续且具有连续导数的函数 $y=f(x)$,它满足 $y_0=f(x_0)$,并有

$$\frac{\mathrm{d}y}{\mathrm{d}x}=-\frac{F'_x(x,y)}{F'_y(x,y)}.$$

(2) 由一个方程式确定的二元隐函数.

隐函数存在定理2(可确定一个因变量，两个自变量) 设函数 $F(x,y,z)$ 在点 $P(x_0,y_0,z_0)$ 的某邻域内具有连续偏导数,且 $F(x_0,y_0,z_0)=0$,$F'_z(x_0,y_0,z_0)\neq 0$,则方程 $F(x,y,z)=0$ 在点 $P(x_0,y_0,z_0)$ 的某邻域内能唯一确定一个连续且具有连续偏导数的函数 $z=f(x,y)$,它满足 $z_0=f(x_0,y_0)$,并有

$$\frac{\partial z}{\partial x}=-\frac{F'_x(x,y,z)}{F'_z(x,y,z)},\frac{\partial z}{\partial y}=-\frac{F'_y(x,y,z)}{F'_z(x,y,z)}.$$

题型十三　隐函数求偏导

例26 设 $z=z(x,y)$ 是由方程 $\mathrm{e}^z-xyz=0$ 所确定的二元函数,求$\dfrac{\partial^2 z}{\partial x^2}$.

【答案解析】 方程两边对 x 求偏导,得 $\mathrm{e}^z\dfrac{\partial z}{\partial x}-yz-xy\dfrac{\partial z}{\partial x}=0$,故$\dfrac{\partial z}{\partial x}=\dfrac{yz}{\mathrm{e}^z-xy}$,则

$$\begin{aligned}\frac{\partial^2 z}{\partial x^2}&=\frac{(\mathrm{e}^z-xy)\cdot y\cdot\frac{\partial z}{\partial x}-yz\left(\mathrm{e}^z\cdot\frac{\partial z}{\partial x}-y\right)}{(\mathrm{e}^z-xy)^2}\\&=\frac{(\mathrm{e}^z-xy)\frac{y^2z}{\mathrm{e}^z-xy}-yz\left(\frac{yz\mathrm{e}^z}{\mathrm{e}^z-xy}-y\right)}{(\mathrm{e}^z-xy)^2}\\&=\frac{2y^2z\mathrm{e}^z-2xy^3z-y^2z^2\mathrm{e}^z}{(\mathrm{e}^z-xy)^3}.\end{aligned}$$

例27 设函数 $z=z(x,y)$ 由方程 $z=\mathrm{e}^{2x-3z}+2y$ 确定,则 $3\dfrac{\partial z}{\partial x}+\dfrac{\partial z}{\partial y}=$(　　).

(A)2　　(B)3　　(C)4　　(D)1　　(E)-3

【参考答案】 A

【答案解析】 记 $F(x,y,z)=z-\mathrm{e}^{2x-3z}-2y$,则 $F'_x=-2\mathrm{e}^{2x-3z}$,$F'_y=-2$,$F'_z=1+3\mathrm{e}^{2x-3z}>0$.

由隐函数存在定理2可知,$\dfrac{\partial z}{\partial x}=-\dfrac{F'_x}{F'_z}=\dfrac{2\mathrm{e}^{2x-3z}}{1+3\mathrm{e}^{2x-3z}}$,$\dfrac{\partial z}{\partial y}=-\dfrac{F'_y}{F'_z}=\dfrac{2}{1+3\mathrm{e}^{2x-3z}}$,故

$$3\frac{\partial z}{\partial x}+\frac{\partial z}{\partial y}=3\cdot\frac{2\mathrm{e}^{2x-3z}}{1+3\mathrm{e}^{2x-3z}}+\frac{2}{1+3\mathrm{e}^{2x-3z}}=2.$$

例28 设 $z=z(x,y)$ 是由方程 $x^2y-z=\varphi(x+y+z)$ 所确定的函数,其中 φ 可导,且 $\varphi'\neq -1$,则$\dfrac{\partial z}{\partial x}=$(　　).

(A) $\frac{xy-\varphi'}{1+\varphi'}$　(B) $\frac{xy+\varphi'}{1+\varphi'}$　(C) $\frac{2xy-\varphi'}{1+\varphi'}$

(D) $\frac{2xy+\varphi'}{1+\varphi'}$　(E) $\frac{xy-\varphi'}{1-\varphi'}$

【参考答案】C

【答案解析】已知方程中包含抽象函数 $\varphi(x+y+z)$，且其中间变量只有一个，利用隐函数求偏导数公式，令 $F(x,y,z)=x^2y-z-\varphi(x+y+z)$，则

$$F'_x=2xy-\varphi',F'_z=-1-\varphi'.$$

由于 $\varphi'\neq-1$，因此 $\frac{\partial z}{\partial x}=-\frac{F'_x}{F'_z}=\frac{2xy-\varphi'}{1+\varphi'}$. 故选 C.

例 29 已知非负函数 $z=z(x,y)$ 由 $x^2(z^2-1)+2y^2+4xyz=1$ 确定，则 $\mathrm{d}z\Big|_{(1,1)}=(\quad)$.

(A) $2\mathrm{d}x-\mathrm{d}y$　(B) $2\mathrm{d}x+\mathrm{d}y$　(C) $-\frac{1}{2}\mathrm{d}x-\mathrm{d}y$

(D) $\frac{1}{2}\mathrm{d}x+\mathrm{d}y$　(E) $\frac{1}{2}\mathrm{d}x-\mathrm{d}y$

【参考答案】E

【答案解析】当 $x=y=1$ 时，$z=0$ 或 -4(舍)，方程两端取微分得

$$2x(z^2-1)\mathrm{d}x+x^2\cdot2z\mathrm{d}z+4y\mathrm{d}y+4yz\mathrm{d}x+4xz\mathrm{d}y+4xy\mathrm{d}z=0,$$

将 $x=y=1,z=0$ 代入得 $\mathrm{d}z\Big|_{(1,1)}=\frac{1}{2}\mathrm{d}x-\mathrm{d}y$.

考点四　多元函数求极值

1. 极值的定义

设 $z=f(x,y)$ 在点 (x_0,y_0) 的某个邻域内有定义，如果对在此邻域内任意异于 (x_0,y_0) 的点 (x,y) 都有 $f(x,y)<(>)f(x_0,y_0)$，则称 $z=f(x,y)$ 在 (x_0,y_0) 取得极大(小)值，且称 (x_0,y_0) 为极大(小)值点.

例如：$z=x^2+y^2$ 在 $(0,0)$ 取得极小值，$z=-\sqrt{x^2+y^2}$ 在 $(0,0)$ 取得极大值.

2. 极值存在的必要条件

设函数 $z=f(x,y)$ 在点 (x_0,y_0) 具有偏导数，且在点 (x_0,y_0) 处取得极值，则 $f'_x(x_0,y_0)=0$，$f'_y(x_0,y_0)=0$.

使得 $f'_x(x_0,y_0)=0,f'_y(x_0,y_0)=0$ 同时成立的点 (x_0,y_0) 称为函数 $z=f(x,y)$ 的**驻点**. 由该定理知道：**具有偏导数的函数的极值点一定是驻点.**

3. 极值存在的充分条件

设函数 $z=f(x,y)$ 在驻点 (x_0,y_0) 的某邻域内连续且有一阶及二阶连续偏导数，令 $f''_{xx}(x_0,y_0)=A$，$f''_{xy}(x_0,y_0)=B,f''_{yy}(x_0,y_0)=C$，则

① 当 $AC-B^2>0$ 时，$f(x,y)$ 在 (x_0,y_0) 取得极值，且当 $A<0$ 时取极大值，当 $A>0$ 时取极小值；

② 当 $AC-B^2<0$ 时，$f(x,y)$ 在 (x_0,y_0) 没有极值；

③ 当 $AC-B^2=0$ 时，无法判断 $f(x,y)$ 在该点是否取极值.

题型十四　极值的计算

【解题方法】(1) 求出 $f(x,y)$ 的所有驻点及偏导数不存在的点.

(2) 对偏导数不存在的点可考虑利用极值的定义判定.

(3) 对驻点 $P_1,\cdots,P_k$，求出它们二阶偏导数相应的 A,B,C，依充分条件判定.

对于处处都存在偏导数的情况，如果实际问题存在最大(小) 值且驻点唯一，那么驻点就是最大(小) 值点.

例 30　求函数 $f(x,y)=x^3-y^3+3x^2+3y^2-9x$ 的极值.

【解题思路】这是一道标准的二元函数求极值问题，只需按求极值的步骤进行即可.

【答案解析】$f(x,y)=x^3-y^3+3x^2+3y^2-9x$，解方程组

$$\begin{cases} f'_x(x,y)=3x^2+6x-9 \xlongequal{令} 0, \\ f'_y(x,y)=-3y^2+6y \xlongequal{令} 0, \end{cases}$$

可得 $f(x,y)$ 的驻点：$(1,0)$，$(1,2)$，$(-3,0)$，$(-3,2)$，且

$$f''_{xx}(x,y)=6x+6, f''_{xy}(x,y)=0, f''_{yy}(x,y)=-6y+6.$$

在点 $(1,0)$ 处，$A=f''_{xx}(1,0)=12>0$，$B=f''_{xy}(1,0)=0$，$C=f''_{yy}(1,0)=6$，$AC-B^2>0$，可知点 $(1,0)$ 为极小值点，极小值为 $f(1,0)=-5$.

在点 $(1,2)$ 处，$A=f''_{xx}(1,2)=12$，$B=f''_{xy}(1,2)=0$，$C=f''_{yy}(1,2)=-6$，$AC-B^2<0$，可知点 $(1,2)$ 不是极值点.

在点 $(-3,0)$ 处，$A=f''_{xx}(-3,0)=-12$，$B=f''_{xy}(-3,0)=0$，$C=f''_{yy}(-3,0)=6$，$AC-B^2<0$，可知点 $(-3,0)$ 不是极值点.

在点 $(-3,2)$ 处，$A=f''_{xx}(-3,2)=-12<0$，$B=f''_{xy}(-3,2)=0$，$C=f''_{yy}(-3,2)=-6$，$AC-B^2>0$，可知点 $(-3,2)$ 为极大值点，极大值为 $f(-3,2)=31$.

例 31　设 $dz_1=xdx+ydy$，$dz_2=ydx+xdy$，则点 $(0,0)$(　　).

(A) 是 z_1 的极大值点，也是 z_2 的极大值点

(B) 是 z_1 的极小值点，也是 z_2 的极小值点

(C) 是 z_1 的极大值点，也是 z_2 的极小值点

(D) 是 z_1 的极小值点，也是 z_2 的极大值点

(E) 是 z_1 的极小值点，不是 z_2 的极值点

【参考答案】E

【答案解析】由于 $dz_1=xdx+ydy$，因此 $\frac{\partial z_1}{\partial x}=x$，$\frac{\partial z_1}{\partial y}=y$. 令 $\frac{\partial z_1}{\partial x}=0$，$\frac{\partial z_1}{\partial y}=0$，得 $x=0$，

$y=0$，因此点$(0,0)$为z_1的唯一驻点.

由$\frac{\partial^2 z_1}{\partial x^2}=1,\frac{\partial^2 z_1}{\partial x\partial y}=0,\frac{\partial^2 z_1}{\partial y^2}=1$,可得

$$A=\left.\frac{\partial^2 z_1}{\partial x^2}\right|_{(0,0)}=1,B=\left.\frac{\partial^2 z_1}{\partial x\partial y}\right|_{(0,0)}=0,C=\left.\frac{\partial^2 z_1}{\partial y^2}\right|_{(0,0)}=1,$$

由$AC-B^2=1>0,A>0$,可知点$(0,0)$为z_1的极小值点.

又$\mathrm{d}z_2=y\mathrm{d}x+x\mathrm{d}y$,可知$\frac{\partial z_2}{\partial x}=y,\frac{\partial z_2}{\partial y}=x$. 令$\frac{\partial z_2}{\partial x}=0,\frac{\partial z_2}{\partial y}=0$,得$x=0,y=0$,因此点$(0,0)$为$z_2$的唯一驻点.

由$\frac{\partial^2 z_2}{\partial x^2}=0,\frac{\partial^2 z_2}{\partial x\partial y}=1,\frac{\partial^2 z_2}{\partial y^2}=0$,可得

$$A=\left.\frac{\partial^2 z_2}{\partial x^2}\right|_{(0,0)}=0,B=\left.\frac{\partial^2 z_2}{\partial x\partial y}\right|_{(0,0)}=1,C=\left.\frac{\partial^2 z_2}{\partial y^2}\right|_{(0,0)}=0,$$

由$AC-B^2=-1<0$,可知点$(0,0)$不是z_2的极值点.

故选E.

基础能力题

1 设$z=x+f(\sqrt{y}-1)$,当$x=1$时,$z=y$,则当$u\geqslant -1,y\geqslant 0$时,( ).

(A)$f(u)=u^2+2u,z=x+y-1$　　(B)$f(u)=u^2+2u,z=x+y+1$

(C)$f(u)=u^2+u,z=x+y-1$　　(D)$f(u)=u^2+u,z=x+y+1$

(E)$f(u)=u^2+u,z=x-y-1$

2 极限$\lim\limits_{\substack{x\to 0\\y\to 0}}\frac{x^2y}{x^4+y^2}$( ).

(A)等于1　　(B)等于2　　(C)等于3　　(D)等于4　　(E)不存在

3 下面关于二元函数$f(x,y)$的五条结论:

①$f(x,y)$在点(x_0,y_0)处极限存在;

②$f(x,y)$在点(x_0,y_0)处连续;

③$f(x,y)$在点(x_0,y_0)处的两个偏导数连续;

④$f(x,y)$在点(x_0,y_0)处可微;

⑤$f(x,y)$在点(x_0,y_0)处的两个偏导数存在.

若用“$P\Rightarrow Q$”表示可由结论P推出结论Q,则有( ).

(A)③⇒④⇒⑤　　(B)⑤⇒②⇒①　　(C)⑤⇒④⇒②

(D)④⇒③⇒②　　(E)④⇒②⇒⑤

4 设$z=\mathrm{e}^{x^2-y^2}\sin(xy)$,则$\frac{\partial z}{\partial x}=$( ).

(A)$\mathrm{e}^{x^2-y^2}[2x\sin(xy)+y\cos(xy)]$　　(B)$\mathrm{e}^{x^2-y^2}[2x\sin(xy)-y\cos(xy)]$

(C) $e^{x^2-y^2}[2x\cos(xy)-y\sin(xy)]$ (D) $e^{x^2-y^2}[2x\cos(xy)+y\sin(xy)]$

(E) $e^{x^2-y^2}[-2x\cos(xy)-y\sin(xy)]$

5 设 $z=\cos(xy)+\varphi\left(y,\frac{y}{x}\right)$,其中 $\varphi(u,v)$ 具有一阶连续偏导数,则$\frac{\partial z}{\partial x}=$( ).

(A) $-y\left[\sin(xy)+\frac{1}{x^2}\varphi_2'\right]$ (B) $y\left[\sin(xy)+\frac{1}{x^2}\varphi_2'\right]$

(C) $-y\left[\sin(xy)-\frac{1}{x^2}\varphi_2'\right]$ (D) $y\left[\sin(xy)-\frac{1}{x^2}\varphi_2'\right]$

(E) $-y\left[\sin(xy)+\frac{1}{x}\varphi_2'\right]$

6 设 $f\left(x+y,\frac{y}{x}\right)=x^2-y^2, z=f(x,y)$,则$\frac{\partial z}{\partial y}=$( ).

(A) $\frac{x(1-y)}{1+y}$ (B) $\frac{x(1+y)}{1-y}$ (C) $\frac{2y(1-x)}{1+y}$

(D) $\frac{-2x^2}{(1+y)^2}$ (E) $\frac{2x^2}{(1+y)^2}$

7 设 $z=z(x,y)$ 由方程 $z^2y-xz^3=1$ 确定,则 $dz=$( ).

(A) $\frac{z}{2y-3xz}(zdx-dy)$ (B) $\frac{z}{2y-3xz}(zdx+dy)$

(C) $\frac{z}{2y+3z}(zdx-dy)$ (D) $\frac{z}{2y+3xz}(zdx+dy)$

(E) $\frac{y}{2y-3xz}(zdx-dy)$

8 设 $f(x,y)=\int_0^{xy}e^{-t^2}dt$,则$\frac{x}{y}\cdot\frac{\partial^2 f}{\partial x^2}-2\cdot\frac{\partial^2 f}{\partial x\partial y}+\frac{y}{x}\cdot\frac{\partial^2 f}{\partial y^2}=$( ).

(A) $2e^{x^2y^2}$ (B) $-2e^{x^2y^2}$ (C) $2e^{-x^2y^2}$ (D) $-2e^{-x^2y^2}$ (E) $e^{-x^2y^2}$

9 设 $z=z(x,y)$ 由方程 $x^2+y^2+z^2-4z=10$ 确定,则$\frac{\partial^2 z}{\partial x^2}=$( ).

(A) $\frac{(2-z)^2-x^2}{(2-z)^3}$ (B) $\frac{(2-z)^2+y^2}{(2-z)^3}$ (C) $\frac{(2-z)^2+x^2}{(2-z)^3}$

(D) $\frac{(2-z)^2-y^2}{(x-z)^3}$ (E) $\frac{-(2-z)^2+x^2}{(2-z)^3}$

10 设 $f(x+y,xy)=x^3+y^3+x^2y+xy^2+x^2+y^2$,则$\frac{\partial f(x,y)}{\partial x}=$( ).

(A) $3x^2+y^2+2xy+2x$ (B) $3x^2-2y+2x$ (C) $2x-2y$

(D) x^2+2y-2 (E) $-2x-2$

11 设 $z=e^{\sin(xy)}$,则 $dz\Big|_{(1,0)}+dz\Big|_{(0,1)}=$( ).

(A) $dx+dy$ (B) $dx-dy$ (C) dx (D) dy (E) $e(dx+dy)$

12 设 $z=x^y, x=\sin t, y=\tan t$,则$\frac{dz}{dt}\Big|_{t=\frac{\pi}{4}}=$( ).

(A) $-\frac{\sqrt{2}}{2}\ln 2$　(B) $\frac{\sqrt{2}}{2}\ln 2$　(C) $\frac{\sqrt{2}}{2}(-1-\ln 2)$

(D) $\frac{\sqrt{2}}{2}(1-\ln 2)$　(E) $\frac{\sqrt{2}}{2}(1+\ln 2)$

13 设 $z=z(x,y)$ 是由方程 $x^2y+z=\varphi(x-y+z)$ 所确定的函数，其中 φ 可导，且 $\varphi'\neq 1$. 则 $\frac{\partial z}{\partial y}=$ (　　).

(A) $\frac{xy-\varphi'}{1-\varphi'}$　(B) $\frac{x^2+\varphi'}{1-\varphi'}$　(C) $\frac{2xy-\varphi'}{1-\varphi'}$

(D) $\frac{2xy+\varphi'}{1-\varphi'}$　(E) $-\frac{x^2+\varphi'}{1-\varphi'}$

14 设 $z=\arctan\frac{x-y}{x+y}$，则 $\frac{\partial^2 z}{\partial x^2}=$ (　　).

(A) $-\frac{xy}{(x^2+y^2)^2}$　(B) $\frac{xy}{(x^2+y^2)^2}$　(C) $-\frac{2xy}{(x^2+y^2)^2}$

(D) $\frac{2xy}{(x^2+y^2)^2}$　(E) $-\frac{3xy}{(x^2+y^2)^2}$

15 设 $z=f(u,v)$，$f[xg(y),y]=x+g(y)$，且 $g(y)$ 可微，$g(y)\neq 0$，则 $\frac{\partial^2 f}{\partial u\partial v}=$ (　　).

(A) $-\frac{2g'(v)}{[g(v)]^2}$　(B) $\frac{2g'(v)}{[g(v)]^2}$　(C) $-\frac{g'(v)}{[g(v)]^2}$

(D) $\frac{g'(v)}{[g(v)]^2}$　(E) $\frac{g'(v)}{g(v)}$

16 设 $z=xyf\left(\frac{y}{x}\right)$，其中 $f(u)$ 可导，则 $xz'_x-yz'_y=$ (　　).

(A) $yf'\left(\frac{y}{x}\right)$　(B) $2yf'\left(\frac{y}{x}\right)$　(C) $-2yf'\left(\frac{y}{x}\right)$

(D) $2y^2f'\left(\frac{y}{x}\right)$　(E) $-2y^2f'\left(\frac{y}{x}\right)$

17 设 $z=f\left[x+\varphi\left(\frac{y}{x}\right)\right]$，$u=x+\varphi\left(\frac{y}{x}\right)$，$v=\frac{y}{x}$，且 $f(u)$，$\varphi(v)$ 为可导函数，则 $\frac{\partial z}{\partial x}=$ (　　).

(A) $f'(u)[1+y\varphi'(v)]$　(B) $f'(u)\left[1+\frac{y}{x}\varphi'(v)\right]$

(C) $f'(u)\left[1-\frac{y}{x}\varphi'(v)\right]$　(D) $f'(u)\left[1+\frac{y}{x^2}\varphi'(v)\right]$

(E) $f'(u)\left[1-\frac{y}{x^2}\varphi'(v)\right]$

18 已知函数 $f(x,y)$ 的全微分为 $\mathrm{d}[f(x,y)]=(x^2+2xy-y^2)\mathrm{d}x+(x^2-2xy-y^2)\mathrm{d}y$，则函数 $f(x,y)=$ (　　).

(A) $3x^3+x^2y-xy^2-y^3+C$,其中 C 为任意常数

(B) $x^3+x^2y-xy^2+y^3+C$,其中 C 为任意常数

(C) $\frac{1}{3}x^3+x^2y-xy^2-\frac{1}{3}y^3+C$,其中 C 为任意常数

(D) $-\frac{1}{3}x^3+x^2y+xy^2+\frac{1}{3}y^3+C$,其中 C 为任意常数

(E) $\frac{2}{3}x^3-x^2y-xy^2-\frac{1}{3}y^3+C$,其中 C 为任意常数

19 设函数 $f(x,y)=3axy-x^3-y^3$,则 $f(a,a)$( ).

(A) 当 $a=0$ 时为函数的极大值　　(B) 当 $a=0$ 时为函数的极小值

(C) 当 $a>0$ 时为函数的极大值　　(D) 当 $a>0$ 时为函数的极小值

(E) 当 $a<0$ 时为函数的极大值

20 二元函数 $z=xy(3-x-y)$ 的极值点是( ).

(A) $(0,0)$　　(B) $(0,3)$　　(C) $(3,0)$　　(D) $(1,1)$　　(E) $(1,0)$

基础能力题解析

1 **【参考答案】** A

【考点点睛】 求复合函数的表达式.

【答案解析】 由题设,当 $x=1$ 时,$z=y$,可知

$$y=1+f(\sqrt{y}-1),\text{即 } f(\sqrt{y}-1)=y-1,$$

令 $u=\sqrt{y}-1(u\geqslant-1)$,则 $y=(u+1)^2$,从而 $f(u)=(u+1)^2-1=u^2+2u(u\geqslant-1)$,进而

$$z=x+f(\sqrt{y}-1)=x+y-1(y\geqslant0).$$

故选 A.

2 **【参考答案】** E

【考点点睛】 二元函数求极限.

【答案解析】 沿 $y=kx$ 方向,原式 $=\lim\limits_{x\to0}\frac{kx^3}{x^4+k^2x^2}=0$.

沿 $y=kx^2$ 方向,原式 $=\lim\limits_{x\to0}\frac{kx^4}{x^4+k^2x^4}=\frac{k}{1+k^2}$.

由于不同路径所得极限不同,因此原式的极限不存在.

3 **【参考答案】** A

【考点点睛】 可微、偏导、连续的关系.

【答案解析】 由可微的充分条件可知有 ③⇒④;由可微的必要条件知有 ④⇒⑤,④⇒②,因此有 ③⇒④⇒⑤. 故选 A.

4 【参考答案】A

【考点点睛】显函数的偏导数计算.

【答案解析】设 $u=x^2-y^2, v=xy$,则 $z=e^u\sin v$.

$$\frac{\partial z}{\partial x}=\frac{\partial z}{\partial u}\cdot\frac{\partial u}{\partial x}+\frac{\partial z}{\partial v}\cdot\frac{\partial v}{\partial x}=e^u\cdot 2x\cdot\sin v+e^u\cdot\cos v\cdot y$$

$$=e^{x^2-y^2}[2x\sin(xy)+y\cos(xy)].$$

故选 A.

5 【参考答案】A

【考点点睛】抽象函数;复合函数的偏导数计算.

【答案解析】由于 $z=\cos(xy)+\varphi\left(y,\frac{y}{x}\right)$,其中 $\varphi(u,v)$ 有一阶连续偏导数,因此

$$\frac{\partial z}{\partial x}=-\sin(xy)\cdot y+\varphi_2'\cdot\left(\frac{y}{x}\right)_x'=-y\sin(xy)-\frac{y}{x^2}\varphi_2'.$$

故选 A.

6 【参考答案】D

【考点点睛】偏导数的计算.

【答案解析】根据题意先求 $f(x,y)$ 的表达式,令 $x+y=u,\frac{y}{x}=v$,则

$$y=vx,x+vx=u\Rightarrow x(1+v)=u\Rightarrow x=\frac{u}{1+v},y=\frac{uv}{1+v},$$

故 $$f(u,v)=\left(\frac{u}{1+v}\right)^2-\left(\frac{uv}{1+v}\right)^2=\frac{u^2(1-v^2)}{(1+v)^2}=\frac{u^2(1-v)}{1+v},$$

所以 $z=f(x,y)=\frac{x^2(1-y)}{1+y}$,可得 $\frac{\partial z}{\partial y}=\frac{-x^2(1+y)-x^2(1-y)}{(1+y)^2}=\frac{-2x^2}{(1+y)^2}$.

7 【参考答案】A

【考点点睛】隐函数的全微分计算.

【答案解析】由于方程为 $z^2y-xz^3=1$,可设 $F(x,y,z)=z^2y-xz^3-1$,可得

$$F_x'=-z^3,F_y'=z^2,F_z'=2yz-3xz^2,$$

因此 $$\frac{\partial z}{\partial x}=-\frac{F_x'}{F_z'}=\frac{z^3}{2yz-3xz^2}=\frac{z^2}{2y-3xz},$$

$$\frac{\partial z}{\partial y}=-\frac{F_y'}{F_z'}=-\frac{z^2}{2yz-3xz^2}=\frac{-z}{2y-3xz},$$

故 $$dz=\frac{\partial z}{\partial x}dx+\frac{\partial z}{\partial y}dy=\frac{z}{2y-3xz}(zdx-dy).$$

8 【参考答案】D

【考点点睛】二阶偏导数计算.

【答案解析】由 $f(x,y)=\int_0^{xy}\mathrm{e}^{-t^2}\mathrm{d}t$，可得

$$\frac{\partial f}{\partial x}=y\mathrm{e}^{-x^2y^2},\frac{\partial^2 f}{\partial x^2}=y\cdot\mathrm{e}^{-x^2y^2}\cdot(-2xy^2)=-2xy^3\mathrm{e}^{-x^2y^2},$$

$$\frac{\partial^2 f}{\partial x\partial y}=\mathrm{e}^{-x^2y^2}+y\cdot\mathrm{e}^{-x^2y^2}\cdot(-2x^2y)=\mathrm{e}^{-x^2y^2}-2x^2y^2\mathrm{e}^{-x^2y^2},$$

$$\frac{\partial f}{\partial y}=x\mathrm{e}^{-x^2y^2},\frac{\partial^2 f}{\partial y^2}=x\cdot\mathrm{e}^{-x^2y^2}\cdot(-2x^2y)=-2x^3y\mathrm{e}^{-x^2y^2},$$

因此

$$\begin{aligned}&\frac{x}{y}\cdot\frac{\partial^2 f}{\partial x^2}-2\cdot\frac{\partial^2 f}{\partial x\partial y}+\frac{y}{x}\cdot\frac{\partial^2 f}{\partial y^2}\\=&-2x^2y^2\mathrm{e}^{-x^2y^2}-2\cdot(\mathrm{e}^{-x^2y^2}-2x^2y^2\mathrm{e}^{-x^2y^2})-2x^2y^2\mathrm{e}^{-x^2y^2}\\=&-2\mathrm{e}^{-x^2y^2}.\end{aligned}$$

故选 D.

9 【参考答案】C

【考点点睛】隐函数二阶偏导数计算.

【答案解析】由 $x^2+y^2+z^2-4z=10$，可设

$$F(x,y,z)=x^2+y^2+z^2-4z-10,$$

则

$$F'_x=2x,F'_z=2z-4,\frac{\partial z}{\partial x}=-\frac{F'_x}{F'_z}=\frac{x}{2-z},$$

再一次对 x 求偏导数，可得

$$\begin{aligned}\frac{\partial^2 z}{\partial x^2}&=\frac{(2-z)+x\frac{\partial z}{\partial x}}{(2-z)^2}=\frac{(2-z)+x\cdot\frac{x}{2-z}}{(2-z)^2}\\&=\frac{(2-z)^2+x^2}{(2-z)^3}.\end{aligned}$$

故选 C.

10 【参考答案】B

【考点点睛】复合函数的偏导数计算.

【答案解析】根据题意先求出 $f(x,y)$ 的表达式.

由 $f(x+y,xy)=(x+y)^3-2xy(x+y)+(x+y)^2-2xy$，可得

$$f(x,y)=x^3-2xy+x^2-2y,$$

则 $\frac{\partial f(x,y)}{\partial x}=3x^2-2y+2x$.

11 【参考答案】A

【考点点睛】全微分的计算.

【答案解析】由 $z=\mathrm{e}^{\sin(xy)}$，得

$$\frac{\partial z}{\partial x}=\mathrm{e}^{\sin(xy)}\cdot\cos(xy)\cdot y,\frac{\partial z}{\partial y}=\mathrm{e}^{\sin(xy)}\cdot\cos(xy)\cdot x,$$

所以$\left.\frac{\partial z}{\partial x}\right|_{(1,0)}=0,\left.\frac{\partial z}{\partial y}\right|_{(1,0)}=1$,可得$\left.dz\right|_{(1,0)}=dy$;$\left.\frac{\partial z}{\partial x}\right|_{(0,1)}=1,\left.\frac{\partial z}{\partial y}\right|_{(0,1)}=0$,可得$\left.dz\right|_{(0,1)}=dx$.

故$\left.dz\right|_{(1,0)}+\left.dz\right|_{(0,1)}=dy+dx$.

12 【参考答案】D

【考点点睛】全导数的计算.

【答案解析】$\frac{dz}{dt}=\frac{\partial z}{\partial x}\cdot\frac{dx}{dt}+\frac{\partial z}{\partial y}\cdot\frac{dy}{dt}$,其中

$$\frac{\partial z}{\partial x}=yx^{y-1},\frac{\partial z}{\partial y}=x^y\ln x,\frac{dx}{dt}=\cos t,\frac{dy}{dt}=\sec^2 t,$$

代入$t=\frac{\pi}{4}$,可得$x=\frac{\sqrt{2}}{2},y=1$,故

$$\frac{dx}{dt}=\frac{\sqrt{2}}{2},\frac{dy}{dt}=2,\frac{\partial z}{\partial x}=1,\frac{\partial z}{\partial y}=\frac{\sqrt{2}}{2}\ln\frac{\sqrt{2}}{2},$$

则$\left.\frac{dz}{dt}\right|_{t=\frac{\pi}{4}}=\frac{\sqrt{2}}{2}+\frac{\sqrt{2}}{2}\ln\frac{\sqrt{2}}{2}\cdot 2=\frac{\sqrt{2}}{2}+\sqrt{2}\cdot\left(-\frac{1}{2}\right)\cdot\ln 2=\frac{\sqrt{2}}{2}(1-\ln 2)$.

13 【参考答案】E

【考点点睛】隐函数的偏导数计算.

【答案解析】设$F(x,y,z)=x^2y+z-\varphi(x-y+z)$,则

$$F_y'=x^2+\varphi',F_z'=1-\varphi',$$

可得$\frac{\partial z}{\partial y}=-\frac{F_y'}{F_z'}=-\frac{x^2+\varphi'}{1-\varphi'}$.

14 【参考答案】C

【考点点睛】复合函数二阶偏导数的计算.

【答案解析】由$z=\arctan\frac{x-y}{x+y}$,可得

$$\frac{\partial z}{\partial x}=\frac{1}{1+\left(\frac{x-y}{x+y}\right)^2}\cdot\frac{x+y-(x-y)}{(x+y)^2}=\frac{y}{x^2+y^2},$$

则
$$\frac{\partial^2 z}{\partial x^2}=\frac{-y\cdot 2x}{(x^2+y^2)^2}=\frac{-2xy}{(x^2+y^2)^2}.$$

15 【参考答案】C

【考点点睛】复合函数二阶偏导数的计算.

【答案解析】设$u=xg(y),v=y$,从而

$$u=xg(v),x=\frac{u}{g(v)},g(y)=g(v),$$

从而$f(u,v)=\frac{u}{g(v)}+g(v)$,则

$$\frac{\partial f}{\partial u}=\frac{1}{g(v)},\frac{\partial^2 f}{\partial u\partial v}=-\frac{g'(v)}{[g(v)]^2}.$$

16 【参考答案】E

【考点点睛】复合函数的偏导数计算.

【答案解析】 $z'_x=yf\left(\frac{y}{x}\right)+xyf'\left(\frac{y}{x}\right)\cdot\left(-\frac{y}{x^2}\right)=yf\left(\frac{y}{x}\right)-\frac{y^2}{x}f'\left(\frac{y}{x}\right)$,

$$z'_y=xf\left(\frac{y}{x}\right)+xyf'\left(\frac{y}{x}\right)\cdot\frac{1}{x}=xf\left(\frac{y}{x}\right)+yf'\left(\frac{y}{x}\right),$$

则

$$\begin{aligned}xz'_x-yz'_y&=xyf\left(\frac{y}{x}\right)-y^2f'\left(\frac{y}{x}\right)-xyf\left(\frac{y}{x}\right)-y^2f'\left(\frac{y}{x}\right)\\&=-2y^2f'\left(\frac{y}{x}\right).\end{aligned}$$

17 【参考答案】E

【考点点睛】抽象函数;复合函数的偏导数计算.

【答案解析】由题意可得 $z=f(u),u=x+\varphi(v)$,则

$$\frac{\partial z}{\partial x}=f'(u)\cdot\left[1+\varphi'\left(\frac{y}{x}\right)\cdot\left(-\frac{y}{x^2}\right)\right]=f'(u)\left[1-\frac{y}{x^2}\varphi'(v)\right].$$

18 【参考答案】C

【考点点睛】已知全微分求原函数.

【答案解析】由全微分定义可得,$\frac{\partial f}{\partial x}=x^2+2xy-y^2,\frac{\partial f}{\partial y}=x^2-2xy-y^2$,则

$$f(x,y)=\int(x^2+2xy-y^2)\mathrm{d}x=\frac{1}{3}x^3+x^2y-xy^2+c_1(y);$$

同理可得 $f(x,y)=\int(x^2-2xy-y^2)\mathrm{d}y=x^2y-xy^2-\frac{1}{3}y^3+c_2(x)$,由此可得

$$f(x,y)=\frac{1}{3}x^3+x^2y-xy^2-\frac{1}{3}y^3+C,$$

其中 C 为任意常数.

19 【参考答案】C

【考点点睛】二元函数求极值.

【答案解析】$\frac{\partial f}{\partial x}=3ay-3x^2,\frac{\partial f}{\partial y}=3ax-3y^2$,可知当 $x=a,y=a$ 时,$\frac{\partial f}{\partial x}=0$,且$\frac{\partial f}{\partial y}=0$.

继续求二阶偏导,得

$$\left.\frac{\partial^2 f}{\partial x^2}\right|_{(a,a)}=-6x\,|_{(a,a)}=-6a=A,$$

$$\left.\frac{\partial^2 f}{\partial x\partial y}\right|_{(a,a)}=3a=B,\left.\frac{\partial^2 f}{\partial y^2}\right|_{(a,a)}=-6y\,|_{(a,a)}=-6a=C.$$

由 $AC-B^2=36a^2-9a^2=27a^2$,则极值情况取决于 a 的正负.

当 $a>0$ 时，$AC-B^2=27a^2>0$，此时 $A=-6a<0$，$f(a,a)$ 为极大值.

当 $a<0$ 时，$AC-B^2=27a^2>0$，此时 $A=-6a>0$，$f(a,a)$ 为极小值.

当 $a=0$ 时，$f(x,y)=-x^3-y^3$，显然点 (a,a)，即 $(0,0)$，非极值点.

20 【参考答案】D

【考点点睛】二元函数求极值.

【答案解析】

$$\frac{\partial z}{\partial x}=y(3-x-y)-xy=y(3-2x-y),$$

$$\frac{\partial z}{\partial y}=x(3-x-y)-xy=x(3-x-2y).$$

令 $\begin{cases}\dfrac{\partial z}{\partial x}=0,\\ \dfrac{\partial z}{\partial y}=0,\end{cases}$ 可得四个驻点 $(0,0)$，$(0,3)$，$(3,0)$，$(1,1)$. 又由于

$$\frac{\partial^2 z}{\partial x^2}=-2y,\frac{\partial^2 z}{\partial x\partial y}=3-2x-2y,\frac{\partial^2 z}{\partial y^2}=-2x.$$

利用极值的充分条件可得：

在 $(0,0)$ 处，$A=0,B=3,C=0\Rightarrow AC-B^2=-9<0$，故 $(0,0)$ 不是极值点.

在 $(0,3)$ 处，$A=-6,B=-3,C=0\Rightarrow AC-B^2=-9<0$，故 $(0,3)$ 不是极值点.

在 $(3,0)$ 处，$A=0,B=-3,C=-6\Rightarrow AC-B^2=-9<0$，故 $(3,0)$ 不是极值点.

在 $(1,1)$ 处，$A=-2,B=-1,C=-2\Rightarrow AC-B^2=3>0$，故 $(1,1)$ 是极值点.

强化能力题

1 设 $F(x,y)=\left(\dfrac{x}{y}\right)^{\frac{1}{x-y}}$，其中 $x\neq y$，且 $xy>0$，又设 $f(x)=\begin{cases}\lim\limits_{y\to x}F(x,y), & x\neq 0,\\ \mathrm{e}, & x=0,\end{cases}$ 则点 $x=0$ 为 $f(x)$ 的（　　）.

(A) 连续点　　(B) 可去间断点　　(C) 跳跃间断点

(D) 无穷间断点　　(E) 不确定

2 设 $f(x,y)=\int_0^{xy^2}\mathrm{e}^{t^2}\mathrm{d}t$，在 $x=2,y=1,\Delta x=0.2,\Delta y=0.1$ 的全微分值为（　　）.

(A) e^4　　(B) $0.9\mathrm{e}^4$　　(C) $0.7\mathrm{e}^4$　　(D) $0.6\mathrm{e}^4$　　(E) $0.5\mathrm{e}^4$

3 已知 $f(x,y)=\mathrm{e}^{\sqrt{x^4+y^2}}$，则（　　）.

(A) $f'_x(0,0)$，$f'_y(0,0)$ 都存在

(B) $f'_x(0,0)$ 存在，$f'_y(0,0)$ 不存在

(C) $f'_x(0,0)$ 不存在，$f'_y(0,0)$ 存在

(D) $f'_x(0,0)$，$f'_y(0,0)$ 都不存在

(E) $f(x,y)$ 在 $(0,0)$ 处不连续

4 设函数 $z=f\left(\frac{y}{x},\frac{x}{y}\right)$ 具有连续偏导数，则 $x\frac{\partial z}{\partial x}-y\frac{\partial z}{\partial y}=$（　　）.

(A) $2\left(\frac{y}{x}f'_1+\frac{x}{y}f'_2\right)$　　(B) $2\left(\frac{y}{x}f'_1-\frac{x}{y}f'_2\right)$

(C) $-2\left(\frac{y}{x}f'_1+\frac{x}{y}f'_2\right)$　　(D) $-2\left(\frac{y}{x}f'_1-\frac{x}{y}f'_2\right)$

(E) $\frac{y}{x}f'_1-\frac{x}{y}f'_2$

5 设 $z=\frac{1}{x}f(x^2y)+x\varphi(x+y^2)$，其中 f,φ 具有二阶连续导数，则 $\left.\frac{\partial^2 z}{\partial x\partial y}\right|_{(1,0)}=$（　　）.

(A) $f''(0)+\varphi''(1)$　　(B) $f''(0)+\varphi'(1)$　　(C) $f'(0)+\varphi'(1)$

(D) $f'(0)-\varphi'(1)$　　(E) $f'(0)$

6 设 $f(u)$ 为可导函数，且 $f(u)\neq 0$. 若 $z=\frac{y}{f(x^2-y^2)}$，则 $\frac{1}{x}\frac{\partial z}{\partial x}+\frac{1}{y}\frac{\partial z}{\partial y}=$（　　）.

(A) $\frac{z}{x^2}$　　(B) $\frac{z}{y^2}$　　(C) $-\frac{z}{x^2}$　　(D) $-\frac{z}{y^2}$　　(E) $\frac{x}{z}$

7 设 $u=\frac{xy}{z}\ln x+x\varphi\left(\frac{y}{x},\frac{x}{y}\right)$，其中 $\varphi(s,t)$ 具有连续的偏导数，则 $x\frac{\partial u}{\partial x}+y\frac{\partial u}{\partial y}+z\frac{\partial u}{\partial z}=$（　　）.

(A) $u+\frac{x}{z}$　　(B) $u-\frac{x}{z}$　　(C) $u+\frac{y}{z}$　　(D) $u-\frac{y}{z}$　　(E) $u+\frac{xy}{z}$

8 设函数 $f(u,v)$ 具有二阶连续偏导数，$f(1,1)=2$ 是 $f(u,v)$ 的极值，$z=f[x+y,f(x,y)]$，则 $\left.\frac{\partial^2 z}{\partial x\partial y}\right|_{(1,1)}=$（　　）.

(A) $f''_{11}(2,2)+f'_2(2,2)\cdot f''_{22}(1,1)$　　(B) $f''_{11}(2,2)+f'_2(2,2)\cdot f''_{12}(1,1)$

(C) $f''_{11}(2,2)-f'_2(2,2)\cdot f''_{22}(1,1)$　　(D) $f''_{11}(2,2)-f'_2(2,2)\cdot f''_{12}(1,1)$

(E) $f''_{11}(2,2)+f'_2(1,1)\cdot f''_{22}(2,2)$

9 设 $u=f(x,y,z)$，其中 f 具有连续偏导数，$y=y(x)$，$z=z(x)$ 分别由 $e^{xy}-xy=2$ 和 $e^x=\int_0^{x-z}\frac{\sin t}{t}dt$ 确定，则 $\frac{du}{dx}=$（　　）.

(A) $\frac{\partial f}{\partial x}-\frac{y}{x}\frac{\partial f}{\partial y}+\left[1-\frac{e^x(x-z)}{\sin(x-z)}\right]\frac{\partial f}{\partial z}$

(B) $\frac{\partial f}{\partial x}+\frac{y}{x}\frac{\partial f}{\partial y}+\left[1-\frac{e^x(x-z)}{\sin(x-z)}\right]\frac{\partial f}{\partial z}$

(C) $\frac{\partial f}{\partial x}+\frac{x}{y}\frac{\partial f}{\partial y}+\left[1-\frac{e^x(x-z)}{\sin(x-z)}\right]\frac{\partial f}{\partial z}$

(D) $\frac{\partial f}{\partial x}-\frac{x}{y}\frac{\partial f}{\partial y}+\left[1-\frac{e^x(x-z)}{\sin(x-z)}\right]\frac{\partial f}{\partial z}$

(E) $\frac{\partial f}{\partial x}-\frac{y}{x}\frac{\partial f}{\partial y}-\left[1-\frac{e^x(x-z)}{\sin(x-z)}\right]\frac{\partial f}{\partial z}$

10 设 $y=f(x,t)$，而 t 是由方程 $F(x,y,t)=0$ 所确定的 x,y 的函数，其中 f,F 均具有一阶连续偏导数，则 $\frac{\mathrm{d}y}{\mathrm{d}x}=$（　　）.

(A) $\frac{f'_xF'_t+f'_tF'_x}{F'_t}$　　(B) $\frac{f'_xF'_t-f'_tF'_x}{F'_t}$　　(C) $\frac{f'_xF'_t+f'_tF'_x}{f'_tF'_y+F'_t}$

(D) $\frac{f'_xF'_t-f'_tF'_x}{f'_tF'_y+F'_t}$　　(E) $\frac{f'_tF'_x-f'_xF'_t}{f'_tF'_y+F'_t}$

11 设 $f(x,y)=x^3-4x^2+2xy-y^2$，则下面结论正确的是（　　）.

(A) 点 $(2,2)$ 是 $f(x,y)$ 的驻点，且是极大值点

(B) 点 $(2,2)$ 是极小值点

(C) 点 $(0,0)$ 是 $f(x,y)$ 的驻点，但不是极值点

(D) 点 $(0,0)$ 是极大值点

(E) 点 $(0,0)$ 是极小值点

12 设在点 $(1,2,3)$ 的某个邻域内，$z=z(x,y)$ 由方程 $2z-z^2+2xy=1$ 确定，则 $\mathrm{d}z\Big|_{(1,2)}=$（　　）.

(A) $\mathrm{d}x-\frac{1}{2}\mathrm{d}y$　　(B) $\mathrm{d}x+\frac{1}{2}\mathrm{d}y$　　(C) $\frac{1}{2}\mathrm{d}x-\mathrm{d}y$

(D) $\frac{1}{2}\mathrm{d}x+\mathrm{d}y$　　(E) $\mathrm{d}x-2\mathrm{d}y$

13 设 $z=z(x,y)$ 由方程 $z-y-x+xe^{z-y-x}=0$ 确定，则 $\mathrm{d}z\Big|_{(0,1)}=$（　　）.

(A) $(1-e^{-2})\mathrm{d}x+\mathrm{d}y$　　(B) $(1-e^{-2})\mathrm{d}x-\mathrm{d}y$　　(C) $(1+e^{-2})\mathrm{d}x+\mathrm{d}y$

(D) $(1+e^{-2})\mathrm{d}x-\mathrm{d}y$　　(E) $(e^{-2}-1)\mathrm{d}x-\mathrm{d}y$

14 设 $z=e^{x^2}-f(x-3y)$，其中 f 具有二阶连续导数，则 $\frac{\partial^2 z}{\partial x\partial y}=$（　　）.

(A) $3f''(x-3y)$　　(B) $-3f''(x-3y)$　　(C) $f''(x-3y)$

(D) $-f''(x-3y)$　　(E) $-\frac{1}{3}f''(x-3y)$

15 若函数 $u=xyf\left(\frac{x+y}{xy}\right)$，其中 f 是可导函数，$f\neq 0$，且 $x^2\frac{\partial u}{\partial x}-y^2\frac{\partial u}{\partial y}=G(x,y)u$，则函数 $G(x,y)=$（　　）.

(A) $x+y$　　(B) $x-y$　　(C) x^2-y^2　　(D) $(x+y)^2$　　(E) $(x-y)^2$

16 设函数 $z=f[xy,g(x)]$，其中函数 f 具有二阶连续偏导数，函数 $g(x)$ 可导且在 $x=1$ 处取得极值 $g(1)=1$，则 $\frac{\partial^2 z}{\partial x\partial y}\Big|_{(1,1)}=$（　　）.

(A) $f'_1(1,1)+f''_{11}(1,1)$　　(B) $f'_1(1,1)-f''_{11}(1,1)$　　(C) $f'_2(1,1)+f''_{11}(1,1)$

(D) $f'_2(1,1)-f''_{11}(1,1)$　　(E) $f'_1(1,1)-f''_{12}(1,1)$

17 设函数 $z=\left(e+\frac{y}{x}\right)^{\frac{x}{y}}$，则 $dz\Big|_{(1,1)}=($　　$)$.

(A) $[1+(e+1)\ln(e+1)](dx-dy)$　　(B) $-[1+(e+1)\ln(e+1)](dx-dy)$

(C) $[1+(e+1)\ln(e+1)](dx+dy)$　　(D) $-[1+(e+1)\ln(e+1)](dx+dy)$

(E) $[1-(e+1)\ln(e+1)](dx-dy)$

18 某工厂生产两种产品的个数分别为 x 和 y，总成本 $C=800+34x+70y$，总收益 $R=134x+150y-2x^2-2xy-y^2$. 在限定两种产品个数之和为30的条件下，该工厂取得最大利润时，x 和 y 的值分别为(　　).

(A)15;15　　(B)20;10　　(C)10;20　　(D)12;18　　(E)18;12

19 设函数 $f(u,v)$ 具有二阶连续偏导数，函数 $g(x,y)=xy-f(x+y,x-y)$，则 $\frac{\partial^2 g}{\partial x^2}+\frac{\partial^2 g}{\partial x\partial y}+\frac{\partial^2 g}{\partial y^2}=($　　$)$.

(A) $1-3f''_{11}(x+y,x-y)-f''_{22}(x+y,x-y)$

(B) $1+3f''_{11}(x+y,x-y)-f''_{22}(x+y,x-y)$

(C) $1-3f''_{11}(x+y,x-y)+f''_{22}(x+y,x-y)$

(D) $1+3f''_{11}(x+y,x-y)+f''_{22}(x+y,x-y)$

(E) $-1-3f''_{11}(x+y,x-y)-f''_{22}(x+y,x-y)$

20 设 $z_1=|x+y|$，$dz_2=(3x^2+6x)dx-(3y^2-6y)dy$，则点$(0,0)$(　　).

(A) 不是 z_1 的极值点，也不是 z_2 的极值点

(B) 是 z_1 的极大值点，也是 z_2 的极大值点

(C) 是 z_1 的极大值点，是 z_2 的极小值点

(D) 是 z_1 的极小值点，是 z_2 的极大值点

(E) 是 z_1 的极小值点，也是 z_2 的极小值点

强化能力题解析

1 【参考答案】D

【考点点睛】函数的连续和间断.

【答案解析】当 $x\neq 0$ 时，$f(x)=\lim\limits_{y\to x}F(x,y)=\lim\limits_{y\to x}\left(\frac{x}{y}\right)^{\frac{1}{x-y}}=\lim\limits_{y\to x}e^{\frac{1}{x-y}\cdot\left(\frac{x}{y}-1\right)}=e^{\frac{1}{x}}$，当 $x\to 0^+$ 时，$\frac{1}{x}\to+\infty$，从而 $e^{\frac{1}{x}}\to+\infty$，则点 $x=0$ 为 $f(x)$ 的无穷间断点.

2 【参考答案】D

【考点点睛】全微分的计算.

【答案解析】由 $\frac{\partial f}{\partial x}=e^{x^2y^4}\cdot y^2$，$\frac{\partial f}{\partial y}=e^{x^2y^4}\cdot 2xy$ 可得

$$\left.\frac{\partial f}{\partial x}\right|_{(2,1)}=\mathrm{e}^4,\left.\frac{\partial f}{\partial y}\right|_{(2,1)}=4\mathrm{e}^4,$$

则 $\mathrm{d}[f(x,y)]=\left.\frac{\partial f}{\partial x}\right|_{(2,1)}\Delta x+\left.\frac{\partial f}{\partial y}\right|_{(2,1)}\Delta y=\mathrm{e}^4\cdot 0.2+4\mathrm{e}^4\cdot 0.1=0.6\mathrm{e}^4.$

3 **【参考答案】** B

【考点点睛】 二元函数求一点处的偏导数.

【答案解析】 $f(x,y)=\mathrm{e}^{\sqrt{x^4+y^2}}$ 的定义域为 $-\infty<x<+\infty,-\infty<y<+\infty$，即整个 xOy 坐标平面. 点 $(0,0)$ 处 $f(x,y)$ 有定义，$f(x,y)$ 为二元初等函数，$(0,0)$ 为 $f(x,y)$ 定义区域内的点，因此 $(0,0)$ 为 $f(x,y)$ 的连续点，可知 E 不正确.

$$\lim_{\substack{x\to 0\\ y\to 0}}f(x,y)=\lim_{\substack{x\to 0\\ y\to 0}}\mathrm{e}^{\sqrt{x^4+y^2}}=\mathrm{e}^{\sqrt{0^4+0^2}}=\mathrm{e}^0=1=f(0,0),$$

$$\lim_{x\to 0}\frac{f(x,0)-f(0,0)}{x}=\lim_{x\to 0}\frac{\mathrm{e}^{\sqrt{x^4}}-1}{x}=\lim_{x\to 0}\frac{\mathrm{e}^{x^2}-1}{x}=\lim_{x\to 0}\frac{x^2}{x}=0=f'_x(0,0).$$

而
$$\lim_{y\to 0}\frac{f(0,y)-f(0,0)}{y}=\lim_{y\to 0}\frac{\mathrm{e}^{\sqrt{y^2}}-1}{y}=\lim_{y\to 0}\frac{\mathrm{e}^{|y|}-1}{y}=\lim_{y\to 0}\frac{|y|}{y}$$

不存在，则 $f'_y(0,0)$ 不存在.

故选 B.

4 **【参考答案】** D

【考点点睛】 抽象函数；复合函数的偏导数计算.

【答案解析】 f'_i 表示 f 对第 i 个位置变量的偏导数，$i=1,2$. 则

$$\frac{\partial z}{\partial x}=f'_1\cdot\left(\frac{y}{x}\right)'_x+f'_2\cdot\left(\frac{x}{y}\right)'_x=-\frac{y}{x^2}f'_1+\frac{1}{y}f'_2,$$

$$\frac{\partial z}{\partial y}=f'_1\cdot\left(\frac{y}{x}\right)'_y+f'_2\cdot\left(\frac{x}{y}\right)'_y=\frac{1}{x}f'_1-\frac{x}{y^2}f'_2,$$

因此
$$x\frac{\partial z}{\partial x}-y\frac{\partial z}{\partial y}=x\left(-\frac{y}{x^2}f'_1+\frac{1}{y}f'_2\right)-y\left(\frac{1}{x}f'_1-\frac{x}{y^2}f'_2\right)$$
$$=-2\left(\frac{y}{x}f'_1-\frac{x}{y}f'_2\right).$$

故选 D.

5 **【参考答案】** E

【考点点睛】 二阶偏导数的计算.

【答案解析】
$$\frac{\partial z}{\partial x}=-\frac{1}{x^2}f(x^2y)+\frac{1}{x}f'(x^2y)\cdot 2xy+\varphi(x+y^2)+x\varphi'(x+y^2)$$
$$=-\frac{1}{x^2}f(x^2y)+2yf'(x^2y)+\varphi(x+y^2)+x\varphi'(x+y^2),$$

$$\frac{\partial^2 z}{\partial x\partial y}=-\frac{1}{x^2}f'(x^2y)\cdot x^2+2f'(x^2y)+2yf''(x^2y)\cdot x^2+\varphi'(x+y^2)\cdot 2y+x\varphi''(x+y^2)\cdot 2y,$$

代入 $x=1,y=0$，得 $\frac{\partial^2 z}{\partial x\partial y}=-f'(0)+2f'(0)=f'(0)$.

6 【参考答案】B

【考点点睛】抽象函数的偏导数计算.

【答案解析】记 $u=x^2-y^2$，则 $z=\frac{y}{f(u)}$，其中 $f(u)$ 为可导函数.

$$\frac{\partial z}{\partial x}=\frac{\partial z}{\partial u}\cdot\frac{\partial u}{\partial x}=-\frac{y\cdot f'(u)}{f^2(u)}\cdot 2x=-\frac{2xyf'(u)}{f^2(u)},$$

$$\frac{\partial z}{\partial y}=\frac{1}{f(u)}+y\cdot\left[-\frac{f'(u)}{f^2(u)}\right]\cdot(-2y)=\frac{1}{f(u)}+\frac{2y^2f'(u)}{f^2(u)},$$

因此

$$\frac{1}{x}\frac{\partial z}{\partial x}+\frac{1}{y}\frac{\partial z}{\partial y}=-\frac{2yf'(u)}{f^2(u)}+\frac{1}{yf(u)}+\frac{2yf'(u)}{f^2(u)}=\frac{1}{yf(u)}=\frac{z}{y^2}.$$

故选 B.

7 【参考答案】E

【考点点睛】抽象函数的偏导数计算.

【答案解析】由 $u=\frac{xy}{z}\ln x+x\varphi\left(\frac{y}{x},\frac{x}{y}\right)$，得

$$\begin{aligned}\frac{\partial u}{\partial x}&=\frac{y}{z}\ln x+\frac{xy}{z}\cdot\frac{1}{x}+\varphi+x\left[\varphi_1'\cdot\left(-\frac{y}{x^2}\right)+\varphi_2'\cdot\frac{1}{y}\right]\\&=\frac{y}{z}\ln x+\frac{y}{z}+\varphi-\frac{y}{x}\varphi_1'+\frac{x}{y}\varphi_2',\end{aligned}$$

$$\begin{aligned}\frac{\partial u}{\partial y}&=\frac{x}{z}\ln x+x\left[\varphi_1'\cdot\frac{1}{x}+\varphi_2'\cdot\left(-\frac{x}{y^2}\right)\right]\\&=\frac{x}{z}\ln x+\varphi_1'-\frac{x^2}{y^2}\varphi_2',\end{aligned}$$

$$\frac{\partial u}{\partial z}=-\frac{xy}{z^2}\ln x,$$

因此

$$\begin{aligned}x\frac{\partial u}{\partial x}+y\frac{\partial u}{\partial y}+z\frac{\partial u}{\partial z}&=\left(\frac{xy}{z}\ln x+\frac{xy}{z}+x\varphi-y\varphi_1'+\frac{x^2}{y}\varphi_2'\right)+\left(\frac{xy}{z}\ln x+y\varphi_1'-\frac{x^2}{y}\varphi_2'\right)-\frac{xy}{z}\ln x\\&=\frac{xy}{z}+\frac{xy}{z}\ln x+x\varphi=u+\frac{xy}{z}.\end{aligned}$$

故选 E.

8 【参考答案】B

【考点点睛】抽象函数的二阶偏导数计算.

【答案解析】$z=f[x+y,f(x,y)]$，$f(1,1)=2$ 为 $f(u,v)$ 的极值，意味着 $f(u,v)$ 的极值点为(1,1). 由于 $f(u,v)$ 具有二阶连续偏导数，因此(1,1) 为 $f(u,v)$ 的驻点，即 $f_x'(1,1)=0,f_y'(1,1)=0$. 由于

$$\frac{\partial z}{\partial x}=f'_1[x+y,f(x,y)]+f'_2[x+y,f(x,y)]\cdot f'_1(x,y),$$

$$\frac{\partial^2 z}{\partial x\partial y}=f''_{11}[x+y,f(x,y)]+f''_{12}[x+y,f(x,y)]\cdot f'_2(x,y)+\{f''_{21}[x+y,f(x,y)]+f''_{22}[x+y,f(x,y)]\cdot f'_2(x,y)\}\cdot f'_1(x,y)+f'_2[x+y,f(x,y)]\cdot f''_{12}(x,y),$$

因此$\left.\frac{\partial^2 z}{\partial x\partial y}\right|_{(1,1)}=f''_{11}(2,2)+f'_2(2,2)\cdot f''_{12}(1,1).$

故选 B.

9 【参考答案】A

【考点点睛】偏导数计算的综合类型.

【答案解析】由于 $u=f(x,y,z)$，$y=y(x)$，$z=z(x)$，因此 u 为 x 的函数，可得

$$\frac{\mathrm{d}u}{\mathrm{d}x}=f'_1+f'_2\cdot\frac{\mathrm{d}y}{\mathrm{d}x}+f'_3\cdot\frac{\mathrm{d}z}{\mathrm{d}x}. \qquad (*)$$

又 $\mathrm{e}^{xy}-xy=2$，令 $F_1(x,y)=\mathrm{e}^{xy}-xy-2$，则

$$\frac{\partial F_1}{\partial x}=y\mathrm{e}^{xy}-y,\frac{\partial F_1}{\partial y}=x\mathrm{e}^{xy}-x,$$

因此
$$\frac{\mathrm{d}y}{\mathrm{d}x}=-\frac{\frac{\partial F_1}{\partial x}}{\frac{\partial F_1}{\partial y}}=-\frac{y\mathrm{e}^{xy}-y}{x\mathrm{e}^{xy}-x}=-\frac{y}{x}.$$

由 $\mathrm{e}^x=\int_0^{x-z}\frac{\sin t}{t}\mathrm{d}t$，令 $F_2(x,z)=\mathrm{e}^x-\int_0^{x-z}\frac{\sin t}{t}\mathrm{d}t$，则

$$\frac{\partial F_2}{\partial x}=\mathrm{e}^x-\frac{\sin(x-z)}{x-z},\frac{\partial F_2}{\partial z}=-\frac{\sin(x-z)}{x-z}\cdot(-1)=\frac{\sin(x-z)}{x-z},$$

因此
$$\frac{\mathrm{d}z}{\mathrm{d}x}=-\frac{\frac{\partial F_2}{\partial x}}{\frac{\partial F_2}{\partial z}}=-\frac{\mathrm{e}^x-\frac{\sin(x-z)}{x-z}}{\frac{\sin(x-z)}{x-z}}=1-\frac{\mathrm{e}^x(x-z)}{\sin(x-z)}.$$

将$\frac{\mathrm{d}y}{\mathrm{d}x}$，$\frac{\mathrm{d}z}{\mathrm{d}x}$ 的表达式代入(*)式可得

$$\frac{\mathrm{d}u}{\mathrm{d}x}=f'_1-\frac{y}{x}f'_2+\left[1-\frac{\mathrm{e}^x(x-z)}{\sin(x-z)}\right]f'_3.$$

故选 A.

10 【参考答案】D

【考点点睛】偏导数计算的综合类型.

【答案解析】根据最后$\frac{\mathrm{d}y}{\mathrm{d}x}$ 可以看出 y 最终仅是 x 的函数，则利用复合函数的链式法则，得

$$\frac{\mathrm{d}y}{\mathrm{d}x}=f'_x\cdot 1+f'_t\frac{\mathrm{d}t}{\mathrm{d}x}.$$

$F(x,y,t)=0$ 中，x,y,t 均为 x 的函数，两边同时对 x 求导，得

$$F'_x \cdot 1 + F'_y \cdot \frac{\mathrm{d}y}{\mathrm{d}x} + F'_t \cdot \frac{\mathrm{d}t}{\mathrm{d}x} = 0.$$

将上面两式进行联立，可得$\frac{\mathrm{d}y}{\mathrm{d}x} = \frac{f'_x F'_t - f'_t F'_x}{f'_t F'_y + F'_t}$.

11 【参考答案】D

【考点点睛】二元函数求极值.

【答案解析】令$\begin{cases} f'_x = 3x^2 - 8x + 2y = 0, \\ f'_y = 2x - 2y = 0, \end{cases}$可得 $f(x,y)$ 的驻点为$(0,0)$ 和$(2,2)$.

又由于

$$f''_{xx}(x,y) = 6x - 8, f''_{xy}(x,y) = 2, f''_{yy}(x,y) = -2,$$

在点$(2,2)$ 处，可得 $A = f''_{xx}(2,2) = 12 - 8 = 4$，则 $AC - B^2 < 0$，故点$(2,2)$ 不是极值点.

在点$(0,0)$ 处，可得 $A = f''_{xx}(0,0) = -8$，则 $AC - B^2 > 0$，且 $A < 0$，故点$(0,0)$ 是极大值点.

12 【参考答案】B

【考点点睛】隐函数的全微分计算.

【答案解析】设 $F(x,y,z) = 2z - z^2 + 2xy - 1$，可得

$$F'_x = 2y, F'_y = 2x, F'_z = 2 - 2z,$$

则

$$\frac{\partial z}{\partial x} = -\frac{F'_x}{F'_z} = -\frac{2y}{2-2z} = \frac{y}{z-1},$$

$$\frac{\partial z}{\partial y} = -\frac{F'_y}{F'_z} = -\frac{2x}{2-2z} = \frac{x}{z-1}.$$

代入 $x = 1, y = 2, z = 3$，可得$\frac{\partial z}{\partial x} = 1, \frac{\partial z}{\partial y} = \frac{1}{2}$，从而 $\mathrm{d}z\Big|_{(1,2)} = \mathrm{d}x + \frac{1}{2}\mathrm{d}y$.

13 【参考答案】A

【考点点睛】隐函数的全微分计算.

【答案解析】设 $F(x,y,z) = z - y - x + xe^{x-y-z}$，则

$$F'_x = -1 + e^{x-y-z} + xe^{x-y-z},$$

$$F'_y = -1 + xe^{x-y-z} \cdot (-1) = -1 - xe^{x-y-z},$$

$$F'_z = 1 + xe^{x-y-z} \cdot (-1) = 1 - xe^{x-y-z}.$$

分别代入 $x = 0, y = 1$，可得 $z = 1$，则 $F'_x = -1 + e^{-2}, F'_y = -1, F'_z = 1$，从而

$$\frac{\partial z}{\partial x}\Big|_{(0,1)} = -\frac{F'_x}{F'_z}\Big|_{(0,1)} = 1 - e^{-2}; \frac{\partial z}{\partial y}\Big|_{(0,1)} = -\frac{F'_y}{F'_z}\Big|_{(0,1)} = 1,$$

则

$$\mathrm{d}z\Big|_{(0,1)} = (1 - e^{-2})\mathrm{d}x + \mathrm{d}y.$$

14 【参考答案】A

【考点点睛】抽象函数的二阶偏导数计算.

【答案解析】$\frac{\partial z}{\partial x}=e^{x^2}\cdot 2x-f'(x-3y),\frac{\partial^2 z}{\partial x\partial y}=-f''(x-3y)\cdot(-3)=3f''(x-3y)$.

15 【参考答案】B

【考点点睛】抽象函数;复合函数的偏导数计算.

【答案解析】能化简题干的优先化简题干,方便后续计算.

$u=xyf\left(\frac{x+y}{xy}\right)$,令$\frac{x+y}{xy}=\frac{1}{y}+\frac{1}{x}=t$,则$u=xyf(t)$. 故

$$\frac{\partial u}{\partial x}=yf(t)-\frac{y}{x}f'(t),\frac{\partial u}{\partial y}=xf(t)-\frac{x}{y}f'(t),$$

将上式代入题干所给式中进行整理可得

$$x^2\frac{\partial u}{\partial x}-y^2\frac{\partial u}{\partial y}=(x-y)\cdot xyf(t)=(x-y)u,$$

则$G(x,y)=x-y$.

16 【参考答案】A

【考点点睛】抽象函数的二阶偏导数计算.

【答案解析】
$$\frac{\partial z}{\partial x}=f'_1\cdot y+f'_2\cdot g'(x),$$

$$\frac{\partial^2 z}{\partial x\partial y}=f''_{11}\cdot xy+f'_1+f''_{21}\cdot xg'(x),$$

代入$x=1,y=1,g(1)=1,g'(1)=0$,得

$$\left.\frac{\partial^2 z}{\partial x\partial y}\right|_{(1,1)}=f'_1(1,1)+f''_{11}(1,1).$$

17 【参考答案】B

【考点点睛】显函数的全微分计算.

【答案解析】设$u=e+\frac{y}{x},v=\frac{y}{x}$,则$z=u^v$.

$$\frac{\partial z}{\partial x}=\frac{\partial z}{\partial u}\cdot\frac{\partial u}{\partial x}+\frac{\partial z}{\partial v}\cdot\frac{\partial v}{\partial x}=vu^{v-1}\cdot\left(-\frac{y}{x^2}\right)+u^v\cdot\ln u\cdot\left(-\frac{y}{x^2}\right),$$

$$\left.\frac{\partial z}{\partial x}\right|_{(1,1)}=-1-(e+1)\ln(e+1),$$

$$\frac{\partial z}{\partial y}=\frac{\partial z}{\partial u}\cdot\frac{\partial u}{\partial y}+\frac{\partial z}{\partial v}\cdot\frac{\partial v}{\partial y}=vu^{v-1}\cdot\frac{1}{x}+u^v\cdot\ln u\cdot\frac{1}{x},$$

$$\left.\frac{\partial z}{\partial y}\right|_{(1,1)}=1+(e+1)\ln(e+1),$$

则
$$\left.dz\right|_{(1,1)}=\left.\frac{\partial z}{\partial x}\right|_{(1,1)}dx+\left.\frac{\partial z}{\partial y}\right|_{(1,1)}dy=-[1+(e+1)\ln(e+1)](dx-dy).$$

故选B.

18 【参考答案】C

【考点点睛】极值的应用.

【答案解析】由

$$R = 134x + 150y - 2x^2 - 2xy - y^2,$$
$$C = 800 + 34x + 70y,$$

则目标函数

$$\begin{aligned} L = R - C &= (134x + 150y - 2x^2 - 2xy - y^2) - (800 + 34x + 70y) \\ &= 100x + 80y - 2x^2 - 2xy - y^2 - 800, \end{aligned}$$

约束条件 $x + y = 30$，将 $y = 30 - x$ 代入目标函数 L，可得

$$L = 100x + 80(30 - x) - 2x^2 - 2x(30 - x) - (30 - x)^2 - 800,$$
$$L' = 100 - 80 - 4x + 4x - 60 + 2(30 - x) = -2x + 20.$$

令 $L' = 0$ 得唯一驻点 $x = 10$. 由于驻点唯一，实际问题存在最大值，因此 $x = 10$ 为最大值点. 此时 $y = 30 - x = 20$，即当 $x = 10, y = 20$ 时，工厂取得最大利润. 故选 C.

19 【参考答案】A

【考点点睛】抽象函数的二阶偏导数计算.

【答案解析】

$$\frac{\partial g}{\partial x} = y - f_1'(x+y, x-y) - f_2'(x+y, x-y),$$

$$\frac{\partial g}{\partial y} = x - f_1'(x+y, x-y) + f_2'(x+y, x-y),$$

$$\begin{aligned} \frac{\partial^2 g}{\partial x^2} &= -f_{11}''(x+y,x-y) - f_{12}''(x+y,x-y) - f_{21}''(x+y,x-y) - f_{22}''(x+y,x-y) \\ &= -f_{11}''(x+y,x-y) - 2f_{12}''(x+y,x-y) - f_{22}''(x+y,x-y), \end{aligned}$$

$$\begin{aligned} \frac{\partial^2 g}{\partial x \partial y} &= 1 - f_{11}''(x+y,x-y) + f_{12}''(x+y,x-y) - f_{21}''(x+y,x-y) + f_{22}''(x+y,x-y) \\ &= 1 - f_{11}''(x+y,x-y) + f_{22}''(x+y,x-y), \end{aligned}$$

$$\begin{aligned} \frac{\partial^2 g}{\partial y^2} &= -f_{11}''(x+y,x-y) + f_{12}''(x+y,x-y) + f_{21}''(x+y,x-y) - f_{22}''(x+y,x-y) \\ &= -f_{11}''(x+y,x-y) + 2f_{12}''(x+y,x-y) - f_{22}''(x+y,x-y), \end{aligned}$$

则

$$\frac{\partial^2 g}{\partial x^2} + \frac{\partial^2 g}{\partial x \partial y} + \frac{\partial^2 g}{\partial y^2} = 1 - 3f_{11}''(x+y,x-y) - f_{22}''(x+y,x-y).$$

20 【参考答案】E

【考点点睛】二元函数求极值.

【答案解析】由于 $z_1 = |x + y|$，因此 $z_1(0,0) = 0$，当 $(x,y) \neq (0,0)$ 时，总有 $z_1(x,y) \geqslant 0$，则点 $(0,0)$ 为 z_1 的极小值点.

由 $dz_2=(3x^2+6x)dx-(3y^2-6y)dy$,可知

$$\frac{\partial z_2}{\partial x}=3x^2+6x,\frac{\partial z_2}{\partial y}=-(3y^2-6y),$$

易见点(0,0)为 z_2 的驻点.又

$$\frac{\partial^2 z_2}{\partial x^2}=6x+6,\frac{\partial^2 z_2}{\partial x\partial y}=0,\frac{\partial^2 z_2}{\partial y^2}=-6y+6,$$

则

$$A=\left.\frac{\partial^2 z_2}{\partial x^2}\right|_{(0,0)}=6,B=\left.\frac{\partial^2 z_2}{\partial x\partial y}\right|_{(0,0)}=0,C=\left.\frac{\partial^2 z_2}{\partial y^2}\right|_{(0,0)}=6,$$

$$AC-B^2=36>0,A>0,$$

故点(0,0)为 z_2 的极小值点.

故选 E.

第二部分 概率论

第5讲 随机事件与概率

本讲解读

本讲从内容上划分为两个部分，随机事件与概率，共计十三个考点，十个题型. 本讲定义和概念较多，在真题中占比较小，大约占2道题(试卷数学部分共35道题)，约占概率论部分的29%，数学部分的5.7%.

考生需掌握样本空间与随机事件、事件的关系与运算、概率的定义与性质、古典概型、几何概型、伯努利概型、事件的独立性、五大基本公式.

重点考点标记见本讲“考点题型框架”.

考点题型框架

- 随机事件与概率
  - 随机事件
    - 考点一 随机事件的基本概念
    - 考点二 事件的基本运算
    - 考点三 事件的运算律* → 题型一 运算律的应用
    - 考点四 事件的基本关系* → 题型二 事件的关系与运算
  - 概率与条件概率
    - 考点五 概率公理化定义
    - 考点六 概率的重要性质* → 题型三 随机事件概率的计算
    - 考点七 条件概率的定义
    - 考点八 条件概率的性质* → 题型四 条件概率的定义和性质的应用
  - 简单概型
    - 考点九 古典概型* → 题型五 古典概型的计算
    - 考点十 几何概型* → 题型六 几何概型的计算
    - 考点十一 伯努利概型* → 题型七 伯努利概型的计算
  - 事件独立性与五大基本公式
    - 考点十二 相互独立事件* → 题型八 相互独立事件的计算
    - 考点十三 五大公式* → 题型九 加法、减法及乘法公式的应用；题型十 全概率公式及贝叶斯公式的应用

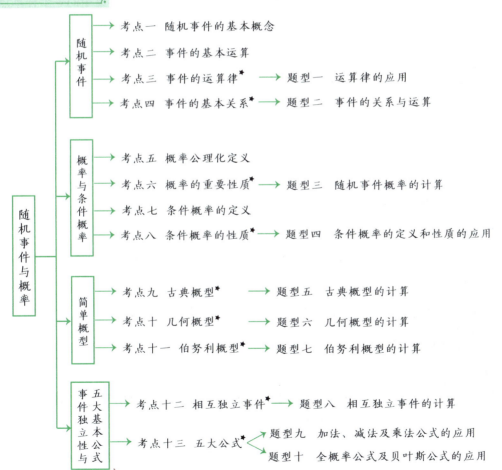

考点精讲

考点一　随机事件的基本概念

1.随机试验

研究随机现象需要进行试验.为了获得随机现象的统计规律,必须在相同的条件下进行大量重复试验,在概率统计中,把这类试验称为随机试验,一般用字母 E 或 E_1,E_2 等表示.它具有下述三点特性:(1) 试验可以在相同条件下重复进行;(2) 试验的所有可能结果在试验前是明确的,且每次试验必有其中的一个结果出现,并且仅有一个结果出现;(3) 每次试验的可能结果不止一个,而究竟哪一个会出现,在试验前不能准确预知.

2.样本空间

一个随机试验 E 所有可能结果所组成的集合称为 E 的样本空间,记作 Ω.

3.样本点

样本空间里的元素称为样本点.

4.随机事件

样本空间的任一子集称为随机事件,在每次试验中,当且仅当这一子集中的一个样本点出现,我们称该随机事件发生.

【敲黑板】特殊的随机事件有以下三种.

必然事件:由样本空间所有样本点组成的随机事件.

不可能事件:不含任何样本点的事件.

基本事件:由单个样本点组成的单点集.

考点二　事件的基本运算

1.和事件

事件$\{x \mid x \in A$ 或 $x \in B\}$称为事件 A 和事件 B 的和事件,记为 $A \cup B$ 或者 $A+B$.易知,当且仅当事件 A 和事件 B 中至少有一个发生时,$A \cup B$ 发生.

类似地,我们还可以定义 n 个事件 A_1,A_2,…,A_n 的和事件 $\bigcup\limits_{k=1}^{n} A_k$,以及可列无穷多个事件 A_1,A_2,…的和事件 $\bigcup\limits_{k=1}^{\infty} A_k$.

2.积事件

事件$\{x \mid x \in A$ 且 $x \in B\}$称为事件 A 和事件 B 的积事件,记为 $A \cap B$,简记为 AB.易知,当且仅当事件 A 和事件 B 同时发生时,$A \cap B$ 发生.

类似地,我们也可以定义 n 个事件 A_1,A_2,…,A_n 的积事件 $\bigcap\limits_{k=1}^{n} A_k$,以及可列无穷多个事件 A_1,

$A_2,\cdots$的积事件$\bigcap\limits_{k=1}^{\infty}A_k$.

3. 差事件

事件$\{x \mid x\in A且x\notin B\}$称为事件$A$与事件$B$的差事件,记为$A-B$,或$A-AB$,或$A\overline{B}$. 易知,当且仅当事件$A$发生而事件$B$不发生时,$A-B$发生.

4. 逆事件

在样本空间中,由不属于事件A的样本点所构成的事件称为事件A的逆事件,记作$\overline{A}$,可理解为事件A不发生.

考点三 事件的运算律

1. 交换律

$$A\cup B=B\cup A, AB=BA.$$

2. 结合律

$$(A\cup B)\cup C=A\cup(B\cup C),(AB)C=A(BC).$$

3. 分配律

$$(A\cup B)\cap C=(A\cap C)\cup(B\cap C),(A\cap B)\cup C=(A\cup C)\cap(B\cup C).$$

4. 德·摩根律

$$\overline{A\cup B}=\overline{A}\cap\overline{B},\overline{AB}=\overline{A}\cup\overline{B},\overline{\overline{A}}=A.$$

5. 吸收律

若$A\subset B$,则有$A\cap B=A,A\cup B=B$. 特别地,$A\cap A=A\cup A=A$.

题型一 运算律的应用

【解题方法】熟练应用运算律,会利用基本运算律化简.

例1 设A和B是任意两个事件,完成运算:$AB+A\overline{B}+\overline{A}B+\overline{A}\overline{B}-\overline{AB}$.

【解题思路】此题考查和事件、差事件以及德·摩根律的应用.

【答案解析】$AB+A\overline{B}+\overline{A}B=A\cup B, A\cup B+\overline{A}\overline{B}=\Omega,\Omega-\overline{AB}=AB$,故结果为$AB$.

例2 设A,B为任意两个事件,试化简事件$(A+B)(A+\overline{B})(\overline{A}+B)(\overline{A}+\overline{B})$.

【解题思路】此题考查事件的分配律和吸收律的应用.

【答案解析】$(A+B)(A+\overline{B})=(A+B)A+(A+B)\overline{B}=A+BA+A\overline{B}+B\overline{B}=A+A=A$,

$(A+B)(A+\overline{B})(\overline{A}+B)=A(\overline{A}+B)=A\overline{A}+AB=AB$,

所以,$(A+B)(A+\overline{B})(\overline{A}+B)(\overline{A}+\overline{B})=AB(\overline{A}+\overline{B})=AB\overline{A}+AB\overline{B}=\varnothing+\varnothing=\varnothing$.

考点四 事件的基本关系

包含 若事件A所包含的样本点都属于事件B,则称事件A包含于事件B(或称事件B包含事件A),记为$A\subset B$. $A\subset B$表示事件A发生必然导致事件B发生.

相等 若 $A \subset B$ 且 $B \subset A$，则称事件 A 与事件 B 相等，记为 $A=B$.

互斥 若事件 A,B 满足 $A \cap B=\varnothing$，则称事件 A 与事件 B 互斥（或互不相容）.

易知，当且仅当事件 A 与事件 B 不能同时发生时，事件 A 与事件 B 互斥.

对立 若事件 A,B 满足 $A \cap B=\varnothing$ 且 $A \cup B=\Omega$，则称事件 A 与事件 B 互为对立事件，或称事件 A 与事件 B 互为逆事件，记作 $B=\overline{A}$.

易知，在每次随机试验中，事件 A 与其逆事件 $\overline{A}$ 有且仅有一个发生.

完备事件组 若事件 $A_1,A_2,\cdots,A_n$ 满足 $A_i \cap A_j=\varnothing, i \neq j, i,j=1,2,\cdots,n, \bigcup_{k=1}^{n} A_k=\Omega$，则称 $A_1,A_2,\cdots,A_n$ 是样本空间 Ω 的一个完备事件组.

易知，在每次随机试验中，完备事件组 $A_1,A_2,\cdots,A_n$ 中的事件有且仅有一个发生. 对立事件是完备事件组的一种最简单的形式.

题型二　事件的关系与运算

【解题方法】(1) 要熟练运用各种事件之间的关系及运算法则，有助于将复杂的事件用简单的事件表达出来，除了常见的运算律外，还常常用到下列结果：

$$A=AB+A\overline{B}, AB \subset A \subset A \cup B, A-B \subset A.$$

(2) 要熟练运用文氏图，文氏图有助于从直观上理解事件的关系与运算，它用一个长方形区域表示样本空间 Ω，长方形区域内的点表示样本点，长方形区域内的封闭图形表示各种关系和事件，如图所示.

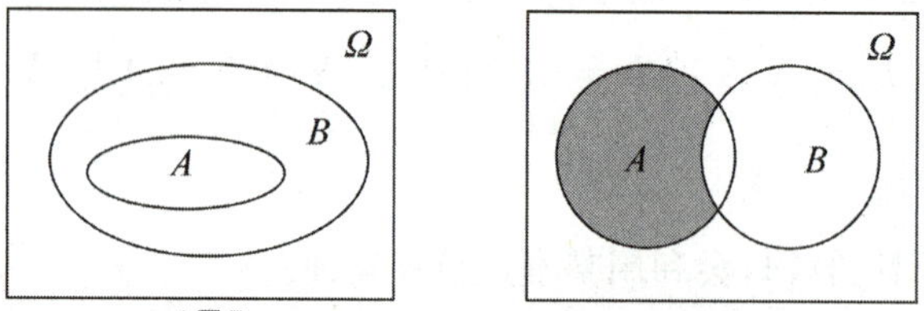

$A \subset B$　　　　$A-B$

(a)　　　　(b)

例 3 对于任意事件 A 和 B，已知下列事件中有一个与 $A \cup B=B$ 不相等的事件，找出这个事件.

(1)$A \subset B$；(2)$\overline{B} \subset \overline{A}$；(3) $A\overline{B}=\varnothing$；(4)$\overline{A}B=\varnothing$.

【解题思路】 $A \cup B=B$，即 $A+B=B$，在此基础上做恒等运算，就可以找出相互之间的相等关系，从而利用排除法找出与之不相等的事件.

【答案解析】 由 $A+B=B$ 知 $A \subset B$，又由德·摩根律，有 $\overline{A+B}=\overline{A}\,\overline{B}=\overline{B}$，知 $\overline{B} \subset \overline{A}$. 进而将 $A=\Omega-\overline{A}$ 代入等式 $\overline{A}\,\overline{B}=\overline{B}$ 中，有 $\overline{B}-A\overline{B}=\overline{B}$，即 $A\overline{B}=\varnothing$，由排除法知 $\overline{A}B=\varnothing$ 与 $A \cup B=B$ 不相等.

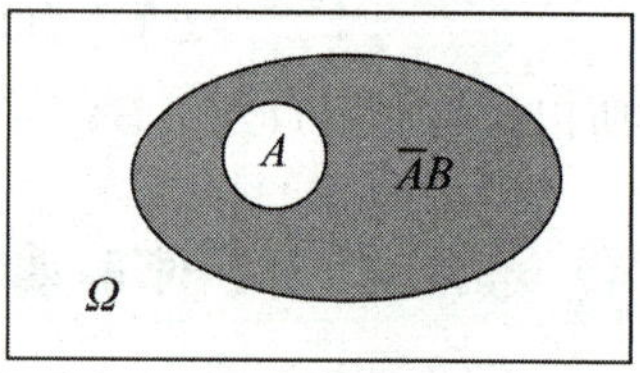

事实上，借助文氏图同样可以说明 $\overline{A}B=\varnothing$ 与 $A \cup B=B$ 不相等（见图）.

例 4 以 A 表示"甲种产品畅销,乙种产品滞销",从下列事件中找出其对立事件 $\overline{A}$.

(1)"甲种产品滞销,乙种产品畅销";

(2)"甲、乙两种产品都畅销";

(3)"甲种产品滞销";

(4)"甲种产品滞销或乙种产品畅销".

【解题思路】 从文字到文字解读事件往往比较困难,如果先将事件符号化再利用事件间的运算解读,则会更清晰.

【答案解析】 若以 A_1 表示事件"甲种产品畅销",A_2 表示事件"乙种产品滞销",则 $A=A_1A_2$,由德·摩根律,其对立事件为 $\overline{A}=\overline{A_1A_2}=\overline{A_1}+\overline{A_2}$,表示 A 的对立事件 $\overline{A}$ 为"甲种产品滞销或乙种产品畅销",即事件(4).

例 5 已知 A,B,C 为三个事件,用 A,B,C 的运算关系表示下列各事件.

(1)A 发生,B,C 不发生;

(2)A,B,C 中至少有一个发生;

(3)A,B,C 中不多于一个发生;

(4)A,B 不同时发生;

(5)A,B,C 中恰好有两个发生.

【答案解析】 (1)A 发生,B 与 C 不发生,表示 $A,\overline{B},\overline{C}$ 同时发生,即

$$A\overline{B}\overline{C} \text{ 或 } A-B-C \text{ 或 } A-(B\cup C).$$

(2)A,B,C 至少有一个发生表示三个事件中恰有一个发生或恰有两个发生或三个事件都发生,也可以由和事件的含义得到,即

$$A\overline{B}\overline{C}\cup\overline{A}B\overline{C}\cup\overline{A}\overline{B}C\cup AB\overline{C}\cup A\overline{B}C\cup\overline{A}BC\cup ABC \text{ 或 } A\cup B\cup C.$$

(3)A,B,C 不多于一个发生表示 A,B,C 中恰有一个发生或 A,B,C 都不发生,即

$$A\overline{B}\overline{C}\cup\overline{A}B\overline{C}\cup\overline{A}\overline{B}C\cup\overline{A}\overline{B}\overline{C}.$$

(4)A,B 不同时发生表示 A,B 同时发生的逆事件,即 $\overline{AB}$.

(5)A,B,C 中恰好有两个发生,即 $AB\overline{C}\cup A\overline{B}C\cup\overline{A}BC$.

考点五 概率公理化定义

概率是所有事件构成的集合到实数集的一个映射 P,它必须满足下列条件:

(1) 非负性:对任意事件 A,都有 $P(A)\geqslant 0$;

(2) 规范性:对必然事件 Ω,有 $P(\Omega)=1$;

(3) 可列可加性:设 $A_1,A_2,\cdots$ 是两两互不相容的事件,即 $A_i\cap A_j=\varnothing,i\neq j,i,j=1,2,\cdots$,有 $P(\bigcup\limits_{i=1}^{\infty}A_i)=\sum\limits_{i=1}^{\infty}P(A_i)$.

考点六 概率的重要性质

(1)$P(\varnothing)=0$.

(2) 有限可加性:设 $A_1,A_2,\cdots,A_n$ 为两两互不相容的事件,则有 $P(\bigcup_{i=1}^{n}A_i)=\sum_{i=1}^{n}P(A_i)$.

(3) 逆事件的概率:对于任意事件 A,有 $P(\overline{A})=1-P(A)$.

(4) 单调性:若事件 $A\subset B$,则 $P(A)\leqslant P(B)$.

题型三 随机事件概率的计算

【解题方法】(1) 利用事件的运算法则和概率的性质,将复杂事件转化为简单事件;

(2) 熟练应用文氏图求解此类问题可以起到简化计算的作用.

例 6 设 $P(A)=\frac{1}{3},P(B)=\frac{1}{2}$,试就以下三种情况分别求 $P(B\overline{A})$:

(1)$AB=\varnothing$;

(2)$A\subset B$;

(3)$P(AB)=\frac{1}{8}$.

【解题思路】利用事件的运算法则和概率的性质进行计算.

【答案解析】(1)$P(B\overline{A})=P(B-AB)=P(B)-P(AB)=\frac{1}{2}$.

(2)$P(B\overline{A})=P(B-AB)=P(B)-P(A)=\frac{1}{6}$.

(3)$P(B\overline{A})=P(B-AB)=P(B)-P(AB)=\frac{3}{8}$.

例 7 设 A,B 为两个随机事件,则(　　).

(A)$P(AB)+P(\overline{A}\,\overline{B})\leqslant 1$

(B)$P(AB)+P(\overline{A}\,\overline{B})\geqslant 1$

(C)$P(A-B)\leqslant P(A)-P(B)$

(D)$P(A+B)+P(\overline{A}+\overline{B})\leqslant 1$

(E)$P(A+B)\geqslant P(A)+P(B)$

【参考答案】A

【解题思路】本题涉及事件之间的关系,如由 $A+B\supset AB$,有 $P(A+B)\geqslant P(AB)$,进而可得 $P(AB)+P(\overline{A}\,\overline{B})\leqslant 1$.

【答案解析】由于 $AB\subset A+B$,即有 $P(AB)\leqslant P(A+B)$,从而有

$$P(AB)\leqslant P(A+B)=1-P(\overline{A+B})=1-P(\overline{A}\,\overline{B}),$$

即 $P(AB)+P(\overline{A}\,\overline{B})\leqslant 1$,同时有

$$P(A+B)-P(AB)=P(A+B)+P(\overline{AB})-1=P(A+B)+P(\overline{A}+\overline{B})-1\geqslant 0,$$

即

$$P(A+B)+P(\overline{A}+\overline{B})\geqslant 1,$$

故选项 B,D 不正确. 又 $AB \subset B$,有 $P(AB) \leqslant P(B)$,从而有

$$P(A-B)=P(A)-P(AB)\geqslant P(A)-P(B),$$

故选项 C 不正确,由加法公式可知,选项 E 也不正确,故本题选择 A.

考点七 条件概率的定义

设 A,B 是两个随机事件,且 $P(A)>0$,称 $P(B|A)=\dfrac{P(AB)}{P(A)}$ 为在事件 A 发生的条件下事件 B 发生的条件概率.

考点八 条件概率的性质

不难验证,条件概率 $P(\cdot \mid A)$ 符合概率定义中的三个条件,即

(1) 非负性:对于任意事件 B,有 $P(B \mid A)\geqslant 0$;

(2) 规范性:对于必然事件 Ω,有 $P(\Omega \mid A)=1$;

(3) 可列可加性:若 $B_1,B_2,\cdots$ 是两两互不相容的事件,则有

$$P(\bigcup_{k=1}^{\infty} B_k \,|\, A)=\sum_{k=1}^{\infty} P(B_k \mid A).$$

既然条件概率符合概率定义中的上述三个条件,则概率的重要性质同样适用于条件概率,其中最为常用的性质如下:

对于任意事件 B,有 $P(\overline{B} \mid A)=1-P(B \mid A)$.

题型四 条件概率的定义和性质的应用

【解题方法】(1) 直接利用条件概率的定义 $P(B \mid A)=\dfrac{P(AB)}{P(A)}$ 进行计算,根据已知信息求出 $P(AB)$ 及 $P(A)$.

(2) 利用“缩减样本空间法”:由于条件概率 $P(B|A)$是在A 发生的条件下 B 发生的概率,故此时可以把样本空间看作 A,在缩小之后的样本空间内计算概率.

例 8 设 A,B 为任意两个事件且 $A\subset B,P(B)>0$,则下列选项必然成立的是( ).

(A)$P(A)<P(A \mid B)$　　(B)$P(A)\leqslant P(A \mid B)$

(C)$P(A)>P(A \mid B)$　　(D)$P(A)\geqslant P(A \mid B)$

(E) 以上选项均不正确

【参考答案】 B

【解题思路】 条件概率公式与概率的性质及吸收律的应用.

【答案解析】 因为 $A\subset B$,故 $AB=A$,又 $P(B)\leqslant 1$,由条件概率公式,得

$$P(A|B)=\frac{P(AB)}{P(B)}=\frac{P(A)}{P(B)}\Rightarrow P(A)=P(A|B)P(B)\Rightarrow P(A)\leqslant P(A|B).$$

例 9 某动物出生后能活到 20 岁的概率是 0.8，能活到 25 岁的概率是 0.4，则现龄 20 岁的该动物活到 25 岁的概率为（　　）.

(A)0.4　　(B)0.3　　(C)0.35　　(D)0.5　　(E)0.6

【参考答案】 D

【解题思路】 记事件 A：该动物出生后能活到 20 岁；事件 B：该动物出生后能活到 25 岁. 由于该动物活到 25 岁时肯定也活到 20 岁，即在事件 B 发生时事件 A 必然已发生，即 $B \subset A$.

【答案解析】 由已知得 $P(A)=0.8, P(B)=0.4$，且 $A \supset B$，故 $P(BA)=P(B)=0.4$，则现龄 20 岁的该动物还能活 5 年的概率为 $P(B \mid A)=\dfrac{P(BA)}{P(A)}=\dfrac{P(B)}{P(A)}=\dfrac{0.4}{0.8}=0.5$.

考点九　古典概型

若试验具有下列两个特征：① 试验结果为有限个，即 $\Omega=\{\omega_1,\omega_2,\cdots,\omega_n\}$；② 每个结果出现的可能性相同，即 $P(\omega_i)=\dfrac{1}{n}(i=1,2,\cdots,n)$，则称此试验为古典概型试验.

若古典概型试验 E 的样本空间 Ω 有 n 个样本点，事件 A 由其中 m 个样本点组成，则事件 A 发生的概率为

$$P(A)=\frac{m}{n},$$

上式称为 A 的古典概率，利用上述关系式讨论事件概率的数学模型称为古典概型.

题型五　古典概型的计算

【解题方法】 (1) 设事件. 弄清楚基本事件包括哪些，所求事件是什么，并用相应的概率语言"翻译"出来，再套用有关公式；

(2) 会用排列组合计算简单的古典概率.

例 10 设有 n 个不同的质点，每个质点等可能地落到 $N(n \leqslant N)$ 个格子中的每个格子里，假设每个格子可容纳的质点数是没有限制的. 试求下列事件的概率.

(1) $A=\{$某指定的 n 个格子中各有一个质点$\}$；

(2) $B=\{$任意 n 个格子中各有一个质点$\}$；

(3) $C=\{$指定的一个格子中有 $m(m \leqslant n)$ 个质点$\}$.

【解题思路】 n 个不同的质点，每个质点等可能地落到 N 个格子中，则共有 N^n 种方案，即总样本数为 N^n，具体事件含有的基本事件数或样本点数可根据题意确定，主要工具是排列组合.

【答案解析】 依题意，n 个不同的质点等可能地落到 N 个格子中的每个格子里，而且每个格子可容纳的质点数没有限制，即每个质点都有 N 种不同的落入方法，n 个质点共有 N^n 种不同的落入方法，故试验相应的样本点总数为 N^n.

(1) 对事件A，n个质点在指定的n个格子中排列，共有$n!$种不同的落入方法，于是事件A包含的样本点数为$n!$，故$P(A)=\frac{n!}{N^n}$.

(2) 对事件B，可以先从N个格子中任意取出n个格子，有C_N^n种取法，然后再将n个质点在取出的n个格子中排列，共有$n!$种不同的排列方法，于是事件B包含的样本点数为$C_N^n n!$，则$P(B)=\frac{C_N^n n!}{N^n}$.

(3) 对事件C，可以先从n个质点中任取m个质点放入指定的格子里，共有C_n^m种不同的取法，然后剩下的$n-m$个质点随机落入其余的$N-1$个格子中，共有$(N-1)^{n-m}$种不同的落入方法，于是事件C包含的样本点数为$C_n^m(N-1)^{n-m}$，则$P(C)=\frac{C_n^m(N-1)^{n-m}}{N^n}$.

例 11 设袋中有a个白球和b个红球，现按无放回抽样依次把球一个一个取出来，试求第$k(1\leqslant k\leqslant a+b)$次取出的球是白球的概率.

【解题思路】按无放回抽样依次把球从袋中一个一个取出来是典型的无放回连续抽取问题，相当于将$a+b$个球排成一行，有$(a+b)!$种不同排法，相应样本点的总数是$n=(a+b)!$，具体事件的样本点数用类似方法确定.

【答案解析】依题意，试验是从袋中无放回地把球一个一个取出来依次排队，有$(a+b)!$种不同排法，样本点的总数是$n=(a+b)!$. 设$A=\{$第k次取的是白球$\}$，对事件A发生的有利排法是先从a个白球中取出一个排在第k个位置上，然后将其余的$a+b-1$个球排在$a+b-1$个位置上，共有$C_a^1(a+b-1)!$种不同的排法，所以事件A包含的样本点数为$m=C_a^1(a+b-1)!$，故

$$P(A)=\frac{C_a^1(a+b-1)!}{(a+b)!}=\frac{a}{a+b}.$$

例 12 考虑一元二次方程$x^2+Bx+C=0$，其中B,C分别是将一枚骰子接连抛两次前后出现的点数，则该方程有实根的概率为(　　).

(A) $\frac{19}{36}$　(B) $\frac{17}{36}$　(C) $\frac{15}{36}$　(D) $\frac{13}{36}$　(E) $\frac{11}{36}$

【参考答案】A

【解题思路】本题属于古典概型. 由于很难套用现有概型模式或公式求解，一个最简单也是最直接的做法是数出总样本点数和事件所含样本点数并计算比值，给出答案. 可借助列表等手段列出各种可能的结果，然后数出事件所含样本点数. 由于接连抛两次，每次都可能出现 6 个点数，因此其总样本点数为6^2.

【答案解析】方程有实根，即事件$\{B^2-4C\geqslant 0\}$发生，每枚骰子抛一次共有 6 种可能的结果，两次共有6^2种结果，列表如下.

B \ C (B^2-4C)	1	2	3	4	5	6
1	−	−	−	−	−	−
2	0	−	−	−	−	−
3	+	+	−	−	−	−
4	+	+	+	0	−	−
5	+	+	+	+	+	+
6	+	+	+	+	+	+

其中事件$\{B^2-4C\geqslant 0\}$所含样本点数为19，则$P=\frac{19}{36}$，故本题应选择A.

考点十　几何概型

当样本空间有无限多个样本点时，不能按照古典概型模式来计算概率，在有些场合可以用几何方法来处理.

如果试验具有下列两个特征：① 试验结果无限不可数；② 每个结果的出现是等可能的，则称此类试验为几何概型试验.

设E为几何概型随机试验，其基本事件空间Ω中的所有基本事件可以用一个有界区域来描述，而其中一部分区域恰好可以表示事件A所包含的基本事件，则事件A发生的概率为

$$P(A)=\frac{L(A)}{L(\Omega)},$$

上式称为几何概率，其中$L(A)$，$L(\Omega)$分别表示A和Ω的几何度量，例如，当Ω是区间时，表示相应区间的长度，当Ω为平面或空间区域时，表示相应区域的面积或体积.

题型六　几何概型的计算

【解题方法】 关键是要构造出随机事件所对应的几何图形，并利用图形的几何度量来求随机事件的概率，这里的“度量”根据样本空间的维数而定，一般一维中的度量指的是长度，二维中的度量指的是面积，三维中的度量指的是体积. 考试中常考到的题型是二维的.

例 13 甲、乙两人约定于6时到7时之间在某处会面，并约定先到者应等候另一个人一刻钟，过时即可离去，则两人会面的概率为$P=$(　　).

(A) $\frac{7}{16}$　　(B) $\frac{9}{16}$　　(C) $\frac{1}{16}$　　(D) $\frac{2}{3}$　　(E) $\frac{1}{3}$

【参考答案】 A

【解题思路】 甲、乙两人约定于6时到7时之间在某处会面，甲、乙到达的时间所构成的样本空间为正方形区域，具体两人会面的几何度量用类似方法确定.

【答案解析】 设甲、乙两人到达的时间分别是x，y，则有$|x-y|\leqslant 15$，即$-15\leqslant x-y\leqslant 15$，

如图阴影部分所示.

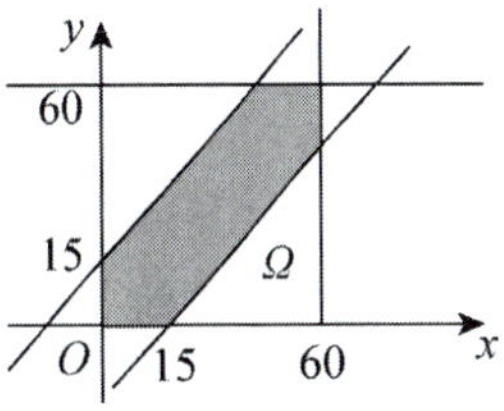

由几何方法得,两人会面的概率为 $P=\frac{S_{阴}}{S_{\Omega}}=\frac{60^2-45^2}{60^2}=\frac{7}{16}$.

例 14 在区间(0,1)中随机地取两个数 x,y,则 $xy<\frac{1}{2}$ 的概率为(　　).

(A) $\frac{1}{2}(1+\ln 2)$　　(B) $1+\ln 2$　　(C) $\ln 2$

(D) $\frac{1}{2}$　　(E) $\frac{1}{4}(1+\ln 2)$

【参考答案】 A

【解题思路】 设 (x,y) 为基本事件,可知所有基本事件在 $\begin{cases}0<x<1,\\0<y<1\end{cases}$ 表示的区域内,故样本空间为正方形区域,具体 $xy<\frac{1}{2}$ 的几何度量用类似方法确定.

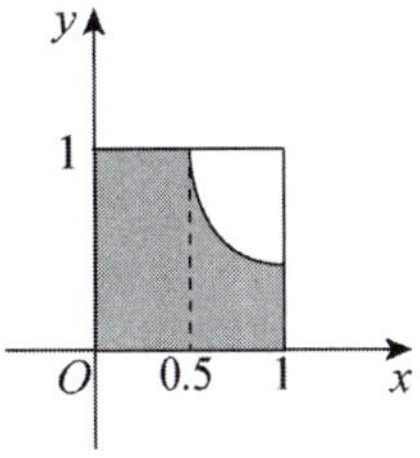

【答案解析】 本题属于几何概型,$P\left\{xy<\frac{1}{2}\right\}$ 等于阴影区域的面积与正方形区域的面积比,如图所示,即

$$P\left\{xy<\frac{1}{2}\right\}=\frac{\frac{1}{2}+\int_{\frac{1}{2}}^{1}\frac{1}{2x}\mathrm{d}x}{1}=\frac{1}{2}(1+\ln 2).$$

考点十一　伯努利概型

如果在一次试验中,某事件发生的概率是 $p(0<p<1)$,那么在 n 次独立重复试验中,这个事件恰好发生 k 次的概率为 $P_n(k)=C_n^k p^k(1-p)^{n-k}$(伯努利公式).

【敲黑板】 ① 试验是重复进行的,各次试验的结果互不影响,且每次试验事件发生概率 p 是不变的.

② 每次试验只有两种结果,事件发生或不发生.

③ 事件发生的概率为 p,事件不发生的概率为 $1-p$.

题型七　伯努利概型的计算

【解题方法】 熟练掌握并应用伯努利公式解题,此公式一般应用于随机变量的二项分布,要求灵活应用伯努利公式.

例 15 某车间有 5 台某型号的机床,每台机床由于种种原因(如备料,装、卸工件,更换刀具等)时常要停机.设每台机床停机或开机相互独立.若每台机床在任何一个时刻处于停机状态的概率为 $\frac{1}{3}$,试求在任何一个时刻:

(1) 恰有 1 台机床处于停机状态的概率;

(2) 至少有 1 台机床处于停机状态的概率;

(3) 至多有 1 台机床处于停机状态的概率.

【解题思路】 5 台机床的停机问题可以看作一台机床做 5 次伯努利试验,属于参数为 $n=5$, $p=\frac{1}{3}$ 的二项分布.

【答案解析】 (1) 设 $A=\{$恰有 1 台机床处于停机状态$\}$,则

$$P(A)=P\{\mu=1\}=C_5^1\left(\frac{1}{3}\right)^1\left(\frac{2}{3}\right)^4\approx 0.3292.$$

(2) 设 $B=\{$任何一个时刻至少有 1 台机床处于停机状态$\}$,则

$$P(B)=1-P(\overline{B})=1-P\{\mu=0\}=1-C_5^0\left(\frac{1}{3}\right)^0\left(\frac{2}{3}\right)^5\approx 0.8683.$$

(3) 设 $C=\{$任何一个时刻至多有 1 台机床处于停机状态$\}$,则

$$P(C)=P\{\mu=0\}+P\{\mu=1\}=C_5^0\left(\frac{1}{3}\right)^0\left(\frac{2}{3}\right)^5+C_5^1\left(\frac{1}{3}\right)^1\left(\frac{2}{3}\right)^4\approx 0.4609.$$

例 16 盒子中有红色、绿色、黄色、蓝色四个大小相同的小球,现从盒子中每次取一个小球,有放回地取三次,随机变量 X 表示取到红球的次数,则 $P\{X\leqslant 2\}=(\quad)$.

(A) $\frac{1}{64}$ (B) $\frac{1}{16}$ (C) $\frac{27}{64}$ (D) $\frac{9}{16}$ (E) $\frac{63}{64}$

【参考答案】 E

【答案解析】 由题设可知,X 服从参数为 $n=3,p=\frac{1}{4}$ 的二项分布,且 X 的取值为 0,1,2,3,则

$$P\{X\leqslant 2\}=1-P\{X=3\}=1-\left(\frac{1}{4}\right)^3=\frac{63}{64}.$$

考点十二 相互独立事件

1. 定义

(1)A,B 独立.

设 A,B 是两个事件,如果满足等式 $P(AB)=P(A)P(B)$,则称事件 A,B 相互独立,简称 A,B 独立.

(2)A,B,C 两两独立.

设 A,B,C 是三个事件,如果满足等式 $\begin{cases}P(AB)=P(A)P(B),\\P(BC)=P(B)P(C),\\P(AC)=P(A)P(C),\end{cases}$ 则称事件 A,B,C 两两独立.

(3)A,B,C 相互独立.

设 A,B,C 是三个事件,如果满足等式 $\begin{cases}P(AB)=P(A)P(B),\\P(BC)=P(B)P(C),\\P(AC)=P(A)P(C),\\P(ABC)=P(A)P(B)P(C),\end{cases}$ 则称事件 A,B,C 相互独立.

2. 性质

(1) 设 A,B 是两个随机事件，且 $P(A)>0$，若 A,B 相互独立，则 $P(B\mid A)=P(B)$.

(2) 若随机事件 A,B 相互独立，则 $A,\overline{B}$；$\overline{A},B$；$\overline{A},\overline{B}$ 也相互独立.

题型八 相互独立事件的计算

【解题方法】独立性有两种考查方式：一是考查事件的独立性；二是已知独立性计算事件的概率，两者均是直接利用等式 $P(AB)=P(A)P(B)$.

例 17 设 A,B 为两个随机事件，其中 $0<P(A)<1$，$P(B)>0$，$P(B\mid A)=P(B\mid\overline{A})$，则下列选项成立的是（　　）.

(A)$P(A\mid B)=P(\overline{A}\mid B)$　　(B)$P(A\mid B)\neq P(\overline{A}\mid B)$

(C)$P(AB)=P(A)P(B)$　　(D)$P(AB)\neq P(A)P(B)$

(E)$P(A)\neq P(A\mid B)$

【参考答案】C

【解题思路】依题设，$P(B\mid A)=P(B\mid\overline{A})$，可以看到，事件 B 发生的概率不受事件 A 发生与否的影响，有利选项应该是 A,B 相互独立.

【答案解析】若 $P(B\mid A)=P(B\mid\overline{A})$，则有

$$\frac{P(AB)}{P(A)}=\frac{P(\overline{A}B)}{P(\overline{A})}=\frac{P(B)-P(AB)}{1-P(A)},$$

$$P(AB)[1-P(A)]=P(A)[P(B)-P(AB)],$$

从而有 $P(AB)=P(A)P(B)$，即 A,B 相互独立. 故本题应选择 C.

另外，由于 $P(A)$ 与 $P(\overline{A})$ 的大小关系不确定，所以选项 A，B 未必成立；在 $P(B)>0$ 的条件下，

$$P(A\mid B)P(B)=P(AB)=P(A)P(B),\text{即 }P(A\mid B)=P(A),$$

选项 E 也不正确.

例 18 设 A 和 B 为两个相互独立的随机事件，且 $P(A)=0.4$，$P(B)=0.5$，则 $P(\overline{A}B)$ 及 $P(\overline{A}\mid B)$ 分别为（　　）.

(A)0.3，0.6　　(B)0.5，0.3　　(C)0.25，0.6

(D)0.5，0.6　　(E)0.3，0.4

【参考答案】A

【解题思路】若随机事件 A,B 相互独立，则 $A,\overline{B}$；$\overline{A},B$；$\overline{A},\overline{B}$ 也相互独立，且若 $P(A)>0$，则 $P(B\mid A)=P(B)$.

【答案解析】因为 A 和 B 相互独立，所以 $\overline{A},B$ 也相互独立.

$$P(\overline{A}B)=P(\overline{A})P(B)=[1-P(A)]P(B)=(1-0.4)\times0.5=0.3,$$

$$P(\overline{A}\mid B)=P(\overline{A})=1-P(A)=1-0.4=0.6.$$

例 19 设 A,B 是随机事件，$\overline{B}$ 表示 B 的对立事件，若 $P(A\mid B)=P(A\mid\overline{B})=\frac{1}{2}$，$P(B)=\frac{1}{3}$，则 $P(A\cup B)=(\quad)$.

(A) $\frac{1}{6}$　　(B) $\frac{1}{3}$　　(C) $\frac{1}{2}$　　(D) $\frac{2}{3}$　　(E) $\frac{5}{6}$

【参考答案】 D

【答案解析】 $P(A\mid B)=P(A\mid\overline{B})=\frac{1}{2}$，则 A 与 B 相互独立，故

$$P(A)=\frac{1}{2},P(AB)=P(A)P(B)=\frac{1}{2}\times\frac{1}{3}=\frac{1}{6},$$

$$P(A\cup B)=P(A)+P(B)-P(AB)=\frac{1}{2}+\frac{1}{3}-\frac{1}{6}=\frac{2}{3}.$$

例 20 设甲、乙两个射手每次击中目标的概率分别是 0.8 和 0.7，现两人同时向同一目标射击，试求：(1) 目标被击中的概率；(2) 已知目标被击中，则它是被甲击中的概率.

【解题思路】 甲、乙两个射手同时向同一目标射击，依据题设，他们是否击中目标是相互独立的.

【答案解析】 设 $A=\{$甲击中目标$\}$，$B=\{$乙击中目标$\}$，$C=\{$目标被击中$\}$，则由事件间关系和题设知 $C=A+B$，$P(A)=0.8$，$P(B)=0.7$.

(1) **方法 1**

$$\begin{aligned}P(C)&=P(A+B)=P(A)+P(B)-P(AB)\\&=P(A)+P(B)-P(A)P(B)\\&=0.8+0.7-0.8\times0.7=0.94.\end{aligned}$$

方法 2

$$\begin{aligned}P(C)&=P(A+B)=1-P(\overline{A+B})=1-P(\overline{A}\,\overline{B})=1-P(\overline{A})P(\overline{B})\\&=1-(1-0.8)\times(1-0.7)=0.94.\end{aligned}$$

(2)

$$P(A\mid C)=\frac{P(AC)}{P(C)}=\frac{P(A)}{P(C)}=\frac{0.8}{0.94}=\frac{40}{47}.$$

考点十三　五大公式

1. 加法公式

(1) $P(A\cup B)=P(A)+P(B)-P(AB)$.

> **【敲黑板】** $P(A\cup B)=P(A)+P(B)-P(AB)$，对任意事件 A 与 B 都是成立的，若 A 与 B 互斥，则 $P(A\cup B)=P(A)+P(B)$.

(2) $P(A\cup B\cup C)=P(A)+P(B)+P(C)-P(AB)-P(AC)-P(BC)+P(ABC)$.

2. 减法公式

$$P(A-B)=P(A\overline{B})=P(A)-P(AB).$$

【敲黑板】减法公式本质上是加法公式的推论：由于 $A=A\overline{B}+AB$ 及 $A\overline{B}\cap AB=\varnothing$，因此

$$P(A)=P(A\overline{B}+AB)=P(A\overline{B})+P(AB),$$

移项可以得到 $P(A-B)=P(A)-P(AB)$.

3.乘法公式

当 $P(A)>0,P(B)>0$ 时，

$$P(AB)=P(A)P(B\mid A)=P(B)P(A\mid B).$$

【敲黑板】该公式也可以推广到多个事件积事件的情况.

一般地，设 $A_1,A_2,\cdots,A_n$ 为 n 个事件，$n\geqslant 2$，且 $P(A_1A_2\cdots A_{n-1})>0$，则有

$$P(A_1A_2\cdots A_n)=P(A_n\mid A_1A_2\cdots A_{n-1})P(A_{n-1}\mid A_1A_2\cdots A_{n-2})\cdots P(A_2\mid A_1)P(A_1).$$

题型九　加法、减法及乘法公式的应用

【解题方法】掌握加法、减法与乘法公式的本质并熟练应用.

例 21　已知 $P(A)=0.8,P(A-B)=0.1$，则 $P(\overline{AB})=(\quad)$.

(A)0.4　(B)0.3　(C)0.35　(D)0.5　(E)0.2

【参考答案】B

【解题思路】减法公式的应用.

【答案解析】由 $0.1=P(A-B)=P(A)-P(AB),P(A)=0.8$，得 $P(AB)=0.7$，故

$$P(\overline{AB})=1-P(AB)=1-0.7=0.3.$$

例 22　已知 $P(\overline{A})=0.3,P(B)=0.4,P(A\overline{B})=0.4$，则 $P(B\mid A\cup\overline{B})=(\quad)$.

(A) $\frac{1}{5}$　(B) $\frac{1}{4}$　(C) $\frac{1}{3}$　(D) $\frac{1}{6}$　(E) $\frac{1}{8}$

【参考答案】C

【解题思路】条件概率公式、加法公式与减法公式的应用.

【答案解析】

$$P(B\mid A\cup\overline{B})=\frac{P[B(A\cup\overline{B})]}{P(A\cup\overline{B})}=\frac{P(BA)}{P(A)+P(\overline{B})-P(A\overline{B})}$$

$$=\frac{P(A)-P(A\overline{B})}{P(A)+P(\overline{B})-P(A\overline{B})}=\frac{0.7-0.4}{0.7+0.6-0.4}=\frac{1}{3}.$$

例 23　设 $P(A)=0.4,P(A+B)=0.7$，若 A,B 互不相容，则 $P(B)=(\quad)$；若 A,B 相互独立，则 $P(B)=(\quad)$.

(A)0.4,0.6　(B)0.2,0.1　(C)0.3,0.5　(D)0.2,0.4　(E)0.25,0.3

【参考答案】C

【解题思路】互不相容指的是 A,B 两个事件不能同时发生，即无交集，故 $P(AB)=0$，相互独立事件指的是 $P(AB)=P(A)P(B)$.

【答案解析】$0.7=P(A\cup B)=P(A)+P(B)-P(AB)$，若 A,B 互不相容，则 $P(AB)=0$，代入得 $0.7=0.4+P(B)$，$P(B)=0.3$.

若 A,B 相互独立，则 $0.7=P(A\cup B)=P(A)+P(B)-P(A)P(B)$，将 $P(A)=0.4$ 代入得 $P(B)=0.5$.

例 24 设 A,B,C 两两独立，$ABC=\varnothing$，$P(A\cup B\cup C)=\frac{9}{16}$，$P(A)=P(B)=P(C)$，则 $P(A)=($　　$)$.

(A)0.3　　(B)0.25　　(C)0.4　　(D)0.5　　(E)0.6

【参考答案】B

【解题思路】A,B,C 两两独立公式和加法公式的应用.

【答案解析】记 $P(A)=p$，由加法公式及 A,B,C 两两独立的性质得

$$\begin{aligned}\frac{9}{16}&=P(A\cup B\cup C)\\&=P(A)+P(B)+P(C)-P(AB)-P(AC)-P(BC)+P(ABC)\\&=3p-3p^2,\end{aligned}$$

故 $p=\frac{1}{4}$ 或 $\frac{3}{4}$. 当 $P(A)=\frac{3}{4}$ 时，$P(A)>P(A\cup B\cup C)$，舍去. 故 $P(A)=\frac{1}{4}$.

4. 全概率公式

设 E 为随机试验，Ω 是它的样本空间，$A_1,A_2,\cdots,A_n$ 是 Ω 中的一个完备事件组，且 $P(A_k)>0$，$k=1,2,\cdots,n$，B 是 Ω 中的任意随机事件，则有

$$P(B)=\sum_{k=1}^{n}P(B\mid A_k)P(A_k).$$

5. 贝叶斯公式

设 E 为随机试验，Ω 是它的样本空间，$A_1,A_2,\cdots,A_n$ 是 Ω 中的一个完备事件组，且 $P(A_k)>0$，$k=1,2,\cdots,n$，B 是 Ω 中的任意随机事件，$P(B)>0$，则有

$$P(A_i|B)=\frac{P(A_i)P(B|A_i)}{\sum\limits_{k=1}^{n}P(A_k)P(B|A_k)},i=1,2,\cdots,n.$$

题型十　全概率公式及贝叶斯公式的应用

【解题方法】这两个公式一般结合起来考查，这类问题中的试验可以分为两个阶段，第一阶段的结果有多种可能. 如果要直接计算第二阶段某结果出现的概率，利用全概率公式进行计算；如果已知第二阶段的某种结果已经出现，要计算该结果是由第一阶段某种结果引起的概率，则利用贝叶斯公式进行计算.

例 25 经普查,人群中患有某种癌症的概率为 0.5%.某病人因为患有类似病症前去就医,医生让他做某项生化检查.经过多次临床试验,患有此种癌症的患者阳性率为 95%,而没有此种癌症的患者阳性率仅为 10%.若该病人化验结果为阳性,则该病人患此种癌症的概率约为( ).

(A)0.046 (B)0.052 (C)0.054 (D)0.063 (E)0.067

【参考答案】 A

【解题思路】 本题是在该病人化验结果为阳性的条件下求他患此种癌症的概率,这是典型的贝叶斯概型,其中必有完备事件组,即由患有此种癌症和不患有此种癌症两个事件构成的完备事件组.

【答案解析】 设 $A=\{$化验呈阳性$\}$, $B=\{$患有此种癌症$\}$,依题意有

$$P(B)=0.005,P(A\mid B)=0.95,P(A\mid \overline{B})=0.1,$$

于是,由贝叶斯公式得

$$P(B\mid A)=\frac{P(B)P(A\mid B)}{P(B)P(A\mid B)+P(\overline{B})P(A\mid \overline{B})}$$

$$=\frac{0.005\times 0.95}{0.005\times 0.95+0.995\times 0.1}\approx 0.046,$$

故本题应选择 A.

【评注】 全概率概型和贝叶斯概型也是常见的概型,其最大的特征是必含一个或多个完备事件组,贝叶斯概型一般在全概率概型基础上运算.

例 26 某人参加了语文和数学考试,已知语文及格的概率为 0.7,在语文及格的条件下,数学及格的概率为 0.6,如果语文不及格,数学及格的概率为 0.4,则

(1) 数学及格的概率为( ).

(A)0.51 (B)0.53 (C)0.54 (D)0.56 (E)0.58

(2) 在数学及格的条件下,语文也及格的概率为( ).

(A) $\frac{1}{9}$ (B) $\frac{2}{9}$ (C) $\frac{4}{9}$ (D) $\frac{5}{9}$ (E) $\frac{7}{9}$

【参考答案】 (1)C;(2)E

【解题思路】 该题考查全概率公式和贝叶斯公式的应用,首先数学及格分为两种情况进行讨论,利用全概率公式进行计算,再求在数学及格的条件下语文也及格的概率,利用贝叶斯公式进行计算.

【答案解析】 (1) 设事件 A 表示"语文及格",B 表示"数学及格". 由题意可知,$P(A)=0.7$, $P(B\mid A)=0.6$,$P(B|\overline{A})=0.4$,由全概率公式可得

$$P(B)=P(B|A)P(A)+P(B|\overline{A})P(\overline{A})=0.6\times 0.7+0.4\times 0.3=0.54.$$

选 C.

(2) $$P(A|B)=\frac{P(B|A)P(A)}{P(B)}=\frac{0.6\times 0.7}{0.54}=\frac{7}{9}.$$

选 E.

例 27 有三个箱子，第一个箱子中有 4 个黑球，1 个白球，第二个箱子中有 3 个黑球，3 个白球，第三个箱子中有 3 个黑球，5 个白球. 现随机取出一个箱子，再从这个箱子中随机取出 1 个球，则

(1) 这个球是白球的概率为(　　).

(A) $\frac{52}{119}$　　(B) $\frac{53}{117}$　　(C) $\frac{53}{120}$　　(D) $\frac{51}{113}$　　(E) $\frac{55}{119}$

(2) 已知取出的球是白球，此球属于第二个箱子的概率为(　　).

(A) $\frac{18}{53}$　　(B) $\frac{19}{53}$　　(C) $\frac{21}{53}$　　(D) $\frac{20}{53}$　　(E) $\frac{23}{53}$

【参考答案】 (1)C;(2)D

【解题思路】 该题考查全概率公式和贝叶斯公式的应用. 随机取出一个箱子，再从这个箱子中随机取出的一个球为白球，分为三种情况进行讨论，利用全概率公式进行计算；在取出的球是白球的条件下求从第二个箱子取出的概率，则利用贝叶斯公式进行计算.

【答案解析】 设 A_i 表示"从第 i 个箱中取球"，$i=1,2,3$，B 表示"取出的球是白球".

(1) 由全概率公式得

$$P(B)=P(B|A_1)P(A_1)+P(B|A_2)P(A_2)+P(B|A_3)P(A_3)$$
$$=\frac{1}{5}\times\frac{1}{3}+\frac{1}{2}\times\frac{1}{3}+\frac{5}{8}\times\frac{1}{3}=\frac{53}{120},$$

选 C.

(2) 由贝叶斯公式得

$$P(A_2\mid B)=\frac{P(B\mid A_2)P(A_2)}{P(B)}=\frac{20}{53},$$

选 D.

基础能力题

1 设事件 A 与 B 互不相容，则(　　).

(A) $P(\overline{A}\,\overline{B})=0$　　(B) $P(\overline{A}B)=0$

(C) $P(\overline{A}\cup\overline{B})=1$　　(D) $P(A)=1-P(B)$

(E) $P(AB)=P(A)P(B)$

2 设 A,B 为随机事件，$P(A)=0.7$，$P(A-B)=0.3$，则 $P(\overline{AB})=$(　　).

(A) 0.5　　(B) 0.6　　(C) 0.7　　(D) 0.8　　(E) 0.9

3 已知 $P(A)=\frac{1}{4}$，$P(B\mid A)=\frac{1}{3}$，$P(A\mid B)=\frac{1}{2}$，则 $P(A\cup B)=$(　　).

(A) $\frac{1}{4}$　　(B) $\frac{1}{3}$　　(C) $\frac{5}{12}$　　(D) $\frac{1}{2}$　　(E) $\frac{2}{3}$

4 设随机事件 A 与 B 相互独立，且 $P(B)=0.5,P(A-B)=0.3$，则 $P(B-A)=($　　$)$.

(A)0.1　　(B)0.2　　(C)0.3　　(D)0.4　　(E)0.5

5 设对于事件 A,B,C，有 $P(A)=P(B)=P(C)=\frac{1}{4},P(AB)=P(BC)=0,P(AC)=\frac{1}{8}$，则 A,B,C 三个事件中至少有一个发生的概率为(　　).

(A) $\frac{5}{8}$　　(B) $\frac{1}{2}$　　(C) $\frac{3}{8}$　　(D) $\frac{1}{4}$　　(E) $\frac{1}{8}$

6 设一批产品中一、二、三等品各占 60%，30%，10%，从中随意取出一件，结果不是三等品，则取到的是一等品的概率为(　　).

(A) $\frac{1}{2}$　　(B) $\frac{1}{3}$　　(C) $\frac{1}{4}$　　(D) $\frac{2}{3}$　　(E) $\frac{3}{4}$

7 已知 $P(A)=P(B)=\frac{1}{3},P(A\mid B)=\frac{1}{6}$，则 $P(B\mid \overline{A})=($　　$)$.

(A) $\frac{5}{18}$　　(B) $\frac{1}{3}$　　(C) $\frac{7}{18}$　　(D) $\frac{5}{12}$　　(E) $\frac{3}{4}$

8 有 5 封信投入 4 个信箱，则有一个信箱有 3 封信的概率是(　　).

(A) $\frac{13}{128}$　　(B) $\frac{19}{128}$　　(C) $\frac{45}{128}$　　(D) $\frac{49}{128}$　　(E) $\frac{51}{128}$

9 假设有两箱同种零件：第一箱内装 50 件，其中有 10 件一等品；第二箱内装 30 件，其中有 18 件一等品. 现从两箱中随意抽出一箱，然后从该箱中先后随机取两个零件(取出的零件均不放回)，则先取出的零件是一等品的概率为(　　).

(A) $\frac{1}{4}$　　(B) $\frac{1}{5}$　　(C) $\frac{2}{5}$　　(D) $\frac{3}{5}$　　(E) $\frac{4}{5}$

10 设工厂 A 和工厂 B 的产品次品率分别为 1% 和 2%，现从由 A 厂和 B 厂的产品分别占 60% 和 40% 的一批产品中随机抽取一件，发现是次品，则该次品属于 A 厂产品的概率是(　　).

(A) $\frac{1}{5}$　　(B) $\frac{2}{5}$　　(C) $\frac{1}{6}$　　(D) $\frac{2}{7}$　　(E) $\frac{3}{7}$

基础能力题解析

1 【参考答案】C

【考点点睛】事件的关系与运算.

【答案解析】事件 A 与 B 互不相容，则 $A\cap B=\varnothing,P(A\cap B)=0$，进而有

$$P(\overline{A\cap B})=P(\overline{A}\cup\overline{B})=1,$$

故选择 C.

2 【参考答案】B

【考点点睛】减法公式.

【答案解析】由 $P(A-B)=P(A)-P(AB)=0.3$,得 $P(AB)=0.7-0.3=0.4$,则

$$P(\overline{AB})=1-P(AB)=1-0.4=0.6.$$

3 【参考答案】B

【考点点睛】乘法公式;加法公式.

【答案解析】由 $P(AB)=P(A)P(B\mid A)=\frac{1}{4}\times\frac{1}{3}=\frac{1}{12}$,又由 $P(AB)=P(B)P(A\mid B)$,有 $\frac{1}{2}P(B)=\frac{1}{12}$,得 $P(B)=\frac{1}{6}$,于是

$$P(A\cup B)=P(A)+P(B)-P(AB)=\frac{1}{4}+\frac{1}{6}-\frac{1}{12}=\frac{1}{3},$$

故本题应选择 B.

4 【参考答案】B

【考点点睛】减法公式.

【答案解析】$P(A-B)=P(A)-P(AB)=0.3$,由于 $P(AB)=P(A)P(B)=0.5P(A)$,则

$$P(A)-0.5P(A)=0.5P(A)=0.3,$$

可得

$$P(A)=0.6,$$

$$P(B-A)=P(B)-P(AB)=P(B)-P(A)P(B)=0.5-0.6\times0.5=0.2.$$

5 【参考答案】A

【考点点睛】加法公式.

【答案解析】$P(A\cup B\cup C)=P(A)+P(B)+P(C)-P(AB)-P(AC)-P(BC)+P(ABC)$

$$=\frac{1}{4}\times3-0-\frac{1}{8}-0+0$$

$$=\frac{5}{8}.$$

6 【参考答案】D

【考点点睛】条件概率.

【答案解析】设 $A_i=\{$取出的产品为 i 等品$\}$,$i=1,2,3$. A_1,A_2,A_3 互不相容,则所求概率为

$$P(A_1\mid A_1\cup A_2)=\frac{P(A_1)}{P(A_1\cup A_2)}=\frac{P(A_1)}{P(A_1)+P(A_2)}$$

$$=\frac{0.6}{0.6+0.3}=\frac{2}{3}.$$

7 【参考答案】D

【考点点睛】条件概率.

【答案解析】$P(A\mid B)=\frac{P(AB)}{P(B)}=\frac{P(AB)}{\frac{1}{3}}=\frac{1}{6}$，得 $P(AB)=\frac{1}{3}\times\frac{1}{6}=\frac{1}{18}$. 故

$$P(B\mid\overline{A})=\frac{P(\overline{A}B)}{P(\overline{A})}=\frac{P(B)-P(AB)}{P(\overline{A})}=\frac{\frac{1}{3}-\frac{1}{18}}{1-\frac{1}{3}}=\frac{5}{12}.$$

8 【参考答案】C

【考点点睛】古典概型.

【答案解析】有 5 封信投入 4 个信箱，每封信都有 4 种选择，则 5 封信共有 4^5 种方式. 所求事件为有一个信箱有 3 封信，则可先从 4 个信箱中任取 1 个信箱，再从 5 封信中任取 3 封信投入其中，有 $C_4^1C_5^3$ 种方法；最后剩余的 2 封信任意投入另外 3 个信箱，有 3^2 种方法，则所求事件的方法数为 $C_4^1C_5^3\cdot 3^2$，因此概率 $P=\frac{C_4^1C_5^3\cdot 3^2}{4^5}=\frac{45}{128}$.

9 【参考答案】C

【考点点睛】全概率公式.

【答案解析】设 $H_i=\{$被抽出的是第 i 箱$\}$，$i=1,2$；$A_j=\{$第 j 次取出的零件是一等品$\}$，$j=1,2$，根据题意可得

$$P(H_1)=P(H_2)=\frac{1}{2},P(A_1\mid H_1)=\frac{10}{50}=\frac{1}{5},P(A_1\mid H_2)=\frac{18}{30}=\frac{3}{5}.$$

由全概率公式可得

$$P(A_1)=P(H_1)P(A_1\mid H_1)+P(H_2)P(A_1\mid H_2)=\frac{1}{2}\times\frac{1}{5}+\frac{1}{2}\times\frac{3}{5}=\frac{2}{5}.$$

10 【参考答案】E

【考点点睛】贝叶斯公式.

【答案解析】设 A_1,A_2 分别表示取到由 A,B 工厂生产的产品，C 为取到的是次品，即有

$$P(A_1)=0.6,P(A_2)=0.4,P(C\mid A_1)=0.01,P(C\mid A_2)=0.02,$$

根据贝叶斯公式可得

$$\begin{aligned}P(A_1\mid C)&=\frac{P(A_1)P(C\mid A_1)}{P(A_1)P(C\mid A_1)+P(A_2)P(C\mid A_2)}\\&=\frac{0.6\times 0.01}{0.6\times 0.01+0.4\times 0.02}\\&=\frac{3}{7}.\end{aligned}$$

强化能力题

1 若 A,B 为任意两个随机事件,则(　　).

(A)$P(AB)\leqslant P(A)P(B)$　　(B)$P(AB)\geqslant P(A)P(B)$

(C)$P(AB)\leqslant \dfrac{P(A)+P(B)}{2}$　　(D)$P(AB)\geqslant \dfrac{P(A)+P(B)}{2}$

(E) 无法确定 $P(AB)$ 与 $P(A)+P(B)$ 的大小

2 设 A,B 为两个随机事件,且 $0<P(A)<1,0<P(B)<1$,如果 $P(A\mid B)=1$,则(　　).

(A)$P(\overline{B}\mid\overline{A})=1$　　(B)$P(A\mid\overline{B})=0$　　(C)$P(A\cup B)=1$

(D)$P(B\mid A)=1$　　(E)$P(\overline{B}\mid\overline{A})=0$

3 设 A,B,C 是随机事件,A 与 C 互不相容,$P(AB)=\dfrac{1}{2}$,$P(C)=\dfrac{1}{3}$,则 $P(AB\mid\overline{C})=$(　　).

(A) $\dfrac{1}{4}$　　(B) $\dfrac{1}{2}$　　(C) $\dfrac{3}{4}$　　(D) $\dfrac{1}{3}$　　(E) $\dfrac{2}{3}$

4 随机事件 A,B,C 相互独立,且 $P(A)=P(B)=P(C)=\dfrac{1}{2}$,则 $P(AC\mid A\cup B)=$(　　).

(A) $\dfrac{1}{3}$　　(B) $\dfrac{1}{2}$　　(C) $\dfrac{2}{3}$　　(D) $\dfrac{3}{4}$　　(E) $\dfrac{1}{5}$

5 在区间$(0,1)$中随机地取两个数,则这两个数之差的绝对值小于$\dfrac{1}{2}$的概率为(　　).

(A) $\dfrac{1}{4}$　　(B) $\dfrac{1}{2}$　　(C) $\dfrac{1}{3}$　　(D) $\dfrac{3}{4}$　　(E) $\dfrac{2}{3}$

6 一实习生用同一台机器接连独立地制造 3 个同种零件,第 i 个零件是不合格品的概率 $p_i=\dfrac{1}{i+1}(i=1,2,3)$,以 X 表示 3 个零件中合格品的个数,则 $P\{X=2\}=$(　　).

(A) $\dfrac{5}{24}$　　(B) $\dfrac{7}{24}$　　(C) $\dfrac{11}{24}$　　(D) $\dfrac{13}{24}$　　(E) $\dfrac{19}{24}$

7 从 1,2,3,4 中任取一个数,记为 X,再从 $1,\cdots,X$ 中任取一个数,记为 Y,则 $P\{Y=2\}=$(　　).

(A) $\dfrac{13}{48}$　　(B) $\dfrac{17}{48}$　　(C) $\dfrac{19}{48}$　　(D) $\dfrac{23}{48}$　　(E) $\dfrac{29}{48}$

8 设袋中有红、白、黑球各 1 个,从中有放回地取球,每次取 1 个,直到三种颜色的球都取出时停止,则取球次数为 4 的概率为(　　).

(A) $\dfrac{2}{9}$　　(B) $\dfrac{1}{3}$　　(C) $\dfrac{4}{9}$　　(D) $\dfrac{5}{9}$　　(E) $\dfrac{7}{9}$

9 设三个随机事件 A,B,C 两两独立，且 $P(A)=P(B)=P(C)$，ABC 为不可能事件，则 $P(\overline{A}\,\overline{B}\,\overline{C})$ 的最小值为(　　).

(A) $\frac{1}{16}$　　(B) $\frac{1}{8}$　　(C) $\frac{1}{4}$　　(D) $\frac{1}{2}$　　(E)1

10 某箱装有 10 件产品，其中含次品数从 0 到 2 是等可能的，开箱检验时，从中任取 1 件，若检验出是次品，则认为该箱产品不合格而拒收。假设由于检验有误，将 1 件正品误判为次品的概率为 2%，1 件次品被漏查而判为正品的概率为 5%，则该箱产品通过验收的概率为(　　).

(A)0.95　　(B)0.913　　(C)0.90　　(D)0.887　　(E)0.85

强化能力题解析

1 **【参考答案】**C

【考点点睛】事件的关系与运算.

【答案解析】由于 $AB\subset A,AB\subset B$，则 $P(AB)\leqslant P(A),P(AB)\leqslant P(B)$，两式相加可得

$$2P(AB)\leqslant P(A)+P(B),$$

则

$$P(AB)\leqslant\frac{P(A)+P(B)}{2}.$$

2 **【参考答案】**A

【考点点睛】条件概率.

【答案解析】由 $P(A\mid B)=\frac{P(AB)}{P(B)}=1$，可得 $P(B)=P(AB)$. 又

$$P(\overline{B}\mid\overline{A})=1-P(B\mid\overline{A})=1-\frac{P(B\overline{A})}{P(\overline{A})},$$

其中

$$P(B\overline{A})=P(B-A)=P(B)-P(AB)=0,$$

则

$$P(\overline{B}\mid\overline{A})=1-0=1.$$

3 **【参考答案】**C

【考点点睛】条件概率.

【答案解析】由于 A 与 C 互不相容，可得 $P(AC)=0$，又由于 $ABC\subset AC$ 可得 $P(ABC)=0$，所以

$$P(AB\mid\overline{C})=\frac{P(AB\overline{C})}{P(\overline{C})}=\frac{P(AB)-P(ABC)}{1-P(C)}=\frac{\frac{1}{2}-0}{1-\frac{1}{3}}=\frac{3}{4}.$$

4 【参考答案】A

【考点点睛】条件概率.

【答案解析】
$$P(AC \mid A\cup B)=\frac{P[AC\cap(A\cup B)]}{P(A\cup B)}$$
$$=\frac{P(AC\cup ABC)}{P(A)+P(B)-P(AB)}$$
$$=\frac{P(AC)}{P(A)+P(B)-P(AB)}$$
$$=\frac{\frac{1}{2}\times\frac{1}{2}}{\frac{1}{2}+\frac{1}{2}-\frac{1}{2}\times\frac{1}{2}}=\frac{\frac{1}{4}}{\frac{3}{4}}=\frac{1}{3}.$$

5 【参考答案】D

【考点点睛】几何概型.

【答案解析】用 x 和 y 分别表示随机抽取的两个数，则 $0<x<1,0<y<1$，x,y 取值的所有可能结果对应的集合是以 1 为边长的正方形，可得面积为 1. 事件"两个数之差的绝对值小于$\frac{1}{2}$"，即 $|x-y|<\frac{1}{2}$，如图所示，可得 A 的面积为

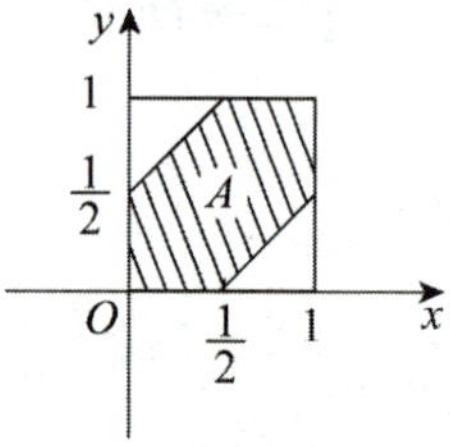

$$1-2\times\frac{1}{2}\times\frac{1}{2}\times\frac{1}{2}=\frac{3}{4},$$

则所求概率 $=\dfrac{A\text{ 的面积}}{\Omega\text{ 的面积}}=\dfrac{3}{4}$.

6 【参考答案】C

【考点点睛】相互独立事件.

【答案解析】用 $A_i(i=1,2,3)$ 表示事件"第 i 个零件是合格品"，则 $P(\overline{A}_i)=\dfrac{1}{i+1}$，可得
$$P(A_i)=1-\frac{1}{i+1},$$
即
$$P(A_1)=1-\frac{1}{2}=\frac{1}{2},$$
$$P(A_2)=1-\frac{1}{3}=\frac{2}{3},$$
$$P(A_3)=1-\frac{1}{4}=\frac{3}{4},$$
所以
$$P\{X=2\}=P(\overline{A}_1A_2A_3)+P(A_1\overline{A}_2A_3)+P(A_1A_2\overline{A}_3)$$
$$=P(\overline{A}_1)P(A_2)P(A_3)+P(A_1)P(\overline{A}_2)P(A_3)+P(A_1)P(A_2)P(\overline{A}_3)$$

$$=\frac{1}{2}\cdot\frac{2}{3}\cdot\frac{3}{4}+\frac{1}{2}\cdot\frac{1}{3}\cdot\frac{3}{4}+\frac{1}{2}\cdot\frac{2}{3}\cdot\frac{1}{4}$$

$$=\frac{11}{24}.$$

7 【参考答案】A

【考点点睛】全概率公式.

【答案解析】由题意可得

$$P\{X=i\}=\frac{1}{4}(i=1,2,3,4),P\{Y=2\mid X=i\}=\frac{1}{i}(i=2,3,4),$$

则由全概率公式可得

$$\begin{aligned}P\{Y=2\}&=P\{X=2\}\cdot P\{Y=2\mid X=2\}+P\{X=3\}\cdot P\{Y=2\mid X=3\}+\\&\quad P\{X=4\}\cdot P\{Y=2\mid X=4\}\\&=\frac{1}{4}\times\frac{1}{2}+\frac{1}{4}\times\frac{1}{3}+\frac{1}{4}\times\frac{1}{4}=\frac{13}{48}.\end{aligned}$$

8 【参考答案】A

【考点点睛】古典概型.

【答案解析】优先考虑第4次的情况，可以任意选取红、白、黑球中的1个，有 C_3^1 种选法；不妨假设第4次取到红球，则前3次不能取红球，只能取到白球和黑球，且其中2次的颜色相同，则有 $C_3^2C_2^1$（C_3^2 表示前3次中任选2次取球颜色相同，C_2^1 表示这任意的2次可能都取白球也可能都取黑球）种选法，则 $P=\frac{C_3^1C_3^2C_2^1}{3^4}=\frac{2}{9}$.

9 【参考答案】C

【考点点睛】相互独立事件；加法公式.

【答案解析】设 $P(A)=P(B)=P(C)=x$. 由于 A,B,C 两两独立，可得

$$P(AB)=P(A)\cdot P(B)=x^2,$$
$$P(AC)=P(A)\cdot P(C)=x^2,$$
$$P(BC)=P(B)\cdot P(C)=x^2,$$
$$P(ABC)=0.$$

又由

$$\begin{aligned}P(\overline{A}\,\overline{B}\,\overline{C})&=1-P(A\cup B\cup C)\\&=1-[P(A)+P(B)+P(C)-P(AB)-P(AC)-P(BC)+P(ABC)]\\&=1-(3x-3x^2+0)\\&=3x^2-3x+1(0\leqslant x\leqslant 1),\end{aligned}$$

故当 $x=\frac{1}{2}$ 时，$P(\overline{A}\,\overline{B}\,\overline{C})$ 取到最小值$\frac{1}{4}$.

10 【参考答案】D

【考点点睛】全概率公式.

【答案解析】设 $A_i(i=0,1,2)$ 表示含 i 件次品,可得

$$P(A_0)=P(A_1)=P(A_2)=\frac{1}{3}.$$

设事件 B 为通过验收,B_1 为取到正品,B_2 为取到次品,则

$$\begin{aligned}P(B_1)&=P(A_0)\cdot P(B_1\mid A_0)+P(A_1)\cdot P(B_1\mid A_1)+P(A_2)\cdot P(B_1\mid A_2)\\&=\frac{1}{3}\times 1+\frac{1}{3}\times\frac{C_9^1}{C_{10}^1}+\frac{1}{3}\times\frac{C_8^1}{C_{10}^1}=0.9,\end{aligned}$$

$$P(B_2)=1-P(B_1)=1-0.9=0.1.$$

故由全概率公式可得

$$\begin{aligned}P(B)&=P(B_1)\cdot P(B\mid B_1)+P(B_2)\cdot P(B\mid B_2)\\&=0.9\times(1-2\%)+0.1\times 5\%\\&=0.887.\end{aligned}$$

第6讲 随机变量及其分布

本讲解读

本讲从内容上划分为两个部分，随机变量及其分布，共计二十个考点，十八个题型.从真题对考试大纲的实践来看，本讲在考试中大约占 4 道题(试卷数学部分共 35 道题)，约占概率论部分的 57%，数学部分的 11.4%.

考生需掌握随机变量的概念、随机变量分布函数的概念和性质、离散型随机变量的概率分布、连续型随机变量的概率密度、常见随机变量的分布.

重点考点标记见本讲“考点题型框架”.

考点题型框架

- 随机变量及其分布
  - 随机变量
    - 考点一 定义
  - 分布函数
    - 考点二 定义* → 题型一 利用定义法求解分布函数
    - 考点三 充要条件* → 题型二 充要条件的应用
    - 考点四 性质* → 题型三 性质的应用
  - 离散型随机变量
    - 考点五 定义
    - 考点六 分布律
    - 考点七 分布律的性质* → 题型四 分布律性质的应用
    - 考点八 分布函数 → 题型五 分布律与分布函数互相转换
  - 常见离散型随机变量的分布
    - 考点九 0—1分布
    - 考点十 二项分布* → 题型六 二项分布的应用
    - 考点十一 几何分布
    - 考点十二 泊松分布*
      - → 题型七 泊松分布的应用
      - → 题型八 0—1分布、二项分布与泊松分布的综合应用
  - 连续型随机变量
    - 考点十三 概率密度的定义
    - 考点十四 概率密度的性质*
      - → 题型九 概率密度的判定
      - → 题型十 已知概率密度，求落在某区间的概率
      - → 题型十一 已知概率密度，求参数与分布函数

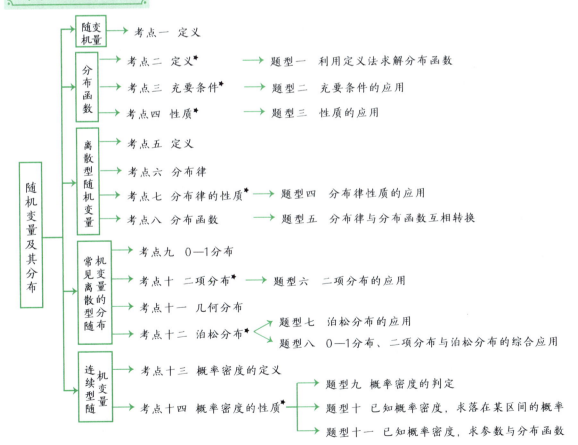

- 随机变量及其分布
  - 常见连续型随机变量的分布
    - 考点十五 均匀分布★ → 题型十二 已知概率密度，求随机事件的概率
    - 考点十六 指数分布★ → 题型十三 已知分布函数，求随机事件的概率
    - 考点十七 正态分布★ → 题型十四 正态分布的标准化；题型十五 正态分布性质的应用
  - 一维随机变量函数的分布
    - 考点十八 离散型★ → 题型十六 求解离散型随机变量函数的分布
    - 考点十九 连续型★ → 题型十七 求解连续型随机变量函数的分布
  - 二维随机变量的分布
    - 考点二十 二维离散型随机变量 → 题型十八 二维离散型随机变量的考查

考点精讲

考点一 随机变量的定义

设随机试验的样本空间为$\Omega=\{e\}$，$X=X(e)$是定义在样本空间Ω上的实值单值函数，称$X=X(e)$为随机变量. 对于任一随机事件$A\subset\Omega$，我们都可以定义一个随机变量，如$X(e)=\begin{cases}1, e\in A,\\0, e\notin A,\end{cases}$这是最简单的随机变量.

例如，考查“投掷硬币”的试验，它有两种可能的结果：$\omega_1=\{$出现正面$\}$，$\omega_2=\{$出现反面$\}$. 对于ω_1，可以用数“1”表示，对于ω_2，可以用数“0”表示，从而引入变量X，即

$$X=X(\omega)=\begin{cases}1, \text{当 } \omega=\omega_1 \text{ 时},\\0, \text{当 } \omega=\omega_2 \text{ 时},\end{cases}$$

同样可以使得样本空间$\Omega=\{\omega_1,\omega_2\}$与实数集$\{0,1\}$之间建立一种对应关系.

【敲黑板】①随机变量与普通的函数不同.

随机变量是一个函数，但它与普通的函数有着本质的差别，普通函数是定义在实数轴上的，而随机变量是定义在样本空间上的(样本空间的元素不一定是实数).

②随机变量的取值具有一定的概率规律.

随机变量随着试验的结果不同可能取不同的值，由于试验的各个结果的出现具有一定的概率，因此随机变量的取值也具有一定的概率规律.

③随机变量与随机事件的关系.

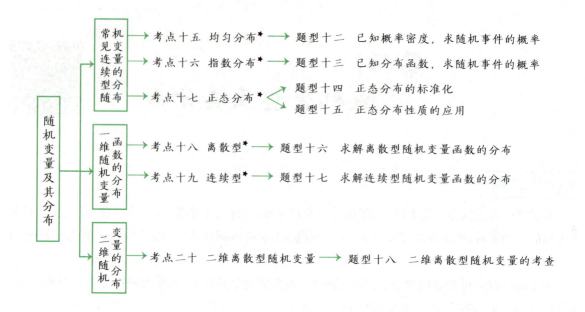

随机事件包含在随机变量这个范围更广的概念之内，或者说随机事件是从静态的观点来研究随机现象，而随机变量则是从动态的观点来研究随机现象.

④ 仅取有限个或可列个值的随机变量称为离散型随机变量；取值充满某个区间(a,b)的随机变量称为连续型随机变量，这里a可为$-\infty$，b可为$+\infty$.

考点二 分布函数的定义

设X是一个随机变量，x是任意实数，称函数$F(x)=P\{X\leqslant x\}(-\infty<x<+\infty)$为$X$的分布函数，记为$X\sim F(x)$.

【敲黑板】①$F(x)$是一个普通实函数，它的定义域是整个数轴，故求分布函数时要就X落在整个数轴上讨论.

② 如果将x看成是数轴上的随机点的坐标，则分布函数$F(x)$在x处的函数值就表示X落在$(-\infty,x]$上的概率，其值域是区间$[0,1]$.

③ 分布函数的本质是概率的累加之和.

题型一 利用定义法求解分布函数

【解题方法】已知X的取值$x_1,x_2,\cdots,x_n,\cdots$依次递增且$X$的取值对应的概率$P\{X=x_k\}=p_k$，则$X$的分布函数为如下的阶梯形函数，

$$F(x)=\begin{cases}0, & x<x_1,\\ p_1, & x_1\leqslant x<x_2,\\ p_1+p_2, & x_2\leqslant x<x_3,\\ \quad\cdots\cdots & \\ p_1+p_2+\cdots+p_n, & x_n\leqslant x<x_{n+1},\\ \quad\cdots\cdots & \end{cases}$$

例 1 已知随机变量X的取值及其对应的概率为

X	0	1	2
P	0.2	0.4	0.4

利用定义写出其分布函数$F(x)$.

【解题思路】由图表得到X的取值为0,1,2，将区间$(-\infty,+\infty)$划分为四个区间，在各子区间内进行讨论，利用分布函数的本质是概率的累加之和进行计算.

【答案解析】当$x<0$时，$F(x)=P\{X\leqslant x\}=P(\varnothing)=0$；

当$0\leqslant x<1$时，$F(x)=P\{X\leqslant x\}=P\{X=0\}=0.2$；

当 $1 \leqslant x < 2$ 时，$F(x)=P\{X \leqslant x\}=P\{X=0\}+P\{X=1\}=0.2+0.4=0.6$；

当 $x \geqslant 2$ 时，$F(x)=P\{X \leqslant x\}=P\{X=0\}+P\{X=1\}+P\{X=2\}$

$$=0.2+0.4+0.4=1.$$

综上所述，

$$F(x)=\begin{cases}0, & x<0, \\ 0.2, & 0 \leqslant x<1, \\ 0.6, & 1 \leqslant x<2, \\ 1, & x \geqslant 2.\end{cases}$$

考点三　分布函数的充要条件

(1) **单调不减性**　$F(x)$ 是单调不减函数，即对任意的 $x_1<x_2$，均有 $F(x_1) \leqslant F(x_2)$.

(2) **有界性**　对任意的 x，有 $0 \leqslant F(x) \leqslant 1$，且

$$F(-\infty)=\lim_{x \to -\infty} F(x)=0, F(+\infty)=\lim_{x \to +\infty} F(x)=1.$$

(3) **右连续性**　$F(x)$ 是 x 的右连续函数，即对任意的 x_0，有

$$\lim_{x \to x_0^+} F(x)=F(x_0), \text{即 } F(x_0+0)=F(x_0).$$

题型二　分布函数充要条件的应用

【解题方法】 直接代入分布函数的充要条件一一检验即可，但一般来说，有界性这一条更为关键，即

$$F(-\infty)=\lim_{x \to -\infty} F(x)=0, F(+\infty)=\lim_{x \to +\infty} F(x)=1.$$

例 2 已知 $F(x), G(x)$ 分别是某两个随机变量的分布函数，试判断下列函数是否必为某个随机变量的分布函数，并说明理由.

(1) $0.4F(x)+0.6G(x)$；(2) $F(x)G(x)$；(3) $2F(x)-G(x)$.

【解题思路】 依据分布函数的充要条件一一验证，缺一不可.

【答案解析】 (1) 由题可知 $F(x), G(x)$ 为单调不减函数，因此 $0.4F(x)+0.6G(x)$ 也为单调不减函数. 又

$$0 \leqslant F(x) \leqslant 1, 0 \leqslant G(x) \leqslant 1(-\infty<x<+\infty),$$

且 $F(-\infty)=G(-\infty)=0, F(+\infty)=G(+\infty)=1$，从而有

$$0 \leqslant 0.4F(x)+0.6G(x) \leqslant 0.4+0.6=1,$$

$$0.4F(-\infty)+0.6G(-\infty)=0,$$

$$0.4F(+\infty)+0.6G(+\infty)=0.4+0.6=1.$$

又由 $F(x), G(x)$ 右连续，根据连续函数的性质，得 $0.4F(x)+0.6G(x)$ 右连续.

综上，$0.4F(x)+0.6G(x)$ 必为某个随机变量的分布函数.

(2) 由题可知 $F(x), G(x)$ 为单调不减函数，即当 $x_1<x_2$ 时，有 $F(x_1) \leqslant F(x_2), G(x_1) \leqslant G(x_2)$，又 $F(x_1) \geqslant 0, G(x_2) \geqslant 0$，于是有

$$
\begin{aligned}
&F(x_1)G(x_1)-F(x_2)G(x_2)\\
=&F(x_1)G(x_1)-F(x_1)G(x_2)+F(x_1)G(x_2)-F(x_2)G(x_2)\\
=&F(x_1)[G(x_1)-G(x_2)]+G(x_2)[F(x_1)-F(x_2)]\leqslant 0,
\end{aligned}
$$

因此 $F(x)G(x)$ 也为单调不减函数.

又 $0\leqslant F(x)\leqslant 1, 0\leqslant G(x)\leqslant 1(-\infty<x<+\infty)$，且 $F(-\infty)=G(-\infty)=0, F(+\infty)=G(+\infty)=1$，从而有 $0\leqslant F(x)G(x)\leqslant 1, F(-\infty)G(-\infty)=0, F(+\infty)G(+\infty)=1$.

又由 $F(x), G(x)$ 右连续，根据连续函数的性质，得 $F(x)G(x)$ 右连续.

综上，$F(x)G(x)$ 必为某个随机变量的分布函数.

(3) 由题可知 $F(x), G(x)$ 为单调不减函数，因此 $2F(x), G(x)$ 也为单调不减函数，但两个单调不减函数相减未必单调不减，故 $2F(x)-G(x)$ 未必为某个随机变量的分布函数.

例 3 设 $F_1(x)$ 与 $F_2(x)$ 分别为随机变量 X_1 与 X_2 的分布函数. 为使 $F(x)=aF_1(x)-bF_2(x)$ 是某一随机变量的分布函数，在下列给定的各组数值中应取（　　）.

(A) $a=\frac{3}{5}, b=-\frac{2}{5}$　　(B) $a=\frac{2}{3}, b=\frac{2}{3}$　　(C) $a=-\frac{1}{2}, b=\frac{3}{2}$

(D) $a=\frac{1}{2}, b=-\frac{3}{2}$　　(E) $a=-\frac{2}{5}, b=\frac{3}{5}$

【参考答案】 A

【解题思路】 直接检验分布函数的充要条件即可.

【答案解析】 因 $F_1(x)$ 与 $F_2(x)$ 分别为随机变量 X_1 与 X_2 的分布函数，若 $F(x)=aF_1(x)-bF_2(x)$ 为某一随机变量的分布函数，则

$$F(+\infty)=aF_1(+\infty)-bF_2(+\infty)=1,$$

即 $a-b=1$.

符合条件的只有 A.

考点四　分布函数的性质

设随机变量 X 的分布函数为 $F(x)$，则对任意的实数 $a, b(a<b)$，有

(1) $P\{X\leqslant a\}=F(a)$.

(2) $P\{X>a\}=1-F(a)$.

(3) $P\{X<a\}=F(a-0)=\lim\limits_{x\to a^-}F(x)$.

(4) $P\{X\geqslant a\}=1-P\{X<a\}=1-F(a-0)=1-\lim\limits_{x\to a^-}F(x)$.

(5) $P\{X=a\}=P\{X\leqslant a\}-P\{X<a\}=F(a)-F(a-0)=F(a)-\lim\limits_{x\to a^-}F(x)$.

(6) $P\{a<X\leqslant b\}=P\{X\leqslant b\}-P\{X\leqslant a\}=F(b)-F(a)$.

(7) $P\{a<X<b\}=P\{X<b\}-P\{X\leqslant a\}=F(b-0)-F(a)$.

(8) $P\{a\leqslant X\leqslant b\}=P\{X\leqslant b\}-P\{X<a\}=F(b)-F(a-0)$.

(9) $P\{a \leqslant X < b\} = P\{X < b\} - P\{X < a\} = F(b-0) - F(a-0)$.

题型三　分布函数性质的应用

【解题方法】 直接利用分布函数的充要条件与性质相结合解题即可.

例 4 设随机变量 X 的分布函数 $F(x)=\begin{cases}0, & x<0, \\ \dfrac{1}{2}, & 0 \leqslant x<1, \\ 1-\mathrm{e}^{-x}, & x \geqslant 1,\end{cases}$ 则 $P\{X=1\}=(\quad)$.

(A) 0　　(B) $\frac{1}{2}$　　(C) $\frac{1}{2}-\mathrm{e}^{-1}$　　(D) $1-\mathrm{e}^{-1}$　　(E) 1

【参考答案】 C

【解题思路】 直接代公式, $P\{X=a\}=F(a)-F(a-0)$.

【答案解析】

$$P\{X=1\}=F(1)-F(1-0)=\left(1-\mathrm{e}^{-1}\right)-\frac{1}{2}=\frac{1}{2}-\mathrm{e}^{-1}.$$

例 5 设随机变量 X 的分布函数为 $F(x)=\begin{cases}0, & x<0, \\ A \sin x, & 0 \leqslant x \leqslant \dfrac{\pi}{2}, \\ 1, & x>\dfrac{\pi}{2},\end{cases}$ 则

(1) $A=(\quad)$.

(A) $\frac{1}{6}$　　(B) $\frac{1}{2}$　　(C) 1　　(D) $\frac{1}{3}$　　(E) $\frac{1}{4}$

(2) $P\left\{|X|<\frac{\pi}{6}\right\}=(\quad)$.

(A) $\frac{1}{5}$　　(B) $\frac{1}{2}$　　(C) 1　　(D) $\frac{1}{3}$　　(E) $\frac{1}{6}$

【参考答案】 (1) C; (2) B

【解题思路】 此题考查分布函数的充要条件(右连续)及分布函数的性质,

$$P\{a<X<b\}=P\{X<b\}-P\{X \leqslant a\}=F(b-0)-F(a).$$

【答案解析】 (1) 因为分布函数右连续, 所以 $\lim\limits_{x \rightarrow\left(\frac{\pi}{2}\right)^{+}} F(x)=F\left(\frac{\pi}{2}\right)$, 则 $1=A \sin \frac{\pi}{2}$, 解得 $A=1$.

(2)

$$\begin{aligned} P\left\{|X|<\frac{\pi}{6}\right\} & =P\left\{-\frac{\pi}{6}<X<\frac{\pi}{6}\right\} \\ & =P\left\{X<\frac{\pi}{6}\right\}-P\left\{X \leqslant-\frac{\pi}{6}\right\} \\ & =F\left(\frac{\pi}{6}-0\right)-F\left(-\frac{\pi}{6}\right)=\frac{1}{2}-0=\frac{1}{2}.\end{aligned}$$

考点五 离散型随机变量的定义

如果某个随机变量所有可能的取值为有限个或可列无限个，就称该随机变量为离散型随机变量.

考点六 离散型随机变量的分布律

X	x_1	x_2	$\cdots$	x_n	$\cdots$
p_k	p_1	p_2	$\cdots$	p_n	$\cdots$

其中随机变量 X 所有可能的取值为 x_k，$P\{X=x_k\}=p_k(k=1,2,\cdots)$.

【敲黑板】只有离散型随机变量才有分布律，也称分布列或概率分布.

考点七 离散型随机变量分布律的性质

(1)$p_k\geqslant 0,k=1,2,\cdots$;

(2)$\sum\limits_{k=1}^{\infty}p_k=1$.

题型四 离散型随机变量分布律性质的应用

例 6 设离散型随机变量 X 的分布列为

X	-2	-1	0	1	2
$P\{X=x_k\}$	a	$3a$	$\frac{2}{9}$	a	$2a$

求:(1) 常数 a;(2)$P\{X<1\}$,$P\{-2<X\leqslant 0\}$,$P\{X\geqslant 2\}$.

【解题思路】利用分布列的性质，对分布列进行缺项补遗或定参数，是常见题型. 根据分布列计算事件的概率，只要找出事件涵盖的 X 的取值点及取值点的概率，汇总即可.

【答案解析】(1) 由分布列的性质，有 $a+3a+\frac{2}{9}+a+2a=1$，解得 $a=\frac{1}{9}$.

(2) $P\{X<1\}=P\{X=-2\}+P\{X=-1\}+P\{X=0\}=\frac{1}{9}+\frac{3}{9}+\frac{2}{9}=\frac{2}{3}$,

$$P\{-2<X\leqslant 0\}=P\{X=-1\}+P\{X=0\}=\frac{3}{9}+\frac{2}{9}=\frac{5}{9},$$

$$P\{X\geqslant 2\}=P\{X=2\}=\frac{2}{9}.$$

例 7 设随机变量 X 的概率分布为 $P\{X=k\}=\frac{c}{2^k}(k=1,2,\cdots;c$ 为常数)，则

(1)$c=($　　$)$.

(A)1　　(B)2　　(C)3　　(D)4　　(E)5

(2)$P\{X\geqslant 5\}=$(　　).

(A) $\frac{1}{7}$　　(B) $\frac{1}{8}$　　(C) $\frac{1}{9}$　　(D) $\frac{1}{6}$　　(E) $\frac{1}{16}$

【参考答案】(1)A;(2)E

【解题思路】根据分布列的性质,首先抓住分布列中各个取值点的概率之和是1,得到关于c的方程,解出c的值,再写出所求事件的对立面的概率,得到结果.

【答案解析】(1)X的分布列为

X	1	2	3	⋯	k	⋯
P	$\frac{c}{2}$	$\frac{c}{2^2}$	$\frac{c}{2^3}$	⋯	$\frac{c}{2^k}$	⋯

根据概率相加和等于1,及无穷递缩等比数列求和公式$\lim\limits_{n\to\infty}S_n=\frac{a_1}{1-q}$,得

$$\frac{c}{2}+\frac{c}{2^2}+\frac{c}{2^3}+\cdots+\frac{c}{2^k}+\cdots=\frac{\frac{c}{2}}{1-\frac{1}{2}}=1,$$

解得$c=1$.

(2)利用对立事件的概率求解更容易,即

$$P\{X\geqslant 5\}=1-P\{X<5\}=1-P\{X=1\}-P\{X=2\}-P\{X=3\}-P\{X=4\}=\frac{1}{16}.$$

考点八　离散型随机变量的分布函数

设离散型随机变量X的概率分布为

X	x_1	x_2	⋯	x_n	⋯
p_k	p_1	p_2	⋯	p_n	⋯

则X的分布函数为

$$F(x)=P\{X\leqslant x\}=\sum_{x_k\leqslant x}P\{X=x_k\}=\sum_{x_k\leqslant x}p_k,-\infty<x<+\infty.$$

题型五　分布律与分布函数互相转换

【解题方法】计算离散型随机变量的分布律按照三个步骤进行:

(1)确定X所有可能的取值点,即正概率点$x_k(k=1,2,\cdots)$,这是正确求解的基础;

(2)计算每个取值点的概率$P\{X=x_k\}=p_k(k=1,2,\cdots)$,这是求解的重点,也是难点;

(3)汇总列表,生成分布列或分布阵.

在计算出概率分布的基础上,可进一步给出X的分布函数:

$$F(x)=P\{X\leqslant x\}=\sum_{x_k\leqslant x}P\{X=x_k\}=\sum_{x_k\leqslant x}p_k,-\infty<x<+\infty.$$

分布函数 $F(x)$ 也可写成分段函数的形式：

$$F(x)=\begin{cases}0, & x<x_1,\\ p_1, & x_1\leqslant x<x_2,\\ p_1+p_2, & x_2\leqslant x<x_3,\\ \qquad\cdots\cdots & \\ \sum_{k=1}^{i}p_k, & x_i\leqslant x<x_{i+1}(i\geqslant 1),\\ \qquad\cdots\cdots & \end{cases}$$

分布函数曲线 $y=F(x)$ 如图所示，容易看出，离散型随机变量的分布函数 $F(x)$ 的图形是阶梯形曲线，其中曲线分界点（即分段点）即为随机变量 X 的正概率点 $x_k(k=1,2,\cdots)$. 分界点分割而成的区间是左闭右开区间，曲线 $y=F(x)$ 在分界点 x_k 处右连续，并且跳跃间断，跳跃度即为随机变量 X 在该点的概率值.

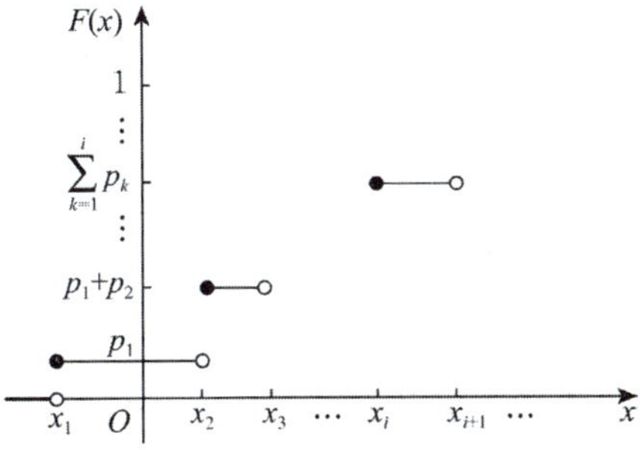

例 8 袋中有 3 个黑球和 6 个白球，从袋中随机摸取一个球，如果摸到黑球，则不放回，再从袋中摸取一个球，如此进行下去，直到摸到白球为止，记 X 为摸取次数，求 X 的分布列与分布函数，并画出分布函数的图形.

【答案解析】 X 可能的取值点为 1,2,3,4. 事件 $\{X=1\}$ 表示第一次摸到白球，由古典概型公式有

$$P\{X=1\}=\frac{6}{9}=\frac{2}{3},$$

类似地，有

$$P\{X=2\}=\frac{3}{9}\times\frac{6}{8}=\frac{1}{4},$$

$$P\{X=3\}=\frac{3}{9}\times\frac{2}{8}\times\frac{6}{7}=\frac{1}{14},$$

$$P\{X=4\}=\frac{3}{9}\times\frac{2}{8}\times\frac{1}{7}\times\frac{6}{6}=\frac{1}{84},$$

或

$$P\{X=4\}=1-\frac{2}{3}-\frac{1}{4}-\frac{1}{14}=\frac{1}{84},$$

因此 X 的分布列为

X	1	2	3	4
$P\{X=x_k\}$	2/3	1/4	1/14	1/84

由可能的取值点 1,2,3,4 将区间$(-\infty,+\infty)$分成五个区间,对各分区间分段讨论.

当 $x<1$ 时,$\{X\leqslant x\}$ 是不可能事件,故 $F(x)=P\{X\leqslant x\}=0$;

当 $1\leqslant x<2$ 时,X 在区间$(-\infty,x]$内仅有一个可能取值点 $X=1$,即含事件$\{X=1\}$,故

$$F(x)=P\{X\leqslant x\}=P\{X=1\}=\frac{2}{3};$$

当 $2\leqslant x<3$ 时,X 在区间$(-\infty,x]$内有两个可能取值点 $X=1,2$,即含事件$\{X=1\}$,$\{X=2\}$,故 $F(x)=P\{X\leqslant x\}=P\{X=1\}+P\{X=2\}=\frac{2}{3}+\frac{1}{4}=\frac{11}{12}$;

当 $3\leqslant x<4$ 时,X 在区间$(-\infty,x]$内有三个可能取值点 $X=1,2,3$,即含事件$\{X=1\}$,$\{X=2\}$,$\{X=3\}$,故

$$F(x)=P\{X\leqslant x\}=P\{X=1\}+P\{X=2\}+P\{X=3\}=\frac{2}{3}+\frac{1}{4}+\frac{1}{14}=\frac{83}{84};$$

当 $x\geqslant 4$ 时,X 在区间$(-\infty,x]$内包含所有可能的取值点,即$\{X\leqslant x\}$是必然事件,故

$$F(x)=P\{X\leqslant x\}=1.$$

综上,X 的分布函数为

$$F(x)=\begin{cases}0, & x<1,\\ \frac{2}{3}, & 1\leqslant x<2,\\ \frac{11}{12}, & 2\leqslant x<3,\\ \frac{83}{84}, & 3\leqslant x<4,\\ 1, & x\geqslant 4.\end{cases}$$

X 的分布函数 $F(x)$ 的图形如图所示.该图形是一个阶梯形曲线,$x=1,2,3,4$ 是跳跃间断点.

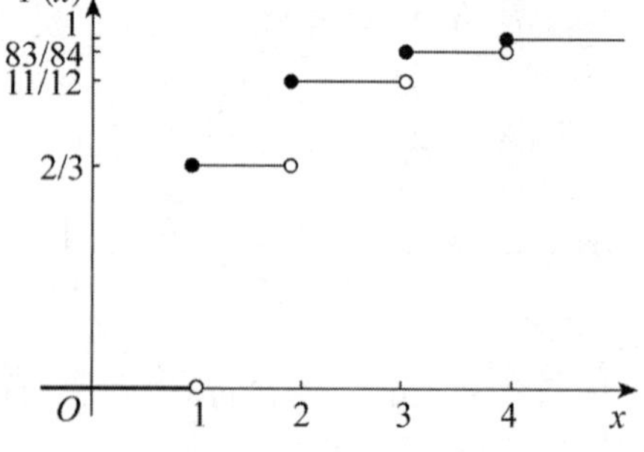

例 9　设随机变量 X 的分布律为

X	-1	2	3
P	$\frac{1}{4}$	$\frac{1}{2}$	$\frac{1}{4}$

求：(1) X 的分布函数；

(2) $P\left\{X\leqslant\frac{1}{2}\right\}$，$P\left\{\frac{3}{2}<X\leqslant\frac{5}{2}\right\}$，$P\{2\leqslant X\leqslant 3\}$.

【解题思路】 X 的正概率点 $-1,2,3$ 将区间 $(-\infty,+\infty)$ 划分成了四个区间，根据分布函数的定义在各子区间内进行讨论，然后利用分布函数的定义和性质来计算概率.

【答案解析】 (1) 当 $x<-1$ 时，

$$F(x)=P\{X\leqslant x\}=P(\varnothing)=0;$$

当 $-1\leqslant x<2$ 时，

$$F(x)=P\{X\leqslant x\}=P\{X=-1\}=\frac{1}{4};$$

当 $2\leqslant x<3$ 时，

$$F(x)=P\{X\leqslant x\}=P\{X=-1\}+P\{X=2\}=\frac{3}{4};$$

当 $x\geqslant 3$ 时，

$$F(x)=P\{X\leqslant x\}=P\{X=-1\}+P\{X=2\}+P\{X=3\}=1.$$

综上所述，X 的分布函数为 $F(x)=\begin{cases}0, & x<-1,\\ \frac{1}{4}, & -1\leqslant x<2,\\ \frac{3}{4}, & 2\leqslant x<3,\\ 1, & x\geqslant 3.\end{cases}$

(2)

$$P\left\{X\leqslant\frac{1}{2}\right\}=F\left(\frac{1}{2}\right)=\frac{1}{4},$$

$$P\left\{\frac{3}{2}<X\leqslant\frac{5}{2}\right\}=F\left(\frac{5}{2}\right)-F\left(\frac{3}{2}\right)=\frac{3}{4}-\frac{1}{4}=\frac{1}{2},$$

$$P\{2\leqslant X\leqslant 3\}=F(3)-F(2-0)=1-\frac{1}{4}=\frac{3}{4}.$$

例 10　设随机变量 X 的分布函数为 $F(x)=\begin{cases}0, & x<1,\\ \frac{9}{19}, & 1\leqslant x<2,\\ \frac{15}{19}, & 2\leqslant x<3,\\ 1, & x\geqslant 3,\end{cases}$ 求 X 的分布律.

【解题思路】由分布函数的分段点，确定 X 的正概率点为 1,2,3，根据分布律与分布函数的相互转换，分布函数分段点处的跳跃度即为该分段点处的概率.

【答案解析】X 的分布律为

X	1	2	3
P	$\frac{9}{19}$	$\frac{6}{19}$	$\frac{4}{19}$

考点九　0—1 分布

若随机变量 X 所有可能的取值只有 0 和 1，且取 1 的概率为 $p(0<p<1)$，取 0 的概率为 $1-p$，则称该随机变量 X 服从 0—1 分布.

0—1 分布的分布律为

X	1	0
P	p	$1-p$

0—1 分布是最简单的离散型随机变量的分布，后面很多离散型随机变量的分布都是以它为基础的.

考点十　二项分布

若随机变量 X 的概率分布为

$$P\{X=k\}=C_n^k p^k q^{n-k}(k=0,1,2,\cdots,n),$$

其中 $p+q=1,p,q\in(0,1)$，则称随机变量 X 服从参数为 n,p 的二项分布，并记 $X\sim B(n,p)$.

【敲黑板】① 如果试验只有两个结果 A 和 $\overline{A}$，则称这种试验为伯努利试验. 将一个伯努利试验独立重复地进行 n 次，则称为 n 重伯努利试验.

② 设在每次试验中，$P(A)=p(0<p<1)$，则在 n 重伯努利试验中事件 A 出现 k 次的概率为 $P_n(k)=C_n^k p^k(1-p)^{n-k}(k=0,1,2,\cdots,n)$.

③ 若 $X\sim B(n,p)$，那么 X 描述的是 n 重伯努利试验中事件 A 发生的次数，其中 $P(A)=p$.

题型六　二项分布的应用

【解题方法】二项分布描述的是 n 重伯努利试验中成功的次数，需要明确 n,p,k 所对应的含义，同时结合公式 $P_n(k)=C_n^k p^k(1-p)^{n-k}(k=0,1,2,\cdots,n)$ 来解题.

例 11　某人向同一目标独立重复射击，每次射击命中目标的概率为 $p(0<p<1)$，则此人第 5 次射击恰好第 2 次命中目标的概率为(　　).

(A) $3p(1-p)^2$　　(B) $6p(1-p)^2$　　(C) $4p^2(1-p)^3$

(D) $6p^2(1-p)^2$ (E) $5p^2(1-p)^3$

【参考答案】C

【解题思路】根据题意分析，前 4 次恰好命中 1 次，未命中 3 次，第 5 次命中.

【答案解析】所求概率为 $C_4^1 p(1-p)^3 p = 4p^2(1-p)^3$，故 C 正确.

考点十一 几何分布

若随机变量 X 的概率分布为

$$P\{X=n\}=q^{n-1}p, n=1,2,\cdots,$$

其中参数 $0<p<1, p+q=1$，则称随机变量 X 服从参数为 p 的几何分布，并记 $X\sim G(p)$.

【敲黑板】① 若 $X\sim G(p)$，那么 X 描述的是伯努利试验中某事件 A 首次发生时进行的试验次数，且 $P(A)=p$.

② 二项分布与几何分布的区别：二项分布描述的是 n 重伯努利试验中成功的次数；几何分布描述的是将伯努利试验进行到第一次成功时的试验次数. 它们概念的重点是"独立重复"，因此只要题目中直接或者间接给出独立重复试验就要想到二项分布和几何分布.

考点十二 泊松分布

若随机变量 X 的概率分布为

$$P\{X=k\}=\frac{\lambda^k}{k!}e^{-\lambda}(k=0,1,2,\cdots),$$

其中参数 $\lambda>0$，则称随机变量 X 服从参数为 λ 的泊松分布，并记 $X\sim P(\lambda)$.

【敲黑板】泊松分布常用来描述单位时间内出现在某服务台的顾客数，单位时间内接到的电话次数，和单位时间内指定区域中出现某种射线、粒子等的个数.

题型七 泊松分布的应用

【解题方法】首先确定随机变量 X 服从泊松分布中的参数 λ，再利用概率分布 $P\{X=k\}=\frac{\lambda^k}{k!}e^{-\lambda}(k=0,1,2,\cdots)$ 来解题.

例 12 一分钟内通过某交叉路口的汽车数 X 可以看作服从泊松分布. 已知在一分钟内没有汽车通过的概率为 0.2，求一分钟内通过路口的汽车超过 1 辆的概率.

【解题思路】设一分钟内通过路口的汽车数 X 服从参数为 λ 的泊松分布，通过相关的概率计算，首先确定参数 λ.

【答案解析】设一分钟内通过路口的汽车数 X 服从参数为 λ 的泊松分布，由已知，

$$P\{X=0\}=\frac{\lambda^0}{0!}e^{-\lambda}=e^{-\lambda}=0.2,$$

得 $\lambda=\ln 5$，于是

$$\begin{aligned}P\{X>1\}&=1-P\{X=0\}-P\{X=1\}\\&=1-0.2-\frac{\lambda}{1!}e^{-\lambda}=0.8-\ln 5\times e^{-\ln 5}\approx 0.478.\end{aligned}$$

题型八　0—1 分布、二项分布与泊松分布的综合应用

【解题方法】 熟悉 0—1 分布、二项分布及泊松分布的背景、表达式含义及特征，利用基本公式来解题.

例 13 设随机变量 X_1 服从参数为 $p(0<p<1)$ 的 0—1 分布，$X_2\sim B(n,p)$，$Y\sim P(2p)$，已知 $P\{X_1=0\}=9P\{X_2=0\}$，$P\{X_1=1\}=3P\{X_2=1\}$，则 $P\{Y=0\}$ 和 $P\{Y=1\}$ 分别为(　　).

(A) $e^{-\frac{4}{3}},\frac{4}{3}e^{-\frac{4}{3}}$　　(B) $e^{-\frac{1}{3}},\frac{1}{3}e^{-\frac{1}{3}}$　　(C) $e^{-1},\frac{1}{3}e^{-1}$

(D) $e^{-\frac{4}{3}},\frac{3}{4}e^{-\frac{4}{3}}$　　(E) $e^{-\frac{1}{3}},\frac{1}{3}e^{-1}$

【参考答案】 A

【解题思路】 该题考查 0—1 分布、二项分布、泊松分布的基本公式.

【答案解析】 由 $P\{X_1=0\}=9P\{X_2=0\}$，得

$$1-p=9C_n^0p^0(1-p)^n=9(1-p)^n\Rightarrow(1-p)^{n-1}=\frac{1}{9},$$

由 $P\{X_1=1\}=3P\{X_2=1\}$，得

$$p=3C_n^1p^1(1-p)^{n-1}\Rightarrow n(1-p)^{n-1}=\frac{1}{3},$$

则 $n=3$，$p=\frac{2}{3}$，由 $Y\sim P(2p)$ 得泊松分布的参数 $\lambda=\frac{4}{3}$，故

$$P\{Y=0\}=\frac{\left(\frac{4}{3}\right)^0}{0!}e^{-\frac{4}{3}}=e^{-\frac{4}{3}},P\{Y=1\}=\frac{\left(\frac{4}{3}\right)^1}{1!}e^{-\frac{4}{3}}=\frac{4}{3}e^{-\frac{4}{3}}.$$

考点十三　概率密度的定义

如果对于随机变量 X 的分布函数 $F(x)$，存在非负可积函数 $f(x)$，使得对于任意实数 x，都有

$$F(x)=P\{X\leqslant x\}=\int_{-\infty}^{x}f(t)\mathrm{d}t,$$

则称 X 为连续型随机变量，称 $f(x)$ 为 X 的概率密度函数，简称为概率密度或密度函数.

考点十四 概率密度的性质

(1) 只有连续型随机变量才有概率密度；

(2) 非负性，$f(x) \geqslant 0$；

(3) 归一性，$\int_{-\infty}^{+\infty} f(x)\mathrm{d}x = 1$；

(4) 对任意实数 $x_1 < x_2$，有 $P\{x_1 < X \leqslant x_2\} = \int_{x_1}^{x_2} f(x)\mathrm{d}x$；

(5) 在 $f(x)$ 的连续点 x 处有 $F'(x) = f(x)$；

(6) 要注意 $F'(x) = f(x)$ 只有当 $f(x)$ 连续时才成立，$f(x)$ 不连续时，$F(x)$ 一般是不可导的，但对连续型随机变量来说，其分布函数 $F(x)$ 一定是连续的，考生需要弄清楚这些概念；

(7) 用分布函数计算概率 $P\{x_1 < X \leqslant x_2\} = F(x_2) - F(x_1)$；

(8) 用概率密度计算概率 $P\{x_1 < X \leqslant x_2\} = F(x_2) - F(x_1) = \int_{x_1}^{x_2} f(x)\mathrm{d}x$；

(9)$P\{X = a\} = P\{X \leqslant a\} - P\{X < a\} = F(a) - F(a-0) = 0$；

(10)$P\{x_1 < X \leqslant x_2\} = P\{x_1 < X < x_2\} = P\{x_1 \leqslant X \leqslant x_2\} = P\{x_1 \leqslant X < x_2\} = \int_{x_1}^{x_2} f(x)\mathrm{d}x$；

(11)$P\{X < x_1\} = \int_{-\infty}^{x_1} f(t)\mathrm{d}t$；

(12)$P\{X > x_2\} = \int_{x_2}^{+\infty} f(t)\mathrm{d}t$.

题型九　概率密度的判定

【解题方法】 函数 $f(x)$ 可以作为某随机变量的概率密度的充分必要条件：

(1) 非负性，$f(x) \geqslant 0$；

(2) 归一性，$\int_{-\infty}^{+\infty} f(x)\mathrm{d}x = 1$.

例 14 连续函数 $f(x)$ 为某个连续型随机变量的密度函数的充分必要条件是(　　).

(A)$0 \leqslant f(x) \leqslant 1$

(B)$f(x)$ 单调不减

(C)$\int_{-\infty}^{+\infty} f(x)\mathrm{d}x = 1$

(D)$\int_{-\infty}^{+\infty} f(x)\mathrm{d}x = 1$ 且 $\int_{-\infty}^{x} f(t)\mathrm{d}t$ 单调不减

(E)$f(x)$ 为可导函数

【参考答案】 D

【答案解析】选项A,B既非充分又非必要条件；选项C只是必要而非充分条件；选项E,连续型随机变量的密度函数未必是可导函数；由$\int_{-\infty}^{+\infty} f(x)\mathrm{d}x = 1$且$\left[\int_{-\infty}^{x} f(t)\mathrm{d}t\right]' = f(x) \geqslant 0$,知D正确.

【评注】密度函数$f(x)$不是概率，只是反映随机变量X在点x处的密集程度.一定要将密度函数与分布函数区分开来.

例 15 设连续型随机变量X的密度函数为

$$f(x)=\begin{cases}\dfrac{2}{\pi(1+x^2)}, & a<x<+\infty,\\ 0, & \text{其他}.\end{cases}$$

(1) 确定常数a的值；

(2) 如果概率$P\{a<X<b\}=\dfrac{1}{2}$,确定常数b的值.

【解题思路】由$\int_{-\infty}^{+\infty} f(x)\mathrm{d}x = 1$确定$a$的值；再由$\int_{a}^{b} f(x)\mathrm{d}x = \dfrac{1}{2}$确定$b$的值.

【答案解析】(1) 依题意,有

$$\int_{-\infty}^{+\infty} f(x)\mathrm{d}x=\int_{a}^{+\infty}\frac{2}{\pi(1+x^2)}\mathrm{d}x=\frac{2}{\pi}\arctan x\Big|_{a}^{+\infty}=1-\frac{2}{\pi}\arctan a=1,$$

解得$a=0$.

(2) 由
$$P\{a<X<b\}=\int_{0}^{b}\frac{2}{\pi(1+x^2)}\mathrm{d}x=\frac{2}{\pi}\arctan b=\frac{1}{2},$$

得$\arctan b=\dfrac{\pi}{4}$,解得$b=1$.

题型十　已知概率密度，求随机变量落在某区间的概率

【解题方法】 利用公式$P\{x_1<X\leqslant x_2\}=P\{x_1\leqslant X<x_2\}=P\{x_1<X<x_2\}=P\{x_1\leqslant X\leqslant x_2\}=F(x_2)-F(x_1)=\int_{x_1}^{x_2} f(x)\mathrm{d}x$求解.

例 16 设连续型随机变量X的概率密度为

$$f(x)=\begin{cases}x, & 0\leqslant x<1,\\ 2-x, & 1\leqslant x\leqslant 2,\\ 0, & \text{其他},\end{cases}$$

则$P\left\{\dfrac{1}{2}\leqslant X<\dfrac{3}{2}\right\}=($　　$)$.

(A) $\dfrac{3}{4}$　　(B) $\dfrac{1}{4}$　　(C) $\dfrac{1}{3}$　　(D) $\dfrac{2}{3}$　　(E) $\dfrac{1}{5}$

【参考答案】A

【解题思路】该题考查连续型随机变量在区间上的概率计算公式，

$$P\{x_1 \leqslant X < x_2\} = P\{x_1 < X \leqslant x_2\} = \int_{x_1}^{x_2} f(x)\mathrm{d}x,$$

根据分段函数积分区间可加性进行计算.

【答案解析】 $P\left\{\frac{1}{2} \leqslant X < \frac{3}{2}\right\} = \int_{\frac{1}{2}}^{1} x\mathrm{d}x + \int_{1}^{\frac{3}{2}} (2-x)\mathrm{d}x = \frac{3}{4}.$

题型十一 已知概率密度，求概率密度中的未知参数与分布函数

【解题方法】(1) 如果概率密度中含有未知参数，一般利用等式$\int_{-\infty}^{+\infty} f(x)\mathrm{d}x = 1$，并结合题目中的其他条件列出方程.

(2) 已知概率密度计算概率，一般利用公式 $P\{a < X < b\} = \int_a^b f(x)\mathrm{d}x$ 进行计算.

(3) 已知概率密度求分布函数，利用定义 $F(x) = \int_{-\infty}^{x} f(t)\mathrm{d}t$. 此时需要注意的是，当被积函数 $f(x)$ 是分段函数时，$F(x)$ 要分段计算，一般来说也是分段函数. 已知分布函数求概率密度时，用 $F'(x) = f(x)$. 但当连续型随机变量的分布函数在有限个点甚至可列个点不可导时，可直接令 $f(x) = 0$.

例 17 设随机变量 X 的概率密度 $f(x) = \begin{cases} kx, & 0 \leqslant x < 3, \\ 2 - \frac{x}{2}, & 3 \leqslant x \leqslant 4, \\ 0, & \text{其他}, \end{cases}$ 求：

(1) 常数 k；

(2) X 的分布函数；

(3) $P\left\{1 < X \leqslant \frac{7}{2}\right\}$.

【解题思路】首先，概率密度中含有未知参数 k，利用$\int_{-\infty}^{+\infty} f(x)\mathrm{d}x = 1$求解出 k，其次，利用定义 $F(x) = \int_{-\infty}^{x} f(t)\mathrm{d}t$ 求解出分布函数，最后，根据哪求概率哪积分可求出该概率.

【答案解析】(1) 由$\int_{-\infty}^{+\infty} f(x)\mathrm{d}x = 1$，得

$$\int_{-\infty}^{0} 0\mathrm{d}x + \int_0^3 kx\mathrm{d}x + \int_3^4 \left(2 - \frac{x}{2}\right)\mathrm{d}x + \int_4^{+\infty} 0\mathrm{d}x = 1 \Rightarrow k = \frac{1}{6}.$$

(2) 已知概率密度求分布函数，利用定义 $F(x) = \int_{-\infty}^{x} f(t)\mathrm{d}t$. 此时需要注意的是，当被积函数 $f(x)$ 是分段函数时，$F(x)$ 要分段计算.

当 $x<0$ 时，$F(x)=\int_{-\infty}^{x}0\mathrm{d}t=0$；

当 $0\leqslant x<3$ 时，$F(x)=\int_{-\infty}^{0}0\mathrm{d}t+\int_{0}^{x}\frac{1}{6}t\mathrm{d}t=\frac{1}{12}x^2$；

当 $3\leqslant x<4$ 时，$F(x)=\int_{-\infty}^{0}0\mathrm{d}t+\int_{0}^{3}\frac{1}{6}t\mathrm{d}t+\int_{3}^{x}\left(2-\frac{t}{2}\right)\mathrm{d}t=-\frac{1}{4}x^2+2x-3$；

当 $x\geqslant 4$ 时，$F(x)=\int_{-\infty}^{0}0\mathrm{d}t+\int_{0}^{3}\frac{1}{6}t\mathrm{d}t+\int_{3}^{4}\left(2-\frac{t}{2}\right)\mathrm{d}t+\int_{4}^{x}0\mathrm{d}t=1$.

综上所述，$F(x)=\begin{cases}0, & x<0,\\ \frac{1}{12}x^2, & 0\leqslant x<3,\\ -\frac{1}{4}x^2+2x-3, & 3\leqslant x<4,\\ 1, & x\geqslant 4.\end{cases}$

(3) 已知概率密度，求连续型随机变量 X 落在某区间的概率，利用公式

$$P\{x_1<X\leqslant x_2\}=\int_{x_1}^{x_2}f(x)\mathrm{d}x.$$

故 $$P\left\{1<X\leqslant\frac{7}{2}\right\}=\int_{1}^{3}\frac{1}{6}x\mathrm{d}x+\int_{3}^{\frac{7}{2}}\left(2-\frac{x}{2}\right)\mathrm{d}x=\frac{41}{48}.$$

例 18 设随机变量 X 的概率密度为 $f(x)=\frac{1}{2}\mathrm{e}^{-|x|}$，记 $F(x)$ 为随机变量 X 的分布函数，则 $F(2)=(\quad)$.

(A) $\frac{1}{2}\mathrm{e}^{-2}$ (B) $\frac{1}{2}+\mathrm{e}^{-2}$ (C) $\frac{1}{2}-\mathrm{e}^{-2}$ (D) $1-\frac{1}{2}\mathrm{e}^{-2}$ (E) $1-\mathrm{e}^{-2}$

【参考答案】 D

【答案解析】 $F(2)=\int_{-\infty}^{2}f(x)\mathrm{d}x=\int_{-\infty}^{0}\frac{1}{2}\mathrm{e}^{x}\mathrm{d}x+\int_{0}^{2}\frac{1}{2}\mathrm{e}^{-x}\mathrm{d}x=1-\frac{1}{2}\mathrm{e}^{-2}$.

例 19 设连续型随机变量 X 的分布函数为

$$F(x)=\begin{cases}0, & x<-a,\\ A+B\arcsin\frac{x}{a}, & -a\leqslant x\leqslant a,\\ 1, & x>a,\end{cases}$$

其中 $a>0$，求：

(1) 常数 A 和 B；

(2) X 的概率密度 $f(x)$.

【解题思路】 确定分布函数中的未知参数的方法一般是利用分布函数在分段点处的右连续

性，当已知是连续型随机变量时，还可以利用分布函数在分段点处连续这条性质.

【答案解析】(1) 因为 X 是连续型随机变量，故分布函数 $F(x)$ 连续，于是 $F(-a-0)=F(-a)$，$F(a+0)=F(a)$，即 $A-\frac{\pi}{2}B=0$，$A+\frac{\pi}{2}B=1$，解得 $A=\frac{1}{2}$，$B=\frac{1}{\pi}$.

(2)
$$f(x)=F'(x)=\begin{cases}\dfrac{1}{\pi\sqrt{a^2-x^2}}, & -a<x<a,\\ 0, & \text{其他}.\end{cases}$$

例 20 设连续型随机变量 X 的概率密度曲线如图所示，求：

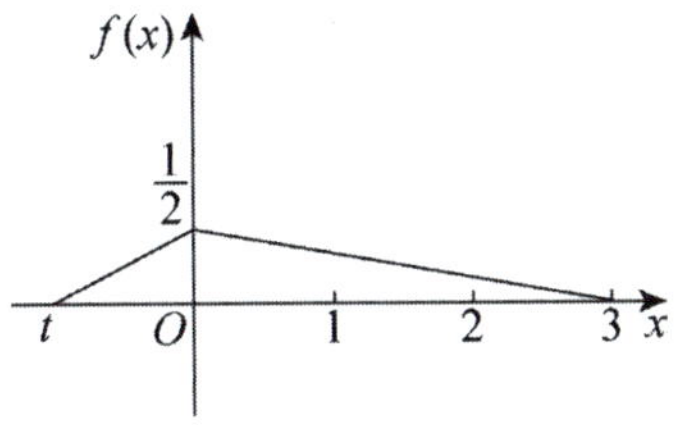

(1) t 的值；

(2) X 的概率密度；

(3) $P\{-2<X\leqslant 2\}$.

【解题思路】首先，概率密度中含有未知参数 t，利用 $\int_{-\infty}^{+\infty}f(x)\mathrm{d}x=1$ 求解出 t，其次，根据概率密度的图像为两条直线段求出解析式，最后，根据哪求概率哪积分可求出该概率.

【答案解析】(1) 由概率密度的性质 $\int_{-\infty}^{+\infty}f(x)\mathrm{d}x=1$ 与定积分的几何意义相结合得到

$$\frac{1}{2}\times(-t)\times\frac{1}{2}+\frac{1}{2}\times 3\times\frac{1}{2}=1\Rightarrow t=-1.$$

(2) 由概率密度图像知，当 $-1\leqslant x<0$ 时，$f(x)$ 的图像为一条递增的直线，其斜率 $k=\frac{1}{2}$，在 y 轴上的截距 $b=\frac{1}{2}$，则 $f(x)=\frac{1}{2}x+\frac{1}{2}$.

当 $0\leqslant x<3$ 时，$f(x)$ 的图像为一条递减的直线，其斜率 $k=-\frac{1}{6}$，在 y 轴上的截距 $b=\frac{1}{2}$，则 $f(x)=-\frac{1}{6}x+\frac{1}{2}$.

综上，X 的概率密度为
$$f(x)=\begin{cases}\dfrac{1}{2}x+\dfrac{1}{2}, & -1\leqslant x<0,\\ -\dfrac{1}{6}x+\dfrac{1}{2}, & 0\leqslant x<3,\\ 0, & \text{其他}.\end{cases}$$

(3) 根据哪求概率哪积分,得 $P\{-2<X\leqslant 2\}=\int_{-2}^{2}f(x)\mathrm{d}x$,再利用分段函数积分区间可加性,得

$$P\{-2<X\leqslant 2\}=\int_{-2}^{-1}0\mathrm{d}x+\int_{-1}^{0}\left(\frac{1}{2}x+\frac{1}{2}\right)\mathrm{d}x+\int_{0}^{2}\left(-\frac{1}{6}x+\frac{1}{2}\right)\mathrm{d}x=\frac{11}{12}.$$

考点十五 均匀分布

若随机变量 X 的概率密度为 $f(x)=\begin{cases}\dfrac{1}{b-a}, & a\leqslant x\leqslant b,\\ 0, & \text{其他},\end{cases}$ 则称随机变量 X 在 $[a,b]$ 上服从均匀分布,并记 $X\sim U[a,b]$.

均匀分布的概率密度图形如图所示. 由图可以看出,均匀分布是一种比较简单且常见的分布. 对于均匀分布,X 在 $[a,b]$ 中任意一个小区间上取值的概率与该区间的长度成正比. 均匀分布常用于等车、误差分布等问题.

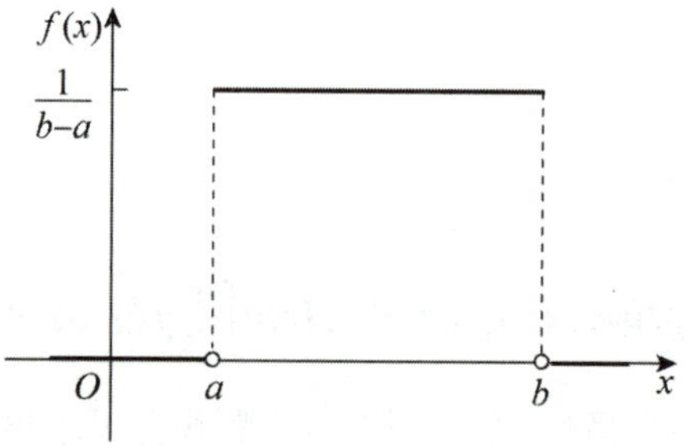

均匀分布的分布函数为

$$F(x)=\int_{-\infty}^{x}f(t)\mathrm{d}t=\begin{cases}0, & x<a,\\ \dfrac{x-a}{b-a}, & a\leqslant x<b,\\ 1, & x\geqslant b.\end{cases}$$

题型十二 已知均匀分布的概率密度,求随机事件的概率

【解题方法】 均匀分布是连续型随机变量中最简单的一种分布,考试中考查得也很多. 在这种分布下,随机事件的概率等于对应区间与总区间的长度比.

例 21 若随机变量 ξ 在 $(1,6)$ 上服从均匀分布,则一元二次方程 $x^2+\xi x+1=0$ 有实根的概率是(   ).

(A) $\frac{1}{4}$　　(B) $\frac{3}{4}$　　(C) $\frac{4}{5}$　　(D) $\frac{2}{3}$　　(E) $\frac{1}{2}$

【参考答案】 C

【解题思路】 首先将 ξ 的概率密度写出来,然后求出 $x^2+\xi x+1=0$ 有实根时 ξ 的取值范围,最

后求解方程有实根的概率.

【答案解析】 因为 ξ 在 $(1,6)$ 上服从均匀分布,故概率密度 $f(\xi)=\begin{cases}\frac{1}{5}, & 1\leqslant\xi\leqslant 6,\\ 0, & 其他.\end{cases}$

又因为 $x^2+\xi x+1=0$ 有实根,所以 $\Delta=\xi^2-4\geqslant 0\Rightarrow\xi\geqslant 2$ 或 $\xi\leqslant -2$,由于 $[2,+\infty)\cap(1,6)=[2,6)$,$(-\infty,-2]\cap(1,6)=\varnothing$,因此方程 $x^2+\xi x+1=0$ 有实根的概率是

$$P\{\xi\geqslant 2\}+P\{\xi\leqslant -2\}=\frac{6-2}{5}=\frac{4}{5}.$$

例 22 设随机变量 X 服从 $[1,5]$ 上的均匀分布,且 $x_1<1<x_2<5$,则 $P\{x_1<X<x_2\}=$ (　　).

(A) $\frac{x_2-1}{4}$　　(B) $\frac{1-x_1}{4}$　　(C) $\frac{5-x_1}{4}$

(D) $\frac{5-x_2}{4}$　　(E) $\frac{x_2-x_1}{4}$

【参考答案】 A

【解题思路】 首先将 X 的概率密度写出来,然后根据均匀分布下随机事件的概率等于对应区间与总区间的长度比求解.

【答案解析】 因为 X 服从 $[1,5]$ 上的均匀分布,故概率密度 $f(x)=\begin{cases}\frac{1}{4}, & 1\leqslant x\leqslant 5,\\ 0, & 其他.\end{cases}$

因为 $x_1<1<x_2<5$,根据均匀分布下随机事件的概率等于对应区间与总区间的长度比,由 $(x_1,x_2)\cap[1,5]=[1,x_2)$,得 $P\{x_1<X<x_2\}=\frac{x_2-1}{4}$.

考点十六　指数分布

若随机变量 X 的概率密度为 $f(x)=\begin{cases}\lambda e^{-\lambda x}, & x>0,\\ 0, & x\leqslant 0,\end{cases}$ 其中参数 $\lambda>0$,则称 X 服从参数为 λ 的指数分布,并记 $X\sim E(\lambda)$.

【敲黑板】 ① 若 $X\sim E(\lambda)$,则 X 的分布函数 $F(x)=\begin{cases}1-e^{-\lambda x}, & x\geqslant 0,\\ 0, & x<0.\end{cases}$

② 指数分布的无记忆性,即 $P\{X>s+t\mid X>s\}=P\{X>t\}$.

题型十三　已知指数分布的分布函数，求随机事件的概率

【解题方法】 由分布函数的结构知，若 X 服从参数为 λ 的指数分布，先确定分布函数 $F(x)$ 中的未知参数，再利用指数分布的无记忆性计算概率.

例 23 某元件的工作寿命为 X(小时)，其分布函数为 $F(x)=\begin{cases}1-ae^{-\lambda x}, & x>0,\\ 0, & x\leqslant 0,\end{cases}$ 已知该元件已正常工作 10 小时，则在此基础上再工作 5 小时的概率为(　　).

(A) $1-e^{-5\lambda}$　　(B) $e^{-15\lambda}$　　(C) $e^{-10\lambda}$　　(D) $e^{-5\lambda}$　　(E) $e^{-\lambda}$

【参考答案】 D

【答案解析】 由 $\lim\limits_{x\to0^+}F(x)=F(0)$，得 $a=1$. 故 $F(x)=\begin{cases}1-e^{-\lambda x}, & x>0,\\ 0, & x\leqslant 0.\end{cases}$ 于是

$$P\{X>15\mid X>10\}=P\{X>5\}=1-F(5)=e^{-5\lambda}.$$

故选择 D.

考点十七　正态分布

(1) 正态分布的密度函数.

设随机变量 X 的密度函数为

$$f(x)=\frac{1}{\sqrt{2\pi}\sigma}e^{-\frac{(x-\mu)^2}{2\sigma^2}},-\infty<x<+\infty,$$

其中 μ,σ 为常数，且 $\sigma>0$，则称 X 服从参数为 μ 和 σ 的**正态分布**，并记 $X\sim N(\mu,\sigma^2)$.

正态分布的密度函数 $y=f(x)$ 的图形如图所示，形状呈钟形，且曲线关于直线 $x=\mu$ 对称. 在概率意义下，$x=\mu$ 可看作随机变量 X 取值的平均值. 曲线在 $x=\mu\pm\sigma$ 处有拐点，当 $x\to\pm\infty$ 时，$f(x)\to0$，即 $y=0$ 为密度函数的渐近线. 从图中还可以看出，σ 的大小决定了曲线的坡度，σ 较大时曲线较平缓，σ 较小时曲线较陡峭. $x=\mu$ 为极大值点.

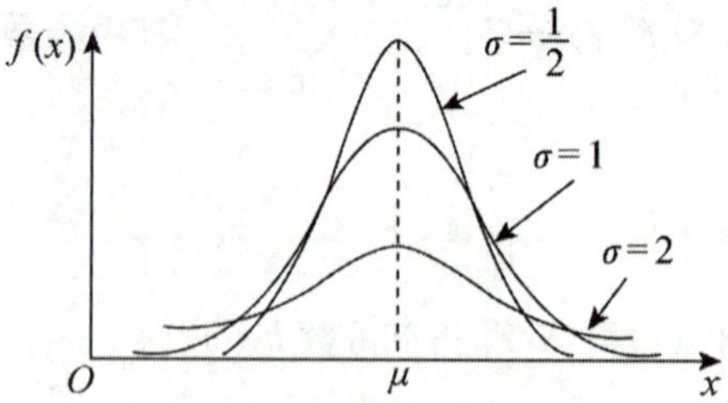

特别地，称 $\mu=0,\sigma=1$ 时的正态分布为**标准正态分布**，记为 $N(0,1)$，其密度函数记为

$$\varphi(x)=\frac{1}{\sqrt{2\pi}}e^{-\frac{x^2}{2}},-\infty<x<+\infty,$$

其分布函数记为

$$\Phi(x)=\int_{-\infty}^{x}\frac{1}{\sqrt{2\pi}}\mathrm{e}^{-\frac{t^2}{2}}\mathrm{d}t,-\infty<x<+\infty.$$

显然，标准正态分布的密度函数 $\varphi(x)$ 关于 y 轴对称，$\varphi(x)$ 及 $\Phi(x)$ 有以下性质.

性质 1 $\varphi(x)=\varphi(-x)$.

性质 2 $\Phi(0)=\frac{1}{2}$.

性质 3 对任意实数 x，有 $\Phi(x)+\Phi(-x)=1$.

在涉及标准正态分布的计算时，经常会遇到积分 $\int_{0}^{+\infty}\mathrm{e}^{-\frac{x^2}{2}}\mathrm{d}x$ 的定值问题，利用标准正态分布概率密度的性质 $\int_{-\infty}^{+\infty}\frac{1}{\sqrt{2\pi}}\mathrm{e}^{-\frac{x^2}{2}}\mathrm{d}x=1$，可得 $\int_{0}^{+\infty}\mathrm{e}^{-\frac{x^2}{2}}\mathrm{d}x=\frac{\sqrt{2\pi}}{2}$，此公式经常用到，建议记住.

(2) 一般正态分布与标准正态分布的关系.

正态分布是概率论中最重要的分布. 一方面，正态分布是最常见的一种分布，如测量误差；炮弹落点的分布；描述人的身体特征的尺寸，如身高、体重等；农作物的收获量等等，都近似服从正态分布. 一般来说，一个变量如果受到大量的独立因素的影响（无主导因素），则它一般服从正态分布，这一点可以利用概率论的中心极限定理加以证明. 另一方面，正态分布有很多良好的性质，许多概率分布都可用正态分布来近似，而且在理论研究中，正态分布也有十分重要的地位. 正因为如此，必须解决将不同参数的正态分布统一转化为标准正态分布的问题，这就是正态分布标准化的问题，相关结论可以表示为以下定理.

定理 1 如果 $X\sim N(\mu,\sigma^2)$，则 $\frac{X-\mu}{\sigma}\sim N(0,1)$.

定理 2 如果 $\xi\sim N(\mu,\sigma^2)$，$\eta\sim N(0,1)$，其概率密度分别记为 $f(x)$，$\varphi(x)$，分布函数分别记为 $F(x)$，$\Phi(x)$，则

$$f(x)=\frac{1}{\sigma}\varphi\left(\frac{x-\mu}{\sigma}\right),F(x)=\Phi\left(\frac{x-\mu}{\sigma}\right).$$

题型十四 正态分布的标准化

【解题方法】 如果题目中涉及多个不同的正态分布或正态分布的参数未定时，一般可以考虑先把正态分布标准化，再利用标准正态分布的分布函数的性质 $\Phi(x)=1-\Phi(-x)$ 来解题.

例 24 设 $X\sim N(0,4^2)$，X 的分布函数为 $F(x)$，密度函数为 $f(x)$，则对任意实数 a，有（　　）.

(A) $F(-a)=1-\int_{0}^{a}f(x)\mathrm{d}x$　　(B) $F(-a)=\frac{1}{2}-\int_{0}^{a}f(x)\mathrm{d}x$

(C) $F(-a)=F(a)$　　(D) $F(-a)=2F(a)-1$

(E) $F(-a)=\frac{1}{2}-F(a)$

【参考答案】B

【解题思路】由 $\mu=0$ 知,密度函数 $y=f(x)$ 关于 y 轴对称,因此,可借助几何图形解答问题.

【答案解析】X 的密度函数的图形如图所示,则

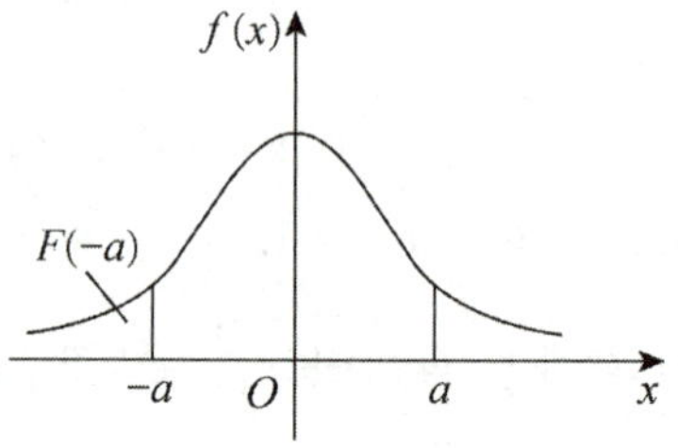

$$\int_{-\infty}^{0}f(x)\mathrm{d}x=\int_{-\infty}^{-a}f(x)\mathrm{d}x+\int_{-a}^{0}f(x)\mathrm{d}x=F(-a)+\int_{0}^{a}f(x)\mathrm{d}x=\frac{1}{2},$$

所以
$$F(-a)=\frac{1}{2}-\int_{0}^{a}f(x)\mathrm{d}x,$$

故选择 B.

例 25 设随机变量 X,Y 分别服从正态分布 $N(\mu,4^2),N(\mu,5^2)$,记 $p_1=P\{X\leqslant\mu-4\}$,$p_2=P\{Y\geqslant\mu+5\}$,则(　　).

(A) 对任何实数 μ,都有 $p_1=p_2$

(B) 对任何实数 μ,都有 $p_1<p_2$

(C) 对任何实数 μ,都有 $p_1>p_2$

(D) 仅对于 μ 的个别值,有 $p_1=p_2$

(E) 仅对于 μ 的个别值,有 $p_1>p_2$

【参考答案】A

【解题思路】不同参数的正态分布比较概率大小,必须先标准化,统一在标准正态分布下比较.

【答案解析】由

$$p_1=P\{X\leqslant\mu-4\}=P\left\{\frac{X-\mu}{4}\leqslant-1\right\}=\Phi(-1)=1-\Phi(1),$$

$$p_2=P\{Y\geqslant\mu+5\}=P\left\{\frac{Y-\mu}{5}\geqslant1\right\}=1-P\left\{\frac{Y-\mu}{5}<1\right\}=1-\Phi(1),$$

知对任何实数 μ,都有 $p_1=p_2$,故选择 A.

例 26 设 $X\sim N(\mu,\sigma^2)(\sigma>0)$,则概率 $P\{|X-\mu|<\sigma\}$(　　).

(A) 随 μ 的增加而增加

(B) 随 σ 的增加而增加

(C) 与 μ 无关,与 σ 有关

(D) 与 μ,σ 都无关

(E) 以上均不正确

【参考答案】D

【解题思路】将正态分布标准化,在标准正态分布下利用连续型随机变量的分布函数的性质进行计算.

【答案解析】将题干中的 $|X-\mu|<\sigma$ 左右同时除以 σ,得 $\left|\frac{X-\mu}{\sigma}\right|<1$,令 $\frac{X-\mu}{\sigma}=Y$,则

$$\begin{aligned}原式&=P\{|Y|<1\}=P\{|Y|\leqslant 1\}=P\{-1<Y\leqslant 1\}\\&=P\{Y\leqslant 1\}-P\{Y\leqslant -1\}=\Phi(1)-\Phi(-1)=2\Phi(1)-1,\end{aligned}$$

故概率与 μ,σ 都无关.

例 27 设随机变量 $X\sim N(1,9)$,$Y\sim N(2,4)$,记 $p_1=P\{X>4\}$,$p_2=P\{Y>4\}$,$p_3=P\{X<0\}$,$p_4=P\{Y<0\}$,则( ).

(A) $p_1=p_2=p_4<p_3$ (B) $p_1=p_2=p_3<p_4$

(C) $p_1=p_3<p_2=p_4$ (D) $p_1=p_2<p_3=p_4$

(E) $p_1<p_2=p_3=p_4$

【参考答案】A

【答案解析】由 $X\sim N(1,9)$ 知 $\frac{X-1}{3}\sim N(0,1)$,则

$$p_1=P\{X>4\}=P\left\{\frac{X-1}{3}>1\right\}=1-\Phi(1),p_3=P\{X<0\}=P\left\{\frac{X-1}{3}<-\frac{1}{3}\right\}=1-\Phi\left(\frac{1}{3}\right).$$

由 $Y\sim N(2,4)$ 知 $\frac{Y-2}{2}\sim N(0,1)$,则

$$p_2=P\{Y>4\}=P\left\{\frac{Y-2}{2}>1\right\}=1-\Phi(1),p_4=P\{Y<0\}=P\left\{\frac{Y-2}{2}<-1\right\}=1-\Phi(1).$$

故有 $p_1=p_2=p_4<p_3$.

题型十五 正态分布性质的应用

【解题方法】 正态分布的概率密度图像为钟形,且图像是关于直线 $x=\mu$ 对称的,概率密度图像与 x 轴围成的面积为 $\int_{-\infty}^{+\infty}f(x)\mathrm{d}x=1$.

例 28 设 $X\sim N(\mu,\sigma^2)(\sigma>0)$,已知一元二次方程 $t^2+4t+X=0$ 无实根的概率为 $\frac{1}{2}$,则 $\mu=$( ).

(A)4 (B)2 (C)3 (D)1 (E)5

【参考答案】A

【解题思路】首先求出使 $t^2+4t+X=0$ 无实根的 X 的取值范围,再利用正态分布概率密度的性质进行 μ 的计算.

【答案解析】由题意，$t^2+4t+X=0$ 无实根，则 $\Delta=16-4X<0$，解得 $X>4$，所以方程无实根的概率为 $P\{X>4\}=\frac{1}{2}=\int_4^{+\infty}f(x)\mathrm{d}x$. X 服从正态分布，其概率密度图像为钟形，且关于 $x=\mu$ 对称，又因为 $\int_{-\infty}^{+\infty}f(x)\mathrm{d}x=1$，所以 $\int_{-\infty}^{\mu}f(x)\mathrm{d}x=\int_{\mu}^{+\infty}f(x)\mathrm{d}x=\frac{1}{2}\Rightarrow\mu=4$.

例 29 设 $f_1(x)$ 为标准正态分布的概率密度，$f_2(x)$ 为 $[-1,3]$ 上的均匀分布的概率密度，若 $f(x)=\begin{cases}af_1(x), & x<0,\\ bf_2(x), & x\geqslant 0\end{cases}$ $(a>0,b>0)$ 为某个连续型随机变量的概率密度，则 a,b 满足(　　).

(A) $2a+3b=4$　　(B) $3a+2b=4$　　(C) $a+b=1$

(D) $a+b=2$　　(E) $a+2b=3$

【参考答案】A

【解题思路】此题属于正态分布性质的应用问题，结合均匀分布的性质，再利用概率密度的归一性 $\int_{-\infty}^{+\infty}f(x)\mathrm{d}x=1$ 进行解题.

【答案解析】$1=a\int_{-\infty}^{0}f_1(x)\mathrm{d}x+b\int_0^{+\infty}f_2(x)\mathrm{d}x=\frac{1}{2}a+b\int_0^3\frac{1}{4}\mathrm{d}x=\frac{1}{2}a+\frac{3}{4}b$，整理得 $2a+3b=4$.

考点十八　离散型随机变量函数的分布

一般地，设 $f(x)$ 是定义在随机变量 X 的一切可能取值 x 的集合上的函数. 如果对于 X 的每一个可能取值 x，另一个随机变量 Y 都有相应的取值 $y=f(x)$，则称 Y 为随机变量 X 的函数，记作 $Y=f(X)$.

题型十六　求解离散型随机变量函数的分布

【解题方法】若 Y 是离散型随机变量，$Y=g(X)$，则只需写出随机变量 Y 的所有可能取值，然后再一一计算取对应值的概率即可.

例 30 设 X 是离散型随机变量，其分布函数为

$$F(x)=\begin{cases}0, & x<-2,\\ 0.2, & -2\leqslant x<-1,\\ 0.35, & -1\leqslant x<0,\\ 0.6, & 0\leqslant x<1,\\ 1, & x\geqslant 1.\end{cases}$$

令 $Y=|X+1|$，求随机变量 Y 的分布函数 $F_Y(y)$.

【解题思路】要求随机变量 Y 的分布函数 $F_Y(y)$，首先要求出 Y 的分布列，而要通过 $Y=|X+1|$ 求出 Y 的分布列，前提是找出 X 的分布列.

【答案解析】分段函数 $F(x)$ 的四个间断点即随机变量 X 的正概率点 $-2,-1,0,1$. 由公式

$$P\{X=x_i\}=F(x_i)-F(x_i-0),$$

得 X 的分布列为

X	-2	-1	0	1
P	0.2	0.15	0.25	0.4

随机变量 $Y=|X+1|$ 的可能取值为 $0,1,2$，从而有

$$P\{Y=0\}=P\{|X+1|=0\}=P\{X=-1\}=0.15,$$

$$P\{Y=1\}=P\{|X+1|=1\}=P\{X=-2\}+P\{X=0\}=0.2+0.25=0.45,$$

$$P\{Y=2\}=P\{|X+1|=2\}=P\{X=1\}=0.4,$$

或

$$P\{Y=2\}=1-P\{Y=0\}-P\{Y=1\}=0.4,$$

于是得 Y 的分布列为

Y	0	1	2
P	0.15	0.45	0.4

因此 Y 的分布函数为

$$F_Y(y)=\begin{cases}0, & y<0,\\ 0.15, & 0\leqslant y<1,\\ 0.6, & 1\leqslant y<2,\\ 1, & y\geqslant 2.\end{cases}$$

例 31 已知 X 的分布律为

X	1	2	3	$\cdots$	k	$\cdots$
P	$\frac{1}{2}$	$\left(\frac{1}{2}\right)^2$	$\left(\frac{1}{2}\right)^3$	$\cdots$	$\left(\frac{1}{2}\right)^k$	$\cdots$

求 $Y=\sin\frac{\pi}{2}X$ 的分布律.

【答案解析】由 $Y=\sin\frac{\pi}{2}X$ 可知，Y 所有可能的取值有 $1,0,-1$.

当 $Y=1$ 时，X 可以取 $1,5,9,\cdots,4n+1,\cdots$，其概率为 $P\{Y=1\}=\sum\limits_{n=0}^{\infty}\frac{1}{2^{4n+1}}=\frac{8}{15}$；

当 $Y=0$ 时，X 可以取 $2,4,6,\cdots,2n,\cdots$，其概率为 $P\{Y=0\}=\sum\limits_{n=1}^{\infty}\frac{1}{2^{2n}}=\frac{1}{3}$；

当 $Y=-1$ 时，X 可以取 $3,7,11,\cdots,4n+3,\cdots$，其概率为 $P\{Y=-1\}=\sum\limits_{n=0}^{\infty}\frac{1}{2^{4n+3}}=\frac{2}{15}$.

故 $Y=\sin\frac{\pi}{2}X$ 的分布律为

Y	-1	0	1
P	$\frac{2}{15}$	$\frac{1}{3}$	$\frac{8}{15}$

考点十九　连续型随机变量函数的分布

题型十七　求解连续型随机变量函数的分布

【解题方法】 已知随机变量 X 的概率密度为 $f(x)$，随机变量 $Y=g(X)$，求 Y 的概率密度. 对这类问题，常采用分布函数法. $F_Y(y)=P\{Y\leqslant y\}=P\{g(X)\leqslant y\}=\int_{g(x)\leqslant y}f(x)\mathrm{d}x$，然后对 $F_Y(y)$ 求导，便可得 Y 的概率密度.

例 32 已知随机变量 X 的概率密度为 $f(x)=\begin{cases}3x^2, & 0\leqslant x\leqslant 1,\\ 0, & \text{其他},\end{cases}$ 随机变量 $Y=X^3$，求 Y 的概率密度.

【答案解析】 $F_Y(y)=P\{Y\leqslant y\}=P\{X^3\leqslant y\}$，由 X 的概率密度知，当 $y<0$ 时，$F_Y(y)=0$；当 $0\leqslant y<1$ 时，$F_Y(y)=P\{X\leqslant y^{\frac{1}{3}}\}=\int_0^{y^{\frac{1}{3}}}3x^2\mathrm{d}x=y$；当 $y\geqslant 1$ 时，$F_Y(y)=1$. 故

$$f_Y(y)=F_Y'(y)=\begin{cases}1, & 0<y<1,\\ 0, & \text{其他}.\end{cases}$$

例 33 设随机变量 X 的概率密度为 $f(x)=\begin{cases}|x|, & -1<x<1,\\ 0, & \text{其他}.\end{cases}$ 令 $Y=X^2+1$，求：

(1) Y 的概率密度 $f_Y(y)$；

(2) $P\left\{-1<Y<\frac{3}{2}\right\}$.

【答案解析】 (1) $F_Y(y)=P\{Y\leqslant y\}=P\{X^2+1\leqslant y\}=P\{X^2\leqslant y-1\}$.

当 $y\leqslant 1$ 时，$F_Y(y)=0$；

当 $1<y<2$ 时，$F_Y(y)=P\{-\sqrt{y-1}\leqslant X\leqslant \sqrt{y-1}\}=\int_{-\sqrt{y-1}}^0(-x)\mathrm{d}x+\int_0^{\sqrt{y-1}}x\mathrm{d}x=y-1$；

当 $y\geqslant 2$ 时，$F_Y(y)=1$.

故 $f_Y(y)=\begin{cases}1, & 1<y<2,\\ 0, & \text{其他}.\end{cases}$

(2) $P\left\{-1<Y<\frac{3}{2}\right\}=\int_{-1}^1 0\mathrm{d}y+\int_1^{\frac{3}{2}}1\mathrm{d}y=\frac{1}{2}$.

例 34 设随机变量 X 服从 $(0,1)$ 内的均匀分布，随机变量 $Y=\mathrm{e}^X$，求 Y 的概率密度.

【答案解析】 由题可得，随机变量 Y 的分布函数为

$$F_Y(y)=P\{Y\leqslant y\}=P\{e^X\leqslant y\}=\begin{cases}0, & y<1,\\ \ln y, & 1\leqslant y\leqslant e,\\ 1, & y>e.\end{cases}$$

故随机变量 Y 的概率密度为

$$f_Y(y)=F_Y'(y)=\begin{cases}\dfrac{1}{y}, & 1\leqslant y\leqslant e,\\ 0, & 其他.\end{cases}$$

考点二十　二维离散型随机变量

考纲中没有明确注明考查二维随机变量，但是真题出现过，主要针对两个或多个离散型随机变量进行考查，有时结合独立性，考查独立性和概率的乘法公式.

定义 1　如果随机变量 (X,Y) 可能的取值为有限个或可列无限个 (x_i,y_j)，$i,j=1,2,\cdots$，则称 (X,Y) 为二维离散型随机变量.

定义 2　二维离散型随机变量 (X,Y) 的可能取值为 (x_i,y_j)，$i,j=1,2,\cdots$，称

$$P\{X=x_i,Y=y_j\}=p_{ij},i,j=1,2,\cdots$$

为二维离散型随机变量 (X,Y) 的概率分布或分布律.

性质　(1) $p_{ij}\geqslant 0,i,j=1,2,\cdots$；

(2) $\sum\limits_i\sum\limits_j p_{ij}=1$.

【敲黑板】也可以用表格形式表示分布律

X \ Y	y_1	y_2	$\cdots$	y_j	$\cdots$
x_1	p_{11}	p_{12}	$\cdots$	p_{1j}	$\cdots$
x_2	p_{21}	p_{22}	$\cdots$	p_{2j}	$\cdots$
$\vdots$	$\vdots$	$\vdots$		$\vdots$	
x_i	p_{i1}	p_{i2}	$\cdots$	p_{ij}	$\cdots$
$\vdots$	$\vdots$	$\vdots$		$\vdots$	

题型十八　二维离散型随机变量的考查

例 35　设二维随机变量的联合分布律为

X \ Y	1	2
1	a	0.4
2	b	0.2

当随机变量 X,Y 相互独立时，a,b 的值分别为(　　).

(A) $\frac{4}{15},\frac{2}{15}$　　(B) $\frac{1}{5},\frac{1}{5}$　　(C) $\frac{2}{5},\frac{3}{5}$　　(D) $\frac{1}{5},\frac{4}{5}$　　(E) $\frac{2}{15},\frac{4}{15}$

【参考答案】A

【答案解析】X,Y 的分布律分别为

X	1	2
P	$a+0.4$	$b+0.2$

Y	1	2
P	$a+b$	0.6

由二维离散型随机变量的性质，有 $a+0.4+b+0.2=1$.

因为 X,Y 相互独立，故联合概率等于相应概率相乘，所以

$$P\{X=1,Y=1\}=a=P\{X=1\}P\{Y=1\}=(a+0.4)\cdot(a+b),$$
$$P\{X=1,Y=2\}=0.4=P\{X=1\}P\{Y=2\}=(a+0.4)\cdot 0.6,$$
$$P\{X=2,Y=1\}=b=P\{X=2\}P\{Y=1\}=(b+0.2)\cdot(a+b),$$
$$P\{X=2,Y=2\}=0.2=P\{X=2\}P\{Y=2\}=(b+0.2)\cdot 0.6.$$

以上五个式子中的任意两式联立均可得 $\begin{cases} a=\frac{4}{15}, \\ b=\frac{2}{15}. \end{cases}$

例 36　设相互独立的随机变量 X,Y 具有相同的分布律，且 $P\{X=0\}=\frac{1}{2}$，$P\{X=1\}=\frac{1}{2}$，则 $P\{X+Y=1\}=$(　　).

(A) $\frac{1}{8}$　　(B) $\frac{1}{4}$　　(C) $\frac{1}{2}$　　(D) $\frac{3}{4}$　　(E) $\frac{4}{5}$

【参考答案】C

【答案解析】X,Y 的分布律分别为

X	0	1
P	$\frac{1}{2}$	$\frac{1}{2}$

Y	0	1
P	$\frac{1}{2}$	$\frac{1}{2}$

因为 X,Y 相互独立，所以

$$\begin{aligned} P\{X+Y=1\}&=P\{X=0,Y=1\}+P\{X=1,Y=0\} \\ &=P\{X=0\}P\{Y=1\}+P\{X=1\}P\{Y=0\} \\ &=\frac{1}{2}\times\frac{1}{2}+\frac{1}{2}\times\frac{1}{2}=\frac{1}{2}. \end{aligned}$$

例 37　设随机变量 X,Y 独立同分布，且 $P\{X=0\}=\frac{1}{3}$，$P\{X=1\}=\frac{2}{3}$，则 $P\{XY=0\}=$(　　).

(A)0　　(B) $\frac{4}{9}$　　(C) $\frac{5}{9}$　　(D) $\frac{2}{3}$　　(E) $\frac{7}{9}$

【参考答案】C

【答案解析】X,Y 的分布律分别为

X	0	1
P	$\frac{1}{3}$	$\frac{2}{3}$

Y	0	1
P	$\frac{1}{3}$	$\frac{2}{3}$

因为 X,Y 相互独立,故

$$\begin{aligned}P\{XY=0\}&=P\{X=0,Y=0\}+P\{X=0,Y=1\}+P\{X=1,Y=0\}\\&=P\{X=0\}P\{Y=0\}+P\{X=0\}P\{Y=1\}+P\{X=1\}P\{Y=0\}\\&=\frac{1}{3}\times\frac{1}{3}+\frac{1}{3}\times\frac{2}{3}+\frac{2}{3}\times\frac{1}{3}=\frac{5}{9}.\end{aligned}$$

例 38 已知随机变量 X,Y 独立同分布,且随机变量 X 的分布律为

X	-1	0	1
P	0.3	0.4	0.3

则 $P\{X+Y\geqslant 0\}=($ $)$.

(A)0.09 (B)0.24 (C)0.67 (D)0.84 (E)0.91

【参考答案】C

【答案解析】 $P\{X+Y\geqslant 0\}=1-P\{X+Y<0\}$

$$\begin{aligned}&=1-(P\{X=-1,Y=-1\}+P\{X=-1,Y=0\}+P\{X=0,Y=-1\})\\&=1-(0.3\times0.3+0.3\times0.4+0.4\times0.3)=0.67.\end{aligned}$$

基础能力题

1 已知随机变量 X 的概率分布为 $P\{X=1\}=0.2,P\{X=2\}=0.3,P\{X=3\}=0.5$,则 X 的分布函数为( ).

(A) $F(x)=\begin{cases}0, & x<1,\\ 0.2, & 1\leqslant x<2,\\ 0.5, & 2\leqslant x<3,\\ 1, & x\geqslant 3\end{cases}$

(B) $F(x)=\begin{cases}0, & x<1,\\ 0.3, & 1\leqslant x<2,\\ 0.5, & 2\leqslant x<3,\\ 1, & x\geqslant 3\end{cases}$

(C) $F(x)=\begin{cases}0, & x<1,\\ 0.4, & 1\leqslant x<2,\\ 0.5, & 2\leqslant x<3,\\ 1, & x\geqslant 3\end{cases}$

(D) $F(x)=\begin{cases}0, & x<1,\\ 0.1, & 1\leqslant x<2,\\ 0.5, & 2\leqslant x<3,\\ 1, & x\geqslant 3\end{cases}$

(E) $F(x)=\begin{cases}0, & x<1,\\ 0.2, & 1\leqslant x<2,\\ 0.6, & 2\leqslant x<3,\\ 1, & x\geqslant 3\end{cases}$

2 设随机变量 X 的分布函数为 $F(x)=\begin{cases}0, & x<-1,\\ 0.4, & -1\leqslant x<1,\\ 0.8, & 1\leqslant x<3,\\ 1, & x\geqslant 3,\end{cases}$ 则 X 的概率分布为(　　).

(A)

X	-1	1	3
P	0.6	0.2	0.2

(B)

X	-1	1	3
P	0.2	0.4	0.2

(C)

X	-1	1	3
P	0.4	0.2	0.4

(D)

X	-1	1	3
P	0.2	0.4	0.4

(E)

X	-1	1	3
P	0.4	0.4	0.2

3 设离散型随机变量 X 服从参数为 $\lambda(\lambda>0)$ 的泊松分布，且 $P\{X=1\}=P\{X=3\}$，则 $\lambda=$(　　).

(A) $\sqrt{2}$　(B) $\sqrt{3}$　(C) $\sqrt{5}$　(D) $\sqrt{6}$　(E) $\pm\sqrt{6}$

4 某元件的工作寿命为 X(单位：小时)，其分布函数为 $F(x)=\begin{cases}1-2^{-x}, & x\geqslant 0,\\ 0, & x<0,\end{cases}$ 则该元件已正常工作 10 小时后再正常工作 5 小时的概率为(　　).

(A) $1-2^{-5}$　(B) 2^{-15}　(C) 2^{-10}　(D) 2^{-5}　(E) 2

5 设随机变量 X 的分布函数为 $F(x)$，概率密度为 $f(x)=af_1(x)+bf_2(x)$，其中 $f_1(x)$ 是正态分布 $N(0,\sigma^2)$ 的概率密度，$f_2(x)$ 是参数为 λ 的指数分布的概率密度，已知 $F(0)=\frac{1}{8}$，则(　　).

(A) $a=1,b=0$　(B) $a=\frac{3}{4},b=\frac{1}{4}$　(C) $a=\frac{1}{2},b=\frac{1}{2}$

(D) $a=\frac{1}{4},b=\frac{3}{4}$　(E) $a=0,b=1$

6 设随机变量 X 的概率密度为 $f(x)=\begin{cases}2x, & 0<x<1,\\ 0, & \text{其他},\end{cases}$ Y 表示在对 X 的三次独立重复观察中事件 $\left\{X\leqslant\frac{1}{2}\right\}$ 出现的次数，则 $P\{Y=2\}=$(　　).

(A) $\frac{1}{64}$　(B) $\frac{3}{64}$　(C) $\frac{7}{64}$　(D) $\frac{9}{64}$　(E) $\frac{11}{64}$

7 设随机变量 X 的分布函数为

$$F(x)=\begin{cases}0, & x<0,\\ \dfrac{1}{2}, & 0\leqslant x<2,\\ 1-\dfrac{1}{x^2}, & x\geqslant 2,\end{cases}$$

则 $P\{X=2\}=$ (　　).

(A) 0　　(B) $\frac{1}{8}$　　(C) $\frac{1}{4}$　　(D) $\frac{1}{3}$　　(E) $\frac{3}{4}$

8 设随机变量 X 的概率密度为 $f(x)=\begin{cases}\dfrac{1}{a}x^2, & 0<x<3,\\ 0, & \text{其他},\end{cases}$ 令随机变量 $Y=\begin{cases}2, & X\leqslant 1,\\ X, & 1<X<2,\\ 1, & X\geqslant 2,\end{cases}$

则 $P\{X\leqslant Y\}=$ (　　).

(A) $\frac{5}{27}$　　(B) $\frac{8}{27}$　　(C) $\frac{11}{27}$　　(D) $\frac{13}{27}$　　(E) $\frac{16}{27}$

9 设随机变量 X 的分布函数为 $F(x)=\begin{cases}0, & x<0,\\ \dfrac{1}{3}, & 0\leqslant x<1,\\ 1-e^{-x}, & x\geqslant 1,\end{cases}$ 则 $P\{X=1\}=$ (　　).

(A) 0　　(B) $\frac{1}{3}$　　(C) $1-e^{-1}$　　(D) $\frac{2}{3}-e^{-1}$　　(E) $\frac{2}{3}$

10 设相互独立的两个随机变量 X_1 和 X_2 具有相同的分布律，且 X_1 的分布律为

X_1	0	1
P	$\frac{1}{4}$	$\frac{3}{4}$

则随机变量 $Y=\min\{X_1,X_2\}$ 的分布律为(　　).

(A)

Y	0	1
P	$\frac{1}{16}$	$\frac{15}{16}$

(B)

Y	0	1
P	$\frac{7}{16}$	$\frac{9}{16}$

(C)

Y	0	1
P	$\frac{4}{16}$	$\frac{12}{16}$

(D)

Y	0	1
P	$\frac{12}{16}$	$\frac{4}{16}$

(E)

Y	0	1
P	$\frac{9}{16}$	$\frac{7}{16}$

基础能力题解析

1 【参考答案】A

【考点点睛】利用定义法求分布函数.

【答案解析】由题意可得 X 的取值为 1,2,3,则将区间 $(-\infty,+\infty)$ 划分为 4 个区间,利用分布函数的本质是概率的累加之和求解.

当 $x<1$ 时,$F(x)=P\{X\leqslant x\}=P(\varnothing)=0$;

当 $1\leqslant x<2$ 时,$F(x)=P\{X\leqslant x\}=P\{X=1\}=0.2$;

当 $2\leqslant x<3$ 时,$F(x)=P\{X\leqslant x\}=P\{X=1\}+P\{X=2\}=0.2+0.3=0.5$;

当 $x\geqslant 3$ 时,$F(x)=P\{X\leqslant x\}=P\{X=1\}+P\{X=2\}+P\{X=3\}=0.2+0.3+0.5=1$.

则可得
$$F(x)=\begin{cases}0, & x<1,\\ 0.2, & 1\leqslant x<2,\\ 0.5, & 2\leqslant x<3,\\ 1, & x\geqslant 3.\end{cases}$$

2 【参考答案】E

【考点点睛】已知分布函数求分布律.

【答案解析】X 可能的取值点为 $F(x)$ 的分段点:$-1,1,3$.

$$P\{X=-1\}=F(-1)-F(-1-0)=0.4,$$
$$P\{X=1\}=F(1)-F(1-0)=0.8-0.4=0.4,$$
$$P\{X=3\}=F(3)-F(3-0)=1-0.8=0.2.$$

3 【参考答案】D

【考点点睛】泊松分布.

【答案解析】由泊松分布 $P\{X=k\}=\dfrac{\lambda^k}{k!}e^{-\lambda}(\lambda>0;k=0,1,2,\cdots)$,又由 $P\{X=1\}=P\{X=3\}$,可得 $\dfrac{\lambda}{1!}e^{-\lambda}=\dfrac{\lambda^3}{3!}e^{-\lambda}$,即 $\lambda=\dfrac{\lambda^3}{6}$,则 $\lambda^2=6,\lambda=\sqrt{6}$.

4 【参考答案】D

【考点点睛】指数分布的无记忆性.

【答案解析】由 $1-2^{-x}=1-e^{-x\ln 2}$,则 X 服从指数分布. 由指数分布的无记忆性可得 $P\{X>s+t\mid X>t\}=P\{X>s\}$,则

$$\begin{aligned}P\{X>10+5\mid X>10\}&=P\{X>5\}=1-P\{X\leqslant 5\}=1-F(5)\\&=1-1+2^{-5}=2^{-5}.\end{aligned}$$

5 【参考答案】D

【考点点睛】正态分布;指数分布;分布函数的定义.

【答案解析】利用归一性可得

$$\int_{-\infty}^{+\infty} f(x)\mathrm{d}x = a\int_{-\infty}^{+\infty} f_1(x)\mathrm{d}x + b\int_{-\infty}^{+\infty} f_2(x)\mathrm{d}x = a+b=1,$$

又由分布函数的定义可得

$$F(0)=\int_{-\infty}^{0} f(x)\mathrm{d}x = a\int_{-\infty}^{0} f_1(x)\mathrm{d}x + b\int_{-\infty}^{0} f_2(x)\mathrm{d}x = \frac{1}{2}a+0=\frac{1}{8},$$

则 $a=\frac{1}{4}, b=\frac{3}{4}$.

6 【参考答案】D

【考点点睛】二项分布.

【答案解析】由题干可得 $Y \sim B(3,p)$，且

$$p=P\left\{X \leqslant \frac{1}{2}\right\}=\int_{-\infty}^{\frac{1}{2}} f(x)\mathrm{d}x=\int_{0}^{\frac{1}{2}} 2x\mathrm{d}x=\frac{1}{4},$$

则

$$P\{Y=2\}=\mathrm{C}_3^2\left(\frac{1}{4}\right)^2\cdot\left(1-\frac{1}{4}\right)=\frac{9}{64}.$$

7 【参考答案】C

【考点点睛】已知分布函数求概率.

【答案解析】$P\{X=2\}=P\{X\leqslant 2\}-P\{X<2\}=F(2)-F(2-0)=\left(1-\frac{1}{4}\right)-\frac{1}{2}=\frac{1}{4}$.

8 【参考答案】B

【考点点睛】已知概率密度求概率.

【答案解析】利用归一性求参数，$\int_{-\infty}^{+\infty} f(x)\mathrm{d}x=\int_{0}^{3}\frac{1}{a}x^2\mathrm{d}x=1$，解得 $a=9$，则

$$f(x)=\begin{cases}\frac{1}{9}x^2, & 0<x<3,\\ 0, & \text{其他},\end{cases}$$

$$P\{X\leqslant Y\}=P\{X\leqslant 1\}+P\{1<X<2\}=\int_{0}^{2}\frac{1}{9}x^2\mathrm{d}x=\frac{8}{27}.$$

9 【参考答案】D

【考点点睛】已知分布函数求概率.

【答案解析】由分布函数可得

$$\begin{aligned}P\{X=1\}&=P\{X\leqslant 1\}-P\{X<1\}\\&=F(1)-F(1-0)\\&=1-\mathrm{e}^{-1}-\frac{1}{3}=\frac{2}{3}-\mathrm{e}^{-1}.\end{aligned}$$

10 【参考答案】B

【考点点睛】离散型随机变量的分布律.

【答案解析】由题意可得 Y 的可能取值为 0,1.

$$P\{Y=1\}=P\{X_1=1,X_2=1\}=P\{X_1=1\}P\{X_2=1\}=\frac{3}{4}\times\frac{3}{4}=\frac{9}{16},$$

$$P\{Y=0\}=1-P\{Y=1\}=1-\frac{9}{16}=\frac{7}{16},$$

则 Y 的分布律为

Y	0	1
P	$\frac{7}{16}$	$\frac{9}{16}$

强化能力题

1 袋中有 3 个黑球和 6 个白球，从袋中随机摸一个球，如果摸到黑球，则换成白球并放回，第二次再从袋中摸取一个球，如此下去，直到取到白球为止. 记 X 为抽取次数，则 X 的分布阵为(　　).

(A) $\begin{pmatrix} 1 & 2 & 3 & 4 \\ \frac{2}{3} & \frac{8}{27} & \frac{7}{243} & \frac{2}{243} \end{pmatrix}$　　(B) $\begin{pmatrix} 1 & 2 & 3 & 4 \\ \frac{2}{3} & \frac{7}{27} & \frac{16}{243} & \frac{2}{243} \end{pmatrix}$

(C) $\begin{pmatrix} 1 & 2 & 3 & 4 \\ \frac{2}{3} & \frac{2}{9} & \frac{25}{243} & \frac{2}{243} \end{pmatrix}$　　(D) $\begin{pmatrix} 1 & 2 & 3 & 4 \\ \frac{2}{3} & \frac{2}{9} & \frac{8}{81} & \frac{1}{81} \end{pmatrix}$

(E) $\begin{pmatrix} 1 & 2 & 3 & 4 \\ \frac{2}{3} & \frac{2}{9} & \frac{2}{27} & \frac{1}{27} \end{pmatrix}$

2 设随机变量 X 服从参数为 2 的指数分布，则 $Y=1-\mathrm{e}^{-2X}$ 的分布函数为(　　).

(A) $F_Y(y)=\begin{cases} 0, & y<0, \\ y, & 0\leqslant y<1, \\ 1, & y\geqslant 1 \end{cases}$　　(B) $F_Y(y)=\begin{cases} y, & 0\leqslant y<1, \\ 0, & \text{其他} \end{cases}$

(C) $F_Y(y)=\begin{cases} 0, & y<0, \\ \frac{1}{2}y, & 0\leqslant y<1, \\ 1, & y\geqslant 1 \end{cases}$　　(D) $F_Y(y)=\begin{cases} 0, & y<0, \\ 2y, & 0\leqslant y<1, \\ 1, & y\geqslant 1 \end{cases}$

(E) $F_Y(y)=\begin{cases} 1, & 0<y<1, \\ 0, & \text{其他} \end{cases}$

3 已知连续型随机变量 X 的概率密度为 $f(x)=\begin{cases} ke^{-\frac{x}{2}}, & x>0, \\ 0, & x\leqslant 0, \end{cases}$ 则 $P\{X\geqslant 2\}=($　　$)$.

(A) e^{-1}　　(B) $\frac{1}{2}ke^{-1}$　　(C) $2e^{-1}$　　(D) e^{-2}　　(E) $\frac{1}{2}e^{-2}$

4 若随机变量 X 服从正态分布 $N(1,\sigma^2)$，且 $P\{1<X<4\}=0.3$，则 $P\{X<-2\}=($　　$)$.

(A) 0.2　　(B) 0.3　　(C) 0.5　　(D) 0.6　　(E) 0.7

5 设 X 是连续型随机变量，其密度函数为

$$f(x)=\begin{cases} x, & 0\leqslant x\leqslant 1, \\ 2-x, & 1<x\leqslant 2, \\ 0, & \text{其他}, \end{cases}$$

则 $P\left\{X\leqslant 1 \middle| \frac{1}{2}\leqslant X\leqslant 2\right\}=($　　$)$.

(A) $\frac{3}{4}$　　(B) $\frac{2}{3}$　　(C) $\frac{1}{2}$　　(D) $\frac{3}{7}$　　(E) $\frac{1}{4}$

6 设 X 是连续型随机变量，其概率密度为 $f(x)=\begin{cases} \frac{2}{9}x, & 0\leqslant x<3, \\ 0, & \text{其他}, \end{cases}$ 若

$Y=\begin{cases} 0, & X<1, \\ 1, & 1\leqslant X<2, \\ 2, & X\geqslant 2, \end{cases}$ 则 Y 的分布列为(　　).

(A)

Y	0	1	2
P	$\frac{1}{9}$	$\frac{1}{3}$	$\frac{5}{9}$

(B)

Y	0	1	2
P	$\frac{2}{9}$	$\frac{1}{3}$	$\frac{4}{9}$

(C)

Y	0	1	2
P	$\frac{2}{9}$	$\frac{4}{9}$	$\frac{1}{3}$

(D)

Y	0	1	2
P	$\frac{2}{9}$	$\frac{5}{9}$	$\frac{2}{9}$

(E)

Y	0	1	2
P	$\frac{2}{9}$	$\frac{2}{3}$	$\frac{1}{9}$

7 设随机变量 X 在 $[2,5]$ 上服从均匀分布，现在对 X 进行三次独立观测，则至少有两次观测值大于 3 的概率为(　　).

(A) $\frac{11}{27}$　　(B) $\frac{13}{27}$　　(C) $\frac{17}{27}$　　(D) $\frac{20}{27}$　　(E) $\frac{25}{27}$

8 设随机变量 X 服从正态分布 $N(\mu,\sigma^2)(\sigma>0)$，且二次方程 $y^2+4y+3X=0$ 无实根的概率为 $\frac{1}{2}$，则 $\mu=$(　　).

(A) $\frac{1}{2}$　　(B) $\frac{1}{3}$　　(C)1　　(D) $\frac{4}{3}$　　(E) $\frac{5}{3}$

9 设随机变量 X 服从正态分布 $N(\mu_1,\sigma_1^2)(\sigma_1>0)$，随机变量 Y 服从正态分布 $N(\mu_2,\sigma_2^2)(\sigma_2>0)$，且 $P\{|X-\mu_1|<1\}>P\{|Y-\mu_2|<1\}$，则必有(　　).

(A) $\sigma_1<\sigma_2$　　(B) $\sigma_1>\sigma_2$　　(C) $\sigma_1=\sigma_2$　　(D) $\mu_1<\mu_2$　　(E) $\mu_1>\mu_2$

10 设随机变量 X 的概率密度为 $f(x)=\begin{cases}\frac{1}{3}, & x\in[0,1],\\ \frac{2}{9}, & x\in[3,6],\\ 0, & \text{其他},\end{cases}$ 若 k 满足 $P\{X\geqslant k\}=\frac{2}{3}$，则 k 的取值范围是(　　).

(A) $[1,2]$　　(B) $[2,3]$　　(C) $[3,5]$　　(D) $[3,6]$　　(E) $[1,3]$

强化能力题解析

1 【参考答案】B

【考点点睛】离散型随机变量的分布律.

【答案解析】由题意可得 X 的可能取值为 1,2,3,4.

第一次摸到白球：$P\{X=1\}=\frac{C_6^1}{C_9^1}=\frac{2}{3}$；

第一次摸到黑球，第二次摸到白球：$P\{X=2\}=\frac{C_3^1}{C_9^1}\cdot\frac{C_7^1}{C_9^1}=\frac{7}{27}$；

前两次摸到黑球，第三次摸到白球：$P\{X=3\}=\frac{C_3^1}{C_9^1}\cdot\frac{C_2^1}{C_9^1}\cdot\frac{C_8^1}{C_9^1}=\frac{16}{243}$；

前三次摸到黑球，第四次摸到白球：$P\{X=4\}=\frac{C_3^1}{C_9^1}\cdot\frac{C_2^1}{C_9^1}\cdot\frac{C_1^1}{C_9^1}\cdot\frac{C_9^1}{C_9^1}=\frac{2}{243}$.

可得分布阵为 $\begin{pmatrix}1 & 2 & 3 & 4\\ \frac{2}{3} & \frac{7}{27} & \frac{16}{243} & \frac{2}{243}\end{pmatrix}$.

2 【参考答案】A

【考点点睛】指数分布；随机变量函数的分布.

【答案解析】X 的分布函数为 $F_X(x)=\begin{cases}1-e^{-2x}, & x>0,\\ 0, & x\leqslant 0.\end{cases}$ 设 $F_Y(y)=P\{Y\leqslant y\}$ 为 Y 的分布函数，$X>0$，$Y=1-e^{-2X}$，则 $0<Y<1$ 且 $X=-\frac{1}{2}\ln(1-Y)$.

当 $y<0$ 时，$F_Y(y)=0$；

当 $y\geqslant 1$ 时，$F_Y(y)=1$；

当 $0\leqslant y<1$ 时，$F_Y(y)=P\{Y\leqslant y\}=P\left\{X\leqslant -\frac{1}{2}\ln(1-y)\right\}=F_X\left[-\frac{1}{2}\ln(1-y)\right]=y$.

故随机变量 Y 的分布函数为

$$F_Y(y)=\begin{cases}0, & y<0,\\ y, & 0\leqslant y<1,\\ 1, & y\geqslant 1.\end{cases}$$

3 【参考答案】A

【考点点睛】已知概率密度求概率.

【答案解析】利用归一性求参数，由 $\int_{-\infty}^{+\infty}f(x)\mathrm{d}x=\int_0^{+\infty}ke^{-\frac{x}{2}}\mathrm{d}x=1$，解得 $k=\frac{1}{2}$，则

$$P\{X\geqslant 2\}=\int_2^{+\infty}\frac{1}{2}\cdot e^{-\frac{x}{2}}\mathrm{d}x=-e^{-\frac{x}{2}}\Big|_2^{+\infty}=e^{-1}.$$

4 【参考答案】A

【考点点睛】正态分布.

【答案解析】由如图所示的正态分布的概率密度可得

$$P\{1<X<4\}=P\{-2<X<1\}=0.3.$$

又由于 $P\{X\leqslant 1\}=0.5$，则

$$P\{X<-2\}=P\{X\leqslant 1\}-P\{-2<X<1\}=0.5-0.3=0.2.$$

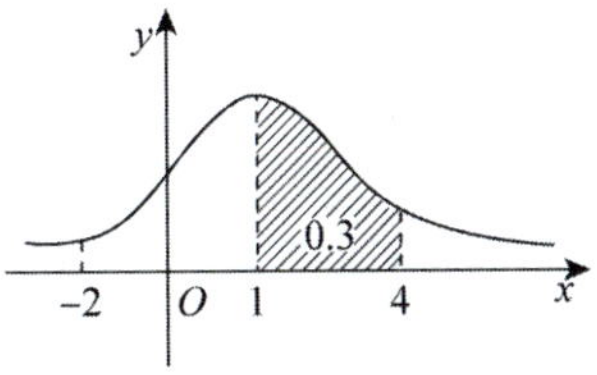

5 【参考答案】D

【考点点睛】已知密度函数求概率.

【答案解析】 $P\left\{X\leqslant 1\,\middle|\,\frac{1}{2}\leqslant X\leqslant 2\right\}=\dfrac{P\left\{X\leqslant 1,\frac{1}{2}\leqslant X\leqslant 2\right\}}{P\left\{\frac{1}{2}\leqslant X\leqslant 2\right\}}$

$$=\frac{P\left\{\frac{1}{2}\leqslant X\leqslant 1\right\}}{P\left\{\frac{1}{2}\leqslant X\leqslant 2\right\}}$$

$$=\frac{\int_{\frac{1}{2}}^{1}x\mathrm{d}x}{\int_{\frac{1}{2}}^{1}x\mathrm{d}x+\int_{1}^{2}(2-x)\mathrm{d}x}=\frac{3}{7},$$

故选 D.

6 【参考答案】A

【考点点睛】离散型随机变量的分布列.

【答案解析】显然,Y 的正概率点为 0,1,2. 于是

$$P\{Y=0\}=P\{X<1\}=\int_{-\infty}^{1}f(x)\mathrm{d}x=\int_{0}^{1}\frac{2}{9}x\mathrm{d}x=\frac{1}{9};$$

$$P\{Y=1\}=P\{1\leqslant X<2\}=\int_{1}^{2}f(x)\mathrm{d}x=\int_{1}^{2}\frac{2}{9}x\mathrm{d}x=\frac{1}{3};$$

$$P\{Y=2\}=P\{X\geqslant 2\}=\int_{2}^{+\infty}f(x)\mathrm{d}x=\int_{2}^{3}\frac{2}{9}x\mathrm{d}x=\frac{5}{9},$$

或

$$P\{Y=2\}=1-P\{Y=0\}-P\{Y=1\}=\frac{5}{9}.$$

因此,Y 的分布列为

Y	0	1	2
P	$\frac{1}{9}$	$\frac{1}{3}$	$\frac{5}{9}$

故本题应选择 A.

7 【参考答案】D

【考点点睛】均匀分布;二项分布.

【答案解析】设 A 表示事件"X 的观测值大于 3",即 $A=\{X>3\}$. 由条件知,X 的概率密度为 $f(x)=\begin{cases}\frac{1}{3}, & 2\leqslant x\leqslant 5,\\ 0, & \text{其他},\end{cases}$ 则

$$P(A)=P\{X>3\}=\int_{3}^{5}\frac{1}{3}\mathrm{d}x=\frac{2}{3}.$$

设 Y 表示"在对 X 的三次独立观测中观测值大于 3 的次数",显然,Y 服从 $n=3,p=\frac{2}{3}$ 的二项分布,则

$$P\{Y\geqslant 2\}=\mathrm{C}_3^2\left(\frac{2}{3}\right)^2\cdot\left(\frac{1}{3}\right)^1+\mathrm{C}_3^3\left(\frac{2}{3}\right)^3=\frac{20}{27}.$$

8 【参考答案】D

【考点点睛】正态分布.

【答案解析】由二次方程 $y^2+4y+3X=0$ 无实根,则 $\Delta=16-12X<0$,得 $X>\frac{4}{3}$,即

$$P\left\{X>\frac{4}{3}\right\}=1-P\left\{X\leqslant\frac{4}{3}\right\}=\frac{1}{2},$$

则 $P\left\{X\leqslant\frac{4}{3}\right\}=\frac{1}{2}$.

根据正态分布的性质有 $P\{X\leqslant\mu\}=P\{X>\mu\}=\frac{1}{2}$,则 $\mu=\frac{4}{3}$.

9 【参考答案】A

【考点点睛】正态分布.

【答案解析】

$$P\{|X-\mu_1|<1\}=P\left\{\frac{|X-\mu_1|}{\sigma_1}<\frac{1}{\sigma_1}\right\},$$

$$P\{|Y-\mu_2|<1\}=P\left\{\frac{|Y-\mu_2|}{\sigma_2}<\frac{1}{\sigma_2}\right\}.$$

由题设 $P\{|X-\mu_1|<1\}>P\{|Y-\mu_2|<1\}$,结合上述两式,得

$$P\left\{\frac{|X-\mu_1|}{\sigma_1}<\frac{1}{\sigma_1}\right\}>P\left\{\frac{|Y-\mu_2|}{\sigma_2}<\frac{1}{\sigma_2}\right\},$$

从而 $\frac{1}{\sigma_1}>\frac{1}{\sigma_2}$,则 $\sigma_1<\sigma_2$.

10 【参考答案】E

【考点点睛】已知概率密度求概率.

【答案解析】由题可得 $f(x)$ 的图形如图所示,且

$$P\{X<k\}=1-P\{X\geqslant k\}=\frac{1}{3}.$$

又 $P\{X<k\}$ 表示概率密度从 $-\infty$ 到 k 进行积分,且积分结果为 $\frac{1}{3}$,则 $k\in[1,3]$.

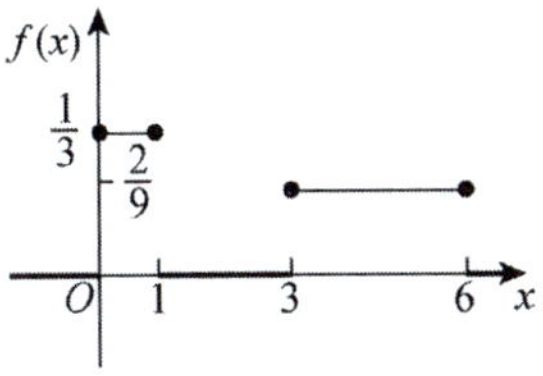

第7讲 随机变量的数字特征

本讲解读

本讲从内容上划分为两个部分,数学期望与方差,共计十个考点,十一个题型.从真题对考试大纲的实践来看,本讲在考试中大约占1道题(试卷数学部分共35道题),约占概率论部分的14%,数学部分的3%.

考生要理解随机变量的数字特征(数学期望、方差)的定义,掌握一维随机变量函数的数学期望、方差的计算,熟记常见分布的数字特征.

重点考点标记见本讲“考点题型框架”.

考点题型框架

- 随机变量的数字特征
  - 离散型随机变量的数学期望
    - 考点一 定义* → 题型一 利用定义计算数学期望
    - 考点二 常见的离散型随机变量的数学期望
  - 连续型随机变量的数学期望
    - 考点三 定义*
      - 题型二 利用定义计算数学期望
      - 题型三 已知连续型随机变量分布函数求数学期望
    - 考点四 常见的连续型随机变量的数学期望
  - 随机变量函数的数学期望
    - 考点五 离散型定义* → 题型四 计算离散型随机变量函数的数学期望
    - 考点六 连续型定义*
      - 题型五 计算连续型随机变量函数的数学期望
      - 题型六 已知连续型随机变量分布函数求数学期望
    - 考点七 数学期望的性质* → 题型七 数学期望性质的应用
  - 方差
    - 考点八 方差的定义* → 题型八 利用基本公式求方差
    - 考点九 常见的随机变量的方差* → 题型九 数学期望与方差相结合求参数问题
    - 考点十 方差的性质*
      - 题型十 方差的性质的应用
      - 题型十一 随机变量的数学期望与方差的综合应用

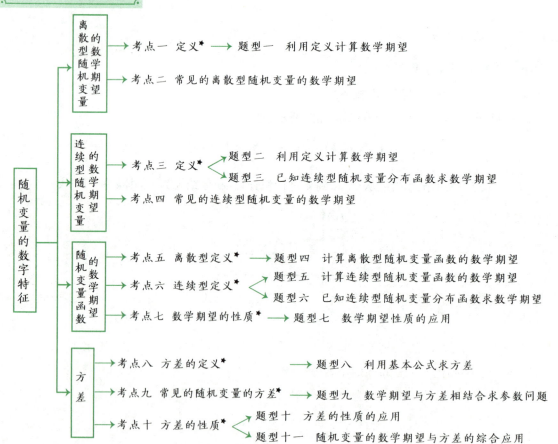

考点精讲

考点一　离散型随机变量的数学期望的定义

设离散型随机变量 X 的分布律为 $P\{X=x_k\}=p_k,k=1,2,\cdots$. 若级数 $\sum\limits_{k=1}^{\infty}x_kp_k$ 绝对收敛，则称级数 $\sum\limits_{k=1}^{\infty}x_kp_k$ 的和为随机变量 X 的数学期望，记为 $E(X)$，即 $E(X)=\sum\limits_{k=1}^{\infty}x_kp_k$.

题型一　利用定义计算数学期望

【解题方法】 两步走.

第一步：写出分布列；

第二步：取值 × 概率，再进行累加，$E(X)=\sum\limits_{k=1}^{\infty}x_kp_k$.

例 1　设 $X\sim B(1,p)$，则 $E(X)=($　　$)$.

(A) p　　(B) $2p$　　(C) $1-p$　　(D) $\frac{1}{2}p$　　(E) $\frac{1}{2}(1-p)$

【参考答案】 A

【答案解析】 由题知，

X	0	1
P	$1-p$	p

所以

$$E(X)=0\cdot(1-p)+1\cdot p=p.$$

例 2　设 $X\sim P(\lambda)$，则 $E(X)=($　　$)$.

(A) $\frac{1}{\lambda}$　　(B) λ　　(C) 2λ　　(D) $\frac{2}{3}\lambda$　　(E) $\frac{3}{4}\lambda$

【参考答案】 B

【答案解析】 由于 $X\sim P(\lambda)$，因此

$$P\{X=k\}=\frac{\lambda^k}{k!}e^{-\lambda},E(X)=\sum_{k=0}^{\infty}k\cdot\frac{\lambda^k}{k!}e^{-\lambda}=\lambda e^{-\lambda}\sum_{k=1}^{\infty}\frac{\lambda^{k-1}}{(k-1)!}=\lambda e^{-\lambda}e^{\lambda}=\lambda.$$

例 3　设盒中有 5 个球，其中 2 个白球，3 个黑球，从中任意抽取 3 个球. 记 X 为抽取到的白球数，求 $E(X)$.

【解题思路】 计算离散型随机变量 X 的数学期望时，必须先给出 X 的分布列，因此求解时仍然要根据计算离散型随机变量分布列的步骤，先求出分布列，再套用数学期望的计算公式.

【答案解析】 X 可能的取值点为 0,1,2，根据古典概型，有

$$P\{X=0\}=\frac{C_3^3}{C_5^3}=\frac{1}{10},P\{X=1\}=\frac{C_3^2C_2^1}{C_5^3}=\frac{3}{5},P\{X=2\}=\frac{C_3^1C_2^2}{C_5^3}=\frac{3}{10},$$

于是 $$E(X)=0\times\frac{1}{10}+1\times\frac{3}{5}+2\times\frac{3}{10}=\frac{6}{5}.$$

例 4 设离散型随机变量 X 的分布函数为

$$F(x)=\begin{cases}0, & x<-1,\\ 0.2, & -1\leqslant x<2,\\ 0.5, & 2\leqslant x<5,\\ 1, & x\geqslant 5.\end{cases}$$

求 $E(X)$.

【解题思路】 由分布函数不能直接计算出数学期望,要先由分布函数计算出 X 的分布列.

【答案解析】 X 的分布函数有 3 个分段点 $-1,2,5$,即 X 可能的取值点为 $-1,2,5$,且

$$P\{X=-1\}=F(-1)-F(-1-0)=0.2,$$
$$P\{X=2\}=F(2)-F(2-0)=0.5-0.2=0.3,$$
$$P\{X=5\}=1-P\{X=-1\}-P\{X=2\}=0.5,$$

于是 $$E(X)=-1\times 0.2+2\times 0.3+5\times 0.5=2.9.$$

考点二 常见的离散型随机变量的数学期望

(1) 0—1 分布的数学期望为 $E(X)=p$.

(2) 二项分布的数学期望为 $E(X)=np$.

(3) 泊松分布的数学期望为 $E(X)=\lambda$.

(4) 几何分布的数学期望为 $E(X)=\frac{1}{p}$.

考点三 连续型随机变量的数学期望的定义

设连续型随机变量 X 的概率密度为 $f(x)$,若积分 $\int_{-\infty}^{+\infty}xf(x)\mathrm{d}x$ 绝对收敛,则称积分 $\int_{-\infty}^{+\infty}xf(x)\mathrm{d}x$ 的值为随机变量 X 的数学期望,记为 $E(X)$,即 $E(X)=\int_{-\infty}^{+\infty}xf(x)\mathrm{d}x$.

题型二 利用定义计算数学期望

【解题方法】 两步走.

第一步:写出概率密度;

第二步:取值×概率密度,再进行累加,$E(X)=\int_{-\infty}^{+\infty}xf(x)\mathrm{d}x$.

例 5 设 $X\sim U(a,b)$,则 $E(X)=(\quad)$.

(A) $\frac{a+b}{2}$ (B) $\frac{a+b}{3}$ (C) $\frac{a+b}{4}$ (D) $\frac{a+b}{6}$ (E) $a+b$

【参考答案】 A

【答案解析】$X \sim U(a,b)$，有 $f(x)=\begin{cases}\dfrac{1}{b-a}, & a<x<b,\\ 0, & \text{其他},\end{cases}$ 则 $E(X)=\int_a^b x\dfrac{1}{b-a}\mathrm{d}x=\dfrac{a+b}{2}$.

例 6 设 $X \sim E(\lambda)$，则 $E(X)=(\quad)$.

(A) $\dfrac{1}{\lambda}$　(B) λ　(C) 2λ　(D) $\dfrac{1}{2}\lambda$　(E) $\dfrac{1}{4}\lambda$

【参考答案】A

【答案解析】$X \sim E(\lambda)$，有 $f(x)=\begin{cases}\lambda e^{-\lambda x}, & x>0,\\ 0, & \text{其他},\end{cases}$ 则 $E(X)=\int_0^{+\infty} x\lambda e^{-\lambda x}\mathrm{d}x=\dfrac{1}{\lambda}$.

例 7 设随机变量 X 的密度函数为

$$f(x)=\frac{2}{\pi(4+x^2)}, x\in(-\infty,+\infty),$$

则 $E(X)(\quad)$.

(A) 为 0　(B) 为 1　(C) 为 2　(D) 为 π　(E) 不存在

【参考答案】E

【解题思路】要特别注意，所求数学期望为无穷积分，存在敛散性的问题.

【答案解析】由于

$$E(X)=\int_{-\infty}^{+\infty} xf(x)\mathrm{d}x=\int_{-\infty}^{+\infty}\frac{2x}{\pi(4+x^2)}\mathrm{d}x=\frac{1}{\pi}\ln(4+x^2)\Big|_{-\infty}^{+\infty}$$

不存在，故应选 E.

例 8 设随机变量 X 的概率密度为 $f(x)=\begin{cases}ax, & 0<x<2,\\ 0, & \text{其他},\end{cases}$ 其中 a 为常数，则 $E(X)=$ $(\quad)$.

(A) $\dfrac{1}{2}$　(B) 1　(C) $\dfrac{4}{3}$　(D) 4　(E) 8

【参考答案】C

【答案解析】根据归一性有 $1=\int_{-\infty}^{+\infty}f(x)\mathrm{d}x=\int_0^2 ax\mathrm{d}x=2a$，解得 $a=\dfrac{1}{2}$，于是随机变量 X 的数学期望 $E(X)=\int_{-\infty}^{+\infty}xf(x)\mathrm{d}x=\int_0^2\dfrac{1}{2}x^2\mathrm{d}x=\dfrac{4}{3}$.

题型三　已知连续型随机变量分布函数求数学期望

【解题方法】 两步走.

第一步：通过分布函数求得概率密度，即 $f(x)=F'(x)$；

第二步：代入公式 $E(X)=\int_{-\infty}^{+\infty}xf(x)\mathrm{d}x$ 计算即可.

例 9 设随机变量 X 的分布函数为

$$F(x)=\begin{cases}0, & x<0,\\ \frac{1}{2}x^2, & 0\leqslant x<1,\\ 2x-\frac{1}{2}x^2-1, & 1\leqslant x<2,\\ 1, & x\geqslant 2.\end{cases}$$

求 $E(X)$.

【解题思路】 由分布函数不能直接计算数学期望，要先通过分布函数计算出 X 的密度函数.

【答案解析】 由题设，得

$$f(x)=F'(x)=\begin{cases}x, & 0<x<1,\\ 2-x, & 1\leqslant x<2,\\ 0, & \text{其他}.\end{cases}$$

于是

$$E(X)=\int_{-\infty}^{+\infty}xf(x)\mathrm{d}x=\int_0^1 x^2\mathrm{d}x+\int_1^2 x(2-x)\mathrm{d}x$$
$$=\frac{1}{3}+\left(x^2-\frac{1}{3}x^3\right)\Big|_1^2=1.$$

考点四　常见的连续型随机变量的数学期望

(1) 均匀分布的数学期望为 $E(X)=\dfrac{a+b}{2}$.

(2) 指数分布的数学期望为 $E(X)=\dfrac{1}{\lambda}$.

(3) 正态分布的数学期望为 $E(X)=\mu$.

考点五　离散型随机变量函数的数学期望的定义

设 X 为离散型随机变量，它的分布律为 $P\{X=x_k\}=p_k,k=1,2,\cdots$，$Y$ 是随机变量 X 的函数 $Y=g(X)$（g 是连续函数）. 若 $\sum\limits_{k=1}^{\infty}g(x_k)p_k$ 绝对收敛，则 $E(Y)=E[g(X)]=\sum\limits_{k=1}^{\infty}g(x_k)p_k$.

题型四　计算离散型随机变量函数的数学期望

【解题方法】 直接使用定义计算离散型随机变量函数的数学期望，解题时代入相应公式即可. 一般分为三步走.

第一步：将 X 的取值 x_k 根据对应法则代入函数 $Y=g(X)$ 中，得到函数值 $g(x_k)$；

第二步：$P\{X=x_k\}=p_k,k=1,2,\cdots$，概率不改变；

第三步：取值 $g(x_k)\cdot p_k$ 的累加，$E(Y)=E[g(X)]=\sum\limits_{k=1}^{\infty}g(x_k)p_k$.

例 10 设随机变量 X 的分布律为

X	-1	0	1	2
P	$\frac{1}{8}$	$\frac{1}{2}$	$\frac{1}{8}$	$\frac{1}{4}$

则 $E(X)$,$E(X^2)$,$E(2X+3)$分别为(　　).

(A) $\frac{1}{2},\frac{5}{4},4$　　(B)$1,\frac{5}{4},2$　　(C) $\frac{1}{2},\frac{4}{5},4$　　(D) $\frac{1}{2},\frac{5}{4},2$　　(E)$3,\frac{1}{4},2$

【参考答案】A

【解题思路】直接利用数学期望的公式进行计算.

【答案解析】

$$E(X)=(-1)\times\frac{1}{8}+0\times\frac{1}{2}+1\times\frac{1}{8}+2\times\frac{1}{4}=\frac{1}{2},$$

$$E(X^2)=(-1)^2\times\frac{1}{8}+0^2\times\frac{1}{2}+1^2\times\frac{1}{8}+2^2\times\frac{1}{4}=\frac{5}{4},$$

$$E(2X+3)=1\times\frac{1}{8}+3\times\frac{1}{2}+5\times\frac{1}{8}+7\times\frac{1}{4}=4.$$

考点六　连续型随机变量函数的数学期望的定义

设 X 为连续型随机变量，其概率密度为 $f(x)$，且 $Y=g(X)$，若积分$\int_{-\infty}^{+\infty}g(x)f(x)\mathrm{d}x$ 绝对收敛，则随机变量 Y 的数学期望为$E(Y)=E[g(X)]=\int_{-\infty}^{+\infty}g(x)f(x)\mathrm{d}x$.

题型五　计算连续型随机变量函数的数学期望

【解题方法】直接使用定义计算连续型随机变量函数的数学期望，解题时代入相应公式即可.一般分为两步走.

第一步:将 $g(X)$中的 X 用 x 代替，变成 $g(x)$；

第二步:取值 × 概率密度，再进行累加，$E(Y)=E[g(X)]=\int_{-\infty}^{+\infty}g(x)f(x)\mathrm{d}x$.

例 11 设随机变量 X 的概率密度为 $f(x)=\begin{cases}x, & 0<x<1,\\ 2-x, & 1\leqslant x\leqslant 2,\\ 0, & \text{其他},\end{cases}$则 $E(X^2)=$(　　).

(A) $\frac{1}{6}$　　(B) $\frac{5}{6}$　　(C) $\frac{7}{6}$　　(D) $\frac{2}{3}$　　(E) $\frac{1}{4}$

【参考答案】C

【解题思路】直接套用连续型随机变量函数的数学期望公式进行计算.

【答案解析】

$$E(X^2)=\int_{-\infty}^{+\infty}x^2f(x)\mathrm{d}x$$

$$=\int_0^1x^3\mathrm{d}x+\int_1^2x^2(2-x)\mathrm{d}x=\frac{x^4}{4}\Big|_0^1+\left(\frac{2x^3}{3}-\frac{x^4}{4}\right)\Big|_1^2=\frac{7}{6}.$$

例 12 设随机变量 X 的概率密度为 $f(x)=\begin{cases}e^{-x}, & x>0,\\ 0, & x\leqslant 0,\end{cases}$ 则 $E(2X),E(e^{-2X}),E(X^2)$ 分别为(　　).

(A) $2,\frac{1}{3},2$　　(B) $\frac{1}{6},\frac{1}{3},2$　　(C) $\frac{1}{5},\frac{1}{3},2$　　(D) $\frac{3}{4},\frac{1}{3},2$　　(E) $\frac{2}{3},\frac{1}{3},2$

【参考答案】A

【解题思路】直接套用连续型随机变量函数的数学期望公式进行计算.

【答案解析】$E(2X)=\int_{-\infty}^{+\infty}2xf(x)\mathrm{d}x=\int_{-\infty}^{0}2x\cdot 0\mathrm{d}x+\int_{0}^{+\infty}2xe^{-x}\mathrm{d}x=-2e^{-x}\Big|_{0}^{+\infty}=2,$

$$E(e^{-2X})=\int_{-\infty}^{+\infty}e^{-2x}f(x)\mathrm{d}x=\int_{-\infty}^{0}e^{-2x}\cdot 0\mathrm{d}x+\int_{0}^{+\infty}e^{-2x}\cdot e^{-x}\mathrm{d}x=-\frac{1}{3}e^{-3x}\Big|_{0}^{+\infty}=\frac{1}{3},$$

$$E(X^2)=\int_{-\infty}^{+\infty}x^2f(x)\mathrm{d}x=\int_{-\infty}^{0}x^2\cdot 0\mathrm{d}x+\int_{0}^{+\infty}x^2e^{-x}\mathrm{d}x=\int_{0}^{+\infty}2xe^{-x}\mathrm{d}x=2.$$

题型六　已知连续型随机变量分布函数求数学期望

【解题方法】两步走.

第一步:通过分布函数求得概率密度,即 $f(x)=F'(x)$;

第二步:利用函数数学期望的公式计算 $E(Y)=E[g(X)]=\int_{-\infty}^{+\infty}g(x)f(x)\mathrm{d}x$.

例 13 设随机变量 X 的分布函数为 $F(x)=\begin{cases}\frac{1}{2}e^{x}, & x<0,\\ \frac{1}{2}, & 0\leqslant x<1,\\ 1-\frac{1}{2}e^{-\frac{1}{2}(x-1)}, & x\geqslant 1,\end{cases}$ 则 $E(X^2)=$(　　).

(A) 7　　(B) 8　　(C) $\frac{13}{2}$　　(D) $\frac{15}{2}$　　(E) $\frac{17}{2}$

【参考答案】D

【解题思路】题中给出的是随机变量 X 的分布函数,故通过分布函数求得概率密度,然后利用函数数学期望的公式计算.

【答案解析】X 的概率密度为

$$f(x)=[F(x)]'=\begin{cases}\frac{1}{2}e^{x}, & x<0,\\ 0, & 0<x<1,\\ \frac{1}{4}e^{-\frac{1}{2}(x-1)}, & x>1.\end{cases}$$

故
$$\begin{aligned}E(X^2)&=\int_{-\infty}^{+\infty}x^2f(x)\mathrm{d}x=\int_{-\infty}^{0}\frac{x^2}{2}e^{x}\mathrm{d}x+\int_{1}^{+\infty}\frac{x^2}{4}e^{-\frac{1}{2}(x-1)}\mathrm{d}x\\&=\frac{1}{2}\int_{-\infty}^{0}x^2\mathrm{d}(e^{x})-\frac{1}{2}\int_{1}^{+\infty}x^2\mathrm{d}[e^{-\frac{1}{2}(x-1)}]\end{aligned}$$

$$=\frac{1}{2}\left(x^2e^x\Big|_{-\infty}^{0}-\int_{-\infty}^{0}2xe^x\,dx\right)-\frac{1}{2}\left[x^2e^{-\frac{1}{2}(x-1)}\Big|_{1}^{+\infty}-\int_{1}^{+\infty}2xe^{-\frac{1}{2}(x-1)}\,dx\right]$$

$$=-\int_{-\infty}^{0}xe^x\,dx+\frac{1}{2}+\int_{1}^{+\infty}xe^{-\frac{1}{2}(x-1)}\,dx$$

$$=-\left(xe^x\Big|_{-\infty}^{0}-\int_{-\infty}^{0}e^x\,dx\right)+\frac{1}{2}+(-2)\int_{1}^{+\infty}x\,d[e^{-\frac{1}{2}(x-1)}]$$

$$=\frac{3}{2}-2xe^{-\frac{1}{2}(x-1)}\Big|_{1}^{+\infty}+2\int_{1}^{+\infty}e^{-\frac{1}{2}(x-1)}\,dx=\frac{3}{2}+2+4=\frac{15}{2}.$$

考点七 数学期望的性质

设 X,Y 为任意随机变量，其数学期望为 $E(X),E(Y)$.

(1) 常数的数学期望等于这个常数，即 $E(C)=C$，其中 C 为常数.

(2) 当 a,b 为常数时，有 $E(aX+b)=aE(X)+b$.

(3) $E(X+Y)=E(X)+E(Y)$.

(4) 若随机变量 X 与 Y 相互独立，则有 $E(XY)=E(X)E(Y)$.

题型七 数学期望性质的应用

【解题方法】 熟记常见的随机变量的期望，同时利用特殊性质解题.

例 14 已知随机变量 X 服从参数为 2 的泊松分布，即

$$P\{X=k\}=\frac{2^k e^{-2}}{k!},k=0,1,2,\cdots,$$

则随机变量 $Z=3X-2$ 的数学期望 $E(Z)=($ $)$.

(A)4 (B)5 (C)3 (D)1 (E)6

【参考答案】 A

【解题思路】 由于随机变量 X 服从参数为 2 的泊松分布，因此 $E(X)=\lambda=2$，故根据数学期望的性质进行计算.

【答案解析】 由公式 $E(aX+b)=aE(X)+b$ 可得 $E(Z)=3E(X)-2=6-2=4$.

例 15 设随机变量 X 服从参数为 1 的指数分布，则 $E(X+e^{-2X})=($ $)$.

(A) $\frac{1}{2}$ (B) $\frac{4}{3}$ (C) $\frac{1}{3}$ (D) $\frac{1}{4}$ (E) $\frac{2}{3}$

【参考答案】 B

【解题思路】 先写出指数分布的概率密度，再利用连续型随机变量函数数学期望的公式和性质进行计算.

【答案解析】 由题设知 $E(X)=\frac{1}{\lambda}=1$，且 X 的概率密度为

$$f(x)=\begin{cases}e^{-x}, & x>0,\\ 0, & x\leqslant 0.\end{cases}$$

根据数学期望的性质和公式，得

$$E(X+\mathrm{e}^{-2X})=E(X)+E(\mathrm{e}^{-2X})=1+\int_{-\infty}^{0}\mathrm{e}^{-2x}\cdot 0\mathrm{d}x+\int_{0}^{+\infty}\mathrm{e}^{-2x}\cdot\mathrm{e}^{-x}\mathrm{d}x=1+\frac{1}{3}=\frac{4}{3}.$$

考点八 方差的定义

设 X 是一个随机变量，若 $E\{[X-E(X)]^2\}$ 存在，则称 $E\{[X-E(X)]^2\}$ 为随机变量 X 的方差，记为 $D(X)$，即 $D(X)=E\{[X-E(X)]^2\}$.

【敲黑板】① 由定义，随机变量 X 的方差表示 X 的取值与其数学期望的偏离程度.

② 方差的本质是随机变量 X 的函数 $g(X)=[X-E(X)]^2$ 的数学期望，对于离散型随机变量和连续型随机变量有不同的数学期望公式.

③ 方差的定义式用得比较少，较常用的是由定义得出的另一个计算方差的公式

$$D(X)=E(X^2)-[E(X)]^2.$$

原理：

$$D(X)=E\{[X-E(X)]^2\}=E\{X^2-2XE(X)+[E(X)]^2\}$$
$$=E(X^2)-2E(X)E(X)+[E(X)]^2=E(X^2)-[E(X)]^2.$$

④$E(X^2)=D(X)+[E(X)]^2$.

题型八 利用基本公式求方差

【解题方法】直接使用定义计算随机变量及其函数的方差，解题时代入相应公式即可.

例 16 设 $X\sim B(1,p)$，求 $D(X)$.

【答案解析】$E(X)=p, E(X^2)=0^2\cdot(1-p)+1^2\cdot p=p$，则

$$D(X)=E(X^2)-[E(X)]^2=p(1-p).$$

例 17 设 $X\sim U(a,b)$，求 $D(X)$.

【答案解析】由 $X\sim U(a,b)$ 知，$E(X)=\frac{a+b}{2}$，且

$$E(X^2)=\int_a^b x^2\frac{1}{b-a}\mathrm{d}x=\frac{a^2+ab+b^2}{3},$$

故 $D(X)=E(X^2)-[E(X)]^2=\frac{(b-a)^2}{12}$.

例 18 设 X 为离散型随机变量，且

$$X\sim\begin{pmatrix}0 & 1 & 2 & 3\\ 0.3 & 0.2 & 0.1 & 0.4\end{pmatrix},$$

求 $D(X)$.

【解题思路】计算方差一般采用公式 $D(X)=E(X^2)-[E(X)]^2$，需要分别计算 $E(X)$ 与 $E(X^2)$.

【答案解析】

$$E(X)=0\times0.3+1\times0.2+2\times0.1+3\times0.4=1.6,$$
$$E(X^2)=0^2\times0.3+1^2\times0.2+2^2\times0.1+3^2\times0.4=4.2,$$

则 $$D(X)=E(X^2)-[E(X)]^2=4.2-1.6^2=1.64.$$

例 19 设 X 是一个随机变量,其概率密度为

$$f(x)=\begin{cases}1+x, & -1\leqslant x\leqslant 0,\\ 1-x, & 0<x\leqslant 1,\\ 0, & 其他,\end{cases}$$

则方差 $D(X)=(\quad)$.

(A) $\frac{1}{2}$ (B) $\frac{1}{6}$ (C) $\frac{1}{5}$ (D) $\frac{3}{4}$ (E) $\frac{2}{3}$

【参考答案】 B

【解题思路】 计算方差一般采用公式 $D(X)=E(X^2)-[E(X)]^2$,需要分别计算 $E(X)$ 与 $E(X^2)$.

【答案解析】 $$\begin{aligned}D(X)&=E(X^2)-[E(X)]^2\\&=\int_{-\infty}^{+\infty}x^2f(x)\mathrm{d}x-\left[\int_{-\infty}^{+\infty}xf(x)\mathrm{d}x\right]^2\\&=\int_{-1}^{0}x^2(1+x)\mathrm{d}x+\int_{0}^{1}x^2(1-x)\mathrm{d}x-\left[\int_{-1}^{0}x(1+x)\mathrm{d}x+\int_{0}^{1}x(1-x)\mathrm{d}x\right]^2\\&=\frac{1}{6}.\end{aligned}$$

例 20 假设随机变量 X 在区间 $[-1,2]$ 上服从均匀分布,随机变量 $Y=\begin{cases}1, & X>0,\\ 0, & X=0,\\ -1, & X<0,\end{cases}$ 则 $D(Y)=(\quad)$.

(A) $\frac{1}{3}$ (B) $\frac{8}{9}$ (C) $\frac{1}{6}$ (D) $\frac{5}{9}$ (E) $\frac{6}{7}$

【参考答案】 B

【解题思路】 Y 是离散型随机变量,先写出 Y 的分布律,再计算其方差.

【答案解析】 由随机变量 X 在区间 $[-1,2]$ 上服从均匀分布知,其概率密度为

$$f(x)=\begin{cases}\frac{1}{3}, & x\in[-1,2],\\ 0, & 其他.\end{cases}$$

$$P\{Y=1\}=P\{X>0\}=\int_0^2\frac{1}{3}\mathrm{d}x=\frac{2}{3},P\{Y=0\}=P\{X=0\}=0,$$

$$P\{Y=-1\}=P\{X<0\}=\int_{-1}^0\frac{1}{3}\mathrm{d}x=\frac{1}{3},$$

则 $$E(Y)=\frac{2}{3}+(-1)\times\frac{1}{3}=\frac{1}{3},E(Y^2)=\frac{2}{3}+\frac{1}{3}=1,$$

$$D(Y)=E(Y^2)-[E(Y)]^2=1-\frac{1}{9}=\frac{8}{9}.$$

例 21 设随机变量 X 的概率密度为 $f(x)=\begin{cases} a\mathrm{e}^{-\frac{1}{3}x}, & x\geqslant 0, \\ 0, & x<0, \end{cases}$ 其中 a 为常数，则 $D(X)=($　　$)$.

(A) $\frac{1}{9}$　　(B) $\frac{1}{3}$　　(C)3　　(D)9　　(E)18

【参考答案】D

【答案解析】根据归一性有 $1=\int_{-\infty}^{+\infty}f(x)\mathrm{d}x=\int_{0}^{+\infty}a\mathrm{e}^{-\frac{1}{3}x}\mathrm{d}x=3a$，解得 $a=\frac{1}{3}$，于是随机变量 X 服从参数 $\lambda=\frac{1}{3}$ 的指数分布，故方差 $D(X)=\frac{1}{\lambda^2}=9$.

考点九　常见的随机变量的方差

(1) 0—1 分布的方差为 $D(X)=p(1-p)$.

(2) 二项分布的方差为 $D(X)=np(1-p)$.

(3) 泊松分布的方差为 $D(X)=\lambda$.

(4) 几何分布的方差为 $D(X)=\frac{1-p}{p^2}$.

(5) 均匀分布的方差为 $D(X)=\frac{(b-a)^2}{12}$.

(6) 指数分布的方差为 $D(X)=\frac{1}{\lambda^2}$.

(7) 正态分布的方差为 $D(X)=\sigma^2$.

题型九　数学期望与方差相结合求参数问题

【解题方法】熟记常见的随机变量的数学期望和方差，解题时代入相应公式即可.

例 22 已知随机变量 X 服从二项分布，且 $E(X)=2.4$，$D(X)=1.44$，则二项分布的参数 n，p 的值为(　　).

(A) $n=4$，$p=0.6$　　(B) $n=6$，$p=0.4$　　(C) $n=8$，$p=0.3$

(D) $n=24$，$p=0.1$　　(E) $n=3$，$p=0.8$

【参考答案】B

【解题思路】X 服从二项分布，直接利用数学期望和方差的公式进行计算.

【答案解析】$E(X)=np=2.4$，$D(X)=npq=1.44$，故 $q=0.6$，$n=6$，$p=0.4$.

考点十　方差的性质

(1) 常数的方差等于零，即 $D(C)=0$，其中 C 为常数.

(2) $D(aX+b)=a^2D(X)$，其中 a,b 为常数.

(3) 若随机变量 X 与 Y 相互独立，则有 $D(X\pm Y)=D(X)+D(Y)$.

题型十　方差的性质的应用

【解题方法】(1) 熟记常见的随机变量的方差.

(2) 利用特殊性质解题.

例 23 设两个相互独立的随机变量 X 和 Y 的方差为 4 和 2,则 $3X-2Y$ 的方差是(　　).

(A)8　　(B)16　　(C)28　　(D)44　　(E)48

【参考答案】D

【解题思路】直接利用随机变量 X 与 Y 相互独立的方差的性质进行计算.

【答案解析】$D(3X-2Y)=3^2D(X)+(-2)^2D(Y)=9\times4+4\times2=44$.

题型十一　随机变量的数学期望与方差的综合应用

【解题方法】随机变量函数的数字特征分为两类:一是离散型,无论是由连续型到离散型的复合,还是由离散型到离散型的复合,关键是要计算出分布列,一般计算不会很复杂;二是连续型,关键是求出概率密度,然后套用公式$\int_{-\infty}^{+\infty}g(x)f(x)\mathrm{d}x$ 计算数学期望,计算方差时要同时计算 $E(X)$ 和 $E(X^2)$,然后由 $D(X)=E(X^2)-[E(X)]^2$ 算出方差.

例 24 袋中有 20 个大小相同的球,其中记上 0 号的有 10 个,记上 n 号的有 n 个($n=1,2,3,4$).现从袋中任取一球,ξ 表示所取球的标号.

(1) 求 ξ 的分布列、数学期望和方差;

(2) 若 $\eta=a\xi+b$,$E(\eta)=1$,$D(\eta)=11$,试求 a,b 的值.

【解题思路】首先写出离散型随机变量的分布列,然后利用数学期望和方差的公式与性质进行计算.

【答案解析】(1) 由题设知,ξ 可能的取值为 0,1,2,3,4.则随机变量 ξ 的分布列为

ξ	0	1	2	3	4
P	$\frac{10}{20}$	$\frac{1}{20}$	$\frac{2}{20}$	$\frac{3}{20}$	$\frac{4}{20}$

故
$$E(\xi)=0\times\frac{10}{20}+1\times\frac{1}{20}+2\times\frac{2}{20}+3\times\frac{3}{20}+4\times\frac{4}{20}=1.5,$$
$$E(\xi^2)=0^2\times\frac{10}{20}+1^2\times\frac{1}{20}+2^2\times\frac{2}{20}+3^2\times\frac{3}{20}+4^2\times\frac{4}{20}=5,$$
$$D(\xi)=E(\xi^2)-[E(\xi)]^2=5-1.5^2=2.75.$$

(2)
$$E(\eta)=E(a\xi+b)=aE(\xi)+b=1.5a+b=1,$$
$$D(\eta)=D(a\xi+b)=a^2D(\xi)=2.75a^2=11,$$

可得 $a=\pm2$.将 $a=2$,$a=-2$ 分别代入 $1.5a+b=1$,得
$$\begin{cases}a=2,\\b=-2\end{cases}或\begin{cases}a=-2,\\b=4.\end{cases}$$

例 25 某足球彩票每张售价 1 元，中奖率为 0.1，如果中奖可得 8 元. 小王购买了若干张足球彩票，如果他中奖 2 张，那么恰好不赚也不赔，则小王收益的期望值为（　　）.

(A)12.8　　(B)0.8　　(C)16　　(D)12　　(E)16.8

【参考答案】 A

【解题思路】 该题考查收益期望值 $\neq$ 利润期望值. 需要明确两个问题，一是一张彩票的收益期望值，二是购买彩票的张数.

【答案解析】 设一张彩票的收益为 X 元，则

X	0	8
P	0.9	0.1

则一张彩票的收益期望值为 $E(X)=0\times0.9+8\times0.1=0.8$. 中奖 2 张不赚也不赔，则小王购买彩票花费了 $8\times2=16$(元)，所购买彩票的张数为 $16\div1=16$，则小王收益的期望值为

$$16\times0.8=12.8.$$

基础能力题

1 已知随机变量 X 的概率分布为 $P\{X=1\}=0.2$，$P\{X=2\}=0.3$，$P\{X=3\}=0.5$，则 X 的数学期望为（　　）.

(A) 1.9　　(B)2　　(C) 2.1　　(D)2.2　　(E)2.3

2 袋中有 6 个正品、4 个次品，现从中随机抽取，每次取 1 个，取后放回，共抽取 n 次（$n\leqslant10$），其中次品个数记为 X，且 $E(X)=\dfrac{8}{5}$，则 n 为（　　）.

(A)2　　(B)3　　(C)4　　(D)6　　(E)8

3 设随机变量 X 的分布函数为 $F(x)=\begin{cases}0, & x<-1,\\ 0.2, & -1\leqslant x<0,\\ 0.8, & 0\leqslant x<1,\\ 1, & x\geqslant1,\end{cases}$ 则 $E(X)$ 为（　　）.

(A)0.24　　(B)0.3　　(C)0.4　　(D)0.5　　(E)0

4 设随机变量 X 服从参数为 λ 的泊松分布，且已知 $E[(X-1)(X-2)]=1$，则 λ 为（　　）.

(A) $\dfrac{1}{2}$　　(B)1　　(C)2　　(D)3　　(E)4

5 已知随机变量 X 的概率分布为 $P\{X=1\}=0.2$，$P\{X=2\}=0.3$，$P\{X=3\}=0.5$，则 X 的方差为（　　）.

(A)0.60　　(B)0.61　　(C)0.62　　(D)0.63　　(E)0.64

6 设连续型随机变量 X 的概率密度为 $f(x)=\frac{1}{\pi(1+x^2)}(-\infty<x<+\infty)$，则 $E(X)$(　　).

(A) 为 0　(B) 为 1　(C) 为 2　(D) 为 π　(E) 不存在

7 设随机变量 X 服从区间$[a,b]$上的均匀分布，且 $E(X)=3,D(X)=3$，则区间$[a,b]$为(　　).

(A) $[0,6]$　(B) $[1,5]$　(C) $[2,4]$　(D) $[-3,3]$　(E) $[0,7]$

8 设随机变量 $X\sim B\left(4,\frac{2}{3}\right),Y\sim B\left(8,\frac{4}{5}\right)$，则(　　).

(A)$E(X)=\frac{8}{9}$　(B)$D(X)=\frac{8}{3}$　(C)$E(Y)=\frac{32}{25}$

(D)$D(Y)=\frac{32}{5}$　(E)$D(Y)=\frac{32}{25}$

9 已知随机变量 $X\sim N(0,1)$，且 $Y=2X+1$，则 $E(Y)+D(Y)=$(　　).

(A)5　(B)4　(C)3　(D)2　(E)12

10 已知随机变量 X 的分布函数 $F(x)$ 在 $x=1$ 处连续，且 $F(1)=1$，设

$$Y=\begin{cases}a, & X>1,\\ b, & X=1,abc\neq 0,\\ c, & X<1,\end{cases}$$

则 $E(Y)$ 的值为(　　).

(A)$a+b+c$　(B)a　(C)b　(D)c　(E)$b+c$

基础能力题解析

1 【参考答案】E

【考点点睛】利用定义计算数学期望.

【答案解析】由定义可得 $E(X)=1\times0.2+2\times0.3+3\times0.5=2.3$.

2 【参考答案】C

【考点点睛】二项分布.

【答案解析】由题意可知 $X\sim B(n,p)$，且 $p=\frac{C_4^1}{C_{10}^1}=\frac{2}{5}$，即 $X\sim B\left(n,\frac{2}{5}\right)$. 由 $E(X)=\frac{2}{5}n=\frac{8}{5}$，得 $n=4$.

3 【参考答案】E

【考点点睛】利用定义求期望.

【答案解析】先求 X 的分布列，有

X	-1	0	1
P	0.2	0.6	0.2

则 $$E(X)=-1\times0.2+0\times0.6+1\times0.2=0.$$

4 【参考答案】B

【考点点睛】泊松分布；期望的性质.

【答案解析】由于随机变量 X 服从参数为 λ 的泊松分布，有 $E(X)=D(X)=\lambda$. 又因为

$$E[(X-1)(X-2)]=E(X^2-3X+2)=E(X^2)-3E(X)+2$$
$$=D(X)+[E(X)]^2-3E(X)+2=\lambda+\lambda^2-3\lambda+2=1,$$

即 $\lambda^2-2\lambda+1=(\lambda-1)^2=0$，则 $\lambda=1$.

5 【参考答案】B

【考点点睛】利用定义和基本公式求方差.

【答案解析】 $$E(X)=1\times0.2+2\times0.3+3\times0.5=2.3,$$
$$E(X^2)=1^2\times0.2+2^2\times0.3+3^2\times0.5=5.9.$$

由方差的基本公式可得 $D(X)=E(X^2)-[E(X)]^2=5.9-2.3^2=0.61$.

6 【参考答案】E

【考点点睛】利用定义求期望.

【答案解析】 $$E(X)=\int_{-\infty}^{+\infty}\frac{x}{\pi(1+x^2)}\mathrm{d}x=\frac{1}{2\pi}\ln(1+x^2)\Big|_{-\infty}^{+\infty},$$

该积分发散，故 $E(X)$ 不存在.

7 【参考答案】A

【考点点睛】均匀分布.

【答案解析】由题意可得 $E(X)=\dfrac{a+b}{2}=3$，$D(X)=\dfrac{(b-a)^2}{12}=3$，即

$$\begin{cases}a+b=6,\\b-a=6\end{cases}\Rightarrow a=0,b=6.$$

8 【参考答案】E

【考点点睛】二项分布.

【答案解析】由 $X\sim B(n,p)$，$E(X)=np$，$D(X)=np(1-p)$，则

$$E(X)=4\times\frac{2}{3}=\frac{8}{3},D(X)=4\times\frac{2}{3}\times\left(1-\frac{2}{3}\right)=\frac{8}{9};$$
$$E(Y)=8\times\frac{4}{5}=\frac{32}{5},D(Y)=8\times\frac{4}{5}\times\left(1-\frac{4}{5}\right)=\frac{32}{25}.$$

9 【参考答案】A

【考点点睛】正态分布.

【答案解析】由 $X \sim N(0,1)$，则 $E(X)=0, D(X)=1$.

$$E(Y)=E(2X+1)=2E(X)+1=2\times0+1=1,$$

$$D(Y)=D(2X+1)=2^2D(X)=4\times1=4,$$

则

$$E(Y)+D(Y)=1+4=5.$$

10 【参考答案】D

【考点点睛】随机变量函数的期望.

【答案解析】由 $F(x)$ 在 $x=1$ 处连续，可得 $F(1)=F(1-0)=1$.

$$P\{Y=a\}=P\{X>1\}=1-P\{X\leqslant1\}=1-F(1)=0,$$

$$P\{Y=b\}=P\{X=1\}=F(1)-F(1-0)=0,$$

$$P\{Y=c\}=P\{X<1\}=F(1-0)=1,$$

则

$$E(Y)=a\times0+b\times0+c\times1=c.$$

强化能力题

1 设随机变量 X 与 Y 相互独立，且 $X\sim N(1,2)$，$Y\sim N(1,4)$，则 $D(XY)=$（　　）.

(A)6　　(B)8　　(C)14　　(D)15　　(E)16

2 设 $X\sim N(1,2)$，$Y\sim P(3)$，且 X 与 Y 独立，则 $D(XY)$ 的值为（　　）.

(A)18　　(B)22　　(C)24　　(D)27　　(E)29

3 设随机变量 X 的分布函数为

$$F(x)=\begin{cases}0, & x<-1,\\ 0.2, & -1\leqslant x<0,\\ 0.8 & 0\leqslant x<1,\\ 1, & x\geqslant1,\end{cases}$$

则 $D(X^2)=$（　　）.

(A)0.24　　(B)0.28　　(C)0.32　　(D)0.36　　(E)0.42

4 设随机变量 X 与 Y 相互独立，且 $X\sim N(\mu,\sigma^2)$，$Y\sim N(\mu,\sigma^2)$，则 $E(XY^2)=$（　　）.

(A)$\sigma^2+\mu^2$　　(B)$\mu(\sigma^2+\mu^2)$　　(C)$\mu\sigma^2$

(D)μ^3　　(E)$\sigma(\sigma^2+\mu^2)$

5 设随机变量 X 服从参数为 λ 的泊松分布，已知 $E[(X-1)(X+2)]=1$，则 $\lambda=$（　　）.

(A)0　　(B)1　　(C)2　　(D)3　　(E)4

6 已知随机变量 X 服从二项分布，且 $E(X)=2.4$，$D(X)=1.44$，则 $P\{X\geqslant 1\}=$（　　）.

(A)$1-0.6^6$　(B)$1-0.5^6$　(C)$1-0.4^6$　(D)$1-0.3^6$　(E)$1-0.1^6$

7 设随机变量 X_1,X_2,X_3 相互独立，且均服从参数为 λ 的泊松分布，令 $Y=\frac{1}{3}(X_1+X_2+X_3)$，则 $D(Y)=$（　　）.

(A) $\frac{1}{3}\lambda$　(B)λ　(C)λ^2　(D) $\frac{1}{3}\lambda+\lambda^2$　(E) $\frac{1}{3}\lambda^2+\lambda$

8 设随机变量 X 在区间 $[-1,3]$ 上服从均匀分布，随机变量 $Y=\begin{cases}2, & X>0,\\ 0, & X=0,\\ -1, & X<0,\end{cases}$ 则方差 $D(Y)$ 为（　　）.

(A) $\frac{5}{16}$　(B) $\frac{21}{16}$　(C) $\frac{27}{16}$　(D) $\frac{31}{16}$　(E) $\frac{47}{16}$

9 设随机变量 X 服从标准正态分布 $N(0,1)$，则 $E(Xe^{2X})=$（　　）.

(A)e^2　(B)$2e^2$　(C)$3e^2$　(D)$4e^2$　(E)$-e^2$

10 连续型随机变量 X 的概率密度为 $f(x)=\frac{1}{\pi(1+x^2)}(-\infty<x<+\infty)$，则 $E(\min\{|X|,1\})$ 为（　　）.

(A) $\frac{1}{\pi}\ln 2$　(B)$\ln 2+\frac{1}{2}$　(C) $\frac{1}{\pi}\ln 2+1$　(D) $\frac{1}{\pi}\ln 2+\frac{1}{2}$　(E)$\ln 2+1$

强化能力题解析

1 【参考答案】C

【考点点睛】正态分布；期望和方差的定义和性质.

【答案解析】$D(XY)=E[(XY)^2]-[E(XY)]^2=E(X^2)\cdot E(Y^2)-[E(X)\cdot E(Y)]^2$.

又因为

$$E(X^2)=D(X)+[E(X)]^2=2+1=3,$$
$$E(Y^2)=D(Y)+[E(Y)]^2=4+1=5,$$

则

$$D(XY)=3\times 5-1=14.$$

2 【参考答案】D

【考点点睛】期望和方差的性质.

【答案解析】由题意得 $\begin{cases}E(X)=1,\\ D(X)=2,\end{cases}\begin{cases}E(Y)=3,\\ D(Y)=3.\end{cases}$ 由于 X 和 Y 相互独立，则

$$E(XY) = E(X)E(Y) = 3,$$
$$E(X^2) = D(X) + [E(X)]^2 = 2 + 1^2 = 3,$$
$$E(Y^2) = D(Y) + [E(Y)]^2 = 3 + 3^2 = 12,$$
$$E[(XY)^2] = E(X^2)E(Y^2) = 3 \times 12 = 36,$$
则 $$D(XY) = E[(XY)^2] - [E(XY)]^2 = 36 - 9 = 27.$$

3 【参考答案】A

【考点点睛】利用定义和基本公式求方差.

【答案解析】要求 X^2 的方差，先求 X 的分布阵，即有

$$X \sim \begin{pmatrix} -1 & 0 & 1 \\ 0.2 & 0.6 & 0.2 \end{pmatrix},$$

于是

$$E(X^2) = (-1)^2 \times 0.2 + 0^2 \times 0.6 + 1^2 \times 0.2 = 0.4,$$
$$E(X^4) = (-1)^4 \times 0.2 + 0^4 \times 0.6 + 1^4 \times 0.2 = 0.4,$$
因此 $$D(X^2) = E(X^4) - [E(X^2)]^2 = 0.4 - 0.4^2 = 0.24.$$

故选 A.

4 【参考答案】B

【考点点睛】正态分布；期望的性质.

【答案解析】由题可知，

$$E(X) = E(Y) = \mu,$$
$$E(Y^2) = D(Y) + [E(Y)]^2 = \sigma^2 + \mu^2.$$

由于 X 与 Y 相互独立，因此 X 与 Y^2 相互独立，则

$$E(XY^2) = E(X)E(Y^2) = \mu(\sigma^2 + \mu^2).$$

5 【参考答案】B

【考点点睛】泊松分布；期望的性质.

【答案解析】由题干知 $X \sim P(\lambda)$，$E(X) = \lambda$，$D(X) = \lambda$.

$$E[(X-1)(X+2)] = E(X^2 + X - 2) = E(X^2) + E(X) - 2 = 1.$$

由 $E(X^2) = D(X) + [E(X)]^2 = \lambda + \lambda^2$，则 $\lambda + \lambda^2 + \lambda - 3 = 0$，即

$$\lambda^2 + 2\lambda - 3 = 0 \Rightarrow (\lambda + 3) \cdot (\lambda - 1) = 0,$$

由 $\lambda > 0$，则 $\lambda = 1$.

6 【参考答案】A

【考点点睛】二项分布的期望和方差.

【答案解析】由题干可得 $X \sim B(n,p)$，故

$$E(X)=np=2.4, D(X)=np(1-p)=1.44,$$

解得 $n=6, p=0.4$，即 $X \sim B(6,0.4)$，则

$$P\{X \geqslant 1\}=1-P\{X=0\}=1-(1-0.4)^6=1-0.6^6.$$

7 【参考答案】A

【考点点睛】泊松分布的可加性；方差的性质.

【答案解析】由 X_1, X_2, X_3 相互独立，且 $X_1 \sim P(\lambda), X_2 \sim P(\lambda), X_3 \sim P(\lambda)$，则

$$X_1+X_2+X_3 \sim P(3\lambda),$$

$$E(X_1+X_2+X_3)=D(X_1+X_2+X_3)=3\lambda,$$

$$D(Y)=D\left[\frac{1}{3}(X_1+X_2+X_3)\right]=\left(\frac{1}{3}\right)^2 D(X_1+X_2+X_3)=\frac{1}{9}\cdot 3\lambda=\frac{1}{3}\lambda.$$

8 【参考答案】C

【考点点睛】均匀分布；利用定义和基本公式求方差.

【答案解析】由题意得 X 的概率密度为

$$f(x)=\begin{cases}\frac{1}{4}, & x \in [-1,3],\\ 0, & \text{其他},\end{cases}$$

则

$$P\{X>0\}=\int_0^3 f(x)\mathrm{d}x=\frac{3}{4},$$

$$P\{X=0\}=0,$$

$$P\{X<0\}=\int_{-1}^0 f(x)\mathrm{d}x=\frac{1}{4},$$

$$\begin{aligned}E(Y)&=2\cdot P\{X>0\}+0\cdot P\{X=0\}+(-1)\cdot P\{X<0\}\\&=2\times\frac{3}{4}+0+(-1)\times\frac{1}{4}=\frac{6}{4}-\frac{1}{4}=\frac{5}{4},\end{aligned}$$

$$E(Y^2)=2^2\cdot P\{X>0\}+0\cdot P\{X=0\}+(-1)^2\cdot P\{X<0\}=\frac{13}{4},$$

故

$$D(Y)=E(Y^2)-[E(Y)]^2=\frac{13}{4}-\left(\frac{5}{4}\right)^2=\frac{27}{16}.$$

9 【参考答案】B

【考点点睛】标准正态分布.

【答案解析】标准正态分布的概率密度为

$$\varphi(x)=\frac{1}{\sqrt{2\pi}}e^{-\frac{x^2}{2}},-\infty<x<+\infty,$$

则

$$E(Xe^{2X})=\int_{-\infty}^{+\infty}xe^{2x}\frac{1}{\sqrt{2\pi}}e^{-\frac{x^2}{2}}dx=e^2\int_{-\infty}^{+\infty}x\frac{1}{\sqrt{2\pi}}e^{-\frac{(x-2)^2}{2}}dx.$$

由于$\int_{-\infty}^{+\infty}x\frac{1}{\sqrt{2\pi}}e^{-\frac{(x-2)^2}{2}}dx$为正态分布$N(2,1)$的数学期望，故$\int_{-\infty}^{+\infty}x\frac{1}{\sqrt{2\pi}}e^{-\frac{(x-2)^2}{2}}dx=2$，从而$E(Xe^{2X})=2e^2$.

10 **【参考答案】** D

【考点点睛】 连续型随机变量函数的数学期望.

【答案解析】 由对称性可得

$$E(\min\{|X|,1\})=\int_{-\infty}^{+\infty}\min\{|x|,1\}\cdot f(x)dx=2\int_{0}^{+\infty}\min\{x,1\}f(x)dx.$$

如图所示，当$0\leqslant x<1$时，$\min\{x,1\}=x$；当$x\geqslant 1$时，$\min\{x,1\}=1$，则

$$\begin{aligned}2\int_{0}^{+\infty}\min\{x,1\}f(x)dx&=2\left[\int_{0}^{1}x\cdot f(x)dx+\int_{1}^{+\infty}f(x)dx\right]\\&=\frac{2}{\pi}\left(\int_{0}^{1}\frac{x}{1+x^2}dx+\int_{1}^{+\infty}\frac{1}{1+x^2}dx\right)\\&=\frac{1}{\pi}\ln(1+x^2)\Big|_{0}^{1}+\frac{2}{\pi}\arctan x\Big|_{1}^{+\infty}\\&=\frac{1}{\pi}\ln 2+\frac{1}{2}.\end{aligned}$$

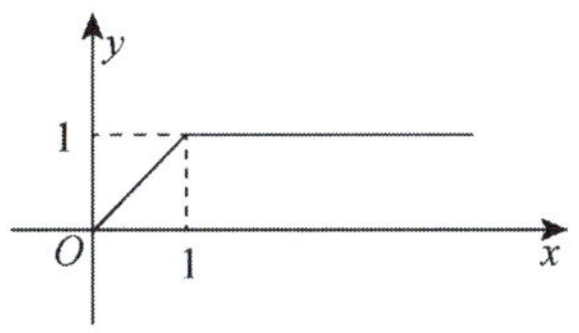

第三部分

线性代数

第8讲 行列式

本讲解读

本讲从内容上划分为两个部分，一是行列式的定义、性质，二是行列式的计算，共计十四个考点，八个题型. 从真题对考试大纲的实践来看，本讲在考试中大约占 2 道题(试卷数学部分共 35 道题)，约占线性代数部分的 28.6%，数学部分的 5.7%.

行列式是学习线性代数的基础，本讲定义、概念较多. 考试大纲要求掌握行列式的运算，理解行列式的概念和性质，掌握行列式的化简方法，核心考点是行列式和代数余子式的计算，重点是三阶行列式的计算和行列式的展开法则的应用.

重点考点标记见本讲“考点题型框架”.

考点题型框架

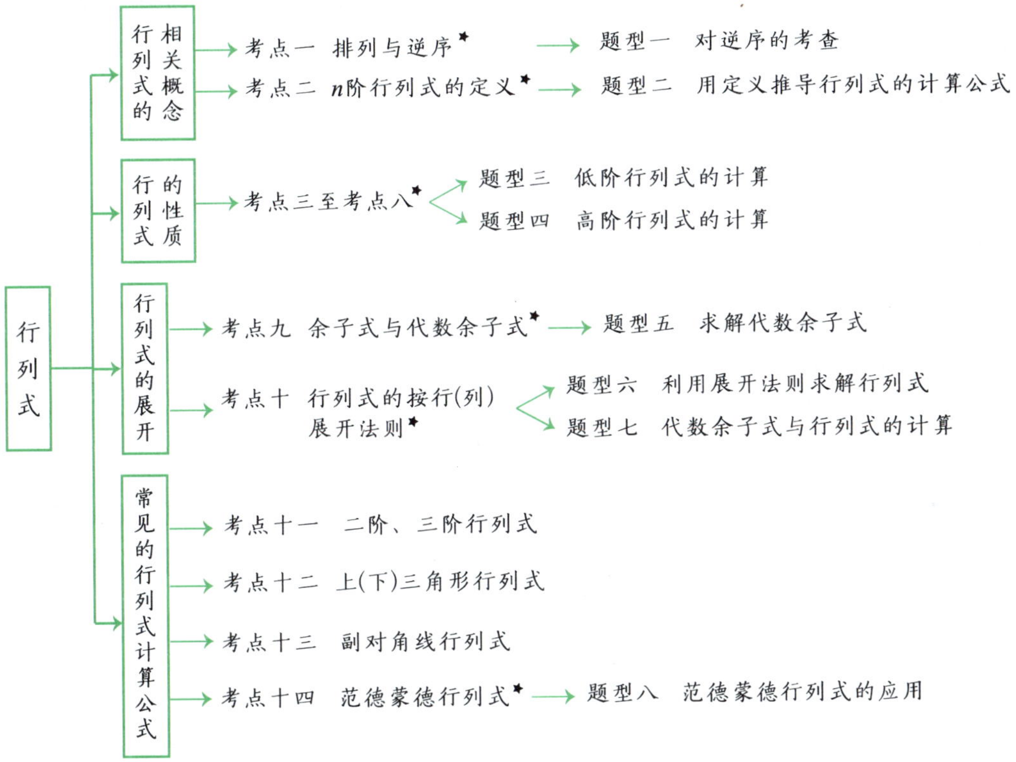

考点精讲

考点一 排列与逆序

(1)n 级排列：由 n 个自然数 $1,2,3,\cdots,n$ 组成的无重复有序实数组称为一个 n **级排列**，共有 $n!$ 个.

(2) 逆序：在一个 n 级排列中，如果一个较大数排在一个较小数前面，我们就称这两个数构成一个**逆序**. 一个 n 级排列 $i_1i_2\cdots i_n$ 中逆序的总数称为该排列 $i_1i_2\cdots i_n$ 的**逆序数**，记作 $\tau(i_1i_2\cdots i_n)$.

(3) 偶排列：如果 n 级排列 $i_1i_2\cdots i_n$ 的逆序数是偶数，则 $i_1i_2\cdots i_n$ 称为**偶排列**.

(4) 奇排列：如果 n 级排列 $i_1i_2\cdots i_n$ 的逆序数是奇数，则 $i_1i_2\cdots i_n$ 称为**奇排列**.

题型一　对逆序的考查

【解题方法】 利用逆序的定义采用直接计数法，逐个枚举逆序，同时统计个数.

例 1 计算下列排列的逆序数.

(1)$\tau(45231)$；

(2)$\tau(n12\cdots(n-1))$；

(3)$\tau(n(n-1)\cdots1)$.

【解题思路】 一个较大数排在一个较小数前面，这两个数构成一个逆序，统计个数，然后求和.

【答案解析】 (1)$\tau(45231)=3+3+1+1=8$.

(2)$\tau(n12\cdots(n-1))=n-1$.

(3)$\tau(n(n-1)\cdots1)=(n-1)+(n-2)+\cdots+1=\dfrac{n(n-1)}{2}$.

考点二 n 阶行列式的定义

n 阶行列式 $\begin{vmatrix} a_{11} & a_{12} & \cdots & a_{1n} \\ a_{21} & a_{22} & \cdots & a_{2n} \\ \vdots & \vdots & & \vdots \\ a_{n1} & a_{n2} & \cdots & a_{nn} \end{vmatrix}$ 是一种运算法则，它是行列式中所有取自**不同行不同列**的 n 项元素乘积的**代数和**. 它由 $n!$ 项组成，其中每一项都是行列式中 n 个不同行不同列元素的乘积，将这 n 项元素按照行数的自然顺序排列，假设此时其列数为 $j_1j_2\cdots j_n$，当 $j_1j_2\cdots j_n$ 为偶排列时，符号为正；当 $j_1j_2\cdots j_n$ 为奇排列时，符号为负，即

$$\begin{vmatrix} a_{11} & a_{12} & \cdots & a_{1n} \\ a_{21} & a_{22} & \cdots & a_{2n} \\ \vdots & \vdots & & \vdots \\ a_{n1} & a_{n2} & \cdots & a_{nn} \end{vmatrix}=\sum(-1)^{\tau(j_1j_2\cdots j_n)}a_{1j_1}a_{2j_2}\cdots a_{nj_n}.$$

题型二 用定义推导行列式的计算公式

【解题方法】直接利用行列式定义计算,一定注意不同行不同列的限制以及符号的确定.

例 2 计算下列行列式.

(1) $\begin{vmatrix} a_{11} & a_{12} \\ a_{21} & a_{22} \end{vmatrix}$;

(2) $\begin{vmatrix} a_{11} & a_{12} & a_{13} \\ a_{21} & a_{22} & a_{23} \\ a_{31} & a_{32} & a_{33} \end{vmatrix}$.

【解题思路】所有取自**不同行不同列的** n 项元素乘积的**代数和**. 同时要注意每一项符号的正负情况.

【答案解析】(1) 根据行列式的定义,要计算二阶行列式,应该从行列式中取出不同行不同列的两项元素. 可能的情况有 $a_{11}a_{22}$ 与 $a_{12}a_{21}$,根据列标排列顺序的奇偶性不难得到,$a_{11}a_{22}$ 取正号,$a_{12}a_{21}$ 取负号. 故 $\begin{vmatrix} a_{11} & a_{12} \\ a_{21} & a_{22} \end{vmatrix} = a_{11}a_{22} - a_{12}a_{21}$.

(2) 类似地,我们要从三阶行列式中取出不同行不同列的三项元素,可能的选择有六种:

$a_{11}a_{22}a_{33}$,行标是按照自然顺序排列,列标为 123,逆序数为 0,则符号为正;

$a_{12}a_{23}a_{31}$,行标是按照自然顺序排列,列标为 231,逆序数为 2,则符号为正;

$a_{13}a_{21}a_{32}$,行标是按照自然顺序排列,列标为 312,逆序数为 2,则符号为正;

$a_{11}a_{23}a_{32}$,行标是按照自然顺序排列,列标为 132,逆序数为 1,则符号为负;

$a_{12}a_{21}a_{33}$,行标是按照自然顺序排列,列标为 213,逆序数为 1,则符号为负;

$a_{13}a_{22}a_{31}$,行标是按照自然顺序排列,列标为 321,逆序数为 3,则符号为负.

故 $\begin{vmatrix} a_{11} & a_{12} & a_{13} \\ a_{21} & a_{22} & a_{23} \\ a_{31} & a_{32} & a_{33} \end{vmatrix} = a_{11}a_{22}a_{33} + a_{12}a_{23}a_{31} + a_{13}a_{21}a_{32} - a_{11}a_{23}a_{32} - a_{12}a_{21}a_{33} - a_{13}a_{22}a_{31}$.

例 3 下列各项中属于四阶行列式的项前符号为正的展开项的是( ).

(A) $a_{13}a_{24}a_{11}a_{42}$　　(B) $a_{13}a_{24}a_{31}a_{42}$　　(C) $a_{41}a_{12}a_{23}a_{34}$

(D) $a_{41}a_{12}a_{23}a_{31}$　　(E) $a_{22}a_{44}a_{31}a_{13}$

【参考答案】B

【解题思路】由行列式的定义知,行列式的展开项应取自不同行不同列,因此,判断题中各项是否构成四阶行列式的展开项,首先考查行标和列标排列是否均为四级排列. 在确定各项符号时,应在行标顺排的前提下,考查列标排列的奇偶性,若行标不顺排,应先调整项中元素排列的位置,使行标顺排.

【答案解析】选项 A ,$a_{13}a_{24}a_{11}a_{42}$ 的行标排列 1214 并非四级排列,故 $a_{13}a_{24}a_{11}a_{42}$ 不是四阶行

列式的展开项.

选项 B，$a_{13}a_{24}a_{31}a_{42}$ 的行标和列标均为四级排列，且行标顺排，故 $a_{13}a_{24}a_{31}a_{42}$ 是四阶行列式的一个展开项. 由于 $\tau(3412)=4$，故 $a_{13}a_{24}a_{31}a_{42}$ 取正号.

选项 C，$a_{41}a_{12}a_{23}a_{34}$ 的行标和列标均为四级排列，故 $a_{41}a_{12}a_{23}a_{34}$ 是四阶行列式的一个展开项. 该展开项虽然行标没有顺排，但列标顺排，这种情况下，也可以根据行标排列的逆序数的奇偶性确定符号，即由 $\tau(4123)=3$ 知，$a_{41}a_{12}a_{23}a_{34}$ 取负号.

选项 D，$a_{41}a_{12}a_{23}a_{31}$ 的列标排列 1231 并非四级排列，故 $a_{41}a_{12}a_{23}a_{31}$ 不是四阶行列式的展开项.

选项 E，$a_{22}a_{44}a_{31}a_{13}$ 的行标和列标均为四级排列，故 $a_{22}a_{44}a_{31}a_{13}$ 是四阶行列式的一个展开项. 重新排列各元素的位置，使行标顺排，得 $a_{13}a_{22}a_{31}a_{44}$，于是由 $\tau(3214)=3$ 知，$a_{22}a_{44}a_{31}a_{13}$ 取负号.

综上，本题选择 B.

例 4 设多项式 $f(x)=\begin{vmatrix} x-1 & 1 & 1 & 1 \\ 2 & x-2 & 2 & 2 \\ 3 & 3 & x-3 & 3 \\ 4 & 4 & 4 & x-4 \end{vmatrix}$，则展开式中 x^3 的系数为(　　).

(A) -10　　(B) 35　　(C) -40　　(D) 24　　(E) -12

【参考答案】 A

【答案解析】 由题知，若想出现 x^3，只能取行列式的展开项 $(x-1)(x-2)(x-3)(x-4)$，即本题转化成由 $(x-1)(x-2)(x-3)(x-4)$ 求 x^3 对应的项.

因为每个括号里有 2 个元素，则展开有 $2^4=16$ 项，直接挑选出 x^3 对应的项，即有 3 个括号里取 x，1 个括号里取常数，即为 $-1\cdot(x-2)(x-3)(x-4)-2(x-1)(x-3)(x-4)-3(x-1)(x-2)(x-4)-4(x-1)(x-2)(x-3)$，故 x^3 的系数为 $-1-2-3-4=-10$. 故选 A.

例 5 试用定义推导上三角形行列式 $\begin{vmatrix} a_{11} & a_{12} & \cdots & a_{1n} \\ 0 & a_{22} & \cdots & a_{2n} \\ \vdots & \vdots & & \vdots \\ 0 & 0 & \cdots & a_{nn} \end{vmatrix}$ 的计算公式.

【解题思路】 直接利用 n 阶行列式的运算法则，所有取自**不同行不同列**的 n 项元素乘积的**代数和**.

【答案解析】 按照定义，从行列式中取出不同行不同列的 n 项元素. 注意到式中有较多的 0，而取出的 n 项元素只要有一项为 0，该展开项就为 0，对结果就没有影响，故在取这 n 项时，只取不为 0 的项. 由于每一行都要取一个元素，因此我们先考虑最后一行，最后一行只有一个非零元素 a_{nn}，也就是说，在不取 0 的情况下，最后一行只有取 a_{nn} 一种选择. 再考虑倒数第二行，由于所取的元素不能同列，故倒数第二行不能取 $a_{n-1,n}$，这样倒数第二行只有取 $a_{n-1,n-1}$ 一种选择. 依次进行下去……我们会发现每一行都只有一种选择，最后取出的行列式实际只有一个展开项：$a_{nn}a_{n-1,n-1}\cdots a_{11}$，根据列标排列顺序的奇偶性不难发现，$a_{11}a_{22}\cdots a_{nn}$ 的符号为正. 故 $\begin{vmatrix} a_{11} & a_{12} & \cdots & a_{1n} \\ 0 & a_{22} & \cdots & a_{2n} \\ \vdots & \vdots & & \vdots \\ 0 & 0 & \cdots & a_{nn} \end{vmatrix} = a_{11}a_{22}\cdots a_{nn}$.

考点三 性质一

行列式与其转置行列式相等，即 $|\boldsymbol{A}| = |\boldsymbol{A}^{\mathrm{T}}|$.

【敲黑板】 若 $|\boldsymbol{A}| = \begin{vmatrix} a_{11} & a_{12} & \cdots & a_{1n} \\ a_{21} & a_{22} & \cdots & a_{2n} \\ \vdots & \vdots & & \vdots \\ a_{n1} & a_{n2} & \cdots & a_{nn} \end{vmatrix}$，则 $|\boldsymbol{A}^{\mathrm{T}}| = \begin{vmatrix} a_{11} & a_{21} & \cdots & a_{n1} \\ a_{12} & a_{22} & \cdots & a_{n2} \\ \vdots & \vdots & & \vdots \\ a_{1n} & a_{2n} & \cdots & a_{nn} \end{vmatrix}$ 称为其转置行列式.

考点四 性质二

交换行列式的两行(列)，行列式变号.

推论 若行列式中有两行(列) 完全相同，则行列式为零.

考点五 性质三

将行列式的某一行(列) 乘一个常数 k 后，行列式的值变为原来的 k 倍.

推论 1 若行列式某行(列) 各元素有公因子 $k(k \neq 0)$，则 k 可以提到行列式外面，即

$$\begin{vmatrix} a_{11} & a_{12} & \cdots & a_{1n} \\ \vdots & \vdots & & \vdots \\ ka_{i1} & ka_{i2} & \cdots & ka_{in} \\ \vdots & \vdots & & \vdots \\ a_{n1} & a_{n2} & \cdots & a_{nn} \end{vmatrix} = k\begin{vmatrix} a_{11} & a_{12} & \cdots & a_{1n} \\ \vdots & \vdots & & \vdots \\ a_{i1} & a_{i2} & \cdots & a_{in} \\ \vdots & \vdots & & \vdots \\ a_{n1} & a_{n2} & \cdots & a_{nn} \end{vmatrix}.$$

推论 2 若行列式某行(列) 元素全为零，则行列式为零.

考点六 性质四

若行列式有两行(列) 元素对应成比例，则行列式为零.

考点七 性质五

如果行列式某一行(列) 的所有元素都可以写成两个数的和，那么该行列式可以写成两个行列式的和，这两个行列式的这一行(列) 分别为对应的两个加数，其余行(列) 与原行列式相等，即

$$\begin{vmatrix} a_{11} & a_{12} & \cdots & a_{1n} \\ \vdots & \vdots & & \vdots \\ a_{i1}+b_{i1} & a_{i2}+b_{i2} & \cdots & a_{in}+b_{in} \\ \vdots & \vdots & & \vdots \\ a_{n1} & a_{n2} & \cdots & a_{nn} \end{vmatrix} = \begin{vmatrix} a_{11} & a_{12} & \cdots & a_{1n} \\ \vdots & \vdots & & \vdots \\ a_{i1} & a_{i2} & \cdots & a_{in} \\ \vdots & \vdots & & \vdots \\ a_{n1} & a_{n2} & \cdots & a_{nn} \end{vmatrix} + \begin{vmatrix} a_{11} & a_{12} & \cdots & a_{1n} \\ \vdots & \vdots & & \vdots \\ b_{i1} & b_{i2} & \cdots & b_{in} \\ \vdots & \vdots & & \vdots \\ a_{n1} & a_{n2} & \cdots & a_{nn} \end{vmatrix}.$$

考点八 性质六

将行列式某一行(列)的各元素的 k 倍加到另一行(列)对应的元素上,行列式的值不变.

题型三 低阶行列式的计算

【解题方法】二阶和三阶行列式有计算公式,可以直接计算. 三阶以上的行列式,一般先观察行列式的数据特点,利用行列式的性质进行简化再代入计算公式. 对于较复杂的三阶行列式,也可以考虑先进行展开.

例 6 行列式 $\begin{vmatrix} j & m & w \\ m & w & j \\ w & j & m \end{vmatrix} = ($ $)$.

(A) $jmw-j^3-m^3-w^3$

(B) $j^3+m^3+w^3-jmw$

(C) $3jmw-j^3-m^3-w^3$

(D) $j^3+m^3+w^3-3jmw$

(E) $jmw-3j^3-3m^3-3w^3$

【参考答案】C

【解题思路】低阶行列式一般指二阶、三阶行列式,可直接用对角线法则计算.

【答案解析】由对角线法则得

$$\begin{vmatrix} j & m & w \\ m & w & j \\ w & j & m \end{vmatrix} = jwm+mjw+wmj-j^3-m^3-w^3=3jmw-j^3-m^3-w^3,$$

故本题应选择 C.

例 7 计算下列行列式.

(1) $\begin{vmatrix} 1 & 2 & 3 \\ 99 & 201 & 302 \\ 1 & 2 & 4 \end{vmatrix}$;

(2) $\begin{vmatrix} a_1+b_1 & 2a_1-b_1 & 4a_1+5b_1 \\ a_2+b_2 & 2a_2-b_2 & 4a_2+5b_2 \\ a_3+b_3 & 2a_3-b_3 & 4a_3+5b_3 \end{vmatrix}$.

【解题思路】利用行列式的性质进行计算.

【答案解析】(1) $\begin{vmatrix} 1 & 2 & 3 \\ 99 & 201 & 302 \\ 1 & 2 & 4 \end{vmatrix} = \begin{vmatrix} 1 & 2 & 3 \\ 100-1 & 200+1 & 300+2 \\ 1 & 2 & 4 \end{vmatrix}$

$$= \begin{vmatrix} 1 & 2 & 3 \\ 100 & 200 & 300 \\ 1 & 2 & 4 \end{vmatrix} + \begin{vmatrix} 1 & 2 & 3 \\ -1 & 1 & 2 \\ 1 & 2 & 4 \end{vmatrix} = \begin{vmatrix} 1 & 2 & 3 \\ -1 & 1 & 2 \\ 1 & 2 & 4 \end{vmatrix}$$

$$= \begin{vmatrix} 1 & 2 & 3 \\ 0 & 3 & 5 \\ 0 & 0 & 1 \end{vmatrix} = 3.$$

(2) $\begin{vmatrix} a_1+b_1 & 2a_1-b_1 & 4a_1+5b_1 \\ a_2+b_2 & 2a_2-b_2 & 4a_2+5b_2 \\ a_3+b_3 & 2a_3-b_3 & 4a_3+5b_3 \end{vmatrix}$

$$= \begin{vmatrix} a_1+b_1 & -3b_1 & 4a_1+5b_1 \\ a_2+b_2 & -3b_2 & 4a_2+5b_2 \\ a_3+b_3 & -3b_3 & 4a_3+5b_3 \end{vmatrix} \text{(将第 1 列的(}-2\text{) 倍加到第 2 列)}$$

$$= \begin{vmatrix} a_1+b_1 & -3b_1 & b_1 \\ a_2+b_2 & -3b_2 & b_2 \\ a_3+b_3 & -3b_3 & b_3 \end{vmatrix} \text{(将第 1 列的(}-4\text{) 倍加到第 3 列)}$$

$= 0.$

题型四　高阶行列式的计算

【解题方法】高阶行列式没有直接的计算公式，一是利用行列式的性质进行“三角化”；二是运用按行或按列的展开法则对其先进行降阶，其中运用展开法则的行列式一般要求有某行或某列仅有一个或两个非零元的情形，再利用行列式的性质进行计算.

例 8 行列式 $\begin{vmatrix} 1 & b_1 & 0 & 0 \\ -1 & 1-b_1 & b_1 & 0 \\ 0 & -1 & 1-b_1 & b_1 \\ 0 & 0 & -1 & 1-b_1 \end{vmatrix} = (\quad)$.

(A)1　　(B)2　　(C)3　　(D)4　　(E)5

【参考答案】A

【解题思路】需要计算的行列式形式与上三角形行列式比较接近，故可以考虑先“三角化”，再计算.

【答案解析】原式$=\begin{vmatrix}1&b_1&0&0\\0&1&b_1&0\\0&-1&1-b_1&b_1\\0&0&-1&1-b_1\end{vmatrix}=\begin{vmatrix}1&b_1&0&0\\0&1&b_1&0\\0&0&1&b_1\\0&0&-1&1-b_1\end{vmatrix}$

$$=\begin{vmatrix}1&b_1&0&0\\0&1&b_1&0\\0&0&1&b_1\\0&0&0&1\end{vmatrix}=1.$$

例9 计算 n 阶行列式$\begin{vmatrix}1+a&1&1&\cdots&1\\1&1+a&1&\cdots&1\\1&1&1+a&\cdots&1\\\vdots&\vdots&\vdots&&\vdots\\1&1&1&\cdots&1+a\end{vmatrix}$.

【解题思路】由于行列式每一列元素之和都为 $n+a$,故将第 $2,3,\cdots,n$ 行均加至第1行,再利用行列式的性质转化为上三角形行列式.

【答案解析】$\begin{vmatrix}1+a&1&1&\cdots&1\\1&1+a&1&\cdots&1\\1&1&1+a&\cdots&1\\\vdots&\vdots&\vdots&&\vdots\\1&1&1&\cdots&1+a\end{vmatrix}=\begin{vmatrix}n+a&n+a&n+a&\cdots&n+a\\1&1+a&1&\cdots&1\\1&1&1+a&\cdots&1\\\vdots&\vdots&\vdots&&\vdots\\1&1&1&\cdots&1+a\end{vmatrix}$

$$=(n+a)\begin{vmatrix}1&1&1&\cdots&1\\1&1+a&1&\cdots&1\\1&1&1+a&\cdots&1\\\vdots&\vdots&\vdots&&\vdots\\1&1&1&\cdots&1+a\end{vmatrix},$$

再将第1行的 -1 倍加至其他行,得

$$\begin{vmatrix}1&1&1&\cdots&1\\1&1+a&1&\cdots&1\\1&1&1+a&\cdots&1\\\vdots&\vdots&\vdots&&\vdots\\1&1&1&\cdots&1+a\end{vmatrix}=\begin{vmatrix}1&1&1&\cdots&1\\0&a&0&\cdots&0\\0&0&a&\cdots&0\\\vdots&\vdots&\vdots&&\vdots\\0&0&0&\cdots&a\end{vmatrix}=a^{n-1},$$

故原式 $=(n+a)a^{n-1}$.

考点九 余子式与代数余子式

将 n 阶行列式中元素 a_{ij} 所在的行和列划掉之后得到的 $n-1$ 阶行列式称为元素 a_{ij} 的余子式,

记作 M_{ij}，即

$$M_{ij}=\begin{vmatrix} a_{11} & a_{12} & \cdots & a_{1,j-1} & a_{1,j+1} & \cdots & a_{1n} \\ a_{21} & a_{22} & \cdots & a_{2,j-1} & a_{2,j+1} & \cdots & a_{2n} \\ \vdots & \vdots & & \vdots & \vdots & & \vdots \\ a_{i-1,1} & a_{i-1,2} & \cdots & a_{i-1,j-1} & a_{i-1,j+1} & \cdots & a_{i-1,n} \\ a_{i+1,1} & a_{i+1,2} & \cdots & a_{i+1,j-1} & a_{i+1,j+1} & \cdots & a_{i+1,n} \\ \vdots & \vdots & & \vdots & \vdots & & \vdots \\ a_{n1} & a_{n2} & \cdots & a_{n,j-1} & a_{n,j+1} & \cdots & a_{nn} \end{vmatrix}.$$

给余子式加上符号则称为**代数余子式**，记作 $A_{ij}=(-1)^{i+j}M_{ij}$.

【敲黑板】 余子式也是行列式，阶数比原先的行列式要低一阶.

题型五　求解代数余子式

【解题方法】 两步走.

第一步：计算行列式的余子式 M_{ij}；

第二步：利用代数余子式定义 $A_{ij}=(-1)^{i+j}M_{ij}$ 来解题.

例 10 分别求 $\begin{vmatrix} 0 & 1 & -2 \\ 3 & 4 & 5 \\ 6 & 7 & 8 \end{vmatrix}$ 与 $\begin{vmatrix} x & y & z \\ 3 & 4 & 5 \\ 6 & 7 & 8 \end{vmatrix}$ 第一行元素的代数余子式.

【解题思路】 首先求出第一行元素的余子式，再利用代数余子式定义来计算.

【答案解析】 由题意知，两个行列式第一行元素的代数余子式相同，即

$$A_{11}=(-1)^{1+1}M_{11}=\begin{vmatrix} 4 & 5 \\ 7 & 8 \end{vmatrix}=4\times8-5\times7=-3,$$

$$A_{12}=(-1)^{1+2}M_{12}=-\begin{vmatrix} 3 & 5 \\ 6 & 8 \end{vmatrix}=-(3\times8-5\times6)=6,$$

$$A_{13}=(-1)^{1+3}M_{13}=\begin{vmatrix} 3 & 4 \\ 6 & 7 \end{vmatrix}=3\times7-4\times6=-3.$$

例 11 设行列式 $D=\begin{vmatrix} a_{11} & a_{12} & a_{13} \\ a_{21} & a_{22} & a_{23} \\ a_{31} & a_{32} & a_{33} \end{vmatrix}$，$M_{ij}$ 是 D 中元素 a_{ij} 的余子式，$i,j=1,2,3$，A_{ij} 是 D 中元素 a_{ij} 的代数余子式，则满足 $M_{ij}=A_{ij}$ 的数组 (M_{ij},A_{ij}) 有（　　）组.

(A)1　　(B)2　　(C)3　　(D)4　　(E)5

【参考答案】 E

【解题思路】 行列式中 M_{ij} 与 A_{ij} 之间的差异是项前符号 $(-1)^{i+j}$.

【答案解析】 对于三阶行列式，行标和列标之和为偶数的元素共有 5 个，故本题应选择 E.

考点十 行列式的按行(列)展开法则

行列式的值等于其任何一行(列)所有元素与其代数余子式乘积之和,即

$$\begin{aligned}|\boldsymbol{A}| &= a_{i1}A_{i1}+a_{i2}A_{i2}+\cdots+a_{in}A_{in}\ (i=1,2,\cdots,n)\\ &= a_{1j}A_{1j}+a_{2j}A_{2j}+\cdots+a_{nj}A_{nj}\ (j=1,2,\cdots,n).\end{aligned}$$

【敲黑板】 行列式的一行(列)所有元素与另一行(列)对应元素的代数余子式的乘积之和为零,即

$$a_{i1}A_{k1}+a_{i2}A_{k2}+\cdots+a_{in}A_{kn}=0\ (i\neq k),$$

或

$$a_{1j}A_{1k}+a_{2j}A_{2k}+\cdots+a_{nj}A_{nk}=0\ (j\neq k).$$

题型六 利用展开法则求解行列式

【解题方法】 根据行列式按行(列)展开法则知,任何一个 n 阶行列式可以按照某一行(列)展开,降至若干 $n-1$ 阶行列式的代数和,以此类推,任何一个 n 阶行列式都可降至若干二阶、三阶行列式的代数和,之后再进行计算.

例 12 计算行列式 $\begin{vmatrix}2&4&5&0&0\\1&3&8&0&0\\0&2&0&0&0\\0&1&1&-1&3\\0&3&-2&-3&0\end{vmatrix}$.

【解题思路】 本题为数值型行列式计算题,其中第 3 行,第 5 列含零元素较多,更适合用降阶法计算.

【答案解析】 先按第 5 列,再按第 4 列,最后按第 3 行展开,化为一个二阶行列式,即

$$\begin{vmatrix}2&4&5&0&0\\1&3&8&0&0\\0&2&0&0&0\\0&1&1&-1&3\\0&3&-2&-3&0\end{vmatrix}=3\times(-1)^{4+5}\begin{vmatrix}2&4&5&0\\1&3&8&0\\0&2&0&0\\0&3&-2&-3\end{vmatrix}$$

$$=-3\times(-3)\times(-1)^{4+4}\begin{vmatrix}2&4&5\\1&3&8\\0&2&0\end{vmatrix}=9\times2\times(-1)^{3+2}\begin{vmatrix}2&5\\1&8\end{vmatrix}=-198.$$

例 13 $D_4=\begin{vmatrix}a&0&0&b\\0&a&b&0\\0&c&d&0\\c&0&0&d\end{vmatrix}=(\quad)$.

(A) $-(ac-bd)^2$　　(B) $(ac-bd)^2$　　(C) $(ab-dc)^2$

(D) $(ad-bc)^2$　　(E) $-(ad-bc)^2$

【参考答案】D

【解题思路】当行列式只有两条对角线上元素不为0时，可以按其中一行展开，找出递推关系式. 把 $D_{2n}=\begin{vmatrix} a_n & \cdots & 0 & 0 & \cdots & b_n \\ \vdots & & \vdots & \vdots & & \vdots \\ 0 & \cdots & a_1 & b_1 & \cdots & 0 \\ 0 & \cdots & c_1 & d_1 & \cdots & 0 \\ \vdots & & \vdots & \vdots & & \vdots \\ c_n & \cdots & 0 & 0 & \cdots & d_n \end{vmatrix}$ 按第1行展开，得

$$D_{2n}=a_n\begin{vmatrix} a_{n-1} & \cdots & 0 & 0 & \cdots & b_{n-1} & 0 \\ \vdots & & \vdots & \vdots & & \vdots & \vdots \\ 0 & \cdots & a_1 & b_1 & \cdots & 0 & 0 \\ 0 & \cdots & c_1 & d_1 & \cdots & 0 & 0 \\ \vdots & & \vdots & \vdots & & \vdots & \vdots \\ c_{n-1} & \cdots & 0 & 0 & \cdots & d_{n-1} & 0 \\ 0 & \cdots & 0 & 0 & \cdots & 0 & d_n \end{vmatrix}+(-1)^{2n+1}b_n\begin{vmatrix} 0 & a_{n-1} & \cdots & 0 & 0 & \cdots & b_{n-1} \\ \vdots & \vdots & & \vdots & \vdots & & \vdots \\ 0 & 0 & \cdots & a_1 & b_1 & \cdots & 0 \\ 0 & 0 & \cdots & c_1 & d_1 & \cdots & 0 \\ \vdots & \vdots & & \vdots & \vdots & & \vdots \\ 0 & c_{n-1} & \cdots & 0 & 0 & \cdots & d_{n-1} \\ c_n & 0 & \cdots & 0 & 0 & \cdots & 0 \end{vmatrix},$$

将以上两个行列式分别按最后一行展开，得

$$D_{2n}=a_nd_n\begin{vmatrix} a_{n-1} & \cdots & 0 & 0 & \cdots & b_{n-1} \\ \vdots & & \vdots & \vdots & & \vdots \\ 0 & \cdots & a_1 & b_1 & \cdots & 0 \\ 0 & \cdots & c_1 & d_1 & \cdots & 0 \\ \vdots & & \vdots & \vdots & & \vdots \\ c_{n-1} & \cdots & 0 & 0 & \cdots & d_{n-1} \end{vmatrix}+(-1)^{2n+1}b_nc_n\begin{vmatrix} a_{n-1} & \cdots & 0 & 0 & \cdots & b_{n-1} \\ \vdots & & \vdots & \vdots & & \vdots \\ 0 & \cdots & a_1 & b_1 & \cdots & 0 \\ 0 & \cdots & c_1 & d_1 & \cdots & 0 \\ \vdots & & \vdots & \vdots & & \vdots \\ c_{n-1} & \cdots & 0 & 0 & \cdots & d_{n-1} \end{vmatrix}$$

$$=a_nd_nD_{2n-2}-b_nc_nD_{2n-2},$$

由此得递推公式 $D_{2n}=(a_nd_n-b_nc_n)D_{2n-2}(n\geqslant 2)$，按递推公式逐层代入得 $D_{2n}=\prod\limits_{i=2}^{n}(a_id_i-b_ic_i)D_2$，又由 $D_2=\begin{vmatrix} a_1 & b_1 \\ c_1 & d_1 \end{vmatrix}=a_1d_1-b_1c_1$，得原行列式 $D_{2n}=\prod\limits_{i=1}^{n}(a_id_i-b_ic_i)$.

【答案解析】**方法1** 套用递推公式，有

$$D_4=(ad-bc)D_2=(ad-bc)^2.$$

方法2 由于已知行列式阶数不大，也可直接用降阶法计算，先按第1行，再按第3行展开，故

$$D_4=\begin{vmatrix} a & 0 & 0 & b \\ 0 & a & b & 0 \\ 0 & c & d & 0 \\ c & 0 & 0 & d \end{vmatrix}=a\begin{vmatrix} a & b & 0 \\ c & d & 0 \\ 0 & 0 & d \end{vmatrix}-b\begin{vmatrix} 0 & a & b \\ 0 & c & d \\ c & 0 & 0 \end{vmatrix}=ad\begin{vmatrix} a & b \\ c & d \end{vmatrix}-bc\begin{vmatrix} a & b \\ c & d \end{vmatrix}=(ad-bc)^2,$$

故本题应选择 D.

题型七　代数余子式与行列式的计算

【解题方法】 由行列式展开法则

$$D=\begin{vmatrix} a_{11} & a_{12} & \cdots & a_{1n} \\ \vdots & \vdots & & \vdots \\ a_{i1} & a_{i2} & \cdots & a_{in} \\ \vdots & \vdots & & \vdots \\ a_{n1} & a_{n2} & \cdots & a_{nn} \end{vmatrix}=a_{i1}A_{i1}+a_{i2}A_{i2}+\cdots+a_{in}A_{in},i=1,2,\cdots,n,$$

可以看到，行列式 D 等于第 i 行代数余子式的代数和，其中和式的组合系数即为对应行的元素，反之，要求任意一行(列) 代数余子式的代数和，只需将其组合系数代替原来行列式对应行(列) 的元素，计算新的行列式即可，从而提供了计算任意一行(列) 代数余子式的代数和的方法.

例 14　设 $|\boldsymbol{A}|=\begin{vmatrix} 1 & -2 & 3 & 5 \\ 3 & 4 & 2 & 1 \\ 1 & -1 & 2 & 3 \\ 1 & 2 & 1 & 1 \end{vmatrix}$.

(1) 求 $A_{21}-2A_{22}+3A_{23}+5A_{24}$；

(2) 求 $M_{41}+M_{42}+M_{43}$.

【解题思路】 求某行(列)代数余子式的代数和，是按行(列)展开法则应用的一个重要题型. 对于一个四阶行列式而言，计算第 i 行代数余子式的和式 $b_{i1}A_{i1}+b_{i2}A_{i2}+b_{i3}A_{i3}+b_{i4}A_{i4}$，关键是考查其组合系数 $b_{i1},b_{i2},b_{i3},b_{i4}$ 与行列式中各行元素是否相同，如果 $b_{i1},b_{i2},b_{i3},b_{i4}$ 恰好是该行列式第 i 行的元素，则和式即为行列式第 i 行的展开式，因此，和式就等于该行列式的值. 如果 $b_{i1},b_{i2},b_{i3},b_{i4}$ 是该行列式其他行的元素，则和式为 0. 如果 $b_{i1},b_{i2},b_{i3},b_{i4}$ 与该行列式任何行的元素都不相同，则和式等于将 $b_{i1},b_{i2},b_{i3},b_{i4}$ 替代该行列式第 i 行后得到的新的行列式的值.

【答案解析】 (1) 根据展开法则知，$A_{21}-2A_{22}+3A_{23}+5A_{24}$ 等于在原行列式中把第 2 行元素替换成 1，−2，3，5 得到的新行列式，即

$$A_{21}-2A_{22}+3A_{23}+5A_{24}=\begin{vmatrix} 1 & -2 & 3 & 5 \\ 1 & -2 & 3 & 5 \\ 1 & -1 & 2 & 3 \\ 1 & 2 & 1 & 1 \end{vmatrix}=0.$$

(2) 根据余子式与代数余子式的关系，得 $M_{41}+M_{42}+M_{43}=-A_{41}+A_{42}-A_{43}+0A_{44}$，类似(1)的推理，可得 $-A_{41}+A_{42}-A_{43}+0A_{44}$ 等于在原行列式中把第 4 行元素替换成 −1，1，−1，0 得到的新行列式，即 $M_{41}+M_{42}+M_{43}=-A_{41}+A_{42}-A_{43}+0A_{44}=\begin{vmatrix} 1 & -2 & 3 & 5 \\ 3 & 4 & 2 & 1 \\ 1 & -1 & 2 & 3 \\ -1 & 1 & -1 & 0 \end{vmatrix}=-3.$

例 15 设四阶行列式

$$\begin{vmatrix} 2 & 1 & -1 & 2 \\ 3 & 0 & 1 & 6 \\ -2 & 3 & -1 & 4 \\ 5 & 2 & 3 & 7 \end{vmatrix}.$$

求：

(1) $-A_{11}+A_{21}-A_{31}+3A_{41}$；

(2) $A_{41}+A_{42}+A_{43}+A_{44}$.

【解题思路】 同例 14.

【答案解析】 (1) 题中和式是行列式中第 1 列元素的代数余子式的代数和，但其组合系数 -1，1，-1，3 是行列式中第 3 列元素，因此，$-A_{11}+A_{21}-A_{31}+3A_{41}=0$.

(2) 题中和式是行列式中第 4 行元素的代数余子式的代数和，其组合系数 1，1，1，1 与行列式中任何行的元素都不相同，因此，将 1，1，1，1 与行列式中第 4 行元素置换，得

$$A_{41}+A_{42}+A_{43}+A_{44}=\begin{vmatrix} 2 & 1 & -1 & 2 \\ 3 & 0 & 1 & 6 \\ -2 & 3 & -1 & 4 \\ 1 & 1 & 1 & 1 \end{vmatrix} \xlongequal[r_3+2r_4]{\substack{r_1-2r_4 \\ r_2-3r_4}} \begin{vmatrix} 0 & -1 & -3 & 0 \\ 0 & -3 & -2 & 3 \\ 0 & 5 & 1 & 6 \\ 1 & 1 & 1 & 1 \end{vmatrix}$$

$$=(-1)^{4+1}\begin{vmatrix} -1 & -3 & 0 \\ -3 & -2 & 3 \\ 5 & 1 & 6 \end{vmatrix}=-(12-45+3-54)=84.$$

考点十一　二阶、三阶行列式

$$\begin{vmatrix} a & b \\ c & d \end{vmatrix}=ad-bc,$$

$$\begin{vmatrix} a & b & c \\ d & e & f \\ g & h & i \end{vmatrix}=aei+dhc+bfg-ceg-bdi-fha.$$

考点十二　上(下)三角形行列式

$$\begin{vmatrix} a_{11} & a_{12} & \cdots & a_{1n} \\ 0 & a_{22} & \cdots & a_{2n} \\ \vdots & \vdots & & \vdots \\ 0 & 0 & \cdots & a_{nn} \end{vmatrix}=\begin{vmatrix} a_{11} & 0 & \cdots & 0 \\ a_{21} & a_{22} & \cdots & 0 \\ \vdots & \vdots & & \vdots \\ a_{n1} & a_{n2} & \cdots & a_{nn} \end{vmatrix}=\begin{vmatrix} a_{11} & 0 & \cdots & 0 \\ 0 & a_{22} & \cdots & 0 \\ \vdots & \vdots & & \vdots \\ 0 & 0 & \cdots & a_{nn} \end{vmatrix}=a_{11}a_{22}\cdots a_{nn}.$$

考点十三 副对角线行列式

$$\begin{vmatrix} a_{11} & \cdots & a_{1,n-1} & a_{1n} \\ a_{21} & \cdots & a_{2,n-1} & 0 \\ \vdots & & \vdots & \vdots \\ a_{n1} & \cdots & 0 & 0 \end{vmatrix} = \begin{vmatrix} 0 & \cdots & 0 & a_{1n} \\ 0 & \cdots & a_{2,n-1} & a_{2n} \\ \vdots & & \vdots & \vdots \\ a_{n1} & \cdots & a_{n,n-1} & a_{nn} \end{vmatrix} = \begin{vmatrix} 0 & \cdots & 0 & a_{1n} \\ 0 & \cdots & a_{2,n-1} & 0 \\ \vdots & & \vdots & \vdots \\ a_{n1} & \cdots & 0 & 0 \end{vmatrix}$$

$$= (-1)^{\frac{n(n-1)}{2}} a_{1n}a_{2,n-1}\cdots a_{n1}.$$

考点十四 范德蒙德行列式

$$\begin{vmatrix} 1 & 1 & 1 & \cdots & 1 \\ a_1 & a_2 & a_3 & \cdots & a_n \\ a_1^2 & a_2^2 & a_3^2 & \cdots & a_n^2 \\ \vdots & \vdots & \vdots & & \vdots \\ a_1^{n-1} & a_2^{n-1} & a_3^{n-1} & \cdots & a_n^{n-1} \end{vmatrix} = \begin{vmatrix} 1 & a_1 & a_1^2 & \cdots & a_1^{n-1} \\ 1 & a_2 & a_2^2 & \cdots & a_2^{n-1} \\ 1 & a_3 & a_3^2 & \cdots & a_3^{n-1} \\ \vdots & \vdots & \vdots & & \vdots \\ 1 & a_n & a_n^2 & \cdots & a_n^{n-1} \end{vmatrix} = \prod_{1\leqslant i<j\leqslant n}(a_j - a_i).$$

题型八 范德蒙德行列式的应用

【解题方法】 如果要计算的行列式与范德蒙德行列式有类似的结构，则可以考虑使用公式. 一般来说，我们需要先对行列式进行适当的变形，才能利用范德蒙德行列式公式进行计算.

例 16 行列式 $\begin{vmatrix} 1 & 2 & 4 & 8 \\ 1 & -3 & 9 & -27 \\ 1 & -1 & 1 & -1 \\ 1 & 4 & 16 & 64 \end{vmatrix} = (\quad)$.

(A) 2 100　　(B) 1 900　　(C) 1 700　　(D) 1 500　　(E) 1 200

【参考答案】 A

【解题思路】 题中行列式各行分别由数字 $2, -3, -1, 4$ 从左到右升幂排列，属于范德蒙德行列式的典型结构，直接利用公式即可.

【答案解析】 由于

$$\begin{vmatrix} 1 & 2 & 4 & 8 \\ 1 & -3 & 9 & -27 \\ 1 & -1 & 1 & -1 \\ 1 & 4 & 16 & 64 \end{vmatrix} = \begin{vmatrix} 1 & 2 & 2^2 & 2^3 \\ 1 & -3 & (-3)^2 & (-3)^3 \\ 1 & -1 & (-1)^2 & (-1)^3 \\ 1 & 4 & 4^2 & 4^3 \end{vmatrix}$$

$$= (4-2)\times[4-(-3)]\times[4-(-1)]\times(-1-2)\times[-1-(-3)]\times(-3-2)$$

$$= 2\times 7\times 5\times(-3)\times 2\times(-5) = 2\ 100,$$

故本题应选择 A.

例 17 计算行列式 $\begin{vmatrix} 1 & 2 & 3 & 4 \\ 1 & 2^2 & 3^2 & 4^2 \\ 1 & 2^3 & 3^3 & 4^3 \\ 5 & 4 & 3 & 2 \end{vmatrix}$.

【解题思路】 本题从形式上与范德蒙德行列式比较接近，但又不能直接使用公式，故可以考虑先利用行列式的性质进行变形，变成范德蒙德行列式的形式，再进行计算.

【答案解析】 第 1 行与第 4 行对应元素之和均为 6，故将第 1 行加到第 4 行，得

$$\begin{vmatrix} 1 & 2 & 3 & 4 \\ 1 & 2^2 & 3^2 & 4^2 \\ 1 & 2^3 & 3^3 & 4^3 \\ 5 & 4 & 3 & 2 \end{vmatrix} = \begin{vmatrix} 1 & 2 & 3 & 4 \\ 1 & 2^2 & 3^2 & 4^2 \\ 1 & 2^3 & 3^3 & 4^3 \\ 6 & 6 & 6 & 6 \end{vmatrix} = 6\begin{vmatrix} 1 & 2 & 3 & 4 \\ 1 & 2^2 & 3^2 & 4^2 \\ 1 & 2^3 & 3^3 & 4^3 \\ 1 & 1 & 1 & 1 \end{vmatrix},$$

再将第 4 行依次与第 3,2,1 行交换，得

$$\begin{vmatrix} 1 & 2 & 3 & 4 \\ 1 & 2^2 & 3^2 & 4^2 \\ 1 & 2^3 & 3^3 & 4^3 \\ 1 & 1 & 1 & 1 \end{vmatrix} = -\begin{vmatrix} 1 & 1 & 1 & 1 \\ 1 & 2 & 3 & 4 \\ 1 & 2^2 & 3^2 & 4^2 \\ 1 & 2^3 & 3^3 & 4^3 \end{vmatrix}.$$

最后一个行列式可以利用范德蒙德行列式进行计算，故

$$\text{原式} = -6\begin{vmatrix} 1 & 1 & 1 & 1 \\ 1 & 2 & 3 & 4 \\ 1 & 2^2 & 3^2 & 4^2 \\ 1 & 2^3 & 3^3 & 4^3 \end{vmatrix} = -6(2-1)(3-1)(4-1)(3-2)(4-2)(4-3) = -72.$$

基础能力题

1 已知 $D = \begin{vmatrix} 2 & -1 & 4 \\ 3 & 2 & 5 \\ 1 & 8 & 6 \end{vmatrix}$，则 $4A_{12} + 5A_{22} + 6A_{32} = ($　　$)$.

(A)3　　(B) -2　　(C)1　　(D)0　　(E)2

2 已知 $D = \begin{vmatrix} 1 & 2 & 1 \\ 2 & -3 & 5 \\ 3 & 1 & -1 \end{vmatrix}$，则 $A_{21} + 3A_{22} + 2A_{23} = ($　　$)$.

(A)0　　(B) -1　　(C) -2　　(D)2　　(E)1

3 已知三阶行列式 $\begin{vmatrix} a_{11} & a_{12} & a_{13} \\ a_{21} & a_{22} & a_{23} \\ a_{31} & a_{32} & a_{33} \end{vmatrix} = a$，则 $\begin{vmatrix} a_{31} & 2a_{11} - 5a_{21} & 3a_{21} \\ a_{32} & 2a_{12} - 5a_{22} & 3a_{22} \\ a_{33} & 2a_{13} - 5a_{23} & 3a_{23} \end{vmatrix} = ($　　$)$.

(A) $-6a$　　(B) $6a$　　(C) $-15a$　　(D) $15a$　　(E) $10a$

4 行列式$\begin{vmatrix} 1 & 4 & 1 \\ 5 & 16 & 3 \\ 25 & 64 & 9 \end{vmatrix}=$(　　).

(A)16　(B)10　(C)-8　(D)-10　(E)-16

5 行列式$\begin{vmatrix} 1 & -c & -b \\ c & 1 & -a \\ b & a & 1 \end{vmatrix}=$(　　).

(A)$1+a^2+b^2+c^2$　(B)$1-a^2+b^2-c^2$　(C)$1-a^2-b^2-c^2$

(D)$1+a^2-b^2-c^2$　(E)$1-a^2-b^2+c^2$

6 多项式$f(x)=\begin{vmatrix} x & -x & 1 & 2 \\ 2x & 0 & 2 & 5 \\ 3 & 1 & x+7 & -5 \\ 4 & x & 11 & 0 \end{vmatrix}$中$x$的最高次幂为(　　).

(A)0　(B)1　(C)2　(D)3　(E)4

7 若$D=\begin{vmatrix} a_{11} & a_{12} & a_{13} \\ a_{21} & a_{22} & a_{23} \\ a_{31} & a_{32} & a_{33} \end{vmatrix}$,则下列结论不正确的是(　　).

(A)$\begin{vmatrix} a_{33} & a_{23} & a_{13} \\ a_{32} & a_{22} & a_{12} \\ a_{31} & a_{21} & a_{11} \end{vmatrix}=D$　(B)$\begin{vmatrix} a_{33} & a_{23} & a_{13} \\ a_{32} & a_{22} & a_{12} \\ a_{31} & a_{21} & a_{11} \end{vmatrix}=-D$　(C)$\begin{vmatrix} a_{13} & a_{23} & a_{33} \\ a_{12} & a_{22} & a_{32} \\ a_{11} & a_{21} & a_{31} \end{vmatrix}=-D$

(D)$\begin{vmatrix} a_{31} & a_{21} & a_{11} \\ a_{32} & a_{22} & a_{12} \\ a_{33} & a_{23} & a_{13} \end{vmatrix}=-D$　(E)$\begin{vmatrix} a_{33} & a_{32} & a_{31} \\ a_{23} & a_{22} & a_{21} \\ a_{13} & a_{12} & a_{11} \end{vmatrix}=D$

8 设$D=\begin{vmatrix} 3 & 0 & 4 & 0 \\ 2 & 2 & 2 & 2 \\ 0 & 7 & 0 & 0 \\ 5 & -3 & 2 & 2 \end{vmatrix}$,则$D$的第4行余子式之和为(　　).

(A)0　(B)14　(C)28　(D)-14　(E)-28

9 行列式$\begin{vmatrix} 0 & a & b & 0 \\ a & 0 & 0 & b \\ 0 & c & d & 0 \\ c & 0 & 0 & d \end{vmatrix}=$(　　).

(A)$(ad-bc)^2$　(B)$-(ad-bc)^2$　(C)$a^2d^2-b^2c^2$

(D)$b^2c^2-a^2d^2$　(E)$(ad+bc)^2$

10 $D=\begin{vmatrix} a+2 & b+2 & c+2 & d+2 \\ a+3 & b+3 & c+3 & d+3 \\ a+4 & b+4 & c+4 & d+4 \\ a+5 & b+5 & c+5 & d+5 \end{vmatrix}=(\quad)$.

(A)0　(B)$6abcd$　(C)$12abcd$　(D)$16abcd$　(E)$20abcd$

基础能力题解析

1 【参考答案】D

【考点点睛】代数余子式.

【答案解析】由行列式的一行(列)所有元素与另一行(列)对应元素的代数余子式的乘积之和为零,得

$$4A_{12}+5A_{22}+6A_{32}=a_{13}A_{12}+a_{23}A_{22}+a_{33}A_{32}=0.$$

2 【参考答案】E

【考点点睛】代数余子式.

【答案解析】由行列式展开法则可得,$A_{21}+3A_{22}+2A_{23}=\begin{vmatrix} 1 & 2 & 1 \\ 1 & 3 & 2 \\ 3 & 1 & -1 \end{vmatrix}=1.$

3 【参考答案】B

【考点点睛】行列式的性质.

【答案解析】 $\begin{vmatrix} a_{31} & 2a_{11}-5a_{21} & 3a_{21} \\ a_{32} & 2a_{12}-5a_{22} & 3a_{22} \\ a_{33} & 2a_{13}-5a_{23} & 3a_{23} \end{vmatrix}=\begin{vmatrix} a_{31} & 2a_{11} & 3a_{21} \\ a_{32} & 2a_{12} & 3a_{22} \\ a_{33} & 2a_{13} & 3a_{23} \end{vmatrix}+\begin{vmatrix} a_{31} & -5a_{21} & 3a_{21} \\ a_{32} & -5a_{22} & 3a_{22} \\ a_{33} & -5a_{23} & 3a_{23} \end{vmatrix}$

$$=2\times3\begin{vmatrix} a_{31} & a_{11} & a_{21} \\ a_{32} & a_{12} & a_{22} \\ a_{33} & a_{13} & a_{23} \end{vmatrix}=6\begin{vmatrix} a_{11} & a_{12} & a_{13} \\ a_{21} & a_{22} & a_{23} \\ a_{31} & a_{32} & a_{33} \end{vmatrix}=6a.$$

4 【参考答案】C

【考点点睛】具体行列式的计算;范德蒙德行列式.

【答案解析】由范德蒙德行列式公式,有

$$\begin{vmatrix} 1 & 4 & 1 \\ 5 & 16 & 3 \\ 25 & 64 & 9 \end{vmatrix}=4\begin{vmatrix} 1 & 1 & 1 \\ 5 & 4 & 3 \\ 5^2 & 4^2 & 3^2 \end{vmatrix}=4\times(3-5)\times(3-4)\times(4-5)=-8,$$

故本题应选择 C.

5 【参考答案】A

【考点点睛】具体行列式的计算.

【答案解析】$\begin{vmatrix} 1 & -c & -b \\ c & 1 & -a \\ b & a & 1 \end{vmatrix} = 1+abc-abc+c^2+b^2+a^2=1+a^2+b^2+c^2$,故本题应选择 A.

6 【参考答案】D

【考点点睛】行列式的多项式展开问题.

【答案解析】将行列式按第 1 列展开,有

$$f(x)=x\begin{vmatrix} 0 & 2 & 5 \\ 1 & x+7 & -5 \\ x & 11 & 0 \end{vmatrix}-2x\begin{vmatrix} -x & 1 & 2 \\ 1 & x+7 & -5 \\ x & 11 & 0 \end{vmatrix}+3\begin{vmatrix} -x & 1 & 2 \\ 0 & 2 & 5 \\ x & 11 & 0 \end{vmatrix}-4\begin{vmatrix} -x & 1 & 2 \\ 0 & 2 & 5 \\ 1 & x+7 & -5 \end{vmatrix},$$

根据三阶行列式的运算法则,易得 x 的最高次幂为 3,故本题应选择 D.

7 【参考答案】B

【考点点睛】行列式的性质.

【答案解析】A,B 选项,

$$\begin{vmatrix} a_{33} & a_{23} & a_{13} \\ a_{32} & a_{22} & a_{12} \\ a_{31} & a_{21} & a_{11} \end{vmatrix} = \begin{vmatrix} a_{33} & a_{32} & a_{31} \\ a_{23} & a_{22} & a_{21} \\ a_{13} & a_{12} & a_{11} \end{vmatrix} \xlongequal{c_1\leftrightarrow c_3} -\begin{vmatrix} a_{31} & a_{32} & a_{33} \\ a_{21} & a_{22} & a_{23} \\ a_{11} & a_{12} & a_{13} \end{vmatrix} \xlongequal{r_1\leftrightarrow r_3} \begin{vmatrix} a_{11} & a_{12} & a_{13} \\ a_{21} & a_{22} & a_{23} \\ a_{31} & a_{32} & a_{33} \end{vmatrix} = D,$$

故 B 选项不正确,本题应选择 B.

C 选项,$\begin{vmatrix} a_{13} & a_{23} & a_{33} \\ a_{12} & a_{22} & a_{32} \\ a_{11} & a_{21} & a_{31} \end{vmatrix} = \begin{vmatrix} a_{13} & a_{12} & a_{11} \\ a_{23} & a_{22} & a_{21} \\ a_{33} & a_{32} & a_{31} \end{vmatrix} \xlongequal{c_1\leftrightarrow c_3} -\begin{vmatrix} a_{11} & a_{12} & a_{13} \\ a_{21} & a_{22} & a_{23} \\ a_{31} & a_{32} & a_{33} \end{vmatrix} = -D;$

D 选项,$\begin{vmatrix} a_{31} & a_{21} & a_{11} \\ a_{32} & a_{22} & a_{12} \\ a_{33} & a_{23} & a_{13} \end{vmatrix} = \begin{vmatrix} a_{31} & a_{32} & a_{33} \\ a_{21} & a_{22} & a_{23} \\ a_{11} & a_{12} & a_{13} \end{vmatrix} \xlongequal{r_1\leftrightarrow r_3} -\begin{vmatrix} a_{11} & a_{12} & a_{13} \\ a_{21} & a_{22} & a_{23} \\ a_{31} & a_{32} & a_{33} \end{vmatrix} = -D;$

E 选项,$\begin{vmatrix} a_{33} & a_{32} & a_{31} \\ a_{23} & a_{22} & a_{21} \\ a_{13} & a_{12} & a_{11} \end{vmatrix} \xlongequal{r_1\leftrightarrow r_3} -\begin{vmatrix} a_{13} & a_{12} & a_{11} \\ a_{23} & a_{22} & a_{21} \\ a_{33} & a_{32} & a_{31} \end{vmatrix} \xlongequal{c_1\leftrightarrow c_3} \begin{vmatrix} a_{11} & a_{12} & a_{13} \\ a_{21} & a_{22} & a_{23} \\ a_{31} & a_{32} & a_{33} \end{vmatrix} = D.$

8 【参考答案】C

【考点点睛】余子式和代数余子式.

【答案解析】由于

$$M_{41}+M_{42}+M_{43}+M_{44}=-A_{41}+A_{42}-A_{43}+A_{44}$$

$$=\begin{vmatrix}3&0&4&0\\2&2&2&2\\0&7&0&0\\-1&1&-1&1\end{vmatrix}=7\times(-1)^{3+2}\begin{vmatrix}3&4&0\\2&2&2\\-1&-1&1\end{vmatrix}=-7\times(-4)=28,$$

故本题应选择 C.

9 【参考答案】B

【考点点睛】利用展开法则求解行列式.

【答案解析】将行列式先按第 1 列,再按第 3 列展开,有

$$\begin{vmatrix}0&a&b&0\\a&0&0&b\\0&c&d&0\\c&0&0&d\end{vmatrix}=a\cdot(-1)^{2+1}\begin{vmatrix}a&b&0\\c&d&0\\0&0&d\end{vmatrix}+c\cdot(-1)^{4+1}\begin{vmatrix}a&b&0\\0&0&b\\c&d&0\end{vmatrix}$$

$$=-ad\begin{vmatrix}a&b\\c&d\end{vmatrix}+bc\begin{vmatrix}a&b\\c&d\end{vmatrix}$$

$$=-ad(ad-bc)+bc(ad-bc)$$

$$=-(ad-bc)^2.$$

10 【参考答案】A

【考点点睛】具体行列式的计算.

【答案解析】行列式元素有一定规律性,可化成两行成比例.

$$D=\begin{vmatrix}a+2&b+2&c+2&d+2\\a+3&b+3&c+3&d+3\\a+4&b+4&c+4&d+4\\a+5&b+5&c+5&d+5\end{vmatrix}\xlongequal[r_3-r_1]{r_2-r_1}\begin{vmatrix}a+2&b+2&c+2&d+2\\1&1&1&1\\2&2&2&2\\a+5&b+5&c+5&d+5\end{vmatrix}=0,$$

故本题应选择 A.

强化能力题

1 行列式 $\begin{vmatrix}x+a&a&a&a\\a&x+a&a&a\\a&a&x+a&a\\a&a&a&x+a\end{vmatrix}=(\quad)$.

(A) $(x+4a)x^3$　　(B) x^3　　(C) $x+4a$　　(D) $(x+4a)x^2$　　(E) $(x+4a)x^5$

2 行列式 $\begin{vmatrix} a & 0 & -1 & 1 \\ 0 & a & 1 & -1 \\ -1 & 1 & a & 0 \\ 1 & -1 & 0 & a \end{vmatrix} = (\quad)$.

(A) a^2　(B) a^2-4　(C) $a^2(a^2-4)$　(D) $a^2(a^2+4)$　(E) $a(a^2-4)$

3 设行列式 $D=\begin{vmatrix} 3x & 1 & x & 2 \\ 1 & 2 & x & 3 \\ 0 & -x & 3 & 1 \\ 2 & 3 & 1 & 2x \end{vmatrix}$，则 D 的展开式中 x^4 的系数为(　　).

(A)6　(B)4　(C)2　(D) -4　(E) -6

4 已知方程 $\begin{vmatrix} x-1 & -2 & 3 \\ 1 & x-4 & 3 \\ -1 & -a & x-1 \end{vmatrix}=0$ 有三重根，则参数 a 为(　　).

(A)3　(B)2　(C)1 或 $\frac{2}{3}$　(D) $\frac{1}{3}$　(E) $-\frac{2}{3}$

5 设 $f(x)=\begin{vmatrix} 1 & 0 & x \\ 1 & 2 & x^2 \\ 1 & 3 & x^3 \end{vmatrix}$，则 $f(x+1)-f(x)=(\quad)$.

(A) $6x$　(B) $6x^2$　(C) $6x^3$　(D) x^3　(E) x^2

6 若行列式 $D=\begin{vmatrix} 1 & 2 & 3 & 4 \\ 3 & 3 & 4 & 4 \\ 1 & 5 & 6 & 7 \\ 1 & 1 & 2 & 2 \end{vmatrix}=-6$，则 $A_{41}+A_{42}$ 与 $A_{43}+A_{44}$ 的值分别为(　　).

(A)12,9　(B) -12,9　(C)9,12　(D) -9,12　(E)12, -9

7 设多项式 $f(x)=\begin{vmatrix} x & -x & 1 & 3 \\ 2x & 0 & 2 & 5 \\ 2 & 1 & x+7 & -5 \\ 4 & -3 & 11 & 3x \end{vmatrix}$，则 $f(x)$ 的常数项等于(　　).

(A)16　(B)10　(C)8　(D) -10　(E) -16

8 已知 $\boldsymbol{\alpha}_1,\boldsymbol{\alpha}_2,\boldsymbol{\alpha}_3,\boldsymbol{\beta},\boldsymbol{\gamma}$ 均是 4 维列向量，且 $|\boldsymbol{\gamma},\boldsymbol{\alpha}_1,\boldsymbol{\alpha}_2,\boldsymbol{\alpha}_3|=n$，$|\boldsymbol{\alpha}_1,\boldsymbol{\beta}+\boldsymbol{\gamma},\boldsymbol{\alpha}_2,\boldsymbol{\alpha}_3|=m$，则 $|\boldsymbol{\alpha}_1,\boldsymbol{\alpha}_2,\boldsymbol{\alpha}_3,3\boldsymbol{\beta}|=(\quad)$.

(A) $m+n$　(B) $3m$　(C) $m-n$　(D) $3m-n$　(E) $3(m+n)$

9 已知 $\boldsymbol{\alpha}_1,\boldsymbol{\alpha}_2,\boldsymbol{\beta}_1,\boldsymbol{\beta}_2,\boldsymbol{\beta}_3$ 是 4 维列向量，且

$$|\boldsymbol{A}|=|\boldsymbol{\alpha}_1,\boldsymbol{\beta}_1,\boldsymbol{\beta}_2,\boldsymbol{\beta}_3|=5,\ |\boldsymbol{B}|=|\boldsymbol{\alpha}_2,\boldsymbol{\beta}_1,\boldsymbol{\beta}_2,\boldsymbol{\beta}_3|=-2,$$

则 $|\boldsymbol{A}+\boldsymbol{B}|=(\quad)$.

(A)24　(B)20　(C)16　(D)14　(E)12

强化能力题解析

1【参考答案】A

【考点点睛】行列式的计算.

【答案解析】

$$\begin{vmatrix} x+a & a & a & a \\ a & x+a & a & a \\ a & a & x+a & a \\ a & a & a & x+a \end{vmatrix}=\begin{vmatrix} x+4a & a & a & a \\ x+4a & x+a & a & a \\ x+4a & a & x+a & a \\ x+4a & a & a & x+a \end{vmatrix}$$

$$=(x+4a)\begin{vmatrix} 1 & a & a & a \\ 1 & x+a & a & a \\ 1 & a & x+a & a \\ 1 & a & a & x+a \end{vmatrix}$$

$$=(x+4a)\begin{vmatrix} 1 & a & a & a \\ 0 & x & 0 & 0 \\ 0 & 0 & x & 0 \\ 0 & 0 & 0 & x \end{vmatrix}=(x+4a)x^3.$$

2【参考答案】C

【考点点睛】利用展开法则求解行列式.

【答案解析】

$$\begin{vmatrix} a & 0 & -1 & 1 \\ 0 & a & 1 & -1 \\ -1 & 1 & a & 0 \\ 1 & -1 & 0 & a \end{vmatrix}=\begin{vmatrix} a & a & 0 & 0 \\ 0 & a & 1 & -1 \\ 0 & 0 & a & a \\ 1 & -1 & 0 & a \end{vmatrix}$$

$$\xlongequal[\text{展开}]{\text{按第 1 列}} a(-1)^{1+1}\begin{vmatrix} a & 1 & -1 \\ 0 & a & a \\ -1 & 0 & a \end{vmatrix}+(-1)^{4+1}\begin{vmatrix} a & 0 & 0 \\ a & 1 & -1 \\ 0 & a & a \end{vmatrix}$$

$$=a(a^3-2a)-2a^2=a^2(a^2-4).$$

3【参考答案】A

【考点点睛】行列式展开式的系数问题.

【答案解析】题干行列式 D 中仅 $a_{11},a_{23},a_{32},a_{44}$ 相乘可得“x^4”项,从而“x^4”项为

$$(-1)^{\tau(1324)}(3x)\cdot(x)\cdot(-x)\cdot(2x)=6x^4.$$

4 【参考答案】E

【考点点睛】行列式方程求根问题.

【答案解析】$\begin{vmatrix} x-1 & -2 & 3 \\ 1 & x-4 & 3 \\ -1 & -a & x-1 \end{vmatrix} \xlongequal{r_1-r_2} \begin{vmatrix} x-2 & 2-x & 0 \\ 1 & x-4 & 3 \\ -1 & -a & x-1 \end{vmatrix}$

$$\xlongequal{c_2+c_1} \begin{vmatrix} x-2 & 0 & 0 \\ 1 & x-3 & 3 \\ -1 & -1-a & x-1 \end{vmatrix}$$

$$=(x-2)(x^2-4x+3a+6)=0,$$

因为方程有三重根,所以必为 $x=2$,于是 $2^2-8+3a+6=0\Rightarrow a=-\dfrac{2}{3}$,故本题应选择 E.

5 【参考答案】B

【考点点睛】以行列式表示的函数问题.

【答案解析】$f(x+1)-f(x)=\begin{vmatrix} 1 & 0 & x+1 \\ 1 & 2 & x^2+2x+1 \\ 1 & 3 & x^3+3x^2+3x+1 \end{vmatrix}-\begin{vmatrix} 1 & 0 & x \\ 1 & 2 & x^2 \\ 1 & 3 & x^3 \end{vmatrix}$

$$=\begin{vmatrix} 1 & 0 & 1 \\ 1 & 2 & 2x+1 \\ 1 & 3 & 3x^2+3x+1 \end{vmatrix}=\begin{vmatrix} 1 & 0 & 0 \\ 1 & 2 & 2x \\ 1 & 3 & 3x^2+3x \end{vmatrix}$$

$$=1\times(-1)^{1+1}\begin{vmatrix} 2 & 2x \\ 3 & 3x^2+3x \end{vmatrix}=6x^2+6x-6x=6x^2.$$

6 【参考答案】E

【考点点睛】代数余子式.

【答案解析】由代数余子式的性质可得$\begin{cases} A_{41}+A_{42}+2(A_{43}+A_{44})=-6, \\ 3(A_{41}+A_{42})+4(A_{43}+A_{44})=0, \end{cases}$解得

$$A_{41}+A_{42}=12, A_{43}+A_{44}=-9.$$

7 【参考答案】B

【考点点睛】行列式的多项式展开问题.

【答案解析】多项式 $f(x)$ 的常数项,即 $f(0)$,故实际需要计算的是将 0 置换式中的 x 后得到的行列式的值. 在行列式中零元素较多的情况下,应利用分块矩阵求值.

$$f(0)=\begin{vmatrix}0&0&1&3\\0&0&2&5\\2&1&7&-5\\4&-3&11&0\end{vmatrix}=(-1)^{2\times2}\begin{vmatrix}1&3\\2&5\end{vmatrix}\begin{vmatrix}2&1\\4&-3\end{vmatrix}=-1\times(-10)=10.$$

故本题应选择 B.

8 【参考答案】E

【考点点睛】抽象行列式的计算.

【答案解析】求题意知，$|\boldsymbol{\alpha}_1,\boldsymbol{\beta}+\boldsymbol{\gamma},\boldsymbol{\alpha}_2,\boldsymbol{\alpha}_3|=|\boldsymbol{\alpha}_1,\boldsymbol{\beta},\boldsymbol{\alpha}_2,\boldsymbol{\alpha}_3|+|\boldsymbol{\alpha}_1,\boldsymbol{\gamma},\boldsymbol{\alpha}_2,\boldsymbol{\alpha}_3|=m$,即

$$|\boldsymbol{\alpha}_1,\boldsymbol{\beta},\boldsymbol{\alpha}_2,\boldsymbol{\alpha}_3|-|\boldsymbol{\gamma},\boldsymbol{\alpha}_1,\boldsymbol{\alpha}_2,\boldsymbol{\alpha}_3|=m,$$

又 $|\boldsymbol{\gamma},\boldsymbol{\alpha}_1,\boldsymbol{\alpha}_2,\boldsymbol{\alpha}_3|=n$,故 $|\boldsymbol{\alpha}_1,\boldsymbol{\beta},\boldsymbol{\alpha}_2,\boldsymbol{\alpha}_3|=m+n$,所以 $|\boldsymbol{\alpha}_1,3\boldsymbol{\beta},\boldsymbol{\alpha}_2,\boldsymbol{\alpha}_3|=3(m+n)$,故

$$|\boldsymbol{\alpha}_1,\boldsymbol{\alpha}_2,\boldsymbol{\alpha}_3,3\boldsymbol{\beta}|=3(m+n).$$

9 【参考答案】A

【考点点睛】抽象行列式的计算.

【答案解析】

$$\begin{aligned}|\boldsymbol{A}+\boldsymbol{B}|&=|\boldsymbol{\alpha}_1+\boldsymbol{\alpha}_2,2\boldsymbol{\beta}_1,2\boldsymbol{\beta}_2,2\boldsymbol{\beta}_3|\\&=|\boldsymbol{\alpha}_1,2\boldsymbol{\beta}_1,2\boldsymbol{\beta}_2,2\boldsymbol{\beta}_3|+|\boldsymbol{\alpha}_2,2\boldsymbol{\beta}_1,2\boldsymbol{\beta}_2,2\boldsymbol{\beta}_3|\\&=8|\boldsymbol{\alpha}_1,\boldsymbol{\beta}_1,\boldsymbol{\beta}_2,\boldsymbol{\beta}_3|+8|\boldsymbol{\alpha}_2,\boldsymbol{\beta}_1,\boldsymbol{\beta}_2,\boldsymbol{\beta}_3|\\&=8\times5-8\times2\\&=24.\end{aligned}$$

第9讲 矩 阵

本讲解读

本讲从内容上划分为四个部分，矩阵的概念和运算、伴随矩阵和逆矩阵、初等变换与初等矩阵、矩阵的秩，共计三十个考点，二十三个题型. 从真题对考试大纲的实践来看，本讲在考试中大约占 2 道题（试卷数学部分共 35 道题），约占线性代数部分的 28.6%，数学部分的 5.7%.

矩阵是线性代数活动的基地，应用广泛，考纲要求考生掌握矩阵的运算，其中考试的重点是矩阵的乘法运算、伴随矩阵、可逆矩阵以及初等矩阵.

重点考点标记见本讲“考点题型框架”.

考点题型框架

- 矩阵
  - 矩阵的概念和运算
    - 考点一　矩阵的定义
    - 考点二　特殊矩阵
    - 考点三　矩阵的加法
    - 考点四　矩阵的数乘★ → 题型一　矩阵的线性运算
    - 考点五　矩阵的乘法★
      - 题型二　矩阵的乘法运算
      - 题型三　矩阵的基本运算
      - 题型四　方阵的幂的计算
    - 考点六　矩阵的转置 → 题型五　行向量与列向量的乘法
    - 考点七　方阵行列式的定义
    - 考点八　方阵行列式的性质★
      - 题型六　方阵行列式的计算
      - 题型七　矩阵方程求行列式
    - 考点九　分块矩阵的定义
    - 考点十　分块矩阵的运算★ → 题型八　分块矩阵的运算
    - 考点十一　分块矩阵的行列式★
      - 题型九　分块矩阵行列式的计算
      - 题型十　抽象分块矩阵行列式的计算
  - 伴随矩阵和逆矩阵
    - 考点十二　可逆矩阵的定义
    - 考点十三　伴随矩阵的定义★ → 题型十一　求伴随矩阵
    - 考点十四　伴随矩阵的性质★ → 题型十二　伴随矩阵的计算

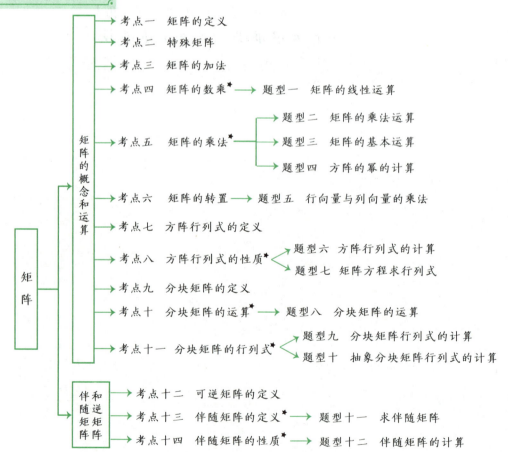

- 矩阵
  - 伴随矩阵和逆矩阵
    - 考点十五 可逆矩阵的性质★
      - 题型十三 求逆矩阵
      - 题型十四 抽象矩阵的逆矩阵的计算
    - 考点十六 分块矩阵的逆★ → 题型十五 利用分块矩阵求逆矩阵
  - 初等变换与初等矩阵
    - 考点十七 矩阵的初等变换
      - 题型十六 利用初等行变换求逆矩阵
      - 题型十七 求解矩阵方程
    - 考点十八 初等矩阵的定义
    - 考点十九 初等矩阵的性质
    - 考点二十 等价矩阵
    - 考点二十一 初等变换与初等矩阵的关系
    - 考点二十二 初等矩阵相关定理 → 题型十八 矩阵的初等变换
    - 考点二十三 行阶梯形矩阵
    - 考点二十四 行最简形矩阵
    - 考点二十五 行阶梯形等价定理
    - 考点二十六 标准形矩阵
  - 矩阵的秩
    - 考点二十七 k 阶子式★ → 题型十九 求 k 阶子式个数
    - 考点二十八 矩阵秩的定义★ → 题型二十 求矩阵的秩
    - 考点二十九 矩阵秩的相关公式★
      - 题型二十一 已知矩阵的秩,求参数问题
      - 题型二十二 计算伴随矩阵的秩
    - 考点三十 与秩相关的定理★ → 题型二十三 求相乘矩阵的秩

考点精讲

考点一 矩阵的定义

由 $m\times n$ 个数 $a_{ij}\,(i=1,2,\cdots,m;j=1,2,\cdots,n)$ 排成的 m 行 n 列的数表

$$\begin{pmatrix} a_{11} & a_{12} & \cdots & a_{1n} \\ a_{21} & a_{22} & \cdots & a_{2n} \\ \vdots & \vdots & & \vdots \\ a_{m1} & a_{m2} & \cdots & a_{mn} \end{pmatrix}$$

称为 m 行 n 列矩阵,简称 $m\times n$ 矩阵,简记为 $\boldsymbol{A}=(a_{ij})_{m\times n}$.

【敲黑板】① 两个矩阵 $\boldsymbol{A}=(a_{ij})_{m\times n}$,$\boldsymbol{B}=(b_{ij})_{s\times k}$,如果 $m=s,n=k$,则称它们为**同型矩阵**.

② 如果两个同型矩阵 $\boldsymbol{A}=(a_{ij})_{m\times n}$,$\boldsymbol{B}=(b_{ij})_{m\times n}$ 对应的元素全部相等,即

$$a_{ij}=b_{ij}\,(i=1,\cdots,m;j=1,\cdots,n),$$

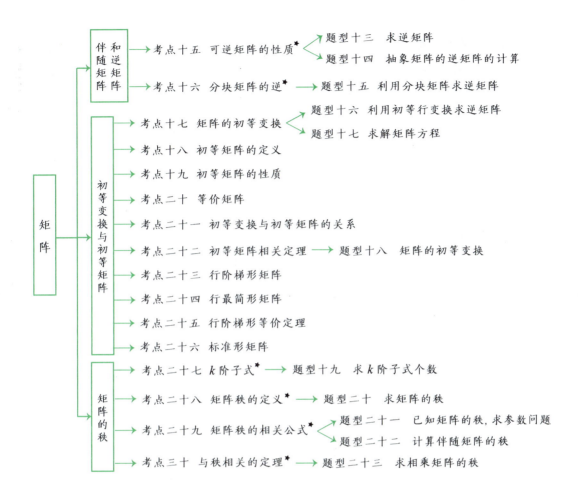

则称矩阵 $\boldsymbol{A}$ 与矩阵 $\boldsymbol{B}$ **相等**，记作 $\boldsymbol{A}=\boldsymbol{B}$.

③ 当 $m=n$ 时，称 $\boldsymbol{A}_{n\times n}$ 为 n 阶矩阵（方阵），$|\boldsymbol{A}|$ 称为方阵 $\boldsymbol{A}$ 的行列式.

④ 当 $m=1$ 时，$\boldsymbol{A}_{1\times n}$ 为行向量；当 $n=1$ 时，$\boldsymbol{A}_{m\times 1}$ 为列向量.

⑤ 行列式与矩阵的区别.

从定义上区分，行列式是一种运算法则，其运算结果是一个数字，而矩阵是一个数表；

从形式上区分，行列式中行数和列数必须相等，而矩阵中的行数和列数可以是任意的.

考点二　特殊矩阵

(1) 单位矩阵：$\boldsymbol{E}_n=\begin{pmatrix}1&&&\\&1&&\\&&\ddots&\\&&&1\end{pmatrix}$.

(2) 零矩阵：$\boldsymbol{A}=(a_{ij})$，$\forall i,j\in\mathbf{N}_+$，$a_{ij}=0$，记为 $\boldsymbol{O}$.

(3) 对角矩阵：$\boldsymbol{\Lambda}_{n\times n}=\begin{pmatrix}\lambda_1&&&\\&\lambda_2&&\\&&\ddots&\\&&&\lambda_n\end{pmatrix}$，也可记为 $\boldsymbol{\Lambda}=\operatorname{diag}(\lambda_1,\lambda_2,\cdots,\lambda_n)$.

(4) 数量矩阵：$k\boldsymbol{E}=\begin{pmatrix}k&&&\\&k&&\\&&\ddots&\\&&&k\end{pmatrix}$.

(5) 三角矩阵：

上三角矩阵 $\begin{pmatrix}a_{11}&a_{12}&\cdots&a_{1n}\\0&a_{22}&\cdots&a_{2n}\\\vdots&\vdots&&\vdots\\0&0&\cdots&a_{nn}\end{pmatrix}$，下三角矩阵 $\begin{pmatrix}a_{11}&0&\cdots&0\\a_{21}&a_{22}&\cdots&0\\\vdots&\vdots&&\vdots\\a_{n1}&a_{n2}&\cdots&a_{nn}\end{pmatrix}$.

(6) 对称矩阵与反对称矩阵：

若 $\boldsymbol{A}=(a_{ij})_{n\times n}$，$a_{ij}=a_{ji}(i,j=1,2,\cdots,n)$，则称 $\boldsymbol{A}$ 为对称矩阵；

若 $\boldsymbol{A}=(a_{ij})_{n\times n}$，$a_{ij}=-a_{ji}(i,j=1,2,\cdots,n)$，则称 $\boldsymbol{A}$ 为反对称矩阵.

考点三　矩阵的加法

设 $\boldsymbol{A}=(a_{ij})_{m\times n}$，$\boldsymbol{B}=(b_{ij})_{m\times n}$ 是两个 $m\times n$ 的同型矩阵，定义矩阵 $\boldsymbol{C}=(c_{ij})_{m\times n}=(a_{ij}+b_{ij})_{m\times n}$ 为矩阵 $\boldsymbol{A}$ 与矩阵 $\boldsymbol{B}$ 的加法，记作 $\boldsymbol{C}=\boldsymbol{A}+\boldsymbol{B}$. 类似地，矩阵的减法为 $\boldsymbol{A}-\boldsymbol{B}=\boldsymbol{A}+(-\boldsymbol{B})$.

【敲黑板】运算律：① 交换律 $A+B=B+A$；② 结合律 $(A+B)+C=A+(B+C)$.

考点四 矩阵的数乘

设 $A=(a_{ij})_{m\times n}$ 是一个 $m\times n$ 矩阵，k 为任意实数，则 $kA=(ka_{ij})_{m\times n}$.

【敲黑板】运算律：①$k(lA)=(kl)A$；②$k(A+B)=kA+kB$；③$(k+l)A=kA+lA$.

题型一 矩阵的线性运算

【解题方法】只有同型矩阵才满足矩阵的加法，且相加时所有元素都要参与运算；矩阵的数乘等于数与矩阵所有元素相乘.

例1 设

$$A=\begin{pmatrix}2&3&3&2\\3&2&2&3\\2&0&-1&3\end{pmatrix},B=\begin{pmatrix}1&2&3&4\\0&1&-2&3\\-2&1&2&1\end{pmatrix},$$

X 满足矩阵方程 $2A-X+3(X-B)=O$，求 X.

【解题思路】本题只涉及矩阵的线性运算，即矩阵的加法和数乘运算.

【答案解析】整理方程，得 $2X=3B-2A$，于是

$$X=\frac{1}{2}(3B-2A)=\frac{1}{2}\left(\begin{pmatrix}3&6&9&12\\0&3&-6&9\\-6&3&6&3\end{pmatrix}-\begin{pmatrix}4&6&6&4\\6&4&4&6\\4&0&-2&6\end{pmatrix}\right)$$

$$=\frac{1}{2}\begin{pmatrix}-1&0&3&8\\-6&-1&-10&3\\-10&3&8&-3\end{pmatrix}=\begin{pmatrix}-\frac{1}{2}&0&\frac{3}{2}&4\\-3&-\frac{1}{2}&-5&\frac{3}{2}\\-5&\frac{3}{2}&4&-\frac{3}{2}\end{pmatrix}.$$

考点五 矩阵的乘法

设 $A=(a_{ij})_{m\times n}$，$B=(b_{ij})_{n\times s}$，定义矩阵 $C=(c_{ij})_{m\times s}$，其中 $c_{ij}=a_{i1}b_{1j}+a_{i2}b_{2j}+\cdots+a_{in}b_{nj}=\sum_{k=1}^{n}a_{ik}b_{kj}$，称为矩阵 A 与矩阵 B 的乘积，记作 $C=AB$.

【敲黑板】① 矩阵 A,B 相乘的前提是矩阵 A 的列数和矩阵 B 的行数相等.

② 如果矩阵 A 为方阵，则定义 $A^n=\underbrace{AA\cdots A}_{n个A}$ 为矩阵 A 的 n 次幂.

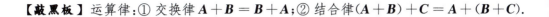

(1) 成立的运算法则.

$$(\boldsymbol{AB})\boldsymbol{C}=\boldsymbol{A}(\boldsymbol{BC}),\boldsymbol{C}(\boldsymbol{A}+\boldsymbol{B})=\boldsymbol{CA}+\boldsymbol{CB},$$
$$(\boldsymbol{A}+\boldsymbol{B})\boldsymbol{C}=\boldsymbol{AC}+\boldsymbol{BC},(k\boldsymbol{A})\boldsymbol{B}=\boldsymbol{A}(k\boldsymbol{B})=k(\boldsymbol{AB}).$$

(2) 不成立的运算法则.

$$\boldsymbol{AB}\neq\boldsymbol{BA};$$
$$\boldsymbol{AB}=\boldsymbol{O}\text{ 不能得到 }\boldsymbol{A}=\boldsymbol{O}\text{ 或 }\boldsymbol{B}=\boldsymbol{O};$$
$$\boldsymbol{AB}=\boldsymbol{AC}\text{ 不能得到 }\boldsymbol{A}=\boldsymbol{O}\text{ 或 }\boldsymbol{B}=\boldsymbol{C}.$$

(3) 方阵的幂.

$$\boldsymbol{A}^m\boldsymbol{A}^n=\boldsymbol{A}^{m+n},(\boldsymbol{A}^m)^n=\boldsymbol{A}^{mn}.$$

【敲黑板】① 当 $\boldsymbol{AB}=\boldsymbol{BA}$ 时,称矩阵 $\boldsymbol{A}$ 与矩阵 $\boldsymbol{B}$ **可交换.**

任意方阵与单位矩阵是可交换的,即 $\boldsymbol{AE}=\boldsymbol{EA}=\boldsymbol{A}$.

另外,由于 $\boldsymbol{AB}$ 不一定等于 $\boldsymbol{BA}$,在数的运算中,我们所熟知的许多相关的公式也不再成立,如

$$\begin{aligned}(\boldsymbol{A}+\boldsymbol{B})^2&=(\boldsymbol{A}+\boldsymbol{B})(\boldsymbol{A}+\boldsymbol{B})=\boldsymbol{A}(\boldsymbol{A}+\boldsymbol{B})+\boldsymbol{B}(\boldsymbol{A}+\boldsymbol{B})\\&=\boldsymbol{A}^2+\boldsymbol{AB}+\boldsymbol{BA}+\boldsymbol{B}^2\neq\boldsymbol{A}^2+2\boldsymbol{AB}+\boldsymbol{B}^2.\end{aligned}$$

类似地,还有

$$(\boldsymbol{A}+\boldsymbol{B})(\boldsymbol{A}-\boldsymbol{B})\neq\boldsymbol{A}^2-\boldsymbol{B}^2,$$
$$(\boldsymbol{A}+\boldsymbol{B})(\boldsymbol{A}^2-\boldsymbol{AB}+\boldsymbol{B}^2)\neq\boldsymbol{A}^3+\boldsymbol{B}^3,$$
$$(\boldsymbol{A}+\boldsymbol{B})^n\neq\sum_{k=0}^{n}\mathrm{C}_n^k\boldsymbol{A}^k\boldsymbol{B}^{n-k}.$$

这些公式成立的条件都是 $\boldsymbol{A}$ 与 $\boldsymbol{B}$ 可交换.

② 矩阵的运算也不满足消去律. 如令 $\boldsymbol{A}=\begin{pmatrix}1&0\\0&0\end{pmatrix}$,$\boldsymbol{B}=\begin{pmatrix}0&0\\2&2\end{pmatrix}$,则有 $\boldsymbol{AB}=\begin{pmatrix}0&0\\0&0\end{pmatrix}=\boldsymbol{O}$,但此时 $\boldsymbol{A}\neq\boldsymbol{O}$ 且 $\boldsymbol{B}\neq\boldsymbol{O}$,也即由 $\boldsymbol{AB}=\boldsymbol{O}$ 并不能得到 $\boldsymbol{A}=\boldsymbol{O}$ 或 $\boldsymbol{B}=\boldsymbol{O}$. 这也是考生容易犯错误的地方.

类似地,由 $\boldsymbol{AB}=\boldsymbol{AC}$,$\boldsymbol{A}\neq\boldsymbol{O}$ 也不能得到 $\boldsymbol{B}=\boldsymbol{C}$. 这与前面实际上是一个道理,因为 $\boldsymbol{AB}=\boldsymbol{AC}$ 等价于 $\boldsymbol{A}(\boldsymbol{B}-\boldsymbol{C})=\boldsymbol{O}$,由 $\boldsymbol{A}\neq\boldsymbol{O}$ 并不能得到 $\boldsymbol{B}-\boldsymbol{C}=\boldsymbol{O}$.

(4) 方阵的多项式.

定义 设 x 的 k 次多项式 $f(x)=a_kx^k+a_{k-1}x^{k-1}+\cdots+a_1x+a_0$,$\boldsymbol{A}$ 是 n 阶矩阵,称

$$f(\boldsymbol{A})=a_k\boldsymbol{A}^k+a_{k-1}\boldsymbol{A}^{k-1}+\cdots+a_1\boldsymbol{A}+a_0\boldsymbol{E}_n$$

为矩阵 $\boldsymbol{A}$ 的一个 k 次多项式.

性质 ① 矩阵 $\boldsymbol{A}$ 的两个多项式 $f(\boldsymbol{A})$ 和 $\varphi(\boldsymbol{A})$ 总是可交换的.(因为 $\boldsymbol{A}^k$,$\boldsymbol{A}^l$,$\boldsymbol{E}$ 都可交换)

② 矩阵 $\boldsymbol{A}$ 的多项式可以像数的多项式一样相乘或因式分解,例如

$$A^2+2A-3E=(A+3E)(A-E),(A+E)(E-2A)=-2A^2-A+E.$$

题型二 矩阵的乘法运算

【解题方法】 矩阵 A,B 相乘的前提是矩阵 A 的列数和矩阵 B 的行数相等,矩阵 A 与矩阵 B 相乘的结果仍然是矩阵,其第 i 行第 j 列的元素 c_{ij} 是由矩阵 A 的第 i 行元素与矩阵 B 的第 j 列元素对应相乘再相加的结果,即 $c_{ij}=a_{i1}b_{1j}+a_{i2}b_{2j}+\cdots+a_{in}b_{nj}$.

例 2 设 $A=\begin{pmatrix}1&-2&-3\\2&-1&0\end{pmatrix}$,$B=\begin{pmatrix}2&3\\1&2\\2&1\end{pmatrix}$,求 AB,BA.

【解题思路】 本题只涉及矩阵的乘法运算.

【答案解析】 $AB=\begin{pmatrix}1&-2&-3\\2&-1&0\end{pmatrix}\begin{pmatrix}2&3\\1&2\\2&1\end{pmatrix}=\begin{pmatrix}2-2-6&3-4-3\\4-1+0&6-2+0\end{pmatrix}=\begin{pmatrix}-6&-4\\3&4\end{pmatrix}$,

$$BA=\begin{pmatrix}2&3\\1&2\\2&1\end{pmatrix}\begin{pmatrix}1&-2&-3\\2&-1&0\end{pmatrix}=\begin{pmatrix}2+6&-4-3&-6+0\\1+4&-2-2&-3+0\\2+2&-4-1&-6+0\end{pmatrix}=\begin{pmatrix}8&-7&-6\\5&-4&-3\\4&-5&-6\end{pmatrix}.$$

例 3 设矩阵 $A_{2\times2}$,$B_{3\times2}$,$C_{2\times3}$,则下列运算**不可以**进行的是(   ).

(A) $(CB)^2A$　　(B) ACB　　(C) BAC　　(D) BCA　　(E) CBA

【参考答案】 D

【解题思路】 按照矩阵乘法的定义,检验矩阵相乘时,判断依据为左侧的列标是否等于右侧的行标.

【答案解析】 题中 A 的列标与 C 的行标相同,运算 AC 可以进行,B 的列标与 A,C 的行标相同,运算 BA,BC 可以进行,C 的列标与 B 的行标相同,运算 CB 可以进行,且 CB 为二阶方阵,运算 $(CB)^2A$ 也可以进行.综上,运算 ACB,BAC,CBA,$(CB)^2A$ 可以进行.

题型三 矩阵的基本运算

【解题方法】 可直接计算或者利用因式分解计算.

例 4 已知矩阵 $A=\begin{pmatrix}1&-1\\2&3\end{pmatrix}$,$E$ 为二阶单位矩阵,则 $A^2-4A+3E=$(   ).

(A) $\begin{pmatrix}0&2\\2&0\end{pmatrix}$　　(B) $\begin{pmatrix}0&-2\\-2&0\end{pmatrix}$　　(C) $\begin{pmatrix}2&0\\0&2\end{pmatrix}$

(D) $\begin{pmatrix}-2&0\\0&-2\end{pmatrix}$　　(E) $\begin{pmatrix}-2&0\\0&2\end{pmatrix}$

【参考答案】D

【解题思路】本题考查矩阵多项式的计算,可以因式分解后再计算.

【答案解析】$\boldsymbol{A}^2-4\boldsymbol{A}+3\boldsymbol{E}=(\boldsymbol{A}-\boldsymbol{E})(\boldsymbol{A}-3\boldsymbol{E})=\begin{pmatrix}0&-1\\2&2\end{pmatrix}\begin{pmatrix}-2&-1\\2&0\end{pmatrix}=\begin{pmatrix}-2&0\\0&-2\end{pmatrix}$.

题型四　方阵的幂的计算

【解题方法】(1) 直接利用矩阵的乘法运算计算方阵的幂.

(2) 利用矩阵乘法的结合律来计算方阵的幂. 方阵 $\boldsymbol{A}$ 各行以及各列元素均成比例时,$\boldsymbol{A}^n=M^{n-1}\boldsymbol{A}$,其中 M 为方阵 $\boldsymbol{A}$ 的主对角元素之和. 考生可以记住该结论.

(3) 结合二项式定理计算方阵的幂,该方法适用于所有形如$\begin{pmatrix}\lambda&0&0\\a&\lambda&0\\c&b&\lambda\end{pmatrix}$(或$\begin{pmatrix}\lambda&a&c\\0&\lambda&b\\0&0&\lambda\end{pmatrix}$)的矩阵.

计算步骤:首先将该矩阵分解为$\begin{pmatrix}0&0&0\\a&0&0\\c&b&0\end{pmatrix}+\lambda\boldsymbol{E}$,再利用二项式定理计算该矩阵的 n 次幂,由于$\begin{pmatrix}0&0&0\\a&0&0\\c&b&0\end{pmatrix}^3=\boldsymbol{O}$,故利用二项式定理展开之后只需计算前三项即可.

例 5　设 $\boldsymbol{A}=\begin{pmatrix}3&4\\-1&-2\end{pmatrix}$,$\boldsymbol{B}=\begin{pmatrix}1&1\\-3&-2\end{pmatrix}$, 计算 $\boldsymbol{A}^2-\boldsymbol{B}^2$,$(\boldsymbol{A}-\boldsymbol{B})(\boldsymbol{A}+\boldsymbol{B})$.

【解题思路】本题涉及矩阵的乘法运算,需严格按照相关的运算法则进行,尤其要注意相乘时矩阵的左右位置.

【答案解析】

$$\boldsymbol{A}^2-\boldsymbol{B}^2=\begin{pmatrix}3&4\\-1&-2\end{pmatrix}\begin{pmatrix}3&4\\-1&-2\end{pmatrix}-\begin{pmatrix}1&1\\-3&-2\end{pmatrix}\begin{pmatrix}1&1\\-3&-2\end{pmatrix}$$
$$=\begin{pmatrix}5&4\\-1&0\end{pmatrix}-\begin{pmatrix}-2&-1\\3&1\end{pmatrix}=\begin{pmatrix}7&5\\-4&-1\end{pmatrix},$$

$$(\boldsymbol{A}-\boldsymbol{B})(\boldsymbol{A}+\boldsymbol{B})=\left[\begin{pmatrix}3&4\\-1&-2\end{pmatrix}-\begin{pmatrix}1&1\\-3&-2\end{pmatrix}\right]\left[\begin{pmatrix}3&4\\-1&-2\end{pmatrix}+\begin{pmatrix}1&1\\-3&-2\end{pmatrix}\right]$$
$$=\begin{pmatrix}2&3\\2&0\end{pmatrix}\begin{pmatrix}4&5\\-4&-4\end{pmatrix}=\begin{pmatrix}-4&-2\\8&10\end{pmatrix}.$$

【评注】本题的结果表明 $\boldsymbol{A}^2-\boldsymbol{B}^2\neq(\boldsymbol{A}-\boldsymbol{B})(\boldsymbol{A}+\boldsymbol{B})$, 这是因为,由乘法的分配律,得

$$(\boldsymbol{A}-\boldsymbol{B})(\boldsymbol{A}+\boldsymbol{B})=\boldsymbol{A}^2+\boldsymbol{AB}-\boldsymbol{BA}-\boldsymbol{B}^2.$$

由于矩阵乘法无交换律,即在一般情形下,$\boldsymbol{AB}\neq\boldsymbol{BA}$,故有 $\boldsymbol{A}^2-\boldsymbol{B}^2\neq(\boldsymbol{A}-\boldsymbol{B})(\boldsymbol{A}+\boldsymbol{B})$.

类似地, 一般情形下, 对于任意 n 阶矩阵 $\boldsymbol{A}$,$\boldsymbol{B}$,有

$$(\boldsymbol{A}\pm\boldsymbol{B})^2\neq\boldsymbol{A}^2\pm2\boldsymbol{AB}+\boldsymbol{B}^2,$$

$$(\boldsymbol{A}\pm\boldsymbol{B})^3\neq\boldsymbol{A}^3\pm3\boldsymbol{A}^2\boldsymbol{B}+3\boldsymbol{A}\boldsymbol{B}^2\pm\boldsymbol{B}^3.$$

但任意 n 阶矩阵 $\boldsymbol{A}$ 与 n 阶单位矩阵 $\boldsymbol{E}$ 可交换，故总有

$$\boldsymbol{A}^2-\boldsymbol{E}=(\boldsymbol{A}-\boldsymbol{E})(\boldsymbol{A}+\boldsymbol{E}),$$

$$(\boldsymbol{A}\pm\boldsymbol{E})^2=\boldsymbol{A}^2\pm2\boldsymbol{A}+\boldsymbol{E},$$

$$(\boldsymbol{A}\pm\boldsymbol{E})^3=\boldsymbol{A}^3\pm3\boldsymbol{A}^2+3\boldsymbol{A}\pm\boldsymbol{E}.$$

可见当且仅当在矩阵可交换时，我们学习过的代数公式可扩展到矩阵.

例 6 设 $\boldsymbol{A}=\begin{pmatrix}1&2&3\\2&4&6\\3&6&9\end{pmatrix}$，求 $\boldsymbol{A}^n$.

【解题思路】此矩阵的特点为各行以及各列元素均成比例，该矩阵能分解为一个列向量与一个行向量的乘积，从低次幂出发，总结规律，得到高次幂的计算公式.

【答案解析】由

$$\boldsymbol{A}=\begin{pmatrix}1&2&3\\2&4&6\\3&6&9\end{pmatrix}=\begin{pmatrix}1\\2\\3\end{pmatrix}(1,2,3),$$

有

$$\boldsymbol{A}^2=\begin{pmatrix}1\\2\\3\end{pmatrix}(1,2,3)\begin{pmatrix}1\\2\\3\end{pmatrix}(1,2,3),$$

其中 $(1,2,3)\begin{pmatrix}1\\2\\3\end{pmatrix}=14$，根据矩阵乘法结合律，得 $\boldsymbol{A}^2=14\boldsymbol{A}$.

同理 $\boldsymbol{A}^3=\boldsymbol{A}^2\boldsymbol{A}=14\boldsymbol{A}\boldsymbol{A}=14\boldsymbol{A}^2=14\cdot14\boldsymbol{A}=14^2\boldsymbol{A}$，进一步归纳可得 $\boldsymbol{A}^n=14^{n-1}\boldsymbol{A}$.

例 7 设 $\boldsymbol{A}=\begin{pmatrix}2&-2&-3\\-6&6&9\\4&-4&-6\end{pmatrix}$，则 $\boldsymbol{A}^{20}=($ $)$.

(A) $6^{19}\boldsymbol{A}$　　(B) $3^{19}\boldsymbol{A}$　　(C) $-3^{19}\boldsymbol{A}$　　(D) $-6^{19}\boldsymbol{A}$　　(E) $2^{19}\boldsymbol{A}$

【参考答案】E

【解题思路】本题矩阵各行及各列元素均成比例，可看作由一个列向量与一个行向量的乘积构成，从而利用公式简化计算.

【答案解析】由

$$\boldsymbol{A}=\begin{pmatrix}2&-2&-3\\-6&6&9\\4&-4&-6\end{pmatrix}=\begin{pmatrix}1\\-3\\2\end{pmatrix}(2,-2,-3),$$

又
$$(2,-2,-3)\begin{pmatrix}1\\-3\\2\end{pmatrix}=2+6-6=2,$$

则由矩阵乘法的结合律，有

$$A^{20}=\begin{pmatrix}1\\-3\\2\end{pmatrix}\underbrace{2\cdot 2\cdot\cdots\cdot 2}_{19个}(2,-2,-3)=2^{19}\begin{pmatrix}1\\-3\\2\end{pmatrix}(2,-2,-3)=2^{19}A.$$

例 8 设 $A=\begin{pmatrix}0&a&b\\0&0&c\\0&0&0\end{pmatrix}$，求 $A^2,A^3,A^n(n\geqslant 3)$.

【解题思路】 此题矩阵是主对角元素为0的上三角矩阵，从低次幂出发，总结规律，得到高次幂的计算公式.

【答案解析】 由矩阵乘法的定义可知，$A^2=\begin{pmatrix}0&0&ac\\0&0&0\\0&0&0\end{pmatrix}$，$A^3=O$，$A^n=O(n\geqslant 3)$.

例 9 设 $A=\begin{pmatrix}1&0&0\\2&1&0\\4&3&1\end{pmatrix}$，求 $A^n(n\geqslant 3)$.

【解题思路】 见题型四解题方法的(3).

【答案解析】 $A=\begin{pmatrix}0&0&0\\2&0&0\\4&3&0\end{pmatrix}+E$. 令 $B=\begin{pmatrix}0&0&0\\2&0&0\\4&3&0\end{pmatrix}$，则有 $B^2=\begin{pmatrix}0&0&0\\0&0&0\\6&0&0\end{pmatrix}$，$B^3=O$，当 $n\geqslant 3$ 时，都有 $B^n=O$. 再由二项式定理可知

$$A^n=(B+E)^n=E^n+C_n^1E^{n-1}B+C_n^2E^{n-2}B^2(B^3=\cdots=B^n=O),$$

代入可得
$$A^n=\begin{pmatrix}1&0&0\\2n&1&0\\n(3n+1)&3n&1\end{pmatrix}.$$

考点六 矩阵的转置

把矩阵 A 的行换成同序数的列得到一个新矩阵，叫作 A 的转置矩阵，记作 A^T. 如矩阵 $A=\begin{pmatrix}1&2&0\\3&-1&1\end{pmatrix}$ 的转置矩阵为 $A^T=\begin{pmatrix}1&3\\2&-1\\0&1\end{pmatrix}$.

【敲黑板】① 对称矩阵 $A=A^{T}$，反对称矩阵 $A=-A^{T}$.

② 运算律：$(A+B)^{T}=A^{T}+B^{T}$，$(kA)^{T}=kA^{T}$，$(AB)^{T}=B^{T}A^{T}$.

题型五　行向量与列向量的乘法

【解题方法】(1)n 维行向量乘 n 维列向量的结果是一个具体数值；

(2)n 维列向量乘 n 维行向量的结果是一个 n 阶矩阵.

结论　n 维行向量乘 n 维列向量的结果是一个具体数值，其具体数值为列向量乘行向量得到的 n 阶矩阵的主对角线的元素之和.

例 10　设 $\alpha=(a_1,a_2,\cdots,a_n)^{T}$，$\beta=(b_1,b_2,\cdots,b_n)^{T}$，求 $\alpha^{T}\beta$，$\alpha\beta^{T}$.

【解题思路】α,β 为列向量，根据矩阵乘法进行计算.

【答案解析】

$$\alpha^{T}\beta=(a_1,a_2,\cdots,a_n)\begin{pmatrix}b_1\\b_2\\\vdots\\b_n\end{pmatrix}=a_1b_1+a_2b_2+\cdots+a_nb_n,$$

$$\alpha\beta^{T}=\begin{pmatrix}a_1\\a_2\\\vdots\\a_n\end{pmatrix}(b_1,b_2,\cdots,b_n)=\begin{pmatrix}a_1b_1&a_1b_2&\cdots&a_1b_n\\a_2b_1&a_2b_2&\cdots&a_2b_n\\\vdots&\vdots&&\vdots\\a_nb_1&a_nb_2&\cdots&a_nb_n\end{pmatrix}.$$

【评注】$\alpha^{T}\beta$ 是 $\alpha\beta^{T}$ 的主对角线的元素之和.

例 11　设 α 为 3 维列向量，α^{T} 是 α 的转置. 若 $\alpha\alpha^{T}=\begin{pmatrix}1&-1&1\\-1&1&-1\\1&-1&1\end{pmatrix}$，则 $\alpha^{T}\alpha=$(　　).

(A)2　　(B)3　　(C)4　　(D)5　　(E)6

【参考答案】B

【解题思路】见题型五解题方法的结论.

【答案解析】$\alpha^{T}\alpha=1+1+1=3$.

考点七　方阵行列式的定义

由 n 阶方阵 A 的元素构成的 n 阶行列式(各元素位置不变)称为方阵 A 的行列式，记为 $|A|$ 或 $\det A$.

考点八　方阵行列式的性质

设 A,B 均为 n 阶方阵，且 k 为实数，则有

$$|A|=|A^{T}|,\ |kA|=k^{n}|A|,\ |AB|=|A||B|=|B||A|=|BA|.$$

题型六　方阵行列式的计算

【解题方法】直接利用方阵行列式的性质解题.

例 12　若 A,B 均为三阶方阵,且 $|A|=2,B=-2E$,则 $|AB|=$(　　).

(A)16　　(B)-16　　(C)15　　(D)-15　　(E)13

【参考答案】B

【解题思路】根据方阵行列式的性质 $|AB|=|A||B|$ 知,只需求出 $|A|,|B|$,再利用方阵行列式相关性质来计算即可.

【答案解析】由 $B=-2E$,得 $|B|=|-2E|=(-2)^3\times 1=-8$,故

$$|AB|=|A||B|=2\times(-8)=-16.$$

题型七　矩阵方程求行列式

【解题方法】矩阵方程求行列式时,首先将方程转化为矩阵的若干因子乘积的形式,再利用方阵行列式的性质进行计算.

例 13　设矩阵 $A=\begin{pmatrix}2&1\\-1&2\end{pmatrix}$,$E$ 为二阶单位矩阵,矩阵 B 满足 $BA=B+2E$,则 $|B|=$(　　).

(A)-1　　(B)1　　(C)2　　(D)3　　(E)5

【参考答案】C

【解题思路】本题考查由矩阵方程求行列式.求解时,应设法将方程化为含有矩阵 B 为因子的若干因子乘积的形式,再化为行列式计算.

【答案解析】由 $BA=B+2E$,整理得 $B(A-E)=2E$,从而有 $|B||A-E|=|2E|=4$,由于 $|A-E|=\begin{vmatrix}1&1\\-1&1\end{vmatrix}=2$,故 $|B|=2$.

例 14　设矩阵 $A=\begin{pmatrix}1&0&1\\0&2&0\\-2&0&1\end{pmatrix}$ 满足 $A^2B-A-B=E$,其中 E 为三阶单位矩阵,则 $|B|=$(　　).

(A)1　　(B)-1　　(C)$\frac{1}{2}$　　(D)$-\frac{1}{2}$　　(E)3

【参考答案】C

【解题思路】同例 13.

【答案解析】由 $A^2B-A-B=E$,整理得 $(A^2-E)B=A+E$,即 $(A+E)(A-E)B=A+E$.

两边取行列式得 $|A+E||A-E||B|=|A+E|$，又 $|A+E|=\begin{vmatrix}2&0&1\\0&3&0\\-2&0&2\end{vmatrix}=18$，

$|A-E|=\begin{vmatrix}0&0&1\\0&1&0\\-2&0&0\end{vmatrix}=2$，故 $|B|=\dfrac{1}{2}$.

考点九 分块矩阵的定义

用水平和铅直虚线将矩阵分割成若干小块，每一小块称为原矩阵的一个子块或子矩阵，则原矩阵是以这些子块为元素的分块矩阵.

例如

$$A=\left(\begin{array}{ccc:c}1&0&0&0\\0&1&0&0\\0&0&1&0\\\hdashline 2&-3&0&1\end{array}\right)=\begin{pmatrix}E_3&O\\B&E_1\end{pmatrix}.$$

同一个矩阵可以有多种不同的分块方法，从而形成不同的分块矩阵. 例如上述的矩阵 A 也可分成

$$A=\left(\begin{array}{cc:cc}1&0&0&0\\0&1&0&0\\\hdashline 0&0&1&0\\2&-3&0&1\end{array}\right)=\begin{pmatrix}E_2&O\\C&E_2\end{pmatrix}.$$

考点十 分块矩阵的运算

(1) 与普通矩阵的四则运算法则类似. 大多数情况下，我们只需要掌握分成 4 块的分块矩阵就可以了，即矩阵 $\begin{pmatrix}A&B\\C&D\end{pmatrix}$.

对分块矩阵也有相应的加法、数乘等运算：

$$\begin{pmatrix}A&B\\C&D\end{pmatrix}+\begin{pmatrix}A_1&B_1\\C_1&D_1\end{pmatrix}=\begin{pmatrix}A+A_1&B+B_1\\C+C_1&D+D_1\end{pmatrix}\text{（同型，且分法一致），}$$

$$k\begin{pmatrix}A&B\\C&D\end{pmatrix}=\begin{pmatrix}kA&kB\\kC&kD\end{pmatrix},$$

$$\begin{pmatrix}A&B\\C&D\end{pmatrix}\begin{pmatrix}A_1&B_1\\C_1&D_1\end{pmatrix}=\begin{pmatrix}AA_1+BC_1&AB_1+BD_1\\CA_1+DC_1&CB_1+DD_1\end{pmatrix}\text{（满足可加、可乘的条件），}$$

$$\begin{pmatrix}A&B\\C&D\end{pmatrix}^{\mathrm T}=\begin{pmatrix}A^{\mathrm T}&C^{\mathrm T}\\B^{\mathrm T}&D^{\mathrm T}\end{pmatrix}.$$

【敲黑板】一般来说，当 A,B,C,D 中至少有一块为零矩阵时，对矩阵进行分块可以起到简化计算的作用. 例如，假设 A 与 B，C 与 D 均为同阶方阵，则有

$$\begin{pmatrix} A & O \\ O & C \end{pmatrix}\begin{pmatrix} B & O \\ O & D \end{pmatrix} = \begin{pmatrix} AB & O \\ O & CD \end{pmatrix},\begin{pmatrix} A & O \\ O & C \end{pmatrix}^n = \begin{pmatrix} A^n & O \\ O & C^n \end{pmatrix}.$$

(2) 另一种常见的分块方式是将矩阵按列或按行分块，也即将矩阵 $A_{m\times n}$ 写成

$$A = (\alpha_1,\alpha_2,\cdots,\alpha_n)\text{或}A = \begin{pmatrix} \beta_1 \\ \beta_2 \\ \vdots \\ \beta_m \end{pmatrix},$$

其中 $\alpha_1,\alpha_2,\cdots,\alpha_n$ 和 $\beta_1,\beta_2,\cdots,\beta_m$ 分别代表矩阵 A 的列向量和行向量. 这种情况下的加法、数乘和转置运算和前面类似，我们着重讲一下乘法.

设 $m\times n$ 矩阵 $A=(\alpha_1,\alpha_2,\cdots,\alpha_n)$，假设 $B=(b_{ij})$ 为 $n\times m$ 矩阵，则

$$BA = B(\alpha_1,\alpha_2,\cdots,\alpha_n) = (B\alpha_1,B\alpha_2,\cdots,B\alpha_n),$$

$$AB = (\alpha_1,\alpha_2,\cdots,\alpha_n)\begin{pmatrix} b_{11} & b_{12} & \cdots & b_{1m} \\ b_{21} & b_{22} & \cdots & b_{2m} \\ \vdots & \vdots & & \vdots \\ b_{n1} & b_{n2} & \cdots & b_{nm} \end{pmatrix}$$

$$= (b_{11}\alpha_1+b_{21}\alpha_2+\cdots+b_{n1}\alpha_n,b_{12}\alpha_1+b_{22}\alpha_2+\cdots+b_{n2}\alpha_n,\cdots,b_{1m}\alpha_1+b_{2m}\alpha_2+\cdots+b_{nm}\alpha_n).$$

题型八　分块矩阵的运算

【解题方法】一般采用分块法将大矩阵化成小矩阵运算，划分的标准是尽量存在零矩阵和单位矩阵结构的子块，然后利用分块矩阵的运算法则来解题.

例 15 设

$$A = \begin{pmatrix} 1 & 0 & 1 & 3 \\ 0 & 1 & 2 & 4 \\ 0 & 0 & -1 & 0 \\ 0 & 0 & 0 & -1 \end{pmatrix},B = \begin{pmatrix} -1 & 2 & 0 & 0 \\ 2 & 0 & 0 & 0 \\ 4 & -2 & 1 & 0 \\ 0 & 3 & 0 & 1 \end{pmatrix},$$

试利用分块矩阵计算 $A+B,AB$.

【解题思路】一般地，分块矩阵运算并不能减少计算量，但本题中两个矩阵均存在零矩阵和单位矩阵结构的子块，它们都是特殊的矩阵，因此利用分块矩阵运算将减少计算量.

【答案解析】对 A,B 作如下分块，记

$$C = \begin{pmatrix} 1 & 3 \\ 2 & 4 \end{pmatrix},D = \begin{pmatrix} -1 & 2 \\ 2 & 0 \end{pmatrix},F = \begin{pmatrix} 4 & -2 \\ 0 & 3 \end{pmatrix},$$

E 为二阶单位矩阵，于是

$$A=\begin{pmatrix}E & C\\ O & -E\end{pmatrix},B=\begin{pmatrix}D & O\\ F & E\end{pmatrix},$$

故
$$A+B=\begin{pmatrix}E+D & C+O\\ O+F & -E+E\end{pmatrix}=\begin{pmatrix}E+D & C\\ F & O\end{pmatrix},$$

$$AB=\begin{pmatrix}E & C\\ O & -E\end{pmatrix}\begin{pmatrix}D & O\\ F & E\end{pmatrix}=\begin{pmatrix}D+CF & C\\ -F & -E\end{pmatrix},$$

其中
$$E+D=\begin{pmatrix}1 & 0\\ 0 & 1\end{pmatrix}+\begin{pmatrix}-1 & 2\\ 2 & 0\end{pmatrix}=\begin{pmatrix}0 & 2\\ 2 & 1\end{pmatrix},$$

$$D+CF=\begin{pmatrix}-1 & 2\\ 2 & 0\end{pmatrix}+\begin{pmatrix}1 & 3\\ 2 & 4\end{pmatrix}\begin{pmatrix}4 & -2\\ 0 & 3\end{pmatrix}=\begin{pmatrix}-1 & 2\\ 2 & 0\end{pmatrix}+\begin{pmatrix}4 & 7\\ 8 & 8\end{pmatrix}=\begin{pmatrix}3 & 9\\ 10 & 8\end{pmatrix},$$

因此,有

$$A+B=\begin{pmatrix}0 & 2 & 1 & 3\\ 2 & 1 & 2 & 4\\ 4 & -2 & 0 & 0\\ 0 & 3 & 0 & 0\end{pmatrix},AB=\begin{pmatrix}3 & 9 & 1 & 3\\ 10 & 8 & 2 & 4\\ -4 & 2 & -1 & 0\\ 0 & -3 & 0 & -1\end{pmatrix}.$$

考点十一 分块矩阵的行列式

$$\begin{vmatrix}A & O\\ O & B\end{vmatrix}=\begin{vmatrix}A & C\\ O & B\end{vmatrix}=\begin{vmatrix}A & O\\ C & B\end{vmatrix}=|A||B|,\begin{vmatrix}O & A\\ B & O\end{vmatrix}=\begin{vmatrix}C & A\\ B & O\end{vmatrix}=\begin{vmatrix}O & A\\ B & C\end{vmatrix}=(-1)^{mn}|A||B|,$$

其中 A,B 分别为 m 阶,n 阶方阵. 此公式又称为**拉普拉斯展开定理**.

题型九 分块矩阵行列式的计算

【解题方法】 首先对矩阵进行分块,然后利用分块矩阵行列式性质解题.

例 16 设 $A=\begin{pmatrix}3 & 4 & 0 & 0\\ 4 & -3 & 0 & 0\\ 0 & 0 & 2 & 0\\ 0 & 0 & 2 & 2\end{pmatrix}$,求 $|A^8|$ 及 A^4.

【答案解析】 令 $A=\begin{pmatrix}C & O\\ O & D\end{pmatrix}$,其中 $C=\begin{pmatrix}3 & 4\\ 4 & -3\end{pmatrix}$,$O=\begin{pmatrix}0 & 0\\ 0 & 0\end{pmatrix}$,$D=\begin{pmatrix}2 & 0\\ 2 & 2\end{pmatrix}$,则 $|C|=-25$,$|D|=4$,$|A^8|=|A|^8=(|C||D|)^8=(-100)^8=10^{16}$.

$$A^4=\begin{pmatrix}C^4 & O\\ O & D^4\end{pmatrix}=\begin{pmatrix}5^4 & 0 & 0 & 0\\ 0 & 5^4 & 0 & 0\\ 0 & 0 & 2^4 & 0\\ 0 & 0 & 2^6 & 2^4\end{pmatrix}.$$

例 17 设$\boldsymbol{A}_m,\boldsymbol{B}_{6-m}(m=1,2,\cdots,5)$分别为$m\times m$及$(6-m)\times(6-m)$的方阵，行列式$Q_m=\begin{vmatrix}\boldsymbol{A}_m & \boldsymbol{O}\\ \boldsymbol{O} & \boldsymbol{B}_{6-m}\end{vmatrix}$，$S_m=\begin{vmatrix}\boldsymbol{O} & \boldsymbol{A}_m\\ \boldsymbol{B}_{6-m} & \boldsymbol{O}\end{vmatrix}$，$m=1,2,\cdots,5$，则满足等式$Q_m=S_m$的组合$(Q_m,S_m)$有(　　)组.

(A)1　　(B)2　　(C)3　　(D)4　　(E)5

【参考答案】B

【答案解析】由对角形行列式计算公式，得

$$Q_m=\begin{vmatrix}\boldsymbol{A}_m & \boldsymbol{O}\\ \boldsymbol{O} & \boldsymbol{B}_{6-m}\end{vmatrix}=|\boldsymbol{A}_m||\boldsymbol{B}_{6-m}|,S_m=\begin{vmatrix}\boldsymbol{O} & \boldsymbol{A}_m\\ \boldsymbol{B}_{6-m} & \boldsymbol{O}\end{vmatrix}=(-1)^{m(6-m)}|\boldsymbol{A}_m||\boldsymbol{B}_{6-m}|,$$

故当$m(6-m)$为偶数时，$Q_m=S_m$，显然，当$m=2,4$时等式成立，故本题应选择B.

题型十　抽象分块矩阵行列式的计算

【解题方法】当抽象行列式是矩阵按行或按列分块即按照行向量或列向量的形式给出时，往往首先利用行列式的性质进行变形，然后利用行列式性质进行下一步计算.

例 18 已知三阶方阵的行列式$|\boldsymbol{A}|=3$，把$\boldsymbol{A}$按列分块为$\boldsymbol{A}=(\boldsymbol{\alpha}_1,\boldsymbol{\alpha}_2,\boldsymbol{\alpha}_3)$，其中$\boldsymbol{\alpha}_i(i=1,2,3)$为$\boldsymbol{A}$的第$i$列，则$|\boldsymbol{\alpha}_3-2\boldsymbol{\alpha}_1,3\boldsymbol{\alpha}_2,\boldsymbol{\alpha}_1|=$(　　).

(A)1　　(B)-1　　(C)6　　(D)-6　　(E)-9

【参考答案】E

【解题思路】根据行列式的性质按列拆分，首先将第一列拆分，其他列不变，然后利用行列式性质解题.

【答案解析】

$$\begin{aligned}|\boldsymbol{\alpha}_3-2\boldsymbol{\alpha}_1,3\boldsymbol{\alpha}_2,\boldsymbol{\alpha}_1|&=|\boldsymbol{\alpha}_3,3\boldsymbol{\alpha}_2,\boldsymbol{\alpha}_1|+|-2\boldsymbol{\alpha}_1,3\boldsymbol{\alpha}_2,\boldsymbol{\alpha}_1|\\&=3|\boldsymbol{\alpha}_3,\boldsymbol{\alpha}_2,\boldsymbol{\alpha}_1|-6|\boldsymbol{\alpha}_1,\boldsymbol{\alpha}_2,\boldsymbol{\alpha}_1|=-3|\boldsymbol{\alpha}_1,\boldsymbol{\alpha}_2,\boldsymbol{\alpha}_3|=-9.\end{aligned}$$

故选E.

例 19 设四阶方阵$\boldsymbol{A}=(\boldsymbol{\alpha},\boldsymbol{\beta}_1,\boldsymbol{\beta}_2,\boldsymbol{\beta}_3)$，$\boldsymbol{B}=(\boldsymbol{\gamma},\boldsymbol{\beta}_1,\boldsymbol{\beta}_2,\boldsymbol{\beta}_3)$，其中$\boldsymbol{\alpha},\boldsymbol{\gamma},\boldsymbol{\beta}_1,\boldsymbol{\beta}_2,\boldsymbol{\beta}_3$均为4维列向量，且已知行列式$|\boldsymbol{A}|=4$，$|\boldsymbol{B}|=1$，则$|\boldsymbol{A}+\boldsymbol{B}|=$(　　).

(A)10　　(B)-10　　(C)60　　(D)-60　　(E)40

【参考答案】E

【解题思路】由已知条件，$\boldsymbol{A},\boldsymbol{B}$是维数相同的方阵，首先把矩阵$\boldsymbol{A}+\boldsymbol{B}$表示出来，然后利用行列式性质解题.

【答案解析】$|\boldsymbol{A}+\boldsymbol{B}|=|\boldsymbol{\alpha}+\boldsymbol{\gamma},2\boldsymbol{\beta}_1,2\boldsymbol{\beta}_2,2\boldsymbol{\beta}_3|=|\boldsymbol{\alpha},2\boldsymbol{\beta}_1,2\boldsymbol{\beta}_2,2\boldsymbol{\beta}_3|+|\boldsymbol{\gamma},2\boldsymbol{\beta}_1,2\boldsymbol{\beta}_2,2\boldsymbol{\beta}_3|=40.$

考点十二　可逆矩阵的定义

对于n阶方阵$\boldsymbol{A}$，若存在n阶方阵$\boldsymbol{B}$，使得$\boldsymbol{AB}=\boldsymbol{BA}=\boldsymbol{E}$，则称$\boldsymbol{A}$为可逆矩阵(或非奇异矩阵)，并称$\boldsymbol{B}$为$\boldsymbol{A}$的逆矩阵，记为$\boldsymbol{A}^{-1}=\boldsymbol{B}$.

【敲黑板】① 要注意定义中要求矩阵 $\boldsymbol{A},\boldsymbol{B}$ 为方阵，同时逆矩阵的定义中要求的是 $\boldsymbol{AB}=\boldsymbol{BA}=\boldsymbol{E}$. 这是因为仅从 $\boldsymbol{AB}=\boldsymbol{E}$ 不能断定矩阵 $\boldsymbol{B}$ 为矩阵 $\boldsymbol{A}$ 的逆矩阵. 例如，令 $\boldsymbol{A}=\begin{pmatrix}0&1&0\\1&0&0\end{pmatrix}$，$\boldsymbol{B}=\begin{pmatrix}0&1\\1&0\\0&0\end{pmatrix}$，此时有 $\boldsymbol{AB}=\begin{pmatrix}1&0\\0&1\end{pmatrix}$，但显然矩阵 $\boldsymbol{B}$ 不为矩阵 $\boldsymbol{A}$ 的逆矩阵.

② 设 $\boldsymbol{A}$ 为 n 阶方阵，则 $\boldsymbol{A}$ 可逆的充要条件为 $|\boldsymbol{A}|\neq 0$.

考点十三 伴随矩阵的定义

设矩阵 $\boldsymbol{A}=(a_{ij})_{n\times n}$，$A_{ij}$ 为元素 a_{ij} 的代数余子式，定义矩阵 $\boldsymbol{A}$ 的伴随矩阵为

$$\boldsymbol{A}^*=(A_{ij})^{\mathrm{T}}=\begin{pmatrix}A_{11}&A_{21}&\cdots&A_{n1}\\A_{12}&A_{22}&\cdots&A_{n2}\\\vdots&\vdots&&\vdots\\A_{1n}&A_{2n}&\cdots&A_{nn}\end{pmatrix}.$$

【敲黑板】注意伴随矩阵中代数余子式行和列的排列顺序与原矩阵是相反的，$\boldsymbol{A}^*$ 的第 i 行元素是 $\boldsymbol{A}$ 的第 i 列元素的代数余子式.

题型十一 求伴随矩阵

【解题方法】两步走：第一步，求每行元素的代数余子式；第二步，进行转置.

例 20 计算下列矩阵 $\boldsymbol{A}$ 的伴随矩阵 $\boldsymbol{A}^*$：

(1)$\boldsymbol{A}=\begin{pmatrix}a&b\\c&d\end{pmatrix}$；

(2)$\boldsymbol{A}=\begin{pmatrix}1&0&0\\1&2&0\\0&0&1\end{pmatrix}$.

【解题思路】先求每行元素的代数余子式，然后对每行元素进行转置.

【答案解析】(1) $A_{11}=(-1)^{1+1}d=d,A_{12}=(-1)^{1+2}c=-c,$

$A_{21}=(-1)^{2+1}b=-b,A_{22}=(-1)^{2+2}a=a,$

$$\boldsymbol{A}^*=\begin{pmatrix}d&-b\\-c&a\end{pmatrix}.$$

(2)$A_{11}=(-1)^{1+1}\begin{vmatrix}2&0\\0&1\end{vmatrix}=2,A_{12}=(-1)^{1+2}\begin{vmatrix}1&0\\0&1\end{vmatrix}=-1,A_{13}=(-1)^{1+3}\begin{vmatrix}1&2\\0&0\end{vmatrix}=0,$

$$A_{21}=(-1)^{2+1}\begin{vmatrix}0&0\\0&1\end{vmatrix}=0,A_{22}=(-1)^{2+2}\begin{vmatrix}1&0\\0&1\end{vmatrix}=1,A_{23}=(-1)^{2+3}\begin{vmatrix}1&0\\0&0\end{vmatrix}=0,$$

$$A_{31}=(-1)^{3+1}\begin{vmatrix}0&0\\2&0\end{vmatrix}=0,A_{32}=(-1)^{3+2}\begin{vmatrix}1&0\\1&0\end{vmatrix}=0,A_{33}=(-1)^{3+3}\begin{vmatrix}1&0\\1&2\end{vmatrix}=2,$$

$$\boldsymbol{A}^*=\begin{pmatrix}2&0&0\\-1&1&0\\0&0&2\end{pmatrix}.$$

【评注】二阶矩阵求其伴随矩阵的口诀：主对角元素互换，副对角元素加负号.

考点十四　伴随矩阵的性质

设 $\boldsymbol{A}$ 为 n 阶方阵，$\boldsymbol{A}^*$ 为它的伴随矩阵，则 $\boldsymbol{A}\boldsymbol{A}^*=\boldsymbol{A}^*\boldsymbol{A}=|\boldsymbol{A}|\boldsymbol{E}$.

题型十二　伴随矩阵的计算

【解题方法】我们在处理伴随矩阵的时候有两种方法. 方法 1：已知矩阵 $\boldsymbol{A}$ 可逆，则用公式 $\boldsymbol{A}^*=|\boldsymbol{A}|\boldsymbol{A}^{-1}$；方法 2：已知矩阵 $\boldsymbol{A}$ 不可逆或矩阵 $\boldsymbol{A}$ 是否可逆未知，则使用伴随矩阵的定义或公式 $\boldsymbol{A}\boldsymbol{A}^*=\boldsymbol{A}^*\boldsymbol{A}=|\boldsymbol{A}|\boldsymbol{E}$.

例 21　设 $\boldsymbol{A}$ 为 n 阶可逆矩阵，证明：$|\boldsymbol{A}^*|=|\boldsymbol{A}|^{n-1}$.

【解题思路】使用公式 $\boldsymbol{A}^*=|\boldsymbol{A}|\boldsymbol{A}^{-1}$.

【答案解析】$\boldsymbol{A}^*=|\boldsymbol{A}|\boldsymbol{A}^{-1}$，则 $|\boldsymbol{A}^*|=||\boldsymbol{A}|\boldsymbol{A}^{-1}|=|\boldsymbol{A}|^n|\boldsymbol{A}^{-1}|=|\boldsymbol{A}|^n|\boldsymbol{A}|^{-1}=|\boldsymbol{A}|^{n-1}$.

例 22　设 $\boldsymbol{A}$ 为 n 阶可逆矩阵，$k\neq 0$，证明：$(k\boldsymbol{A})^*=k^{n-1}\boldsymbol{A}^*$.

【解题思路】由于 $\boldsymbol{A}$ 可逆，故可以使用公式 $\boldsymbol{A}^*=|\boldsymbol{A}|\boldsymbol{A}^{-1}$.

【答案解析】由于矩阵 $\boldsymbol{A}$ 可逆，$k\neq 0$，可知 $k\boldsymbol{A}$ 也是可逆矩阵，故

$$(k\boldsymbol{A})^*=|k\boldsymbol{A}|(k\boldsymbol{A})^{-1}=k^n|\boldsymbol{A}|k^{-1}\boldsymbol{A}^{-1}=k^{n-1}\boldsymbol{A}^*.$$

例 23　设 $\boldsymbol{A}$ 为 n 阶可逆矩阵，求 $(\boldsymbol{A}^*)^*$.

【解题思路】使用公式 $\boldsymbol{A}^*=|\boldsymbol{A}|\boldsymbol{A}^{-1}$.

【答案解析】由于 $\boldsymbol{A}$ 可逆，可知 $\boldsymbol{A}^*$ 也可逆，故 $(\boldsymbol{A}^*)^*=|\boldsymbol{A}^*|(\boldsymbol{A}^*)^{-1}$. 由 $|\boldsymbol{A}^*|=|\boldsymbol{A}|^{n-1}$，$(\boldsymbol{A}^*)^{-1}=|\boldsymbol{A}|^{-1}\boldsymbol{A}$，故 $(\boldsymbol{A}^*)^*=|\boldsymbol{A}|^{n-2}\boldsymbol{A}$.

例 24　求矩阵 $\boldsymbol{A}=\begin{pmatrix}1&2&0\\3&4&0\\0&0&5\end{pmatrix}$ 的伴随矩阵 $\boldsymbol{A}^*$.

【答案解析】$|\boldsymbol{A}|=1\times4\times5-2\times3\times5=-10\neq0$，故矩阵 $\boldsymbol{A}$ 可逆. 故 $\boldsymbol{A}^*=|\boldsymbol{A}|\boldsymbol{A}^{-1}$，由初等变换法 $(\boldsymbol{A}\vdots\boldsymbol{E})\xrightarrow{\text{初等行变换}}(\boldsymbol{E}\vdots\boldsymbol{A}^{-1})$，有

$$\left(\begin{array}{ccc:ccc}1&2&0&1&0&0\\3&4&0&0&1&0\\0&0&5&0&0&1\end{array}\right)\to\left(\begin{array}{ccc:ccc}1&2&0&1&0&0\\0&-2&0&-3&1&0\\0&0&1&0&0&\frac{1}{5}\end{array}\right)$$

$$\rightarrow\left(\begin{array}{ccc:ccc}1&0&0&-2&1&0\\0&-2&0&-3&1&0\\0&0&1&0&0&\frac{1}{5}\end{array}\right)\rightarrow\left(\begin{array}{ccc:ccc}1&0&0&-2&1&0\\0&1&0&\frac{3}{2}&-\frac{1}{2}&0\\0&0&1&0&0&\frac{1}{5}\end{array}\right),$$

则 $A^{-1}=\begin{pmatrix}-2&1&0\\\frac{3}{2}&-\frac{1}{2}&0\\0&0&\frac{1}{5}\end{pmatrix}$,故

$$A^*=|A|A^{-1}=\begin{pmatrix}20&-10&0\\-15&5&0\\0&0&-2\end{pmatrix}.$$

考点十五 可逆矩阵的性质

(1) 若 A 可逆,则A^{-1} 唯一.

(2) 若 A 可逆,则A^{T},A^{-1} 均可逆,且有$(A^{\mathrm{T}})^{-1}=(A^{-1})^{\mathrm{T}}$,$(A^{-1})^{-1}=A$.

(3) 若 A,B 为同阶可逆矩阵,则 AB 也可逆,且有$(AB)^{-1}=B^{-1}A^{-1}$.

推广:$(A_1A_2\cdots A_m)^{-1}=A_m^{-1}A_{m-1}^{-1}\cdots A_1^{-1}$($A_1$,$A_2$,$\cdots$,$A_m$ 为同阶可逆矩阵),

$$(A^n)^{-1}=(A^{-1})^n.$$

(4) 若 A 可逆,且 $k\neq 0$,则$(kA)^{-1}=\frac{1}{k}A^{-1}$.

(5) 若 $|A|\neq 0$,则 A 可逆,且$|A^{-1}|=\frac{1}{|A|}$.

题型十三 求逆矩阵

【解题方法】(1) 用公式. 若$|A|\neq 0$,则 $A^{-1}=\frac{1}{|A|}A^*$.

(2) 初等变换法. 若 $|A|\neq 0$,则$(A\vdots E)\xrightarrow{\text{初等行变换}}(E\vdots A^{-1})$.

(3) 用定义. 求矩阵 B,使 $AB=E$ 或 $BA=E$,则 A 可逆,且 $A^{-1}=B$.

(4) 用分块矩阵. 设 B,C 都是可逆矩阵,则

$$\begin{pmatrix}B&O\\O&C\end{pmatrix}^{-1}=\begin{pmatrix}B^{-1}&O\\O&C^{-1}\end{pmatrix};\begin{pmatrix}O&B\\C&O\end{pmatrix}^{-1}=\begin{pmatrix}O&C^{-1}\\B^{-1}&O\end{pmatrix}.$$

例 25 求矩阵 $A=\begin{pmatrix}a&b\\c&d\end{pmatrix}$ $(ad\neq bc)$的逆矩阵.

【解题思路】用伴随矩阵法求逆矩阵 A^{-1} 的一般步骤:先计算$|A|$,并验证$|A|\neq 0$,在此基础上计算 A 的所有元素的代数余子式,构造伴随矩阵,最后根据公式 $A^{-1}=\frac{1}{|A|}A^*$ 给出 A^{-1}.

【答案解析】由 $|\boldsymbol{A}|=\begin{vmatrix} a & b \\ c & d \end{vmatrix}=ad-bc\neq 0$，知 $\boldsymbol{A}$ 可逆.

$$A_{11}=d, A_{12}=-c, A_{21}=-b, A_{22}=a,$$

因此

$$\boldsymbol{A}^{-1}=\frac{1}{|\boldsymbol{A}|}\boldsymbol{A}^{*}=\frac{1}{ad-bc}\begin{pmatrix} d & -b \\ -c & a \end{pmatrix}.$$

【评注】结果表明，二阶矩阵的伴随矩阵是主对角线上的元素交换位置，副对角线元素不改变位置，只改变符号后得到的矩阵，伴随矩阵除以原矩阵的行列式即得逆矩阵.

例 26 求矩阵 $\boldsymbol{A}=\begin{pmatrix} 1 & 0 & 1 \\ 2 & 1 & 0 \\ -3 & 2 & -5 \end{pmatrix}$ 的逆矩阵.

【答案解析】由 $|\boldsymbol{A}|=\begin{vmatrix} 1 & 0 & 1 \\ 2 & 1 & 0 \\ -3 & 2 & -5 \end{vmatrix}=2\neq 0$，知 $\boldsymbol{A}$ 可逆.

$$A_{11}=\begin{vmatrix} 1 & 0 \\ 2 & -5 \end{vmatrix}=-5, A_{12}=-\begin{vmatrix} 2 & 0 \\ -3 & -5 \end{vmatrix}=10, A_{13}=\begin{vmatrix} 2 & 1 \\ -3 & 2 \end{vmatrix}=7,$$

$$A_{21}=-\begin{vmatrix} 0 & 1 \\ 2 & -5 \end{vmatrix}=2, A_{22}=\begin{vmatrix} 1 & 1 \\ -3 & -5 \end{vmatrix}=-2, A_{23}=-\begin{vmatrix} 1 & 0 \\ -3 & 2 \end{vmatrix}=-2,$$

$$A_{31}=\begin{vmatrix} 0 & 1 \\ 1 & 0 \end{vmatrix}=-1, A_{32}=-\begin{vmatrix} 1 & 1 \\ 2 & 0 \end{vmatrix}=2, A_{33}=\begin{vmatrix} 1 & 0 \\ 2 & 1 \end{vmatrix}=1,$$

因此

$$\boldsymbol{A}^{-1}=\frac{1}{|\boldsymbol{A}|}\boldsymbol{A}^{*}=\frac{1}{2}\begin{pmatrix} -5 & 2 & -1 \\ 10 & -2 & 2 \\ 7 & -2 & 1 \end{pmatrix}=\begin{pmatrix} -\frac{5}{2} & 1 & -\frac{1}{2} \\ 5 & -1 & 1 \\ \frac{7}{2} & -1 & \frac{1}{2} \end{pmatrix}.$$

题型十四　抽象矩阵的逆矩阵的计算

【解题方法】一般来说，当题目中给出了相关矩阵的等式时，可以通过相关运算法则进行变形，凑出等式 $\boldsymbol{AB}=\boldsymbol{E}$ 或 $\boldsymbol{BA}=\boldsymbol{E}$，于是 $\boldsymbol{A}^{-1}=\boldsymbol{B}$.

例 27 设三阶方阵 $\boldsymbol{A}$ 满足 $\boldsymbol{A}^2+\boldsymbol{A}=\boldsymbol{E}$，求：(1) $\boldsymbol{A}^{-1}$；(2) $(\boldsymbol{A}+3\boldsymbol{E})^{-1}$.

【解题思路】利用逆矩阵的定义.

【答案解析】(1) 由 $\boldsymbol{A}^2+\boldsymbol{A}=\boldsymbol{E}$ 可得 $\boldsymbol{A}(\boldsymbol{A}+\boldsymbol{E})=\boldsymbol{E}$，故 $\boldsymbol{A}^{-1}=\boldsymbol{A}+\boldsymbol{E}$.

(2) 等式 $\boldsymbol{A}^2+\boldsymbol{A}=\boldsymbol{E}$ 两边同时减去 $6\boldsymbol{E}$ 得 $\boldsymbol{A}^2+\boldsymbol{A}-6\boldsymbol{E}=-5\boldsymbol{E}$，分解因式得 $(\boldsymbol{A}+3\boldsymbol{E})(\boldsymbol{A}-2\boldsymbol{E})=-5\boldsymbol{E}$，也即 $(\boldsymbol{A}+3\boldsymbol{E})\frac{2\boldsymbol{E}-\boldsymbol{A}}{5}=\boldsymbol{E}$，故 $(\boldsymbol{A}+3\boldsymbol{E})^{-1}=\frac{2\boldsymbol{E}-\boldsymbol{A}}{5}$.

考点十六 分块矩阵的逆

(1) $\begin{pmatrix} A & O \\ O & B \end{pmatrix}^{-1} = \begin{pmatrix} A^{-1} & O \\ O & B^{-1} \end{pmatrix}$. 特殊地，

$$\begin{pmatrix} \lambda_1 & & & \\ & \lambda_2 & & \\ & & \ddots & \\ & & & \lambda_n \end{pmatrix}^{-1} = \begin{pmatrix} \lambda_1^{-1} & & & \\ & \lambda_2^{-1} & & \\ & & \ddots & \\ & & & \lambda_n^{-1} \end{pmatrix}.$$

(2) $\begin{pmatrix} O & A \\ B & O \end{pmatrix}^{-1} = \begin{pmatrix} O & B^{-1} \\ A^{-1} & O \end{pmatrix}$. 特殊地，

$$\begin{pmatrix} & & & \lambda_1 \\ & & \lambda_2 & \\ & \iddots & & \\ \lambda_n & & & \end{pmatrix}^{-1} = \begin{pmatrix} & & & \lambda_n^{-1} \\ & & \lambda_{n-1}^{-1} & \\ & \iddots & & \\ \lambda_1^{-1} & & & \end{pmatrix}.$$

题型十五 利用分块矩阵求逆矩阵

【解题方法】 首先将矩阵按照尽量存在零矩阵或单位矩阵的标准分块，然后利用分块矩阵的定义来计算.

例 28 设 $A = \begin{pmatrix} 0 & 0 & 1 & 3 \\ 0 & 0 & 2 & 5 \\ 1 & -4 & 0 & 0 \\ 0 & 2 & 0 & 0 \end{pmatrix}$，求 A^{-1}.

【解题思路】 一般地，求逆矩阵运算都比较烦琐，方法的选择就显得十分重要. 如利用分块矩阵法化大为小；或利用性质先在字母符号层面推算简化，再代入具体值计算.

【答案解析】 记 $A_1 = \begin{pmatrix} 1 & 3 \\ 2 & 5 \end{pmatrix}$，$A_2 = \begin{pmatrix} 1 & -4 \\ 0 & 2 \end{pmatrix}$，由

$$|A_1| = \begin{vmatrix} 1 & 3 \\ 2 & 5 \end{vmatrix} = -1 \neq 0, |A_2| = \begin{vmatrix} 1 & -4 \\ 0 & 2 \end{vmatrix} = 2 \neq 0,$$

知 A_1, A_2 均可逆，且

$$A_1^{-1} = -\begin{pmatrix} 5 & -3 \\ -2 & 1 \end{pmatrix} = \begin{pmatrix} -5 & 3 \\ 2 & -1 \end{pmatrix}, A_2^{-1} = \frac{1}{2}\begin{pmatrix} 2 & 4 \\ 0 & 1 \end{pmatrix} = \begin{pmatrix} 1 & 2 \\ 0 & \frac{1}{2} \end{pmatrix}.$$

于是，有 $A = \begin{pmatrix} O & A_1 \\ A_2 & O \end{pmatrix}$，又由 $|A| = \begin{vmatrix} O & A_1 \\ A_2 & O \end{vmatrix} = (-1)^{2\times 2} |A_1| |A_2| = -2 \neq 0$，知 A 可逆.

设 $A^{-1}=\begin{pmatrix}X_1 & X_2\\ X_3 & X_4\end{pmatrix}$，其中 $X_i\ (i=1,2,3,4)$ 为二阶子块，则有

$$AA^{-1}=\begin{pmatrix}O & A_1\\ A_2 & O\end{pmatrix}\begin{pmatrix}X_1 & X_2\\ X_3 & X_4\end{pmatrix}=\begin{pmatrix}A_1X_3 & A_1X_4\\ A_2X_1 & A_2X_2\end{pmatrix}=\begin{pmatrix}E & O\\ O & E\end{pmatrix},$$

同时有
$$A_1X_3=E,A_1X_4=O,A_2X_1=O,A_2X_2=E,$$
解得
$$X_1=O,X_2=A_2^{-1},X_3=A_1^{-1},X_4=O.$$

因此
$$A^{-1}=\begin{pmatrix}O & A_2^{-1}\\ A_1^{-1} & O\end{pmatrix}=\begin{pmatrix}0 & 0 & 1 & 2\\ 0 & 0 & 0 & \frac{1}{2}\\ -5 & 3 & 0 & 0\\ 2 & -1 & 0 & 0\end{pmatrix}.$$

考点十七　矩阵的初等变换

我们对矩阵可以作如下三种初等行(列)变换：

(1) 交换矩阵的两行(列)；

(2) 将一个非零数 k 乘矩阵的某一行(列)；

(3) 将矩阵的某一行(列)的 k 倍加到另一行(列).

矩阵的初等行变换与初等列变换统称为**初等变换**.

题型十六　利用初等行变换求逆矩阵

【解题方法】 对于 n 阶可逆矩阵 A，我们可以通过初等行变换计算其逆矩阵. 对分块矩阵 $(A\vdots E)$ 作初等行变换，将矩阵 A 的位置部分化为 E，此时原来 E 的位置部分就化为了 A^{-1}，也即 $(A\vdots E)\xrightarrow{\text{初等行变换}}(E\vdots A^{-1})$. 需要注意的是，此过程只能作初等行变换.

例 29　利用初等行变换求 $A=\begin{pmatrix}1 & 0 & 1\\ 2 & 1 & 4\\ -3 & 2 & 5\end{pmatrix}$ 的逆矩阵.

【答案解析】 先组成矩阵 $(A\vdots E)$，再作初等行变换将 A 化为 E，有

$$(A\vdots E)=\left(\begin{array}{ccc:ccc}1 & 0 & 1 & 1 & 0 & 0\\ 2 & 1 & 4 & 0 & 1 & 0\\ -3 & 2 & 5 & 0 & 0 & 1\end{array}\right)\xrightarrow[r_3+3r_1]{r_2-2r_1}\left(\begin{array}{ccc:ccc}1 & 0 & 1 & 1 & 0 & 0\\ 0 & 1 & 2 & -2 & 1 & 0\\ 0 & 2 & 8 & 3 & 0 & 1\end{array}\right)$$

$$\xrightarrow{r_3-2r_2}\left(\begin{array}{ccc:ccc}1 & 0 & 1 & 1 & 0 & 0\\ 0 & 1 & 2 & -2 & 1 & 0\\ 0 & 0 & 4 & 7 & -2 & 1\end{array}\right)\xrightarrow[r_3\div 4]{\substack{r_1-r_3/4\\ r_2-r_3/2}}\left(\begin{array}{ccc:ccc}1 & 0 & 0 & -\frac{3}{4} & \frac{1}{2} & -\frac{1}{4}\\ 0 & 1 & 0 & -\frac{11}{2} & 2 & -\frac{1}{2}\\ 0 & 0 & 1 & \frac{7}{4} & -\frac{1}{2} & \frac{1}{4}\end{array}\right),$$

因此得

$$A^{-1}=\begin{pmatrix}-\frac{3}{4} & \frac{1}{2} & -\frac{1}{4}\\ -\frac{11}{2} & 2 & -\frac{1}{2}\\ \frac{7}{4} & -\frac{1}{2} & \frac{1}{4}\end{pmatrix}.$$

题型十七 求解矩阵方程

【解题方法】 假设矩阵 $\boldsymbol{A},\boldsymbol{B}$ 均是可逆矩阵，则

(1) $\boldsymbol{AX}=\boldsymbol{B}\Rightarrow\boldsymbol{X}=\boldsymbol{A}^{-1}\boldsymbol{B}$；

(2) $\boldsymbol{XA}=\boldsymbol{B}\Rightarrow\boldsymbol{X}=\boldsymbol{BA}^{-1}$；

(3) $\boldsymbol{AXB}=\boldsymbol{C}\Rightarrow\boldsymbol{X}=\boldsymbol{A}^{-1}\boldsymbol{CB}^{-1}$.

例 30 求解矩阵方程 $\begin{pmatrix}2 & 1 & 2\\ 3 & 0 & 1\\ -2 & 1 & 1\end{pmatrix}\boldsymbol{X}=\begin{pmatrix}1 & 0\\ 2 & 1\\ 3 & 2\end{pmatrix}$.

【答案解析】 记 $\boldsymbol{A}=\begin{pmatrix}2 & 1 & 2\\ 3 & 0 & 1\\ -2 & 1 & 1\end{pmatrix}$，$\boldsymbol{B}=\begin{pmatrix}1 & 0\\ 2 & 1\\ 3 & 2\end{pmatrix}$，先组成分块矩阵 $(\boldsymbol{A}\vdots\boldsymbol{B})$（$\boldsymbol{A}$ 是可逆矩阵），再作初等行变换将 $\boldsymbol{A}$ 化为 $\boldsymbol{E}$，$\boldsymbol{B}$ 化为 $\boldsymbol{A}^{-1}\boldsymbol{B}$，有

$$(\boldsymbol{A}\vdots\boldsymbol{B})=\left(\begin{array}{ccc:cc}2 & 1 & 2 & 1 & 0\\ 3 & 0 & 1 & 2 & 1\\ -2 & 1 & 1 & 3 & 2\end{array}\right)\xrightarrow[r_3-2r_1]{\substack{r_1-r_2\\ r_2+3r_1}}\left(\begin{array}{ccc:cc}-1 & 1 & 1 & -1 & -1\\ 0 & 3 & 4 & -1 & -2\\ 0 & -1 & -1 & 5 & 4\end{array}\right)$$

$$\xrightarrow[r_3+r_2]{\substack{r_1+r_3\\ r_2+3r_3}}\left(\begin{array}{ccc:cc}-1 & 0 & 0 & 4 & 3\\ 0 & 0 & 1 & 14 & 10\\ 0 & -1 & 0 & 19 & 14\end{array}\right)\xrightarrow[r_3\leftrightarrow r_2]{\substack{-r_1\\ -r_3}}\left(\begin{array}{ccc:cc}1 & 0 & 0 & -4 & -3\\ 0 & 1 & 0 & -19 & -14\\ 0 & 0 & 1 & 14 & 10\end{array}\right),$$

因此解得

$$\boldsymbol{X}=\begin{pmatrix}-4 & -3\\ -19 & -14\\ 14 & 10\end{pmatrix}.$$

考点十八 初等矩阵的定义

对单位矩阵 $\boldsymbol{E}$ 实施一次初等变换得到的矩阵称为初等矩阵. 由于初等变换有三种，因此初等矩阵也有三种：

(1) 交换单位矩阵的第 i 行和第 j 行得到的初等矩阵，记作 $\boldsymbol{E}(i,j)$，该矩阵也可以看作是交换单位矩阵的第 i 列和第 j 列得到的. 如 $\boldsymbol{E}(1,2)=\begin{pmatrix}0 & 1\\ 1 & 0\end{pmatrix}$.

(2) 将一个非零数 k 乘单位矩阵的第 i 行得到的初等矩阵，记作 $\boldsymbol{E}(i(k))$，该矩阵也可以看作是将单位矩阵的第 i 列乘以非零数 k 得到的. 如 $\boldsymbol{E}(2(-5))=\begin{pmatrix}1&0\\0&-5\end{pmatrix}$.

(3) 将单位矩阵的第 j 行的 k 倍加到第 i 行得到的初等矩阵，记作 $\boldsymbol{E}(i,j(k))$，该矩阵也可以看作是将单位矩阵的第 i 列的 k 倍加到第 j 列得到的. 如 $\boldsymbol{E}(1,2(2))=\begin{pmatrix}1&2\\0&1\end{pmatrix}$.

考点十九　初等矩阵的性质

(1) 初等矩阵的行列式：

$$|\boldsymbol{E}(i,j)|=-1,|\boldsymbol{E}(i(k))|=k(k\neq 0),|\boldsymbol{E}(i,j(k))|=1.$$

(2) 初等矩阵的性质：

$$\boldsymbol{E}^{-1}(i,j)=\boldsymbol{E}(i,j),\boldsymbol{E}^{-1}(i(k))=\boldsymbol{E}\left(i\left(\frac{1}{k}\right)\right),\boldsymbol{E}^{-1}(i,j(k))=\boldsymbol{E}(i,j(-k)).$$

考点二十　等价矩阵

设矩阵 $\boldsymbol{A},\boldsymbol{B}$ 为同型矩阵.

(1) 如果矩阵 $\boldsymbol{A}$ 经过有限次初等行变换化成 $\boldsymbol{B}$，则称矩阵 $\boldsymbol{A},\boldsymbol{B}$ 行等价.

(2) 如果矩阵 $\boldsymbol{A}$ 经过有限次初等列变换化成 $\boldsymbol{B}$，则称矩阵 $\boldsymbol{A},\boldsymbol{B}$ 列等价.

(3) 如果矩阵 $\boldsymbol{A}$ 经过有限次初等变换化成 $\boldsymbol{B}$，则称矩阵 $\boldsymbol{A},\boldsymbol{B}$ 等价.

考点二十一　初等变换与初等矩阵的关系

用一个初等矩阵左乘矩阵 $\boldsymbol{A}$，相当于对 $\boldsymbol{A}$ 作相应的初等行变换；用一个初等矩阵右乘矩阵 $\boldsymbol{A}$，相当于对 $\boldsymbol{A}$ 作相应的初等列变换.

【**敲黑板**】本定理是初等矩阵的核心考点，我们可以把它记作“左行右列”法则.

考点二十二　初等矩阵相关定理

定理 1　矩阵 $\boldsymbol{A}$ 可逆的充要条件是它能表示成有限个初等矩阵的乘积，即 $\boldsymbol{A}=\boldsymbol{P}_1\boldsymbol{P}_2\cdots\boldsymbol{P}_m$，其中 $\boldsymbol{P}_1,\boldsymbol{P}_2,\cdots,\boldsymbol{P}_m$ 均为初等矩阵.

推论　用若干个初等矩阵左乘可逆矩阵 $\boldsymbol{A}$ 相当于对 $\boldsymbol{A}$ 作若干次初等行变换，用若干个初等矩阵右乘可逆矩阵 $\boldsymbol{A}$ 相当于对 $\boldsymbol{A}$ 作若干次初等列变换.

定理 2　矩阵 $\boldsymbol{A}$ 与矩阵 $\boldsymbol{B}$ 等价当且仅当存在可逆矩阵 $\boldsymbol{P},\boldsymbol{Q}$，使得 $\boldsymbol{PAQ}=\boldsymbol{B}$.

推论　n 阶矩阵 $\boldsymbol{A}$ 可逆的充要条件是它与同阶的单位矩阵等价.

题型十八 矩阵的初等变换

【解题方法】 首先能够将矩阵的初等变换与矩阵的乘法相互“翻译”，然后熟练应用“左行右列”法则，最后利用初等矩阵相关性质及定理解题.

例 31 $\begin{pmatrix}0&0&1\\0&1&0\\1&0&0\end{pmatrix}\begin{pmatrix}a_{11}&a_{12}\\a_{21}&a_{22}\\a_{31}&a_{32}\end{pmatrix}\begin{pmatrix}1&k\\0&1\end{pmatrix}=($ $)$.

(A) $\begin{pmatrix}a_{31}+ka_{32}&a_{32}\\a_{21}+ka_{22}&a_{22}\\a_{11}+ka_{12}&a_{12}\end{pmatrix}$　(B) $\begin{pmatrix}a_{32}+ka_{31}&a_{32}\\a_{22}+ka_{21}&a_{22}\\a_{12}+ka_{11}&a_{12}\end{pmatrix}$　(C) $\begin{pmatrix}a_{31}&a_{32}+ka_{31}\\a_{21}&a_{22}+ka_{21}\\a_{11}&a_{12}+ka_{11}\end{pmatrix}$

(D) $\begin{pmatrix}a_{31}&a_{31}+ka_{32}\\a_{21}&a_{21}+ka_{22}\\a_{11}&a_{11}+ka_{12}\end{pmatrix}$　(E) $\begin{pmatrix}a_{31}+ka_{21}&a_{32}+ka_{22}\\a_{21}&a_{22}\\a_{11}&a_{12}\end{pmatrix}$

【参考答案】 C

【答案解析】 根据初等矩阵“左行右列”法则，有

$$\begin{pmatrix}0&0&1\\0&1&0\\1&0&0\end{pmatrix}\begin{pmatrix}a_{11}&a_{12}\\a_{21}&a_{22}\\a_{31}&a_{32}\end{pmatrix}=\begin{pmatrix}a_{31}&a_{32}\\a_{21}&a_{22}\\a_{11}&a_{12}\end{pmatrix},$$

则 $\begin{pmatrix}a_{31}&a_{32}\\a_{21}&a_{22}\\a_{11}&a_{12}\end{pmatrix}\begin{pmatrix}1&k\\0&1\end{pmatrix}=\begin{pmatrix}a_{31}&a_{32}+ka_{31}\\a_{21}&a_{22}+ka_{21}\\a_{11}&a_{12}+ka_{11}\end{pmatrix}$.

例 32 设 $\boldsymbol{A}=\begin{pmatrix}a_{11}&a_{12}&a_{13}\\a_{21}&a_{22}&a_{23}\\a_{31}&a_{32}&a_{33}\end{pmatrix}$，$\boldsymbol{B}=\begin{pmatrix}a_{21}&a_{22}&a_{23}\\a_{11}&a_{12}&a_{13}\\a_{31}+a_{11}&a_{32}+a_{12}&a_{33}+a_{13}\end{pmatrix}$，$\boldsymbol{P}_1=\begin{pmatrix}0&1&0\\1&0&0\\0&0&1\end{pmatrix}$，

$\boldsymbol{P}_2=\begin{pmatrix}1&0&0\\0&1&0\\1&0&1\end{pmatrix}$，则必有(　　).

(A) $\boldsymbol{AP}_1\boldsymbol{P}_2=\boldsymbol{B}$　(B) $\boldsymbol{AP}_2\boldsymbol{P}_1=\boldsymbol{B}$　(C) $\boldsymbol{P}_1\boldsymbol{P}_2\boldsymbol{A}=\boldsymbol{B}$

(D) $\boldsymbol{P}_2\boldsymbol{P}_1\boldsymbol{A}=\boldsymbol{B}$　(E) 以上均不正确

【参考答案】 C

【解题思路】 利用“左行右列”法则，用一个初等矩阵左乘矩阵 $\boldsymbol{A}$，相当于对 $\boldsymbol{A}$ 作相应的初等行变换；用一个初等矩阵右乘矩阵 $\boldsymbol{A}$，相当于对 $\boldsymbol{A}$ 作相应的初等列变换.

【答案解析】 矩阵 $\boldsymbol{B}$ 是将矩阵 $\boldsymbol{A}$ 的第一行加到第三行，再交换第一行和第二行得到的，而 $\boldsymbol{P}_1$，$\boldsymbol{P}_2$ 分别为交换单位矩阵的第一行和第二行，及将单位矩阵的第一行加到第三行所得到的初等矩阵. 故

根据“左行右列”法则可知$P_1P_2A=B$,故选C.

例33 设可逆矩阵 $A=\begin{pmatrix} a_{11} & a_{12} & a_{13} & a_{14} \\ a_{21} & a_{22} & a_{23} & a_{24} \\ a_{31} & a_{32} & a_{33} & a_{34} \\ a_{41} & a_{42} & a_{43} & a_{44} \end{pmatrix}$,又 $B=\begin{pmatrix} a_{14} & a_{13} & a_{12} & a_{11} \\ a_{24} & a_{23} & a_{22} & a_{21} \\ a_{34} & a_{33} & a_{32} & a_{31} \\ a_{44} & a_{43} & a_{42} & a_{41} \end{pmatrix}$,$P_1=\begin{pmatrix} 0 & 0 & 0 & 1 \\ 0 & 1 & 0 & 0 \\ 0 & 0 & 1 & 0 \\ 1 & 0 & 0 & 0 \end{pmatrix}$,$P_2=\begin{pmatrix} 1 & 0 & 0 & 0 \\ 0 & 0 & 1 & 0 \\ 0 & 1 & 0 & 0 \\ 0 & 0 & 0 & 1 \end{pmatrix}$,则$B^{-1}=$(　　).

(A)$A^{-1}P_1P_2$　　(B)$P_1A^{-1}P_2$　　(C)$P_1P_2A^{-1}$

(D)$P_2A^{-1}P_1$　　(E)以上均不正确

【参考答案】C

【解题思路】此题考查了初等矩阵与矩阵乘法的关系,首先要清楚P_1和P_2是单位矩阵经过什么样的初等变换得到的,以及A经过什么样的初等变换得到的B.

【答案解析】矩阵B是矩阵A交换第一列和第四列,再交换第二列和第三列得到的,而P_1,P_2分别是单位矩阵交换第一列和第四列,及单位矩阵交换第二列和第三列得到的初等矩阵. 根据“左行右列”法则,得$AP_1P_2=B$或$AP_2P_1=B$,从而$B^{-1}=P_2^{-1}P_1^{-1}A^{-1}$或$B^{-1}=P_1^{-1}P_2^{-1}A^{-1}$.

又因为$P_1^{-1}=P_1$,$P_2^{-1}=P_2$,则$B^{-1}=P_2P_1A^{-1}$或$B^{-1}=P_1P_2A^{-1}$. 故选C.

例34 设A为三阶矩阵,将A的第三列的-1倍加到第二列得到矩阵B,再交换B的第一行与第二行得到单位矩阵E,记

$$P_1=\begin{pmatrix} 1 & 0 & 0 \\ 0 & 1 & 0 \\ 0 & -1 & 1 \end{pmatrix},P_2=\begin{pmatrix} 0 & 1 & 0 \\ 1 & 0 & 0 \\ 0 & 0 & 1 \end{pmatrix},$$

则$A=$(　　).

(A)P_1P_2　　(B)$P_1^{-1}P_2$　　(C)$-P_1^{-1}P_2$　　(D)P_2P_1　　(E)$P_2P_1^{-1}$

【参考答案】E

【解题思路】本题主要考查矩阵的初等变换、初等矩阵、矩阵乘法的逆运算. 关键是将矩阵B,E与A用初等矩阵建立关系式.

【答案解析】依题设,

$$E(3,2(-1))=P_1,E(1,2)=P_2.$$

$$B=AE(3,2(-1)),E=E(1,2)B.$$

于是　$E=E(1,2)B=E(1,2)AE(3,2(-1))$,$A=E^{-1}(1,2)E^{-1}(3,2(-1))$,

又　$$E^{-1}(1,2)=E(1,2)=P_2,E^{-1}(3,2(-1))=P_1^{-1},$$

因此有$A=P_2P_1^{-1}$,故选E.

考点二十三　行阶梯形矩阵

形如

$$\begin{pmatrix} c_{11} & c_{12} & \cdots & c_{1r} & c_{1,r+1} & \cdots & c_{1n} \\ 0 & c_{22} & \cdots & c_{2r} & c_{2,r+1} & \cdots & c_{2n} \\ \vdots & \vdots & & \vdots & \vdots & & \vdots \\ 0 & 0 & \cdots & c_{rr} & c_{r,r+1} & \cdots & c_{rn} \\ 0 & 0 & \cdots & 0 & 0 & \cdots & 0 \\ \vdots & \vdots & & \vdots & \vdots & & \vdots \\ 0 & 0 & \cdots & 0 & 0 & \cdots & 0 \end{pmatrix}$$

的矩阵称为行阶梯形矩阵，简称阶梯形矩阵. 其特点为每个阶梯只有一行；元素不全为零的行(非零行)的第一个非零元素所在列的下标随着行标的增大而严格增大(列标一定不小于行标)；元素全为零的行(如果有的话)必在矩阵的最下面几行.

例如$\boldsymbol{A}_1=\begin{pmatrix} 1 & 0 & -1 & 0 & 4 \\ 0 & 1 & -1 & 0 & 3 \\ 0 & 0 & 0 & 1 & -3 \\ 0 & 0 & 0 & 0 & 0 \end{pmatrix}$，$\boldsymbol{A}_2=\begin{pmatrix} 1 & 1 & -2 & 1 & 4 \\ 0 & 1 & -1 & 1 & 3 \\ 0 & 0 & 0 & 1 & -3 \\ 0 & 0 & 0 & 0 & 0 \end{pmatrix}$均为行阶梯形矩阵.

考点二十四　行最简形矩阵

非零行的首非零元为1，且这些首非零元所在的列的其他元素都为零的行阶梯形矩阵.

考点二十五　行阶梯形等价定理

任何非零矩阵$\boldsymbol{A}_{m\times n}$总可以经过有限次初等行变换化为行阶梯形矩阵与行最简形矩阵.

考点二十六　标准形矩阵

定义　对行最简形矩阵施以初等列变换，可化为左上角是一个单位矩阵，其余元素均是零的矩阵，称之为标准形矩阵.

标准形等价定理　任何非零矩阵$\boldsymbol{A}_{m\times n}$都可以经过有限次初等变换(初等行变换和初等列变换)化为标准形矩阵，且矩阵的等价标准形唯一确定，即

$$\boldsymbol{A}_{m\times n}\rightarrow\boldsymbol{F}_{m\times n}(r)=\begin{pmatrix} \boldsymbol{E}_{r\times r} & \boldsymbol{O}_{r\times(n-r)} \\ \boldsymbol{O}_{(m-r)\times r} & \boldsymbol{O}_{(m-r)\times(n-r)} \end{pmatrix},$$

其中r为行阶梯形矩阵中非零行的行数.

考点二十七　k阶子式

在$m\times n$矩阵$\boldsymbol{A}$中，任选矩阵$\boldsymbol{A}$中的k行k列所形成的k阶行列式称为矩阵$\boldsymbol{A}$的一个k阶子式

$(1 \leqslant k \leqslant \min\{m,n\})$.

例如,设 $\boldsymbol{A}=\begin{pmatrix}2&1&3&4\\1&-1&0&2\\3&4&2&5\end{pmatrix}$,在 $\boldsymbol{A}$ 中抽取第 1,2 行和第 2,3 列,它们交叉位置上的元素构成的一个二阶子式为 $\begin{vmatrix}1&3\\-1&0\end{vmatrix}$;抽取第 1,2,3 行和第 1,3,4 列,它们交叉位置上的元素构成的一个三阶子式为 $\begin{vmatrix}2&3&4\\1&0&2\\3&2&5\end{vmatrix}$. 一般地,对于一个 $m\times n$ 矩阵 $\boldsymbol{A}$,共有 $C_m^kC_n^k$ 个 k 阶子式. 显然,所有子式的阶数不会超过 $\boldsymbol{A}$ 的行数和列数. 若 $\boldsymbol{A}$ 为非零矩阵,则至少有一个元素非零,其子式的阶数必定大于或等于 1. 因此,$\boldsymbol{A}$ 的所有子式的阶数应介于 1 和 $\min\{m,n\}$ 之间.

题型十九　求 k 阶子式个数

【解题方法】利用 k 阶子式定义来计算,一般记住结论:k 阶子式的个数 $=C_m^kC_n^k$.

例 35　求矩阵 $\boldsymbol{A}=\begin{pmatrix}1&2&0&1\\2&1&1&2\\0&-1&2&1\end{pmatrix}$ 的 k 阶子式个数.

【解题思路】所有子式的阶数 k 介于 1 和 $\min\{m,n\}$之间,则子式的最高阶数 $k=3$,再利用 k 阶子式的个数公式 $C_m^kC_n^k$ 来计算.

【答案解析】一阶子式个数为 $C_3^1\times C_4^1=12$,二阶子式个数为 $C_3^2\times C_4^2=18$,三阶子式个数为 $C_3^3\times C_4^3=4$.

考点二十八　矩阵秩的定义

设矩阵 $\boldsymbol{A}$ 中有一个非零的 r 阶子式 D,而且所有 $r+1$ 阶子式(如果存在的话)全为 0,则 D 称为矩阵 $\boldsymbol{A}$ 的最高阶非零子式,r 称为矩阵 $\boldsymbol{A}$ 的秩,记作 $r(\boldsymbol{A})$,即 $r(\boldsymbol{A})=r$. 规定零矩阵的秩为 0.

【敲黑板】① 矩阵 $\boldsymbol{A}$ 中非零子式的最高阶数称为矩阵 $\boldsymbol{A}$ 的秩,记为 $r(\boldsymbol{A})$.

如矩阵 $\boldsymbol{A}=\begin{pmatrix}1&2&3\\4&5&6\\7&8&9\end{pmatrix}$,由于它有一个非零的二阶子式 $\begin{vmatrix}2&3\\5&6\end{vmatrix}=-3$,它的三阶子式只有一个:$\begin{vmatrix}1&2&3\\4&5&6\\7&8&9\end{vmatrix}=0$,可知 $\boldsymbol{A}$ 的最高阶非零子式的阶数为 2,故有 $r(\boldsymbol{A})=2$.

② 零矩阵没有非零子式,我们规定它的秩为 0.

题型二十 求矩阵的秩

【解题方法】(1) 用定义法求矩阵的秩,找出矩阵中非零子式的最高阶数.

(2) 用初等变换将矩阵化成行阶梯形,行阶梯形矩阵中非零行的行数即是该矩阵的秩.

例 36 求下列矩阵的秩.

(1)$\boldsymbol{A}=\begin{pmatrix}1&0&3&2&1&-1\\0&-2&3&1&4&0\\0&0&0&3&4&11\\0&0&0&0&0&0\end{pmatrix}$;

(2)$\boldsymbol{B}=\begin{pmatrix}1&-1&2&1\\3&-1&0&2\\3&2&1&0\\1&-4&1&3\end{pmatrix}$.

【解题思路】用定义求数值矩阵的秩,就是设法从中找出阶数最高的非零子式. 除了一些特殊结构的矩阵外(如本题中矩阵 $\boldsymbol{A}$ 显示的行阶梯形矩阵可以直接观察),一般要从阶数最高的子式开始计算,若其全部为零,再计算低一阶的子式,直至找出阶数最高的非零子式为止. 或类似地,从最低阶子式入手,逐步提高计算的阶数,通常计算量会很大.

【答案解析】(1)$\boldsymbol{A}$ 为行阶梯形矩阵,容易看出其中有一个三阶子式$\begin{vmatrix}1&0&2\\0&-2&1\\0&0&3\end{vmatrix}$不为零,所有四阶子式均为零,则 $r(\boldsymbol{A})=3$.

(2) 由$\begin{vmatrix}1&-1\\3&-1\end{vmatrix}=2\neq0$,$\begin{vmatrix}1&-1&2\\3&-1&0\\3&2&1\end{vmatrix}=20\neq0$,且$\begin{vmatrix}1&-1&2&1\\3&-1&0&2\\3&2&1&0\\1&-4&1&3\end{vmatrix}=0$,知 $r(\boldsymbol{B})\geqslant3$ 且 $r(\boldsymbol{B})\leqslant3$,即 $r(\boldsymbol{B})=3$.

例 37 利用初等变换法求 $\boldsymbol{A}=\begin{pmatrix}2&3&5&15&4\\1&2&3&5&3\\1&7&8&-10&3\\2&6&8&5&5\end{pmatrix}$的秩.

【解题思路】从理论上讲,用初等变换求数值矩阵的秩,应该将矩阵化至标准形,但实际上只要将矩阵化为形如例 36(1) 中显示的阶梯形矩阵,能确定阶数最高的非零子式即可.

【答案解析】先将左上角元素调配为 1,

$$\boldsymbol{A}=\begin{pmatrix}2&3&5&15&4\\1&2&3&5&3\\1&7&8&-10&3\\2&6&8&5&5\end{pmatrix}\xrightarrow{r_1\leftrightarrow r_2}\begin{pmatrix}1&2&3&5&3\\2&3&5&15&4\\1&7&8&-10&3\\2&6&8&5&5\end{pmatrix}$$

$$\xrightarrow[r_4-2r_1]{\substack{r_2-2r_1\\r_3-r_1}}\begin{pmatrix}1&2&3&5&3\\0&-1&-1&5&-2\\0&5&5&-15&0\\0&2&2&-5&-1\end{pmatrix}\xrightarrow[-r_2]{\substack{r_3+5r_2\\r_4+2r_2}}\begin{pmatrix}1&2&3&5&3\\0&1&1&-5&2\\0&0&0&10&-10\\0&0&0&5&-5\end{pmatrix}$$

$$\xrightarrow[r_4\leftrightarrow r_3]{\substack{r_3-2r_4\\r_4\div 5}}\begin{pmatrix}1&2&3&5&3\\0&1&1&-5&2\\0&0&0&1&-1\\0&0&0&0&0\end{pmatrix},$$

故 $r(\boldsymbol{A})=3$.

考点二十九 矩阵秩的相关公式

(1)$0\leqslant r(\boldsymbol{A}_{m\times n})\leqslant\min\{m,n\}$;

(2)$\boldsymbol{A}\neq\boldsymbol{O}\Leftrightarrow r(\boldsymbol{A})\geqslant 1$;

(3)$r(\boldsymbol{A})=1\Leftrightarrow\boldsymbol{A}\neq\boldsymbol{O}$ 且 $\boldsymbol{A}$ 各行元素成比例;

(4)$r(\boldsymbol{A}_{n\times n})=n\Leftrightarrow|\boldsymbol{A}|\neq 0$;

(5)$r(\boldsymbol{A}_{n\times n})<n\Leftrightarrow|\boldsymbol{A}|=0$;

(6)$r(\boldsymbol{A})=r(\boldsymbol{A}^{\mathrm{T}})$;

(7) 若 $\boldsymbol{P},\boldsymbol{Q}$ 均可逆,则 $r(\boldsymbol{PA})=r(\boldsymbol{AQ})=r(\boldsymbol{PAQ})=r(\boldsymbol{A})$;

(8)$r(k\boldsymbol{A})=r(\boldsymbol{A}),k\neq 0$;

(9)$\max\{r(\boldsymbol{A}),r(\boldsymbol{B})\}\leqslant r(\boldsymbol{A},\boldsymbol{B})\leqslant r(\boldsymbol{A})+r(\boldsymbol{B})$;

特别当 $\boldsymbol{B}=\boldsymbol{b}$ 为非零列向量时,有 $\max\{r(\boldsymbol{A}),r(\boldsymbol{b})\}\leqslant r(\boldsymbol{A},\boldsymbol{b})\leqslant r(\boldsymbol{A})+1$;

(10)$r(\boldsymbol{A}\pm\boldsymbol{B})\leqslant r(\boldsymbol{A})+r(\boldsymbol{B})$;

(11)$r(\boldsymbol{AB})\leqslant\min\{r(\boldsymbol{A}),r(\boldsymbol{B})\}$;

(12) 若 $\boldsymbol{A}_{m\times n}\boldsymbol{B}_{n\times s}=\boldsymbol{O}$,则 $r(\boldsymbol{A})+r(\boldsymbol{B})\leqslant n$.

题型二十一 已知矩阵的秩,求参数问题

【解题方法】 直接利用秩的公式进行计算,一般 $r(\boldsymbol{A}_{n\times n})=n\Leftrightarrow|\boldsymbol{A}|\neq 0$ 与 $r(\boldsymbol{A}_{n\times n})<n\Leftrightarrow|\boldsymbol{A}|=0$ 用到的比较多.

例 38 设矩阵 $\boldsymbol{A}=\begin{pmatrix}k&1&1&1\\1&k&1&1\\1&1&k&1\\1&1&1&k\end{pmatrix}$,且 $r(\boldsymbol{A})=3$,则 $k=$( ).

(A)2　　(B)3　　(C) -3　　(D)4　　(E) -4

【参考答案】 C

【解题思路】 $r(\boldsymbol{A})=3<n$,则 $|\boldsymbol{A}|=0$.

【答案解析】 由题意可知,

$$|\boldsymbol{A}|=\begin{vmatrix}k&1&1&1\\1&k&1&1\\1&1&k&1\\1&1&1&k\end{vmatrix}=\begin{vmatrix}k+3&k+3&k+3&k+3\\1&k&1&1\\1&1&k&1\\1&1&1&k\end{vmatrix}$$

$$=(k+3)\begin{vmatrix}1&1&1&1\\1&k&1&1\\1&1&k&1\\1&1&1&k\end{vmatrix}=(k+3)\begin{vmatrix}1&1&1&1\\0&k-1&0&0\\0&0&k-1&0\\0&0&0&k-1\end{vmatrix}$$

$$=(k+3)(k-1)^3=0,$$

则 $k=-3$ 或 $k=1$,而当 $k=1$ 时,$\boldsymbol{A}$ 的各行成比例,即 $r(\boldsymbol{A})=1$,故 $k=1$ 舍去,则 $k=-3$. 故选 C.

例 39 若矩阵 $\begin{pmatrix}1&2&-1&1\\2&0&t&0\\0&-4&5&-2\end{pmatrix}$ 的秩为 2,则 $t=$ (　　).

(A) 0　　(B) 1　　(C) 2　　(D) 3　　(E) 4

【参考答案】 D

【解题思路】 已知该矩阵的秩为 2,因此,它的所有三阶子式都为零,于是只要计算出其中含待定常数 t 的一个三阶子式即可求出 t 的值.

【答案解析】 由 $\begin{vmatrix}1&2&-1\\2&0&t\\0&-4&5\end{vmatrix}=-12+4t=0$,得 $t=3$. 故选 D.

例 40 设 $\boldsymbol{A}=\begin{pmatrix}2&-1&3\\a&1&b\\4&c&6\end{pmatrix}$,若存在秩大于 1 的三阶矩阵 $\boldsymbol{B}$,使得 $\boldsymbol{AB}=\boldsymbol{O}$,则 $\boldsymbol{A}^{2\,023}=$ (　　).

(A) $9^{2\,022}\boldsymbol{A}$　　(B) $9^{2\,023}\boldsymbol{A}$　　(C) $19^{2\,023}\boldsymbol{A}$

(D) $19^{2\,022}\boldsymbol{A}$　　(E) 以上都不正确

【参考答案】 A

【答案解析】 由已知条件得 $r(\boldsymbol{B})>1$,则 $r(\boldsymbol{B})\geqslant 2$. 又因为 $\boldsymbol{AB}=\boldsymbol{O}$,所以 $r(\boldsymbol{A})+r(\boldsymbol{B})\leqslant 3$. 故 $r(\boldsymbol{A})\leqslant 1$,则 $r(\boldsymbol{A})=1$,即矩阵 $\boldsymbol{A}$ 各行元素对应成比例,则 $a=-2,b=-3,c=-2$,即

$$\boldsymbol{A}=\begin{pmatrix}2&-1&3\\-2&1&-3\\4&-2&6\end{pmatrix}.$$

该矩阵 $\boldsymbol{A}$ 各行各列元素对应成比例，则 $\boldsymbol{A}^n=[\operatorname{tr}(\boldsymbol{A})]^{n-1}\boldsymbol{A}$. 故 $\boldsymbol{A}^{2\,023}=9^{2\,022}\boldsymbol{A}$.

题型二十二　计算伴随矩阵的秩

【解题方法】 凡是涉及伴随矩阵的问题都会用到重要公式 $\boldsymbol{AA}^*=\boldsymbol{A}^*\boldsymbol{A}=|\boldsymbol{A}|\boldsymbol{E}$，再结合代数余子式相关性质来解题.

例 41 设 $\boldsymbol{A}$ 为 $n(n\geqslant 3)$ 阶方阵，$\boldsymbol{A}^*$ 为 $\boldsymbol{A}$ 的伴随矩阵，证明：

$$r(\boldsymbol{A}^*)=\begin{cases}n, & r(\boldsymbol{A})=n,\\ 1, & r(\boldsymbol{A})=n-1,\\ 0, & r(\boldsymbol{A})<n-1.\end{cases}$$

【解题思路】 凡是涉及伴随矩阵的问题都会用到一个重要公式 $\boldsymbol{AA}^*=|\boldsymbol{A}|\boldsymbol{E}$，它适用于任何方阵.

【答案解析】 依题设，$\boldsymbol{AA}^*=|\boldsymbol{A}|\boldsymbol{E}$，于是

① 若 $r(\boldsymbol{A})=n$，即 $|\boldsymbol{A}|\neq 0$，则

$$|\boldsymbol{AA}^*|=|\boldsymbol{A}|\,|\boldsymbol{A}^*|\neq 0,$$

因此 $|\boldsymbol{A}^*|\neq 0$，即 $r(\boldsymbol{A}^*)=n$.

② 若 $r(\boldsymbol{A})=n-1$，则 $\boldsymbol{A}$ 中至少有一个 $n-1$ 阶子式不为零，因此 $\boldsymbol{A}^*\neq\boldsymbol{O}$，即 $r(\boldsymbol{A}^*)\geqslant 1$. 又由 $\boldsymbol{AA}^*=|\boldsymbol{A}|\boldsymbol{E}=\boldsymbol{O}$，$r(\boldsymbol{A})+r(\boldsymbol{A}^*)\leqslant n$，从而有

$$r(\boldsymbol{A}^*)\leqslant n-r(\boldsymbol{A})=n-(n-1)=1.$$

故 $r(\boldsymbol{A}^*)=1$.

③ 若 $r(\boldsymbol{A})<n-1$，则 $\boldsymbol{A}$ 中任意 $n-1$ 阶子式均为零，即 $\boldsymbol{A}^*=\boldsymbol{O}$，因此，$r(\boldsymbol{A}^*)=0$.

【评注】 伴随矩阵是线性代数中一个常见的重要矩阵，题中 $\boldsymbol{A}$ 与 $\boldsymbol{A}^*$ 之间秩的转换关系及公式 $\boldsymbol{AA}^*=|\boldsymbol{A}|\boldsymbol{E}$ 非常重要，要牢记.

例 42 设 $\boldsymbol{A}$ 为四阶矩阵，其秩 $r(\boldsymbol{A})=3$，那么 $r((\boldsymbol{A}^*)^*)=$（　　）.

(A)0　　(B)1　　(C)2　　(D)3　　(E)4

【参考答案】 A

【解题思路】 该题考查对两层伴随矩阵求秩，直接利用例 41 结论计算即可，

$$r(\boldsymbol{A}^*)=\begin{cases}n, & r(\boldsymbol{A})=n,\\ 1, & r(\boldsymbol{A})=n-1,\\ 0, & r(\boldsymbol{A})<n-1.\end{cases}$$

【答案解析】 由已知 $\boldsymbol{A}$ 为四阶矩阵，其秩 $r(\boldsymbol{A})=3$，得 $r(\boldsymbol{A}^*)=1$.

令 $\boldsymbol{A}^*=\boldsymbol{t}$，$r(\boldsymbol{t})=1<4-1\Rightarrow r(\boldsymbol{t}^*)=0$. 故选 A.

考点三十　与秩相关的定理

定理 1　若 $\boldsymbol{A},\boldsymbol{B}$ 是等价矩阵，则必有 $r(\boldsymbol{A})=r(\boldsymbol{B})$.

推论 $r(\boldsymbol{PA})=r(\boldsymbol{AQ})=r(\boldsymbol{PAQ})=r(\boldsymbol{A})$，其中 $\boldsymbol{P},\boldsymbol{Q}$ 为初等矩阵.

定理 2 若 $\boldsymbol{A}$ 为 n 阶矩阵，则 $\boldsymbol{A}$ 可逆当且仅当 $r(\boldsymbol{A})=n$.

题型二十三 求相乘矩阵的秩

【解题方法】掌握矩阵秩的相关定理. 若 $\boldsymbol{P},\boldsymbol{Q}$ 均可逆，则

$$r(\boldsymbol{PA})=r(\boldsymbol{AQ})=r(\boldsymbol{PAQ})=r(\boldsymbol{A}).$$

例 43 设 $\boldsymbol{A}$ 是 4×3 矩阵，且 $r(\boldsymbol{A})=2$，而 $\boldsymbol{B}=\begin{pmatrix}1&0&2\\0&2&0\\-1&0&3\end{pmatrix}$，则 $r(\boldsymbol{AB})=$（　　）.

(A)0　　(B)1　　(C)2　　(D)3　　(E)2 或 3

【参考答案】C

【解题思路】此题考查两个矩阵相乘的秩的性质，如果 $\boldsymbol{B}$ 可逆，则 $r(\boldsymbol{AB})=r(\boldsymbol{A})$.

【答案解析】由 $\boldsymbol{B}=\begin{pmatrix}1&0&2\\0&2&0\\-1&0&3\end{pmatrix}$，$|\boldsymbol{B}|=1\times2\times3-2\times2\times(-1)=10\neq0$，故 $\boldsymbol{B}$ 可逆，则 $r(\boldsymbol{AB})=r(\boldsymbol{A})=2$. 故选 C.

例 44 已知 n 阶矩阵 $\boldsymbol{A}=\begin{pmatrix}1&2&3&\cdots&n\\0&1&0&\cdots&0\\0&0&1&\cdots&0\\\vdots&\vdots&\vdots&&\vdots\\0&0&0&\cdots&1\end{pmatrix}$，则 $r(\boldsymbol{A}^2-\boldsymbol{A})=$（　　）.

(A)0　　(B)1　　(C)2　　(D)$n-1$　　(E)n

【参考答案】B

【答案解析】由 $|\boldsymbol{A}|\neq0$，则矩阵 $\boldsymbol{A}$ 可逆，故 $r(\boldsymbol{A}^2-\boldsymbol{A})=r(\boldsymbol{A}(\boldsymbol{A}-\boldsymbol{E}))=r(\boldsymbol{A}-\boldsymbol{E})$.

由 $\boldsymbol{A}-\boldsymbol{E}=\begin{pmatrix}0&2&3&\cdots&n\\0&0&0&\cdots&0\\0&0&0&\cdots&0\\\vdots&\vdots&\vdots&&\vdots\\0&0&0&\cdots&0\end{pmatrix}$，为阶梯形矩阵，阶梯形矩阵秩的个数为非零行的行数，则 $r(\boldsymbol{A}-\boldsymbol{E})=1$，因此 $r(\boldsymbol{A}^2-\boldsymbol{A})=1$. 故选 B.

基础能力题

1 设矩阵 $\boldsymbol{A}_{m\times l},\boldsymbol{B}_{l\times n},\boldsymbol{C}_{m\times n}$，且 m,n,l 两两不等，则下列运算可以进行的是（　　）.

(A)$\boldsymbol{ABC}$　　(B)$\boldsymbol{A}^{\mathrm{T}}\boldsymbol{CB}$　　(C)$\boldsymbol{ABC}^{\mathrm{T}}$　　(D)$(\boldsymbol{AB})^{\mathrm{T}}\boldsymbol{C}^{\mathrm{T}}$　　(E)$(\boldsymbol{CB})^{\mathrm{T}}\boldsymbol{A}$

2 $\begin{pmatrix}1 & 0\\ \lambda & 1\end{pmatrix}^4=($　　$)$.

(A) $\begin{pmatrix}1 & 0\\ \lambda & 1\end{pmatrix}$　(B) $\begin{pmatrix}1 & 0\\ 2\lambda & 1\end{pmatrix}$　(C) $\begin{pmatrix}1 & 0\\ 3\lambda & 1\end{pmatrix}$　(D) $\begin{pmatrix}1 & 0\\ 4\lambda & 1\end{pmatrix}$　(E) $\begin{pmatrix}1 & 0\\ 6\lambda & 1\end{pmatrix}$

3 已知 $\boldsymbol{A}=\begin{pmatrix}1 & 1\\ 0 & 1\end{pmatrix}$，$\boldsymbol{B}=\begin{pmatrix}1 & 2\\ -1 & 1\end{pmatrix}$，$\boldsymbol{X}$ 满足矩阵方程 $2\boldsymbol{A}-\boldsymbol{X}+3(\boldsymbol{X}-\boldsymbol{B})=\boldsymbol{O}$，则 $\boldsymbol{X}=($　　$)$.

(A) $\begin{pmatrix}4 & 1\\ 1 & -3\end{pmatrix}$　(B) $\frac{1}{2}\begin{pmatrix}4 & 1\\ 1 & -3\end{pmatrix}$　(C) $\frac{1}{2}\begin{pmatrix}1 & -3\\ 4 & 1\end{pmatrix}$

(D) $\begin{pmatrix}1 & 4\\ -3 & 1\end{pmatrix}$　(E) $\frac{1}{2}\begin{pmatrix}1 & 4\\ -3 & 1\end{pmatrix}$

4 设 $\boldsymbol{A}$ 是四阶方阵，且 $|\boldsymbol{A}|=2$，将 $\boldsymbol{A}$ 的第 i 行与第 j 行互换得到 $\boldsymbol{B}$，则行列式 $|\boldsymbol{B}^{-1}\boldsymbol{B}^{*}\boldsymbol{B}^{\mathrm{T}}|=($　　$)$.

(A)8　(B)-8　(C)4　(D)-4　(E)16

5 设矩阵 $\boldsymbol{A}=\begin{pmatrix}1 & 0 & 1\\ 0 & 2 & 0\\ 1 & 0 & 1\end{pmatrix}$，矩阵 $\boldsymbol{X}$ 满足 $\boldsymbol{AX}+\boldsymbol{E}=\boldsymbol{A}^2+\boldsymbol{X}$，其中 $\boldsymbol{E}$ 为三阶单位矩阵，则矩阵 $\boldsymbol{X}=($　　$)$.

(A) $\begin{pmatrix}2 & 0 & 1\\ 0 & 3 & 0\\ 1 & 0 & 2\end{pmatrix}$　(B) $\begin{pmatrix}1 & 0 & 2\\ 0 & 3 & 0\\ 1 & 0 & 2\end{pmatrix}$　(C) $\begin{pmatrix}0 & 3 & 0\\ 2 & 0 & 1\\ 1 & 0 & 2\end{pmatrix}$

(D) $\begin{pmatrix}0 & 3 & 0\\ 2 & 0 & 1\\ 0 & 1 & 1\end{pmatrix}$　(E) $\begin{pmatrix}0 & 3 & 0\\ 2 & 0 & 1\\ 0 & 2 & 1\end{pmatrix}$

6 设 $\boldsymbol{A},\boldsymbol{B},\boldsymbol{C}$ 为三阶矩阵，且 $\boldsymbol{A}=\begin{pmatrix}2 & 1 & 0\\ -1 & 3 & 2\\ 2 & -5 & 3\end{pmatrix}$，$\boldsymbol{B}=\begin{pmatrix}2 & 1 & 0\\ -1 & 1 & 2\\ 2 & 0 & 3\end{pmatrix}$，$\boldsymbol{ACB}=\boldsymbol{E}$，则 $\boldsymbol{C}^{-1}=($　　$)$.

(A) $\begin{pmatrix}3 & 3 & 2\\ -1 & 2 & 12\\ 15 & -3 & -1\end{pmatrix}$　(B) $\begin{pmatrix}3 & -1 & 15\\ 3 & 2 & -3\\ 2 & 12 & -1\end{pmatrix}$　(C) $\begin{pmatrix}-1 & 12 & 2\\ -3 & 2 & 3\\ 15 & -1 & 3\end{pmatrix}$

(D) $\begin{pmatrix}3 & 5 & 2\\ 1 & -8 & 8\\ 10 & -13 & 9\end{pmatrix}$　(E) $\begin{pmatrix}3 & 1 & 10\\ 5 & 2 & -13\\ 2 & 8 & 9\end{pmatrix}$

7 设 A,B 为 n 阶矩阵,且 $|A|=-2$, $|B|=3$, 则 $A^2(BA)^*(AB^{-1})^{-1}=$ (　　).

(A) $6E$　　(B) $-6E$　　(C) $3E$　　(D) $-3E$　　(E) -6

8 设三阶矩阵 $A=\begin{pmatrix} a & b & b \\ b & a & b \\ b & b & a \end{pmatrix}$,若 A 的伴随矩阵的秩等于1,则必有(　　).

(A) $a=b$ 或 $a+2b=0$　　(B) $a=b$ 或 $a+2b\neq 0$

(C) $a\neq b$ 且 $a+2b=0$　　(D) $a\neq b$ 或 $a+2b\neq 0$

(E) $a=b$ 且 $a+2b=0$

9 已知 $A=\begin{pmatrix} 1 & 2 \\ -1 & 1 \end{pmatrix}$, $B=\begin{pmatrix} 1 & 1 \\ 0 & 1 \end{pmatrix}$,则 $A^2+3AB-4B^2=$ (　　).

(A) $\begin{pmatrix} 2 & -5 \\ -5 & 5 \end{pmatrix}$　　(B) $\begin{pmatrix} -2 & 5 \\ -5 & -5 \end{pmatrix}$　　(C) $\begin{pmatrix} -1 & 5 \\ -5 & -6 \end{pmatrix}$

(D) $\begin{pmatrix} 1 & -5 \\ 5 & 6 \end{pmatrix}$　　(E) $\begin{pmatrix} 2 & 5 \\ 5 & 5 \end{pmatrix}$

10 设 A,B,C 均为 n 阶矩阵, E 为 n 阶单位矩阵,若 $B=E+AB$, $C=A+CA$,则 $B-C=$ (　　).

(A) $-E$　　(B) E　　(C) $2E$　　(D) $-2E$　　(E) $A+E$

基础能力题解析

1 【参考答案】C

【考点点睛】矩阵的乘法运算.

【答案解析】题中 AB 和 C 都为 $m\times n$ 矩阵,两者不能相乘; $A^{T}C$ 与 B 都为 $l\times n$ 矩阵,两者不能相乘;矩阵 A,B,C^{T} 中,相邻矩阵的列标与行标相同,可以进行乘法运算; $(AB)^{T}$ 的列标与 C^{T} 的行标不相同,两者不能相乘; C 与 B 不能相乘.

综上,故选 C.

2 【参考答案】D

【考点点睛】矩阵的乘法运算.

【答案解析】

$$\begin{pmatrix} 1 & 0 \\ \lambda & 1 \end{pmatrix}^2=\begin{pmatrix} 1 & 0 \\ \lambda & 1 \end{pmatrix}\begin{pmatrix} 1 & 0 \\ \lambda & 1 \end{pmatrix}=\begin{pmatrix} 1 & 0 \\ 2\lambda & 1 \end{pmatrix},$$

$$\begin{pmatrix} 1 & 0 \\ \lambda & 1 \end{pmatrix}^4=\begin{pmatrix} 1 & 0 \\ \lambda & 1 \end{pmatrix}^2\begin{pmatrix} 1 & 0 \\ \lambda & 1 \end{pmatrix}^2=\begin{pmatrix} 1 & 0 \\ 2\lambda & 1 \end{pmatrix}\begin{pmatrix} 1 & 0 \\ 2\lambda & 1 \end{pmatrix}=\begin{pmatrix} 1 & 0 \\ 4\lambda & 1 \end{pmatrix}.$$

因此选 D.

3 【参考答案】E

【考点点睛】矩阵方程;矩阵的运算.

【答案解析】整理方程得 $2\boldsymbol{X}=3\boldsymbol{B}-2\boldsymbol{A}$，于是

$$\boldsymbol{X}=\frac{1}{2}(3\boldsymbol{B}-2\boldsymbol{A})=\frac{1}{2}\left[3\begin{pmatrix}1&2\\-1&1\end{pmatrix}-2\begin{pmatrix}1&1\\0&1\end{pmatrix}\right]=\frac{1}{2}\begin{pmatrix}1&4\\-3&1\end{pmatrix}.$$

故选 E.

4 【参考答案】B

【考点点睛】矩阵的初等变换.

【答案解析】依题设，$\boldsymbol{B}=\boldsymbol{E}(i,j)\boldsymbol{A}$，则 $|\boldsymbol{B}|=|\boldsymbol{E}(i,j)||\boldsymbol{A}|=-|\boldsymbol{A}|=-2$，故

$$\begin{aligned}|\boldsymbol{B}^{-1}\boldsymbol{B}^*\boldsymbol{B}^{\mathrm{T}}|&=|\boldsymbol{B}^{-1}||\boldsymbol{B}^*||\boldsymbol{B}^{\mathrm{T}}|\\&=|\boldsymbol{B}|^{-1}|\boldsymbol{B}|^{4-1}|\boldsymbol{B}|\\&=|\boldsymbol{B}|^3=(-2)^3=-8.\end{aligned}$$

5 【参考答案】A

【考点点睛】矩阵方程.

【答案解析】由 $\boldsymbol{AX}+\boldsymbol{E}=\boldsymbol{A}^2+\boldsymbol{X}$，可得

$$(\boldsymbol{A}-\boldsymbol{E})\boldsymbol{X}=\boldsymbol{A}^2-\boldsymbol{E}=(\boldsymbol{A}-\boldsymbol{E})(\boldsymbol{A}+\boldsymbol{E}),$$

又 $|\boldsymbol{A}-\boldsymbol{E}|=\begin{vmatrix}0&0&1\\0&1&0\\1&0&0\end{vmatrix}=-1\neq0$，则 $\boldsymbol{A}-\boldsymbol{E}$ 可逆，从而 $\boldsymbol{X}=\boldsymbol{A}+\boldsymbol{E}=\begin{pmatrix}2&0&1\\0&3&0\\1&0&2\end{pmatrix}$.

6 【参考答案】D

【考点点睛】可逆矩阵.

【答案解析】由 $\boldsymbol{ACB}=\boldsymbol{E}$，可得 $\boldsymbol{C}=\boldsymbol{A}^{-1}\boldsymbol{B}^{-1}$，从而 $\boldsymbol{C}^{-1}=(\boldsymbol{A}^{-1}\boldsymbol{B}^{-1})^{-1}=\boldsymbol{BA}$，则

$$\boldsymbol{C}^{-1}=\boldsymbol{BA}=\begin{pmatrix}2&1&0\\-1&1&2\\2&0&3\end{pmatrix}\begin{pmatrix}2&1&0\\-1&3&2\\2&-5&3\end{pmatrix}=\begin{pmatrix}3&5&2\\1&-8&8\\10&-13&9\end{pmatrix}.$$

7 【参考答案】B

【考点点睛】矩阵的运算.

【答案解析】由矩阵运算性质可得

$$\begin{aligned}\boldsymbol{A}^2(\boldsymbol{BA})^*(\boldsymbol{AB}^{-1})^{-1}&=\boldsymbol{AAA}^*\boldsymbol{B}^*\boldsymbol{BA}^{-1}\\&=\boldsymbol{A}|\boldsymbol{A}|\boldsymbol{E}|\boldsymbol{B}|\boldsymbol{EA}^{-1}\\&=|\boldsymbol{A}||\boldsymbol{B}|\boldsymbol{AA}^{-1}\\&=-6\boldsymbol{E}.\end{aligned}$$

8 【参考答案】C

【考点点睛】矩阵的秩.

【答案解析】根据题意得 $r(\boldsymbol{A}^*)=1$，由 $r(\boldsymbol{A}^*)=\begin{cases}n, & r(\boldsymbol{A})=n,\\ 1, & r(\boldsymbol{A})=n-1,\\ 0, & r(\boldsymbol{A})<n-1,\end{cases}$ 则 $r(\boldsymbol{A})=3-1=2$，

从而 $|\boldsymbol{A}|=\begin{vmatrix} a & b & b\\ b & a & b\\ b & b & a\end{vmatrix}=(a-b)^2(a+2b)=0$，即 $a=b$ 或 $a+2b=0$. 但若 $a=b$，则 $r(\boldsymbol{A})=1$，$r(\boldsymbol{A}^*)=0$，不符合题意，故 $a\neq b$ 且 $a+2b=0$. 因此选 C.

9 【参考答案】B

【考点点睛】矩阵的运算.

【答案解析】由矩阵的乘法，有

$$\begin{aligned}\boldsymbol{A}^2+3\boldsymbol{AB}-4\boldsymbol{B}^2&=\begin{pmatrix}1 & 2\\ -1 & 1\end{pmatrix}^2+3\begin{pmatrix}1 & 2\\ -1 & 1\end{pmatrix}\begin{pmatrix}1 & 1\\ 0 & 1\end{pmatrix}-4\begin{pmatrix}1 & 1\\ 0 & 1\end{pmatrix}^2\\ &=\begin{pmatrix}-1 & 4\\ -2 & -1\end{pmatrix}+3\begin{pmatrix}1 & 3\\ -1 & 0\end{pmatrix}-4\begin{pmatrix}1 & 2\\ 0 & 1\end{pmatrix}=\begin{pmatrix}-2 & 5\\ -5 & -5\end{pmatrix},\end{aligned}$$

故选 B.

10 【参考答案】B

【考点点睛】矩阵的运算.

【答案解析】由 $\boldsymbol{B}=\boldsymbol{E}+\boldsymbol{AB}$，得

$$\boldsymbol{B}-\boldsymbol{AB}=\boldsymbol{E},(\boldsymbol{E}-\boldsymbol{A})\boldsymbol{B}=\boldsymbol{E},$$

则 $\boldsymbol{B}=(\boldsymbol{E}-\boldsymbol{A})^{-1}$. 由 $\boldsymbol{C}=\boldsymbol{A}+\boldsymbol{CA}$，得

$$\boldsymbol{C}-\boldsymbol{CA}=\boldsymbol{A},\boldsymbol{C}(\boldsymbol{E}-\boldsymbol{A})=\boldsymbol{A},$$

则 $\boldsymbol{C}=\boldsymbol{A}(\boldsymbol{E}-\boldsymbol{A})^{-1}$，从而

$$\boldsymbol{B}-\boldsymbol{C}=(\boldsymbol{E}-\boldsymbol{A})^{-1}-\boldsymbol{A}(\boldsymbol{E}-\boldsymbol{A})^{-1}=(\boldsymbol{E}-\boldsymbol{A})(\boldsymbol{E}-\boldsymbol{A})^{-1}=\boldsymbol{E}.$$

强化能力题

1 设 $\boldsymbol{A}$ 是三阶方阵，$\boldsymbol{A}^*$ 是 $\boldsymbol{A}$ 的伴随矩阵，$|\boldsymbol{A}|=\frac{1}{2}$，则 $|(2\boldsymbol{A})^{-1}-2\boldsymbol{A}^*|=$（　　）.

(A) $\frac{1}{6}$　(B) $-\frac{1}{6}$　(C) $\frac{1}{4}$　(D) $\frac{1}{3}$　(E) $-\frac{1}{4}$

2 设 $\boldsymbol{A}=\begin{pmatrix}0 & 11 & 4\\ 0 & 3 & 1\\ 2 & 0 & 0\end{pmatrix}$，则 $\boldsymbol{A}^*=$（　　）.

(A) $\begin{pmatrix} 0 & 0 & -1 \\ 2 & -8 & 0 \\ 6 & 22 & 0 \end{pmatrix}$　(B) $\begin{pmatrix} 0 & 0 & -1 \\ 2 & -8 & 0 \\ -6 & 22 & 0 \end{pmatrix}$　(C) $\begin{pmatrix} 1 & 0 & 0 \\ 2 & -8 & 0 \\ -6 & 22 & 0 \end{pmatrix}$

(D) $\begin{pmatrix} -1 & 0 & 0 \\ 2 & -8 & 0 \\ -6 & 22 & 0 \end{pmatrix}$　(E) $\begin{pmatrix} 0 & 0 & -1 \\ 1 & -8 & 0 \\ -6 & 22 & 0 \end{pmatrix}$

3 设 $\boldsymbol{A}$ 为三阶可逆矩阵，将 $\boldsymbol{A}$ 的第一行的 -1 倍加到第三行得到矩阵 $\boldsymbol{B}$，则(　　).

(A) 将 $\boldsymbol{A}^{-1}$ 的第三行的 -1 倍加到第一行得到矩阵 $\boldsymbol{B}^{-1}$

(B) 将 $\boldsymbol{A}^{-1}$ 的第一行的 1 倍加到第三行得到矩阵 $\boldsymbol{B}^{-1}$

(C) 将 $\boldsymbol{A}^{-1}$ 的第一列的 -1 倍加到第三列得到矩阵 $\boldsymbol{B}^{-1}$

(D) 将 $\boldsymbol{A}^{-1}$ 的第一列的 1 倍加到第三列得到矩阵 $\boldsymbol{B}^{-1}$

(E) 将 $\boldsymbol{A}^{-1}$ 的第三列的 1 倍加到第一列得到矩阵 $\boldsymbol{B}^{-1}$

4 设 $\boldsymbol{A}$ 为三阶矩阵，矩阵 $\boldsymbol{B} = \begin{pmatrix} 1 & 2 & 0 \\ 3 & 5 & 0 \\ 0 & 0 & 1 \end{pmatrix}$，且满足 $(\boldsymbol{A} - \boldsymbol{E})^{-1} = \boldsymbol{B}^* - \boldsymbol{E}$，则 $\boldsymbol{A}^{-1} = $(　　).

(A) $\begin{pmatrix} 3 & 2 & 0 \\ 3 & 7 & 0 \\ 0 & 0 & 2 \end{pmatrix}$　(B) $\begin{pmatrix} -5 & 2 & 0 \\ 3 & -1 & 0 \\ 0 & 0 & 1 \end{pmatrix}$　(C) $\begin{pmatrix} 5 & -2 & 0 \\ -3 & 1 & 0 \\ 0 & 0 & -1 \end{pmatrix}$

(D) $\begin{pmatrix} 2 & 2 & 0 \\ 3 & 6 & 0 \\ 0 & 0 & 2 \end{pmatrix}$　(E) $\begin{pmatrix} 2 & 2 & 0 \\ 3 & 6 & 0 \\ 0 & 0 & 1 \end{pmatrix}$

5 已知 $\boldsymbol{\alpha} = (1,2,3)$，$\boldsymbol{\beta} = \left(1, \frac{1}{2}, \frac{1}{3}\right)$，$\boldsymbol{A} = \boldsymbol{\alpha}^{\mathrm{T}}\boldsymbol{\beta}$，若 $\boldsymbol{A}$ 满足方程 $\boldsymbol{A}^3 - 2\lambda\boldsymbol{A}^2 - \lambda^2\boldsymbol{A} = \boldsymbol{O}$，则 λ 的取值为(　　).

(A) 2　(B) 3　(C) -3　(D) $3 \pm \sqrt{3}$　(E) $-3 \pm 3\sqrt{2}$

6 设矩阵 $\boldsymbol{A} = \begin{pmatrix} 2 & 1 & 0 \\ 1 & 2 & 0 \\ 0 & 0 & 1 \end{pmatrix}$，矩阵 $\boldsymbol{B}$ 满足方程 $\boldsymbol{ABA}^* = 2\boldsymbol{BA}^* + \boldsymbol{E}$，其中 $\boldsymbol{A}^*$ 为 $\boldsymbol{A}$ 的伴随矩阵，则 $|\boldsymbol{B}| = $(　　).

(A) 0　(B) 1　(C) $\frac{1}{3}$　(D) $\frac{1}{6}$　(E) $\frac{1}{9}$

7 已知 n 阶方阵 $\boldsymbol{A}$ 满足 $3\boldsymbol{A}^2 + 9\boldsymbol{A} = (\boldsymbol{E} + 2\boldsymbol{A})^2$，则 $\boldsymbol{A}^{-1} = $(　　).

(A) $5\boldsymbol{E} - \boldsymbol{A}$　(B) $\boldsymbol{A} - 5\boldsymbol{E}$　(C) $\boldsymbol{A} - 2\boldsymbol{E}$　(D) $2\boldsymbol{E} - \boldsymbol{A}$　(E) $\boldsymbol{E} - \boldsymbol{A}$

8 设三阶矩阵 $\boldsymbol{A}=\begin{pmatrix}1 & 0 & -1\\ 2 & \lambda & -1\\ 1 & 2 & 1\end{pmatrix}$，$\boldsymbol{B}$ 为三阶矩阵，且 $r(\boldsymbol{B})=2$，$r(\boldsymbol{AB})=1$，则 $\lambda=$（ ）.

(A)1 (B)2 (C)3 (D)4 (E)5

9 已知 $\boldsymbol{A}$ 为 n 阶矩阵，且 $\boldsymbol{A}^2=\boldsymbol{A}$，则 $r(\boldsymbol{A})+r(\boldsymbol{A}-\boldsymbol{E})=$（ ）.

(A)0 (B)1 (C)$n-1$ (D)n (E)$n+1$

10 设 $\boldsymbol{A}=\begin{pmatrix}1 & -2 & 1\\ 2 & -4 & 2\\ 3 & -6 & 3\end{pmatrix}$，则下列结论不正确的是（ ）.

(A)$\boldsymbol{E}+\boldsymbol{A}^2$ 是可逆矩阵 (B)$\boldsymbol{E}-\boldsymbol{A}^2$ 是可逆矩阵 (C)$r(\boldsymbol{A}^3)=1$

(D)$r(\boldsymbol{A})=1$ (E)$\boldsymbol{A}^*$ 是零矩阵

强化能力题解析

1 **【参考答案】** E

【考点点睛】 可逆矩阵；伴随矩阵.

【答案解析】 由伴随矩阵的公式 $\boldsymbol{A}^*=|\boldsymbol{A}|\boldsymbol{A}^{-1}=\frac{1}{2}\boldsymbol{A}^{-1}$，则

$$|(2\boldsymbol{A})^{-1}-2\boldsymbol{A}^*|=\left|\frac{1}{2}\boldsymbol{A}^{-1}-\boldsymbol{A}^{-1}\right|=\left|-\frac{1}{2}\boldsymbol{A}^{-1}\right|=\left(-\frac{1}{2}\right)^3|\boldsymbol{A}^{-1}|$$

$$=-\frac{1}{8}|\boldsymbol{A}|^{-1}=-\frac{1}{8}\times 2=-\frac{1}{4},$$

因此选 E.

2 **【参考答案】** B

【考点点睛】 伴随矩阵；可逆矩阵.

【答案解析】 记 $\boldsymbol{A}=\begin{pmatrix}\boldsymbol{0} & \boldsymbol{B}\\ 2 & \boldsymbol{0}\end{pmatrix}$，其中 $\boldsymbol{B}=\begin{pmatrix}11 & 4\\ 3 & 1\end{pmatrix}$，并有 $\boldsymbol{A}^{-1}=\begin{pmatrix}\boldsymbol{0} & 2^{-1}\\ \boldsymbol{B}^{-1} & \boldsymbol{0}\end{pmatrix}$，$\boldsymbol{B}^{-1}=-\begin{pmatrix}1 & -4\\ -3 & 11\end{pmatrix}$，

于是

$$\boldsymbol{A}^*=|\boldsymbol{A}|\boldsymbol{A}^{-1}=2|\boldsymbol{B}|\begin{pmatrix}\boldsymbol{0} & 2^{-1}\\ \boldsymbol{B}^{-1} & \boldsymbol{0}\end{pmatrix}=-2\begin{pmatrix}0 & 0 & 2^{-1}\\ -1 & 4 & 0\\ 3 & -11 & 0\end{pmatrix}=\begin{pmatrix}0 & 0 & -1\\ 2 & -8 & 0\\ -6 & 22 & 0\end{pmatrix},$$

故选 B.

3 **【参考答案】** E

【考点点睛】 矩阵的初等变换.

【答案解析】 依题设，$\boldsymbol{B}=\boldsymbol{E}(3,1(-1))\boldsymbol{A}$，从而有

$$\boldsymbol{B}^{-1}=\boldsymbol{A}^{-1}\boldsymbol{E}^{-1}(3,1(-1))=\boldsymbol{A}^{-1}\boldsymbol{E}(3,1(1)),$$

结果表示，将 A^{-1} 的第三列的 1 倍加到第一列得到矩阵 B^{-1}，故选 E.

4 【参考答案】D

【考点点睛】伴随矩阵；可逆矩阵.

【答案解析】用 $A-E$ 左乘等式两边，得 $(A-E)(B^*-E)=E$，即 $AB^*-B^*-A+E=E$，从而得 $A(B^*-E)=B^*$，$A^{-1}=[(B^*-E)^{-1}]^{-1}(B^*)^{-1}=(B^*-E)(B^*)^{-1}=E-\frac{1}{|B|}B$，因此得

$$A^{-1}=E+B=\begin{pmatrix}2&2&0\\3&6&0\\0&0&2\end{pmatrix}，故选 D.$$

5 【参考答案】E

【考点点睛】行向量和列向量的乘法运算.

【答案解析】由 $\alpha^{T}\beta=A$，$\alpha\beta^{T}=l=(1,2,3)\begin{pmatrix}1\\\frac{1}{2}\\\frac{1}{3}\end{pmatrix}=1+2\times\frac{1}{2}+3\times\frac{1}{3}=3$，且 $A^n=l^{n-1}A$，从而

$$A^2=lA=3A,A^3=l^2A=9A,$$

由 $A^3-2\lambda A^2-\lambda^2A=O$，得

$$9A-6\lambda A-\lambda^2A=O\Rightarrow(-\lambda^2-6\lambda+9)A=O,$$

故 $\lambda^2+6\lambda-9=0$，则 $\lambda=-3\pm3\sqrt{2}$.

6 【参考答案】E

【考点点睛】矩阵方程；伴随矩阵.

【答案解析】由 $A=\begin{pmatrix}2&1&0\\1&2&0\\0&0&1\end{pmatrix}$，得 $|A|=\begin{vmatrix}2&1&0\\1&2&0\\0&0&1\end{vmatrix}=3$，用矩阵 A 同时右乘题干方程两边，可得 $ABA^*A=2BA^*A+A$，又由 $A^*A=|A|E=3E$，则

$$3AB=6B+A,(3A-6E)B=A,$$

两边同时取行列式，得 $|3A-6E||B|=|A|=3$，则 $|B|=\frac{3}{|3A-6E|}$.

$$由\ |3A-6E|=\begin{vmatrix}0&3&0\\3&0&0\\0&0&-3\end{vmatrix}=27，则\ |B|=\frac{3}{27}=\frac{1}{9}.$$

7 【参考答案】A

【考点点睛】矩阵的逆.

【答案解析】由题意知 $3A^2+9A=E+4A+4A^2$，得 $A^2-5A+E=O$，即 $A(A-5E)=-E$，

即 $\boldsymbol{A}(5\boldsymbol{E}-\boldsymbol{A})=\boldsymbol{E}$,则 $\boldsymbol{A}^{-1}=5\boldsymbol{E}-\boldsymbol{A}$.

8 【参考答案】A

【考点点睛】矩阵的秩.

【答案解析】若 $\boldsymbol{A}$ 可逆($|\boldsymbol{A}|\neq 0$),则 $r(\boldsymbol{AB})=r(\boldsymbol{B})=2$,由于 $r(\boldsymbol{AB})\neq r(\boldsymbol{B})$,故 $\boldsymbol{A}$ 不可逆,则 $|\boldsymbol{A}|=0$,即

$$\begin{vmatrix}1&0&-1\\2&\lambda&-1\\1&2&1\end{vmatrix}=\begin{vmatrix}1&0&-1\\0&\lambda&1\\0&2&2\end{vmatrix}=\begin{vmatrix}\lambda&1\\2&2\end{vmatrix}=2\lambda-2=0,$$

则 $\lambda=1$.

9 【参考答案】D

【考点点睛】矩阵的秩.

【答案解析】由于 $\boldsymbol{A}^2-\boldsymbol{A}=\boldsymbol{O}$,即 $\boldsymbol{A}(\boldsymbol{A}-\boldsymbol{E})=\boldsymbol{O}\Rightarrow r(\boldsymbol{A})+r(\boldsymbol{A}-\boldsymbol{E})\leqslant n$.

因为 $r(\boldsymbol{A}\pm\boldsymbol{B})\leqslant r(\boldsymbol{A})+r(\boldsymbol{B})$,所以 $n=r(\boldsymbol{A}-\boldsymbol{A}+\boldsymbol{E})\leqslant r(\boldsymbol{A})+r(\boldsymbol{A}-\boldsymbol{E})$.

综上:$r(\boldsymbol{A})+r(\boldsymbol{A}-\boldsymbol{E})=n$.

10 【参考答案】C

【考点点睛】矩阵的运算.

【答案解析】记 $\boldsymbol{\alpha}=(1,2,3)^{\mathrm{T}}$,$\boldsymbol{\beta}=(1,-2,1)$,则有 $\boldsymbol{A}=\boldsymbol{\alpha\beta}$,$k=\boldsymbol{\beta\alpha}=0$,即有 $\boldsymbol{A}^2=k\boldsymbol{A}=\boldsymbol{O}$,$\boldsymbol{A}^3=k^2\boldsymbol{A}=\boldsymbol{O}$,$r(\boldsymbol{A})=1$,因此,$\boldsymbol{E}\pm\boldsymbol{A}^2=\boldsymbol{E}$,为可逆矩阵,$r(\boldsymbol{A}^3)=0$. 由于 $r(\boldsymbol{A})=1<2$,从而有 $r(\boldsymbol{A}^*)=0$,知 $\boldsymbol{A}^*$ 是零矩阵.

综上所述,只有 C 不正确,故选 C.

第10讲 向量组和线性方程组

本讲解读

本讲从内容上划分为三个部分，向量组、线性方程组及线性方程组的解的结构，共计二十七个考点，十五个题型. 从真题对考试大纲的实践来看，本讲在考试中大约占 3 道题（试卷数学部分共 35 道题），约占线性代数部分的 42.8%，数学部分的 8.6%.

本讲是线性代数的核心内容，考试大纲要求考生掌握向量的线性相关和线性无关、线性方程组的解的结构，考试的重要考点为向量的线性组合与线性表示、向量的线性相关与线性无关、向量组或矩阵的秩；线性方程组的解的判定；齐次线性方程组的基础解系、通解、公共非零解；非齐次线性方程组的通解.

重点考点标记见本讲“考点题型框架”.

考点题型框架

- 向量组和线性方程组
  - 向量组
    - 考点一 向量的定义
    - 考点二 向量组的定义
    - 考点三 向量的线性运算* → 题型一 向量的计算
    - 考点四 线性组合
    - 考点五 线性表示的定义 → 题型二 线性表示定义的应用
    - 考点六 线性表示的判定定理* → 题型三 线性表示的判定定理的应用
    - 考点七 一个向量组可由另一个向量组线性表示
    - 考点八 向量组等价
    - 考点九 线性相关的定义* → 题型四 线性相关定义的考查
    - 考点十 线性相关性的判定定理* → 题型五 线性相关性判定定理的应用
    - 考点十一 常用公式及定理* → 题型六 判断向量组的线性相关性
    - 考点十二 极大线性无关组的定义
    - 考点十三 向量组的秩
    - 考点十四 常用性质及定理* → 题型七 计算极大线性无关组及向量组的秩

- 向量组和线性方程组
  - 线性方程组
    - 考点十五 方程组
    - 考点十六 线性方程组的矩阵
    - 考点十七 线性方程组的向量表示
    - 考点十八 线性方程组的初等变换
    - 考点十九 高斯消元法* → 题型八 高斯消元法的应用
    - 考点二十 非齐次线性方程组解的判定定理* → 题型九 非齐次线性方程组求解
    - 考点二十一 齐次线性方程组解的判定定理* → 题型十 齐次线性方程组求解；题型十一 抽象型线性方程组求解
  - 线性方程组的解的结构
    - 考点二十二 齐次线性方程组的解的性质
    - 考点二十三 齐次线性方程组的基础解系与通解* → 题型十二 计算基础解系及通解
    - 考点二十四 非齐次线性方程组的解的性质
    - 考点二十五 非齐次线性方程组的通解* → 题型十三 计算非齐次线性方程组的通解
    - 考点二十六 线性方程组的同解、公共解* → 题型十四 两个线性方程组解的讨论
    - 考点二十七 克拉默法则* → 题型十五 克拉默法则的应用

考点精讲

考点一 向量的定义

由 n 个实数 $a_1,a_2,\cdots,a_n$ 组成的 n 元有序实数组 $(a_1,a_2,\cdots,a_n)$ 称为 n **维行向量**.

如果该实数组是纵向排列的 $\begin{pmatrix} a_1 \\ a_2 \\ \vdots \\ a_n \end{pmatrix}$，则称为 n **维列向量**.

【敲黑板】① 习惯把列向量用黑体小写字母 $\boldsymbol{\alpha},\boldsymbol{\beta},\boldsymbol{a},\boldsymbol{b}$ 等表示，行向量则用 $\boldsymbol{\alpha}^{\mathrm{T}},\boldsymbol{\beta}^{\mathrm{T}},\boldsymbol{a}^{\mathrm{T}},\boldsymbol{b}^{\mathrm{T}}$ 等表示. 所讨论的向量在没有指明是行向量还是列向量时，都当作列向量.

② 若向量中的每个元素均为 0，则这样的向量称为**零向量**，记作 $\mathbf{0}$.

考点二 向量组的定义

由多个同型向量（维数相同且都为行向量或列向量）组成的集合称为**向量组**.

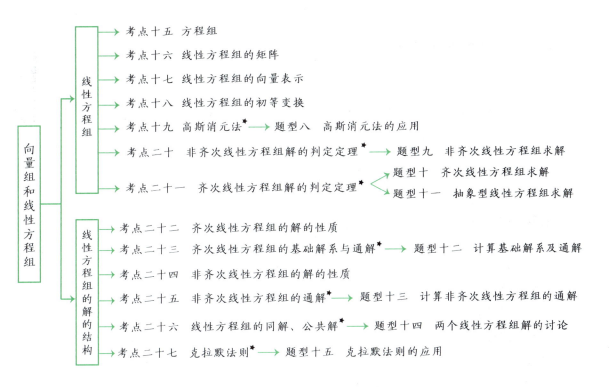

考点三 向量的线性运算

假设 $\boldsymbol{\alpha}=\begin{pmatrix}a_1\\a_2\\\vdots\\a_n\end{pmatrix}$,$\boldsymbol{\beta}=\begin{pmatrix}b_1\\b_2\\\vdots\\b_n\end{pmatrix}$,则可以定义如下运算.

转置:$\boldsymbol{\alpha}^{\mathrm{T}}=(a_1,a_2,\cdots,a_n)$,通常我们也习惯把列向量写成 $\boldsymbol{\alpha}=(a_1,a_2,\cdots,a_n)^{\mathrm{T}}$.

向量加法:$\boldsymbol{\alpha}+\boldsymbol{\beta}=(a_1+b_1,a_2+b_2,\cdots,a_n+b_n)^{\mathrm{T}}$.

向量数乘:$k\boldsymbol{\alpha}=(ka_1,ka_2,\cdots,ka_n)^{\mathrm{T}}$.

题型一 向量的计算

【解题方法】向量可以看作矩阵,向量的运算也可以看作矩阵里相应的运算,矩阵运算中的运算法则在向量里仍然适用.

例 1 设 $\boldsymbol{\alpha}=(2,0,-1,3)^{\mathrm{T}}$,$\boldsymbol{\beta}=(1,7,4,-2)^{\mathrm{T}}$,$\boldsymbol{\gamma}=(0,1,0,1)^{\mathrm{T}}$.

(1) 求 $2\boldsymbol{\alpha}+\boldsymbol{\beta}-3\boldsymbol{\gamma}$;

(2) 若 $\boldsymbol{x}$ 满足 $3\boldsymbol{\alpha}-\boldsymbol{\beta}+5\boldsymbol{\gamma}+2\boldsymbol{x}=\boldsymbol{0}$, 求 $\boldsymbol{x}$.

【解题思路】按照向量的加法及数乘来计算.

【答案解析】(1)$2\boldsymbol{\alpha}+\boldsymbol{\beta}-3\boldsymbol{\gamma}=\begin{pmatrix}4\\0\\-2\\6\end{pmatrix}+\begin{pmatrix}1\\7\\4\\-2\end{pmatrix}-\begin{pmatrix}0\\3\\0\\3\end{pmatrix}=\begin{pmatrix}5\\4\\2\\1\end{pmatrix}$.

(2) 由于 $3\boldsymbol{\alpha}-\boldsymbol{\beta}+5\boldsymbol{\gamma}+2\boldsymbol{x}=\boldsymbol{0}$,则 $\begin{pmatrix}6\\0\\-3\\9\end{pmatrix}-\begin{pmatrix}1\\7\\4\\-2\end{pmatrix}+\begin{pmatrix}0\\5\\0\\5\end{pmatrix}+\begin{pmatrix}2x_1\\2x_2\\2x_3\\2x_4\end{pmatrix}=\boldsymbol{0}\Rightarrow\boldsymbol{x}=\begin{pmatrix}-\frac{5}{2}\\1\\\frac{7}{2}\\-8\end{pmatrix}$.

考点四 线性组合

设 $\boldsymbol{\alpha}_1,\boldsymbol{\alpha}_2,\cdots,\boldsymbol{\alpha}_s$ 是含 s 个 n 维向量的向量组,$k_1,k_2,\cdots,k_s$ 是 s 个任意常数,则称表达式 $k_1\boldsymbol{\alpha}_1+k_2\boldsymbol{\alpha}_2+\cdots+k_s\boldsymbol{\alpha}_s$ 为向量组 $\boldsymbol{\alpha}_1,\boldsymbol{\alpha}_2,\cdots,\boldsymbol{\alpha}_s$ 的一个线性组合,$k_1,k_2,\cdots,k_s$ 称为这个线性组合的系数.

考点五 线性表示的定义

给定向量组 $\boldsymbol{\alpha}_1,\boldsymbol{\alpha}_2,\cdots,\boldsymbol{\alpha}_s$ 和向量 $\boldsymbol{\beta}$,若存在一组数 $k_1,k_2,\cdots,k_s$,使

$$\boldsymbol{\beta}=k_1\boldsymbol{\alpha}_1+k_2\boldsymbol{\alpha}_2+\cdots+k_s\boldsymbol{\alpha}_s,$$

则称向量$\boldsymbol{\beta}$能由向量组$\boldsymbol{\alpha}_1,\boldsymbol{\alpha}_2,\cdots,\boldsymbol{\alpha}_s$线性表示(或线性表出),也称向量$\boldsymbol{\beta}$是向量组$\boldsymbol{\alpha}_1,\boldsymbol{\alpha}_2,\cdots,\boldsymbol{\alpha}_s$的线性组合.

题型二 线性表示定义的应用

例 2 设向量$\boldsymbol{\beta}$可由向量组$\boldsymbol{\alpha}_1,\boldsymbol{\alpha}_2,\cdots,\boldsymbol{\alpha}_m$线性表出,但不能由向量组(Ⅰ)$\boldsymbol{\alpha}_1,\boldsymbol{\alpha}_2,\cdots,\boldsymbol{\alpha}_{m-1}$线性表出,记向量组(Ⅱ)为$\boldsymbol{\alpha}_1,\boldsymbol{\alpha}_2,\cdots,\boldsymbol{\alpha}_{m-1},\boldsymbol{\beta}$,则( ).

(A)$\boldsymbol{\alpha}_m$不能由(Ⅰ)线性表出,也不能由(Ⅱ)线性表出

(B)$\boldsymbol{\alpha}_m$不能由(Ⅰ)线性表出,但可由(Ⅱ)线性表出

(C)$\boldsymbol{\alpha}_m$可由(Ⅰ)线性表出,也可由(Ⅱ)线性表出

(D)$\boldsymbol{\alpha}_m$可由(Ⅰ)线性表出,但不能由(Ⅱ)线性表出

(E)以上均不正确

【参考答案】B

【解题思路】本题考查线性表出的定义,给定向量组$\boldsymbol{\alpha}_1,\boldsymbol{\alpha}_2,\cdots,\boldsymbol{\alpha}_s$和向量$\boldsymbol{\beta}$,若存在一组数$k_1,k_2,\cdots,k_s$,使$\boldsymbol{\beta}=k_1\boldsymbol{\alpha}_1+k_2\boldsymbol{\alpha}_2+\cdots+k_s\boldsymbol{\alpha}_s$,则称向量$\boldsymbol{\beta}$能由向量组$\boldsymbol{\alpha}_1,\boldsymbol{\alpha}_2,\cdots,\boldsymbol{\alpha}_s$线性表示(或线性表出).

【答案解析】因为向量$\boldsymbol{\beta}$可由向量组$\boldsymbol{\alpha}_1,\boldsymbol{\alpha}_2,\cdots,\boldsymbol{\alpha}_m$线性表出,所以设

$$\boldsymbol{\beta}=k_1\boldsymbol{\alpha}_1+k_2\boldsymbol{\alpha}_2+\cdots+k_{m-1}\boldsymbol{\alpha}_{m-1}+k_m\boldsymbol{\alpha}_m, \tag{$*$}$$

此时必有$k_m\neq 0$,否则与$\boldsymbol{\beta}$不能由向量组(Ⅰ)$\boldsymbol{\alpha}_1,\boldsymbol{\alpha}_2,\cdots,\boldsymbol{\alpha}_{m-1}$线性表出矛盾.故

$$\boldsymbol{\alpha}_m=\frac{1}{k_m}(\boldsymbol{\beta}-k_1\boldsymbol{\alpha}_1-\cdots-k_{m-1}\boldsymbol{\alpha}_{m-1}),$$

即向量$\boldsymbol{\alpha}_m$可由向量组(Ⅱ)线性表出.

假设$\boldsymbol{\alpha}_m$可以由向量组(Ⅰ)$\boldsymbol{\alpha}_1,\boldsymbol{\alpha}_2,\cdots,\boldsymbol{\alpha}_{m-1}$线性表出,即

$$\boldsymbol{\alpha}_m=l_1\boldsymbol{\alpha}_1+l_2\boldsymbol{\alpha}_2+\cdots+l_{m-1}\boldsymbol{\alpha}_{m-1}. \tag{$**$}$$

将($**$)式代入($*$)式,得$\boldsymbol{\beta}=(k_1+l_1k_m)\boldsymbol{\alpha}_1+(k_2+l_2k_m)\boldsymbol{\alpha}_2+\cdots+(k_{m-1}+l_{m-1}k_m)\boldsymbol{\alpha}_{m-1}$,与$\boldsymbol{\beta}$不能由向量组(Ⅰ)$\boldsymbol{\alpha}_1,\boldsymbol{\alpha}_2,\cdots,\boldsymbol{\alpha}_{m-1}$线性表出矛盾,故假设不成立,即$\boldsymbol{\alpha}_m$不能由向量组(Ⅰ)线性表出.

考点六 线性表示的判定定理

向量$\boldsymbol{\beta}$可以由向量组$\boldsymbol{\alpha}_1,\boldsymbol{\alpha}_2,\cdots,\boldsymbol{\alpha}_s$线性表示$\Leftrightarrow$存在实数$k_1,k_2,\cdots,k_s$,使得$k_1\boldsymbol{\alpha}_1+k_2\boldsymbol{\alpha}_2+\cdots+k_s\boldsymbol{\alpha}_s=\boldsymbol{\beta}$成立,即线性方程组

$$(\boldsymbol{\alpha}_1,\boldsymbol{\alpha}_2,\cdots,\boldsymbol{\alpha}_s)\begin{pmatrix}x_1\\x_2\\\vdots\\x_s\end{pmatrix}=\boldsymbol{\beta}\text{有解}\Leftrightarrow r(\boldsymbol{\alpha}_1,\boldsymbol{\alpha}_2,\cdots,\boldsymbol{\alpha}_s)=r(\boldsymbol{\alpha}_1,\boldsymbol{\alpha}_2,\cdots,\boldsymbol{\alpha}_s,\boldsymbol{\beta}).$$

【敲黑板】零向量可以由任何向量组线性表出.

题型三 线性表示的判定定理的应用

【解题方法】 判断 $\boldsymbol{\beta}$ 能否由向量组 $\boldsymbol{\alpha}_1,\boldsymbol{\alpha}_2,\cdots,\boldsymbol{\alpha}_s$ 线性表示等价于判断对应的线性方程组是否有解.

例 3 设 $\boldsymbol{\alpha}_1=\begin{pmatrix}1\\2\\0\end{pmatrix},\boldsymbol{\alpha}_2=\begin{pmatrix}1\\a+2\\-3a\end{pmatrix},\boldsymbol{\alpha}_3=\begin{pmatrix}-1\\-3\\a+2\end{pmatrix},\boldsymbol{\beta}=\begin{pmatrix}1\\3\\-3\end{pmatrix}$,则(　　).

(A) 当 $a=0$ 时,$\boldsymbol{\beta}$ 能被 $\boldsymbol{\alpha}_1,\boldsymbol{\alpha}_2,\boldsymbol{\alpha}_3$ 线性表示,且表达式不唯一

(B) 当 $a\neq 0$ 时,$\boldsymbol{\beta}$ 能被 $\boldsymbol{\alpha}_1,\boldsymbol{\alpha}_2,\boldsymbol{\alpha}_3$ 线性表示,且表达式唯一

(C) 当 $a=1$ 时,$\boldsymbol{\beta}$ 不能被 $\boldsymbol{\alpha}_1,\boldsymbol{\alpha}_2,\boldsymbol{\alpha}_3$ 线性表示

(D) 当 $a=1$ 时,$\boldsymbol{\beta}$ 能被 $\boldsymbol{\alpha}_1,\boldsymbol{\alpha}_2,\boldsymbol{\alpha}_3$ 线性表示,且表达式唯一

(E) 当 $a=1$ 时,$\boldsymbol{\beta}$ 能被 $\boldsymbol{\alpha}_1,\boldsymbol{\alpha}_2,\boldsymbol{\alpha}_3$ 线性表示,且表达式不唯一

【参考答案】 E

【解题思路】 向量 $\boldsymbol{\beta}$ 能否被 $\boldsymbol{\alpha}_1,\boldsymbol{\alpha}_2,\boldsymbol{\alpha}_3$ 线性表示,表达式是否唯一,都可以转化为非齐次线性方程组 $k_1\boldsymbol{\alpha}_1+k_2\boldsymbol{\alpha}_2+k_3\boldsymbol{\alpha}_3=\boldsymbol{\beta}$ 解的讨论.

【答案解析】 设存在一组数 k_1,k_2,k_3,使得 $k_1\boldsymbol{\alpha}_1+k_2\boldsymbol{\alpha}_2+k_3\boldsymbol{\alpha}_3=\boldsymbol{\beta}$,则有

$$\begin{cases}k_1+k_2-k_3=1,\\2k_1+(a+2)k_2-3k_3=3,\\-3ak_2+(a+2)k_3=-3.\end{cases}$$

先求系数行列式,即

$$|\boldsymbol{A}|=\begin{vmatrix}1&1&-1\\2&a+2&-3\\0&-3a&a+2\end{vmatrix}=\begin{vmatrix}1&1&-1\\0&a&-1\\0&0&a-1\end{vmatrix}=a(a-1).$$

当 $a=1$ 时,

$$\overline{\boldsymbol{A}}=(\boldsymbol{A}\vdots\boldsymbol{\beta})=\left(\begin{array}{ccc:c}1&1&-1&1\\2&3&-3&3\\0&-3&3&-3\end{array}\right)\to\left(\begin{array}{ccc:c}1&1&-1&1\\0&1&-1&1\\0&0&0&0\end{array}\right),r(\overline{\boldsymbol{A}})=r(\boldsymbol{A})<3,$$

方程组有无穷多解,即 $\boldsymbol{\beta}$ 能被 $\boldsymbol{\alpha}_1,\boldsymbol{\alpha}_2,\boldsymbol{\alpha}_3$ 线性表示,且表达式不唯一.

当 $a=0$ 时,

$$\overline{\boldsymbol{A}}=(\boldsymbol{A}\vdots\boldsymbol{\beta})=\left(\begin{array}{ccc:c}1&1&-1&1\\2&2&-3&3\\0&0&2&-3\end{array}\right)\to\left(\begin{array}{ccc:c}1&1&-1&1\\0&0&-1&1\\0&0&0&1\end{array}\right),r(\overline{\boldsymbol{A}})\neq r(\boldsymbol{A}),$$

方程组无解,即 $\boldsymbol{\beta}$ 不能被 $\boldsymbol{\alpha}_1,\boldsymbol{\alpha}_2,\boldsymbol{\alpha}_3$ 线性表示.

当 $a\neq 0$ 且 $a\neq 1$ 时,由 $|\boldsymbol{A}|\neq 0$ 知,方程组有唯一解,即 $\boldsymbol{\beta}$ 能被 $\boldsymbol{\alpha}_1,\boldsymbol{\alpha}_2,\boldsymbol{\alpha}_3$ 线性表示,且表达式唯一.

综上讨论,本题选择 E.

考点七 一个向量组可由另一个向量组线性表示

(1) **定义** 如果向量组 $B:\boldsymbol{\beta}_1,\boldsymbol{\beta}_2,\cdots,\boldsymbol{\beta}_t$ 中每一个向量都可以由向量组 $A:\boldsymbol{\alpha}_1,\boldsymbol{\alpha}_2,\cdots,\boldsymbol{\alpha}_s$ 线性表示,则称向量组 B 可由向量组 A 线性表示.

(2) **判定定理** 向量组 $B:\boldsymbol{\beta}_1,\boldsymbol{\beta}_2,\cdots,\boldsymbol{\beta}_t$ 可由向量组 $A:\boldsymbol{\alpha}_1,\boldsymbol{\alpha}_2,\cdots,\boldsymbol{\alpha}_s$ 线性表示

$$\Leftrightarrow r(\boldsymbol{\alpha}_1,\boldsymbol{\alpha}_2,\cdots,\boldsymbol{\alpha}_s)=r(\boldsymbol{\alpha}_1,\boldsymbol{\alpha}_2,\cdots,\boldsymbol{\alpha}_s,\boldsymbol{\beta}_1,\boldsymbol{\beta}_2,\cdots,\boldsymbol{\beta}_t).$$

(3) **推论** 若向量组 $B:\boldsymbol{\beta}_1,\boldsymbol{\beta}_2,\cdots,\boldsymbol{\beta}_t$ 可由向量组 $A:\boldsymbol{\alpha}_1,\boldsymbol{\alpha}_2,\cdots,\boldsymbol{\alpha}_s$ 线性表示,则

$$r(\boldsymbol{\beta}_1,\boldsymbol{\beta}_2,\cdots,\boldsymbol{\beta}_t)\leqslant r(\boldsymbol{\alpha}_1,\boldsymbol{\alpha}_2,\cdots,\boldsymbol{\alpha}_s).$$

考点八 向量组等价

(1) **定义** 如果两个向量组可以相互线性表示,则称它们是等价的.

(2) **判定定理** 向量组 $B:\boldsymbol{\beta}_1,\boldsymbol{\beta}_2,\cdots,\boldsymbol{\beta}_t$ 与向量组 $A:\boldsymbol{\alpha}_1,\boldsymbol{\alpha}_2,\cdots,\boldsymbol{\alpha}_s$ 等价 $\Leftrightarrow r(\boldsymbol{\alpha}_1,\boldsymbol{\alpha}_2,\cdots,\boldsymbol{\alpha}_s)=r(\boldsymbol{\beta}_1,\boldsymbol{\beta}_2,\cdots,\boldsymbol{\beta}_t)=r(\boldsymbol{\alpha}_1,\boldsymbol{\alpha}_2,\cdots,\boldsymbol{\alpha}_s,\boldsymbol{\beta}_1,\boldsymbol{\beta}_2,\cdots,\boldsymbol{\beta}_t)$.

考点九 线性相关的定义

给定向量组 $A:\boldsymbol{\alpha}_1,\boldsymbol{\alpha}_2,\cdots,\boldsymbol{\alpha}_s$,如果存在不全为零的数 $k_1,k_2,\cdots,k_s$,使

$$k_1\boldsymbol{\alpha}_1+k_2\boldsymbol{\alpha}_2+\cdots+k_s\boldsymbol{\alpha}_s=\mathbf{0},$$

则称向量组 A 线性相关,否则称为线性无关.

题型四 线性相关定义的考查

例 4 下列关于线性相关性的说法中

① 如果 $\boldsymbol{\alpha}_1,\boldsymbol{\alpha}_2,\cdots,\boldsymbol{\alpha}_n$ 线性相关,则存在全不为 0 的常数 $k_1,k_2,\cdots,k_n$,使得

$$k_1\boldsymbol{\alpha}_1+k_2\boldsymbol{\alpha}_2+\cdots+k_n\boldsymbol{\alpha}_n=\mathbf{0};$$

② 如果 $\boldsymbol{\alpha}_1,\boldsymbol{\alpha}_2,\cdots,\boldsymbol{\alpha}_n$ 线性无关,则对任意不全为 0 的常数 $k_1,k_2,\cdots,k_n$,都有

$$k_1\boldsymbol{\alpha}_1+k_2\boldsymbol{\alpha}_2+\cdots+k_n\boldsymbol{\alpha}_n\neq\mathbf{0};$$

③ 如果 $\boldsymbol{\alpha}_1,\boldsymbol{\alpha}_2,\cdots,\boldsymbol{\alpha}_n$ 线性无关,则由 $k_1\boldsymbol{\alpha}_1+k_2\boldsymbol{\alpha}_2+\cdots+k_n\boldsymbol{\alpha}_n=\mathbf{0}$ 可以推出

$$k_1=k_2=\cdots=k_n=0;$$

④ 如果 $\boldsymbol{\alpha}_1,\boldsymbol{\alpha}_2,\cdots,\boldsymbol{\alpha}_n$ 线性相关,则对任意不全为 0 的常数 $k_1,k_2,\cdots,k_n$,都有

$$k_1\boldsymbol{\alpha}_1+k_2\boldsymbol{\alpha}_2+\cdots+k_n\boldsymbol{\alpha}_n=\mathbf{0};$$

⑤ 如果 $\boldsymbol{\alpha}_1,\boldsymbol{\alpha}_2,\cdots,\boldsymbol{\alpha}_n$ 线性相关,则存在不全为 0 的常数 $k_1,k_2,\cdots,k_n$,使得

$$k_1\boldsymbol{\alpha}_1+k_2\boldsymbol{\alpha}_2+\cdots+k_n\boldsymbol{\alpha}_n=\mathbf{0}.$$

正确的个数为( ).

(A)1 (B)2 (C)3 (D)4 (E)5

【参考答案】C

【解题思路】注意正确理解线性相关的定义.

【答案解析】① 错误. 线性相关定义:存在不全为 0 的常数 $k_1,k_2,\cdots,k_n$,使得

$$k_1\boldsymbol{\alpha}_1+k_2\boldsymbol{\alpha}_2+\cdots+k_n\boldsymbol{\alpha}_n=\boldsymbol{0}.$$

② 和 ③ 都是向量组线性无关定义的等价描述,正确.

④ 错误. 如果 $\boldsymbol{\alpha}_1,\boldsymbol{\alpha}_2,\cdots,\boldsymbol{\alpha}_n$ 线性相关,只要存在一组不全为 0 的常数 $k_1,k_2,\cdots,k_n$,使得

$$k_1\boldsymbol{\alpha}_1+k_2\boldsymbol{\alpha}_2+\cdots+k_n\boldsymbol{\alpha}_n=\boldsymbol{0}$$

即可.

⑤ 是向量组线性相关的定义,正确.

综上,①,④ 错误,②,③,⑤ 正确. 应选 C.

考点十　线性相关性的判定定理

定理 1　向量组 $\boldsymbol{\alpha}_1,\boldsymbol{\alpha}_2,\cdots,\boldsymbol{\alpha}_n$ 线性相关 $\Leftrightarrow$ 齐次线性方程组 $(\boldsymbol{\alpha}_1,\boldsymbol{\alpha}_2,\cdots,\boldsymbol{\alpha}_n)\begin{pmatrix}x_1\\x_2\\\vdots\\x_n\end{pmatrix}=\boldsymbol{0}$ 有非零解

$$\Leftrightarrow r(\boldsymbol{\alpha}_1,\boldsymbol{\alpha}_2,\cdots,\boldsymbol{\alpha}_n)<n.$$

定理 2　向量组 $\boldsymbol{\alpha}_1,\boldsymbol{\alpha}_2,\cdots,\boldsymbol{\alpha}_n$ 线性无关 $\Leftrightarrow$ 齐次线性方程组 $(\boldsymbol{\alpha}_1,\boldsymbol{\alpha}_2,\cdots,\boldsymbol{\alpha}_n)\begin{pmatrix}x_1\\x_2\\\vdots\\x_n\end{pmatrix}=\boldsymbol{0}$ 只有零解

$$\Leftrightarrow r(\boldsymbol{\alpha}_1,\boldsymbol{\alpha}_2,\cdots,\boldsymbol{\alpha}_n)=n.$$

题型五　线性相关性判定定理的应用

例 5　设向量组 $\boldsymbol{\alpha}_1=(1,0,5,2)^{\mathrm{T}},\boldsymbol{\alpha}_2=(3,-2,3,-4)^{\mathrm{T}},\boldsymbol{\alpha}_3=(-1,1,t,3)^{\mathrm{T}}$,则向量组的线性相关性为(　　).

(A) 当 $t=1$ 时线性相关,当 $t\neq1$ 时线性无关

(B) 当 $t=2$ 时线性相关,当 $t\neq2$ 时线性无关

(C) 当 $t=3$ 时线性相关,当 $t\neq3$ 时线性无关

(D) 当 $t=4$ 时线性相关,当 $t\neq4$ 时线性无关

(E) 当 $t=5$ 时线性相关,当 $t\neq5$ 时线性无关

【参考答案】A

【解题思路】根据线性相关、线性无关的判定定理.

【答案解析】 $(\boldsymbol{\alpha}_1,\boldsymbol{\alpha}_2,\boldsymbol{\alpha}_3)=\begin{pmatrix}1&3&-1\\0&-2&1\\5&3&t\\2&-4&3\end{pmatrix}\to\begin{pmatrix}1&3&-1\\0&-2&1\\0&-12&t+5\\0&-10&5\end{pmatrix}$

$$\to\begin{pmatrix}1&3&-1\\0&-2&1\\0&0&t-1\\0&0&0\end{pmatrix},$$

所以当 $t=1$ 时，$\boldsymbol{\alpha}_1,\boldsymbol{\alpha}_2,\boldsymbol{\alpha}_3$ 线性相关；当 $t\neq1$ 时，$\boldsymbol{\alpha}_1,\boldsymbol{\alpha}_2,\boldsymbol{\alpha}_3$ 线性无关.

考点十一 常用公式及定理

(1) 当且仅当 $\boldsymbol{\alpha}_1,\boldsymbol{\alpha}_2,\cdots,\boldsymbol{\alpha}_m$ 中至少有一个向量是其余 $m-1$ 个向量的线性组合时，向量组 $\boldsymbol{\alpha}_1,\boldsymbol{\alpha}_2,\cdots,\boldsymbol{\alpha}_m$ 线性相关.

(2) 个数大于维数必然线性相关.（$n+1$ 个 n 维向量必然线性相关.）

(3) 若向量组 $\boldsymbol{\alpha}_1,\boldsymbol{\alpha}_2,\cdots,\boldsymbol{\alpha}_m$ 线性相关，则向量组 $\boldsymbol{\alpha}_1,\boldsymbol{\alpha}_2,\cdots,\boldsymbol{\alpha}_m,\boldsymbol{\alpha}_{m+1}$ 也线性相关.

【敲黑板】 本定理也可以概括为“部分相关 $\Rightarrow$ 整体相关”或等价于“整体无关 $\Rightarrow$ 部分无关”.

(4) 含有两个成比例的向量的向量组是线性相关的.

(5) n 个 n 维向量线性相关的充要条件是行列式为 0.

(6) 若向量组 $\boldsymbol{\alpha}_1,\boldsymbol{\alpha}_2,\cdots,\boldsymbol{\alpha}_m$ 线性无关，则向量组 $\boldsymbol{\alpha}_1,\boldsymbol{\alpha}_2,\cdots,\boldsymbol{\alpha}_m$ 的延伸组 $\begin{pmatrix}\boldsymbol{\alpha}_1\\\boldsymbol{\beta}_1\end{pmatrix},\begin{pmatrix}\boldsymbol{\alpha}_2\\\boldsymbol{\beta}_2\end{pmatrix},\cdots,\begin{pmatrix}\boldsymbol{\alpha}_m\\\boldsymbol{\beta}_m\end{pmatrix}$ 也线性无关.

(7) 阶梯形向量组线性无关.

(8) n 个 n 维向量线性无关的充要条件是行列式不为 0.

(9) 已知向量组 $\boldsymbol{\alpha}_1,\boldsymbol{\alpha}_2,\cdots,\boldsymbol{\alpha}_m$ 线性无关，则当且仅当 $\boldsymbol{\beta}$ 可以由向量组 $\boldsymbol{\alpha}_1,\boldsymbol{\alpha}_2,\cdots,\boldsymbol{\alpha}_m$ 线性表示时，向量组 $\boldsymbol{\alpha}_1,\boldsymbol{\alpha}_2,\cdots,\boldsymbol{\alpha}_m,\boldsymbol{\beta}$ 线性相关.

(10) 向量组 $\boldsymbol{\alpha}_1,\boldsymbol{\alpha}_2,\cdots,\boldsymbol{\alpha}_s(s\geqslant2)$ 线性无关的充要条件是向量组中任意一个向量均不可由其余 $s-1$ 个向量线性表示.

(11) 若 $\boldsymbol{\alpha}_1,\boldsymbol{\alpha}_2,\cdots,\boldsymbol{\alpha}_s$ 线性无关，$\boldsymbol{\alpha}_1,\boldsymbol{\alpha}_2,\cdots,\boldsymbol{\alpha}_s,\boldsymbol{\beta}$ 线性相关，则 $\boldsymbol{\beta}$ 可由 $\boldsymbol{\alpha}_1,\boldsymbol{\alpha}_2,\cdots,\boldsymbol{\alpha}_s$ 线性表示，且表示法唯一.

(12) 若向量组 $\boldsymbol{\alpha}_1,\boldsymbol{\alpha}_2,\cdots,\boldsymbol{\alpha}_s$ 可以由向量组 $\boldsymbol{\beta}_1,\boldsymbol{\beta}_2,\cdots,\boldsymbol{\beta}_t$ 线性表示，且 $\boldsymbol{\alpha}_1,\boldsymbol{\alpha}_2,\cdots,\boldsymbol{\alpha}_s$ 线性无关，则有 $s\leqslant t$.

(13) 若向量组 $\boldsymbol{\alpha}_1,\boldsymbol{\alpha}_2,\cdots,\boldsymbol{\alpha}_s$ 可以由向量组 $\boldsymbol{\beta}_1,\boldsymbol{\beta}_2,\cdots,\boldsymbol{\beta}_t$ 线性表示，且 $s>t$，则 $\boldsymbol{\alpha}_1,\boldsymbol{\alpha}_2,\cdots,\boldsymbol{\alpha}_s$ 线性相关.

题型六　判断向量组的线性相关性

【解题方法】利用常用公式及定理来判断向量组的线性相关性.

例 6　设 $\boldsymbol{\alpha}_1=\begin{pmatrix}0\\0\\k_1\end{pmatrix},\boldsymbol{\alpha}_2=\begin{pmatrix}0\\-1\\k_2\end{pmatrix},\boldsymbol{\alpha}_3=\begin{pmatrix}1\\-1\\k_3\end{pmatrix},\boldsymbol{\alpha}_4=\begin{pmatrix}-1\\1\\k_4\end{pmatrix}$，其中 k_1,k_2,k_3,k_4 为任意常数，则下列向量组一定线性相关的为(　　).

(A)$\boldsymbol{\alpha}_1,\boldsymbol{\alpha}_2,\boldsymbol{\alpha}_3$　(B)$\boldsymbol{\alpha}_1,\boldsymbol{\alpha}_2,\boldsymbol{\alpha}_4$　(C)$\boldsymbol{\alpha}_1,\boldsymbol{\alpha}_3,\boldsymbol{\alpha}_4$　(D)$\boldsymbol{\alpha}_2,\boldsymbol{\alpha}_3,\boldsymbol{\alpha}_4$　(E)$\boldsymbol{\alpha}_1,\boldsymbol{\alpha}_2$

【参考答案】C

【答案解析】本题主要考查数值向量组的线性相关性. 在向量维数与向量组的向量个数相同时,采用行列式判别最简便,由

$$|\boldsymbol{\alpha}_1,\boldsymbol{\alpha}_3,\boldsymbol{\alpha}_4|=\begin{vmatrix}0&1&-1\\0&-1&1\\k_1&k_3&k_4\end{vmatrix}=0,$$

知 $\boldsymbol{\alpha}_1,\boldsymbol{\alpha}_3,\boldsymbol{\alpha}_4$ 线性相关，故选择 C.

例 7　n 维向量组 $\boldsymbol{e}_1=(1,0,\cdots,0)^{\mathrm{T}},\boldsymbol{e}_2=(0,1,\cdots,0)^{\mathrm{T}},\cdots,\boldsymbol{e}_n=(0,0,\cdots,1)^{\mathrm{T}}$ 称为 n 维单位坐标向量组,讨论其线性相关性.

【解题思路】n 维单位坐标向量组构成的矩阵,判断其行列式的值是否等于零,从而确定其相关性.

【答案解析】$\boldsymbol{E}=(\boldsymbol{e}_1,\boldsymbol{e}_2,\cdots,\boldsymbol{e}_n)=\begin{pmatrix}1&0&\cdots&0\\0&1&\cdots&0\\\vdots&\vdots&&\vdots\\0&0&\cdots&1\end{pmatrix}$,因为 $|\boldsymbol{E}|=1$,所以 n 维单位坐标向量组线性无关.

例 8　下列向量组中

① $(a,b,c)^{\mathrm{T}},(d,e,f)^{\mathrm{T}},(0,0,0)^{\mathrm{T}}$;

② $(a_1,b_1,c_1)^{\mathrm{T}},(a_2,b_2,c_2)^{\mathrm{T}},(a_3,b_3,c_3)^{\mathrm{T}},(a_4,b_4,c_4)^{\mathrm{T}}$;

③ $(a,b,c)^{\mathrm{T}},(d,e,f)^{\mathrm{T}},(2a,2b,2c)^{\mathrm{T}}$;

④ $(a,1,b,0,0)^{\mathrm{T}},(c,0,d,1,0)^{\mathrm{T}},(e,0,f,0,1)^{\mathrm{T}}$;

⑤ $(1,0,1)^{\mathrm{T}},(1,2,2)^{\mathrm{T}},(1,2,4)^{\mathrm{T}}$.

线性相关的个数为(　　).

(A)1　(B)2　(C)3　(D)4　(E)5

【参考答案】C

【解题思路】根据常用的公式及定理来判断向量组的线性相关性.

【答案解析】① 含有零向量的向量组必线性相关.

② 4 个 3 维向量必线性相关.

③ 含有两个成比例的向量的向量组必线性相关.

④ 3 维单位坐标向量组线性无关，3 维单位坐标向量组的延伸组也线性无关.

⑤ $|\boldsymbol{A}|=|\boldsymbol{\alpha}_1,\boldsymbol{\alpha}_2,\boldsymbol{\alpha}_3|=\begin{vmatrix}1&1&1\\0&2&2\\1&2&4\end{vmatrix}=4\neq 0$，线性无关.

例 9 设 $\boldsymbol{\alpha}_1=(6,a+1,3)^{\mathrm{T}},\boldsymbol{\alpha}_2=(a,2,-2)^{\mathrm{T}},\boldsymbol{\alpha}_3=(a,1,0)^{\mathrm{T}},\boldsymbol{\alpha}_4=(0,1,a)^{\mathrm{T}}$，试问：

(1)a 为何值时，$\boldsymbol{\alpha}_1,\boldsymbol{\alpha}_2$ 线性相关，线性无关？

(2)a 为何值时，$\boldsymbol{\alpha}_1,\boldsymbol{\alpha}_2,\boldsymbol{\alpha}_3$ 线性相关，线性无关？

(3)a 为何值时，$\boldsymbol{\alpha}_1,\boldsymbol{\alpha}_2,\boldsymbol{\alpha}_3,\boldsymbol{\alpha}_4$ 线性相关，线性无关？

【解题思路】通过对矩阵作初等变换可以确定矩阵行(列)向量组的秩，从而提供了一个讨论向量组线性相关性的途径，在实际问题中究竟采用什么方法应该具体问题具体分析，如本题根据向量的个数、维数及其他条件可采用不同的方法.

【答案解析】(1) 向量组的向量个数小于向量维数的解法更具有一般性.

方法 1 从定义出发，设存在常数 k_1,k_2，使得 $k_1\boldsymbol{\alpha}_1+k_2\boldsymbol{\alpha}_2=\mathbf{0}$，即得线性方程组

$$\begin{cases}6k_1+ak_2=0,\\(a+1)k_1+2k_2=0,\\3k_1-2k_2=0,\end{cases}$$

由消元法，得同解方程组

$$\begin{cases}6k_1+ak_2=0,\\(a^2+a-12)k_2=0,\\(a+4)k_2=0.\end{cases}$$

于是，当 $a=-4$ 时，方程组有非零解，即 $\boldsymbol{\alpha}_1,\boldsymbol{\alpha}_2$ 线性相关；当 $a\neq-4$ 时，方程组仅有零解，即 $\boldsymbol{\alpha}_1,\boldsymbol{\alpha}_2$ 线性无关.

方法 2 将向量 $\boldsymbol{\alpha}_1,\boldsymbol{\alpha}_2$ 直接构造矩阵，通过初等行变换讨论矩阵的秩，作出判断，即由

$$(\boldsymbol{\alpha}_1,\boldsymbol{\alpha}_2)=\begin{pmatrix}6&a\\a+1&2\\3&-2\end{pmatrix}\xrightarrow{r}\begin{pmatrix}6&a\\0&a^2+a-12\\0&a+4\end{pmatrix}$$

知，当 $a=-4$ 时，$r(\boldsymbol{\alpha}_1,\boldsymbol{\alpha}_2)=1$，即 $\boldsymbol{\alpha}_1,\boldsymbol{\alpha}_2$ 线性相关；当 $a\neq-4$ 时，$r(\boldsymbol{\alpha}_1,\boldsymbol{\alpha}_2)=2$，即 $\boldsymbol{\alpha}_1,\boldsymbol{\alpha}_2$ 线性无关.

(2) 向量组的向量个数等于向量维数时，直接用对应的行列式判断，即由

$$|\boldsymbol{\alpha}_1,\boldsymbol{\alpha}_2,\boldsymbol{\alpha}_3|=\begin{vmatrix}6&a&a\\a+1&2&1\\3&-2&0\end{vmatrix}=-(a+4)(2a-3),$$

可知当 $a=-4$ 或 $\frac{3}{2}$ 时，$\boldsymbol{\alpha}_1,\boldsymbol{\alpha}_2,\boldsymbol{\alpha}_3$ 线性相关；当 $a\neq-4$ 且 $a\neq\frac{3}{2}$ 时，$\boldsymbol{\alpha}_1,\boldsymbol{\alpha}_2,\boldsymbol{\alpha}_3$ 线性无关.

(3) 当向量组的向量个数超过其维数时，必线性相关，因此，a 取任意值时，$\boldsymbol{\alpha}_1,\boldsymbol{\alpha}_2,\boldsymbol{\alpha}_3,\boldsymbol{\alpha}_4$ 均线性相关.

例 10 设向量组 $\boldsymbol{\alpha}_1,\boldsymbol{\alpha}_2,\boldsymbol{\alpha}_3$ 线性无关，$\boldsymbol{\alpha}_1,\boldsymbol{\alpha}_2,\boldsymbol{\alpha}_4$ 线性相关，则(　　).

(A)$\boldsymbol{\alpha}_1$ 必可由 $\boldsymbol{\alpha}_2,\boldsymbol{\alpha}_3,\boldsymbol{\alpha}_4$ 线性表出

(B)$\boldsymbol{\alpha}_2$ 必可由 $\boldsymbol{\alpha}_1,\boldsymbol{\alpha}_3,\boldsymbol{\alpha}_4$ 线性表出

(C)$\boldsymbol{\alpha}_3$ 必可由 $\boldsymbol{\alpha}_1,\boldsymbol{\alpha}_2,\boldsymbol{\alpha}_4$ 线性表出

(D)$\boldsymbol{\alpha}_4$ 必可由 $\boldsymbol{\alpha}_1,\boldsymbol{\alpha}_2,\boldsymbol{\alpha}_3$ 线性表出

(E) 以上均不正确

【参考答案】 D

【解题思路】 向量组线性无关和线性相关同时出现时，应分为两步走：第一步，找到向量组线性无关和线性相关的公共部分；第二步，讨论向量组线性相关部分.

【答案解析】 整体无关，则部分无关，由 $\boldsymbol{\alpha}_1,\boldsymbol{\alpha}_2,\boldsymbol{\alpha}_3$ 线性无关，知 $\boldsymbol{\alpha}_1,\boldsymbol{\alpha}_2$ 线性无关，又因为 $\boldsymbol{\alpha}_1,\boldsymbol{\alpha}_2,\boldsymbol{\alpha}_4$ 线性相关，则 $\boldsymbol{\alpha}_4$ 可以由 $\boldsymbol{\alpha}_1$ 和 $\boldsymbol{\alpha}_2$ 线性表出，即 $\boldsymbol{\alpha}_4=k_1\boldsymbol{\alpha}_1+k_2\boldsymbol{\alpha}_2$，$k_1,k_2$ 不全为 0，即 $\boldsymbol{\alpha}_4=k_1\boldsymbol{\alpha}_1+k_2\boldsymbol{\alpha}_2+0\boldsymbol{\alpha}_3$，故 $\boldsymbol{\alpha}_4$ 必可由 $\boldsymbol{\alpha}_1,\boldsymbol{\alpha}_2,\boldsymbol{\alpha}_3$ 线性表出.

例 11 设向量组 $\boldsymbol{\alpha}_1,\boldsymbol{\alpha}_2,\boldsymbol{\alpha}_3$ 线性无关，则下列向量组线性相关的是(　　).

(A)$\boldsymbol{\alpha}_1+\boldsymbol{\alpha}_2,\boldsymbol{\alpha}_2+\boldsymbol{\alpha}_3,\boldsymbol{\alpha}_3+\boldsymbol{\alpha}_1$

(B)$\boldsymbol{\alpha}_1-\boldsymbol{\alpha}_2,\boldsymbol{\alpha}_2-\boldsymbol{\alpha}_3,\boldsymbol{\alpha}_3-\boldsymbol{\alpha}_1$

(C)$\boldsymbol{\alpha}_1+2\boldsymbol{\alpha}_2,\boldsymbol{\alpha}_2+2\boldsymbol{\alpha}_3,\boldsymbol{\alpha}_3+2\boldsymbol{\alpha}_1$

(D)$2\boldsymbol{\alpha}_1+\boldsymbol{\alpha}_2,2\boldsymbol{\alpha}_2+\boldsymbol{\alpha}_3,2\boldsymbol{\alpha}_3+\boldsymbol{\alpha}_1$

(E)$\boldsymbol{\alpha}_1,\boldsymbol{\alpha}_2+\boldsymbol{\alpha}_3,\boldsymbol{\alpha}_2-\boldsymbol{\alpha}_3$

【参考答案】 B

【解题思路】 讨论由线性无关向量组 $\boldsymbol{\alpha}_1,\boldsymbol{\alpha}_2,\cdots,\boldsymbol{\alpha}_s$ 通过线性运算生成的向量组 $\boldsymbol{\beta}_1,\boldsymbol{\beta}_2,\cdots,\boldsymbol{\beta}_s$ 的线性相关性，应引入 s 阶转换矩阵 $\boldsymbol{A}$，化为 $(\boldsymbol{\beta}_1,\boldsymbol{\beta}_2,\cdots,\boldsymbol{\beta}_s)=(\boldsymbol{\alpha}_1,\boldsymbol{\alpha}_2,\cdots,\boldsymbol{\alpha}_s)\boldsymbol{A}$，于是，$\boldsymbol{\beta}_1,\boldsymbol{\beta}_2,\cdots,\boldsymbol{\beta}_s$ 线性相关(或线性无关) 的充分必要条件是 $|\boldsymbol{A}|=0$(或 $|\boldsymbol{A}|\neq0$). 转换矩阵 $\boldsymbol{A}$ 是解决问题的关键.

【答案解析】 选项 A，

$$(\boldsymbol{\alpha}_1+\boldsymbol{\alpha}_2,\boldsymbol{\alpha}_2+\boldsymbol{\alpha}_3,\boldsymbol{\alpha}_3+\boldsymbol{\alpha}_1)=(\boldsymbol{\alpha}_1,\boldsymbol{\alpha}_2,\boldsymbol{\alpha}_3)\begin{pmatrix}1&0&1\\1&1&0\\0&1&1\end{pmatrix},$$

其中转换矩阵为 $\boldsymbol{A}_1=\begin{pmatrix}1&0&1\\1&1&0\\0&1&1\end{pmatrix}$，由 $|\boldsymbol{A}_1|=2\neq0$，知该向量组线性无关.

选项 B,

$$(\boldsymbol{\alpha}_1-\boldsymbol{\alpha}_2,\boldsymbol{\alpha}_2-\boldsymbol{\alpha}_3,\boldsymbol{\alpha}_3-\boldsymbol{\alpha}_1)=(\boldsymbol{\alpha}_1,\boldsymbol{\alpha}_2,\boldsymbol{\alpha}_3)\begin{pmatrix}1&0&-1\\-1&1&0\\0&-1&1\end{pmatrix},$$

其中转换矩阵为 $\boldsymbol{A}_2=\begin{pmatrix}1&0&-1\\-1&1&0\\0&-1&1\end{pmatrix}$,由 $|\boldsymbol{A}_2|=0$,知该向量组线性相关.

选项 C,

$$(\boldsymbol{\alpha}_1+2\boldsymbol{\alpha}_2,\boldsymbol{\alpha}_2+2\boldsymbol{\alpha}_3,\boldsymbol{\alpha}_3+2\boldsymbol{\alpha}_1)=(\boldsymbol{\alpha}_1,\boldsymbol{\alpha}_2,\boldsymbol{\alpha}_3)\begin{pmatrix}1&0&2\\2&1&0\\0&2&1\end{pmatrix},$$

其中转换矩阵为 $\boldsymbol{A}_3=\begin{pmatrix}1&0&2\\2&1&0\\0&2&1\end{pmatrix}$,由 $|\boldsymbol{A}_3|=9\neq0$,知该向量组线性无关.

选项 D,

$$(2\boldsymbol{\alpha}_1+\boldsymbol{\alpha}_2,2\boldsymbol{\alpha}_2+\boldsymbol{\alpha}_3,2\boldsymbol{\alpha}_3+\boldsymbol{\alpha}_1)=(\boldsymbol{\alpha}_1,\boldsymbol{\alpha}_2,\boldsymbol{\alpha}_3)\begin{pmatrix}2&0&1\\1&2&0\\0&1&2\end{pmatrix},$$

其中转换矩阵为 $\boldsymbol{A}_4=\begin{pmatrix}2&0&1\\1&2&0\\0&1&2\end{pmatrix}$,由 $|\boldsymbol{A}_4|=9\neq0$,知该向量组线性无关.

选项 E,

$$(\boldsymbol{\alpha}_1,\boldsymbol{\alpha}_2+\boldsymbol{\alpha}_3,\boldsymbol{\alpha}_2-\boldsymbol{\alpha}_3)=(\boldsymbol{\alpha}_1,\boldsymbol{\alpha}_2,\boldsymbol{\alpha}_3)\begin{pmatrix}1&0&0\\0&1&1\\0&1&-1\end{pmatrix},$$

其中转换矩阵为 $\boldsymbol{A}_5=\begin{pmatrix}1&0&0\\0&1&1\\0&1&-1\end{pmatrix}$,由 $|\boldsymbol{A}_5|=-2\neq0$,知该向量组线性无关.

综上分析,本题应选 B.

考点十二 极大线性无关组的定义

在向量组 A 中,若存在一个部分组 $\boldsymbol{\alpha}_1,\boldsymbol{\alpha}_2,\cdots,\boldsymbol{\alpha}_r$ 满足:

(1) 部分组 $\boldsymbol{\alpha}_1,\boldsymbol{\alpha}_2,\cdots,\boldsymbol{\alpha}_r$ 线性无关;

(2) 向量组 A 中任意 $r+1$ 个向量(如果 A 有 $r+1$ 个向量的话) 都线性相关.

则称部分组 $\boldsymbol{\alpha}_1,\boldsymbol{\alpha}_2,\cdots,\boldsymbol{\alpha}_r$ 是向量组 A 的一个**极大线性无关组**,简称**极大无关组**.

【敲黑板】① 我们可以这样来理解极大线性无关组：首先，它必须是线性无关的；其次，定语“极大”可以理解为最多，即再增加任意一个向量就会变成线性相关. 也就是说，极大线性无关组就是原向量组中向量个数最多的线性无关的子向量组.

② 向量组的极大线性无关组可能不止一个：如向量组

$$\boldsymbol{\alpha}_1=\begin{pmatrix}1\\2\\3\end{pmatrix},\boldsymbol{\alpha}_2=\begin{pmatrix}1\\1\\1\end{pmatrix},\boldsymbol{\alpha}_3=\begin{pmatrix}0\\1\\2\end{pmatrix},$$

由于$\boldsymbol{\alpha}_3=\boldsymbol{\alpha}_1-\boldsymbol{\alpha}_2$，可知$\boldsymbol{\alpha}_1,\boldsymbol{\alpha}_2,\boldsymbol{\alpha}_3$线性相关. 又由于$\boldsymbol{\alpha}_1,\boldsymbol{\alpha}_2$线性无关，可知$\boldsymbol{\alpha}_1,\boldsymbol{\alpha}_2$即为$\boldsymbol{\alpha}_1,\boldsymbol{\alpha}_2,\boldsymbol{\alpha}_3$的极大线性无关组. 类似地，由于$\boldsymbol{\alpha}_2,\boldsymbol{\alpha}_3$和$\boldsymbol{\alpha}_1,\boldsymbol{\alpha}_3$也都线性无关，因此$\boldsymbol{\alpha}_2,\boldsymbol{\alpha}_3$和$\boldsymbol{\alpha}_1,\boldsymbol{\alpha}_3$也都是$\boldsymbol{\alpha}_1,\boldsymbol{\alpha}_2,\boldsymbol{\alpha}_3$的极大线性无关组.

③ 向量组$\boldsymbol{\alpha}_1,\boldsymbol{\alpha}_2,\cdots,\boldsymbol{\alpha}_n$线性无关的充要条件是它的极大线性无关组为其本身.

考点十三　向量组的秩

向量组$\boldsymbol{\alpha}_1,\boldsymbol{\alpha}_2,\cdots,\boldsymbol{\alpha}_s$的极大线性无关组中所含向量的个数称为**该向量组的秩**，记作$r(\boldsymbol{\alpha}_1,\boldsymbol{\alpha}_2,\cdots,\boldsymbol{\alpha}_s)$. 只由零向量组成的向量组没有极大线性无关组，我们规定它的秩为0.

考点十四　常用性质及定理

定理1　向量组和它的任一极大线性无关组等价.

推论1　向量组的任意两个极大线性无关组等价.

推论2　等价的向量组的极大线性无关组等价.

定理2　向量组的任意两个极大线性无关组所含向量的个数相同.

三秩相等定理　矩阵的秩等于它的列向量组的秩，也等于它的行向量组的秩.

推论　设$\boldsymbol{\alpha}_1,\boldsymbol{\alpha}_2,\cdots,\boldsymbol{\alpha}_n$为$n$个$n$维列向量，则$\boldsymbol{\alpha}_1,\boldsymbol{\alpha}_2,\cdots,\boldsymbol{\alpha}_n$线性无关的充要条件是以它们为列向量的矩阵的行列式$|\boldsymbol{\alpha}_1,\boldsymbol{\alpha}_2,\cdots,\boldsymbol{\alpha}_n|\neq 0$.

题型七　计算极大线性无关组及向量组的秩

【解题方法】首先，将向量组作为列向量组成矩阵$\boldsymbol{A}$(如果是行向量，则取转置后再计算)；然后，对矩阵$\boldsymbol{A}$作初等行变换，化为行阶梯形矩阵，行阶梯形矩阵中非零行的个数即为向量组的秩；最后，在行阶梯形矩阵中主元所在列即对应原向量组的一个极大线性无关组.

例12　设有向量组$\boldsymbol{\alpha}_1=(1,-1,2,4)^{\mathrm{T}},\boldsymbol{\alpha}_2=(0,3,1,2)^{\mathrm{T}},\boldsymbol{\alpha}_3=(3,0,7,14)^{\mathrm{T}},\boldsymbol{\alpha}_4=(1,-2,2,0)^{\mathrm{T}},\boldsymbol{\alpha}_5=(2,1,5,10)^{\mathrm{T}}$，则下列为该向量组的极大无关组的是(　　).

(A)$\boldsymbol{\alpha}_1,\boldsymbol{\alpha}_2,\boldsymbol{\alpha}_3$　　(B)$\boldsymbol{\alpha}_1,\boldsymbol{\alpha}_2,\boldsymbol{\alpha}_4$　　(C)$\boldsymbol{\alpha}_1,\boldsymbol{\alpha}_2,\boldsymbol{\alpha}_5$

(D)$\boldsymbol{\alpha}_1,\boldsymbol{\alpha}_3,\boldsymbol{\alpha}_5$　　(E)$\boldsymbol{\alpha}_1,\boldsymbol{\alpha}_2,\boldsymbol{\alpha}_4,\boldsymbol{\alpha}_5$

【参考答案】B

【解题思路】在已知由数值向量构成的向量组的情况下求极大无关组，可将它们合并在矩阵中，施以初等行变换，化为阶梯形矩阵，结合矩阵的秩确定其极大无关组.

【答案解析】将 $\boldsymbol{\alpha}_1,\boldsymbol{\alpha}_2,\boldsymbol{\alpha}_3,\boldsymbol{\alpha}_4,\boldsymbol{\alpha}_5$ 作为矩阵 $\boldsymbol{A}$ 的列向量施以初等行变换，有

$$\boldsymbol{A}=(\boldsymbol{\alpha}_1,\boldsymbol{\alpha}_2,\boldsymbol{\alpha}_3,\boldsymbol{\alpha}_4,\boldsymbol{\alpha}_5)=\begin{pmatrix}1&0&3&1&2\\-1&3&0&-2&1\\2&1&7&2&5\\4&2&14&0&10\end{pmatrix}\xrightarrow{r}\begin{pmatrix}1&0&3&1&2\\0&1&1&0&1\\0&0&0&1&0\\0&0&0&0&0\end{pmatrix}=\boldsymbol{B}.$$

$\boldsymbol{B}$ 中非零行左侧第 1 个非零元素所在列对应的向量为 $\boldsymbol{\alpha}_1,\boldsymbol{\alpha}_2,\boldsymbol{\alpha}_4$，从而知 $\boldsymbol{\alpha}_1,\boldsymbol{\alpha}_2,\boldsymbol{\alpha}_4$ 是向量组 $\boldsymbol{\alpha}_1,\boldsymbol{\alpha}_2,\boldsymbol{\alpha}_3,\boldsymbol{\alpha}_4,\boldsymbol{\alpha}_5$ 的一个极大无关组. 故选择 B.

例 13 求向量组

$$\boldsymbol{\alpha}_1=\begin{pmatrix}1\\-1\\2\\4\end{pmatrix},\boldsymbol{\alpha}_2=\begin{pmatrix}0\\3\\1\\2\end{pmatrix},\boldsymbol{\alpha}_3=\begin{pmatrix}3\\0\\7\\14\end{pmatrix},\boldsymbol{\alpha}_4=\begin{pmatrix}2\\1\\5\\6\end{pmatrix},\boldsymbol{\alpha}_5=\begin{pmatrix}1\\-1\\2\\0\end{pmatrix}$$

的秩和一个极大无关组.

【解题思路】将向量组作为列向量排成矩阵，并施以初等行变换化为阶梯形矩阵，其中出现的非零行数 r 即为向量组的秩. 若其中的 r 阶子式不等于 0，则其所在的 r 个向量构成其极大无关组.

【答案解析】对矩阵 $\boldsymbol{A}=(\boldsymbol{\alpha}_1,\boldsymbol{\alpha}_2,\boldsymbol{\alpha}_3,\boldsymbol{\alpha}_4,\boldsymbol{\alpha}_5)$ 施以初等行变换化为阶梯形矩阵，有

$$(\boldsymbol{\alpha}_1,\boldsymbol{\alpha}_2,\boldsymbol{\alpha}_3,\boldsymbol{\alpha}_4,\boldsymbol{\alpha}_5)=\begin{pmatrix}1&0&3&2&1\\-1&3&0&1&-1\\2&1&7&5&2\\4&2&14&6&0\end{pmatrix}\to\begin{pmatrix}1&0&3&2&1\\0&1&1&1&0\\0&0&0&1&1\\0&0&0&0&0\end{pmatrix},$$

其中非零行数 $r=3$，故 $r(\boldsymbol{\alpha}_1,\boldsymbol{\alpha}_2,\boldsymbol{\alpha}_3,\boldsymbol{\alpha}_4,\boldsymbol{\alpha}_5)=3$，由于三阶子式

$$\begin{vmatrix}1&0&2\\0&1&1\\0&0&1\end{vmatrix}\neq 0,$$

因此其所在的向量组 $\boldsymbol{\alpha}_1,\boldsymbol{\alpha}_2,\boldsymbol{\alpha}_4$ 是该向量组的极大无关组.

考点十五 方程组

$$\begin{cases}a_{11}x_1+a_{12}x_2+\cdots+a_{1n}x_n=b_1,\\a_{21}x_1+a_{22}x_2+\cdots+a_{2n}x_n=b_2,\\\quad\cdots\cdots\\a_{m1}x_1+a_{m2}x_2+\cdots+a_{mn}x_n=b_m\end{cases}$$

称为含 m 个方程，n 个未知量的**线性方程组**. 其中 $x_1,x_2,\cdots,x_n$ 为未知量，m 为方程的个数，b_1，$b_2,\cdots,b_m$ 为常数项.

如果常数项 $b_1=b_2=\cdots=b_m=0$，则称该方程组为**齐次线性方程组**. 相应地，如果 $b_1,b_2,\cdots,b_m$ 不全为零，则称该方程组为**非齐次线性方程组**，将任一非齐次线性方程组的常数项改为零所得到的齐次线性方程组称为原方程组的**导出组**.

考点十六　线性方程组的矩阵

由线性方程组 $\begin{cases} a_{11}x_1+a_{12}x_2+\cdots+a_{1n}x_n=b_1, \\ a_{21}x_1+a_{22}x_2+\cdots+a_{2n}x_n=b_2, \\ \cdots\cdots \\ a_{m1}x_1+a_{m2}x_2+\cdots+a_{mn}x_n=b_m \end{cases}$ 的系数构成的 $m\times n$ 矩阵 $\boldsymbol{A}=\begin{pmatrix} a_{11} & a_{12} & \cdots & a_{1n} \\ a_{21} & a_{22} & \cdots & a_{2n} \\ \vdots & \vdots & & \vdots \\ a_{m1} & a_{m2} & \cdots & a_{mn} \end{pmatrix}$ 称为该线性方程组的**系数矩阵**. 由线性方程组的系数矩阵和常数项构成的 $m\times(n+1)$ 矩阵 $\overline{\boldsymbol{A}}=\left(\begin{array}{cccc:c} a_{11} & a_{12} & \cdots & a_{1n} & b_1 \\ a_{21} & a_{22} & \cdots & a_{2n} & b_2 \\ \vdots & \vdots & & \vdots & \vdots \\ a_{m1} & a_{m2} & \cdots & a_{mn} & b_m \end{array}\right)$ 称为该线性方程组的**增广矩阵**.

考点十七　线性方程组的向量表示

$$(\boldsymbol{a}_1,\boldsymbol{a}_2,\cdots,\boldsymbol{a}_n)\begin{pmatrix} x_1 \\ x_2 \\ \vdots \\ x_n \end{pmatrix}=x_1\boldsymbol{a}_1+x_2\boldsymbol{a}_2+\cdots+x_n\boldsymbol{a}_n=\boldsymbol{b}.$$

考点十八　线性方程组的初等变换

对线性方程组可以作如下三种变换：

(1) 交换两个方程的位置；

(2) 将非零常数 k 乘到一个方程的两端；

(3) 将一个方程的 k 倍加到另一个方程上.

考点十九　高斯消元法

我们对线性方程组作初等变换的目的是将其化为与之同解的如下形式的线性方程组：

$$\begin{cases}a'_{11}x_1+a'_{12}x_2+a'_{13}x_3+\cdots+a'_{1n}x_n=b'_1,\\a'_{22}x_2+a'_{23}x_3+\cdots+a'_{2n}x_n=b'_2,\\a'_{33}x_3+\cdots+a'_{3n}x_n=b'_3,\\\qquad\cdots\cdots\\a'_{kk}x_k+\cdots+a'_{kn}x_n=b'_k.\end{cases}$$

在该方程组中，每一个方程都至少比上一个方程少一个未知量，这种方程组称为**阶梯形方程组**. 在阶梯形方程组中，每一行的第一个未知量称为主元，其余的未知量称为**自由变量**. 阶梯形方程组的解是比较容易求得的. 将线性方程组通过初等行变换化为同解的阶梯形方程组的过程称为**高斯消元法**.

易知，利用高斯消元法求解线性方程组等价于利用初等行变换将线性方程组的增广矩阵化为阶梯形矩阵.

【敲黑板】① 高斯消元法示例.

$$\begin{cases}x_1+x_2+x_3=3,\\x_1+2x_2+4x_3=7,\\x_1+3x_2+9x_3=13\end{cases}\to\begin{cases}x_1+x_2+x_3=3,\\x_2+3x_3=4,\\2x_2+8x_3=10\end{cases}\to\begin{cases}x_1+x_2+x_3=3,\\x_2+3x_3=4,\\x_2+4x_3=5\end{cases}\to\begin{cases}x_1+x_2+x_3=3,\\x_2+3x_3=4,\\x_3=1.\end{cases}$$

从最后一个线性方程组中不难求出原线性方程组的解为$\begin{cases}x_1=1,\\x_2=1,\\x_3=1.\end{cases}$

② 高斯消元法的矩阵形式.

对于上述线性方程组，其求解过程等价于对其增广矩阵作如下变换：

$$\left(\begin{array}{ccc:c}1&1&1&3\\1&2&4&7\\1&3&9&13\end{array}\right)\to\left(\begin{array}{ccc:c}1&1&1&3\\0&1&3&4\\0&2&8&10\end{array}\right)\to\left(\begin{array}{ccc:c}1&1&1&3\\0&1&3&4\\0&1&4&5\end{array}\right)\to\left(\begin{array}{ccc:c}1&1&1&3\\0&1&3&4\\0&0&1&1\end{array}\right).$$

再将最后的增广矩阵还原为线性方程组同样可以求出原方程组的解. 不难看出该求解过程更为简捷.

题型八 高斯消元法的应用

【解题方法】用高斯消元法解线性方程组的实质是对该方程组的增广矩阵$\overline{\boldsymbol{A}}$反复施以初等行变换的过程.

(1) 写出线性方程组的增广矩阵$\overline{\boldsymbol{A}}=(\boldsymbol{A}\,\vdots\,\boldsymbol{b})$，用初等行变换将$\overline{\boldsymbol{A}}$化为行阶梯形矩阵；

(2) 将行阶梯形矩阵还原为线性方程组，从而写出同解方程组，即可求出相应的解.

例 14 判断下列线性方程组是否有解，如果有解，是有唯一解还是有无穷多解.

(1)$\begin{cases}x_1+x_2+x_3=3,\\x_1+3x_2+4x_3=8,\\x_1+3x_2+9x_3=13;\end{cases}$ (2)$\begin{cases}x_1-2x_2+x_3=5,\\-2x_1+3x_2+3x_3=1,\\-x_1+x_2+4x_3=6.\end{cases}$

【解题思路】写出增广矩阵,再通过初等行变换化为阶梯形矩阵.

【答案解析】(1) 线性方程组$\begin{cases}x_1+x_2+x_3=3,\\x_1+3x_2+4x_3=8,\\x_1+3x_2+9x_3=13\end{cases}$的增广矩阵为$\left(\begin{array}{ccc:c}1&1&1&3\\1&3&4&8\\1&3&9&13\end{array}\right)$,将其作初等行变换化为阶梯形矩阵:

$$\left(\begin{array}{ccc:c}1&1&1&3\\1&3&4&8\\1&3&9&13\end{array}\right)\to\left(\begin{array}{ccc:c}1&1&1&3\\0&2&3&5\\0&2&8&10\end{array}\right)\to\left(\begin{array}{ccc:c}1&1&1&3\\0&2&3&5\\0&1&4&5\end{array}\right)\to\left(\begin{array}{ccc:c}1&1&1&3\\0&1&4&5\\0&2&3&5\end{array}\right)\to\left(\begin{array}{ccc:c}1&1&1&3\\0&1&4&5\\0&0&-5&-5\end{array}\right).$$

解$\begin{cases}x_1+x_2+x_3=3,\\x_2+4x_3=5,\\-5x_3=-5,\end{cases}$ 得$\begin{cases}x_1=1,\\x_2=1,\\x_3=1,\end{cases}$线性方程组有唯一解.

(2) 线性方程组$\begin{cases}x_1-2x_2+x_3=5,\\-2x_1+3x_2+3x_3=1,\\-x_1+x_2+4x_3=6\end{cases}$的增广矩阵为$\left(\begin{array}{ccc:c}1&-2&1&5\\-2&3&3&1\\-1&1&4&6\end{array}\right)$,将其作初等行变换化为阶梯形矩阵:

$$\left(\begin{array}{ccc:c}1&-2&1&5\\-2&3&3&1\\-1&1&4&6\end{array}\right)\to\left(\begin{array}{ccc:c}1&-2&1&5\\0&-1&5&11\\0&-1&5&11\end{array}\right)\to\left(\begin{array}{ccc:c}1&-2&1&5\\0&-1&5&11\\0&0&0&0\end{array}\right).$$

解$\begin{cases}x_1-2x_2+x_3=5,\\-x_2+5x_3=11,\\0x_3=0,\end{cases}$ 得线性方程组有无穷多解.

例 15 若线性方程组$\begin{cases}x_1-2x_2+3x_3=1,\\2x_1-4x_2+kx_3=3\end{cases}$无解,则 $k=$( ).

(A)6 (B)4 (C)3 (D)2 (E)5

【参考答案】A

【解题思路】用高斯消元法将 $\boldsymbol{Ax}=\boldsymbol{b}$ 化为阶梯形方程组后,如果不出现矛盾方程 $0=d$ $(d\neq0)$,则该线性方程组有解;如果出现矛盾方程 $0=d(d\neq0)$,则该线性方程组无解.

【答案解析】对增广矩阵作初等行变换,得$\left(\begin{array}{ccc:c}1&-2&3&1\\2&-4&k&3\end{array}\right)\to\left(\begin{array}{ccc:c}1&-2&3&1\\0&0&k-6&1\end{array}\right)$,由线性方程组无解,可知最后一个方程必为矛盾方程,即 $k-6=0\Rightarrow k=6$.

考点二十 非齐次线性方程组解的判定定理

(1) 非齐次线性方程组$\boldsymbol{A}_{m\times n}\boldsymbol{x}=\boldsymbol{b}$有解$\Leftrightarrow r(\boldsymbol{A}\vdots\boldsymbol{b})=r(\boldsymbol{A})$，且

①$r(\boldsymbol{A})=r(\boldsymbol{A}\vdots\boldsymbol{b})=n\Leftrightarrow\boldsymbol{Ax}=\boldsymbol{b}$有唯一解；

②$r(\boldsymbol{A})=r(\boldsymbol{A}\vdots\boldsymbol{b})<n\Leftrightarrow\boldsymbol{Ax}=\boldsymbol{b}$有无穷多解.

(2) 非齐次线性方程组$\boldsymbol{A}_{m\times n}\boldsymbol{x}=\boldsymbol{b}$无解$\Leftrightarrow r(\boldsymbol{A})<r(\boldsymbol{A}\vdots\boldsymbol{b})$.

题型九 非齐次线性方程组求解

【解题方法】对于数值型的方程组，首先同时计算出$r(\boldsymbol{A})$与$r(\boldsymbol{A}\vdots\boldsymbol{b})$，然后利用判定定理来判断.

例 16 某非齐次线性方程组的增广矩阵经初等行变换化为

$$(\boldsymbol{A}\vdots\boldsymbol{b})\xrightarrow{r}\left(\begin{array}{cccc:c}1&1&\lambda&1&0\\0&\lambda&1&1&1\\0&0&2\lambda-1&2\lambda-1&2(2\lambda-1)\end{array}\right),$$

则(　　).

(A)$\lambda\neq0$时，方程组无解

(B)$\lambda=0$时，方程组有无穷多解

(C)$\lambda\neq-\dfrac{1}{2}$时，方程组有无穷多解

(D)$\lambda=-\dfrac{1}{2}$时，方程组有无穷多解

(E) 对λ取任意值，方程组都有无穷多解

【参考答案】D

【解题思路】方程组的方程个数小于未知量的个数，方程组有无穷多解或者无解. 关键是验证$r(\boldsymbol{A}\vdots\boldsymbol{b})$与$r(\boldsymbol{A})$是否相等.

【答案解析】当$\lambda=0$时，$(\boldsymbol{A}\vdots\boldsymbol{b})\xrightarrow{r}\left(\begin{array}{cccc:c}1&1&0&1&0\\0&0&1&1&1\\0&0&0&0&-1\end{array}\right)$，$r(\boldsymbol{A}\vdots\boldsymbol{b})\neq r(\boldsymbol{A})$，方程组无解.

当$\lambda\neq0$时，$r(\boldsymbol{A}\vdots\boldsymbol{b})=r(\boldsymbol{A})=2$或$r(\boldsymbol{A}\vdots\boldsymbol{b})=r(\boldsymbol{A})=3$，方程组有无穷多解.

同理，选项C不正确，选项D正确.

综上所述，本题应选D.

【评注】线性方程组解的讨论，主要是在初等行变换的前提下进行，因此，准确和熟练地作好初等行变换的运算是基础. 关于解的讨论，非齐次线性方程组要紧扣$r(\boldsymbol{A}\vdots\boldsymbol{b})=r(\boldsymbol{A})$，齐次线性方程组要紧扣$r(\boldsymbol{A})$，之后才是具体解的构造问题.

考点二十一 齐次线性方程组解的判定定理

齐次线性方程组$\boldsymbol{A}_{m\times n}\boldsymbol{x}=\boldsymbol{0}$的解的判别条件：

(1)$r(\boldsymbol{A})=n\Leftrightarrow\boldsymbol{Ax}=\boldsymbol{0}$只有零解；

(2)$r(\boldsymbol{A})<n\Leftrightarrow\boldsymbol{Ax}=\boldsymbol{0}$有非零解.

题型十　齐次线性方程组求解

【解题方法】首先将系数矩阵作初等行变换化为阶梯形矩阵，计算出 $r(\boldsymbol{A})$，然后利用判定定理来判断.

例 17　讨论齐次线性方程组 $\begin{cases} x_1 - x_2 + x_3 = 0, \\ x_1 - 2x_2 - x_3 = 0, \\ kx_2 + 2x_3 = 0 \end{cases}$ 是否有非零解.

【解题思路】将系数矩阵化为阶梯形矩阵，计算出 $r(\boldsymbol{A})$.

【答案解析】系数矩阵为 $\begin{pmatrix} 1 & -1 & 1 \\ 1 & -2 & -1 \\ 0 & k & 2 \end{pmatrix}$，将其作初等行变换化为阶梯形矩阵：

$$\begin{pmatrix} 1 & -1 & 1 \\ 1 & -2 & -1 \\ 0 & k & 2 \end{pmatrix} \to \begin{pmatrix} 1 & -1 & 1 \\ 0 & -1 & -2 \\ 0 & k & 2 \end{pmatrix} \to \begin{pmatrix} 1 & -1 & 1 \\ 0 & -1 & -2 \\ 0 & 0 & 2-2k \end{pmatrix}.$$

如果 $2-2k \neq 0$，即 $k \neq 1$，则系数矩阵的秩为 3，等于未知量个数，故仅有零解.

如果 $2-2k = 0$，即 $k = 1$，则系数矩阵的秩为 2，小于未知量个数，故有非零解.

题型十一　抽象型线性方程组求解

【解题方法】对于抽象型线性方程组，可以结合矩阵的秩的相关公式及定理进行讨论.

例 18　设 $\boldsymbol{A}$ 是 n 阶矩阵，$\boldsymbol{\alpha}$ 是 n 维列向量，若 $r\begin{pmatrix} \boldsymbol{A} & \boldsymbol{\alpha} \\ \boldsymbol{\alpha}^{\mathrm{T}} & 0 \end{pmatrix} = r(\boldsymbol{A})$，则线性方程组（　　）.

(A) $\boldsymbol{Ax} = \boldsymbol{\alpha}$ 必有无穷多解

(B) $\boldsymbol{Ax} = \boldsymbol{\alpha}$ 必有唯一解

(C) $\boldsymbol{Ax} = \boldsymbol{\alpha}$ 无解

(D) $\begin{pmatrix} \boldsymbol{A} & \boldsymbol{\alpha} \\ \boldsymbol{\alpha}^{\mathrm{T}} & 0 \end{pmatrix}\begin{pmatrix} \boldsymbol{x} \\ y \end{pmatrix} = \boldsymbol{0}$ 仅有零解

(E) $\begin{pmatrix} \boldsymbol{A} & \boldsymbol{\alpha} \\ \boldsymbol{\alpha}^{\mathrm{T}} & 0 \end{pmatrix}\begin{pmatrix} \boldsymbol{x} \\ y \end{pmatrix} = \boldsymbol{0}$ 必有非零解

【参考答案】E

【解题思路】本题考查抽象型的线性方程组，需要借助秩的相关公式及定理展开讨论.

【答案解析】由于 $r(\boldsymbol{A}) \leqslant r(\boldsymbol{A} \vdots \boldsymbol{\alpha}) \leqslant r\begin{pmatrix} \boldsymbol{A} & \boldsymbol{\alpha} \\ \boldsymbol{\alpha}^{\mathrm{T}} & 0 \end{pmatrix} = r(\boldsymbol{A})$，可得 $r(\boldsymbol{A}) = r(\boldsymbol{A} \vdots \boldsymbol{\alpha})$，故 $\boldsymbol{Ax} = \boldsymbol{\alpha}$ 有解. 由于仅从本题的条件无法判断 $r(\boldsymbol{A}) = n$ 还是 $r(\boldsymbol{A}) < n$，因此 $\boldsymbol{Ax} = \boldsymbol{\alpha}$ 既可能有唯一解，又可能有无穷多解. 由 $r\begin{pmatrix} \boldsymbol{A} & \boldsymbol{\alpha} \\ \boldsymbol{\alpha}^{\mathrm{T}} & 0 \end{pmatrix} = r(\boldsymbol{A})$，$r(\boldsymbol{A}) \leqslant n$，知 $r\begin{pmatrix} \boldsymbol{A} & \boldsymbol{\alpha} \\ \boldsymbol{\alpha}^{\mathrm{T}} & 0 \end{pmatrix}_{(n+1)\times(n+1)} < n+1$，所以 $\begin{pmatrix} \boldsymbol{A} & \boldsymbol{\alpha} \\ \boldsymbol{\alpha}^{\mathrm{T}} & 0 \end{pmatrix}\begin{pmatrix} \boldsymbol{x} \\ y \end{pmatrix} = \boldsymbol{0}$ 必有非零解.

考点二十二 齐次线性方程组的解的性质

如果 $\boldsymbol{\eta}_1,\boldsymbol{\eta}_2$ 为齐次线性方程组 $\boldsymbol{Ax}=\boldsymbol{0}$ 的两个解，则对任意的实数 $k_1,k_2,k_1\boldsymbol{\eta}_1+k_2\boldsymbol{\eta}_2$ 仍为 $\boldsymbol{Ax}=\boldsymbol{0}$ 的解.

【敲黑板】该性质还可以推广到多个向量的情况：假设 $\boldsymbol{\eta}_1,\boldsymbol{\eta}_2,\cdots,\boldsymbol{\eta}_k$ 是 $\boldsymbol{Ax}=\boldsymbol{0}$ 的解，则 $\boldsymbol{\eta}_1,\boldsymbol{\eta}_2,\cdots,\boldsymbol{\eta}_k$ 的任意线性组合仍为 $\boldsymbol{Ax}=\boldsymbol{0}$ 的解.

考点二十三 齐次线性方程组的基础解系与通解

1. 基础解系

假设齐次线性方程组 $\boldsymbol{Ax}=\boldsymbol{0}$ 有非零解. 向量组 $\boldsymbol{\xi}_1,\boldsymbol{\xi}_2,\cdots,\boldsymbol{\xi}_s$ 为 $\boldsymbol{Ax}=\boldsymbol{0}$ 的基础解系，则它们满足如下三个条件：

① $\boldsymbol{\xi}_1,\boldsymbol{\xi}_2,\cdots,\boldsymbol{\xi}_s$ 都是 $\boldsymbol{Ax}=\boldsymbol{0}$ 的解；

② $\boldsymbol{\xi}_1,\boldsymbol{\xi}_2,\cdots,\boldsymbol{\xi}_s$ 线性无关；

③ $\boldsymbol{Ax}=\boldsymbol{0}$ 的任意解都可以由 $\boldsymbol{\xi}_1,\boldsymbol{\xi}_2,\cdots,\boldsymbol{\xi}_s$ 线性表出.

如果 $\boldsymbol{\xi}_1,\boldsymbol{\xi}_2,\cdots,\boldsymbol{\xi}_s$ 为 $\boldsymbol{Ax}=\boldsymbol{0}$ 的基础解系，则 $\boldsymbol{Ax}=\boldsymbol{0}$ 的通解可以表示为

$$k_1\boldsymbol{\xi}_1+k_2\boldsymbol{\xi}_2+\cdots+k_s\boldsymbol{\xi}_s\ (k_1,k_2,\cdots,k_s\in\mathbf{R}).$$

【敲黑板】基础解系是求齐次线性方程组及非齐次线性方程组通解的关键，是解的结构部分中最重要的概念.

① 齐次线性方程组 $\boldsymbol{Ax}=\boldsymbol{0}$ 的基础解系 $\boldsymbol{\xi}_1,\boldsymbol{\xi}_2,\cdots,\boldsymbol{\xi}_s$ 是 $\boldsymbol{Ax}=\boldsymbol{0}$ 的一组线性无关的解，它们可以线性表出 $\boldsymbol{Ax}=\boldsymbol{0}$ 的任意解. 也就是说，假设 $\boldsymbol{\alpha}$ 是 $\boldsymbol{Ax}=\boldsymbol{0}$ 的任一解，向量组 $\boldsymbol{\xi}_1,\boldsymbol{\xi}_2,\cdots,\boldsymbol{\xi}_s,\boldsymbol{\alpha}$ 是线性相关的. 通过上述分析不难发现，**基础解系本质上是齐次线性方程组解集的极大线性无关组.**

② 由于基础解系就是极大线性无关组，那么极大线性无关组的性质对基础解系同样成立，如齐次线性方程组的任意两个基础解系是等价的，齐次线性方程组的任意两个基础解系所含向量的个数相等.

2. 齐次线性方程组系数矩阵的秩与解集的秩的关系

定理 设齐次线性方程组 $\boldsymbol{A}_{m\times n}\boldsymbol{x}=\boldsymbol{0}$（$m$ 个方程，n 个未知量）的系数矩阵 $\boldsymbol{A}$ 的秩 $r(\boldsymbol{A})<n$，则齐次线性方程组 $\boldsymbol{Ax}=\boldsymbol{0}$ 的基础解系必存在，并且任意一个基础解系中含有 $n-r(\boldsymbol{A})$ 个解向量.

【敲黑板】① 结合对基础解系定义的说明，该定理实质上是说明齐次线性方程组 $\boldsymbol{A}_{m\times n}\boldsymbol{x}=\boldsymbol{0}$ 的解集的秩为 $n-r(\boldsymbol{A})$.

② 由极大线性无关组的性质还可以得到，$\boldsymbol{A}_{m\times n}\boldsymbol{x}=\boldsymbol{0}$ 的任意 $n-r(\boldsymbol{A})$ 个线性无关的解都是 $\boldsymbol{Ax}=\boldsymbol{0}$ 的基础解系.

题型十二　计算基础解系及通解

【解题方法】(1) 对于数值型方程组 $\boldsymbol{A}_{m\times n}\boldsymbol{x}=\boldsymbol{0}$ 求其基础解系，按照如下步骤进行：

① 设 $r(\boldsymbol{A})=r<n$，则对系数矩阵 $\boldsymbol{A}$ 实施初等行变换化为行阶梯形矩阵. 找出主元(每行从左数第一个非零元)，再进一步通过初等行变换将行阶梯形矩阵化为行最简形矩阵，如下：

$$\begin{pmatrix} 1 & \cdots & 0 & b_{11} & \cdots & b_{1,n-r} \\ \vdots & & \vdots & \vdots & & \vdots \\ 0 & \cdots & 1 & b_{r1} & \cdots & b_{r,n-r} \\ 0 & \cdots & 0 & 0 & \cdots & 0 \\ \vdots & & \vdots & \vdots & & \vdots \\ 0 & \cdots & 0 & 0 & \cdots & 0 \end{pmatrix};$$

② 分别令“自由变量”(主元以外的变量) 其中一个为 1，其余为 0，如下：

$$\begin{pmatrix} x_{r+1} \\ x_{r+2} \\ \vdots \\ x_n \end{pmatrix}=\begin{pmatrix} 1 \\ 0 \\ \vdots \\ 0 \end{pmatrix},\begin{pmatrix} 0 \\ 1 \\ \vdots \\ 0 \end{pmatrix},\cdots,\begin{pmatrix} 0 \\ 0 \\ \vdots \\ 1 \end{pmatrix},$$

可以得到 $n-r$ 个线性无关的解向量：

$$\boldsymbol{\eta}_1=\begin{pmatrix} -b_{11} \\ \vdots \\ -b_{r1} \\ 1 \\ 0 \\ \vdots \\ 0 \end{pmatrix},\boldsymbol{\eta}_2=\begin{pmatrix} -b_{12} \\ \vdots \\ -b_{r2} \\ 0 \\ 1 \\ \vdots \\ 0 \end{pmatrix},\cdots,\boldsymbol{\eta}_{n-r}=\begin{pmatrix} -b_{1,n-r} \\ \vdots \\ -b_{r,n-r} \\ 0 \\ 0 \\ \vdots \\ 1 \end{pmatrix}.$$

它们就是齐次线性方程组 $\boldsymbol{Ax}=\boldsymbol{0}$ 的基础解系.

(2) 对于抽象型方程组 $\boldsymbol{Ax}=\boldsymbol{0}$，证明向量组是该方程组的基础解系，按照如下步骤进行：

① 确定 $r(\boldsymbol{A})$；

② 说明向量组是线性无关的.

例 19　求齐次线性方程组

$$\begin{cases} x_1+x_2+x_5=0, \\ x_1+x_2-x_3=0, \\ x_3+x_4+x_5=0 \end{cases}$$

的一个基础解系，并用基础解系来表示方程组的通解.

【解题思路】求齐次线性方程组 $\boldsymbol{A}_{m\times n}\boldsymbol{x}=\boldsymbol{0}$ 的基础解系的基本步骤：首先，对系数矩阵施以初

等行变换，化为行最简形矩阵，并得到原方程组的同解方程组；其次，确定 $n > r(\boldsymbol{A}) = r$，并选定 $n-r$ 个自由变量 $x_1, x_2, \cdots, x_{n-r}$；然后，对自由变量 $x_1, x_2, \cdots, x_{n-r}$ 依次取 $1,0,\cdots,0;0,1,\cdots,0;\cdots;0,0,\cdots,1$，代入同解方程组，得到一个基础解系；最后，用基础解系的线性组合表示方程组的通解.

【答案解析】对系数矩阵作初等行变换化为行最简形矩阵，有

$$\boldsymbol{A} = \begin{pmatrix} 1 & 1 & 0 & 0 & 1 \\ 1 & 1 & -1 & 0 & 0 \\ 0 & 0 & 1 & 1 & 1 \end{pmatrix} \xrightarrow{r} \begin{pmatrix} 1 & 1 & 0 & 0 & 1 \\ 0 & 0 & 1 & 0 & 1 \\ 0 & 0 & 0 & 1 & 0 \end{pmatrix},$$

得原方程组的同解方程组

$$\begin{cases} x_1 = -x_2 - x_5, \\ x_3 = -x_5, \\ x_4 = 0. \end{cases}$$

自由变量为 x_2, x_5，分别取 $x_2 = 1, x_5 = 0$ 和 $x_2 = 0, x_5 = 1$，得到一个基础解系为

$$\boldsymbol{\eta}_1 = (-1,1,0,0,0)^{\mathrm{T}}, \boldsymbol{\eta}_2 = (-1,0,-1,0,1)^{\mathrm{T}}.$$

所以方程组的通解为 $\boldsymbol{x} = k_1\boldsymbol{\eta}_1 + k_2\boldsymbol{\eta}_2$（$k_1, k_2$ 为任意常数）.

例 20 求齐次线性方程组 $\begin{cases} x_1 + 2x_2 + x_3 - x_4 = 0, \\ 3x_1 + 6x_2 - x_3 - 3x_4 = 0, \\ 5x_1 + 10x_2 + x_3 - 5x_4 = 0 \end{cases}$ 的全部解（要求用基础解系表示）.

【答案解析】基础解系含有的解向量个数为 $n - r(\boldsymbol{A})$，对系数矩阵作初等行变换化为行最简形矩阵，有

$$\boldsymbol{A} = \begin{pmatrix} 1 & 2 & 1 & -1 \\ 3 & 6 & -1 & -3 \\ 5 & 10 & 1 & -5 \end{pmatrix} \to \begin{pmatrix} 1 & 2 & 1 & -1 \\ 0 & 0 & -4 & 0 \\ 0 & 0 & -4 & 0 \end{pmatrix}$$

$$\to \begin{pmatrix} 1 & 2 & 0 & -1 \\ 0 & 0 & 1 & 0 \\ 0 & 0 & 0 & 0 \end{pmatrix},$$

$r(\boldsymbol{A}) = 2$，则基础解系所含向量的个数为 $4 - 2 = 2$.

原方程组的同解方程组为 $\begin{cases} x_1 = -2x_2 + x_4, \\ x_3 = 0. \end{cases}$

自由变量为 x_2, x_4，取 $x_2 = 1, x_4 = 0$，代入得 $\begin{cases} x_1 = -2, \\ x_2 = 1, \\ x_3 = 0, \\ x_4 = 0. \end{cases}$

取 $x_2=0,x_4=1$，代入得 $\begin{cases}x_1=1,\\x_2=0,\\x_3=0,\\x_4=1.\end{cases}$

故齐次线性方程组的全部解为 $k_1\begin{pmatrix}-2\\1\\0\\0\end{pmatrix}+k_2\begin{pmatrix}1\\0\\0\\1\end{pmatrix}(k_1,k_2\in\mathbf{R})$.

例 21 当 a,b 为何值时，齐次线性方程组 $\begin{cases}x_1+x_2-x_3+2x_4=0,\\x_1+2x_2+3x_3-x_4=0,\\3x_1+4x_2+ax_3+bx_4=0\end{cases}$ 的基础解系中含有 2 个向量?并求它的一个基础解系.

【解题思路】 齐次线性方程组的基础解系中含有 2 个向量，说明其系数矩阵的秩为 $4-2=2$. 据此求出 a,b，再求其基础解系.

【答案解析】 由齐次线性方程组的基础解系中含有 2 个向量，得 $4-r(\boldsymbol{A})=2$，即 $r(\boldsymbol{A})=2$，故 $\boldsymbol{A}$ 的三阶子式均为 0，选择包含 a 和 b 的两个三阶子式，则 $\begin{vmatrix}1&1&-1\\1&2&3\\3&4&a\end{vmatrix}=0$，$\begin{vmatrix}1&1&2\\1&2&-1\\3&4&b\end{vmatrix}=0$，解得 $a=1,b=3$. 当 $a=1,b=3$ 时，$\boldsymbol{A}=\begin{pmatrix}1&1&-1&2\\1&2&3&-1\\3&4&1&3\end{pmatrix}\to\begin{pmatrix}1&0&-5&5\\0&1&4&-3\\0&0&0&0\end{pmatrix}$，故其基础解系为

$$\begin{pmatrix}5\\-4\\1\\0\end{pmatrix},\begin{pmatrix}-5\\3\\0\\1\end{pmatrix}.$$

例 22 设 $\boldsymbol{A}=\begin{pmatrix}a_{11}&a_{12}&a_{13}\\a_{21}&a_{22}&a_{23}\end{pmatrix}$，$\boldsymbol{B}=\begin{pmatrix}b_{11}&b_{12}\\b_{21}&b_{11}\\b_{31}&b_{11}\end{pmatrix}$，若 $\boldsymbol{AB}=\begin{pmatrix}1&0\\2&1\end{pmatrix}$，则齐次线性方程组 $\boldsymbol{Ax}=\boldsymbol{0}$，$\boldsymbol{By}=\boldsymbol{0}$ 线性无关的解的个数分别是(　　).

(A)0,1　　(B)1,0　　(C)0,2　　(D)2,0　　(E)1,2

【参考答案】 B

【解题思路】 齐次线性方程组线性无关的解的个数取决于其系数矩阵的秩.

【答案解析】 由 $\boldsymbol{AB}=\begin{pmatrix}1&0\\2&1\end{pmatrix}$，知 $r(\boldsymbol{AB})=2$，即有

$$2=r(\boldsymbol{AB})\leqslant\min\{r(\boldsymbol{A}),r(\boldsymbol{B})\}\leqslant\min\{2,3\}.$$

因此 $r(\boldsymbol{A})=r(\boldsymbol{B})=2$，所以齐次线性方程组 $\boldsymbol{Ax}=\boldsymbol{0}$，$\boldsymbol{By}=\boldsymbol{0}$ 线性无关的解的个数分别为 $3-r(\boldsymbol{A})=1$，$2-r(\boldsymbol{B})=0$，故本题应选 B.

例 23 设向量组 $\boldsymbol{\alpha}_1,\boldsymbol{\alpha}_2,\boldsymbol{\alpha}_3$ 为齐次线性方程组 $\boldsymbol{Ax}=\boldsymbol{0}$ 的一个基础解系，则下列向量组能构成 $\boldsymbol{Ax}=\boldsymbol{0}$ 的基础解系的是（　　）.

(A) $\boldsymbol{\alpha}_1-2\boldsymbol{\alpha}_2,\boldsymbol{\alpha}_2-2\boldsymbol{\alpha}_3,\boldsymbol{\alpha}_3-2\boldsymbol{\alpha}_1$

(B) $2\boldsymbol{\alpha}_1-\boldsymbol{\alpha}_2,2\boldsymbol{\alpha}_2-\boldsymbol{\alpha}_3,2\boldsymbol{\alpha}_1+\boldsymbol{\alpha}_2-\boldsymbol{\alpha}_3$

(C) $2\boldsymbol{\alpha}_1-\boldsymbol{\alpha}_2-\boldsymbol{\alpha}_3,2\boldsymbol{\alpha}_1+\boldsymbol{\alpha}_2,2\boldsymbol{\alpha}_2+\boldsymbol{\alpha}_3$

(D) $\boldsymbol{\alpha}_1-2\boldsymbol{\alpha}_2+\boldsymbol{\alpha}_3,\boldsymbol{\alpha}_2-\boldsymbol{\alpha}_3,\boldsymbol{\alpha}_2-\boldsymbol{\alpha}_1$

(E) $\boldsymbol{\alpha}_1+\boldsymbol{\alpha}_2+\boldsymbol{\alpha}_3,\boldsymbol{\alpha}_1+\boldsymbol{\alpha}_2,\boldsymbol{\alpha}_1+\boldsymbol{\alpha}_3,\boldsymbol{\alpha}_1$

【参考答案】A

【解题思路】判断一个向量组是否为 $\boldsymbol{Ax}=\boldsymbol{0}$ 的一个基础解系，关键看它是否与该方程组的基础解系等价，而判断等价的关键是它与基础解系的转换矩阵是否可逆.

【答案解析】选项 A，由 $(\boldsymbol{\alpha}_1-2\boldsymbol{\alpha}_2,\boldsymbol{\alpha}_2-2\boldsymbol{\alpha}_3,\boldsymbol{\alpha}_3-2\boldsymbol{\alpha}_1)=(\boldsymbol{\alpha}_1,\boldsymbol{\alpha}_2,\boldsymbol{\alpha}_3)\begin{pmatrix}1&0&-2\\-2&1&0\\0&-2&1\end{pmatrix}$，知转换矩阵为 $\boldsymbol{A}_1=\begin{pmatrix}1&0&-2\\-2&1&0\\0&-2&1\end{pmatrix}$，且由 $|\boldsymbol{A}_1|=-7\neq0$，知该向量组与基础解系等价.

选项 B，由 $(2\boldsymbol{\alpha}_1-\boldsymbol{\alpha}_2,2\boldsymbol{\alpha}_2-\boldsymbol{\alpha}_3,2\boldsymbol{\alpha}_1+\boldsymbol{\alpha}_2-\boldsymbol{\alpha}_3)=(\boldsymbol{\alpha}_1,\boldsymbol{\alpha}_2,\boldsymbol{\alpha}_3)\begin{pmatrix}2&0&2\\-1&2&1\\0&-1&-1\end{pmatrix}$，知转换矩阵为 $\boldsymbol{A}_2=\begin{pmatrix}2&0&2\\-1&2&1\\0&-1&-1\end{pmatrix}$，且由 $|\boldsymbol{A}_2|=0$，知该向量组与基础解系不等价.

选项 C，由 $(2\boldsymbol{\alpha}_1-\boldsymbol{\alpha}_2-\boldsymbol{\alpha}_3,2\boldsymbol{\alpha}_1+\boldsymbol{\alpha}_2,2\boldsymbol{\alpha}_2+\boldsymbol{\alpha}_3)=(\boldsymbol{\alpha}_1,\boldsymbol{\alpha}_2,\boldsymbol{\alpha}_3)\begin{pmatrix}2&2&0\\-1&1&2\\-1&0&1\end{pmatrix}$，知转换矩阵为 $\boldsymbol{A}_3=\begin{pmatrix}2&2&0\\-1&1&2\\-1&0&1\end{pmatrix}$，且由 $|\boldsymbol{A}_3|=0$，知该向量组与基础解系不等价.

选项 D，由 $(\boldsymbol{\alpha}_1-2\boldsymbol{\alpha}_2+\boldsymbol{\alpha}_3,\boldsymbol{\alpha}_2-\boldsymbol{\alpha}_3,\boldsymbol{\alpha}_2-\boldsymbol{\alpha}_1)=(\boldsymbol{\alpha}_1,\boldsymbol{\alpha}_2,\boldsymbol{\alpha}_3)\begin{pmatrix}1&0&-1\\-2&1&1\\1&-1&0\end{pmatrix}$，知转换矩阵为 $\boldsymbol{A}_4=\begin{pmatrix}1&0&-1\\-2&1&1\\1&-1&0\end{pmatrix}$，且由 $|\boldsymbol{A}_4|=0$，知该向量组与基础解系不等价.

选项 E,向量组显然线性相关.

综上所述,本题应选 A.

【评注】方程组解的结构一般在有无穷多解的情况下设置题目. 基础解系只与齐次方程组有关,很大程度上围绕系数矩阵的秩展开,涉及矩阵秩的相关知识,如矩阵的秩与其伴随矩阵的秩的关系转换. 在已知一个向量组是基础解系的情况下,判断由其组合的向量组是否为基础解系是常见的题型,且与其等价的线性无关向量组都是基础解系,而非齐次方程组线性无关解的个数比其导出组的基础解系的个数多一个. 利用解的性质进行适当组合可以构造线性方程组的通解.

考点二十四 非齐次线性方程组的解的性质

(1) 如果$\boldsymbol{\eta}_1,\boldsymbol{\eta}_2$为非齐次线性方程组 $\boldsymbol{Ax}=\boldsymbol{b}$ 的两个解,则$\boldsymbol{\eta}_1-\boldsymbol{\eta}_2$为 $\boldsymbol{Ax}=\boldsymbol{0}$ 的解.

(2) 如果$\boldsymbol{\eta}_1$为非齐次线性方程组 $\boldsymbol{Ax}=\boldsymbol{b}$ 的解,$\boldsymbol{\eta}_2$为齐次线性方程组 $\boldsymbol{Ax}=\boldsymbol{0}$ 的解,则$\boldsymbol{\eta}_1+\boldsymbol{\eta}_2$为非齐次线性方程组 $\boldsymbol{Ax}=\boldsymbol{b}$ 的解.

考点二十五 非齐次线性方程组的通解

设$\boldsymbol{\eta}_1,\boldsymbol{\eta}_2,\cdots,\boldsymbol{\eta}_{n-r}$为齐次线性方程组 $\boldsymbol{Ax}=\boldsymbol{0}$ 的基础解系,$\boldsymbol{\eta}_0$为非齐次线性方程组 $\boldsymbol{Ax}=\boldsymbol{b}$ 的任意一个解,则非齐次线性方程组 $\boldsymbol{Ax}=\boldsymbol{b}$ 的通解可以表示为

$$k_1\boldsymbol{\eta}_1+k_2\boldsymbol{\eta}_2+\cdots+k_{n-r}\boldsymbol{\eta}_{n-r}+\boldsymbol{\eta}_0\ (k_1,k_2,\cdots,k_{n-r}\in\mathbf{R}).$$

题型十三 计算非齐次线性方程组的通解

【解题方法】 第一步,求出导出组的基础解系;第二步,求出非齐次线性方程组的特解.

例 24 求非齐次线性方程组$\begin{cases}x_1+x_2+4x_3=4,\\x_1-x_2+2x_3=-4,\\-x_1+4x_2+x_3=16\end{cases}$的通解.

【解题思路】$\boldsymbol{Ax}=\boldsymbol{b}$ 有解 $\Leftrightarrow r(\boldsymbol{A})=r(\boldsymbol{A}\vdots\boldsymbol{b})$.

$\boldsymbol{Ax}=\boldsymbol{b}$ 的通解为 $\boldsymbol{Ax}=\boldsymbol{0}$ 的通解加上 $\boldsymbol{Ax}=\boldsymbol{b}$ 的特解.

方程组 $\boldsymbol{Ax}=\boldsymbol{0}$ 的基础解系含有解向量的个数为 $n-r(\boldsymbol{A})$.

【答案解析】对增广矩阵作初等行变换,有

$$(\boldsymbol{A}\vdots\boldsymbol{b})=\left(\begin{array}{ccc:c}1&1&4&4\\1&-1&2&-4\\-1&4&1&16\end{array}\right)\to\left(\begin{array}{ccc:c}1&1&4&4\\0&-2&-2&-8\\0&5&5&20\end{array}\right)$$

$$\to\left(\begin{array}{ccc:c}1&1&4&4\\0&1&1&4\\0&0&0&0\end{array}\right)\to\left(\begin{array}{ccc:c}1&0&3&0\\0&1&1&4\\0&0&0&0\end{array}\right),$$

$\boldsymbol{Ax}=\boldsymbol{0}$ 的同解方程组为$\begin{cases}x_1=-3x_3,\\x_2=-x_3.\end{cases}$ $r(\boldsymbol{A})=r(\boldsymbol{A}\vdots\boldsymbol{b})=2$,则基础解系含有解向量的个数为 $3-2=1$.

$\boldsymbol{Ax}=\mathbf{0}$ 的自由变量为 x_3，取 $x_3=1$，则$\begin{cases}x_1=-3,\\x_2=-1,\\x_3=1,\end{cases}$故 $\boldsymbol{Ax}=\mathbf{0}$ 的通解为 $k\begin{pmatrix}-3\\-1\\1\end{pmatrix}(k\in\mathbf{R})$.

对于方程组 $\boldsymbol{Ax}=\boldsymbol{b}$，特解含自由变量 x_3，有$\begin{cases}x_1=0-3x_3,\\x_2=4-x_3,\end{cases}$取 $x_3=0$，代入得$\begin{cases}x_1=0,\\x_2=4,\\x_3=0,\end{cases}$则 $\boldsymbol{Ax}=\boldsymbol{b}$ 的通解为 $k\begin{pmatrix}-3\\-1\\1\end{pmatrix}+\begin{pmatrix}0\\4\\0\end{pmatrix}(k\in\mathbf{R})$.

例 25 已知 $\boldsymbol{\gamma}_1,\boldsymbol{\gamma}_2$ 是非齐次线性方程组 $\boldsymbol{Ax}=\boldsymbol{b}$ 的两个不同的特解，$\boldsymbol{\eta}_1,\boldsymbol{\eta}_2$ 是导出组 $\boldsymbol{Ax}=\mathbf{0}$ 的基础解系，C_1,C_2 是任意常数，则非齐次线性方程组 $\boldsymbol{Ax}=\boldsymbol{b}$ 的通解是(　　).

(A) $C_1\boldsymbol{\eta}_1+C_2(\boldsymbol{\eta}_1-\boldsymbol{\eta}_2)+\dfrac{\boldsymbol{\gamma}_1-\boldsymbol{\gamma}_2}{2}$　　(B) $C_1\boldsymbol{\eta}_1+C_2(\boldsymbol{\eta}_1-\boldsymbol{\eta}_2)+\dfrac{\boldsymbol{\gamma}_1+\boldsymbol{\gamma}_2}{2}$

(C) $C_1\boldsymbol{\eta}_1+C_2(\boldsymbol{\gamma}_1-\boldsymbol{\gamma}_2)+\dfrac{\boldsymbol{\gamma}_1-\boldsymbol{\gamma}_2}{2}$　　(D) $C_1\boldsymbol{\eta}_1+C_2(\boldsymbol{\gamma}_1-\boldsymbol{\gamma}_2)+\dfrac{\boldsymbol{\gamma}_1+\boldsymbol{\gamma}_2}{2}$

(E) $C_1\boldsymbol{\gamma}_1+C_2(\boldsymbol{\eta}_1-\boldsymbol{\eta}_2)+\dfrac{\boldsymbol{\gamma}_1-\boldsymbol{\gamma}_2}{2}$

【参考答案】B

【解题思路】找到齐次线性方程组 $\boldsymbol{Ax}=\mathbf{0}$ 的基础解系，再根据非齐次线性方程组解的结构的相关性质即可解题.

【答案解析】因为 $\boldsymbol{\gamma}_1,\boldsymbol{\gamma}_2$ 是 $\boldsymbol{Ax}=\boldsymbol{b}$ 的两个不同的解，故 $\dfrac{\boldsymbol{\gamma}_1-\boldsymbol{\gamma}_2}{2}$ 是 $\boldsymbol{Ax}=\mathbf{0}$ 的解，所以选项 A，C，E 均不正确.

又 $\boldsymbol{\eta}_1,\boldsymbol{\eta}_2$ 是导出组 $\boldsymbol{Ax}=\mathbf{0}$ 的基础解系，则 $\boldsymbol{\eta}_1$ 和 $\boldsymbol{\eta}_1-\boldsymbol{\eta}_2$ 也是 $\boldsymbol{Ax}=\mathbf{0}$ 的基础解系，且 $\dfrac{\boldsymbol{\gamma}_1+\boldsymbol{\gamma}_2}{2}$ 是 $\boldsymbol{Ax}=\boldsymbol{b}$ 的特解，故选项 B 正确.

因为 $\boldsymbol{\eta}_1$ 和 $\boldsymbol{\gamma}_1-\boldsymbol{\gamma}_2$ 不一定线性无关，所以选项 D 不正确.

例 26 设 $\boldsymbol{\alpha}_1,\boldsymbol{\alpha}_2,\boldsymbol{\alpha}_3$ 是四元非齐次线性方程组 $\boldsymbol{Ax}=\boldsymbol{b}$ 的 3 个互不相等的解向量，且 $r(\boldsymbol{A})=3$，$\boldsymbol{\alpha}_1=(1,2,3,4)^{\mathrm{T}}$，$\boldsymbol{\alpha}_2+\boldsymbol{\alpha}_3=(0,1,2,3)^{\mathrm{T}}$，$C$ 是任意常数，则非齐次线性方程组 $\boldsymbol{Ax}=\boldsymbol{b}$ 的通解 $\boldsymbol{x}=$(　　).

(A) $\begin{pmatrix}1\\2\\3\\4\end{pmatrix}+C\begin{pmatrix}1\\1\\1\\1\end{pmatrix}$　　(B) $\begin{pmatrix}1\\2\\3\\4\end{pmatrix}+C\begin{pmatrix}0\\1\\2\\3\end{pmatrix}$　　(C) $\begin{pmatrix}1\\2\\3\\4\end{pmatrix}+C\begin{pmatrix}2\\3\\4\\5\end{pmatrix}$

(D) $\begin{bmatrix}1\\2\\3\\4\end{bmatrix}+C\begin{bmatrix}3\\4\\5\\6\end{bmatrix}$　　　(E) $\begin{pmatrix}1\\2\\3\\4\end{pmatrix}+C\begin{pmatrix}1\\4\\5\\6\end{pmatrix}$

【参考答案】C

【解题思路】本题主要运用齐次线性方程组解向量的个数为 $n-r(\boldsymbol{A})$，然后根据非齐次线性方程组解的结构的相关性质进行计算.

【答案解析】因为 $r(\boldsymbol{A})=3$，所以导出组 $\boldsymbol{Ax}=\boldsymbol{0}$ 的基础解系含有 $4-r(\boldsymbol{A})=1$ 个线性无关的解向量.

又因为 $\boldsymbol{\alpha}_1,\boldsymbol{\alpha}_2,\boldsymbol{\alpha}_3$ 是 $\boldsymbol{Ax}=\boldsymbol{b}$ 的解向量，所以 $\boldsymbol{A\alpha}_1=\boldsymbol{b},\boldsymbol{A}(\boldsymbol{\alpha}_2+\boldsymbol{\alpha}_3)=2\boldsymbol{b}$，故 $2\boldsymbol{\alpha}_1-(\boldsymbol{\alpha}_2+\boldsymbol{\alpha}_3)=(\boldsymbol{\alpha}_1-\boldsymbol{\alpha}_2)+(\boldsymbol{\alpha}_1-\boldsymbol{\alpha}_3)=(2,3,4,5)^{\mathrm{T}}(\neq\boldsymbol{0})$ 为 $\boldsymbol{Ax}=\boldsymbol{0}$ 的基础解系，则 $\boldsymbol{Ax}=\boldsymbol{b}$ 的通解为 $\boldsymbol{x}=\boldsymbol{\alpha}_1+C[2\boldsymbol{\alpha}_1-(\boldsymbol{\alpha}_2+\boldsymbol{\alpha}_3)]$，其中 C 为任意常数，故选 C.

例 27　设 $\boldsymbol{\alpha}_1,\boldsymbol{\alpha}_2,\boldsymbol{\alpha}_3$ 是四元非齐次线性方程组 $\boldsymbol{Ax}=\boldsymbol{b}$ 的 3 个互不相等的解向量，且 $r(\boldsymbol{A})=3,\boldsymbol{\alpha}_1=(1,-1,0,1)^{\mathrm{T}},\boldsymbol{\alpha}_2+\boldsymbol{\alpha}_3=(2,1,0,1)^{\mathrm{T}},k,k_1,k_2,k_3$ 为任意常数，则非齐次线性方程组 $\boldsymbol{Ax}=\boldsymbol{b}$ 的通解 $\boldsymbol{x}=($　　$)$.

(A) $k_1\boldsymbol{\alpha}_1+k_2\boldsymbol{\alpha}_2+k_3\boldsymbol{\alpha}_3$　　(B) $k_1\boldsymbol{\alpha}_1+k_2(\boldsymbol{\alpha}_2+\boldsymbol{\alpha}_3)$

(C) $\boldsymbol{\alpha}_1+k(\boldsymbol{\alpha}_2+\boldsymbol{\alpha}_3-2\boldsymbol{\alpha}_1)$　　(D) $\boldsymbol{\alpha}_1+k(\boldsymbol{\alpha}_2+\boldsymbol{\alpha}_3-\boldsymbol{\alpha}_1)$

(E) $\boldsymbol{\alpha}_2+k(\boldsymbol{\alpha}_2+\boldsymbol{\alpha}_3-\boldsymbol{\alpha}_1)$

【参考答案】C

【解题思路】解题时要关注方程组系数矩阵的秩，以确定齐次线性方程组基础解系的向量个数，再据此利用解的性质来配置基础解系，加上原方程组的一个特解，即可得到答案.

【答案解析】由 $r(\boldsymbol{A})=3$，知 $\boldsymbol{Ax}=\boldsymbol{b}$ 的导出组 $\boldsymbol{Ax}=\boldsymbol{0}$ 的基础解系由一个线性无关的解向量构成，又

$$\boldsymbol{\alpha}_2+\boldsymbol{\alpha}_3-2\boldsymbol{\alpha}_1=(2,1,0,1)^{\mathrm{T}}-(2,-2,0,2)^{\mathrm{T}}=(0,3,0,-1)^{\mathrm{T}}\neq\boldsymbol{0},$$

且 $\boldsymbol{A}(\boldsymbol{\alpha}_2+\boldsymbol{\alpha}_3-2\boldsymbol{\alpha}_1)=\boldsymbol{0}$，故 $\boldsymbol{\alpha}_2+\boldsymbol{\alpha}_3-2\boldsymbol{\alpha}_1$ 是 $\boldsymbol{Ax}=\boldsymbol{0}$ 的一个基础解系，根据非齐次线性方程组的解的结构知，$\boldsymbol{Ax}=\boldsymbol{b}$ 的通解为 $\boldsymbol{x}=\boldsymbol{\alpha}_1+k(\boldsymbol{\alpha}_2+\boldsymbol{\alpha}_3-2\boldsymbol{\alpha}_1)$，故选择 C.

【评注】3 个互不相等的解向量不一定是 3 个线性无关的解向量.

例 28　已知四阶方阵 $\boldsymbol{A}=(\boldsymbol{\alpha}_1,\boldsymbol{\alpha}_2,\boldsymbol{\alpha}_3,\boldsymbol{\alpha}_4),\boldsymbol{\alpha}_j(j=1,2,3,4)$ 均为 4 维列向量，其中 $\boldsymbol{\alpha}_2,\boldsymbol{\alpha}_3,\boldsymbol{\alpha}_4$ 线性无关，$\boldsymbol{\alpha}_1=2\boldsymbol{\alpha}_2-\boldsymbol{\alpha}_3$，如果 $\boldsymbol{\beta}=\boldsymbol{\alpha}_1+\boldsymbol{\alpha}_2+\boldsymbol{\alpha}_3+\boldsymbol{\alpha}_4$，求线性方程组 $\boldsymbol{Ax}=\boldsymbol{\beta}$ 的通解.

【解题思路】解题时仍然要关注方程组系数矩阵的秩，同时，要转变思路，从向量方程角度考虑其导出组的基础解系，并找出方程组的一个特解.

【答案解析】由 $\boldsymbol{\alpha}_2,\boldsymbol{\alpha}_3,\boldsymbol{\alpha}_4$ 线性无关，$\boldsymbol{\alpha}_1=2\boldsymbol{\alpha}_2-\boldsymbol{\alpha}_3$ 知，$r(\boldsymbol{A})=3$，其导出组 $\boldsymbol{Ax}=\boldsymbol{0}$ 的基础解系由一个线性无关的解向量构成. 由

$$\boldsymbol{\alpha}_1 - 2\boldsymbol{\alpha}_2 + \boldsymbol{\alpha}_3 + 0\boldsymbol{\alpha}_4 = \mathbf{0}$$

知，$\boldsymbol{\eta} = (1, -2, 1, 0)^{\mathrm{T}}$ 为 $\boldsymbol{Ax} = \mathbf{0}$ 的一个非零解向量，构成一个基础解系. 又由

$$\boldsymbol{\beta} = \boldsymbol{\alpha}_1 + \boldsymbol{\alpha}_2 + \boldsymbol{\alpha}_3 + \boldsymbol{\alpha}_4$$

知，$\boldsymbol{\eta}_0 = (1, 1, 1, 1)^{\mathrm{T}}$ 为方程组 $\boldsymbol{Ax} = \boldsymbol{\beta}$ 的一个特解，因此，方程组 $\boldsymbol{Ax} = \boldsymbol{\beta}$ 的通解可表示为

$$\boldsymbol{x} = k(1, -2, 1, 0)^{\mathrm{T}} + (1, 1, 1, 1)^{\mathrm{T}}, \text{其中 } k \text{ 为任意常数.}$$

考点二十六　线性方程组的同解、公共解

1. 两个同解线性方程组的讨论

我们知道，对方程组 $\boldsymbol{Ax} = \boldsymbol{b}_1$ 的增广矩阵施以初等行变换后得到的方程组 $\boldsymbol{Bx} = \boldsymbol{b}_2$ 与原方程组 $\boldsymbol{Ax} = \boldsymbol{b}_1$ 是同解方程组，其实质体现在它们的行向量组之间存在等价关系，从而启发我们从两方程组的增广矩阵的行向量组之间的关系探讨两方程组的同解问题，不难得到以下结论.

定理　设 $\boldsymbol{Ax} = \boldsymbol{b}_1$，$\boldsymbol{Bx} = \boldsymbol{b}_2$ 为两个 n 元线性方程组，若 $\boldsymbol{B}$ 的增广矩阵 $(\boldsymbol{B} \vdots \boldsymbol{b}_2)$ 的行向量组可以被方程组 $\boldsymbol{Ax} = \boldsymbol{b}_1$ 的增广矩阵 $(\boldsymbol{A} \vdots \boldsymbol{b}_1)$ 的行向量组线性表示，则方程组 $\boldsymbol{Ax} = \boldsymbol{b}_1$ 的全部解也必是方程组 $\boldsymbol{Bx} = \boldsymbol{b}_2$ 的解.

事实上，方程组 $\boldsymbol{Bx} = \boldsymbol{b}_2$ 的增广矩阵 $(\boldsymbol{B} \vdots \boldsymbol{b}_2)$ 的行向量组可以被方程组 $\boldsymbol{Ax} = \boldsymbol{b}_1$ 的增广矩阵 $(\boldsymbol{A} \vdots \boldsymbol{b}_1)$ 的行向量组线性表示，相当于对分块矩阵 $\begin{pmatrix} \boldsymbol{A} & \boldsymbol{b}_1 \\ \boldsymbol{B} & \boldsymbol{b}_2 \end{pmatrix}$ 作初等行变换，下方分块矩阵消为零，也即方程组 $\boldsymbol{Bx} = \boldsymbol{b}_2$ 的所有方程都可以被方程组 $\boldsymbol{Ax} = \boldsymbol{b}_1$ 替代，显然，所有满足方程组 $\boldsymbol{Ax} = \boldsymbol{b}_1$ 的解也一定满足方程组 $\boldsymbol{Bx} = \boldsymbol{b}_2$.

由定理，若两个 n 元线性方程组的增广矩阵的行向量组等价，即可以互相表示，则两个方程组为同解方程组.

2. 两个齐次线性方程组有公共非零解的讨论

设 n 元齐次线性方程组 $\boldsymbol{Ax} = \mathbf{0}$ 与 $\boldsymbol{Bx} = \mathbf{0}$ 有公共非零解，即两个方程组解空间的交集除零向量外非空. 因此，我们在 $\boldsymbol{Ax} = \mathbf{0}$，$\boldsymbol{Bx} = \mathbf{0}$ 均有非零解的情况下讨论，并有下列结论.

结论 1　方程组 $\boldsymbol{Ax} = \mathbf{0}$ 与 $\boldsymbol{Bx} = \mathbf{0}$ 有公共非零解的充分必要条件是方程组 $\boldsymbol{Ax} = \mathbf{0}$ 与 $\boldsymbol{Bx} = \mathbf{0}$ 的联立方程组有非零解.

结论 2　设方程组 $\boldsymbol{Ax} = \mathbf{0}$ 有非零解，$\boldsymbol{\eta}_1, \boldsymbol{\eta}_2, \cdots, \boldsymbol{\eta}_{n-r}$ 为方程组 $\boldsymbol{Ax} = \mathbf{0}$ 的一个基础解系，则方程组 $\boldsymbol{Ax} = \mathbf{0}$ 与 $\boldsymbol{Bx} = \mathbf{0}$ 有公共非零解的充分必要条件是存在一组不全为零的常数 $k_1, k_2, \cdots, k_{n-r}$，使得等式 $\boldsymbol{B}(k_1\boldsymbol{\eta}_1 + k_2\boldsymbol{\eta}_2 + \cdots + k_{n-r}\boldsymbol{\eta}_{n-r}) = \mathbf{0}$ 成立.

结论 2 的基本思路是将方程组 $\boldsymbol{Ax} = \mathbf{0}$ 的全部解 $\boldsymbol{\xi} = k_1\boldsymbol{\eta}_1 + k_2\boldsymbol{\eta}_2 + \cdots + k_{n-r}\boldsymbol{\eta}_{n-r}$ 代入方程组 $\boldsymbol{Bx} = \mathbf{0}$ 验证，如果存在一组不全为零的常数 $k_1, k_2, \cdots, k_{n-r}$，使得 $\boldsymbol{B\xi} = \mathbf{0}$，即对应不全为零的常数 $k_1, k_2, \cdots, k_{n-r}$ 组合的部分解就是两方程组的公共非零解.

结论 3　设 $\boldsymbol{\eta}_1, \boldsymbol{\eta}_2, \cdots, \boldsymbol{\eta}_s$ 与 $\boldsymbol{\xi}_1, \boldsymbol{\xi}_2, \cdots, \boldsymbol{\xi}_t$ 分别为方程组 $\boldsymbol{Ax} = \mathbf{0}$ 与 $\boldsymbol{Bx} = \mathbf{0}$ 的基础解系，则方程组 $\boldsymbol{Ax} = \mathbf{0}$ 与 $\boldsymbol{Bx} = \mathbf{0}$ 有公共非零解的充要条件是方程组

$$k_1\boldsymbol{\eta}_1+k_2\boldsymbol{\eta}_2+\cdots+k_s\boldsymbol{\eta}_s+c_1\boldsymbol{\xi}_1+c_2\boldsymbol{\xi}_2+\cdots+c_t\boldsymbol{\xi}_t=\mathbf{0}$$

有非零解.

结论 3 的基本思路是 $k_1\boldsymbol{\eta}_1+k_2\boldsymbol{\eta}_2+\cdots+k_s\boldsymbol{\eta}_s$ 和 $c_1\boldsymbol{\xi}_1+c_2\boldsymbol{\xi}_2+\cdots+c_t\boldsymbol{\xi}_t$ 分别是两方程组的全部解,若方程组 $k_1\boldsymbol{\eta}_1+k_2\boldsymbol{\eta}_2+\cdots+k_s\boldsymbol{\eta}_s+c_1\boldsymbol{\xi}_1+c_2\boldsymbol{\xi}_2+\cdots+c_t\boldsymbol{\xi}_t=\mathbf{0}$ 有非零解,即证明两个向量组解空间有公共非零解向量.

上述三个结论提供了不同条件下判断两个齐次线性方程组有无公共非零解的方法,同时也提供了计算公共非零解的途径.关于两个非齐次线性方程组有无公共解的讨论可以采用类似方法处理.

题型十四　两个线性方程组解的讨论

【解题方法】(1) 两个齐次线性方程组(Ⅰ)$\boldsymbol{Ax}=\mathbf{0}$ 和(Ⅱ)$\boldsymbol{Bx}=\mathbf{0}$ 同解的充要条件:

$$r(\boldsymbol{A})=r(\boldsymbol{B})=r\begin{bmatrix}\boldsymbol{A}\\ \boldsymbol{B}\end{bmatrix}.$$

(2) 两个非齐次线性方程组(Ⅰ)$\boldsymbol{Ax}=\boldsymbol{b}_1$ 和(Ⅱ)$\boldsymbol{Bx}=\boldsymbol{b}_2$ 都有解,且同解的充要条件:

$$r(\boldsymbol{A})=r(\boldsymbol{B})=r\left[\begin{array}{c:c}\boldsymbol{A}&\boldsymbol{b}_1\\ \boldsymbol{B}&\boldsymbol{b}_2\end{array}\right].$$

(3) 已知两个非齐次线性方程组(Ⅰ)$\boldsymbol{Ax}=\boldsymbol{b}_1$和(Ⅱ)$\boldsymbol{Bx}=\boldsymbol{b}_2$,求它们的公共解,联立线性方程组(Ⅰ)和(Ⅱ)求解$\begin{cases}\boldsymbol{Ax}=\boldsymbol{b}_1,\\ \boldsymbol{Bx}=\boldsymbol{b}_2,\end{cases}$就得到它们的公共解.

(4) 两个齐次线性方程组 $\boldsymbol{Ax}=\mathbf{0}$ 和 $\boldsymbol{Bx}=\mathbf{0}$ 有公共非零解的充要条件:

$$r\begin{pmatrix}\boldsymbol{A}\\ \boldsymbol{B}\end{pmatrix}<n(\text{口诀:“联立有无公共非零解”}).$$

例 29　n 元线性方程组 $\boldsymbol{Ax}=\mathbf{0}$ 与 $\boldsymbol{Bx}=\mathbf{0}$ 同解的充分必要条件是(　　).

(A)$r(\boldsymbol{A})=r(\boldsymbol{B})$　　(B)$\boldsymbol{A}$ 与 $\boldsymbol{B}$ 的行向量组等价

(C)$\boldsymbol{A}$ 与 $\boldsymbol{B}$ 的列向量组等价　　(D)$\boldsymbol{A}$ 与 $\boldsymbol{B}$ 等价

(E) 存在若干初等矩阵 $\boldsymbol{Q}_1,\boldsymbol{Q}_2,\cdots,\boldsymbol{Q}_s$,使得 $\boldsymbol{A}=\boldsymbol{BQ}_1\boldsymbol{Q}_2\cdots\boldsymbol{Q}_s$

【参考答案】B

【解题思路】本题主要从矩阵的初等变换、矩阵等价、矩阵的秩和向量组等价多个角度考查两个方程组同解的关系,就充分必要条件而言,关键词是仅限于系数矩阵的初等行变换,及系数矩阵的行向量组之间的线性关系.

【答案解析】两个线性方程组 $\boldsymbol{Ax}=\mathbf{0}$ 与 $\boldsymbol{Bx}=\mathbf{0}$ 同解的讨论,可以从多个角度进行,一是从方程组结构看,两个方程组的系数矩阵 $\boldsymbol{A}$ 与 $\boldsymbol{B}$ 的行向量组是否等价,显然,选项 B 正确,C 不正确;二是从求解的过程看,进行的是初等行变换,但选项 E 是初等列变换,不正确;剩下角度都不足以从充要条件判断问题. 如 $r(\boldsymbol{A})=r(\boldsymbol{B})$ 只是必要条件,两方程组的解之间可能毫无联系,$\boldsymbol{A}$ 与 $\boldsymbol{B}$ 等价与其行向量组等价是两个不同的概念,由上讨论,本题应选 B.

例 30 已知非齐次线性方程组

$$(\text{I})\begin{cases}x_1+x_2-2x_4=-6,\\4x_1-x_2-x_3-x_4=1,\\3x_1-x_2-x_3=3\end{cases}\text{和}(\text{II})\begin{cases}x_1+mx_2-x_3-x_4=-5,\\nx_2-x_3-2x_4=-11,\\x_3-2x_4=-t+1\end{cases}$$

同解，则 m,n,t 的取值分别为（　　）.

(A)$m=2,n=2,t=4$　　(B)$m=2,n=3,t=4$

(C)$m=1,n=3,t=5$　　(D)$m=2,n=4,t=6$

(E)$m=1,n=2,t=6$

【参考答案】D

【解题思路】讨论两个方程组同解，是一个双向验证的过程，应先从一个方向开始，由于方程组(Ⅰ)不含未知参数，可考虑从方程组(Ⅰ)的解都是方程组(Ⅱ)的解入手，做法是对分块矩阵 $\begin{pmatrix}\boldsymbol{A}\\\boldsymbol{B}\end{pmatrix}$ 施以初等行变换化为 $\begin{pmatrix}\boldsymbol{A}_1\\\boldsymbol{O}\end{pmatrix}$，定出未知参数，然后，反向验证方程组(Ⅱ)的解也是方程组(Ⅰ)的解.

【答案解析】由方程组(Ⅰ)与方程组(Ⅱ)同解，知方程组(Ⅰ)的解必是方程组(Ⅱ)的解，对方程组(Ⅰ)和(Ⅱ)的增广矩阵 $\overline{\boldsymbol{A}}$ 和 $\overline{\boldsymbol{B}}$ 施以初等行变换，应有 $\begin{pmatrix}\overline{\boldsymbol{A}}\\\overline{\boldsymbol{B}}\end{pmatrix}\to\begin{pmatrix}\boldsymbol{A}_1\\\boldsymbol{O}\end{pmatrix}$，即

$$\begin{pmatrix}\overline{\boldsymbol{A}}\\\overline{\boldsymbol{B}}\end{pmatrix}\to\left(\begin{array}{cccc:c}1&1&0&-2&-6\\4&-1&-1&-1&1\\3&-1&-1&0&3\\1&m&-1&-1&-5\\0&n&-1&-2&-11\\0&0&1&-2&-t+1\end{array}\right)\xrightarrow{r}\left(\begin{array}{cccc:c}1&0&0&-1&-2\\0&1&0&-1&-4\\0&0&-1&2&5\\0&0&0&m-2&4m-8\\0&0&0&n-4&4n-16\\0&0&0&0&6-t\end{array}\right),$$

得 $m=2,n=4,t=6$.

又当 $m=2,n=4,t=6$ 时，也有 $\begin{pmatrix}\overline{\boldsymbol{B}}\\\overline{\boldsymbol{A}}\end{pmatrix}\to\begin{pmatrix}\boldsymbol{B}_1\\\boldsymbol{O}\end{pmatrix}$，知方程组(Ⅱ)的解必是方程组(Ⅰ)的解，因此，当 $m=2,n=4,t=6$ 时，两方程组同解. 故本题应选 D.

例 31 若齐次线性方程组 $\begin{cases}2x_1+x_2+3x_3=0,\\ax_1+3x_2+4x_3=0\end{cases}$ 与 $\begin{cases}x_1+2x_2+x_3=0,\\x_1+bx_2+x_3=0\end{cases}$ 有公共非零解，则（　　）.

(A)$a=-1,b=2$　　(B)$a=3,b=2$　　(C)$a=-3,b=2$

(D)$a=2,b=-1$　　(E)$a=3,b=-1$

【参考答案】B

【解题思路】两个齐次方程组有无公共非零解，取决于它们的联立方程组有无非零解.

【答案解析】联立方程组$\begin{cases}2x_1+x_2+3x_3=0,\\ ax_1+3x_2+4x_3=0,\\ x_1+2x_2+x_3=0,\\ x_1+bx_2+x_3=0,\end{cases}$对系数矩阵施以初等行变换，有

$$\boldsymbol{A}=\begin{pmatrix}2&1&3\\a&3&4\\1&2&1\\1&b&1\end{pmatrix}\xrightarrow[r_2\leftrightarrow r_3]{r_1\leftrightarrow r_3}\begin{pmatrix}1&2&1\\2&1&3\\a&3&4\\1&b&1\end{pmatrix}\xrightarrow[r_4-r_1]{\substack{r_2-2r_1\\ r_3-ar_1}}\begin{pmatrix}1&2&1\\0&-3&1\\0&3-2a&4-a\\0&b-2&0\end{pmatrix},$$

当$b=2$且$\begin{vmatrix}1&2&1\\0&-3&1\\0&3-2a&4-a\end{vmatrix}=5a-15=0$，即$a=3,b=2$时，$r(\boldsymbol{A})<3$，联立方程组有非零解，此时两个方程组有公共非零解，故本题应选B.

【评注】讨论两个方程组公共解的问题，要根据题设条件采用适当的方法处理，如已知两个方程组的情况下，可联立方程组；知道一个方程组和另一个方程组的通解，可将通解代入方程组讨论；知道两个方程组的通解，可将两个方程组的通解线性组合为一个齐次线性方程组处理.

考点二十七　克拉默法则

行列式的一个应用就是求解n元线性方程组. 由n个方程构成的n元线性方程组的一般形式为

$$\begin{cases}a_{11}x_1+a_{12}x_2+\cdots+a_{1n}x_n=b_1,\\ a_{21}x_1+a_{22}x_2+\cdots+a_{2n}x_n=b_2,\\ \quad\cdots\cdots\\ a_{n1}x_1+a_{n2}x_2+\cdots+a_{nn}x_n=b_n,\end{cases}\tag{$*$}$$

其中a_{ij}表示第i个方程第j个未知数的系数，b_i表示第i个方程的常数项，$i,j=1,2,\cdots,n$.

对应方程组（$*$）有以下定理(**克拉默法则**)：

如果线性方程组（$*$）的系数行列式

$$D=\begin{vmatrix}a_{11}&a_{12}&\cdots&a_{1n}\\a_{21}&a_{22}&\cdots&a_{2n}\\\vdots&\vdots&&\vdots\\a_{n1}&a_{n2}&\cdots&a_{nn}\end{vmatrix}\neq0,$$

则线性方程组（$*$）有且仅有唯一解，表示为

$$x_1=\frac{D_1}{D},x_2=\frac{D_2}{D},\cdots,x_n=\frac{D_n}{D},$$

其中 $D_j(j=1,2,\cdots,n)$ 表示用常数项 $b_i(i=1,2,\cdots,n)$ 将系数行列式中第 j 列元素代替后得到的行列式.

克拉默法则给出了形如(∗)的 n 元线性方程组有唯一解的充分必要条件,但要注意,当 $D=0$ 时,线性方程组是否有解或是否有无穷多解不能确定.

题型十五 克拉默法则的应用

【解题方法】 对线性方程组 $\boldsymbol{A}_{n\times n}\boldsymbol{x}=\boldsymbol{b}$,若 $|\boldsymbol{A}|\neq 0$,则 $\boldsymbol{A}_{n\times n}\boldsymbol{x}=\boldsymbol{b}$ 有唯一解,且

$$x_j=\frac{|\boldsymbol{A}_j|}{|\boldsymbol{A}|}\ (j=1,2,\cdots,n),$$

其中 $|\boldsymbol{A}_j|$ 是把 $|\boldsymbol{A}|$ 中第 j 列的元素用 $\boldsymbol{b}$ 中元素代替后得到的行列式.

例 32 求解线性方程组

$$\begin{cases}x_1+a_1x_2+\cdots+a_1^{n-1}x_n=1,\\ x_1+a_2x_2+\cdots+a_2^{n-1}x_n=1,\\ \qquad\cdots\cdots\\ x_1+a_nx_2+\cdots+a_n^{n-1}x_n=1,\end{cases}$$

其中 $a_i\neq a_j(1\leqslant i,j\leqslant n)$ 为常数.

【解题思路】 这是一个由 n 个方程构成的 n 元线性方程组,需考虑系数行列式 D 是否非零.

【答案解析】 由系数行列式 D 为范德蒙德行列式,且 $a_i\neq a_j$,知 $D\neq 0$,因此,方程组有唯一解,观察方程组系数矩阵和常数项的结构特点,容易得到 $(1,0,\cdots,0)^{\mathrm{T}}$ 是方程组的一个解,且为唯一解.

【评注】 本题中方程组的解也可以通过克拉默法则计算得到. 将系数行列式 D 中第1列用常数项置换,得 $D_1=D$,将系数行列式 D 中其他列用常数项代替,出现元素相同的两列,得 $D_i=0,2\leqslant i\leqslant n$,即得 $x_1=1,x_2=\cdots=x_n=0$.

基础能力题

1 设3维列向量组 $\boldsymbol{\alpha}_1,\boldsymbol{\alpha}_2,\boldsymbol{\alpha}_3$ 线性无关,则下列向量组线性无关的是(　　).

(A) $\boldsymbol{\alpha}_1-\boldsymbol{\alpha}_2,\boldsymbol{\alpha}_2-\boldsymbol{\alpha}_3,\boldsymbol{\alpha}_3-\boldsymbol{\alpha}_1$　　(B) $\boldsymbol{\alpha}_1-\boldsymbol{\alpha}_2,\boldsymbol{\alpha}_2-2\boldsymbol{\alpha}_3,2\boldsymbol{\alpha}_3-\boldsymbol{\alpha}_1$

(C) $\boldsymbol{\alpha}_1+\boldsymbol{\alpha}_2+\boldsymbol{\alpha}_3,\boldsymbol{\alpha}_1+\boldsymbol{\alpha}_2,\boldsymbol{\alpha}_1$　　(D) $\boldsymbol{\alpha}_1-2\boldsymbol{\alpha}_2+\boldsymbol{\alpha}_3,\boldsymbol{\alpha}_2-\boldsymbol{\alpha}_3,\boldsymbol{\alpha}_2-\boldsymbol{\alpha}_1$

(E) $\boldsymbol{\alpha}_1,\boldsymbol{\alpha}_1-\boldsymbol{\alpha}_2,\boldsymbol{\alpha}_2+\boldsymbol{\alpha}_3,\boldsymbol{\alpha}_3-\boldsymbol{\alpha}_1$

2 设 k 为实数,若向量组 $(1,3,1),(-1,k,0),(-k,2,k)$ 线性相关,则 $k=$(　　).

(A) -2 或 $-\frac{1}{2}$　　(B) -2 或 $\frac{1}{2}$　　(C) 2 或 $-\frac{1}{2}$

(D) 2 或 $\frac{1}{2}$　　(E) 2 或 -2

3 设 n 维列向量组 $\boldsymbol{\alpha}_1,\boldsymbol{\alpha}_2,\cdots,\boldsymbol{\alpha}_m(m<n)$ 线性无关，则 n 维列向量组 $\boldsymbol{\beta}_1,\boldsymbol{\beta}_2,\cdots,\boldsymbol{\beta}_m$ 线性无关的充要条件是（　　）.

(A) 向量组 $\boldsymbol{\alpha}_1,\boldsymbol{\alpha}_2,\cdots,\boldsymbol{\alpha}_m$ 可以由向量组 $\boldsymbol{\beta}_1,\boldsymbol{\beta}_2,\cdots,\boldsymbol{\beta}_m$ 线性表示

(B) 向量组 $\boldsymbol{\beta}_1,\boldsymbol{\beta}_2,\cdots,\boldsymbol{\beta}_m$ 可以由向量组 $\boldsymbol{\alpha}_1,\boldsymbol{\alpha}_2,\cdots,\boldsymbol{\alpha}_m$ 线性表示

(C) 向量组 $\boldsymbol{\alpha}_1,\boldsymbol{\alpha}_2,\cdots,\boldsymbol{\alpha}_m$ 与向量组 $\boldsymbol{\beta}_1,\boldsymbol{\beta}_2,\cdots,\boldsymbol{\beta}_m$ 等价

(D) $x_1\boldsymbol{\alpha}_1+x_2\boldsymbol{\alpha}_2+\cdots+x_m\boldsymbol{\alpha}_m=\boldsymbol{0}$ 与 $x_1\boldsymbol{\beta}_1+x_2\boldsymbol{\beta}_2+\cdots+x_m\boldsymbol{\beta}_m=\boldsymbol{0}$ 是同解方程组

(E) 矩阵 $\boldsymbol{A}=(\boldsymbol{\alpha}_1,\boldsymbol{\alpha}_2,\cdots,\boldsymbol{\alpha}_m)$ 与矩阵 $\boldsymbol{B}=(\boldsymbol{\beta}_1,\boldsymbol{\beta}_2,\cdots,\boldsymbol{\beta}_m)$ 等价

4 设 $\boldsymbol{A}_{n\times s}=(\boldsymbol{\alpha}_1,\boldsymbol{\alpha}_2,\cdots,\boldsymbol{\alpha}_s)$，$\boldsymbol{B}_{n\times t}=(\boldsymbol{\beta}_1,\boldsymbol{\beta}_2,\cdots,\boldsymbol{\beta}_t)$，若向量组 $\boldsymbol{\alpha}_1,\boldsymbol{\alpha}_2,\cdots,\boldsymbol{\alpha}_s$ 与 $\boldsymbol{\beta}_1,\boldsymbol{\beta}_2,\cdots,\boldsymbol{\beta}_t$ 等价，则（　　）.

(A) $s=t$

(B) 矩阵 $\boldsymbol{A}$ 与 $\boldsymbol{B}$ 等价

(C) 存在矩阵 $\boldsymbol{Q}_{t\times s}$，使得 $\boldsymbol{A}=\boldsymbol{BQ}$

(D) 存在可逆矩阵 $\boldsymbol{Q}_{t\times s}$，使得 $\boldsymbol{A}=\boldsymbol{BQ}$

(E) 存在矩阵 $\boldsymbol{Q}_n$，使得 $\boldsymbol{A}=\boldsymbol{QB}$

5 设矩阵 $\boldsymbol{A}=\begin{pmatrix}a&1&1\\1&a&1\\1&1&a\end{pmatrix}$，则下列结论中

① 当 $a=1$ 时，$\boldsymbol{Ax}=\boldsymbol{0}$ 的基础解系中含有 1 个向量；

② 当 $a=-2$ 时，$\boldsymbol{Ax}=\boldsymbol{0}$ 的基础解系中含有 1 个向量；

③ 当 $a=1$ 时，$\boldsymbol{Ax}=\boldsymbol{0}$ 的基础解系中含有 2 个向量；

④ 当 $a=-2$ 时，$\boldsymbol{Ax}=\boldsymbol{0}$ 的基础解系中含有 2 个向量.

所有正确的序号是（　　）.

(A)①　　(B)②　　(C)①②　　(D)②③　　(E)③④

6 已知向量组(Ⅰ)：$\boldsymbol{\alpha}_1,\boldsymbol{\alpha}_2,\boldsymbol{\alpha}_3$ 和向量组(Ⅱ)：$\boldsymbol{\beta}_1,\boldsymbol{\beta}_2,\boldsymbol{\beta}_3$，且

$$\begin{cases}\boldsymbol{\beta}_1=(1+k)\boldsymbol{\alpha}_1+2\boldsymbol{\alpha}_2+3\boldsymbol{\alpha}_3,\\ \boldsymbol{\beta}_2=\boldsymbol{\alpha}_1+2(1+k)\boldsymbol{\alpha}_2+3\boldsymbol{\alpha}_3,\\ \boldsymbol{\beta}_3=\boldsymbol{\alpha}_1+2\boldsymbol{\alpha}_2+3(1+k)\boldsymbol{\alpha}_3.\end{cases}$$

若两个向量组等价，且 $\boldsymbol{\alpha}_1,\boldsymbol{\alpha}_2,\boldsymbol{\alpha}_3$ 线性无关，则（　　）.

(A) $k\neq 0$　　(B) $k\neq 1$　　(C) $k\neq -1$

(D) $k\neq 0$ 且 $k\neq 1$　　(E) $k\neq 0$ 且 $k\neq -3$

7 设线性方程组 $\begin{cases}x_1+ax_2=b_1,\\x_2+ax_3=b_2,\\x_3+ax_4=b_3,\\x_4+ax_1=b_4,\end{cases}$ 对于任意的 b_1,b_2,b_3,b_4，方程组总有解，则（　　）.

(A) $a\neq -1$　　(B) $a\neq 1$　　(C) $a\neq \pm 1$　　(D) $a=-1$　　(E) $a=1$

8 设矩阵

$$\boldsymbol{A}=\begin{pmatrix}2&0&0&0&0\\-1&5&0&0&0\\3&1&4&0&0\\6&7&-2&0&0\\6&1&4&0&0\end{pmatrix},$$

其中 $\boldsymbol{\alpha}_1=(2,0,0,0,0)$，$\boldsymbol{\alpha}_2=(-1,5,0,0,0)$，$\boldsymbol{\alpha}_3=(3,1,4,0,0)$，$\boldsymbol{\alpha}_4=(6,7,-2,0,0)$，$\boldsymbol{\alpha}_5=(6,1,4,0,0)$ 为 $\boldsymbol{A}$ 的行向量组，则下列向量组中不构成该行向量组的一个极大无关组的是（　　）.

(A) $\boldsymbol{\alpha}_1,\boldsymbol{\alpha}_2,\boldsymbol{\alpha}_3$　　(B) $\boldsymbol{\alpha}_1,\boldsymbol{\alpha}_2,\boldsymbol{\alpha}_4$　　(C) $\boldsymbol{\alpha}_2,\boldsymbol{\alpha}_3,\boldsymbol{\alpha}_4$

(D) $\boldsymbol{\alpha}_2,\boldsymbol{\alpha}_3,\boldsymbol{\alpha}_5$　　(E) $\boldsymbol{\alpha}_1,\boldsymbol{\alpha}_3,\boldsymbol{\alpha}_5$

9 设 $\boldsymbol{\alpha}_1,\boldsymbol{\alpha}_2,\boldsymbol{\alpha}_3$ 均为线性方程组 $\boldsymbol{Ax}=\boldsymbol{b}$ 的解，则向量 $\boldsymbol{\alpha}_1-\boldsymbol{\alpha}_2$，$\boldsymbol{\alpha}_1-2\boldsymbol{\alpha}_2+\boldsymbol{\alpha}_3$，$\frac{1}{4}(\boldsymbol{\alpha}_1-\boldsymbol{\alpha}_3)$，$\boldsymbol{\alpha}_1+3\boldsymbol{\alpha}_2-4\boldsymbol{\alpha}_3$ 中是相应的齐次线性方程组 $\boldsymbol{Ax}=\boldsymbol{0}$ 的解向量的个数为（　　）.

(A) 0　　(B) 1　　(C) 2　　(D) 3　　(E) 4

10 已知同维向量组（Ⅰ）：$\boldsymbol{\alpha}_1,\boldsymbol{\alpha}_2,\cdots,\boldsymbol{\alpha}_s$ 和向量组（Ⅱ）：$\boldsymbol{\beta}_1,\boldsymbol{\beta}_2,\cdots,\boldsymbol{\beta}_t$，于是有（　　）.

(A) 若 $s>t$，则 $r(\boldsymbol{\alpha}_1,\boldsymbol{\alpha}_2,\cdots,\boldsymbol{\alpha}_s)>r(\boldsymbol{\beta}_1,\boldsymbol{\beta}_2,\cdots,\boldsymbol{\beta}_t)$

(B) 若 $s=t$，则 $r(\boldsymbol{\alpha}_1,\boldsymbol{\alpha}_2,\cdots,\boldsymbol{\alpha}_s)=r(\boldsymbol{\beta}_1,\boldsymbol{\beta}_2,\cdots,\boldsymbol{\beta}_t)$

(C) 若 $\boldsymbol{\alpha}_1,\boldsymbol{\alpha}_2,\cdots,\boldsymbol{\alpha}_s$ 与 $\boldsymbol{\beta}_1,\boldsymbol{\beta}_2,\cdots,\boldsymbol{\beta}_t$ 等价，则 $s=t$

(D) 若 $\boldsymbol{\alpha}_1,\boldsymbol{\alpha}_2,\cdots,\boldsymbol{\alpha}_s$ 的极大无关组与 $\boldsymbol{\beta}_1,\boldsymbol{\beta}_2,\cdots,\boldsymbol{\beta}_t$ 的极大无关组等价，则两向量组等价

(E) $r(\boldsymbol{\alpha}_1,\boldsymbol{\alpha}_2,\cdots,\boldsymbol{\alpha}_s,\boldsymbol{\beta}_1,\boldsymbol{\beta}_2,\cdots,\boldsymbol{\beta}_t)=r(\boldsymbol{\alpha}_1,\boldsymbol{\alpha}_2,\cdots,\boldsymbol{\alpha}_s)+r(\boldsymbol{\beta}_1,\boldsymbol{\beta}_2,\cdots,\boldsymbol{\beta}_t)$

基础能力题解析

1 【参考答案】C

【考点点睛】向量组的线性相关性.

【答案解析】选项 A，由

$$(\boldsymbol{\alpha}_1-\boldsymbol{\alpha}_2,\boldsymbol{\alpha}_2-\boldsymbol{\alpha}_3,\boldsymbol{\alpha}_3-\boldsymbol{\alpha}_1)=(\boldsymbol{\alpha}_1,\boldsymbol{\alpha}_2,\boldsymbol{\alpha}_3)\begin{pmatrix}1&0&-1\\-1&1&0\\0&-1&1\end{pmatrix},$$

其中转换矩阵为 $\boldsymbol{A}_1=\begin{pmatrix}1&0&-1\\-1&1&0\\0&-1&1\end{pmatrix}$，$|\boldsymbol{A}_1|=0$，知该向量组线性相关.

选项 B，由

$$(\boldsymbol{\alpha}_1-\boldsymbol{\alpha}_2,\boldsymbol{\alpha}_2-2\boldsymbol{\alpha}_3,2\boldsymbol{\alpha}_3-\boldsymbol{\alpha}_1)=(\boldsymbol{\alpha}_1,\boldsymbol{\alpha}_2,\boldsymbol{\alpha}_3)\begin{pmatrix}1&0&-1\\-1&1&0\\0&-2&2\end{pmatrix},$$

其中转换矩阵为$\boldsymbol{A}_2=\begin{pmatrix}1&0&-1\\-1&1&0\\0&-2&2\end{pmatrix}$,$|\boldsymbol{A}_2|=0$,知该向量组线性相关.

选项 C,由

$$(\boldsymbol{\alpha}_1+\boldsymbol{\alpha}_2+\boldsymbol{\alpha}_3,\boldsymbol{\alpha}_1+\boldsymbol{\alpha}_2,\boldsymbol{\alpha}_1)=(\boldsymbol{\alpha}_1,\boldsymbol{\alpha}_2,\boldsymbol{\alpha}_3)\begin{pmatrix}1&1&1\\1&1&0\\1&0&0\end{pmatrix},$$

其中转换矩阵为$\boldsymbol{A}_3=\begin{pmatrix}1&1&1\\1&1&0\\1&0&0\end{pmatrix}$,$|\boldsymbol{A}_3|=-1\neq0$,知该向量组线性无关.

选项 D,由

$$(\boldsymbol{\alpha}_1-2\boldsymbol{\alpha}_2+\boldsymbol{\alpha}_3,\boldsymbol{\alpha}_2-\boldsymbol{\alpha}_3,\boldsymbol{\alpha}_2-\boldsymbol{\alpha}_1)=(\boldsymbol{\alpha}_1,\boldsymbol{\alpha}_2,\boldsymbol{\alpha}_3)\begin{pmatrix}1&0&-1\\-2&1&1\\1&-1&0\end{pmatrix},$$

其中转换矩阵为$\boldsymbol{A}_4=\begin{pmatrix}1&0&-1\\-2&1&1\\1&-1&0\end{pmatrix}$,$|\boldsymbol{A}_4|=0$,知该向量组线性相关.

选项 E,向量个数大于维数,故该向量组线性相关.

综上分析,本题应选 C.

2 【参考答案】B

【考点点睛】向量组的线性相关性.

【答案解析】设$\boldsymbol{A}=\begin{pmatrix}1&3&1\\-1&k&0\\-k&2&k\end{pmatrix}$,若向量组线性相关,则$|\boldsymbol{A}|=0$.

利用对角线法则可得

$$|\boldsymbol{A}|=2k^2+3k-2=(k+2)(2k-1)=0,$$

则$k=-2$或$k=\dfrac{1}{2}$.

3 【参考答案】E

【考点点睛】向量组的线性相关性.

【答案解析】向量组 $\boldsymbol{\beta}_1,\boldsymbol{\beta}_2,\cdots,\boldsymbol{\beta}_m$ 是否线性无关，并不取决于是否能被另一个线性无关的向量组线性表示，也不取决于能否表示另一个线性无关的向量组. 如线性无关向量组 $\boldsymbol{\alpha}_1=(1,0,0)^{\mathrm{T}}$，$\boldsymbol{\alpha}_2=(0,0,1)^{\mathrm{T}}$ 与线性无关向量组 $\boldsymbol{\beta}_1=(0,1,0)^{\mathrm{T}}$，$\boldsymbol{\beta}_2=(0,1,1)^{\mathrm{T}}$ 之间均不能由对方表示，但这不影响它们各自的线性相关性. 因此，选项 A,B,C 均不正确. 选项 D 与选项 C 相似，因为方程组同解，仍然要求两个向量组存在线性关系，故不正确，由排除法，故选 E. 事实上，两个向量个数和维数相等的线性无关的向量组之间的联系是两者秩相等，矩阵 $\boldsymbol{A}=(\boldsymbol{\alpha}_1,\boldsymbol{\alpha}_2,\cdots,\boldsymbol{\alpha}_m)$ 与矩阵 $\boldsymbol{B}=(\boldsymbol{\beta}_1,\boldsymbol{\beta}_2,\cdots,\boldsymbol{\beta}_m)$ 等价，说明两个向量组秩相等，但两者之间未必有线性关系.

4 【参考答案】C

【考点点睛】向量组等价.

【答案解析】两个向量组等价并不要求各自的向量个数相同，而矩阵等价的前提是两个矩阵的行数、列数必须相同，所以选项 A,B 不正确；向量组 $\boldsymbol{\alpha}_1,\boldsymbol{\alpha}_2,\cdots,\boldsymbol{\alpha}_s$ 与 $\boldsymbol{\beta}_1,\boldsymbol{\beta}_2,\cdots,\boldsymbol{\beta}_t$ 等价，则 $\boldsymbol{\alpha}_1,\boldsymbol{\alpha}_2,\cdots,\boldsymbol{\alpha}_s$ 可以被 $\boldsymbol{\beta}_1,\boldsymbol{\beta}_2,\cdots,\boldsymbol{\beta}_t$ 线性表示，其组合系数构成矩阵 $\boldsymbol{Q}_{t\times s}$，并有 $\boldsymbol{A}=\boldsymbol{B}\boldsymbol{Q}$，其中转换矩阵 $\boldsymbol{Q}_{t\times s}$ 未必是方阵，而且位于等式右侧，表示列向量组之间的线性关系，故选项 D,E 也不正确. 本题应选 C.

5 【参考答案】D

【考点点睛】齐次方程组的基础解系.

【答案解析】齐次方程组的基础解系包含的向量个数为 $n-r(\boldsymbol{A})$.

当 $a=1$ 时，$\boldsymbol{A}=\begin{pmatrix}1&1&1\\1&1&1\\1&1&1\end{pmatrix}\rightarrow\begin{pmatrix}1&1&1\\0&0&0\\0&0&0\end{pmatrix}$，可得 $r(\boldsymbol{A})=1$，即 $n-r(\boldsymbol{A})=3-1=2$；

当 $a=-2$ 时，

$$\boldsymbol{A}=\begin{pmatrix}-2&1&1\\1&-2&1\\1&1&-2\end{pmatrix}\xrightarrow{r_1\leftrightarrow r_3}\begin{pmatrix}1&1&-2\\1&-2&1\\-2&1&1\end{pmatrix}$$

$$\xrightarrow[r_3+2r_1]{r_2-r_1}\begin{pmatrix}1&1&-2\\0&-3&3\\0&3&-3\end{pmatrix}\xrightarrow{r_3+r_2}\begin{pmatrix}1&1&-2\\0&-3&3\\0&0&0\end{pmatrix},$$

可得 $r(\boldsymbol{A})=2$，即 $n-r(\boldsymbol{A})=3-2=1$，因此 D 项正确.

6 【参考答案】E

【考点点睛】向量组的线性相关性.

【答案解析】由

$$(\boldsymbol{\beta}_1,\boldsymbol{\beta}_2,\boldsymbol{\beta}_3)=(\boldsymbol{\alpha}_1,\boldsymbol{\alpha}_2,\boldsymbol{\alpha}_3)\begin{pmatrix}1+k&1&1\\2&2(1+k)&2\\3&3&3(1+k)\end{pmatrix},$$

知其转换矩阵为 $A=\begin{pmatrix}1+k & 1 & 1\\ 2 & 2(1+k) & 2\\ 3 & 3 & 3(1+k)\end{pmatrix}$，又 $\boldsymbol{\alpha}_1,\boldsymbol{\alpha}_2,\boldsymbol{\alpha}_3$ 线性无关，故当且仅当 A 可逆时，两向量组等价，则由

$$|A|=\begin{vmatrix}1+k & 1 & 1\\ 2 & 2(1+k) & 2\\ 3 & 3 & 3(1+k)\end{vmatrix}=6k^2(3+k)\neq 0,$$

知当 $k\neq 0$ 且 $k\neq -3$ 时，两个向量组等价，本题应选择 E.

7 【参考答案】C

【考点点睛】非齐次方程组的解.

【答案解析】由题意可知，若方程组总有解，则 $r(A)=r(A\vdots b)=4$，则 $|A|\neq 0$，即

$$\begin{vmatrix}1 & a & 0 & 0\\ 0 & 1 & a & 0\\ 0 & 0 & 1 & a\\ a & 0 & 0 & 1\end{vmatrix}=\begin{vmatrix}1 & a & 0\\ 0 & 1 & a\\ 0 & 0 & 1\end{vmatrix}-a\begin{vmatrix}a & 0 & 0\\ 1 & a & 0\\ 0 & 1 & a\end{vmatrix}=1-a^4\neq 0,$$

则 $a\neq\pm 1$.

8 【参考答案】E

【考点点睛】极大无关组.

【答案解析】显然 A 的所有四阶子式为零，又由 $\begin{vmatrix}2 & 0 & 0\\ -1 & 5 & 0\\ 3 & 1 & 4\end{vmatrix}=40\neq 0$，知 $r(A)=3$，且 $\boldsymbol{\alpha}_1'=(2,0,0)$，$\boldsymbol{\alpha}_2'=(-1,5,0)$，$\boldsymbol{\alpha}_3'=(3,1,4)$ 线性无关，因此，其延长向量组 $\boldsymbol{\alpha}_1,\boldsymbol{\alpha}_2,\boldsymbol{\alpha}_3$ 也线性无关.

类似地，由

$$\begin{vmatrix}2 & 0 & 0\\ -1 & 5 & 0\\ 6 & 7 & -2\end{vmatrix}=-20\neq 0,\quad\begin{vmatrix}-1 & 5 & 0\\ 3 & 1 & 4\\ 6 & 7 & -2\end{vmatrix}=180\neq 0,\quad\begin{vmatrix}-1 & 5 & 0\\ 3 & 1 & 4\\ 6 & 1 & 4\end{vmatrix}=60\neq 0,\quad\begin{vmatrix}2 & 0 & 0\\ 3 & 1 & 4\\ 6 & 1 & 4\end{vmatrix}=0,$$

知 $\boldsymbol{\alpha}_1,\boldsymbol{\alpha}_2,\boldsymbol{\alpha}_4$；$\boldsymbol{\alpha}_2,\boldsymbol{\alpha}_3,\boldsymbol{\alpha}_4$；$\boldsymbol{\alpha}_2,\boldsymbol{\alpha}_3,\boldsymbol{\alpha}_5$ 均线性无关，因此，除去 $\boldsymbol{\alpha}_1,\boldsymbol{\alpha}_3,\boldsymbol{\alpha}_5$，其他选项的向量组都构成该矩阵行向量组的一个极大无关组，故本题选择 E.

9 【参考答案】E

【考点点睛】解的性质.

【答案解析】由 $\boldsymbol{\alpha}_1,\boldsymbol{\alpha}_2,\boldsymbol{\alpha}_3$ 均为线性方程组 $Ax=b$ 的解，知

$$A(k_1\boldsymbol{\alpha}_1+k_2\boldsymbol{\alpha}_2+k_3\boldsymbol{\alpha}_3)=(k_1+k_2+k_3)\boldsymbol{b},$$

其中 k_1,k_2,k_3 为任意常数.

若 $k_1+k_2+k_3=0$,则 $k_1\boldsymbol{\alpha}_1+k_2\boldsymbol{\alpha}_2+k_3\boldsymbol{\alpha}_3$ 为 $\boldsymbol{Ax}=\boldsymbol{0}$ 的解;

若 $k_1+k_2+k_3=1$,则 $k_1\boldsymbol{\alpha}_1+k_2\boldsymbol{\alpha}_2+k_3\boldsymbol{\alpha}_3$ 为 $\boldsymbol{Ax}=\boldsymbol{b}$ 的解.

由于此题求 $\boldsymbol{Ax}=\boldsymbol{0}$ 的解,因此找 4 个线性组合中系数之和为 0 的向量. 显然 4 个向量均成立.

10 【参考答案】D

【考点点睛】向量组的性质及定理.

【答案解析】向量组的秩是向量组中的极大无关组的向量个数，两向量组等价反映的是两向量组的极大无关组所含的向量个数相同,与向量组中向量个数无关,因此,选项 A,B,C 均不正确.

两向量组的极大无关组等价,即可以互相表示,同时,它们各自构造所在的向量组,所以两向量组等价,故 D 正确.

两向量组合并后，两向量组的极大无关组也合并,但其中可能有重复或线性相关的向量要排除,极大无关组向量个数可能会减少,因此合并后向量组的秩可能会变小,要小于或等于两秩之和,故选项 E 不正确.

综上分析,本题应选择 D.

强化能力题

1 设 $\boldsymbol{\alpha}_1,\boldsymbol{\alpha}_2$ 为非齐次线性方程组 $\boldsymbol{Ax}=\boldsymbol{\beta}$ 的两个不同解,则下列选项是 $\boldsymbol{Ax}=\boldsymbol{\beta}$ 的解的是(　　).

(A)$\boldsymbol{\alpha}_1+\boldsymbol{\alpha}_2$　　(B) $\frac{2}{3}\boldsymbol{\alpha}_1+\frac{1}{3}\boldsymbol{\alpha}_2$　　(C)$\boldsymbol{\alpha}_1-\boldsymbol{\alpha}_2$

(D)$k_1\boldsymbol{\alpha}_1+k_2\boldsymbol{\alpha}_2,k_i\in\mathbf{R},i=1,2$　　(E) $\frac{1}{2}\boldsymbol{\alpha}_1+\boldsymbol{\alpha}_2$

2 已知 4 维列向量组 $\boldsymbol{\alpha}_1,\boldsymbol{\alpha}_2,\boldsymbol{\alpha}_3,\boldsymbol{\alpha}_4$ 线性无关,则下列向量组中线性无关的是(　　).

(A)$\boldsymbol{\alpha}_1-\boldsymbol{\alpha}_2,\boldsymbol{\alpha}_2-\boldsymbol{\alpha}_3,\boldsymbol{\alpha}_3-\boldsymbol{\alpha}_4,\boldsymbol{\alpha}_4-\boldsymbol{\alpha}_1$　　(B)$\boldsymbol{\alpha}_1+\boldsymbol{\alpha}_2,\boldsymbol{\alpha}_2+\boldsymbol{\alpha}_3,\boldsymbol{\alpha}_3+\boldsymbol{\alpha}_4,\boldsymbol{\alpha}_4+\boldsymbol{\alpha}_1$

(C)$\boldsymbol{\alpha}_1+\boldsymbol{\alpha}_2,\boldsymbol{\alpha}_2+\boldsymbol{\alpha}_3,\boldsymbol{\alpha}_3-\boldsymbol{\alpha}_4,\boldsymbol{\alpha}_4-\boldsymbol{\alpha}_1$　　(D)$\boldsymbol{\alpha}_1+\boldsymbol{\alpha}_2,\boldsymbol{\alpha}_2+\boldsymbol{\alpha}_3,\boldsymbol{\alpha}_3+\boldsymbol{\alpha}_4,\boldsymbol{\alpha}_4-\boldsymbol{\alpha}_1$

(E)$\boldsymbol{\alpha}_1-\boldsymbol{\alpha}_2,\boldsymbol{\alpha}_2-\boldsymbol{\alpha}_3,\boldsymbol{\alpha}_3+\boldsymbol{\alpha}_4,-\boldsymbol{\alpha}_4-\boldsymbol{\alpha}_1$

3 设 $\boldsymbol{\alpha}_1=(a_1,a_2,a_3)^{\mathrm{T}},\boldsymbol{\alpha}_2=(b_1,b_2,b_3)^{\mathrm{T}},\boldsymbol{\alpha}_3=(c_1,c_2,c_3)^{\mathrm{T}}$,则三条直线

$$a_1x+b_1y+c_1=0,$$
$$a_2x+b_2y+c_2=0,$$
$$a_3x+b_3y+c_3=0$$

$(a_i^2+b_i^2\neq 0,i=1,2,3)$ 相交于一点的充要条件是(　　).

(A)$\boldsymbol{\alpha}_1,\boldsymbol{\alpha}_2,\boldsymbol{\alpha}_3$ 线性相关　　(B)$\boldsymbol{\alpha}_1,\boldsymbol{\alpha}_2,\boldsymbol{\alpha}_3$ 线性无关

(C)$r(\boldsymbol{\alpha}_1,\boldsymbol{\alpha}_2,\boldsymbol{\alpha}_3)=r(\boldsymbol{\alpha}_1,\boldsymbol{\alpha}_2)$　　(D)$r(\boldsymbol{\alpha}_1,\boldsymbol{\alpha}_2)=1$

(E)$\boldsymbol{\alpha}_1,\boldsymbol{\alpha}_2,\boldsymbol{\alpha}_3$ 线性相关,$\boldsymbol{\alpha}_1,\boldsymbol{\alpha}_2$ 线性无关

4 已知线性方程组$\begin{cases}x_1-x_2+2x_3=1,\\x_1-3x_2+3x_3=1,\\x_1-x_2+(a+3)x_3=2a-1\end{cases}$无解,则常数 $a=$(　　).

(A)2　　(B)1　　(C)0　　(D)-1　　(E)-2

5 已知非齐次线性方程组$\begin{cases}x_1+x_2+x_3+x_4=-1,\\4x_1+3x_2+5x_3-x_4=-1,\\ax_1+x_2+3x_3+bx_4=1\end{cases}$有 3 个线性无关的解,则 a,b 的值分别为(　　).

(A)$a=2,b=3$　　(B)$a=-2,b=3$　　(C)$a=-2,b=-3$

(D)$a=2,b=-3$　　(E)$a=3,b=2$

6 已知方程组$\begin{pmatrix}1&2&1\\2&3&a+2\\1&a&-2\end{pmatrix}\begin{pmatrix}x_1\\x_2\\x_3\end{pmatrix}=\begin{pmatrix}1\\3\\0\end{pmatrix}$无解,则 $a=$(　　).

(A)3　　(B)2　　(C)1　　(D)-1　　(E)0

7 已知向量组(Ⅰ):$\boldsymbol{\beta}_1=(0,1,-1)^{\mathrm T},\boldsymbol{\beta}_2=(a,2,1)^{\mathrm T},\boldsymbol{\beta}_3=(b,1,0)^{\mathrm T}$ 与向量组(Ⅱ):$\boldsymbol{\alpha}_1=(1,2,-3)^{\mathrm T},\boldsymbol{\alpha}_2=(3,0,1)^{\mathrm T},\boldsymbol{\alpha}_3=(9,6,-7)^{\mathrm T}$ 具有相同的秩,且 $\boldsymbol{\beta}_3$ 可由 $\boldsymbol{\alpha}_1,\boldsymbol{\alpha}_2,\boldsymbol{\alpha}_3$ 线性表示,则(　　).

(A)$a=15,b=5$　　(B)$a=10,b=5$　　(C)$a=5,b=15$

(D)$a=5,b=10$　　(E)$a=1,b=2$

8 设 $\boldsymbol{\alpha}_1,\boldsymbol{\alpha}_2,\boldsymbol{\alpha}_3,\boldsymbol{\alpha}_4,\boldsymbol{\alpha}_5$ 均为 3 维列向量,$\boldsymbol{\alpha}_1,\boldsymbol{\alpha}_2,\boldsymbol{\alpha}_3$ 线性无关,$\boldsymbol{\alpha}_4=\boldsymbol{\alpha}_1+\boldsymbol{\alpha}_2-\boldsymbol{\alpha}_3,\boldsymbol{\alpha}_5=\boldsymbol{\alpha}_1-2\boldsymbol{\alpha}_2+\boldsymbol{\alpha}_3,\boldsymbol{A}=(\boldsymbol{\alpha}_1,\boldsymbol{\alpha}_2,\boldsymbol{\alpha}_3,\boldsymbol{\alpha}_4)$,$C$ 为任意常数,则线性方程组 $\boldsymbol{A}\boldsymbol{x}=\boldsymbol{\alpha}_5$ 的通解为(　　).

(A)$C(1,1,-1,-1)^{\mathrm T}+(1,-2,1,0)^{\mathrm T}$

(B)$C(1,1,-1,-1)^{\mathrm T}+(1,-2,1,1)^{\mathrm T}$

(C)$C(1,1,-1,1)^{\mathrm T}+(1,-2,1,0)^{\mathrm T}$

(D)$C(1,1,-1,1)^{\mathrm T}+(1,-2,1,1)^{\mathrm T}$

(E)$C(1,1,-1,-1)^{\mathrm T}-(1,-2,1,0)^{\mathrm T}$

9 设四元非齐次线性方程组的系数矩阵的秩为 3,已知 $\boldsymbol{\eta}_1,\boldsymbol{\eta}_2,\boldsymbol{\eta}_3$ 是它的三个解向量,且

$$\boldsymbol{\eta}_1=\begin{pmatrix}2\\3\\4\\5\end{pmatrix},\boldsymbol{\eta}_2+\boldsymbol{\eta}_3=\begin{pmatrix}1\\2\\3\\4\end{pmatrix},$$

k 为任意常数,则该方程组的通解为(　　).

(A)$k(3,4,5,6)^{T}+(2,3,4,5)^{T}$　　(B)$k(2,3,4,5)^{T}+(3,4,5,6)^{T}$

(C)$k(2,3,4,5)^{T}+(1,2,3,4)^{T}$　　(D)$k(1,2,3,4)^{T}+(2,3,4,5)^{T}$

(E)$k(3,4,5,6)^{T}+(1,2,3,4)^{T}$

10 已知方程组(Ⅰ)$\begin{cases}-x_1+2x_3-x_4=0,\\-x_2-x_3+2x_4=0\end{cases}$与(Ⅱ)$\begin{cases}-2x_1-3x_2+(a+2)x_3+4x_4=0,\\-3x_1-5x_2+x_3+(a+8)x_4=0\end{cases}$同解,则 a 为(　　).

(A)-1　　(B)-2　　(C)3　　(D)2　　(E)1

强化能力题解析

1 【参考答案】B

【考点点睛】解的性质.

【答案解析】由已知得 $\boldsymbol{A\alpha}_1=\boldsymbol{\beta},\boldsymbol{A\alpha}_2=\boldsymbol{\beta}$.

A 选项,$\boldsymbol{A}(\boldsymbol{\alpha}_1+\boldsymbol{\alpha}_2)=\boldsymbol{A\alpha}_1+\boldsymbol{A\alpha}_2=2\boldsymbol{\beta}$.

B 选项,$\boldsymbol{A}\left(\frac{2}{3}\boldsymbol{\alpha}_1+\frac{1}{3}\boldsymbol{\alpha}_2\right)=\frac{2}{3}\boldsymbol{A\alpha}_1+\frac{1}{3}\boldsymbol{A\alpha}_2=\frac{2}{3}\boldsymbol{\beta}+\frac{1}{3}\boldsymbol{\beta}=\boldsymbol{\beta}$.

C 选项,$\boldsymbol{A}(\boldsymbol{\alpha}_1-\boldsymbol{\alpha}_2)=\boldsymbol{A\alpha}_1-\boldsymbol{A\alpha}_2=\boldsymbol{\beta}-\boldsymbol{\beta}=\boldsymbol{0}$.

D 选项,$\boldsymbol{A}(k_1\boldsymbol{\alpha}_1+k_2\boldsymbol{\alpha}_2)=k_1\boldsymbol{A\alpha}_1+k_2\boldsymbol{A\alpha}_2=(k_1+k_2)\boldsymbol{\beta}$.

E 选项,$\boldsymbol{A}\left(\frac{1}{2}\boldsymbol{\alpha}_1+\boldsymbol{\alpha}_2\right)=\frac{1}{2}\boldsymbol{A\alpha}_1+\boldsymbol{A\alpha}_2=\frac{1}{2}\boldsymbol{\beta}+\boldsymbol{\beta}=\frac{3}{2}\boldsymbol{\beta}$.

2 【参考答案】D

【考点点睛】向量组的线性相关性.

【答案解析】对于 D 选项,可设

$$\boldsymbol{A}=(\boldsymbol{\alpha}_1+\boldsymbol{\alpha}_2,\boldsymbol{\alpha}_2+\boldsymbol{\alpha}_3,\boldsymbol{\alpha}_3+\boldsymbol{\alpha}_4,\boldsymbol{\alpha}_4-\boldsymbol{\alpha}_1)=(\boldsymbol{\alpha}_1,\boldsymbol{\alpha}_2,\boldsymbol{\alpha}_3,\boldsymbol{\alpha}_4)\begin{pmatrix}1&0&0&-1\\1&1&0&0\\0&1&1&0\\0&0&1&1\end{pmatrix}=\boldsymbol{BC}.$$

因为 $r(\boldsymbol{\alpha}_1,\boldsymbol{\alpha}_2,\boldsymbol{\alpha}_3,\boldsymbol{\alpha}_4)=4$,所以 $\boldsymbol{B}$ 可逆,又

$$\begin{pmatrix}1&0&0&-1\\1&1&0&0\\0&1&1&0\\0&0&1&1\end{pmatrix}\xrightarrow{r}\begin{pmatrix}1&0&0&-1\\0&1&0&1\\0&1&1&0\\0&0&1&1\end{pmatrix}\xrightarrow{r}\begin{pmatrix}1&0&0&-1\\0&1&0&1\\0&0&1&-1\\0&0&0&2\end{pmatrix},$$

则 $r(\boldsymbol{A})=r(\boldsymbol{C})=4$,故可得 D 选项向量组的秩等于向量个数,则线性无关.

同理可得 A,B,C,E 选项中 $r(\boldsymbol{A})=r(\boldsymbol{C})<4$,即线性相关.

3 **【参考答案】** E

【考点点睛】 非齐次线性方程组解的情况.

【答案解析】 三条直线相交于一点的充要条件是三条直线方程组成的线性方程组有唯一解，进而转化为 $r(\boldsymbol{\alpha}_1,\boldsymbol{\alpha}_2,\boldsymbol{\alpha}_3)=r(\boldsymbol{\alpha}_1,\boldsymbol{\alpha}_2)=2$，即 $\boldsymbol{\alpha}_1,\boldsymbol{\alpha}_2,\boldsymbol{\alpha}_3$ 线性相关，$\boldsymbol{\alpha}_1,\boldsymbol{\alpha}_2$ 线性无关. 故选择 E.

4 **【参考答案】** D

【考点点睛】 非齐次线性方程组解的情况.

【答案解析】 对增广矩阵进行初等行变换，有

$$(\boldsymbol{A} \vdots \boldsymbol{b})=\left(\begin{array}{ccc:c}1 & -1 & 2 & 1 \\ 1 & -3 & 3 & 1 \\ 1 & -1 & a+3 & 2a-1\end{array}\right) \xrightarrow[r_3-r_1]{r_2-r_1}\left(\begin{array}{ccc:c}1 & -1 & 2 & 1 \\ 0 & -2 & 1 & 0 \\ 0 & 0 & a+1 & 2a-2\end{array}\right).$$

于是，当 $a=-1$ 时，$r(\boldsymbol{A} \vdots \boldsymbol{b}) \neq r(\boldsymbol{A})$，原方程组无解，故本题应选 D.

5 **【参考答案】** D

【考点点睛】 非齐次线性方程组的解.

【答案解析】 设 $\boldsymbol{\alpha}_1,\boldsymbol{\alpha}_2,\boldsymbol{\alpha}_3$ 是 3 个线性无关的解，则 $\boldsymbol{\alpha}_2-\boldsymbol{\alpha}_1,\boldsymbol{\alpha}_3-\boldsymbol{\alpha}_1$ 是题干线性方程组的齐次方程组 $\boldsymbol{Ax}=\boldsymbol{0}$ 的两个线性无关的解，则 $\boldsymbol{Ax}=\boldsymbol{0}$ 的基础解系中的解向量的个数不少于 2，即 $4-r(\boldsymbol{A}) \geqslant 2 \Rightarrow r(\boldsymbol{A}) \leqslant 2$.

又由于 $\boldsymbol{A}$ 的行向量是两两线性无关的，故 $r(\boldsymbol{A}) \geqslant 2$，则 $r(\boldsymbol{A})=2$，从而

$$(\boldsymbol{A} \vdots \boldsymbol{b})=\left(\begin{array}{cccc:c}1 & 1 & 1 & 1 & -1 \\ 4 & 3 & 5 & -1 & -1 \\ a & 1 & 3 & b & 1\end{array}\right) \rightarrow\left(\begin{array}{cccc:c}1 & 1 & 1 & 1 & -1 \\ 0 & -1 & 1 & -5 & 3 \\ 0 & 0 & 4-2a & 4a+b-5 & 4-2a\end{array}\right).$$

由 $r(\boldsymbol{A})=2$，得 $a=2, b=-3$.

6 **【参考答案】** D

【考点点睛】 非齐次线性方程组解的判定.

【答案解析】 由于系数矩阵为方阵，故可以利用行列式判断，但需要注意代回验证.

由 $|\boldsymbol{A}|=\begin{vmatrix}1 & 2 & 1 \\ 2 & 3 & a+2 \\ 1 & a & -2\end{vmatrix}=\begin{vmatrix}1 & 2 & 1 \\ 0 & -1 & a \\ 0 & a-2 & -3\end{vmatrix}=3-a^2+2a=0$，可得 $a^2-2a-3=0$，即 $(a-3)(a+1)=0$，解得 $a=-1$ 或 $a=3$.

① 当 $a=-1$ 时，$(\boldsymbol{A} \vdots \boldsymbol{b})=\left(\begin{array}{ccc:c}1 & 2 & 1 & 1 \\ 2 & 3 & 1 & 3 \\ 1 & -1 & -2 & 0\end{array}\right) \rightarrow\left(\begin{array}{ccc:c}1 & 2 & 1 & 1 \\ 0 & -1 & -1 & 1 \\ 0 & 0 & 0 & 1\end{array}\right)$，$r(\boldsymbol{A})<r(\boldsymbol{A} \vdots \boldsymbol{b})$，方程组无解.

② 当 $a=3$ 时，$(\boldsymbol{A}\vdots\boldsymbol{b})=\begin{pmatrix}1&2&1&\vdots&1\\2&3&5&\vdots&3\\1&3&-2&\vdots&0\end{pmatrix}\rightarrow\begin{pmatrix}1&2&1&1\\0&-1&3&1\\0&1&-3&1\end{pmatrix}\rightarrow\begin{pmatrix}1&2&1&\vdots&1\\0&-1&3&\vdots&1\\0&0&0&\vdots&0\end{pmatrix}$，

$r(\boldsymbol{A})=r(\boldsymbol{A}\vdots\boldsymbol{b})=2<3$，方程组有无穷多解.

7 【参考答案】A

【考点点睛】向量组的线性表示.

【答案解析】由 $(\boldsymbol{\alpha}_1,\boldsymbol{\alpha}_2,\boldsymbol{\alpha}_3)=\begin{pmatrix}1&3&9\\2&0&6\\-3&1&-7\end{pmatrix}\rightarrow\begin{pmatrix}1&3&9\\0&1&2\\0&0&0\end{pmatrix}$，可知 $r(\boldsymbol{\alpha}_1,\boldsymbol{\alpha}_2,\boldsymbol{\alpha}_3)=2$.

因为向量组(Ⅰ)与向量组(Ⅱ)具有相同的秩，所以 $r(\boldsymbol{\beta}_1,\boldsymbol{\beta}_2,\boldsymbol{\beta}_3)=2$，故 $|\boldsymbol{\beta}_1,\boldsymbol{\beta}_2,\boldsymbol{\beta}_3|=0$.

又 $|\boldsymbol{\beta}_1,\boldsymbol{\beta}_2,\boldsymbol{\beta}_3|=\begin{vmatrix}0&a&b\\1&2&1\\-1&1&0\end{vmatrix}=\begin{vmatrix}0&a&b\\1&2&1\\0&3&1\end{vmatrix}=1\times(-1)^{2+1}\begin{vmatrix}a&b\\3&1\end{vmatrix}=-(a-3b)=0$，所以 $a=3b$.

因为 $\boldsymbol{\beta}_3$ 可由 $\boldsymbol{\alpha}_1,\boldsymbol{\alpha}_2,\boldsymbol{\alpha}_3$ 线性表示，所以 $r(\boldsymbol{\alpha}_1,\boldsymbol{\alpha}_2,\boldsymbol{\alpha}_3)=r(\boldsymbol{\alpha}_1,\boldsymbol{\alpha}_2,\boldsymbol{\alpha}_3,\boldsymbol{\beta}_3)=2$. 记 $(\boldsymbol{\alpha}_1,\boldsymbol{\alpha}_2,\boldsymbol{\alpha}_3,\boldsymbol{\beta}_3)=\boldsymbol{A}$，则 $\boldsymbol{A}=\begin{pmatrix}1&3&9&b\\2&0&6&1\\-3&1&-7&0\end{pmatrix}$，因为 $r(\boldsymbol{A})=2$，所以 $\boldsymbol{A}$ 的所有三阶子式均为0，即

$$\begin{vmatrix}1&3&b\\2&0&1\\-3&1&0\end{vmatrix}=\begin{vmatrix}1&3&b\\0&-6&1-2b\\0&10&3b\end{vmatrix}=-18b-10+20b=2b-10=0,$$

解得 $b=5$. 因为 $a=3b$，所以 $a=15$.

8 【参考答案】A

【考点点睛】非齐次线性方程组解的情况.

【答案解析】依题设，该方程组的系数矩阵 $\boldsymbol{A}$ 的秩为3，其导出组 $\boldsymbol{Ax}=\boldsymbol{0}$ 的基础解系由一个线性无关的解向量构成，由 $\boldsymbol{\alpha}_1+\boldsymbol{\alpha}_2-\boldsymbol{\alpha}_3-\boldsymbol{\alpha}_4=\boldsymbol{0}$，知 $(1,1,-1,-1)^{\mathrm{T}}$ 是 $\boldsymbol{Ax}=\boldsymbol{0}$ 的一个基础解系，又由 $\boldsymbol{\alpha}_1-2\boldsymbol{\alpha}_2+\boldsymbol{\alpha}_3+0\cdot\boldsymbol{\alpha}_4=\boldsymbol{\alpha}_5$，得原方程组的一个特解为 $(1,-2,1,0)^{\mathrm{T}}$. 因此，所求通解为

$$C(1,1,-1,-1)^{\mathrm{T}}+(1,-2,1,0)^{\mathrm{T}},\text{其中 }C\text{ 为任意常数.}$$

故本题应选择 A.

9 【参考答案】A

【考点点睛】非齐次线性方程组的通解.

【答案解析】设 $\boldsymbol{A}$ 为题设方程组的系数矩阵，由于 $r(\boldsymbol{A})=3$，则对应的齐次方程组中的基础解系含有的向量个数为 $n-r(\boldsymbol{A})=4-3=1$. 由于 $\boldsymbol{\eta}_1,\boldsymbol{\eta}_2,\boldsymbol{\eta}_3$ 均为非齐次方程组的解，则

$$(\boldsymbol{\eta}_1-\boldsymbol{\eta}_2)+(\boldsymbol{\eta}_1-\boldsymbol{\eta}_3)=2\boldsymbol{\eta}_1-(\boldsymbol{\eta}_2+\boldsymbol{\eta}_3)=\begin{pmatrix}3\\4\\5\\6\end{pmatrix}$$

为齐次方程组的通解，故非齐次方程组的通解为 $\boldsymbol{x}=k\begin{pmatrix}3\\4\\5\\6\end{pmatrix}+\begin{pmatrix}2\\3\\4\\5\end{pmatrix}(k\in\mathbf{R})$.

10 **【参考答案】** A

【考点点睛】 同解方程组.

【答案解析】 由于方程组(Ⅰ)与方程组(Ⅱ)同解，知方程组(Ⅰ)的解必是方程组(Ⅱ)的解，对于方程组(Ⅰ)和(Ⅱ)的系数矩阵 $\boldsymbol{A}$ 和 $\boldsymbol{B}$ 施以初等行变换，应有 $\begin{pmatrix}\boldsymbol{A}\\\boldsymbol{B}\end{pmatrix}\xrightarrow{r}\begin{pmatrix}\boldsymbol{A}_1\\\boldsymbol{O}\end{pmatrix}$，即有

$$\begin{pmatrix}\boldsymbol{A}\\\boldsymbol{B}\end{pmatrix}=\begin{pmatrix}-1&0&2&-1\\0&-1&-1&2\\-2&-3&a+2&4\\-3&-5&1&a+8\end{pmatrix}\xrightarrow{r}\begin{pmatrix}1&0&-2&1\\0&1&1&-2\\0&0&a+1&0\\0&0&0&a+1\end{pmatrix},$$

得 $a=-1$.

又当 $a=-1$ 时，

$$\begin{pmatrix}\boldsymbol{B}\\\boldsymbol{A}\end{pmatrix}=\begin{pmatrix}-2&-3&1&4\\-3&-5&1&7\\-1&0&2&-1\\0&-1&-1&2\end{pmatrix}\xrightarrow{r}\begin{pmatrix}1&2&0&-3\\0&1&1&-2\\0&0&0&0\\0&0&0&0\end{pmatrix},$$

知方程组(Ⅱ)的解必是方程组(Ⅰ)的解，因此，当 $a=-1$ 时，两方程组同解. 故本题应选 A.